计算机学科专业基础综合要点与解析

王阿川　李　丹　主　编

赵更寅　侯　畅　李瑞改　徐达丽　**副主编**

哈尔滨工业大学出版社

内 容 简 介

本书内容为计算机科学与技术及相关专业基础核心课程的知识要点与解析,全书严格按照最新计算机考研大纲,对大纲所涉及的知识点进行集中梳理,按基础知识、基本理论、基本方法及分析问题、解决问题能力培养的要求编写。在重点解析知识要点的同时,收集了历年全国研究生同考试题及国内重点高校考研真题作为考核知识点的对应解析,既对计算机基础知识进行梳理讲解,又能通过研究生考试入学真题对知识点进行巩固,使学生能更好地掌握计算机专业基础知识体系,也能在短期内起到全面强化和提高作用。本书在编写过程中充分考虑学生应试中的薄弱环节,又强调知识的贯穿融合,纵向梳理与横向归纳相结合,辅助学生专业知识体系的建设。全书共分5章,主要内容包括数据结构、计算机组成原理、操作系统、数据库系统原理、编译原理等内容。

本书可作为计算机专业相关课程的教材或辅导用书,也可作为考生参加计算机专业研究生入学考试的备考复习用书。

图书在版编目(CIP)数据

计算机学科专业基础综合要点与解析/王阿川,李丹主编. —哈尔滨:哈尔滨工业大学出版社,2021.10
ISBN 978 - 7 - 5603 - 9708 - 5

Ⅰ.①计… Ⅱ.①王… ②李… Ⅲ.①电子计算机 –教学参考资料 Ⅳ.①TP3

中国版本图书馆 CIP 数据核字(2021)第 202590 号

策划编辑　杨明蕾　刘　瑶
责任编辑　刘　瑶
封面设计　刘长友
出版发行　哈尔滨工业大学出版社
社　　址　哈尔滨市南岗区复华四道街 10 号　邮编 150006
传　　真　0451 - 86414749
网　　址　http://hitpress.hit.edu.cn
印　　刷　哈尔滨市工大节能印刷厂
开　　本　787 mm×1092 mm　1/16　印张 29.25　字数 730 千字
版　　次　2021 年 10 月第 1 版　2021 年 10 月第 1 次印刷
书　　号　ISBN 978 - 7 - 5603 - 9708 - 5
定　　价　88.00 元

(如因印装质量问题影响阅读,我社负责调换)

前　言

当前,随着计算机科学技术的迅猛发展,计算机在国民经济的各领域中都得到了广泛而深入的应用,社会对计算机相关专业人才,尤其是中高端人才的需求不断增长,导致计算机专业作为高校考研的热门专业其热度一直居高不下。

但是,计算机领域的课程内容庞杂且自成体系,兼具理论性和实践性。如果不具备正确的学习方法,在考研过程中极易导致事倍功半的后果。在计算机专业主要核心基础课程学习过程中,任何机械式地死记硬背都是收效甚微的。很多学生普遍反映找不到方向,复习也无从下手。倘若有一本能够指导学生如何复习的好书,将使学生受益匪浅。

因此,我们编写了本书。本书每章都给出了相关课程的课程简介、教学目标、教学内容与要求。各章由三个模块构成:教学内容与要求、经典例题及解析、课后习题及答案和部分详解。在教学内容与要求中,每门课紧密结合考研知识点展开阐述。经典例题及解析围绕考核知识点对典型例题进行了深入细致的解析,典型例题体现了基本考点,重点考查考生对基本概念和基本原理的理解、基本方法和基本技术的运用。本书具有以下特点:(1)梳理各门课程的章节脉络,浓缩内容精华,对每门课的重难点知识进行了整理。(2)精选考研真题,补充难点习题,本书精选国家统考真题及名校考研真题及相关习题,并提供答案和部分详解。所选真题和习题基本体现了各个章节的考点和难点,是对课程内容极好的补充。具有"讲中有练,练中有讲"的特点,讲和练融为一体。讲练合一可以更好地提高读者的学习效率,达到事半功倍的效果。这使得本书具有更强的应试性,同时可最大限度地提高学生的实战能力。

本书由王阿川、李丹任主编,赵更寅、侯畅、李瑞改和徐达丽任副主编,其中王阿川编写13万字,李丹、赵更寅、侯畅、李瑞改和徐达丽每人各编写12万字。全书由王阿川统稿。

由于编者水平有限且时间仓促,书中难免有不足之处,恳请读者提出意见和建议,对于不妥之处提出批评指正,不胜感激!

编　者
2021 年 10 月

目 录

第1章 数据结构

【课程简介】

"数据结构"是计算机类专业的学科基础必修课,是学生进一步深入学习和开展高层次研究的基础。通过本课程的学习,学生掌握数据结构的基本理论与知识,算法设计与分析的基本方法与技巧,培养分析和解决实际问题的能力,并为其开展计算机科学研究奠定数据结构与算法方面的基础。本课程的基本授课内容包括线性表、栈和队列、串、数组和广义表、树和二叉树、图、查找和排序,以及实现这些数据组织的典型算法、算法的时间复杂性分析和相关算法的比较等。

【教学目标】

本课程的教学目标是使学生理解数据结构的基本概念、计算机内部数据对象的表示和特性,掌握数据的逻辑结构、存储结构以及各种操作的实现,能够针对实际问题选择合适的数据结构,并设计出结构清晰、正确易读、复杂性较优的算法,同时掌握对算法进行时间、空间复杂性分析的基本技能。

通过本课程的理论教学、实验训练、实例分析,学生具备以下能力:

(1)掌握数据结构的基本概念,深刻理解各种数据结构的逻辑特性和存储表示方法;能够依据工程实际问题的需求来合理组织数据,并在计算机中有效地存储数据;能够对复杂工程中的算法问题进行抽象、提取和归纳。

(2)能够在各种数据结构的基础上进行算法设计与描述,掌握算法时空间复杂度的分析方法;能够设计数据结构和算法,具有算法分析的能力;能够运用数据结构的基础知识,表达和分析计算机领域的复杂工程问题。

(3)掌握排序和查找等算法的原理及实现,能够综合运用所学的数据结构知识、算法分析与设计知识,解决较复杂的实际工程问题,设计出比较合理的解决方案,并通过具体的编程语言加以实现,同时体现一定的创新思维能力。

(4)能够基于数据结构基本原理和文献研究,针对复杂工程中的算法问题设计合理的研究方案。

【教学内容与要求】

1.1　绪　　论

1.1.1　基本概念和术语

1. 数据(Data)

数据是信息的载体,在计算机科学中是指所有能输入到计算机中并能被计算机程序识别、存储和加工处理的符号集合。

2. 数据元素(Data Element)

数据元素是数据的基本单位。在计算机程序中通常作为一个整体进行考虑和处理。在不同的条件下,数据元素又可称为元素、结点、顶点、记录等。

3. 数据项(Data Item)

数据项是构成数据元素不可分割的最小单位。

4. 数据对象(Data Object)**或数据元素类**(Data Element Class)

数据对象是指具有相同性质的数据元素的集合,是数据的子集。

【**说明**】　在不产生混淆的情况下,将数据对象简称为数据。

5. 数据结构(Data Structure)

数据结构是指互相之间存在着一种或多种关系的数据元素的集合,即数据结构是一个二元组

$$Data\_Structure = (D, R)$$

其中,D 是数据元素的有限集;R 是 D 上关系的有限集。按照视点的不同,数据结构分为数据的逻辑结构和数据的存储结构(物理结构)。

6. 数据的逻辑结构

数据的逻辑结构是指数据元素之间逻辑关系的整体。数据的逻辑结构可以看作是从具体问题抽象出来的数学模型,它与数据的存储无关。根据数据元素之间逻辑关系的不同,数据结构分为以下4类:

(1)线性结构。数据元素之间存在着一对一的线性关系。

(2)树形结构。数据元素之间存在着一对多的层次关系。

(3)图形结构。数据元素之间存在着多对多的任意关系。图形结构也称网状结构。

(4)集合结构。数据元素之间就是"属于同一个集合",除此之外,没有任何关系。

【**说明**】　树形结构和图形结构也称为非线性结构。

7. 数据的存储结构

数据的存储结构又称物理结构,是数据及其逻辑结构在计算机中的表示(又称映像)为数据的物理结构,或称存储结构。数据通常有两种存储结构,即顺序存储结构和链式存储结构。

将逻辑上相邻的元素存储在物理位置相邻的存储单元中,由此得到的存储表示称为顺序存储结构。顺序存储结构是一种最基本的存储表示方法,通常借助于程序设计语言中的数组来实现。

对逻辑上相邻的元素不要求其物理位置相邻,元素间的逻辑关系通过附设的指针字段来表示,由此得到的存储表示称为链式存储结构。链式存储结构通常借助于程序设计语言中的指针类型来实现。

【说明】 存储结构除了存储数据元素之外,还必须存储数据元素之间的逻辑关系。

8.抽象数据类型(Abstruct Data Type,ADT)

抽象数据类型是指一个数据结构以及定义在该结构上的一组操作的总称。抽象数据类型提供了使用和实现两个不同的视图,实现了封装和信息隐藏。

1.1.2 算法和算法分析

1.算法的定义

通俗地讲,算法是解决问题的方法。严格地讲,算法是对特定问题求解步骤的一种描述,是指令的有限序列。

【说明】 通常一个问题可以有多种算法,一个给定算法解决一个特定的问题。

2.算法的特性

(1)有穷性。一个算法必须在执行有穷步之后结束,且每一步都在有穷时间内完成。

(2)确定性。算法中的每一条指令必须有确切的含义,无二义性。并且,在任何条件下,对于相同的输入只能得到相同的输出。

(3)可行性。算法描述的操作可通过已经实现的基本操作执行有限次来实现。

(4)输入。一个算法具有零个或多个输入,这些输入取自某个特定的数据对象集合。

(5)输出。一个算法具有一个或多个输出,这些输出同输入之间存在某种特定的关系。

【例1】 (1999年考研真题)计算机算法指的是(1)_____,它必须具备(2)_____这3个特性。

(1)A.计算方法   B.排序方法

    C.解决问题的步骤序列   D.调度方法

(2)A.可执行性、可移植性、可扩充性   B.可执行性、确定性、有穷性

    C.确定性、有穷性、稳定性   D.易读性、稳定性、安全性

【答案】 (1)C (2)B

【解析】 根据算法的定义可知,算法是对特定问题求解步骤的一种描述,是指令的有限序列。因此(1)的答案为C。

根据算法的特性主要有有穷性、确定性、可执行性,因此(2)的答案为B。

3.算法设计的要求

①正确性;②可读性;③健壮性;④高效率与低存储量。

4.算法的描述方法

最简单的方法是使用自然语言、程序流程图、程序设计语言和伪代码语言等,其中伪代

码语言被称为算法语言,是比较合适的描述算法的方法。

【说明】 伪代码的书写形式没有严格的规定,只要求了解任何一种现代程序设计语言的人都能很好地了解。

5. 算法的时间复杂度

算法的渐近时间复杂度(简称算法的时间复杂度)考查当问题规模充分大时,算法中基本语句的执行次数在渐近意义上的阶,通常用"O"表示。其中"问题规模"是指输入量的多少;"基本语句"是指执行次数与整个算法的执行次数成正比的语句。

通常用 $O(1)$ 表示常数计算时间。常见的渐近时间复杂度由小到大依次为

$$O(1) < O(\log_2 n) < O(n) < O(n\log_2 n) < O(n^2) < O(n^3) < O(2^n) < O(n!)$$

【说明】 撇开与计算机软硬件有关的因素,影响算法时间代价的最主要因素是问题规模。

6. 算法的空间复杂度

算法的空间复杂度是指在算法的执行过程中需要的辅助空间数量。其中"辅助空间"是除算法本身和输入输出数据所占据的空间外,算法在运行过程中临时开辟的存储空间。

【例 2】 (2014 年考研真题)下列程序段的时间复杂度是 (　　)

```
count = 0;
for(k = 1;k < = n;k * = 2)
  for(j = 1;j < = n;j + +)
    count + +;
```

A. $O(\log_2 n)$　　　　B. $O(n)$　　　　C. $O(n\log_2 n)$　　　　D. $O(n^2)$

【答案】 C

【解析】 由于内层循环条件 $j \leq n$ 与外层循环的变量 k 无关,每次循环 j 自增 1,每次内层循环都执行 n 次。外层循环条件为 $k \leq n$,增量定义为 $k * = 2$,可知循环次数为 $2^k \leq n$,即 $k \leq \log_2 n$。所以内层循环的时间复杂度是 $O(n)$,外层循环的时间复杂度是 $O(\log_2 n)$。对于嵌套循环,根据乘法规则可知,该段程序的时间复杂度 $T(n) = T_1(n) \times T_2(n) = O(n) \times O(\log_2 n) = O(n\log_2 n)$,所以答案为 C。

【例 3】 (2011 年考研真题)设 n 是描述问题规模的非负整数,下面程序片段的时间复杂度是 (　　)

```
x = 2;
while(x < n/2)
  x = 2 * x;
```

A. $O(\log_2 n)$　　　　B. $O(n)$　　　　C. $O(n\log_2 n)$　　　　D. $O(n^2)$

【答案】 A

【解析】 在程序中,执行频率最高的语句为"x = 2 * x"。设该语句共执行了 k 次,执行 k 次时:$x = 2^{k+1}$。由循环结束条件 $x < n/2$ 可得,$2^{k+1} < n/2$,即 $k < \log_2 n - 2$,$k = \log_2 n + C$(C 为常数),因此,$T(n) = O(\log_2 n)$。所以,答案为 A。

【例 4】 (2017 年考研真题)下列函数的时间复杂度是(　　)。

```
int func( int n)
```

```
{ int i = 0, sum = 0;
  while( sum < n )   sum + = + + i;
  return i; }
```
A. $O(\log n)$　　　　　B. $O(n^{1/2})$　　　　C. $O(n)$　　　　　　　D. $O(n\log n)$

【答案】　B

【解析】　"sum + = + + i"相当于 + + i;sum = sum + i。进行到第 k 趟循环,sum = $(1 + k) \times k/2$。显然需要进行 $O(n^{1/2})$ 次循环,因此这也是该函数的时间复杂度。所以,答案为 B。

【课后习题】

选择题

1.(1999 年考研真题)以下数据结构中,属于非线性数据结构的是　　　　　(　　)

A. 树　　　　　　　B. 字符串　　　　　C. 队　　　　　　D. 栈

2.(2001 年考研真题)下列数据中,属于非线性数据结构的是　　　　　　(　　)

A. 栈　　　　　　　B. 队列　　　　　　C. 完全二叉树　　　D. 堆

3.(1999 年考研真题)连续存储设计时,存储单元的地址　　　　　　　　(　　)

A. 一定连续　　　　　　　　　B. 一定不连续

C. 不一定连续　　　　　　　　D. 部分连续,部分不连续

4.(2001 年考研真题)以下属于逻辑结构的是　　　　　　　　　　　　(　　)

A. 顺序表　　　　　B. 哈希表　　　　　C. 有序表　　　　D. 单链表

5.(1996 年考研真题)从逻辑上可以把数据结构分为两大类,即　　　　　(　　)

A. 动态结构、静态结构　　　　B. 顺序结构、链式结构

C. 线性结构、非线性结构　　　D. 初等结构、构造型结构

6.(2000 年考研真题)以下与数据的存储结构无关的术语是　　　　　　(　　)

A. 循环队列　　　　B. 链表　　　　　　C. 哈希表　　　　D. 栈

7.(2001 年考研真题)以下哪一个术语与数据的存储结构无关?　　　　　(　　)

A. 栈　　　　　　　B. 哈希表　　　　　C. 线索树　　　　D. 双向链表

8.(2000 年考研真题)算法的计算量的大小称为计算的　　　　　　　　(　　)

A. 效率　　　　　　B. 复杂性　　　　　C. 现实性　　　　D. 难度

9.(1998 年考研真题)算法的时间复杂度取决于　　　　　　　　　　　(　　)

A. 问题的规模　　　B. 待处理数据的初态　　　C. A 和 B

10.(1998 年考研真题)一个算法应该是　　　　　　　　　　　　　　(　　)

A. 程序　　　　　　　　　　　B. 问题求解步骤的描述

C. 要满足五个基本特性　　　　D. A 和 C

11.(2000 年考研真题)下面关于算法说法错误的是　　　　　　　　　(　　)

A. 算法最终必须由计算机程序实现

B. 为解决某问题的算法与为该问题编写的程序含义是相同的

C. 算法的可行性是指指令不能有二义性

D. 以上均错误

12.（2000 年考研真题）下面说法错误的是　　　　　　　　　　　　（　　）

（1）算法原地工作的含义是指不需要任何额外的辅助空间

（2）在相同的规模 n 下，复杂度 $O(n)$ 的算法在时间上总是优于复杂度 $O(2^n)$ 的算法

（3）所谓时间复杂度是指最坏情况下，估算算法执行时间的一个上界

（4）同一个算法，实现语言的级别越高，执行效率就越低

A.（1）　　　　　　　B.（1），（2）　　　　C.（1），（4）　　　　D.（3）

13.（2001 年考研真题）在下面的程序段中，对 x 的赋值语句的频度为　　　（　　）

```
for(i = 1;i < = n;i + + )
  for(j = 1;j < = n;j + + )
    x = x + 1;
```

A. $O(2n)$　　　　　　B. $O(n)$　　　　　　C. $O(n^2)$　　　　　　D. $O(\log_2 n)$

14.（1998 年考研真题）程序段

```
for(i = n - 1;i > = 1;i - - )
  fOR(j = 1;j < = i;j + + )
    if( A[j] > A[j + 1])
      A[j]与 A[j + 1]对换;
```

其中 n 为正整数，则最后一行的语句频度在最坏情况下是　　　　　　（　　）

A. $O(n)$　　　　　　B. $O(n\log n)$　　　　C. $O(n^3)$　　　　　　D. $O(n^2)$

15.（1999 年考研真题）以下数据结构不是多型数据类型的是　　　　　　（　　）

A.栈　　　　　　　　B.广义表　　　　　　C.有向图　　　　　　D.字符串

【课后习题答案】

选择题

1. A　2. C　3. A　3. C　4. C　6. D　7. A　8. B　9. C　10. B　11. D　12. C　13. C
14. D　15. D

1.2　线　性　表

1.2.1　线性表的逻辑结构

1.线性表的定义

线性表简称表，是具有相同数据类型的 $n(n \geq 0)$ 个数据元素的有限序列，通常记为

$$(a_1,a_2,\cdots,a_{i-1},a_i,a_{i+1},\cdots,a_n)$$

其中，n 为表长，$n = 0$ 时称为空表。

【说明】　线性表中的数据元素具有抽象（即不确定）的数据类型，在设计具体的应用程序时，数据元素的抽象类型将被具体的数据类型所替代。

2. 线性结构的特点

在一个非空表 $L=(a_1,a_2,\cdots,a_{i-1},a_i,a_{i+1},\cdots,a_n)$ 中,任意一对相邻的数据元素 a_{i-1} 和 a_i 之间 $(1<i\leqslant n)$ 存在序偶关系 (a_{i-1},a_i),且 a_{i-1} 称为 a_i 的直接前驱,a_i 称为 a_{i-1} 的直接后继。在这个序列中,a_1 无直接前驱,a_n 无直接后继,其他每个元素有且仅有一个直接前驱和一个直接后继。

1.2.2　线性表的顺序存储结构及实现

1. 顺序表的存储方法

线性表的顺序存储结构称为顺序表。顺序表是用一段地址连续的存储单元依次存储线性表中的数据元素。

【说明】 存储要点:连续空间、依次存储。

2. 顺序表的存储结构定义

顺序表通常用一维数组实现,也就是把线性表中相邻的元素存储在数组中相邻的位置,从而导致数据元素的序号和存放它的数组下标之间具有一一对应关系。用 MaxSize 表示数组的长度,顺序表的存储结构定义如下:

```
#define MaxSize 100
typedef struct
{   ElemType    data[MaxSize];          // ElemType 表示不确定的数据类型
    int    length;                      // length 表示线性表的当前长度
} SeqList;
```

【说明】 注意"数组的长度"和"线性表的当前长度"的区别。数组的长度是存放线性表的数组空间的长度,而线性表的当前长度是线性表中数据元素的个数,在任何时刻,线性表的当前长度应该小于或等于数组的长度。

3. 顺序表是随机存取结构

设顺序表的每个元素占用 d 个存储单元,则第 i 个元素的存储地址为

$$\text{Loc}(a_i)=\text{Loc}(a_1)+(i-1)d\ ,\ 1\leqslant i\leqslant n$$

上式说明,只要知道顺序表首地址和每个数据元素所占地址单元的个数就可求出第 i 个数据元素的地址,这也是顺序表具有按数据元素的序号随机存取的特点。计算任意一个元素的存储地址的时间是相等的,即算法的时间复杂度是 $O(1)$,具有这一特点的存储结构称为随机存取结构。

【说明】 存储结构和存取结构是两个不同的概念。存储结构是数据结构在计算机中的表示,通常有两种存储结构,即顺序存储结构和链式存储结构。存取结构是在一个数据结构上对查找操作的时间性能的一种描述,通常有两种存取结构,即随机存取结构和顺序存取结构。

4. 顺序表上基本运算的实现

(1)顺序表的插入操作。

对于插入算法,若表长为 n,则在第 i 位置插入元素,则从 a_n 到 a_i 都要向后移动一个位置,共需移动 $n-i+1$ 个元素,平均时间复杂度为 $O(n)$。

（2）顺序表的删除操作。

对于删除算法，若表长为 n，当删除第 i 个元素时，从 a_{i+1} 到 a_n 都要向前移动一个位置，则共需要移动 $n-i$ 个元素，平均时间复杂度为 $O(n)$。

顺序表的缺点也很明显，如元素的插入和删除需要移动大量的元素，插入操作平均需要移动 $n/2$ 个元素，删除操作平均需要移动 $(n-1)/2$ 个元素，而且存储分配需要一段连续的存储空间，不够灵活。

（3）算法分析。

顺序表插入和删除算法的分析见表 1-1。

表 1-1　顺序表插入和删除算法的分析

	插入	删除
基本操作	移动元素	移动元素
平均移动次数	$\dfrac{1}{n+1}\displaystyle\sum_{i=1}^{n+1}(n-i+1)=\dfrac{n}{2}$	$\dfrac{1}{n}\displaystyle\sum_{i=1}^{n}(n-i)=\dfrac{n-1}{2}$
时间复杂度	$O(n)$	$O(n)$
尾端操作	插入第 $n+1$ 个元素，不移动	删除第 n 个元素，不移动

插入、删除需移动大量元素，时间复杂度为 $O(n)$；但在尾端插入、删除效率高，时间复杂度为 $O(1)$。

5. 顺序表的优缺点

顺序表利用数组元素在物理位置上的邻接关系来表示线性表中数据元素之间的逻辑关系。它具有下列优点：

（1）无须为顺序表中元素之间的逻辑关系而增加额外的存储空间。

（2）可以快速地存取表中任一位置的元素（即随机存取）。

同时，顺序表也具有下列缺点：

（1）插入和删除操作需要移动大量元素。

（2）表的容量难以确定。

【例1】（2010年考研真题）设将 $n(n>1)$ 个整数存放到一维数组 R 中。试设计一个在时间和空间两方面都尽可能高效的算法，将 R 中保存的序列循环左移 $p(0<p<n)$ 个位置，即将 R 中的数据由 $(x_0, x_1, \cdots, x_{n-1})$ 变换为 $(x_p, x_{p+1}, \cdots, x_{n-1}, x_0, x_1, \cdots, x_{p-1})$。要求：

（1）给出算法的基本设计思想；

（2）根据设计思想，采用 C、C++ 或 Java 语言描述算法，关键之处给出注释；

（3）说明你所设计算法的时间复杂度和空间复杂度。

【答案】（1）算法的基本设计思想。

先将 n 个数据 $x_0, x_1, \cdots, x_{n-1}$ 原地逆置，得到 $x_{n-1}, x_{n-2}, \cdots, x_1, x_0$，然后再将前 $n-p$ 个数据和后 p 个数据分别原地逆置，得到最终结果 $x_p, x_{p+1}, \cdots, x_{n-1}, x_0, x_1, \cdots, x_{p-1}$。

设 Reverse 函数执行将数组元素逆置的操作，对 abcdefgh 向左循环移动 3（$p=3$）个位置的过程如下：

　　Reverse$(0, n-1)$得到 hgfedcba；

　　Reverse$(0, n-p)$得到 defghcba；

　　Reverse$(n-p, n-1)$得到 defghabc。

　　注：Reverse 中两个参数分别表示数组中待转换元素的始末位置。

　　（2）使用 C 语言描述算法如下：

```
void Reverse(int R[ ],int from,int to)
{   // 将数组 R 中的数据原地逆置
    int   i,temp;
    for(i=0;i<(to-from+1)/2;i++)
    {   temp=R[from+i];
        R[from+i]=R[to-i];
        R[to-i]=temp;}
}// Reverse
void   Converse(int R[ ],int n,int p){
    if(p>0 && p<n)
    {   Reverse(R,0,n-1);
        Reverse(R,0,n-p-1);
        Reverse(R,n-p,n-1);}
}
```

　　（3）上述算法中 3 个 Reverse 函数的时间复杂度分别为 $O(n/2)$、$O((n-p)/2)$ 和 $O(p/2)$，故所设计的算法的时间复杂度为 $O(n)$，空间复杂度为 $O(1)$。

　　【另解】　借助辅助数组来实现。

　　算法思想：创建大小为 p 的辅助数组 S，将 R 中前 p 个整数依次暂存在 S 中，同时将 R 中后 $n-p$ 个整数左移，然后将 S 中暂存的 p 个数依次放回到 R 中的后续单元。故时间复杂度为 $O(n)$，空间复杂度为 $O(p)$。

　　【例2】　（2011 年考研真题）一个长度为 $L(L\geq 1)$ 的升序序列 S，处在第 $\lceil L/2 \rceil$ 个位置的数称为 S 的中位数。例如，若序列 $S_1=(11,13,15,17,19)$，则 S_1 的中位数是 15。两个序列的中位数是含它们所有元素的升序序列的中位数。例如，若 $S_2=(2,4,6,8,20)$，则 S_1 和 S_2 的中位数是 11。现有两个等长升序序列 A 和 B，试设计一个在时间和空间两方面都尽可能高效的算法，找出两个序列 A 和 B 的中位数。要求：

　　（1）给出算法的基本设计思想；

　　（2）根据设计思想，采用 C、C++ 或 Java 语言描述算法，关键之处给出注释；

　　（3）说明你所设计算法的时间复杂度和空间复杂度。

　　【答案】　（1）算法的基本设计思想。

　　分别求出序列 A 和 B 的中位数，设为 a 和 b，求序列 A 和 B 的中位数过程如下：

　　①若 $a=b$，则 a 或 b 即为所求中位数，算法结束。

　　②若 $a<b$，则舍弃序列 A 中较小的一半，同时舍弃序列 B 中较大的一半，要求舍弃的长度相等。

③若 $a>b$,则舍弃序列 A 中较大的一半,同时舍弃序列 B 中较小的一半,要求舍弃的长度相等。

在保留的两个升序序列中,重复过程①、②、③,直到两个序列中只含一个元素时为止,较小者即为所求的中位数。

（2）算法描述如下：

```
int   M_Search(int A[ ],int. B[ ],int n){
  int S1 = 0,d1 = n - 1,m1;                  // 表示序列 A 的首位数、末位数和中位数
  int S2 = 1,d2 = n - 1,m2;                  // 表示序列 B 的首位数、末位数和中位数
  while(S1! = d1 || s2! = d2){
    m1 = (S1 + d1)/2;
    m2 = (S2 + d2)/2;
    if(A[m1] = = B[m2].)                     // 满足条件①
      return A[m1];
    if(A[m1] < B[m2]){                       // 满足条件②,a 为较小中位数
      if((S1 + d1)%2 = = 0){                 // 若元素个数为奇数
        S1 = m1;                             // 舍弃 A 中间点以前的部分,且保留中间点
        d2 = m2;                             // 舍弃 B 中间点以后的部分,且保留中间点
      }
      else{                                  // 若元素为偶数个
        S1 = ml + 1;                         // 舍弃 A 中间点及中间点以前部分
        d2 = m2;                             // 舍弃 B 中间点以后部分且保留中间点
      }
    }  // 元素个数为偶数
    else{                                    // 满足条件③,a 为较大中位数
      if((s1 + d1)%2 = = 0){                 // 若元素个数为奇数
        d1 = m1;                             // 舍弃 A 中间点以后的部分,且保留中间点
        S2 = m2;                             // 舍弃 B 中间点以前的部分,且保留中间点
      }
      else{// 元素个数为偶数
        d1 = m1;                             // 舍弃 A 中间点以后部分,且保留中间点
        S2 = m2 + 1;                         // 舍弃 B 中间点及中间点以前部分
      }
    }
  }
  return   A[S1] < B[S2] ? A[S1]:B[S2];
}
```

（3）算法的时间复杂度为 $O(\log_2 n)$,空间复杂度为 $O(1)$ 。

1.2.3 线性表的链式存储结构和实现

1.单链表的存储方法

线性表的链式存储结构称为单链表。单链表是指通过一组任意的存储单元来存储线性表中的元素。这组存储单元可以连续也可以不连续,甚至可以零散分布在内存中的任意位置。

【说明】 注意存储要点:一组任意的存储空间。

2.单链表的存储结构的定义

为了能正确表示元素之间的逻辑关系,每个存储单元在存储数据元素的同时,还必须存储其后继元素所在的地址信息,这个地址信息称为指针,这两部分组成了数据元素的存储映象,称为结点,结点结构如图 1-1 所示。其中,data 为数据域,用来存放数据元素;next 为指针域,用来存放该结点的后继结点的地址。

图 1-1 单链表的结点结构

单链表的存储结构定义如下:

```
typedef struct node{
    ElemType   data;      // ElemType 表示不确定的数据类型
    struct node * next;  // 指针域
}LNode, * LinkList;
```

【说明】 单链表正是通过每个结点的指针域将线性表的数据元素按其逻辑次序链接在一起,由于每个结点只有一个指针域,故称为单链表。

3.头指针、尾标志及头结点

头指针指向第一个元素所在的结点。由于最后一个元素无后继,故最后一个元素所在的结点的域为空,这个空指针称为尾标志。

在单链表中,除了开始结点外,其他每个结点的存储地址都存放在其前驱结点的 next 域中,而开始结点是由头指针指示的。这个特例需要在单链表实现时做特殊处理,这增加了程序的复杂性。因此,通常在单链表的开始结点之前附设一个类型相同的结点,称为头结点。

4.单链表上的基本操作的实现

(1)顺序访问所有元素。

借助指针,“顺藤摸瓜”(沿着链表访问结点)。

(2)查找操作。

①基本思想:从头指针出发,设置一个工作指针 p,顺着 next 域逐个结点往下搜索。当 p 指向某结点时,判断是否为第 i 个结点,若是,则查找成功;否则,将工作指针 p 后移。对每个结点依次执行上述操作,直到 p 为 NULL 时查找失败。

②单链表查找操作的时间复杂度。查找算法的基本语句是工作指针 p 后移,该语句执行的次数与被查结点在表中的位置有关。在查找成功的情况下,若查找位置 $i(1 \leq i \leq n)$,则需要移动 $i-1$ 次,在等概率情况下,平均时间复杂度为 $O(n)$。

(3)单链表的插入。

插入操作是将值为 x 的新结点插入到单链表的第 i 个位置。

技巧:画图辅助分析。

算法思路:

①找到第 $i-1$ 个结点;若存在继续执行步骤(2),否则结束。

②申请、填装新结点。

③将新结点插入,结束。

插入算法的时间复杂度为 $O(n)$。

(4)单链表的删除。

删除操作是将单链表的第 i 个结点删除。

算法思路:

①找到第 $i-1$ 个结点;若存在继续执行步骤(2),否则结束。

③若存在第 i 个结点则继续执行步骤(3),否则结束。

③删除第 i 个结点,结束。

删除算法的时间复杂度为 $O(n)$。

【说明】 ①在单链表上插入、删除一个结点,必须知道其前驱结点。②单链表不具有按序号随机访问的特点,只能从头指针开始一个个按顺序进行。

(5)求单链表的表长。

计算单链表中元素结点(不含头结点)的个数,从首结点开始依次按顺序访问表中的每个结点,为此需要设置一个计数器变量,每访问一个结点,计数器加 1,直到访问到 NULL 为止。而对于带头结点的单链表,则不需要单独处理。

【例3】 (2013 年考研真题)已知两个长度分别为 m 和 n 的升序链表,若将它们合并为一个长度为 $m+n$ 的降序链表,则最坏情况下的时间复杂度是   (   )

A. $O(n)$ B. $O(m \times n)$ C. $O(\min(m,n))$ D. $O(\max(m,n))$

【答案】 D

【解析】 两个升序链表合并,两两比较表中元素,每比较一次确定一个元素的链接位置(取较小元素,采用头插法)。当一个链表比较结束后,将另一个链表的剩余元素插入即可。最坏的情况是将两个链表中的元素依次进行比较,直到两个链表都到表尾,即每个元素都经过比较,时间复杂度为 $O(m+n) = O(\max(m,n))$。

【例4】 (2012 年考研真题)假定采用带头结点的单链表保存单词,当两个单词有相同的后缀时,则可共享相同的后缀存储空间,例如,"loading" 和 "being" 的存储映像如图 $1-2$ 所示。

设 str1 和 str2 分别指向两个单词所在单链表的头结点,链表结点结构为(data,next),请设计一个时间上尽可能高效的算法,找出由 str1 和 str2 所指向两个链表共同后缀的起始位置(如图中字符 i 所在结点的位置 p)。要求:

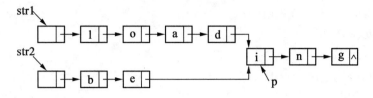

图1-2 共享相同后缀存储空间两个单词链表

(1)给出算法的基本设计思想;

(2)根据设计思想,采用C或C++或Java语言描述算法,关键之处给出注释;

(3)说明你所设计算法的时间复杂度和空间复杂度。

【答案】 顺序遍历两个链表到尾结点时,并不能保证两个链表同时到达尾结点。这是因为两个链表的长度不同。假设一个链表比另一个链表长 k 个结点,我们先在长链表上遍历 k 个结点,之后同步遍历两个链表,这样就能够保证它们同时到达最后一个结点。由于两个链表从第一个公共结点到链表的尾结点都是重合的,所以它们肯定同时到达第一个公共结点,如图1-3所示。

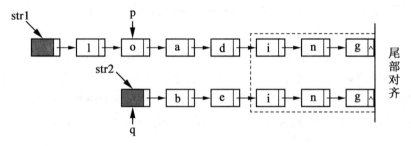

图1-3 共享相同后缀的两个单词链表分析

(1)算法的基本设计思想:

①在图1-3中,分别求出 str1 和 str2 所指的两个链表的长度 m 和 n。

②将两个链表以表尾对齐。令指针 p、q 分别指向 str1 和 str2 的头结点,若 $m \geq n$,则使 p 指向链表 str1 中的第 $m-n+1$ 个结点;若 $m < n$,则使 q 指向链表 str2 中的第 $n-m+1$ 个结点,即使指针 p 和 q 所指的结点到表尾的长度相等。

③反复将指针 p 和 q 同步向后移动,并判断它们是否指向同一结点。若 p 和 q 指向同一结点,则该点即为所求的共同后缀的起始位置。

(2)算法的C语言代码描述:

```
typedef char ElemType;              // 链表数据的类型定义
typedef struct LNode{               // 链表结点的结构定义
    ElemType   data;                // 结点数据
    struct Lnode * next;            // 结点链接指针
}LNode, * LinkList;
LinkList Find_lst_Common(LinkList str1,LinkList str2){/* 求 str1 和 str2 所指向的两个链表共同后缀的
                                        起始位置 */

    LinkList   p, q;
```

```
p = str1 - > next;   q = str2 - > next;
int len1 = 0, len2 = 0;
while( p! = NULL)
    | len1 + +;   p = p - > next;   |
while( q! = NULL)
    |len2 + +;   q = q - > next;   |
for( p = str1;len1 > len2;len1 - - )              // 使 p 指向的链表与 q 指向的链表等长
    p = p - > next;
for( q = str2;len1 < len2;len2 - - )              // 使 q 指向的链表与 p 指向的链表等长
    q = q - > next;
while ( p - > next! = NULL && p - > next! = q - > next) |      // 查找共同后缀起始点
    p = p - > next;                              // 两个指针同步向后移动
    q = q - > next;   |
    return p - > next;                            // 返回共同后缀的起始点
|
```

（3）时间复杂度为 $O(len1 + len2)$ 或 $O(\max(len1,len2))$，其中 len1、len2 分别为两个链表的长度；空间复杂度为 $O(1)$。

【**例 5**】　（2015 年考研真题）用单链表保存 m 个整数，结点的结构为（data，link），且 $|data| \leq n$（n 为正整数）。现要求设计一个时间复杂度尽可能高效的算法，对于链表中 data 的绝对值相等的结点，仅保留第一次出现的结点而删除其余绝对值相等的结点。例如，若给定的单链表 head，如图 1 -4(a) 所示。则删除结点后的 head 如图 4(b) 所示。

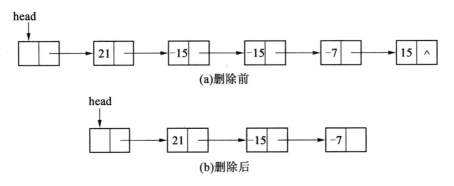

图 1 - 4　整数链表的存储结构

要求：

(1)给出算法的基本设计思想；

(2)使用 C 或 C + + 语言，给出单链表结点的数据类型定义；

(3)根据设计思想，采用 C 或 C + + 语言描述算法，关键之处给出注释；

(4)说明你所设计算法的时间复杂度和空间复杂度。

【**答案**】　（1）算法的基本设计思想。

因为题目要求设计一个时间复杂尽可能高效的算法，已知 $|data| \leq n$，所以，算法的核

心思想是用空间换时间。使用辅助数组记录链表中已出现的数值,通过对链表进行一趟扫描来完成删除。具体思路如下:

①申请大小为 $n+1$ 的辅助数组 q,并赋初值0;

②依次扫描链表中的各结点,同时检查 q[|data|] 的值,如果 q[|data|] 为0,即结点首次出现,则保留该结点,并置 q[|data|]=1;若 q[|data|] 不为0,则将该结点从链表中删除。

(2)使用 C 语言描述的单链表结点的数据类型定义。

```
typedef struct node{
    int    data;
    struct node  *link;
}LNode, *LinkList;
```

(3)算法实现。

```
void func(LinkList h,int n)
{                                        // 删除单链表中绝对值相等的结点
  LinkList p=h,r; int *q,m;
  q=(int *)malloc(sizeof(int) *(n+l));   // 申请 n+1 个位置的辅助空间
  for(int i=0;i<n+1;i++)                 // 数组元素初值置0
    *(q+i)=0;
  while(p->link! =NULL)
  {  m=p->link->data>0 ? p->link->data: -p->link->data;
    if(*(q+m) ==0)                       // 判断该结点的 data 是否已出现过
    {    *(q+m)=1;
    p=p->link;  }
    else                                 // 重复出现
    {  r=p->link;                        // 删除
      p->link=r->link;
      free(r);  }
    }
  free(q);
}
```

1.2.4　循环链表

1.循环链表的存储方法

在单链表中,如果将终端结点的指针域由空指针改为指向头结点,使整个单链表形成一个环,这种头尾相连的单链表称为循环单链表,简称循环链表。为了使空表和非空表的处理一致,通常也附设一个头指针,循环链表为了在结点插入数据,一般只设置尾指针 rear,如图 1−5 所示。

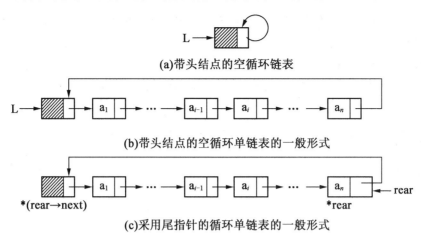

(a)带头结点的空循环链表

(b)带头结点的空循环单链表的一般形式

(c)采用尾指针的循环单链表的一般形式

图 1 - 5　循环链表存储示意图

2. 循环链表的存储结构定义

循环链表仅对单链表的连接方式稍做改变,因而其存储结构定义与单链表相同。

3. 循环链表上基本操作的实现

循环链表上基本操作的实现与单链表类似,不同之处仅在于循环条件不同,一般将循环条件设为 p！ = L 或 p – > next！ = L。

1.2.5　双向链表

1. 双向链表的存储方法

在单向链表的每个结点中再设置一个指向其前驱结点的指针域,就形成了双向链表。在实际应用中,通常采用带头结点的循环双向链表,如图 1 - 6 所示。

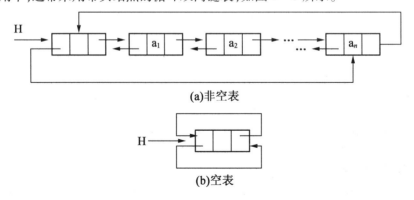

(a)非空表

(b)空表

图 1 - 6　双向链表中的结点插入

2. 双向链表的存储结构定义

双向链表的结点含有两个指针域,分别指向该结点的前驱结点和后继结点,其存储结构定义如下:

```
typedef struct dnode {
    ElemType data;                    // ElemType 表示不确定的数据类型
```

```
        struct dnode  * prior, * next;                    // prior 为前驱指针域,next 为直接后继指针域
      }DNode  , * DLinkList;
```

3. 双向链表上基本操作的实现

在循环双向链表中求表长、按位(序号)查找等操作的实现与单链表基本相同,不同的只是插入和删除操作。

(1)插入操作。

在结点 p 的前面插入一个新结点 s,插入示意图如图 1-7 所示。需要修改 4 个指针:

①s - > prior = p - > prior; ②p - > prior - > next = s; ③s - > next = p; ④p - > prior = s。

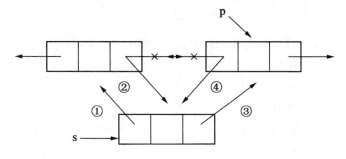

图 1-7 双向链表中插入结点

【**注意**】 指针修改的相对顺序。在修改第①和②步的指针时,要用到 p - > prior 以找到 p 的前驱结点,所以第④步指针的修改要在第①和②步的指针修改完成后才能进行。

(2)删除操作。

设指针 p 指向待删除结点,删除操作可通过下述两条语句完成:

①p - > prior - > next = p - > next;

②p - > next - > prior = p - > prior;

  free(p);

这两个语句的顺序是可以颠倒的,另外,虽然执行上述语句后结点 p 的两个指针域仍指向前驱和后继结点,但是在双向链表中已经找不到结点 p,而且执行完删除操作后,还要将结点 p 所占的存储空间释放,如图 1-8 所示。

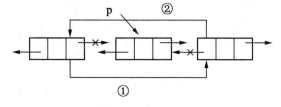

图 1-8 双向链表中删除结点

【**例6**】 (2016 年考研真题)已知一个带有表头结点的双向循环链表 L,结点结构为(prev,data,next),其中,prev 和 next 分别是指向其直接前驱和直接后继结点的指针。现要删除指针 p 所指的结点,正确的语句序列是   (   )

A. p - > next - > prev = p - > prev; p - > prev - > next = p - > prev; free(p);

B. p - > next - > prev = p - > next;p - > prev - > next = p - > next;free(p);

C. p - > next - > prev = p - > next;p - > prev - > next = p - > prev;free(p);

D. p - > next - > prev = p - > prev;p - > prev - > next = p - > next;free(p);

【答案】　D

【解析】　此类题的解题思路万变不离其宗,无论是链表的插入还是删除都必须保证不断链。

【课后习题】

一、选择题

1. (2016 年考研真题)已知表头元素为 c 的单链表在内存中的存储状态如下表所示。

地址	元素	链接地址
1000H	a	1010H
1004H	b	100CH
1008H	c	1000H
100CH	d	NULL
1010H	e	1004H
1014H		

现将 f 存放于 1014H 处并插入到单链表中,若 f 在逻辑上位于 a 和 e 之间,则 a、e、f 的"链接地址"依次是　　　　　　　　　　　　　　　　　　　　　(　)

A.1010H、1014H、1004H　　　　　　　B.1010H、1004H、1014H

C.1014H、1010H、1004H　　　　　　　D.1014H、1004H、1010H

二、算法设计题(综合应用题)

1. (2009 年考研真题)已知一个带有头结点的单链表,结点结构为(data,link),假设该链表只给出了头指针 list。在不改变链表的前提下,请设计一个尽可能高效的算法,查找链表中倒数第 k 个位置上的结点(k 为正整数)。若查找成功,算法输出该结点的 data 域的值,并返回 1;否则,只返回 0。要求:

(1)描述算法的基本设计思想;

(2)描述算法的详细实现步骤;

(3)根据设计思想和实现步骤,采用 C、C + + 或 Java 语言描述算法,关键之处请给出简要注释。

2. (2013 年考研真题)已知一个整数序列 $A = (a_0,a_1,\cdots,a_{n-1})$,其中 $0 \leq a_i < n(0 \leq i < n)$。若存在 $a_{p_1} = a_{p_2} = \cdots = a_{p_k} = \cdots = a_{p_m} = x$ 且 $m > n/2(0 \leq p_k < n,1 \leq k \leq m)$,则称 x 为序列 A 的主元素。例如,序列 A = (0,5,5,3,5,7,5,5),则 5 为主元素;又如,A = (0,5,5,3,5,1,5,7),则序列 A 中没有主元素。假设序列 A 中的 n 个元素保存在一个一维数组中,请设计一个尽可能高效的算法,找出数列 A 的主元素。若存在主元素,则输出该元素;否则输出 - 1。要求:

(1)给出算法的基本设计思想;

(2)根据设计思想,采用 C、C++ 或 Java 语言描述算法,关键之处给出注释;

(3)说明你所设计算法的时间复杂度和空间复杂度。

3.(2016 年考研真题)已知由 $n(n \geq 2)$ 个正整数构成的集合 $A = \{a_k | 0 \leq k < n\}$,将其划分为两个不相交的子集 A_1 和 A_2,元素个数分别是 n_1 和 n_2,A_1 和 A_2 中元素之和分别为 S_1 和 S_2。设计一个尽可能高效的划分算法,满足 $|n_1 - n_2|$ 最小且 $|S_1 - S_2|$ 最大。要求:

(1)给出算法的基本设计思想;

(2)根据设计思想,采用 C 或 C++ 语言描述算法,关键之处给出注释;

(3)说明你所设计算法的平均时间复杂度和空间复杂度。

4.(2018 年考研真题)给定一个含 $n(n \geq 1)$ 个整数的数组,请设计一个在时间上尽可能高效的算法,找出数组中未出现的最小正整数。例如,数组{-5,3,2,3}中未出现的最小正整数是 1;数组{1,2,3}中未出现的最小正整数是 4。要求:

(1)给出算法的基本设计思想;

(2)根据设计思想,采用 C 或 C++ 语言描述算法,关键之处给出注释;

(3)说明你所设计算法的时间复杂度和空间复杂度。

【课后习题答案】

一、选择题

1.【答案】　D

【解析】　根据单链表存储状态,可得到单链表的结构如下图所示。

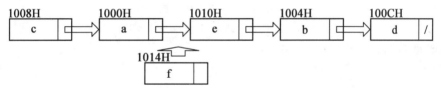

其中"链接地址"是指结点 next 所指的内存地址。当将 f 存放于 1014H 处并插入到 a 和 e 之间时,只需将 a 的链接地址修改为结点 f 的存储地址 1014H,同时将 f 的链接地址修改为 e 的存储地址 1004H。因此,a、e 和 f 的"链接地址"依次为 1014H、1004H 和 1010H。所以答案为 D。

二、算法设计题(综合应用题)

1.【答案】　(1)算法设计思想。

定义两个指针 p 和 q,初始时均指向头结点的下一个结点(链表的第一个结点)。p 指针沿链表移动,当 p 指针移动到第 k 个结点时,q 指针开始与 p 指针同步移动;当 p 指针移动到最后一个结点时,q 指针所指示结点为倒数第 k 个结点。以上过程对链表仅进行一遍扫描。

(2)算法的详细实现步骤。

①计数器 count = 0,p 和 q 指向链表表头结点的下一个结点。

②从首元结点开始顺着链域 link 依次向下遍历链表,若 p 为空,转步骤⑤。

③若 count 等于 k,则 q 指向下一个结点;否则,count = count + 1。

④p 指向下一个结点,转步骤②。

⑤若 count 等于 k,则查找成功,输出该结点的 data 域的值,返回 1;否则,查找失败,返回 0。

⑥算法结束。

(3)算法描述。

```
typedef   int   ElemType;                    // 链表结点的结构定义
typedef struct LNode{
   ElemType   data;                          // 结点数据
   struct Lnode   *link;                     // 结点链接指针
}LNode,*LinkList;
int Search_k(LinkList list,int k){
                                             /*查找链表 list 倒数第 k 个结点,并输出该结点 data
                                               域的值*/
   LinkList   p = list - >link,q = list - >link;  // 指针 p、q 指示第一个结点
   int    count = 0;                         // 计数,若 count < k 只移动 p
   while(p! = NULL){                         // 之后让 p、q 同步移动
     if(count < k)count + +;
     else   q = q - >link;
     p = p - >link;
   }// while
if(count < k)
   return 0;                                 // 若查找失败返回 0
else{
   printf("%d",q - >data);                   // 否则打印并返回 1
   return 1;   }
}// Search_k
```

2.【答案】　(1)算法思想。

主元素是数组中出现次数超过一半的元素。存在主元素时,所有非主元素的个数和必少于一半。如果让主元素与一个非主元素"配对",则最后多出来的元素就是主元素。

算法可分为以下两步。

①选取候选的主元素:依次扫描所给数组中的每个整数,将第一个遇到的整数保存到 key 中,计数为 1;若遇到的下一个整数仍等于 key,则计数加 1,否则计数减 1。当计数减到 0 时,将遇到的下一个整数保存到 key 中,计数重新记为 1,开始新一轮计数,即从当前位置开始重复上述过程,直到扫描完全部数组元素。

②判断 key 中元素是否是真正的主元素;再次扫描该数组,统计 key 中元素出现的次数,若大于 n/2,则为主元素;否则,序列中不存在主元素。

(2)算法描述。

```
int Majority(int   A[],int   n)
   {
```

```
  int i,key,count = 1;                    // key 用来保存候选主元素,count 用来计数
  key = A[0];                             // 设置 A[0] 为候选主元素
  for(i = 1;i < n;i + + )                 // 查找候选主元素
    if(A[i] = = key)
      count + + ;                         // 对 A 中的候选主元素计数
    else
      if(count > 0)                       // 处理不是候选主元素的情况
        count − − ;
      else                                // 更换候选主元素,重新计数
        {    key = A[i];
            count = 1; }
  if(count > 0)
    for(i = count = 0;i < n;i + + )       // 统计候选主元素的实际出现次数
      if(A[i] = = key)   count + + ;
  if(count > n/2)
    return key;                           // 确认候选主元素
  else
    return    − 1;                        // 不存在主元素
}
```

（3）算法分析。

算法时间复杂度为 $O(n)$ 时,空间复杂度为 $O(1)$。

3.【答案】　（1）算法思想。

将最小的 $\lfloor n/2 \rfloor$ 个元素放在 A_1 中,其余的元素放在 A_2 中,分组结果即可满足题目要求。该算法并不需要对全部元素进行全排列,仿照快速排序的思想,基于枢轴将 n 个整数划分为两个子集。根据划分后枢轴所处的位置 i 分以下三种情况处理:

①若 $i = \lfloor n/2 \rfloor$,则分组完成,算法结束;

②若 $i < \lfloor n/2 \rfloor$,则枢轴及之前的所有元素均属于 A_1,继续对 i 之后的元素进行划分;

③若 $i > \lfloor n/2 \rfloor$,则枢轴及之后的所有元素均属于 A_2,继续对 i 之前的元素进行划分。

基于该设计思想实现的算法,无须对全部元素进行全排序,其平均时间复杂度是 $O(n)$,空间复杂度是 $O(1)$。

（2）算法描述。

```
int setPartition(int a[],int n){          /* 将正整数构成的集合划分为两个不相交的子集 A₁
                                               和 A₂ */
  int pivotkey, low, low0, high, high0, flag, k, i;
  int s1 = 0,s2 = 0;                      // 分别记录 A₁ 和 A₂ 中元素的和
  low = 0;high = n − 1;                   // 分别指向表的下界和上界
  low0 = 0;high0 = n − 1;                 // 分别指向新表的下界和上界
  flag = 1;                              // 标记划分是否成功
  k = n/2;                               // 记录表的中间位置
  while (flag){
```

```
    piovtkey = a[low];                    // 选择枢轴
    while(low < high){                     // 从两端交替地向中间扫描
       while (low < high && a[high] > = pivotkey)
          - - high;                        // 从最右侧位置依次向左搜索
       if (low! = high) a[low] = a[high];
       while(low < high && a[low] < = pivotkey)
          + + low;                         // 从最左侧位置依次向右搜索
       if (low! = high) a[high] = a[low];
    }                                      // end of while (low < high)
    a[low] = givotkey;                     // 枢轴记录到位
    if (low = = k - 1)                     // 如果枢轴是第 n/2 小元素,划分成功
       flag = 0;
    else{                                  // 是否继续划分
       if(low < k - 1){                    // 满足条件②枢轴 low 及之前的元素均属于 A₁
          low0 = + + low:                  // 继续对 low 之后的元素进行划分
          high = high0;
       }
       else{                               // 满足条件③枢轴 low 及之后的元素均属于 A₂
          high0 = - - high;                // 继续对 low 之前的元素进行划分
          low = 1ow0;    }
       }
    }
    for(i = 0;i < k;i + +)   s1 + = a[i];   // 求 A₁ 中元素的和
    for(i = k;i < n;i + +)   s2 + = a[i];   // 求 A₂ 中元素的和
    return   s2 - s1;
}
```

(3)算法分析。

算法平均时间复杂度是 $O(n)$ 时,空间复杂度是 $O(1)$。

4.【答案】(1)算法思想。

题目要求算法时间上尽可能高效,因此采用空间换时间的办法。分配一个用于标记的数组 $B[n]$,用来记录 A 中是否出现了 $1\sim n$ 中的正整数,$B[0]$ 对应正整数 1,$B[n-1]$ 对应正整数 n,初始化 B 中全部为 0。由于 A 中含有 n 个整数,因此可能返回的值是 $1\sim n+1$,当 A 中 n 个数恰好为 $1\sim n$ 时返回 $n+1$。当数组 A 中出现了小于等于 0 或大于 n 的值时,会导致 $1\sim n$ 中出现空余位置,返回结果必然在 $1\sim n$ 中,因此对于 A 中出现了小于等于 0 或大于 n 的值可以不采取任何操作。

具体思路如下:

①从 $A[0]$ 开始遍历 A,若 $0 < A[i] \le n$,则令 $B[A[i]-1]=1$;否则不进行操作。

②开始遍历数组 B,若能查找到第一个满足 $B[i]==0$ 的下标 i,返回 $i+1$ 即为结果,此时说明 A 中未出现的最小正整数在 $1\sim n$ 之间。若 $B[i]$ 全部不为 0,返回 $i+1$,此时说明 A 中未出现的最小正整数是 $n+1$。

（2）算法描述。

```
int findMissMin(nt A[ ],int n)
{
    int   i, * B;                          // 标记数组
    B = (int * )malloc(sizeof(int) * n);   // 分配空间
    for(i = 0;i < n;i + + ) B[i] = 0;      // 赋初值为 0
    for(i = 0;i < n;i + + )
        if(A[i] > 0&&A[i] < = n)           // 若 A[i]的值介于 1~n,则标记数组 B
            B[A[i] - 1] = 1;
    for(i = 0;i < n;i + + )                // 扫描数组 B,找到目标值
        if (B[i] = = 0)   break;
    return   i + 1;                        // 返回结果
}
```

（3）算法分析。

时间复杂度为 $O(n)$。空间复杂度为 $O(n)$。

1.3 栈 和 队 列

1.3.1 栈

1. 栈的定义

栈是限定仅在表尾进行插入和删除操作的线性表。允许插入和删除的一端称为栈顶，另一端称为栈底，不含任何数据元素的栈称为空栈。

【说明】 插入操作也称入栈或压栈,删除操作也称出栈或弹栈。

2. 栈的操作特性

栈的操作具有后进先出的特性。

3. 栈的基本操作

通常,栈的基本操作有：

InitStack(&S)：初始化一个空栈 S。

Push(&S,x)：在栈 S 中插入一个元素 x。

Pop(&S,&x)：删除栈 S 的栈顶元素并给 x 返回。

GetTop(S,&x)：读取栈 S 的栈顶元素给 x 但不删除。

Empty(S)：如果栈 S 为空,返回 1,否则,返回 0。

4. 顺序栈及其实现

（1）顺序栈的存储结构定义。

栈的顺序存储结构称为顺序栈,通常把数组中下标为 0 的一端作为栈底,同时附设指针 top 指示栈顶元素在顺序栈中的位置。设数组长度为 StackSize,其存储结构定义如下：

```
#define StackSize 100
typedef struct{
    SElemType    data[StackSize];          // SElemType 表示不确定的数据类型
    int top;                               // top 为栈顶指针
}SeqStack;
```

（2）顺序栈基本操作的实现。

顺序栈的基本操作本质上是顺序表基本操作的简化，插入和删除操作只在栈顶（即表尾），栈空时栈顶指针 top = -1；栈满时栈顶指针 top = StackSize - 1；入栈时，栈顶指针加 1；出栈时，栈顶指针 top 减 1。

根据栈的操作定义很容易写出顺序栈的入栈和出栈算法。

5. 链式栈及其实现

（1）链栈的存储结构定义。

栈的链式存储结构称为链栈。通常链栈用单链表表示，其结点结构与单链表相同。

【说明】 链栈没有必要像单链表那样为了运算方便附加一个头结点。

（2）链栈上的基本操作的实现。

链栈的插入和删除操作只需处理栈顶，即第一个位置的情况。

顺序栈和链栈上基本操作的算法都比较简单，其时间复杂度均为 $O(1)$。

【例 1】 （2010 年考研真题）若元素 a、b、c、d、e、f 依次进栈，允许进栈、退栈操作交替进行，但不允许连续 3 次进行退栈操作，则不可能得到的出栈序列是   （   ）

A. d、c、e、b、f、a   B. c、b、d、a、e、f

C. b、c、a、e、f、d   D. a、f、e、d、c、b

【答案】 D

【解析】 方法一：（1）要得到 A 中的序列 d、c、e、b、f、a，可以进行以下操作：

Push(S,a)，Push(S,b)，Push(S,c)，Push(S,d)，Pop(S,d)，Pop(S,c)，Push(S,e)，Pop(S,e)，Pop(S,b)，Push(S,f)，Pop(S,f)，Pop(S,a)得到。

（2）要得到 B 中的序列 c、b、d、a、e、f，可以进行以下操作：

Push(S,a)，Push(S,b)，Push(S,c)，Pop(S,c)，Pop(S,b)，Push(S,d)，Pop(S,d)，Pop(S,a)，Push(S,e)，Pop(S,e)，Push(S,f)，Pop(S,f)得到。

（3）要得到 C 中的序列 b、c、a、e、f、d，可以进行以下操作：

Push(S,a)，Push(S,b)，Pop(S,b)，Push(S,c)，Pop(S,c)，Pop(S,a)，Push(S,d)，Push(S,e)，Pop(S,e)，Push(S,f)，Pop(S,f)，Pop(S,d)得到。

（4）要得到 D 中的序列 a、f、e、d、c、b，可以进行以下操作：

Push(S,a) Pop(S,a)，Push(S,b)，Push(S,c)，Push(S,d)，Push(S,e)，Push(S,f)，Pop(S,f)，Pop(S,e)，Pop(S,d)，Pop(S,c)，Pop(S,b)。

但题意要求不允许连续 3 次退栈操作，故 D 不可能得到。所以答案为 D。

方法二：先进栈的元素后出栈，进栈顺序为 a、b、c、d、e、f，故连续出栈时的序列必然是按字母表递序的，若出栈序列中出现了长度大于等于 3 的连续逆序子序列，则为不符合要求的出栈序列。所以答案为 D。

【例2】　（2013年考研真题）一个栈的入栈序列为$1,2,3,\cdots,n$，其出栈序列是$p_1,p_2,$ $p_3,\cdots,p_n$。若$p_2=3$，则p_3可能取值的个数是　　　　　　　　　　（　　）

A. $n-3$　　　　　　　B. $n-2$　　　　　　　C. $n-1$　　　　　　D.无法确定

【答案】　C

【解析】　根据栈的操作是先进后出可知，p_3可取3之后的$4,5,\cdots,n$（一直进栈，直到该元素入栈后马上出栈）。当$p_1=1$时，1进栈直接出栈，2进栈，3进栈，然后3出栈，2出栈，此时p_2可以取2；当$p_1=2$时，1进栈，2进栈，2出栈，3进栈，然后3出栈，1出栈，此时p_2可以取1。因此，除了3以外，其他的值均可以取到，故p_3可能取除3之外的所有数，个数为$n-1$，所以答案为C。

1.3.2　队列

1.队列的定义

队列是只允许在一端进行插入操作，而在另一端进行删除操作的线性表。允许插入的一端称为队尾，允许删除的一端称为队头。

【说明】　插入操作也称入队或进队，删除操作也称出队。

2.队列的操作特性

队列的操作具有先进先出的特性。

3.队列的基本操作

InintQueue(&Q)：初始化一个空队列Q。

EnQueue(&Q,x)：在队列Q的队尾插入一个元素x。

DeQueue(&Q,&x)：删除队列Q的队头元素并返回给x。

GetQueue(Q,&x)：读取队列Q的队头元素给x但不删除。

EmptyQueue(Q)：如果队列Q为空，则返回1；否则返回0。

4.队列的顺序存储及其实现

（1）顺序队列。

顺序队列是用数组存放队列元素，通常设置队头、队尾两个指针，并且约定：队头指针front指向队头元素的前一个位置，队尾指针rear指向队尾元素。队列操作示意图如图1-9(a)~(c)所示。

（2）顺序队列的"假溢出"现象。

随着插入和删除操作的进行，整个队列向数组中下标较大的位置移过去，从而产生了队列的"单向移动性"。当元素被插入到数组中下标最大的位置上后，队列的空间就用尽了。尽管此时数组的低端还有空闲空间，这种现象称为"假溢出"，如图1-9(d)所示。

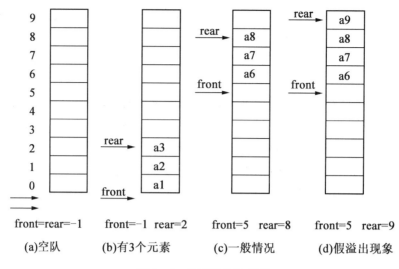

图 1 - 9　队列操作示意图

（3）循环队列。

解决假溢出的方法是将存储队列的数组看成是头尾相接的循环结构,即允许队列直接从数组中下标最大的位置延续到下标最小的位置,如图 1 - 10 所示,队列的这种头尾相接的顺序存储结构称为循环队列,也称环形队列。

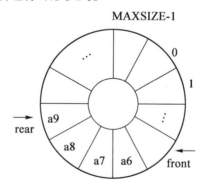

图 1 - 10　循环队列示意图

设数组长度为 MAXSIZE,循环队列的存储结构定义如下:

```
#define MAXSIZE 100
typedef   struct {
    QElemType   data[MAXSIZE];        // QElemType 表示不确定的数据类型
    int front , rear;                 // front 为队头指针,rear 为队尾指针
} CycQueue;
```

在循环队列中,在浪费一个数组元素空间的情况下,队列空的条件是 front == rear;队列满的条件是(rear + 1)% MAXSIZE == front;队列长度为(rear - front + MAXSIZE)% MAXSIZE。

（4）循环队列基本操作的实现。

根据循环队列的操作定义，很容易写出实现循环队列的入队和出队算法。

循环队列基本操作的实现非常简单，且时间复杂度均为 $O(1)$。

【例3】　（2011年考研真题）已知循环队列存储在一维数组 $A[0..n-1]$ 中，且队列非空时 front 和 rear 分别指向队头元素与队尾元素。若初始时队列为空，且要求第一个进入队列的元素存储在 $A[0]$ 处，则初始时 front 和 rear 的值分别是　　　　　　（　　）

A. $0,0$　　　　　　　B. $0,n-1$　　　　　　C. $n-1,0$　　　　　　D. $n-1,n-1$

【答案】　B

【解析】　根据题意，第一个元素进入队列后存储在 $A[0]$ 处，此时 front 和 rear 值都为 0。入队时由于要执行 $(rear+1)\ \%\ n$ 操作，所以如果入队后指针指向 0，则 rear 初值为 $n-1$，而由于第一个元素在 $A[0]$ 中，插入操作只改变 rear 指针，所以 front 为 0 不变。所以答案为 B。

5. 队列的链式存储及其实现

（1）链队列的存储结构定义。

队列的链式存储结构称为链队列。根据队列的先进先出原则，为了操作方便，设置队头指针指向链队列的头结点，队尾指针指向队列的终端结点。为了使空队列和非空队列的操作一致，链队列也加上头结点。链队列的存储结构定义如下：

```
typedef   struct   node{
  QElemType      data;
  struct   node   * next;
  } QNode;                        // 链队列结点的类型
typedef   struct {
  QNnode    * front , * rear;
  } LinkQueue;                    // 将头尾指针封装在一起的链队列
```

（2）链队列基本操作的实现。

链队列的基本操作本质上是单链表基本操作的简化，插入操作只考虑在尾部进行，删除操作只考虑在头部进行。

链队列的出队操作需要注意在队列长度为 1 时的特殊处理，其操作示意图如图 1 – 11 所示。

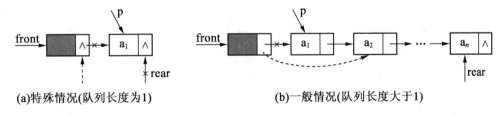

(a)特殊情况(队列长度为1)　　　　　　　(b)一般情况(队列长度大于1)

图 1 – 11　链队列出队操作示意图

【例4】　（2016年考研真题）设有如图 1 – 12 所示的火车车轨，入口到出口之间有 n 条轨道，列车的行进方向均为从左至右，列车可驶入任意一条轨道。现有编号为 1～9 的 9 列

列车,驶入的次序依次是8、4、2、5、3、9、1、6、7。若期望驶出的次序依次为1~9,则 n 至少是

（　　）

　　A. 2　　　　　　B. 3　　　　　　C. 4　　　　　　D. 5

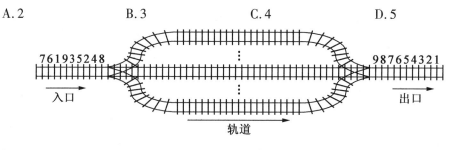

图 1-12　火车车轨

【答案】　C

【解析】　在确保队列先进先出原则的前提下,由题意可知:入队顺序为8、4、2、5、3、9、1、6、7,出队顺序为1、2、3、4、5、6、7、8、9。入口和出口之间有多个队列(n 条轨道),且每个队列(轨道)可容纳多个元素(多列列车)。如此分析:显然先入队的元素必须小于后入队的元素(如果8和4入同一队列,8在前4在后,那么出队时只能是8在前4在后),这样8入队列1,4入队列2,2入队列3,5入队列2(按照前面的原则"大的元素在小的元素后面"也可以将5入队列3,但这时剩下的元素3就必须放到一个新的队列里面,无法确保"至少",本应该是将5入队列2,再将3入队列3,不增加新队列的情况下,可以满足题意"至少"的要求),3入队列3,9入队列1,这时共占了3个队列,后面还有元素1,直接再占用一个新的队列4,1从队列4出队后,剩下的元素6和7或者入队到队列2或者入队到队列3(为简单起见我们不妨设 n 个队列的序号分别为 $1,2,\cdots,n$),这样就可以满足题目的要求。综上,共占用了4个队列。当然还有其他入队出队的情况。但要确保满足:①队列中后面的元素大于前面的元素;②确保占用最少(即满足题目中的"至少")的队列。

6. 双端队列

(1)定义。双端队列是限定插入和删除操作在表的两端进行的线性表。

(2)双端队列示意图如图 1-13 所示。

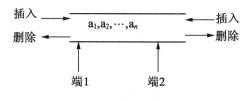

图 1-13　双端队列示意图

输出受限的双端队列:一端允许插入和删除,另一端只允许插入;

输入受限的双端队列:一端允许插入和删除,另一端只允许删除。

【例5】　(2014 年考研真题)循环队列放在一维数组 $A[0..M-1]$ 中,end1 指向队头元素,end2 指向队尾元素的后一个位置。假设队列两端均可进行入队和出队操作,队列中最多能容纳 $M-1$ 个元素。初始时为空。下列判断队空和队满的条件中,正确的是　　　（　　）

A. 队空:end1 = = end2;队满:end1 = = (end2 + 1) mod M

B. 队空:end1 = = end2;队满:end2 = = (end1 + 1) mod($M - 1$)

C. 队空:end2 = = (end1 + 1) mod M;队满:end1 = = (end2 + 1) mod M

D. 队空:end1 = = (end2 + 1) mod M;队满:end2 = = (end1 + 1) mod($M - 1$)

【答案】　A

【解析】　当头、尾指针的值相同时,则认为队空;而当尾指针在循环意义上加1后等于头指针时,则认为队满。本题中,end1 指向队头元素,end2 指向队尾元素的后一个位置,因此,队空:end1 = = end2;队满:end1 = = (end2 + 1) mod M,所以答案为 A。

7. 栈和队列的应用举例

(1)递归的定义。

递归就是子程序(或函数)直接调用自己或通过一系列调用语句间接调用自己,是一种描述问题和解决问题的基本方法。

(2)递归的两个基本要素。

①递归边界条件:确定递归到何时终止,也称递归出口。

②递归模式:大问题是如何分解为小问题的,也称递归体。

(3)递归函数的内部执行过程。

递归函数在执行时,系统需设立一个工作栈,递归调用的内部执行过程如下:

①运行开始时,为递归调用建立一个工作栈,其结构包括值参、局部变量和返回地址。

②每次执行递归调用之前,把递归函数的值参和局部变量的当前值以及调用后的返回地址压栈。

③每次递归调用结束后,将栈顶元素出栈,使相应的值参和局部变量恢复为调用前的值,然后转向返回地址指定的位置继续执行。

(4)汉诺塔问题。

①问题描述。汉诺塔问题来自一个古老的传说:有一座钻石宝塔(塔 A),其上有 64 个金碟:所有碟子按从大到小的次序从塔底堆放至塔顶。紧挨着这座塔有另外两个钻石宝塔(塔 B 和塔 C)。试图把塔 A 上的碟子移动到塔 C 上去,期间借助于塔 B 的帮助。每次只能移动一个碟子,任何时候都不能把一个碟子放在比它小的碟子上面。

②算法。对于汉诺塔问题的求解,可以通过以下 3 个步骤实现:

(a)将塔 A 上的 $n - 1$ 个碟子借助塔 C 先移到塔 B 上。

(b)把塔 A 上剩下的一个碟子移到塔 C 上。

(c)将 $n - 1$ 个碟子从塔 B 借助于塔 A 移到塔 C 上。

显然,这是一个递归求解的过程,具体算法(略)。

【例6】　(2012 年考研真题)求整数 $n(n \geq 0)$ 阶乘的算法如下,其时间复杂度是(　　　)

```
int  fact(int  n){
  if(n < =1)  return  1;
  else  return  n * fact(n - 1);
}
```

A. $O(\log_2 n)$　　　　B. $O(n)$　　　　C. $O(n\log_2 n)$　　　　D. $O(n^2)$

【答案】 B

【解析】 本算法是一个递归运算,设 fact(n)的运行时间函数是 $T(n)$。该函数中语句 "return 1;"的运行时间是 $O(1)$,语句"return $n*$fact($n-1$);"的运行时间是 $T(n-1)+O(1)$,其中 $O(1)$ 为常量运行时间。

递归的边界条件是 $n \leqslant 1$,每调用一次 fact( ),传入该层 fact( )的参数值减1。采用递归式来表示时间复杂度为

$$T(n) = \begin{cases} O(1), n \leqslant 1 \\ T(n-1)+1, n > 1 \end{cases}$$

则 $T(n) = T(n-1)+1 = T(n-2)+2 = \cdots = T(1)+n-1 = O(n)$,故时间复杂度为 $O(n)$。

(5)表达式求值。

①中缀表达式、后缀表达式及前缀表达式。在一个算术表达式中,如果每个二目运算符都位于两个运算对象的中间,则称这种表示方法为中缀表达式;如果每个二目运算符都位于两个运算对象的后面,则称这种表示方法为后缀表达式,也称逆波兰式;如果每个二目运算符都位于两个运算对象的前面,则称这种表示方法为前缀表达式。

②中缀表达式求值。中缀表达式求值通常使用"算符优先算法":根据四则运算规则,在运算的每一步中,任意两个相继出现的运算符 t 和 c 之间的优先关系至多是下面 3 种关系之一:

a.$t < c$:t 的优先级低于 c;

b.$t = c$:t 的优先级等于 c;

c.$t > c$:t 的优先级高于 c。

为实现算符优先算法,可以使用两个工作栈:一个栈 OPTR 存放运算符,另一个栈 OPND 存放操作数,中缀表达式用一个字符串数组存储。算法略。

【例7】 (2014 年考研真题)假设栈初始为空,将中缀表达式 a/b + (c * d − e * f)/g 转换为等价的后缀表达式的过程中,当扫描到 f 时,栈中的元素依次是　　　　　　　(　　)

A. + (* −　　　　　B. + (− *　　　　　C. / + (* − *　　　　D. / + − *

【答案】 B

【解析】 为实现中缀表达式转换为后缀表达式,可以使用一个工作栈 OPTR 寄存运算符,初始化为空栈;使用一个字符串 Postfix 寄存器转换得到的后缀表达式,初始化为空串。具体步骤如下:

(1)初始化 OPTR 栈,将表达式起始符"#"压入 OPTR 栈。

(2)扫描表达式,读入第一个字符 ch,如果表达式没有扫描完毕至"#"或 OPTR 的栈顶元素不为"#",则循环执行以下操作:

①若 ch 是数字,加入字符串 Postfix。

②若 ch 是运算符,则根据 OPTR 的栈顶元素和 ch 的优先级比较结果,做如下处理:

若是小于,则 ch 压入 OPTR 栈,读入下一字符 ch;

若是大于,则弹出 OPTR 栈顶的运算符,加入字符串 Postfix;

若是等于,则 OPTR 的栈顶元素是"("且 ch 是")",这时弹出 OPTR 栈顶的"(",相当于匹配成功,然后读入下一字符 ch。

③字符串 Postfix 中的元素即为后缀表达式,返回后缀表达式。

当扫描的中缀表达式结束时,栈中的所有运算符依次出栈加入后缀表达式,具体过程如表 1-2 所示。

表 1-2　中缀表达式 a/b+(c*d-e*f)/g 转换为后缀表达式的具体过程

待处理序列	OPTR 栈	字符串 Postfix	当前扫描元素	主要操作
a/b+(c*d-e*f)/g#	#		a	a 加入后缀表达式
/b+(c*d-e*f)/g#	#	a	/	/入栈
b+(c*d-e*f)/g#	#/	a	b	b 加入字符串 Postfix
+(c*d-e*f)/g#	#/	ab	+	+优先级低于栈顶的/,弹出/加入字符串 Postfix
+(c*d-e*f)/g#	#	ab/	+	+入栈
(c*d-e*f)/g#	#+	ab/	(	(入栈
c*d-e*f)/g#	#+(	ab/	c	c 加入字符串 Postfix
*d-e*f)/g#	#+(	ab/c	*	栈顶为(,*入栈
d-e*f)/g#	#+(*	ab/c	d	d 加入字符串 Postfix
-e*f)/g#	#+(*	ab/cd	-	-优先级低于栈顶的*,弹出*加入字符串 Postfix
-e*f)/g#	#+(	ab/cd*	-	栈顶为(,-入栈
e*f)/g#	#+(-	ab/cd*	e	e 加入字符串 Postfix
*f)/g#	#+(-	ab/cd*e	*	*优先级高于栈顶的-,*入栈
f)/g#	#+(-*	ab/cd*e	f	f 加入字符串 Postfix
)/g#	#+(-*	ab/cd*ef	)	弹出*加入字符串 Postfix
)/g#	#+(-	ab/cd*ef*	)	弹出-加入字符串 Postfix
)/g#	#+(	ab/cd*ef*-	)	弹出(消去一对括号
/g#	#+	ab/cd*ef*-	/	/优先级高于栈顶的+,/入栈
g#	#+/	ab/cd*ef*-	g	g 加入字符串 Postfix
#	#+/	ab/cd*ef*-g	#	弹出/加入字符串 Postfix
#	#+	ab/cd*ef*-g/	#	弹出+加入字符串 Postfix
#	#	ab/cd*ef*-g/+	#	完成

由此可知,当扫描到 f 时,栈中的元素依次是 +、(、*,故选 B。

在此,再给出中缀表达式转换为前缀或后缀表达式的手工做法,以上面给出的中缀表达式为例:

第一步:按照运算符的优先级对所有的运算单位加括号。式子变成((a/b)+((((c*d)-(e*f))/g))。

第二步:转换为前缀或后缀表达式。

前缀:把运算符号移动到对应的括号前面,则变成 +(/(ab)/(-(*(cd)*(ef))g))。把括号去掉:+/ab/-*cd*efg,前缀式子出现。

后缀:把运算符号移动到对应的括号后面,则变成$((ab)/(((cd)*(ef)*)-g)/)+$。把括号去掉:$ab/cd*ef*-g/+$,后缀式子出现。

当题目要求直接求前缀或后缀表达式时,这种方法会比上一种快捷得多。

【课后习题】

1.(2009 年考研真题)为解决计算机主机与打印机之间速度不匹配问题,通常设置一个打印数据缓冲区,主机将要输出的数据依次写入该缓冲区,而打印机则依次从该缓冲区中取出数据。该缓冲区的逻辑结构应该是　　　　　　　　　　　　　　　　　(　　)

A.栈　　　　　　　B.队列　　　　　　　C.树　　　　　　　D.图

2.(2009 年考研真题)设栈 S 和队列 Q 的初始状态均为空,元素 a、b、c、d、e、f、g 依次进入栈 S。若每个元素出栈后立即进入队列 Q,且 7 个元素出队的顺序是 b、d、c、f、e、a、g,则栈 S 的容量至少是　　　　　　　　　　　　　　　　　　　　　(　　)

A.1　　　　　　　B.2　　　　　　　C.3　　　　　　　D.4

3.(2010 年考研真题)某队列允许在其两端进行入队操作,但仅允许在一端进行出队操作。若元素 a、b、c、d、e 依次入此队列后再进行出队操作,则不可能得到的出队序列是

(　　)

A.b、a、c、d、e　　　B.d、b、a、c、e　　　C.d、b、c、a、e　　　D.e、c、b、a、d

4.(2011 年考研真题)元素 a、b、c、d、e 依次进入初始为空的栈中,若元素进栈后可停留、可出栈,直到所有元素都出栈,则在所有可能的出栈序列中,以元素 d 开头的序列个数是

(　　)

A.3　　　　　　　B.4　　　　　　　C.5　　　　　　　D.6

5.(2012 年考研真题)已知操作符包括" + "" - "" * ""/""("和")"。将中缀表达式 $a+b-a*((c+d)/e-f)+g$ 转换为等价的后缀表达式 $ab+acd+e/f-*-g+$ 时,用栈来存放暂时还不能确定运算次序的操作符,若栈初始时为空,则转换过程中同时保存在栈中的操作符的最大个数是　　　　　　　　　　　　　　　　　(　　)

A.5　　　　　　　B.7　　　　　　　C.8　　　　　　　D.11

6.(2015 年考研真题)已知程序如下:

```
int   S( int   n)
{   return   ( n < =0) ? 0:s(n-1) +n;   }
void   main( )
{   cout < <s(1);}
```

程序运行时使用栈来保存调用过程的信息,自栈底到栈顶保存的信息依次对应的是

(　　)

A. main(　　)→S(1)→S(0)　　　　　　B.S(0)→S(1)→main(　　)

C. main(　　)→S(0)→S(1)　　　　　　D.S(1)→S(0)→main(　　)

7.(2017 年考研真题)下列关于栈的叙述中,错误的是　　　　　　　　　(　　)

①采用非递归方式重写递归程序时必须使用栈

②函数调用时,系统要用栈保存必要的信息

③只要确定了入栈次序,就可确定出栈次序

④栈是一种受限的线性表,允许在其两端进行操作

A.①   B.①②③   C.①③④   D.②③④

8.(2018 年考研真题)若栈 S_1 中保存整数,栈 S_2 中保存运算符,函数 $F(\ )$ 依次执行下述各步操作:

(1)从栈 S_1 中依次弹出两个操作数 a 和 b;

(2)从栈 S_2 中弹出一个运算符 op;

(3)执行相应的运算 b op a;

(4)将运算结果压入栈 S_1 中。

假定栈 S_1 中的操作数依次是 5、8、3、2(2 在栈顶),栈 S_2 中的运算符依次是 *、−、+(+在栈顶),调用 3 次函数 $F(\ )$ 后,S_1 栈顶保存的值是   ( )

A. −15   B.15   C. −20   D.20

9.(2018 年考研真题)现有队列 Q 与堆栈 S,初始时 Q 中的元素依次是 1、2、3、4、5、6(1 在队头),S 为空。若仅允许下列 3 种操作:①出队并输出出队元素;②出队并将出队元素入栈;③出栈并输出出栈元素,则不能得到的输出序列是   ( )

A.1、2、5、6、4、3   B.2、3、4、5、6、1   C.3、4、5、6、1、2   D.6、5、4、3、2、1

【课后习题答案】

1.【答案】 B

【解析】 打印机取出数据的顺序与数据被写入缓冲区的顺序相同,缓冲区的作用是解决主机与打印机之间速度不匹配的问题,而不应改变打印数据的顺序。而队列正是一种先进先出的数据结构,所以答案为 B。

2.【答案】 C

【解析】 由于元素 a、b、c、d、e、f、g 依次进入栈 S,元素出栈后立即进入队列 Q。由于队列的特点是先进先出,即栈 S 的出栈顺序就是队 Q 的出队顺序。故本题只需注意栈的特点是先进后出。出入栈的详细过程见下表。

序列进栈和出栈详细过程

顺序	说明	栈 内	栈 外	顺序	说明	栈 内	栈 外
1	a 入栈	a		8	e 入栈	ae	bdc
2	b 入栈	ab		9	f 入栈	aef	bdc
3	b 出栈	a	b	10	f 出栈	ae	bdcf
4	c 入栈	ac	b	11	e 出栈	a	bdcfe
5	d 入栈	acd	b	12	a 出栈		bdcfea
6	d 出栈	ac	bd	13	g 入栈	g	bdcfea
7	c 出栈	a	bdc	14	g 出栈		bdcfeag

由上表可知,栈内的最大深度为 3,因此栈 S 的容量至少是 3,所以答案为 C。

3.【答案】 C

【解析】　方法一：本题的队列实际上是一个输出受限的双端队列。

(1)要得到 A 中的序列 b、a、c、d、e，可以进行以下操作：a 左入（或右入），b 左入，c 右入，d 右入，e 右入。

(2)要得到 B 中的序列 d、b、a、c、e，可以进行以下操作：a 左入（或右入），b 左入，c 右入，d 左入，e 右入。

(3)要得到 C 中序列 d、b、c、a、e，可以进行以下操作：a 左入（或右入），b 左入，因 d 未出，此时只能进队，c 不可能出现在 b 和 a 之间。

(4)要得到 D 中的序列 e、c、b、a、d，可以进行以下操作：a 左入（或右入），b 左入，c 左入，d 右入，e 左入。

方法二：队列是一种先进先出的线性表，初始化时队列为空，第 1 个元素 a 左入（或右入），而第 2 个元素 b 无论是左入还是右入都必与 a 相邻，而选项 C 中 a 与 b 不相邻，不符合题意。所以答案为 C。

4.【答案】　B

【解析】　方法一：d 为第一个出栈元素，则 d 之前的元素必定是进栈后在栈中停留。因而出栈顺序必为 d_c_b_a_,e 的顺序不定，在任一"_"上都有可能，一共有 4 种可能。

方法二：d 首先出栈，则 abc 停留在栈中，若 e 进栈后直接出栈，则出栈序列为 decba；若 c 先出栈，e 再进栈后出栈，出栈序列为 dceba；若 cb 先出栈，e 再进栈后出栈，得到出栈序列为 dcbea；若 cba 先出栈，e 再进栈后出栈，得到出栈序列 dcbae。即以元素 d 开头的序列个数是 4，所以答案为 B。

5.【答案】　A

【解析】　为了实现将中缀表达式转换为后缀表达式，可以使用一个工作栈 OPTR 寄存运算符，初始化为空栈；使用一个字符串 PostStr 寄存转换得到的后缀表达式，初始化为空串。

中缀表达式不仅依赖于运算符的优先级，而且要处理括号。后缀表达式的运算符在表达式的后面且没有括号，其形式已经包含了运算符的优先级。所以从中缀表达式转换到后缀表达式需要用运算符进行处理，使其包含运算符优先级的信息，从而转换为后缀表达式的形式。转换过程见下表。

中缀表达式 $a+b-a*((c+d)/e-f)+g$ 转换为后缀表达式

OPTR 栈	中缀未处理部分	后缀串 PostStr	说明
#	$a+b-a*((c+d)/e-f)+g\#$		a 加入后缀串 PostStr
#	$+b-a*((c+d)/e-f)+g\#$	a	+ 入栈 OPTR
#+	$b-a*((c+d)/e-f)+g\#$	a	b 加入后缀串 PostStr
#+	$-a*((c+d)/e-f)+g\#$	ab	+ 出栈 OPTR,加入 PostStr
#	$-a*((c+d)/e-f)+g\#$	ab+	− 入栈 OPTR
#−	$a*((c+d)/e-f)+g\#$	ab+	a 加入 PostStr
#−	$*((c+d)/e-f)+g\#$	ab+a	* 入栈 OPTR
#−*	$((c+d)/e-f)+g\#$	ab+a	(入栈 OPTR

续表

OPTR 栈	中缀未处理部分	后缀串 PostStr	说明
# − * (	(c + d) / e − f) + g#	ab + a	(入栈 OPTR
# − * ((	c + d) / e − f) + g#	ab + a	c 加入 PostStr
# − * ((	+ d) / e − f) + g#	ab + ac	+ 入栈 OPTR
# − * ((+	d) / e − f) + g#	ab + ac	d 加入 PostStr
# − * ((+	) / e − f) + g#	ab + acd	+ 从 OPTR 出栈，+ 加入 PostStr
# − * ((	) / e − f) + g#	ab + acd +	(从 OPTR 出栈，消去一对括号
# − * (	/ e − f) + g#	ab + acd +	/ 入栈 OPTR
# − * (/	e − f) + g#	ab + acd +	e 加入 PostStr
# − * (/	− f) + g#	ab + acd + e	/ 从 OPTR 出栈，/ 加入 PostStr
# − * (	− f) + g#	ab + acd + e/	− 入栈 OPTR
# − * (−	f) + g#	ab + acd + e/	f 加入 PostStr
# − * (−	) + g#	ab + acd + e/f	− 从 OPTR 出栈，− 加入 PostStr
# − * (	) + g#	ab + acd + e/f −	(从 OPTR 出栈，消去一对括号
# − *	+ g#	ab + acd + e/f −	* 从 OPTR 出栈，加入 PostStr
# −	+ g#	ab + acd + e/f − *	− 从 OPTR 出栈，加入 PostStr
#	+ g#	ab + acd + e/f − * −	+ 入栈 OPTR
# +	g#	ab + acd + e/f − * −	g 加入 PostStr
# +	#	ab + acd + e/f − * − g	+ 从 OPTR 出栈，加入 PostStr
#	#	ab + acd + e/f − * − g +	return PostStr

由表可知,栈中的操作符的最大个数为5。所以答案为 A。

6.【答案】 A

【解析】 递归调用函数时,在系统栈里保存的函数信息需满足先进后出的特点,依次调用了 main( )、S(1)、S(0),故栈底到栈顶的信息依次是 main( )、S(1)、S(0)。所以,答案为 A。

7.【答案】 C

【解析】 ①的反例:计算斐波那契数列迭代实现只需要一个循环即可实现。③的反例:入栈序列为 1、2,进行如下操作:PUSH、PUSH、POP、POP,出栈次序为 2、1;进行如下操作:PUSH、POP、PUSH、POP,出栈次序为 1、2。④:栈是一种受限的线性表,只允许在一端进行操作。因此②正确。故答案为 C。

8.【答案】 B

【解析】 根据题意,第一次调用:①从栈 S_1 中弹出 2 和 3;②从栈 S_2 中弹出 +;③执行 3 + 2 = 5;④将 5 压入栈 S_1 中,第一次调用结束后栈 S_1 中剩余 5、8、5(5 在栈顶),栈 S_2 中剩余 *、−(− 在栈顶)。第二次调用:①从栈 S_1 中弹出 5 和 8;②从栈 S_2 中弹出 −;③执行 8 − 5 = 3;④将 3 压入栈 S_1 中,第二次调用结束后栈 S_1 中剩余 5、3(3 在栈顶),栈 S_2 中剩余 *。第三次调用:①从栈 S_1 中弹出 3 和 5;②从栈 S_2 中弹出 *;③执行 5 × 3 = 15;④将 15 压入栈

S_1 中,第三次调用结束后栈 S_1 中仅剩余 15(栈顶),栈 S_2 为空。所以答案为 B。

9.【答案】 C

【解析】 根据题意,假设用 P 表示出队并输出出队元素操作;用 E 表示出队并将出队元素入栈操作;用 D 表示出栈并输出出栈元素操作。

(1)要得到 A 中的序列 1、2、5、6、4、3,可以进行以下操作:PPEEPPDD。

(2)要得到 B 中的序列 2、3、4、5、6、1,可以进行以下操作:EPPPPPD。

(3)要得到 C 中的序列 3、4、5、6、1、2,可以进行以下操作:首先输出 3,说明 1 和 2 必须先依次入栈,而此后 2 肯定比 1 先输出,因此无法得到 1、2 的输出顺序。

(4)要得到 D 中的序列 6、5、4、3、2、1,可以进行以下操作:EEEEEPDDDDD。

因此,答案为 C。

1.4　串 和 数 组

1.4.1　串

1. 串的概念

(1)串(或字符串)。串是指由零个或多个字符组成的有限序列,又称字符串,一般记为 $s = $ "$a_1 a_2 \cdots a_n$"。

(2)子串。串中任意个数的连续字符组成的子序列称为该串的子串。含有子串的串称为主串。

(3)串的长度。串中所包含的字符个数称为该串的长度。

(4)串相等。当且仅当两个串的长度相等并且各个对应位置上的字符都相同时,这两个串才是相等的。

(5)空串。空串指长度为零,即不包含任何字符的串。

(6)空格串(空白串)。空格串指所有字符都是空格的串。

2. 串的基本运算

(1)StrAssign(&s,chars)。其作用是将一个字符串常量赋给串 s,即生成一个其值等于 chars 的串 s。

(2)串赋值 StrCopy(&s,t)。其作用是将串变量 t 传给串变量 s。

(3)判相等 StrCompare(s,t)。若 s 与 t 的值相等,则返回(即运算结果)1;否则返回 0。

(4)求长 StrLength(s)。返回串 s 的长度。

(5)连接 Concat(&t,s1,s2)。用 t 返回由 s1 和 s2 连接而成的新串。

(6)求子串 SubString(s,i,j)。返回串 s 中从第 i 个字符开始的、由连续 j 个字符组成的子串。

(7)插入 InsertStr(&s,pos,t)。其作用是在串 s 的第 pos 个字符之前插入串 t。

(8)删除 DeleteStr(&s,pos,len)。其作用是从串 s 中删去从第 pos 个字符开始的长度为

len 的子串。

（9）替换 Replace（&s,v,t）。其结果是在串 s 中,将串 s 中的子串 v,用串 t 替换。

（10）串查找 Index（s,t,pos）:在主串 s 中第 pos 个字符之后查找第一次出现串 t 的位置。

【注意】 ①在长度为 n 的串"$a_1a_2\cdots a_n$"中,第 1 个字符为 a_1,第 2 个字符为 a_2,…,第 n 个字符为 a_n。

②空串的长度为 0,空格串的长度是指包含的空格个数。

③串是有限个字符的序列。

④串是一种特殊的线性表,其特殊性体现在数据元素是一个字符。

⑤空串与空格串是不相同的。

3. 串的存储方式

（1）顺序串（串的定长存储）。

①将串定义为字符数组,利用串名可以直接访问串值。

②数组要先分配好存储空间,存储空间就固定了。

③代码:

```
#define MaxSize   255                      // 用户能在 255 以内定义最大串长
typedef unsigned char Sstring[ MaxSize  +1];     // 0 号单元存放串的长度
```

（2）字符串的堆分配存储结构。

①用一组地址连续的存储单元依次存储串中的序列。

②程序运行时根据串的实际长度动态分配存储空间。

③代码:

```
typedef struct {
    char * ch;                          // ch 是地址,ch[i]或 * ch 是元素
    int length;                         // s 的长度 L 等于 s. length
} Hstring;
```

（3）字符串的链式存储。

串的链式存储结构有时称为链串。链串的组织形式与一般的链表类似。其主要的区别在于,链串中的一个结点可以存储多个字符。

通常将链串中每个结点所存储的字符个数称为结点大小。

链串结点大小的选择与顺序串的格式选择类似。结点越大,则存储密度越大,但一些操作如插入、删除、替换等有所不便,且可能引起大量字符移动,因此它适合于在串基本保持静态使用方式时采用。结点越小（如结点大小为 1）,运算处理越方便,但存储密度下降。

代码:

```
#define CHUNKSIZE   80                   // 可由用户定义的块大小
typedef   struct Chunk {
    char   ch[ CHUNKSIZE];
    struct Chunk  * next;                // 地址
} Chunk;
typedef    struct{
```

```
Chunk  * head, * tail;                        // 串的头和尾指针
int length;                                   // 串的当前长度
｜LString;
```

4. 串的模式匹配

设有主串 s 和子串 t,子串 t 的定位就是要在主串 s 中找到一个与子串 t 相等的子串。通常把主串 s 称为目标串,把子串 t 称为模式串,因此定位也称模式匹配。模式匹配成功是指在目标串 s 中找到一个模式串 t;否则指目标串 s 中不存在模式串 t。设串均采用串的定长存储结构。

(1)Brute – Force 算法。

Brute – Force 算法的思想是:从主串 s = "$s_1 s_2 \cdots s_n$" 的第 pos 个字符开始和模式串 t = "$t_1 t_2 \cdots t_m$" 中的第一个字符比较,若相等,则继续逐个比较后续字符:否则从主串 s 的下一个字符开始重新与模式串 t 的第一个字符进行比较。依次类推,若存在模式串中的每个字符依次和主串中的一个连续字符序列相等,则匹配成功,函数返回模式串 t 中第一个字符在主串 s 中的位置;否则,匹配失败,函数返回 0。

由上述算法过程可以推知以下两点:

①第 $k(k \geqslant 1)$ 次比较是从 s 中的第 k 个字符 s_k 开始与 t 中的第一个字符 t_1 比较。

②设某一次匹配有 $s_i \neq t_j$,其中 $1 \leqslant i \leqslant n, 1 \leqslant j \leqslant m, i \geqslant j$,则应有 $s_{i-1} = t_{j-1}, \cdots, s_{i-j+2} = t_2$,$s_{i-j+1} = t_1$。再由①知,下一次比较主串的第 $i - j + 2$ 字符 s_{i-j+2} 和模式串的第一个字符 t_1。

(2)算法时间复杂度。

该算法在最好情况下的时间复杂度为 $O(n + m)$;在最坏情况下的时间复杂度为 $O(n \times m)$。

(3)KMP 算法。

①串的模式匹配一般情况。一旦 s_i 和 t_j 比较不相等,主串 s 的指针不必回溯,主串 s_i 可直接与模式串 $t_k(1 \leqslant k < j)$ 比较,k 的决定与主串 s 并无关系,而只与模式串 t 本身的构成有关,即从模式串 t 本身就可求出 k 值。

一般情况,设 s = "$s_1 s_2 \cdots s_n$",t = "$t_1 t_2 \cdots t_m$",当 $s_i \neq t_j (1 \leqslant i \leqslant n - m, 1 \leqslant j < m)$ 时,存在 "$s_{i-j+1} s_{i-j+2} \cdots s_{i-1}$" = "$t_1 t_2 \cdots t_{j-1}$"。

若模式串中存在可互相重叠的真子串,则满足:

a. "$t_1 t_2 \cdots t_{k-1}$" = "$s_{i-k+1} s_{i-k+2} \cdots s_{i-1}$"

b. "$t_{j-k+1} t_{j-k+2} \cdots t_{j-1}$" = "$s_{i-k+1} s_{i-k+2} \cdots s_{i-1}$"(部分匹配)

c. "$t_1 t_2 \cdots t_{k-1}$" = "$t_{j-k+1} t_{j-k+2} \cdots t_{j-1}$"(真子串)

为此,定义 next[j] 函数,表明当模式中第 j 个字符与主串中相应字符"失配"时,在模式中需重新和主串中该字符进行比较的字符的位置。如下所示:

$$\text{next}[j] = \begin{cases} 0, j = 1 \\ \max\{k | 1 < k < j \text{ 且 "} t_1 \cdots t_{k-1} \text{" = "} t_{j-k+1} \cdots t_{j-1} \text{"}\}, \text{集合不为空} \\ 1, \text{其他情况} \end{cases}$$

②KMP 算法的思想。设 s 为主串,t 为模式串,并设 i 指针和 j 指针分别指示主串与模式串中正待比较的字符,令 i 的初值为 pos,j 的初值均为 1。若有 $s_i = t_j$,则 i 和 j 分别增 1;否

则,i 不变,j 退回到 $j=\text{next}[j]$ 的位置(即模式串右滑),比较 s_i 和 t_j,若相等,则指针各增 1,否则 j 再退回到下一个 $j=\text{next}[j]$ 的位置(即模式串继续右滑),再比较 s_i 和 t_j。依次类推,直到下列两种情况:一是 j 退回到某个 $j=\text{next}[j]$ 时有 $s_i=t_j$,则指针各增 1 后继续匹配;另一是退回到 $j=0$ 时,此时令指针各增 1,即下一次比较 s_{i+1} 和 t_1。

③KMP 算法(略)。

④如何求 next 函数值。

步骤 1:$\text{next}[1]=0$;表明主串从下一字符 s_{i+1} 起和模式串重新开始匹配。$i=i+1$;$j=1$。

步骤 2:设 $\text{next}[j]=k,1<k<j$,(不存在 $k'>k$ 满足下式成立)

有:"$t_1\cdots t_{k-1}$"="$t_{j-k+1}\cdots t_{j-1}$",则 $\text{next}[j+1]=$?

①若 $t_k=t_j$,则有"$t_1\cdots t_{k-1}t_k$"="$t_{j-k+1}\cdots t_{j-1}t_j$",有 $\text{next}[j+1]=k+1=\text{next}[j]+1$。

②若 $t_k\neq t_j$,可把求 next 值问题看成是一个模式匹配问题,整个模式串既是主串,又是子串。

若 $t_{k'}=t_j(1<k'<k<j)$,则有"$t_1\cdots t_{k'}$"="$t_{j-k'+1}\cdots t_j$",有 $\text{next}[j+1]=k'+1=\text{next}[k]+1=\text{next}[\text{next}[j]]+1$。

若 $t_{k''}=t_j(1<k''<k'<j)$,则有"$t_1\cdots t_{k''}$"="$t_{j-k''+1}\cdots t_j$",有 $\text{next}[j+1]=k''+1=\text{next}[k']+1=\text{next}[\text{next}[k]]+1$。

…

$\text{next}[j+1]=1$。

例如:串"abcaabbcabcaabdab"的 next 数组计算过程见表 1-3。

表 1-3　串"abcaabbcabcaabdab"的 next 数组计算过程

j	1	2	3	4	5	6	7	8	9	10	11	12	13	14	15	16	17
模式串	a	b	c	a	a	b	b	c	a	b	c	a	a	b	d	a	b
$\text{next}[j]$	0	1	1	1	2	2	3	1	1	2	3	4	5	6	7	1	2

⑤将 $\text{next}[j]$ 修正为 $\text{nextval}[j]$。

前面定义的 next 函数在某些情况下尚有缺陷。由此可得计算 next 函数修正值的算法 nextval。

求 $\text{nextval}[j]$ 的规则:

a. 当 $t[j]==t[\text{next}[j]]$,则 $\text{nextval}[j]=\text{nextval}[\text{next}[j]]$。

b. 当 $t[j]\neq t[\text{next}[j]]$,则 $\text{nextval}[j]=\text{next}[j]$。

例如:串"abcaabbcabcaabdab"的 next 数组计算过程见表 1-4。

表 1-4　串"abcaabbcabcaabdab"的 nextval 数组计算过程

j	1	2	3	4	5	6	7	8	9	10	11	12	13	14	15	16	17
模式串	a	b	c	a	a	b	b	c	a	b	c	a	a	b	d	a	b
$\text{next}[j]$	0	1	1	1	2	2	3	1	1	2	3	4	5	6	7	1	2
$\text{nextval}[j]$	0	1	1	0	2	1	3	1	0	1	1	0	2	1	7	0	1

(4)整体复杂度分析。

如果从字符串 s(长度为 n)中匹配字符串 t(长度为 m),对 t 进行遍历,求一个 next 数组复杂度为 $O(m)$,根据 next 数组匹配,当出现 $s[i] \neq t[j]$ 时,下一次应该比较 $s[i]$ 和 $t[next[j]]$,不需要回溯,时间复杂度为 $O(n)$,因此,总的 KMP 时间复杂度为 $O(n+m)$。

【例 1】 (2015 年考研真题)已知字符串 s 为 "abaabaabacacaabaabcc",模式串 t 为 "abaabc"。采用 KMP 算法进行匹配,第一次出现"失配"($s[i] \neq t[j]$)时,$i=j=5$,则下次开始匹配时,i 和 j 的值分别是 ( )

A. $i=1, j=0$ B. $i=5, j=0$ C. $i=5, j=2$ D. $i=6, j=2$

【答案】 C

【解析】 由题中"失配 $s[i] \neq t[j]$ 时,$i=j=5$"可知题中的主串和模式串的位序都是从 0 开始的。按照 next 数组生成算法手工计算,对于串 t 见表 1-6。

表 1-5 串 t 为 "abaabc" 的 next 计算

编号	0	1	2	3	4	5
t	a	b	a	a	b	c
next	-1	0	0	1	1	2

依据 KMP 算法"当失配时,i 不变,j 回退到 $next[j]$ 的位置并重新比较",当失配 $s[i] \neq t[j]$ 时,$i=j=5$,由表 1-5 不难得出 $next[j]=next[5]=2$(位序从 0 开始)。从而最后结果应为 $i=5$(i 保持不变),$j=2$。因此答案为 C。

1.4.2 多维数组

1. 数组的定义

数组是由类型相同的数据元素构成的有序集合,每个数据元素称为一个数组元素(简称元素),每个元素受 $n(n \geq 1)$ 个线性关系的约束,每个元素在 n 个线性关系中的序号 i_1, $i_2, \cdots, i_n$ 称为该元素的下标,并称该数组为 n 维数组。

2. 数组与线性表的关系

数组是线性表的推广。一维数组可以看作一个线性表;二维数组可以看作元素是线性表的线性表;以此类推。

3. 数组的基本操作

数组是一个具有固定格式和数量的数据集合,在数组上一般不能做插入、删除元素的操作。因此,在数组中通常只做以下两种操作:

(1)读取:给定一组下标,读取相应的数组元素。

(2)修改:给定一组下标,存储或修改相应的数组元素。

4. 数组的存储结构与寻址

由于在数组上一般不能进行插入、删除操作,因此,数组通常采用顺序存储结构,通常有两种映射方法,即按行优先和按列优先。

以二维数组为例,按行优先存储的基本思想是:先行后列,先存储行号较小的元素,行号相同者先存储列号较小的元素。设二维数组的行下标与列下标的范围分别为 $[l_1, h_1]$ 与

$[l_2,h_2]$,则任一元素 a_{ij} 的存储地址可由下式确定:

$$LOC(i,j) = LOC(l_1,l_2) + [(i-l_1) \times (h_2 - l_2 + 1) + (j - l_2)] \times c$$

式中,$i \in [l_1,h_1]$,$j \in [l_2,h_2]$ 且 i 与 j 均为整数;$LOC(l_1,l_2)$ 是二维数组中第一个元素 a_{l_1,l_2} 的存储地址,通常称为基地址;c 是每个元素所占存储单元数。

以二维数组为例,按列优先存储的基本思想是:先列后行,先存储列号较小的元素,列号相同者先存储行号较小的元素。任一元素存储地址的计算与按行优先存储类似。

1.4.3　特殊矩阵的压缩存储

1. 特殊矩阵的定义

特殊矩阵是指矩阵中有很多值相同的元素并且它们的分布具有一定的规律。

2. 矩阵压缩存储的基本思想

(1)为多个值相同的元素只分配一个存储空间。

(2)对零元素不分配存储空间。

3. 对称矩阵的压缩存储

对称矩阵关于主对角线对称,因此只需存储下三角(或上三角)部分即可。由于下三角中共有 $n \times (n+1)/2$ 个元素,可将这些元素按行存储到一个数组 $SA[n(n+1)/2]$ 中,如图 1-14 所示。这样,下三角中的元素 $a_{ij}(i \geq j)$ 存储到 $SA[k]$ 中。第 1 行存储 1 个元素,第 2 行存储 2 个元素……而 a_{ij} 的前面有 $i-1$ 行,共存储:$1 + 2 + \cdots + i - 1 = i \times (i-1)/2$ 个元素,而 a_{ij} 是它所在行的第 j 个元素,则 a_{ij} 是数组 SA 的第 $i \times (i-1)/2 + j$ 个元素。注意到 SA 的下标从 0 开始,因此元素 a_{ij} 在 SA 中的下标为

$$k = i \times (i-1)/2 + j - 1$$

对于上三角中的元素 $a_{ij}(i < j)$,因为 $a_{ij} = a_{ji}$,则访问和它对应的下三角中的元素 a_{ji} 即可,即

$$k = j \times (j-1)/2 + i - 1$$

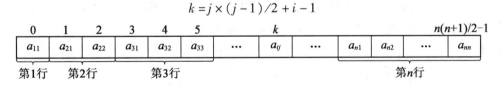

图 1-14　对称矩阵的压缩存储

4. 三角矩阵的压缩存储

下三角矩阵的压缩存储与对称矩阵类似,不同之处仅在于除了存储下三角中的元素以外,还要存储对角线上方的常数,如图 1-15 所示。

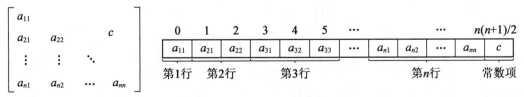

图 1-15　下三角矩阵的压缩存储

则下三角矩阵中任一元素 a_{ij} 在 SA 中的下标 k 与 i、j 的对应关系为

$$k = \begin{cases} i \times (i-1)/2 + j - 1, & i \geqslant j \\ n \times (n+1)/2, & i < j \end{cases}$$

对于上三角矩阵,其存储思想与下三角矩阵类似,按行存储上三角部分,最后存储对角线下方的常数,如图 1 − 16 所示。

第 1 行存储 n 个元素,第 2 行存储 $n-1$ 个元素……而 a_{ij} 的前面有 $i-1$ 行,共存储:$n + (n-1) + \cdots + (n-i+2) = (i-1) \times (2n-i+2)/2$ 个元素,而 a_{ij} 是它所在行的第 $(j-i+1)$ 个元素,所以,a_{ij} 是数组 SA 的第 $(i-1) \times (2n-i+2)/2i + (j-i+1)$ 个元素。注意到 SA 的下标从 0 开始,因此元素 a_{ij} 在 SA 中的下标为

$$k = (i-1) \times (2n-i+2)/2 - (j-i)$$

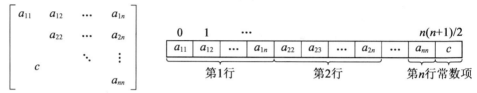

图 1 − 16 上三角矩阵的压缩存储

【例2】 (2018 年考研真题)设有一个 12×12 的对称矩阵 $\boldsymbol{M}$,将其上三角部分的元素 $m_{i,j}(1 \leqslant i \leqslant j \leqslant 12)$ 按行优先存入 C 语言的一维数组 N 中,元素 M_{66} 在 N 中的下标是 (   )

A.50   B.51   C.55   D.66

【答案】 A

【解析】 数组 N 的下标从 0 开始,第一个元素 $m_{1,1}$ 对应存入 n_0,矩阵 $\boldsymbol{M}$ 的第一行有 12 个元素,第二行有 11 个元素,第三行有 10 个元素,第四行有 9 个元素,第五行有 8 个元素,所以 $m_{6,6}$ 是第 $12+11+10+9+8+1=51$ 个元素,下标应为 50,故选 A。

5. 对角矩阵的压缩存储

对角矩阵的所有非零元素都集中在以主对角线为中心的带状区域中,除了主对角线和它的上下方若干条对角线的元素外,所有其他元素都为零。因此,对角矩阵也称带状矩阵,如图 1 − 17(a)所示。

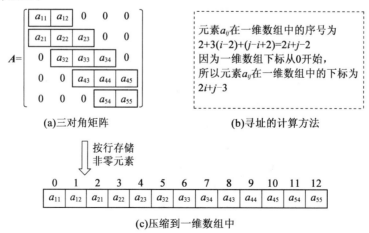

图 1 − 17 对角矩阵的压缩存储方法

一种压缩存储方法是将对角矩阵压缩到一维数组 SA 中去,按行存储其非零元素,按其压缩规律,找到相应的映像函数。如图 1 - 17(c)所示的映像函数为

$$k = 2 \times i + j - 3$$

【例3】 (2016 年考研真题)有一个 100 阶的三对角矩阵 M,其元素 $m_{i,j}$($1 \leqslant i \leqslant 100$,$1 \leqslant j \leqslant 100$)按行优先次序压缩存入下标从 0 开始的一维数组 N 中。元素 $m_{30,30}$ 在 N 中的下标是 （ ）

A. 86   B. 87   C. 88   D. 89

【答案】 B

【解析】 针对该题仅需将数字逐一代入公式 $k = 2i + j - 3$ 中即可。$k = 2 \times 30 + 30 - 3 = 87$,结果为 87。故选 A。

【注意】 矩阵和数组的下标是从 0 或 1 开始的(如矩阵可能从 a_{00} 或 a_{11} 开始,数组可能从 $B[0]$ 或 $B[1]$ 开始),这时就需要适时调整计算方法(这个方法无非是针对上面提到的公式 $k = 2 \times i + j - 3$ 多计算 1 或少计算 1 的问题)。

1.4.4　稀疏矩阵

1. 稀疏矩阵的定义

稀疏矩阵是指矩阵中大多数元素为零的矩阵。一般地,当非零元素个数只占矩阵元素总数的 25% ~ 30%,或低于 25% 时,称这样的矩阵为稀疏矩阵。

2. 稀疏矩阵的三元组表示法

对于稀疏矩阵的压缩存储要求在存储非零元素的同时,还必须存储该非零元素在矩阵中所处的行号和列号。我们将这种存储方法称为稀疏矩阵的三元组表示法。

每个非零元素在一维数组中的表示形式如下:

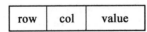

row	col	value

3. 稀疏矩阵的链式存储结构:十字链表

优点:它能够灵活地插入因运算而产生的新的非零元素,删除因运算而产生的新的零元素,实现矩阵的各种运算。

在十字链表中,矩阵的每一个非零元素用一个结点表示,该结点除了(row,col,value)以外,还要有以下两个域:

right:用于链接同一行中的下一个非零元素。

down:用以链接同一列中的下一个非零元素。

十字链表中结点的结构如下:

row	col	value
down		right

【例4】 (2017 年考研真题)适用于压缩存储稀疏矩阵的两种存储结构是 （ ）

A. 三元组表和十字链表   B. 三元组表和邻接矩阵

C. 十字链表和二叉链表   D. 邻接矩阵和十字链表

【答案】　A

【解析】　三元组的结点存储了行(row)、列(col)、值(value)三种信息,是主要用来存储稀疏矩阵的一种数据结构。十字链表将行单链表和列单链表结合起来存储在稀疏矩阵。邻接矩阵空间复杂度达 $O(n^2)$,不适于存储稀疏矩阵。二叉链表又称左孩子右兄弟表示法,可用于表示树或森林。因此答案为 A。

【课后习题】

一、选择题

1.(2001 年考研真题)下面关于串的叙述中,不正确的是　　　　　　　　　(　　)

A. 串是字符的有限序列

B. 空串是由空格构成的串

C. 模式匹配是串的一种重要运算

D. 串既可以采用顺序存储,也可以采用链式存储

2.(1999 年考研真题)若串 S_1 = "ABCDEFG", S_2 = "9898", S_3 = "###", S_4 = "012345",执行

concat(replace(S_1, substr(S_1, length(S_2), length(S_3)), S_3), substr(S_4, index(S_2, '8'), length(S2)))

其结果为　　　　　　　　　　　　　　　　　　　　　　　　　　　　(　　)

A. ABC###G0123　　B. ABCD###2345　　C. ABC###G2345　　D. ABC###2345

E. ABC###G1234　　F. ABCD###1234　　G. ABC###01234

3.(2000 年考研真题)设有两个串 p 和 q,其中 q 是 p 的子串,求 q 在 p 中首次出现的位置的算法称为　　　　　　　　　　　　　　　　　　　　　　　　　　(　　)

A. 求子串　　　　　B. 链接　　　　　C. 匹配　　　　　D. 求串长

4.(1996 年考研真题)已知串 S = "aaab",其 Next 数组值为　　　　　　(　　)

A. 0123　　　　　B. 1123　　　　　C. 1231　　　　　D. 1211

5.(1999 年考研真题)串"ababaaababaa"的 next 数组为　　　　　　　(　　)

A. 012345678999　　　　　　　　　B. 012121111212

C. 011234223456　　　　　　　　　D. 0123012322345

6.(1999 年考研真题)字符串"ababaabab"的 nextval 为　　　　　　　(　　)

A. (0,1,0,1,04,1,0,1)　　　　　　B. (0,1,0,1,0,2,1,0,1)

C. (0,1,0,1,0,0,0,1,1)　　　　　　D. (0,1,0,1,0,1,0,1,1)

7.(1998 年考研真题)模式串 t = "abcaabbcabcaabdab",该模式串的 next 数组的值为 (　　),nextval 数组的值为　　　　　　　　　　　　　　　　　　(　　)

A. 01112211123456712　　　　　　B. 01112121123456112

C. 01110013101100701　　　　　　D. 01112231123456712

E. 01100111011001701　　　　　　F. 0110213101102170

8.(2001 年考研真题)设有一个 10 阶的对称矩阵 A,采用压缩存储方式,以行序为主存

储,a_{11} 为第一元素,其存储地址为 1,每个元素占一个地址空间,则 a_{85} 的地址为　　　（　　）

A. 13　　　　　　　B. 33　　　　　　　C. 18　　　　　　　D. 40

9. （1997 年考研真题）设有数组 $A[i,j]$,数组的每个元素长度为 3 字节,i 的值为 1 到 8,j 的值为 1 到 10,数组从内存首地址 BA 开始顺序存放,当用以列为主存放时,元素 $A[5,8]$ 的存储首地址为　　　（　　）

A. BA + 141　　　B. BA + 180　　　C. BA + 222　　　D. BA + 225

10. （2001 年考研真题）数组 $A[0..5,0..6]$ 中的每个元素占五个字节,将其按列优先次序存储在起始地址为 1000 的内存单元中,则元素 $A[5,5]$ 的地址是　　　（　　）

A. 1175　　　　　B. 1180　　　　　C. 1205　　　　　D. 1210

11. （1998 年考研真题）将一个 $A[1..100,1..100]$ 的三对角矩阵,按行优先存入一维数组 $B[1 \cdots 298]$ 中,A 中元素 A_{6665}（即该元素下标 $i=66,j=65$）,在 B 数组中的位置 K 为　　　（　　）

A. 198　　　　　　B. 195　　　　　　C. 197

12. （1998 年考研真题）二维数组 A 的每个元素是由 6 个字符组成的串,其行下标 $i=0$,$1,\cdots,8$,列下标 $j=1,2,\cdots,10$。若 A 按行先存储,元素 $A[8,5]$ 的起始地址与当 A 按列先存储时的元素（　　）的起始地址相同。设每个字符占一个字节。

A. $A[8,5]$　　　B. $A[3,10]$　　　C. $A[5,8]$　　　D. $A[0,9]$

13. （1999 年考研真题）有一个 100×90 的稀疏矩阵,非 0 元素有 10 个,设每个整型数占 2 字节,则用三元组表示该矩阵时,所需的字节数是　　　（　　）

A. 60　　　　　　　B. 66　　　　　　　C. 18 000　　　　　D. 33

14. （2001 年考研真题）对稀疏矩阵进行压缩存储的目的是　　　（　　）

A. 便于进行矩阵运算　　　　　　　B. 便于输入和输出

C. 节省存储空间　　　　　　　　　D. 降低运算的时间复杂度

【课后习题答案】

1. B　2. E　3. C　4. A　5. C　6. A　7. D,F　8. B　9. B　10. B　11. B　12. B　13. C

1.5　树与二叉树

1.5.1　树的基本概念

1. 树的定义

树是 $n(n \geqslant 0)$ 个结点的有限集合。当 $n=0$ 时,称为空树;当 $n>0$ 时,该集合满足如下条件:

（1）其中必有一个称为根的特定结点,它没有直接前驱,但有零个或多个直接后继。

（2）当 $n>1$ 时,除根结点之外的其余结点可以划分成 $m(m \geqslant 0)$ 个互不相交的有限集合

$T_1, T_2, \cdots, T_m$，其中 T_i 又是一棵树，并称为这个根结点的子树。

【说明】 在树中常常将数据元素称为结点。

2. 树的基本术语

（1）结点的度。一个结点的子树个数称为此结点的度。

（2）叶结点。度为 0 的结点，即无后继的结点称为叶结点，也称终端结点。

（3）分支结点。度不为 0 的结点称为分支结点，也称非终端结点。

（4）结点的层数。从根结点开始定义，根结点的层次为 1，根的直接后继的层次为 2，以此类推。

（5）树的度。树中所有结点的度的最大值称为树的度。

（6）树的高度（深度）。树中所有结点的层次的最大值称为树的高度。

（7）有序树。在树 T 中，如果各子树 T_i 之间是有先后顺序的，则称为有序树。

（8）森林。$m(m \geq 0)$ 棵互不相交的树的集合构成森林。

【说明】 任何一棵树，删去根结点就变成了森林。

（9）孩子结点。一个结点的直接后继称为该结点的孩子结点。

（10）双亲结点。一个结点的直接前驱称为该结点的双亲结点。

（11）兄弟结点。同一双亲结点的孩子结点之间互称兄弟结点。

（12）堂兄弟结点。父亲是兄弟关系或堂兄关系的结点称为堂兄弟结点。

（13）祖先结点。从根结点到该结点的路径上的所有结点称为该结点的祖先结点。

（14）子孙结点。一个结点的直接后继和间接后继称为该结点的子孙结点。

【说明】 某结点子树中的任一结点都是该结点的子孙。

（15）路径及路径长度。如果树的结点序列 $n_1, n_2, \cdots, n_k$ 满足如下关系：结点 n_i 是结点 n_{i+1} 的双亲 $(1 \leq i < k)$，则将 $n_1, n_2, \cdots, n_k$ 称为一条由 n_1 至 n_k 的路径；路径上经过的边的个数称为路径长度。

（16）层序编号。将树中结点按照从上层到下层、同层从左到右的次序依次给它们编以从 1 开始的连续自然数，树的这种编号方式称为层序编号。

【说明】 通过层序编号可以将一棵树变成线性序列。

【例1】 （2010 年考研真题）在一棵度为 4 的树 T 中，若有 20 个度为 4 的结点，10 个度为 3 的结点，1 个度 2 的结点，10 个度为 1 的结点，则树 T 的叶结点个数是 （ ）

A. 41　　　　　B. 82　　　　　C. 113　　　　　D. 122

【答案】 B

【解析】 设树的叶子结点个数为 n_0。树的结点个数总计为：$n = 20 + 10 + 1 + 10 + n_0 = 41 + n_0$，而树 T 的分支个数为 $B = 20 \times 4 + 10 \times 3 + 1 \times 2 + 10 \times 1 = 122$。因为 $n = B + 1$，所以 $n_0 = 122 + 1 - 41 = 82$。

更普通的情况：已知一度为 m 的树中：n_1 个度为 1 的结点，n_2 个度为 2 的结点……n_m 个度 m 的结点，问该树中共有多少个叶子结点？

设该树的总结点数为 n，则

$$n = n_0 + n_1 + n_2 + \cdots + n_m$$

又　　　　　　　　　　$n = 分枝数 + 1 = 0 \times n_0 + 1 \times n_1 + 2 \times n_2 + \cdots + m \times n_m$

由上述两式可得　　　　　　　$n_0 = n_2 + 2n_3 + \cdots + (m-1)n_m + 1$

1.5.2　二叉树

1. 二叉树的定义

二叉树是 $n(n \geq 0)$ 个结点的有限集合,该集合或者为空集(称为空二叉树),或者由一个根结点和两棵互不相交的、分别称为根结点的左子树和右子树的二叉树组成。

2. 二叉树的特点

(1)每个结点最多有两棵子树,所以二叉树中不存在度大于 2 的结点。

(2)子树的次序不能任意颠倒,某结点即使只有一棵子树,也要区分是左子树还是右子树。

【说明】　二叉树和树是两种树结构。

3. 二叉树的基本形态

二叉树具有 5 种基本形态:①空二叉树;②只有一个根结点;③根结点只有左子树;④根结点只有右子树;⑤根结点既有左子树又有右子树。

4. 特殊的二叉树

(1)满二叉树。

深度为 2^k 且有 $2^k - 1$ 个结点的二叉树称为满二叉树。在满二叉树中,每层结点都是满的,即每层结点都具有最大结点数。

【说明】　①叶子结点都在最下一层;②只有度为 0 和度为 2 的结点。

(2)完全二叉树。

深度为 k,结点数为 n 的二叉树,如果其结点 $1 \sim n$ 的位置序号分别与满二叉树的结点 $1 \sim n$ 的位置序号一一对应,则为完全二叉树。

【说明】　①叶子结点只能出现在最下面两层,且最下层的叶子结点都集中在左面连续的位置;②如果有度为 1 的结点,则只可能有一个,且该结点只有左孩子。

满二叉树必为完全二叉树,而完全二叉树不一定是满二叉树。

5. 二叉树的基本性质

性质 1　在二叉树的第 i 层上至多有 2^{i-1} 个结点 $(i \geq 1)$。

性质 2　深度为 k 的二叉树至多有 $2^k - 1$ 个结点 $(k \geq 1)$。

性质 3　对任意一棵二叉树 T,若叶子结点的个数为 n_0,而其度为 2 的结点个数为 n_2,则 $n_0 = n_2 + 1$。

性质 4　具有 n 个结点的完全二叉树的深度为 $\lfloor \log_2 n \rfloor + 1$。

性质 5　对于具有 n 个结点的完全二叉树,如果按照从上到下和从左到右的顺序对二叉树中的所有结点从 1 开始顺序编号,则对于任意的序号 i 的结点有:

(1)当 $i = 1$ 时为根(无双亲);当 $i > 1$,则序号为 i 的结点的双亲结点是序号为 $\lfloor i/2 \rfloor$ 的结点。

(2)i 的左孩子是 $2i$，如果 $2i > n$，则无左孩子。

(3)i 的右孩子是 $2i+1$，如果 $2i+1 > n$，则无右孩子。

【例 2】 (2011 年考研真题)若一棵完全二叉树有 768 个结点，则该二叉树中叶子结点的个数是 （　　）

A. 257　　　　　　　B. 258　　　　　　　C. 384　　　　　　　D. 385

【答案】 C

【解析】 方法一：根据完全二叉树的性质可知，最后一个分支结点的序号为 $\lfloor n/2 \rfloor = \lceil 768/2 \rceil$，故叶子结点的个数为 $768 - 384 = 384$。

方法二：由二叉树的性质 $n = n_0 + n_1 + n_2$ 和 $n_0 = n_2 + 1$ 可知，$n = 2n_0 - 1 + n_1$，$2n_0 - 1 + n_1 = 768$。对于完全二叉树来说，n_1 只有两种可能，n_1 为 0 或 1。又因为 n_2 为整数，所以 n_1 只能为 1，$2n_0 = 768$，则 $n_0 = 384$。

方法三：完全二叉树的叶子结点只可能出现在最下两层，由题可计算完全二叉树的高度为 10。第 10 层的叶子结点数为 $768 - (2^9 - 1) = 257$；第 10 层的叶子结点在第 9 层共有 $\lceil 257/2 \rceil = 129$ 个父结点，第 9 层的叶子结点数为 $(2^9 - 1) - 129 = 127$，则叶子结点的总数为 $257 + 127 = 384$。

【例 3】 (2016 年考研真题)如果一棵非空 $k(k \geq 2)$ 叉树 T 中每个非叶结点都有 k 个孩子，则称 T 为正则 k 叉树。请回答下列问题并给出推导过程。

(1)若 T 有 m 个非叶结点，则 T 中的叶结点有多少个？

(2)若 T 的高度为 h(单结点的树 $h = 1$)，则 T 的结点数最多为多少个？最少多少个？

【答案】 (1)根据定义，正则 k 叉树中仅含有两类结点：叶结点(个数记为 n_0)和度为 k 的分支结点(个数记为 n_1)。树 T 中的结点总数 $n = n_0 + n_k = n_0 + m$。树中所含的边数 $e = n - 1$，这些边均为 m 个度为 k 的结点发出的，即 $e = m \times k$。整理得 $n_0 + m = m \times k + 1$，故 $n_0 = (k - 1) \times m + 1$。

(2)高度为 h 的正则 k 叉树 T 中，含最多结点的树形为：除第 h 层外，第 1 层到第 $h-1$ 层的结点都是度为 k 的分支结点；而第 h 层均为叶结点，即树是"满"树。此时第 $j(1 \leq j \leq h)$ 层结点数为 k^{j-1}，结点总数 M_1 为

$$M_1 = \sum_{j=1}^{h} k^{j-1} = \frac{k^h - 1}{k - 1}$$

含最少结点的正则 k 叉树的树形为：第 1 层只有根结点，第 2 层到第 $h-1$ 层仅含 1 个分支结点和 $k-1$ 个叶结点，第 h 层有 k 个叶结点。即除根外第 2 层到第 h 层中每层的结点数均为 k，故 T 中所含结点总数 M_2 为

$$M_2 = 1 + (h - 1) \times k$$

1.5.3 二叉树的存储结构

1. 二叉树的顺序存储结构

二叉树的顺序存储结构就是用一维数组存储二叉树中的结点。具体步骤如下：

(1)将二叉树按完全二叉树编号。根结点的编号为 1，若某结点 i 有左孩子，则其左孩

子的编号为 $2i$;若某结点 i 有右孩子,则其右孩子的编号为 $2i+1$。

(2)以编号作为下标,将二叉树中的结点存储到一维数组中。

二叉树顺序存储结构的定义如下:

```
#define Max_Tree_Size 100              // 二叉树的最大结点数
typedef TElemType SqBiTree[ Max_Tree_Size ];    // 0 号单元存储根结点
```

2. 二叉链表

二叉树的二叉链表存储的结点结如下:

lchild	data	rchild

其中:lchild 域指向该结点的左孩子;data 域记录结点的信息;rchild 域指向结点的右孩子。

二叉链表的存储结构定义如下:

```
typedef struct BiNode{
    TElemType   data;                    // TElemType 表示不确定的数据类型
    struct BiNode  * lchild, * rchild;   // 左右孩子指针
} BiNode, * bitree;                      // bitree 表示二叉链表的头指针
```

3. 三叉链表

在二叉链表的结点中设置指向该结点的双亲结点的指针,就构成了三叉链表,结构如下:

lchild	data	parent	rchild

三叉链表的存储结构定义如下:

```
typedef   struct TriNode{
    TElemType   data;                           // TElemType 表示不确定的数据类型
    struct TriNode  * lchild, * rchild, * parent;  // parent 指向该结点的双亲
} TriNode, * root;                              // 三叉链表的头指针
```

1.5.4　二叉树的遍历

1. 遍历的定义

所谓遍历是指按一定的规律对二叉树中每个结点进行访问且仅访问一次。

【说明】 访问是一个抽象操作,在实际应用中,可以是对结点进行的各种处理。

2. 二叉树的遍历次序的定义

(1)先序遍历(也称先根遍历、前序遍历)。

若二叉树为空,则空操作返回;否则依次执行如下 3 个操作:

①访问根结点;

②按先序遍历左子树;

③按先序遍历右子树。

(2)中序遍历(也称中根遍历)。

若二叉树为空,则空操作返回;否则依次执行如下 3 个操作:

①按中序遍历左子树；

②访问根结点；

③按中序遍历右子树。

（3）后序遍历（也称后根遍历）。

若二叉树为空，则空操作返回；否则依次执行如下 3 个操作：

①按后序遍历左子树；

②按后序遍历右子树；

③访问根结点。

（4）层序遍历。

二叉树的层序遍历是从二叉树的第一层（根结点）开始，从上至下逐层遍历，在同一层中，则按从左到右的顺序对结点逐个访问。

【说明】　先序、中序、后序遍历是递归定义的，即在其子树中也按上述规律进行遍历。

3. 二叉树遍历的递归算法

二叉树遍历算法采用二叉链表作为存储结构。根据二叉树遍历操作的定义，很容易写出遍历操作的递归算法。

（1）先序遍历递归算法。

（2）中序遍历递归算法。

（3）后序遍历递归算法。

4. 递归算法的时间复杂度分析

设二叉树有 n 个结点，对每个结点都要进行一次入栈和出栈的操作，即入栈和出栈各执行 n 次，对结点的访问也是 n 次。因此，二叉树递归遍历算法的时间复杂度为 $O(n)$。

5. 二叉树遍历的非递归算法

（1）二叉树先序非递归遍历算法。

二叉树先序遍历的非递归算法的关键是：在先序遍历某结点的整个左子树后，如何找到该结点的右子树的根指针。

解决方法：在访问完某结点后，将该结点的指针保存在栈中，以便以后能通过它找到该结点的右子树。先序遍历的非递归算法用伪代码描述如下：

步骤 1：栈 S 初始化

步骤 2：循环直到 root 为空且栈 S 为空

　　2.1 当 root 不为空时循环

　　　　2.1.1 输出 root→data

　　　　2.1.2 将指针 root 保存到栈中

　　　　2.1.3 继续遍历 root 的左子树

　　2.2 如果栈 S 不空，则

　　　　2.2.1 将栈顶元素弹出至 root

　　　　2.2.2 准备遍历 root 的右子树

下面给出具体的二叉树先序遍历的非递归算法。

```
// 非递归先序遍历算法
```

```
void preorder1(bitree   root) {
    bitree   S[Max_Tree_Size], p;              // 定义顺序栈 S
    int top = 0;                               // 定义栈顶指针及栈 S 初始化
    p = root;
    while(p || top > 0)
    {   while(p)
        {   cout < <p - >data < <"   ";        // 访问根结点
            top + +; s[top] = p;               // 指针 p 入栈
            p = p - >lchild;          }
        if(top > 0)
        {   p = S[top];    - -top;
            p = p - >rchild;          }
    }
}
```

(2)二叉树中序遍历非递归算法。

在二叉树的中序遍历非递归算法中,访问结点的操作发生在该结点的左子树遍历完毕并准备遍历右子树时,所以,在遍历过程中遇到某结点时不能立即访问它,而是将它压栈,等到它的左子树遍历完毕后,再从栈中弹出并访问之。因此,中序遍历的非递归算法只需将先序遍历的非递归算法中的输出语句 printf(root→data)移到 2.2.1 之后即可。

(3)二叉树后序遍历非递归算法。

在后序遍历非递归算法中,每个结点要出两次栈,其含义与处理方法如下:

①第一次出栈:若只遍历完左子树,右子树尚未遍历,则该结点不出栈,利用栈顶结点找到它的右子树,准备遍历它的右子树。

②第二次出栈:遍历完右子树,将该结点出栈,并访问之。

因此,为了区别同一个结点的两次出栈,设置标志 flag,令:

$$flag = \begin{cases} 1, & (\text{第一次出栈,只遍历完左子树,该结点不能访问}) \\ 2, & (\text{第二次出栈,遍历完右子树,该结点可以访问}) \end{cases}$$

则栈元素的类型定义如下:

```
struct Element {
    bitree   pp;
    int flag;
} ss[Max_Tree_Size];
```

二叉树后序遍历的非递归算法用伪代码描述如下:

步骤 1:栈 S 初始化

步骤 2:循环直到 root 为空且栈 S 为空

　　2.1 当 root 非空时循环

　　　　2.1.1 将 root 连同标志 flag = 1 入栈

　　　　2.1.2 继续遍历 root 的左子树

　　2.2 当栈 S 非空且栈顶元素的标志为 2 时,出栈并输出栈顶结点

　　2.3 若栈 S 非空,将栈顶元素的标志改为 2,准备遍历栈顶结点的右子树

　二叉树的后序遍历非递归算法:

```
void pasorder(bitree  root) {
  struct Element {
    bitree   pp;
    int flag;
  } ss[Max_Tree_Size];
  int top;  bitree  p;
  top = 0;  p = root;
  while(p || top > 0) {
    while(p)
    { top + + ;  ss[top].flag = 1;
      ss[top].pp = p;                    // 结点的标志和指针入栈
      p = p - > lchild; }
    if(top > 0)
      if(ss[top].tag = = 1)
        { ss[top].flag = 2;
          p = ss[top].pp;               // 注意栈顶元素不出栈
          p = p - > rchild; }
      else  { p = ss[top].pp;
              cout < < p - > data < < "  ";    // 出栈并取出栈元素的指针域
              top - - ;     p = NULL; }
  }
}
```

(4)二叉树的层序遍历算法。

在进行层序遍历时,需设置一个队列存放已访问的结点。算法用伪代码描述如下:

步骤 1:队列 Q 初始化

步骤 2:如果二叉树非空,将根指针入队

步骤 3:循环直到队列 Q 为空

　　3.1 q = 队列 Q 出队

　　3.2 访问结点 q 的数据域

　　3.3 若结点 q 存在左孩子,则将左孩子指针入队

　　3.4 若结点 q 存在右孩子,则将右孩子指针入队

【例 4】 (2011 年考研真题)若一棵二叉树的前序遍历序列和后序遍历序列分别为 1、2、3、4 和 4、3、2、1,则该二叉树的中序遍历序列不会是　　　　　　　　　　　(　　)

A.1、2、3、4　　　　　　B.2、3、4、1　　　　　　C.3、2、4、1　　　　　　D.4、3、2、1

【答案】 C

【解析】 方法一:由于前序序列和后序序列刚好相反,故不可能存在一个结点同时存在左、右孩子,即可以断定此二叉树必为单支链,二叉树的高度为 4。由前序遍历序列可知,

1 为根结点,则在中序遍历序列中,1 只能在序列首或序列尾且不能同时有左、右孩子,此时 A、B、C、D 皆满足要求。再考虑以 1 的孩子 2 为根结点的子树,在以 2 为根结点的子树的中序序列中,2 只能在序列首或序列尾且不能同时有左、右孩子,A、B、D 皆满足要求,C 选项不满足,所以答案为 C。

方法二:画出各选项与题干信息所对应的二叉树,如图 1 - 18 所示,故 A、B、D 均满足。

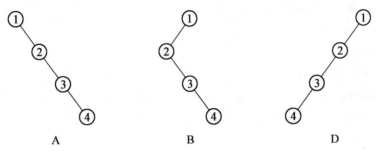

图 1 - 18 由先序、后序序列对应的二叉树

【例5】 (2014 年考研真题)二叉树的带权路径长度(wpl)是二叉树中所有叶结点的带权路径长度之和。给定一棵二叉树 T,采用二叉链表存储,结点结构如下:

left	weight	right

其中叶结点的 weight 域保存该结点的非负权值。设 root 为指向 T 的根结点的指针,请设计求 T 的 wpl 的算法,要求:

(1)给出算法的基本设计思想;

(2)使用 C 或 C + +语言,给出二叉树结点的数据类型定义;

(3)根据设计思想,采用 C 或 C + +语言描述算法,关键之处给出注释。

【答案】 (1)算法思想。

①基于先序递归遍历的算法思想可以求解 wpl。已知:

$$wpl = 树中所有叶子结点的带权路径长度之和$$
$$= 左子树中所有叶子结点的带权路径长度之和 +$$
$$右子树中所有叶子结点的带权路径长度之和$$

$$叶子结点的带权路径长度 = 该结点的权值 \times 该结点的深度$$

设根结点的深度为 0,若某结点的深度为 deep,则其孩子结点的深度为 deep + 1。

算法步骤如下:

a.如果是空树,则递归结束,返回 0;

b.如果该结点是叶子结点,则返回该结点的深度与权值之积;

c.若该结点非叶子结点,则返回左子树中所有叶子结点的带权路径长度之和 + 左子树中所有叶子结点的带权路径长度之和。

②基于层次遍历的算法思想是使用队列进行层次遍历,并记录当前的层数。

算法步骤如:

a.当遍历到叶子结点时,累计 wpl;

b.当遍历到非叶子结点时,把该结点的子树加入队列中;

c. 当某结点为该层的最后一个结点时,层数自增 1;

d. 队列空时遍历结束,返回 wpl。

(2)二叉树结点的数据类型定义。

```
typedef struct BiTNode{
    int     weight;
    struct  BiTNode  * lchild, * rchild;
} BiTNode, * BiTree;
```

(3)算法描述。

①基于先序遍历的算法。

```
int wpl_PreOrder( BiTree  root, int  deep) {
    int   lwpl, rwpl;
    lwpl = rwpl = 0;
    if( root - > lchild = = NULL&&root - > lchild = = NULL)
        return  deep * root - > weight;
    if( root - > lchild! = NULL)
        lwpl = wpl_PreOrder( root - > lchild, deep + + );
    if( root - > rchild! = NULL)
        rwpl = wpl_PreOrder( root - > rchild, deep + + );
    return  lwpl + rwpl;
}
```

也可以使用以下形式:

```
int   wpl_PreOrder( BiTree   root, int   deep) {        // 调用时 root 指向二叉树的根结点, deep 为 0
    if( root = = NULL)
        return  0;
    if( root - > lchild = = NULL&&root - > lchild = = NULL)        // 若为叶子结点, 累计 wpl
        return  deep * root - > weight;
    return( wpl_PreOrder( root - > lchild, deep + 1) + wpl_PreOrder( root - > rchild, deep + 1) );
}
```

②基于层次遍历的算法。

```
#define MaxSize 100                          // 设置队列的最大容量
    int   wpl_LevelOrder( BiTree   root) {
    BiTreeq[ MaxSize ];                       // 声明队列
    int   end1, end2;                         // end1 为队头指针, end2 为队尾指针
    end1 = end2 = 0;                          // 队列初始化
    int wpl = 0, deep = 0;                    // 初始化 wpl 和深度
    BiTree   lastNode;                        // lastNode 用来记录当前层的最后一个结点
    BiTree   newlastNode;                     / newlastNode 用来记录下一层的最后一个结点
    lastNode = root;
    newlastNode = NULL;
    q[ end2 + + ] = root;
```

```
    while( end1 ! = end2 ) {
      BiTree  t = q[ end1 + + ];
      if( t - > lchild = = NULL&t - > lchild = = NULL) {
        wpl + = deep * t - > weight;
      }
      if( t - > lchild! = NULL) {
        q[ end2 + + ] = t - > lchild;
        newlastNode = t - > lchild;
      }
      if( t - > rlchild! = NULL) {
        q[ end2 + + ] = t - > rchild;
        newlastNode = t - > rchild;
      }
      if( t = = lastNode) {
        lastNode = newlastNode;
        deep + = 1;
      }
    } // while
    return  wpl;
}
```

【例 6】 (2017 年考研真题)请设计一个算法,将给定的表达式树(二叉树)转换为等价的中缀表达式(通过括号反映操作符的计算次序)并输出。例如,当下列两棵表达式树作为算法的输入时,输出的等价中缀表达式分别为(a + b) * (c * (- d))和(a * b) + (- (c - d)),如图 1 - 19 所示。

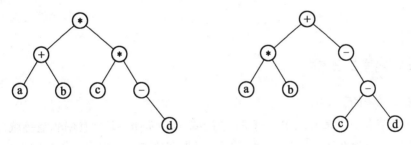

图 1 - 19　树的表达式

二叉树结点定义如下:
```
typedef struct node{
    char data[10];                    // 存储操作数或操作符
    struct node * left, * right;
} BTree;
```
要求:
(1)给出算法的基本设计思想;

（2）根据设计思想，采用 C 或 C＋＋语言描述算法，关键之处给出注释。

【答案】 （1）算法思想。

表达式树的中序序列加上必要的括号即为等价的中缀表达式。可以基于二叉树的中序遍历策略得到所需的表达式。

表达式树中分支结点所对应的子表达式的计算次序，由该分支结点所处的位置决定。为得到正确的中缀表达式，需要在生成遍历序列的同时，在适当位置增加必要的括号。显然，表达式的最外层（对应根结点）及操作数（对应叶结点）不需要添加括号。

（2）算法描述。

将二叉树的中序遍历递归算法稍加改造即可得本题答案。除根结点和叶结点外，遍历到其他结点时在遍历其左子树之前加上左括号，在遍历完右子树后加上右括号。

```
void   BtreeToE( BTree   * root) {
  BtreeToExp( root,1) ;                        // 根的高度为 1
}

void   BtreeToExp( BTree    * root,int   deep)
{
  if( root = = NULL)    return ;               // 空结点返回
  if( root - > left = = NULL&&root - > right = = NULL)    // 若为叶结点
    printf( "% s" ,root - > data) ;            // 输出操作数,不加括号
  else {
    if( deep >1)    printf( "(" ) ;            // 若有子表达式,则加一层括号
    BtreeToExp( root - > left,deep +1) ;
    printf( "% s" ,root - > data) ;            // 输出操作符
    BtreeToExp( root - > right,deep +1) ;
    if( deep >1)    printf( ")" ) ;            // 若有子表达式,则加 1 层括号
  }
}
```

1.5.5　线索二叉树

1.线索二叉树的基本概念

在有 n 个结点的二叉链表中共有 $2n$ 个链域，但只有 $n-1$ 个有用非空链域，其余 $n+1$ 个链域是空的。可以利用剩下的 $n+1$ 个空链域来存放遍历过程中结点的前驱和后继信息。

（1）线索。这些指向前驱和后继结点的指针称为线索。

（2）线索二叉树与线索链表。加上线索的二叉树称为线索二叉树。相应地，加上线索的二叉链表称为线索链表。

（3）线索化。对二叉树以某种次序进行遍历使其变为线索二叉树的过程称为线索化。

【说明】 由于二叉树的遍历次序有 3 种，故有 3 种线索链表，即先序线索链表、中序线索链表、后序线索链表。

2.线索二叉树的存储结构定义

规定:若结点有左子树,则其 lchild 域指向其左孩子,否则 lchild 域指向其前驱结点;若

结点有右子树,则其 rchild 域指向其右孩子,否则 rchild 域指向其后继结点。

　　为了区分某结点的指针域存放的是指向孩子的指针还是指向前驱或后继的线索,每个结点再增设 ltag 和 rtag 两个标志位。线索链表的结点结构如下:

ltag	lchild	data	rchild	rtag

其中

$$ltag = \begin{cases} 0, & lchild \text{ 指向该结点的左孩子} \\ 1, & lchild \text{ 指向该结点的前驱} \end{cases}$$

$$rtag = \begin{cases} 0, & rchild \text{ 指向该结点的右孩子} \\ 1, & rchild \text{ 指向该结点的后继} \end{cases}$$

　　线索链表中的结点定义如下:

```
typedef struct ThrNode{
    TElemType   data;                        // TElemType 表示不确定的数据类型
    struct   ThrNode  * lchild, * rchild;
    int   ltag, rtag;
} BiThrNode, * BiThrTree;                     // BiThrTree 表示线索链表的头指针
```

3. 中序线索链表的构造

　　建立线索链表,实质上就是将二叉链表中的空指针改为指向前驱或后继的线索,而前驱或后继的信息只有在遍历该二叉树时才能得到。因此,建立线索链表首先要建立二叉链表,然后在遍历的过程中修改空指针。

　　设指针 pre 指向刚刚访问过的结点,显然 pre 的初值为 NULL。对二叉链表 root 建立中序线索链表的伪代码描述如下:

　　步骤 1:如果二叉链表 root 非空,左子树递归线索化。

　　步骤 2:如果 root 的左孩子为空,则给 root 加上左线索,将其 ltag 置为 1,让 root 的左孩子指针指向 pre;否则将 root 的 ltag 置为 0。

　　步骤 3:如果 pre 的右孩子为空,则给 pre 加上右线索,将其 rtag 置为 1,让 pre 的右孩子指针指向 root;否则将 pre 的 rtag 置为 0。

　　步骤 4:将 pre 指向刚访问过的结点 root,即 pre = root。

　　步骤 5:右子树递归线索化。

　　中序线索链表的构造算法(略)。

4. 在线索二叉树中找前驱、后继结点

　　(1)找结点的中序前驱结点。

　　对于中序线索链表上的任一结点,其前驱结点有以下两种情况:

　　①如果该结点的左标志为 1,表明该结点的左指针是线索,则其左指针所指向的结点便是它的前驱结点。

　　②如果该结点的左标志为 0,表明该结点有左孩子,无法直接找到其前驱结点。然而,根据中序遍历的操作定义,它的前驱结点应该是遍历其左子树时最后一个访问的结点,即左子树中的最右下结点。这只需要沿着其左孩子的右指针向下查找,当某结点的右标志为 1时,它就是所要找的前驱结点。

```
BiThrTree   InPre( BiThrTree   root, BiThrTree   p)
// 在中序线索二叉树中查找 p 的中序前驱, 并用 pre 指针返回结果
{   if( p - > ltag = = 1)   pre = p - > lchild;          //直接利用线索
    else
    {                                        // 在 p 的左子树中查找"最右下端"结点
    for( q = p - > lchild; q - > rtag = = 0; q = q - > rchild) ;
        pre = q;
    }
    return( pre) ;
}
```

图 1 - 20 所示为对同一棵二叉树不同的遍历方法所得到的线索树。

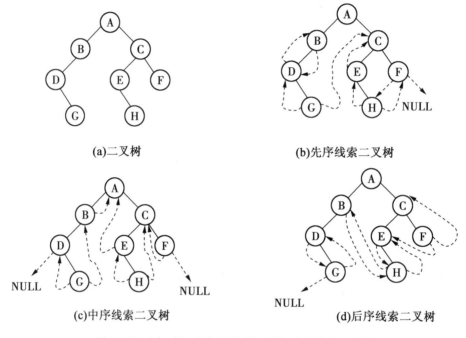

(a)二叉树　　　　　　　　　　　　　(b)先序线索二叉树

(c)中序线索二叉树　　　　　　　　　(d)后序线索二叉树

图 1 - 20　同一棵二叉树的先序、中序、后序线索二叉树

（2）在中序线索树中找结点后继。

对于中序线索链表上的任一结点,其后继结点有以下两种情况:

①如果该结点的右标志为 1,表明该结点的右指针是线索,则其右指针所指向的结点便是它的后继结点。

②如果该结点的右标志为 0,表明该结点有右孩子,无法直接找到其后继结点。然而,根据中序遍历的操作定义,它的后继结点应该是遍历其右子树时第一个访问的结点,即右子树中的最左下结点。这只需要沿着其右孩子的左指针向下查找,当某结点的左标志为 1 时,它就是所要找的后继结点。

在中序线索链表上查找结点 p 的后继结点的算法如下:

```
BiThrTree   Next( BiThrTree   root, BiThrTree   p) {
    if( p - > rtag = = 1) q = p - > rchild;          // 右标志为 1,可以直接得到后继结点
```

```
    else
      {   q = p - > rchild;                          // 工作指针初始化
          while( q - > ltag = = 0)                   // 查找最左下结点
             q = q - > lchild;
      }
      return q;
  }
```

同理,可以在先序线索二叉树、后序线索二叉树中,找任意结点的直接前驱和直接后继。

5. 在中序线索链表上进行遍历

在中序线索链表上进行遍历,只需要找到中序遍历序列中的第一个结点,然后依次找每个结点的后继结点,直至某结点无后继为止。具体算法(略)。

【例 7】　(2010 年考研真题)对于如图 1 - 21 所述的线索二叉树中(用虚线表示线索),符合后序线索树定义的是　　　　　　　　　　　　　　　　　　　　　　(　　)

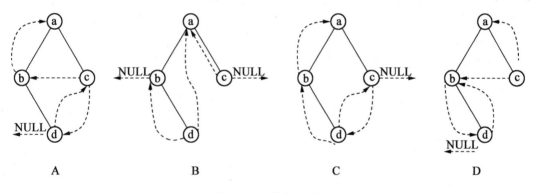

　　　A　　　　　　　　　B　　　　　　　　　C　　　　　　　　　D

图 1 - 21　线索二叉树

【答案】　D

【解析】　题中所给二叉树的后序序列为 d、b、c、a。结点 d 为叶子结点,无前驱结点,后继结点为 b,则左链域空,右链域指针指向其后继结点 b;结点 b 有右子树无左子树,其前驱结点为 d,后继结点为 c,则其左链域指针指向其前驱结点 d;结点 c 无左子树和右子树,其前驱结点为 b,后继结点为 a,则左链域指向其前驱结点 b,右链域指向其后继结点 a。故选 D。

1.5.6　树的存储结构

1. 双亲表示法

双亲表示法用一组连续的空间来存储树中的各个结点,在保存每个结点的同时附设一个指示器来指示其双亲结点在表中的位置。其结点的结构定义如下:

```
#define MaxSize 100;                          // 树中最大结点个数
typedef struct PTNode                         // 数组元素的类型
{   TElemType data;                           // 树中结点的数据信息
    int    parent;                            // 该结点的双亲在数组中的下标
}PTNode;
```

```
typedef struct {
    PTNode    nodes[MaxSize];
    int   r,n;                              // 根的位置和结点数
```

2. 孩子链表表示法

孩子表示法是把每个结点的孩子结点排列起来,构成一个单链表,称为孩子链表。n 个结点共有 n 个孩子链表(叶子结点的孩子链表为空表),而 n 个结点的数据和 n 个孩子链表的头指针又组成一个顺序表。

所以在孩子表示法中,存在两类结点:孩子结点和孩子链表的表头结点,其结点结构如下:

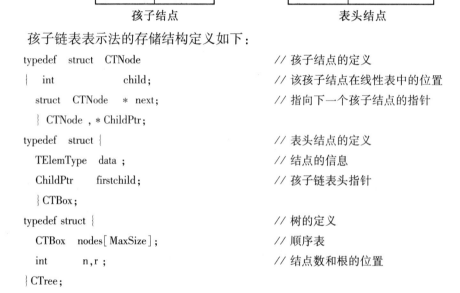

| child | next |

孩子结点

| data | firstchild |

表头结点

孩子链表表示法的存储结构定义如下:

```
typedef  struct   CTNode            // 孩子结点的定义
{   int           child;            // 该孩子结点在线性表中的位置
    struct  CTNode  * next;          // 指向下一个孩子结点的指针
    } CTNode , *ChildPtr;

typedef  struct {                    // 表头结点的定义
    TElemType   data ;              // 结点的信息
    ChildPtr    firstchild;         // 孩子链表头指针
    }CTBox;

typedef struct {                     // 树的定义
    CTBox    nodes[MaxSize];         // 顺序表
    int          n,r ;              // 结点数和根的位置
}CTree;
```

3. 孩子兄弟链表表示法

树的孩子兄弟链表表示法又称二叉链表表示法,链表中每个结点设有两个指针域,分别指向该结点的第一个孩子结点和下一个兄弟(右兄弟)结点。结点定义如下:

```
typedef   struct CSNode{
    TElemType   data;               // TElemType 表示不确定的数据类型
    struct  CSNode  * firstchild;    // firstchild 指向该结点的第一个孩子
    struct  CSNode  * nextsibling;   // nextsibling 指向该结点的右兄弟
}CSNode , * CSTree;
```

优点:便于实现树的各种操作。

1.5.7 树、森林与二叉树的转换

1. 树转换为二叉树

树转换为二叉树的方法如下:

①加线。树中所有相邻兄弟结点之间加一条连线。

②去线。对树中的每个结点,只保留它与第一个孩子结点之间的连线,删去它与其他孩

子结点之间的连线。

③层次调整。以根结点为轴心,将树顺时针转动一定的角度,使之层次分明。

【说明】 树转换成的二叉树,其根结点无右子树。

2. 森林转换为二叉树

森林转换为二叉树的方法如下:

①将森林中的每棵树转换成二叉树。

②从第二棵二叉树开始,依次把后一棵二叉树的根结点作为前一棵二叉树根结点的右孩子,当所有二叉树连起来后,所得到的二叉树就是由森林转换的二叉树。

【说明】 森林转换成的二叉树,其根结点有右子树。

3. 二叉树转换为树或森林

(1)将二叉树转换成树。

加线:若 p 结点是双亲结点的左孩子,则将 p 的右孩子,右孩子的右孩子……沿分支找到的所有右孩子,都与 p 的双亲用线连起来。

抹线:抹掉原二叉树中双亲与右孩子之间的连线。

调整:将结点按层次排列,形成树结构。

(2)二叉树转换成森林。

抹线:将二叉树中根结点与其右孩子连线,沿右分支搜索到的所有右孩子间连线全部抹掉,使之变成孤立的二叉树。

还原:将孤立的二叉树还原成树。

【说明】 如果二叉树的根结点无右子树,则该二叉树转换后为一棵树,否则,该二叉树转换后为森林。

4. 树的遍历次序定义

(1)树的先序遍历(也称前根遍历、前序遍历)。

若树为空,则空操作返回;否则:

①访问根结点。

②按照从左到右的顺序前序遍历根结点的每一棵子树。

(2)树的后序遍历(也称后根遍历)。

若树为空,则空操作返回;否则:

①按照从左到右的顺序后序遍历根结点的每一棵子树。

②访问根结点。

(3)树的层序遍历。

从树的第一层(即根结点)开始,自上而下逐层遍历,在同一层中,按从左到右的顺序对结点逐个访问。

5. 森林的遍历次序定义

(1)森林的先序遍历。

若森林非空,则遍历方法如下:

①访问森林中第一棵树的根结点。

②先序遍历第一棵树的根结点的子树森林。

③先序遍历除去第一棵树之后剩余的树构成的森林。

（2）森林的中序遍历。

若森林非空,则遍历方法如下:

①中序遍历森林中第一棵树的根结点的子树森林。

②访问第一棵树的根结点。

③中序遍历除去第一棵树之后剩余的树构成的森林。

6.树、森林的遍历序列与二叉树的遍历序列之间的对应关系

（1）树的先序遍历序列等于其对应二叉树的先序遍历序列,树的后序遍历序列等于其对应二叉树的中序遍历序列。

（2）森林的先序遍历序列等于其对应的二叉树的先序遍历序列,森林的中序遍历序列等于其对应二叉树的中序遍历序列。

【例8】 （2009年考研真题）将森林转换为对应的二叉树,若在二叉树中,结点 u 是结点 v 的父结点的父结点,则在原来的森林中,u 和 v 可能具有的关系是 （　　）

Ⅰ.父子关系　　　Ⅱ.兄弟关系　　　Ⅲ.u 的父结点与 v 的父结点是兄弟关系

A.只有Ⅱ　　　　　B.Ⅰ和Ⅱ　　　　　C.Ⅰ和Ⅲ　　　　　D.Ⅰ、Ⅱ和Ⅲ

【答案】 B

【解析】 方法一:森林与二叉树的转换规则为"左孩子右兄弟"。在最后生成的二叉树中,父子关系在对应森林关系中可能是兄弟关系或原本就是父子关系。

情形Ⅰ:若结点 v 是结点 u 的第二个孩子结点,在转换时,结点 v 就变成结点 u 第一个孩子的右孩子,符合题目要求。

情形Ⅱ:结点 u 和 v 是兄弟结点的关系,但二者之中还有一个兄弟结点 k,则转换后,结点 v 就变为结点 k 的右孩子,而结点 k 则是结点 u 的右孩子,符合要求,如图 1 - 22(b) 所示。

情形Ⅲ:若结点 u 的父结点与 v 的父结点是兄弟关系,则转换后,结点 u 和 v 分别在两者最左父结点的两棵子树中,不可能出现在同一条路径中,如图 1 - 22(c) 所示。

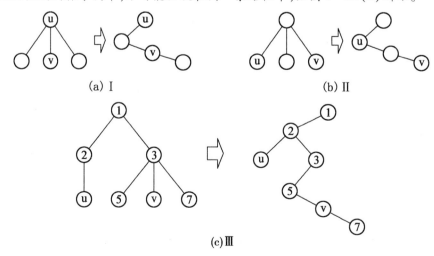

图 1 - 22　森林转换成二叉树

【方法二】由题意可知 u 是 v 的父结点的父结点，则有 4 种情况，如图 1 – 23 所示。

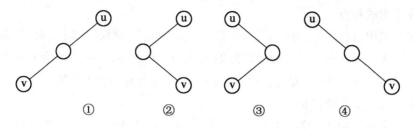

图 1 – 23　u 是 v 的父结点的父结点

根据树与二叉树的转换规则，将这 4 种情况转换成树中结点的关系：①在原来的树中 u 是 v 的父结点的父结点；②在树中 u 是 v 的父结点；③在树中 u 是 v 的父结点的兄弟；④在树中 u 与 v 是兄弟关系。由此可知 I 和 II 正确（图 1 – 22）。

1.5.8　哈夫曼树及哈夫曼编码

1.哈夫曼树的基本概念

（1）叶子结点的权值。

叶子结点的权值是指对叶子结点赋予的一个有意义的数值量。

（2）二叉树的带权路径长度。

设二叉树具有 n 个带权值的叶子结点，从根结点到各个叶子结点的路径长度与相应叶子结点权值的乘积之和称为二叉树的带权路径长度，记为

$$\mathrm{wpl} = \sum_{k=1}^{n} w_k l_k$$

式中，w_k 为第 k 个叶子结点的权值；l_k 为从根结点到第 k 个叶子结点的路径长度。

（3）哈夫曼树。

给定一组具有确定权值的叶子结点，可以构造出不同的二叉树，将其中带权路径长度最小的二叉树称为哈夫曼树，也称最优二叉树。

（4）前缀编码。

如果一组编码中任一编码都不是其他任何一个编码的前缀，则称这组编码为前缀编码。

【说明】　前缀编码保证了编码被解码时不会有多种可能。

2.哈夫曼算法的基本思想

（1）初始化。由给定的 n 个权值 $\{w_1, w_2, \cdots, w_n\}$ 构造 n 棵只有一个根结点的二叉树，从而得到一个二叉树集合 $F = \{T_1, T_2, \cdots, T_n\}$。

（2）选取与合并。在 F 中选取根结点的权值最小的两棵二叉树分别作为左、右子树构造一棵新的二叉树，这棵新二叉树的根结点的权值为其左、右子树根结点的权值之和。

（3）删除与加入。在 F 中删除作为左、右子树的两棵二叉树，并将新建立的二叉树加入到 F 中。

（4）重复（2）、（3），当集合 F 中只剩下一棵二叉树时，这棵二叉树便是哈夫曼树。

3. 利用哈夫曼算法构造哈夫曼树

4. 哈夫曼树的特点

在哈夫曼树中,权值越大的叶子,其结点越靠近根结点,而权值越小的叶子,其结点越远离根结点。哈夫曼树的分支结点的度均为 2,因此,具有 n 个叶子结点的哈夫曼树共有 $2n-1$ 个结点,其中有 $n-1$ 个分支结点,它们是在 $n-1$ 次的合并过程中生成的。

5. 哈夫曼算法的存储结构

考虑到哈夫曼树中共有 $2n-1$ 个结点,并且进行 $n-1$ 次合并操作,为了便于选取根结点权值最小的二叉树以及合并操作,设置一个数组 huffTree$[2n-1]$ 来保存哈夫曼树中各结点的信息。哈夫曼树的存储结构如下:

weight	lchild	rchild	parent

其中:

weight:权值域,保存该结点的权值。

lchild:指针域,保存该结点的左孩子结点在数组中的下标。

rchild:指针域,保存该结点的右孩子结点在数组中的下标。

parent:指针域,保存该结点的双亲结点在数组中的下标。

哈夫曼算法的存储结构定义如下:

```
typedef   struct {
    unsigned int   weight;
    unsigned int   lchild, rchild, parent
  }HTNode, * HuffmanTree;            // 动态分配数组存储哈夫曼树
typedef   char   * * HuffmanCode;       // 动态分配数组存储哈夫曼树编码表
```

6. 哈夫曼算法

设 n 个叶子的权值保存在数组 $w[n]$ 中,哈夫曼树算法用伪代码描述为:

步骤 1:数组 huffTree 初始化,所有元素的双亲、左右孩子都置为 -1

步骤 2:数组 huffTree 的前 n 个元素的权值置给定权值 $w[n]$

步骤 3:进行 $n-1$ 次合并

    3.1 在二叉树集合中选取两个权值最小的根结点,其下标分别为 i_1、i_2

    3.2 将二叉树 i_1、i_2 合并为一颗新的二叉树 k。

7. 哈夫曼编码

哈夫曼编码的构造过程:设需要编码的字符集合为 $\{d_1,d_2,\cdots,d_n\}$,它们在字符串中出现的频率为 $\{w_1,w_2,\cdots,w_n\}$,以 $w_1,w_2,\cdots,w_n$ 作为叶子结点的权值构造一棵哈夫曼树,规定哈夫曼树的左分支代表 0,右分支代表 1,则从根结点到每个叶子结点所经过的路径组成的 0、1 序列便为该叶子结点对应字符的哈夫曼编码。

【例 9】 (2015 年考研真题)下列选项给出的是从根分别到达两个叶结点路径上的权值序列,能属于同一棵哈夫曼树的是 （　　）

    A. 24、10、5 和 24、10、7   B. 24、10、5 和 24、12、7

    C. 24、10、10 和 24、14、11   D. 24、10、5 和 24、14、6

【答案】 D

【解析】 在构造哈夫曼树的过程中,左、右孩子权值之和为父结点权值。选项 A 中,若两个 10 属于不同的两棵子树,根的权值 24 与左右孩子权值之和 20 不相等;若两个 10 属于同一棵子树,其权值 10 与其两个孩子的权值之和 12 不相等,所以选项 A 不正确。同理,选项 B 和 C 也不正确,选项 D 正确。

【例 10】 (2012 年考研真题)设有 6 个有序表 A、B、C、D、E、F,分别含有 10、35、40、50、60 和 200 个数据元素,各表中元素按升序排列。要求通过 5 次两两合并,将 6 个表最终合并成 1 个升序表,并在最坏情况下比较的总次数达到最小。请回答下列问题。

(1)给出完整的合并过程,并求出最坏情况下比较的总次数。

(2)根据你的合并过程,描述 $n(n \geq 2)$ 个不等长升序表的合并策略,并说明理由。

【答案】 本题同时对多个知识点进行了综合考查。对有序表进行两两合并考查了归并排序中的 merge( )函数;对合并过程的设计考查了哈夫曼树和最佳归并树。外部排序属于大纲新增考点。

(1)对于长度分别为 m、n 的两个有序表的合并,最坏情况下是一直比较到两个表尾元素,比较次数为 $m + n - 1$ 次。故最坏情况的比较次数依赖于表长,为了缩短总的比较次数,根据哈夫曼树(最佳归并树)思想的启发,可采用如图 1-24 所示的合并顺序。

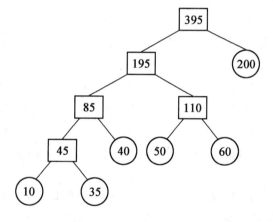

图 1-24　哈夫曼树

根据图 1-24 中的哈夫曼树,6 个序列的合并过程如下。

第 1 次合并:表 A 与表 B 合并,生成含有 45 个元素的表 AB;

第 2 次合并:表 AB 与表 C 合并,生成含有 85 个元素的表 ABC;

第 3 次合并:表 D 与表 E 合并,生成含有 110 个元素的表 DE;

第 4 次合并:表 ABC 与表 DE 合并,生成含有 195 个元素的表 ABCDE;

第 5 次合并:表 ABCDE 与表 F 合并,生成含有 395 个元素的最终表。

由上述分析可知,最坏情况下的比较次数如下:第 1 次合并,最多比较次数 = 10 + 35 - 1 = 44;第 2 次合并,最多比较次数 = 45 + 40 - 1 = 84;第 3 次合并,最多比较次数 = 50 + 60 - 1 = 109;第 4 次合并,最多比较次数 = 85 + 110 - 1 = 194;第 5 次合并,最多比较次数 = 195 + 200 - 1 = 394。

故比较的总次数最多为:44 + 84 + 109 + 194 + 394 = 825。

（2）各表的合并策略。在对多个有序表进行两两合并时,若表长不同,则最坏情况下总的比较次数依赖于表的合并次序。可以借用哈夫曼树的构造思想,依次选择最短的两个表进行合并,这样可以获得最坏情况下最佳的合并效率。

【课后习题】

选择题

1.（2009 年考研真题)给定二叉树如下图所示。设 N 代表二叉树的根,L 代表根结点的左子树,R 代表根结点的右子树。若遍历后的结点序列是 3、1、7、5、6、2、4,则其遍历方式是
　　　　　　　　　　　　　　　　　　　　　　　　　　　　　　　（　　）

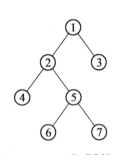

　　A. LRN　　　　　　　B. NRL　　　　　　　C. RLN　　　　　　　D. RNL

2.（2012 年考研真题)若一棵二叉树的前序遍历序列为 a、e、b、d、c,后序遍历序列为 b、c、d、e、a,则根结点的孩子结点　　　　　　　　　　　　　　　　　　　　　（　　）

　　A. 只有 e　　　　　　B. 有 e、b　　　　　　C. 有 e、c　　　　　　D. 无法确定

3.（2015 年考研真题)先序序列为 a、b、c、d 的不同二叉树的个数是　　　　　（　　）

　　A. 13　　　　　　　　B. 14　　　　　　　　C. 15　　　　　　　　D. 16

4.（2017 年考研真题)要使一棵非空二叉树的先序序列与中序序列相同,其所有非叶结点应满足的条件是　　　　　　　　　　　　　　　　　　　　　　　　　　（　　）

　　A. 只有左子树　　　　B. 只有右子树　　　　C. 结点的度均为 1　　D. 结点的度均为 2

5.（2017 年考研真题)已知一棵二叉树的树形如下图所示,其后序序列为 e、a、c、b、d、g、f,树中与结点 a 同层的结点是　　　　　　　　　　　　　　　　　　　　（　　）

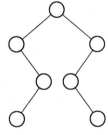

　　A. c　　　　　　　　　B. d　　　　　　　　　C. f　　　　　　　　　D. g

6.（2009 年考研真题)已知一棵完全二叉树的第 6 层(设根为第 1 层)有 8 个叶结点,则该完全二叉树的结点个数最多是　　　　　　　　　　　　　　　　　　　　（　　）

　　A. 39　　　　　　　　B. 52　　　　　　　　C. 111　　　　　　　D. 119

7.(2018 年考研真题)设一棵非空完全二叉树 T 的所有叶结点均位于同一层,且每个非叶结点都有 2 个子结点。若 T 有 k 个叶结点,则 T 的结点总数是 （　　）

A.$2k-1$　　　　　B.$2k$　　　　　C.k^2　　　　　D.2^k-1

8.(2011 年考研真题)已知一棵有 2 011 个结点的树,其叶结点个数为 116,该树对应的二叉树中无右孩子的结点个数是 （　　）

A.115　　　　　B.116　　　　　C.1 895　　　　　D.1 896

9.(2014 年考研真题)将森林 F 转换为对应的二叉树 T,F 中叶结点的个数等于（　　）

A.T 中叶结点的个数　　　　　　　　B.T 中度为 1 的结点个数

C.T 中左孩子指针为空的结点个数　　D.T 中右孩子指针为空的结点个数

10.(2016 年考研真题)若森林 F 有 15 条边、25 个结点,则 F 包含树的个数是 （　　）

A.8　　　　　B.9　　　　　C.10　　　　　D.11

11.(2010 年考研真题)对 $n(n\geqslant 2)$ 个权值均不相同的字符构造成哈夫曼树,下列关于该哈夫曼树的叙述中,错误的是 （　　）

A.该树一定是一棵完全二叉树

B.树中一定没有度为 1 的结点

C.树中两个权值最小的结点一定是兄弟结点

D.树中任一非叶结点的权值一定不小于下一层任一结点的权值

12.(2013 年考研真题)已知三叉树 T 中 6 个叶结点的权分别是 2、3、4、5、6、7,T 的带权(外部)路径长度最小是 （　　）

A.27　　　　　B.46　　　　　C.54　　　　　D.56

13.(2014 年考研真题)5 个字符有如下 4 种编码方案,不是前缀编码的是 （　　）

A.01、0000、0001、001、1　　　　　B.011、000、001、010、1

C.000、001、010、011、100　　　　　D.0、100、110、1110、1100

14.(2018 年考研真题)已知字符集{a,b,c,d,e,f},若各字符出现的次数分别为 6、3、8、2、10、4,则对应字符集中各字符的哈夫曼编码可能是 （　　）

A.00、1011、01、1010、11、100　　　　B.00、100、110、000、0010、01

C.10、1011、11、0011、00、010　　　　D.0011、10、11、0010、01、000

15.(2017 年考研真题)已知字符集{a,b,c,d,e,f,g,h},若各字符的哈夫曼编码依次是 0100、10、0000、0101、001、011、11、0001,则编码序列 0100011001001011110101 的译码结果是 （　　）

A.acgabfh　　　B.adbagbb　　　C.afbeagd　　　D.afeefgd

16.(2013 年考研真题)若 X 是后序线索二叉树中的叶结点,且 X 存在左兄弟结点 Y,则 X 的右线索指向的是 （　　）

A.X 的父结点　　　　　　　　B.以 Y 为根的子树的最左下结点

C.X 的左兄弟结点 Y　　　　　D.以 Y 为根的子树的最右下结点

17.(2014 年考研真题)若对如下图所示的二叉树进行中序线索化,则结点 x 的左、右线索指向的结点分别是 （　　）

A. e、c　　　　　　　　B. e、a　　　　　　　　C. d、c　　　　　　　　D. b、a

【课后习题答案】

1.【答案】　D

【解析】　根据遍历结果,可以看出根结点是在中间访问,而右子树结点在左子树之前,即遍历的方式是 RNL。所以为 D。

2.【答案】　A

【解析】　前序序列和后序序列不能唯一确定一棵二叉树,但可以确定二叉树中结点的祖先关系:当两个结点的前序序列为 XY 与后序序列为 YX 时,则 X 为 Y 的祖先。根据前序序列 a、e、b、d、c 和后序序列 b、c、d、e、a,可知 a 为根结点,e 为 a 的孩子结点。此外,a 的孩子结点的前序序列 e、b、d、c,后序序列 b、c、d、e,可知 e 是 b、c、d 的祖先,所以根结点 a 的孩子结点只有 e。故选 A。

3.【答案】　B

【解析】　根据二叉树先序遍历和中序遍历过程可知,先序遍历和中序遍历相当于以前序序列为入栈次序,以中序序列为出栈次序。因为前序序列和中序序列可以唯一地确定一棵二叉树,所以题意相当于"以序列 a、b、c、d 为入栈次序,则出栈序列的个数为多少"。计算 n 个数的出栈序列的种数时可以利用卡特兰数的递推公式 $f(n) = C(2n, n)/(n+1)$ 来进行计算,将 $n = 4$ 代入上述递推公式,得 $f(4) = 70/5 = 14$。

4.【答案】　B

【解析】　先序序列是先父结点,接着是左子树,然后是右子树。中序序列是先左子树,接着是父结点,然后是右子树,递归进行。如果所有非叶结点只有右子树,先序序列和中序序列都是先父结点,然后是右子树,递归进行,因此 B 选项正确。

5.【答案】　B

【解析】　后序序列是先左子树,接着是右子树,最后是根结点,递归进行。根结点左子树的叶结点 e 首先被访问。接下来是它的父结点 a,然后是 a 的父结点 c。接着访问根结点的右子树。它的叶结点 b 首先被访问,然后是 b 的父结点 d,再者是 d 的父结点 g。最后是根结点 f,如下图所示。因此 d 与 a 同层,选项 B 正确。

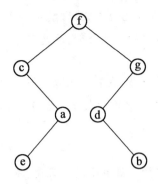

6.【答案】 C

【解析】 完全二叉树与满二叉树相比,只是在最下面一层的右边缺少了部分叶结点,而最后一层之上是一个满二叉树,并且只有最后两层有叶结点。若第 6 层有叶结点,则完全二叉树的高度可能为 6 或 7,显然树高为 7 时结点更多。若第 6 层上有 8 个叶结点,则前 6 层为满二叉树,而第 7 层缺失了 $8 \times 2 = 16$ 个叶结点,故完全二叉树的结点个数最多为 $(2^7 - 1) - 16 = 111$ 个。故选 C。

7.【答案】 A

【解析】 非叶结点的度均为 2,且所有叶结点都位于同一层的完全二叉树就是满二叉树。所以此二叉树只有度为 2 或度为 0 的结点,没有度为 1 的结点。根据题意,叶结点树为 k,有二叉树性质,此二叉树度为 2 的结点数为 $k - 1$,所以可以得到整棵二叉树的结点总数为 $k + k - 1 = 2k - 1$。

8.【答案】 D

【解析】 方法一:利用孩子兄弟表示法可将树转换为二叉树,树转换为二叉树后,树中每一个分支结点的所有子结点中的最右子结点没有右孩子。根结点也无右孩子。所以,对应的二叉树中无右孩子的结点个数为:分支结点数 $+ 1 = 2\,011 - 116 + 1 = 1\,896$。

方法二:可利用特殊值法进行计算。假设题意中的树是如左下图所示结构,对应的二叉树中仅有前 115 个叶子结点有右孩子,则该树对应的二叉树中无右孩子的结点个数是: $2\,011 - 115 = 1\,896$,如右下图所示。

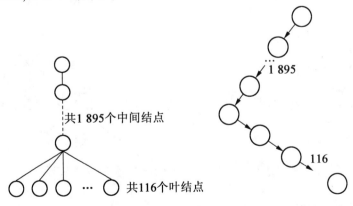

共 1 895 个中间结点 共 116 个叶结点 … 1 895 116

9.【答案】 C

【解析】 将森林转化为二叉树即相当于用孩子兄弟表示法表示森林。在变化过程中,原森林某结点的第一个孩子结点作为它的左孩子,它的兄弟作为它的右孩子。那么森林中的叶结点由于没有孩子结点,那么转化为二叉树时,该结点就没有左结点,所以 F 中叶结点的个数就等于 T 中左孩子指针为空的结点个数,故选 C。

10.【答案】 C

【解析】 树有一个很重要的性质:在 n 个结点的树中有 $n-1$ 条边,"那么对于每棵树,其结点数比边数多 1"。题中的森林中的结点数比边数多 10(即 25 - 15 = 10),显然共有 10 棵树。

11.【答案】 A

【解析】 哈夫曼树为带权路径长度最小的二叉树,不一定是完全二叉树,选项 A 错误。哈夫曼树中没有度为 1 的结点,B 正确;构造哈夫曼树时,重复在森林 F 中选取两棵权值最小的树作为左、右子树,构造一棵新的二叉树,且置新的二叉树的根结点的权值为其左、右子树根结点的权值之和。因此,选项 B、C 和 D 正确。

12.【答案】 B

【解析】 将哈夫曼树的思想推广到 k 叉树的情形,只是在构造 k 叉哈夫曼树时需要先进行一些调整。构造哈夫曼 k 叉树的思想是每次选 k 个权重最小的结点来合成一个新的结点,该结点的权重为 k 个结点权重之和。但是当 $k>2$ 时,按照这个步骤做下去可能到最后剩下的结点数少于 k,无法继续构造。因此,可以先计算出 k 叉哈夫曼树的叶子结点数目为 $(k-1)m+1$,其中 m 为分支结点数是 k 的结点个数。然后对给定的 n 个权值构造 k 叉哈夫曼树时,可以先考虑增加一些权值为 0 的叶子结点,使得叶子结点总数满足 $(k-1)m+1$ 这种形式,最后再按照哈夫曼树的构造方法进行构造即可。

根据题目给定的 6 个叶子结点构造三叉树,因为不满足 $(k-1)m+1$ 这种形式,需要补上一个权值为 0 的叶子结点,此时叶子结点序列为 0、2、3、4、5、6、7。这样就可以利用类似构造二叉哈夫曼树的方法进行构造了,每次选择权值最小的 3 个结点组成一个新结点,以此类推,直到所有结点都被加入三叉树中,其过程如下图所示。

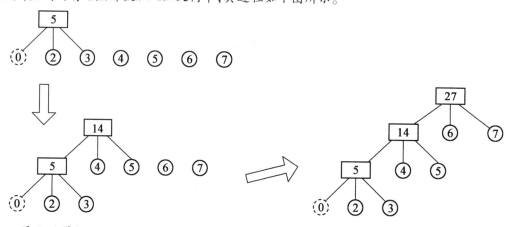

最小的带权路径长度为 $(2+3)\times 3 + (4+5)\times 2 + (6+7)\times 1 = 46$。

13.【答案】 D

【解析】 前缀编码的定义是在一个字符集中,任何一个字符的编码都不是另一个字符编码的前缀。选项 D 中编码 110 是编码 1100 的前缀,违反了前缀编码的规则,所以 D 不是前缀编码。故选 D。

14.【答案】 A

【解析】 构造一棵符合题意的哈曼树,如下图所示。

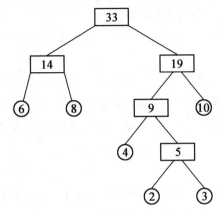

由此可知,左子树为0,右子树为1,故答案为A。

15.【答案】 D

【解析】 哈夫曼编码是前缀编码,各个编码的前缀各不相同,因此直接拿编码序列与哈夫曼编码一一比对即可。序列可分割为0100、011、001、001、011、11、0101,码结果是afeefgd,故选D。

16.【答案】 A

【解析】 根据后序线索二叉树的定义,X为叶子结点且有左兄弟,那么X这个结点为右孩子结点,利用后序遍历的方式可知X的父结点是其后序后继结点。为了更加形象,在解题的过程中可以画出如下图所示草图。所以X的右线索指向X的父结点,所以选A。

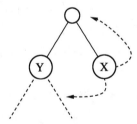

17.【答案】 D

【解析】 线索二叉树的线索实际上指向的是相应遍历序列特定结点的前驱结点和后继结点,所以先写出二叉树的中序遍历序列e、d、b、x、a、c,中序遍历中在x左边和右边的字符,就是它在中序线索化的左、右线索,即b、a,故选D。

1.6 图

1.6.1 图的基本概念

1.图的定义

图是由顶点的有穷非空集合 V 和顶点之间边的集合 E 组成,通常表示为

$$G = (V, E)$$

其中,G 表示一个图;V 是图 G 中顶点的非空有穷集合;E 是图 G 中顶点之间边的集合。

【说明】 在图中,常将数据元素称为顶点。

2. 图的基本术语

(1)无向图与有向图。

若顶点 v_i 和 v_j 之间的边没有方向,则称这条边为无向边,用无序偶对 (v_i, v_j) 来表示;若从顶点 v_i 到 v_j 的边有方向,则称这条边为有向边(也称为弧),用有序偶对 $<v_i, v_j>$ 来表示,v_i 称为弧尾,v_j 称为弧头。如果图的任意两个顶点之间的边都是无向边,则称该图为无向图,否则称该图为有向图。

(2)简单图。

若不存在顶点到其自身的边,且同一条边不重复出现,则称这样的图为简单图。

【说明】 在数据结构中讨论的图均为简单图。 .

(3)邻接与依附。

在无向图中,对于任意两个顶点 v_i 和 v_j,若存在边 (v_i, v_j),则称顶点 v_i 和 v_j 互为邻接点,即 v_i、v_j 相邻接。同时称边 (v_i, v_j) 依附于顶点 v_i 和 v_j。或者说边 (v_i, v_j) 与顶点 v_i、v_j 相关联。

在有向图中,对于任意两个顶点 v_i 和 v_j,若存在弧 $<v_i, v_j>$,则称顶点 v_j 邻接自顶点 v_i,顶点 v_i 邻接到顶点 v_j。同时称弧 $<v_i, v_j>$ 依附于顶点 v_i 和 v_j。或者说弧 $<v_i, v_j>$ 与顶点 v_i、v_j 相关联。

(4)完全图、稀疏图与稠密图。

设 n 表示图中顶点个数,用 e 表示图中边或弧的数目,并且不考虑图中每个顶点到自身的边或弧。即若 $<v_i, v_j> \in E$,则 $v_i \neq v_j$。对于无向图而言,其边数 e 有 $n(n-1)/2$ 条边(图中每个顶点和其余 $n-1$ 个顶点都有边相连)的无向图为无向完全图。

对于有向图而言,其边数 e 有 $n(n-1)$ 条边(图中每个顶点和其余 $n-1$ 个顶点都有弧相连)的有向图为有向完全图。

对于有很少条边的图($e < n\log n$)称为稀疏图,反之称为稠密图。

【说明】 稀疏和稠密本身是模糊的概念,稀疏图和稠密图常常是相对而言的。

(5)顶点的度、入度与出度。

在无向图中,顶点 v 的度是指依附于该顶点的边的个数,记为 $\mathrm{TD}(v)$。在具有 n 个顶点 e 条边的无向图中,有下式成立:

$$\sum_{i=1}^{n} \mathrm{TD}(v_i) = 2e$$

在有向图中,顶点 v 的入度是指以该顶点为弧头的弧的个数,记为 $\mathrm{ID}(v)$;顶点 v 的出度是指以该顶点为弧尾的弧的个数,记为 $\mathrm{OD}(v)$。在具有 n 个顶点 e 条边的有向图中,有下式成立:

$$\sum_{i=1}^{n} \mathrm{ID}(v_i) = \sum_{i=1}^{n} \mathrm{OD}(v_i) = e$$

(6)权与网。

在图中,权通常是指对边赋予的有意义的数值量。这种带权图称赋权图或网。

(7)路径、路径长度与回路。

在无向图 $G = (V, E)$ 中，从顶点 v 到 v' 的路径是一个顶点序列 $v = v_{i0}, v_{i1}, \cdots, v_{in} = v'$，其中，$(v_{ij-1}, v_{ij}) \in E (1 \leq j \leq n)$；如果 G 是有向图，则路径也是有向的，顶点序列应满足 $< v_{ij-1}, v_{ij} > \in E (1 \leq j \leq n)$。路径长度是指路径上经过的边或弧的数目。在一个路径中，若第一个顶点和最后一个顶点相同，则称这样的路径为简单路径。除了第一点和最后一点外，其余各顶点均不重复出现的回路称为简单回路或环。

(8)子图。

对于图 $G = (V, E)$，$G' = (V', E')$，如果 $V' \subseteq V$ 且 $E' \subseteq E$，则称图 G' 是 G 的子图。

(9)连通图与连通分量。

在无向图中，若任意顶点 v_i 和 $v_j (i \neq j)$ 之间有路径，则称该图是连通图。非连通图的极大连通子图称为连通分量。

【说明】 极大的含义是指包括所有连通的顶点以及与这些顶点相关联的所有边。

(10)强连通图与强连通分量。

在有向图中，对任意顶点 v_i 和 v_j，若从顶点 v_i 到 v_j 和从顶点 v_j 到 v_i 均有路径，则称该有向图是强连通图。非强连通图的极大强连通子图称为强连通分量。

(11)生成树与生成森林。

连通图的生成树是包含图中全部顶点的一个极小连通子图。具有 n 个顶点的生成树有且仅有 $n-1$ 条边。在非连通图中，连通分量的生成树构成了非连通图的生成森林。

【例1】 (2011 年考研真题)下列关于图的叙述中，正确的是 （ ）

Ⅰ.回路是简单路径

Ⅱ.存储稀疏图，用邻接矩阵比邻接表更省空间

Ⅲ.若有向图中存在拓扑序列，则该图不存在回路

A. 仅Ⅱ　　　　　B. 仅Ⅰ、Ⅱ　　　　　C. 仅Ⅲ　　　　　D. 仅Ⅰ、Ⅲ

【答案】 C

【解析】 (1)第一个顶点和最后一个顶点相同的路径称为回路；序列中顶点不重复出现的路径称为简单路径。回路显然不是简单路径，故Ⅰ错误。

(2)利用邻接矩阵存储图时，不论稀疏图还是稠密图，n 个顶点都需要 n^2 个单元存储边。而稀疏图中边数较少，用邻接矩阵存储稀疏图显然浪费了大量空间，应选邻接表进行存储，所以Ⅱ错误。

(3)用拓扑排序的方法可以判断图中是否存在回路，如果对一个图可以完成拓扑排序，则此图不存在回路，所以Ⅲ正确。

故答案为 C。

1.6.2 图的存储结构

1. 图的邻接矩阵存储

(1)存储结构定义。

图的邻接矩阵存储也称数组表示法。其方法是用一个一维数组存储图中顶点的信息，

用一个二维数组存储图中边的信息(即各顶点之间的邻接关系),存储顶点之间邻接关系的二维数组称为邻接矩阵。

　邻接矩阵的存储结构定义如下:

```
#define MaxInt    32767                    // 表示机器极大数,即∞
# define MAX_VERTEX_NUM   20               // 图最多顶点个数
typedef enum{DG,DN,UDG,UDN} GraphKind;
typedef struct ArcNode{
    AdjType      adj;                       /* 对于图,用1或0表示是否邻接;对带权图,则为
                                               权值类型 */
    OtherInfo    info;
}ArcNode;
typedef struct Graph{                       // 图
    VerTexType   vexs[MAX_ ERTEX_NUM];      // 顶点向量
    ArcNode      arcs[MAX_VERTEX_NUM][MAX_VERTEX_NUM];   /* 邻接矩阵,存放图中边的
                                               信息 */
    int          vexnum, arcnum;            // 图当前顶点个数和弧的条数
    GraphKind    kind;                      // 图的种类标志
}MGraph;
```

假设图 $G = (V,E)$ 有 n 个顶点,则邻接矩阵是一个 $n \times n$ 的方阵,定义为

$$\text{arcs}[i][j] = \begin{cases} 1, (v_i, v_j) \in E \text{ 或 } <v_i, v_j> \in E \\ 0, \text{其他} \end{cases}$$

若 G 是网,则邻接矩阵可定义为

$$\text{arcs}[i][j] = \begin{cases} w_{ij}, (v_i, v_j) \in E \text{ 或 } <v_i, v_j> \in E \\ \infty, \text{反之} \end{cases}$$

其中,w_{ij} 表示边 (v_i, v_j) 或弧 $<v_i, v_j>$ 上的权值;∞ 表示机器允许的、大于所有边上权重的最大数。

(2)邻接矩阵的基本操作。

①对于无向图,顶点 v_i 的度等于邻接矩阵的第 i 行(或第 i 列)非零元素的个数。

对于有向图,顶点 v_i 的出度等于邻接矩阵的第 i 行非零元素的个数;顶点 v_i 的入度等于邻接矩阵的第 i 列非零元素的个数。

②要判断顶点 v_i 和 v_j 之间是否存在边,只需测试邻接矩阵中相应位置的元素 $\text{arcs}[i][j]$ 的值,若其值为1,则顶点 v_i 和 v_j 之间有边;否则,顶点 v_i 和 v_j 之间不存在边。

③找顶点 v_i 的所有邻接点,可依次判别顶点 v_i 与其他顶点之间是否有边(无向图)或顶点 vi 到其他顶点是否有弧(有向图)。

(3)邻接矩阵的构造算法。

建立一个无向图的邻接矩阵存储的算法用伪代码描述如下:

①输入图的顶点个数 n 和边的个数 e。

②依次输入顶点信息存储在一维数组 vexs 中。

③初始化邻接矩阵。

④依次输入每条边存储在邻接矩阵 arcs 中：

a. 输入边依附的两个顶点 v_s、v_t，然后找出顶点 v_s、v_t 在图中的位置（序号）i、j。

b. 将邻接矩阵的第 i 行第 j 列元素值置为 1。

c. 将邻接矩阵的第 j 行第 i 列元素置为 1。

若要建立无向网，只需对上述算法做两点小改动：一是初始化邻接矩阵时，使每个权值初始化为极大值；二是构造邻接矩阵时，依次输入每条边依附的顶点和其权值即可。同样，将该算法稍做修改即可建立一个有向图或有向网。

（4）算法的时间复杂度是 $O(n^2)$。

（5）邻接矩阵表示法的缺点。

①不便于增加和删除顶点。

②不便于统计边的数目。

③空间复杂度高。

2. 图的邻接表存储

邻接表（Adjacency List）是图的一种链式存储结构。

（1）存储结构定义。

在邻接表中，对图中每个顶点建立一个单链表，第 i 个单链表中的结点表示依附于顶点 v_i 的边（对有向图是以顶点 v_i 为弧尾的弧）。每个链表上附设一个表头结点。所以，在邻接表中存在表头结点和表结点两种结点，结构如下：

其中，data 表示数据域，存放顶点信息；firstarc 表示指针域，指向表结点的头指针；adjvex 表示与顶点 v_i 邻接的点在图中的位置；链域 nextarc 指示下一条边或弧的结点。

邻接表的存储结构定义如下：

```
#define    MAX_VERTEX_NUM   20
typedef enum{DG,DN,UDG,UDN} GraphKind;
typedef  struct  ArcNode{              // 定义表结点
  int             adjvex;              // 该弧指向顶点的位置
  struct ArcNode * nextarc;           // 指向下一条弧的指针
  OtherInfo       info;               // 与该弧相关的信息
 }ArcNode;
typedef struct VNode{                  // 定义头结点
  VerTexType   data;                  // 顶点信息
  ArcNode   * firstarc;               // 指向该顶点第一条弧的指针
 }VNode, * AdjList[MAX_VERTEX_NUM];
typedef struct
{  AdjList   vertices;                 // 顶点表
  int       vexnum, arcnum;           // 图的顶点数和边数
```

GraphKind　kind;	// 图的种类标志

}ALGraph；

（2）邻接表的基本操作。

①对于无向图，顶点 v_i 的度等于第 i 个链表的表结点个数。对于有向图，顶点 v_i 的出度等于第 i 个链表的表结点个数；顶点 v_i 的入度等于所有链表中以顶点 i 为邻接点的结点个数。

为了便于确定顶点的入度或以顶点 v_i 为头的弧，可以建立有向图的逆邻接表，即对每个顶点 v_i 建立一个链接以 v_i 为头的弧的表。

②要判断顶点 v_i 和顶点 v_j 之间是否存在边，只需测试顶点 v_i 的链表中是否存在邻接点为 v_j 的结点。

③找顶点 v_i 的所有邻接点，只需遍历顶点 v_i 的链表，该链表中的所有邻接点都是顶点 vi 的邻接点。

（3）邻接表的构造算法。

建立一个有向图的邻接表存储的算法用伪代码描述如下：

步骤 1：输入图的顶点个数 n 和边的个数 e。

步骤 2：依次输入顶点信息将其存储在顶点表中，并初始化每个表头结点的 firstarc 域为 NULL。

步骤 3：依次输入边的信息并存储在链表中：

　　3.1 输入边所依附的两个顶点两个顶点 v_s、v_t，然后找出顶点 v_s、v_t 在图中的位置（序号）i、j；

　　3.2 生成邻接点域为 j 的表结点 p；

　　3.3 将结点 p 插入到第 i 个链表的表头后边。

【说明】　一个图的邻接矩阵表示是唯一的，但其邻接表表示不唯一。

（4）图的邻接表表示的算法时间复杂度为 $O(n+e)$。

（5）邻接表表示法的优缺点。

①优点：便于增加和删除顶点；便于统计边的数目；空间效率高。

②缺点：不便于判断顶点之间是否有边；不便于计算有向图各个顶点的度。

（6）有向图的十字链表存储。

十字链表是有向图的另一种链式存储结构，可以把它看成是将有向图的邻接表和逆邻接表结合起来的一种链表。在十字链表中，很容易求出顶点的度。

（7）邻接多重表。

邻接多重表是无向图的另一种存储结构，它能够提供更为方便的边处理信息。

【例2】　（2015 年考研真题）已知含有 5 个顶点的图 G，如图 1 - 25 所示。

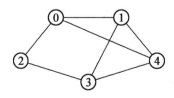

图 1 - 25　无向图

请回答下列问题：

（1）写出图 G 的邻接矩阵 A（行、列下标从 0 开始）。

（2）求 A^2，矩阵 A^2 中位于 0 行 3 列元素值的含义是什么？

（3）若已知具有 $n(n \geqslant 2)$ 个顶点的邻接矩阵为 B，则 $B^m (2 \leqslant m \leqslant n)$ 中非零元素的含义是什么？

【答案】

（1）图 G 的邻接矩阵 A 如下：

$$A = \begin{bmatrix} 0 & 1 & 1 & 0 & 1 \\ 1 & 0 & 0 & 1 & 1 \\ 1 & 0 & 0 & 1 & 0 \\ 0 & 1 & 1 & 0 & 1 \\ 1 & 1 & 0 & 1 & 0 \end{bmatrix}$$

（2）A^2 如下：

$$A = \begin{bmatrix} 3 & 1 & 0 & 3 & 1 \\ 1 & 3 & 2 & 1 & 2 \\ 0 & 2 & 2 & 0 & 2 \\ 3 & 1 & 0 & 3 & 1 \\ 1 & 2 & 2 & 1 & 3 \end{bmatrix}$$

0 行 3 列的元素值 3 表示从顶点 0 到顶点 3 之间长度为 2 的路径共有 3 条。

（3）$B^m (2 \leqslant m \leqslant n)$ 非零元素的含义是：图中从顶点 i 到顶点 j 长度为 m 的路径条数。

1.6.3　图的遍历

1. 图的深度优先搜索

从图中某个顶点出发，访问该顶点，然后依次从其未被访问的邻接点出发深度优先遍历图；若图中尚有顶点未被访问，则另选图中一个未被访问的顶点作为起始点，重复上述过程，直到图中所有顶点都被访问为止。

（1）深度优先遍历的基本思想。

①访问从图中某个顶点 v_0 出发，首先访问 v_0。

②找出刚访问过的顶点的第一个未被访问的邻接点，然后访问该顶点。以该顶点为新顶点，重复此步骤，直到刚访问的顶点没有未被访问的邻接点为止。

③返回前一个访问过的且仍有未被访问的邻接点的顶点，找出该顶点的下一未被访问的邻接点，访问该顶点；然后执行步骤②。

（2）图的深度遍历递归算法。

①深度遍历递归算法思想。

步骤 1：访问出发点 v_0。

步骤 2：依次以 v_0 的未被访问的邻接点为出发点，深度优先搜索图，直至图中所有与 v_0 有路径相通的顶点都被访问。

若是非连通图,则图中一定还有顶点未被访问,需要从图中另选一个未被访问的顶点作为起始点,重复上述深度优先搜索过程,直至图中所有顶点均被访问过为止。

②深度优先遍历 v_0 所在的连通子图。

```
int    visited[MAX_VERTEX_NUM];                // 访问标志数组
void       DFS(GRAPH g, int v0){
  visit(v0) ; visited[v0] = 1;                 // 访问顶点 v0,并置访问标志
  w = FirstAdjVertex(g,v0);
  while(w! = -1){                              // 邻接点存在
    if(visited[w] = =0) DFS(g , w);            // 递归调用 DFS
    w = NextAdjVertex(g,v0,w);                 // 找下一邻接点
  }
}
```

③将深度优先遍历的伪代码在邻接矩阵存储下实现。

```
void   DFS_AM(MGraph g,int   v0){
  printf(G. vexs[v0]) ; visited[v0] = 1;
  for(w = 0; w < g. venum; w + + )
    if(g. arcs[v0][w] = =1 && visited[w] = =0)
      DFS_AM(g ,w);
}
```

④将深度优先遍历的伪代码在邻接表存储下实现。

```
void DFS_AL(ALGRAPH g, int v0){
  printf(g. vertices[v0]. data) ; visited[v0] = 1;
  p = g. vertices [v0]. firstarc;
  while(p! = NULL){
    w = p - > adjvex;
    if(visited[w] = =0)
      DFS_AL(g , w);
    p = p - > nextarc;
  }
}
```

(3)图的深度遍历非递归算法。

①图的非递归深度优先搜索算法思想。

步骤 1:首先将 v_0 入栈。

步骤 2:只要栈不空,则重复下述处理:

　　2.1 栈顶顶点出栈;

　　2.2 如果未访问,则访问并置访问标志;然后将该顶点所有未访问的邻接点
　　　　入栈。

②图的非递归深度优先遍历算法。

```
Void  DepthFirstSearch(Graph  g, int  v0)
{ InitStack(&S);                              // 初始化栈
```

```
    push(&S,v0);
    while(! IsEmpty(S))
    |   pop(&S,&v);
        if(! visited[v])                        // 栈中可能有重复顶点
        |   visit(v);     visited[v] = 1;
            w = FirstAdjVertex(g,v);            // 求 v 的第一个邻接点
            while(w! = -1)
              | if(! visited[w]) Push(&S,w);
                w = NextAdjVertex(g,v,w);    // 求 v 相邻于 w 的下一个邻接点
                |
              |
          |
      |
  |
```

2. 广度优先搜索(遍历)

从图中某顶点出发,访问此顶点之后依次访问其各个未被访问的邻接点,然后从这些邻接点出发依次访问它们的邻接点,并使"先被访问的顶点的邻接点"要先于"后被访问的顶点的邻接点"被访问,直至所有已被访问的顶点的邻接点都被访问。

若图中尚有顶点未被访问,则另选图中未被访问的顶点作为起始点,重复以上过程,直到图中所有顶点都被访问为止。即:广度优先搜索从某顶点出发,要依次访问路径长度为$1,2,\cdots,n$的顶点。

(1)从图中某顶点 v_0 出发进行广度优先遍历的基本思想。

①从图中某个顶点 v_0 出发,首先访问顶点 v_0。

②依次访问 v_0 的各个未被访问的邻接点。

③分别从这些邻接点(端结点)出发,依次访问它们的各个未被访问的邻接点。访问时应保证:如果 v_i 和 v_k 为当前端结点,且 v_i 在 v_k 之前被访问,则 v_i 的所有未被访问的邻接点应在 v_k 的所有未被访问的邻接点之前访问。重复③,直至所有端结点均没有未被访问的邻接点为止。

若此时还有顶点未被访问,则选一个未被访问的顶点作为起始点,重复上述过程,直至所有顶点均被访问过为止。

(2)广度优先遍历。

广度优先遍历需设置队列存储已被访问的顶点,伪代码描述如下:

步骤1:初始化队列 Q。

步骤2:首先访问顶点 v_0 并置访问标志,然后将 v_0 入队列 Q。

步骤3:只要队列不空,则重复下述处理。

    3.1　队头结点 v 出队;

    3.2　对 v 的所有邻接点 w,如果 w 未访问,则访问 w 并置访问标志,然后将 w 入队。

将广度优先遍历的伪代码在邻接矩阵存储下实现:

```
void   BFS ( MGraph g , int v ) |
    int   Q[ MAX_VERTEX_NUM ];
```

```
    int    front , rear;
    front = rear = − 1;                          /∗ 初始化队列,假设队列采用顺序存储且不会发
                                                生溢出 ∗/
    printf( g. vexs[ v ]) ; visited[ v ] = 1; Q[ + + rear ] = v;     // 被访问顶点入队
    while( front! = rear) {
        u = Q[ + + front ];                       // 将队头元素出队并送到 u 中
        for( w = 0;   w < g. vexnum; w + + )
          if( g. arcs[ u ][ w ] = = 1 && visited[ w ] = = 0)   {
              printf( g. vexs[ w ]) ;
              visited[ w ] = 1;
              Q[ + + rear ] = w;
              }
          }
      }
```

将广度优先遍历的伪代码在邻接表存储下实现:

```
void    BFSTraverse( ALGraph g , int v) {
    int    Q[ MAX_VERTEX_NUM ];
    int    front , rear;
    front = rear = − 1;                    // 初始化队列,假设队列采用顺序存储且不会发生溢出
    printf( g. vertices[ v ]. data) ; visited[ v ] = 1; Q[ + + rear ] = v;// 被访问顶点入队
    while( front! = rear) {
        u = Q[ + + front ];                    // 将队头元素出队并送到 u 中
        p = g. vertices[ u ]. firstarc;         // 边表中的工作指针 p 初始化
        while( p! = NULL) {
          w = p − > adjvex;
          if( visisted[ w ] = = 0) {
              printf( g. vertices[ w ]. data) ;
              visited[ w ] = 1;
              Q[ + + rear ] = w;
              }
          p = p − > nextarc;
              }
          }
      }
```

3. 图遍历算法的时间复杂度

图采用邻接矩阵存储时,查找每个顶点的所有邻接点所需的时间为 $O(n^2)$,所以,深度优先和广度优先遍历图的时间复杂度均为 $O(n^2)$,其中 n 为图中顶点个数。

图采用邻接表存储时,查找每个顶点的所有邻接点所需的时间为 $O(n+e)$,其中 n 为图中顶点的个数,e 为图中边的个数。所以,深度优先和广度优先遍历图的时间复杂度均为 $O(n+e)$。

【例 3】 (2016 年考研真题)下列选项中,不是如图 1 − 26 所示图的深度优先搜索序列

的是 （ ）

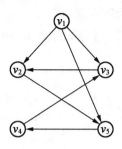

图 1-26 有向图

A.v_1,v_5,v_4,v_3,v_2 B.v_1,v_3,v_2,v_5,v_4

C.v_1,v_2,v_5,v_4,v_3 D.v_1,v_2,v_3,v_4,v_5

【答案】 D

【解析】 对于本题,只需按深度优先遍历的策略进行遍历即可。对于选项 A:先访问 v_1,然后访问与 v_1 邻接且未被访问的任一顶点(满足的有 v_2、v_3 和 v_5),此时访问 v_5,然后从 v_5 出发,访问与 v_5 邻接且未被访问的任一顶点(满足的只有 v_4),然后从 v_4 出发,访问与 v_4 邻接且未被访问的任一顶点(满足的只有 v_3),然后从 v_3 出发,访问与 v_3 邻接且未被访问的任一顶点(满足的只有 v_2),结束遍历。选项 B 和 C 的分析方法与选项 A 相同,这里不再赘述。对于选项 D,首先访问 v_1,然后从 v_1 出发,访问与 v_1 邻接且未被访问的任一顶点(满足的有 v_2、v_3 和 v_5),然后从 v_2 出发,访问与 v_2 邻接且未被访问的任一顶点(满足的只有 v_5),按规则本应该访问 v_5,但选项 D 却访问 v_3,因此 D 错误。

1.6.4 最小生成树

1.最小生成树的定义

设 $N=(V,E)$ 是一个无向连通网,生成树上各边的权值之和称为该生成树的代价,在 N 的所有生成树中,代价最小的生成树称为最小生成树。

2.MST 性质

设 $N=(V,E)$ 是一个无向连通网,U 是顶点集 V 的一个非空子集。若 (u,v) 是一条具有最小权值(代价)的边,其中 $u\in U$,$v\in V-U$,则必存在一棵包含边 (u,v) 的最小生成树。

3.普里姆(Prim)算法

(1)Prim 算法的基本思想。

设 $N=(V,E)$ 是一个无向连通网,TE 为最小生成树中边的集合。

①初始 $U=\{u_0\}(u_0\in V)$,$TE=\{\ \}$。

②在所有 $u\in U$,$v\in V-U$ 的边 $(u,v)\in E$ 中选一条代价最小的边 (u_0,v_0) 并入边集 TE,同时将 v_0 并入顶点集 U。

③重复②,直至 $U=V$ 为止。

此时,TE 中必含有 $n-1$ 条边,则 $T=(V,TE)$ 为 N 的最小生成树。

【说明】 Prim 算法的关键是如何找到连接 U 和 $V-U$ 的最短边来扩充生成树 T。

（2）Prim 算法的存储结构。

①图的存储结构：图采用邻接矩阵存储。

②为了实现这个算法，需要设置一个辅助数组 closedge[ ]，用以记录从 U 到 $V-U$ 具有最小代价的边。定义如下：

```
struct {
    VerTexType  adjvex;        // 记录最小边在 U 中的那个顶点
    ArcType    lowcost;        // 存储最小边的权值
                              // 各顶点之间最短边的权值
} closedge[MAX_VERTEX_NUM];
```

对每个顶点 $v \in V-U$，closedge[v] 记录所有与 v 邻接的，从 U 到 $V-U$ 的那组边中的最小边信息。显然有

$$closedge[v].lowcost = \min\{ cost(u,v) \mid u \in U\}$$

（3）Prim 算法。

Prim 算法用伪代码描述如下：

①首先将初始顶点 u 加入 U 中，对其余的每一个顶点 i，将 closedge[i] 均初始化为 i 到 u 的边信息。

②循环 $n-1$ 次，做如下处理：

a. 从各组最小边 closedge[v] 中选出最小的边 closedge[k_0]（$v,k_0 \in V-U$）；

b. 将 k_0 加入 U 中。

c. 更新剩余的每组最小边信息 closedge[v]（$v \in V-U$）。

对于以 v 为中心的那组边，新增加了一条从 k_0 到 v 边，如果新边的权值比 closedge[v].lowcost 小，则将 closedge[v].lowcost 更新为新边的权值。

（4）Prim 算法的时间复杂度为 $O(n^2)$。

【说明】　Prim 算法的时间复杂度与边数无关，因此适用于求稠密网的最小生成树。

4. 克鲁斯卡尔（Kruskal）算法

（1）Kruskal 算法的基本思想。

设无向连通网为 $N=(V,E)$，将 N 中的边按权值从小到大的顺序排列。

①初始化状态为只有 n 个顶点而无边的非连通图 $T=(U,TE)$，其中 $U=V$，$TE=\{\}$，图中每个顶点自成一个连通分量。

②在 E 中选择权值最小的边，若该边依附的顶点落在 T 中不同的连通分量上，则将此边计入 T 中，否则舍去此边而选择下一条权值最小的边。

③重复②，直到 T 中所有顶点都在同一连通分量上为止。

【说明】　Kruskal 算法的关键是：如何判别被考察边的两个顶点是否位于两个连通分量。

（2）Kruskal 算法。

Kruskal 算法的伪代码如下：

步骤 1：初始化：$U=V$；$TE=\{\}$。

步骤 2：循环直到 T 中的连通分量个数为 1。

2.1 取 E 中的最短边 (u,v)。

2.2 如果顶点 u,v 位于 T 的两个连同分量,则

2.2.1 将边 (u,v) 并入 TE;

2.2.2 将这两个连通分量合为一个。

2.3 在 E 中标记边 (u,v),使得 (u,v) 不参加后续最短边的选取。

(3)Kruskal 算法的时间复杂度为 $O(e\log_2 e)$,其中 e 为无向连通网中边的个数。

(4)两种算法的比较,见表 1 – 6。

表 1 – 6　普里姆算法和克鲁斯卡尔算法的比较

算法	普里姆算法	克鲁斯卡尔算法
时间复杂度	$O(n^2)$	$O(e\log_2 e)$
特点	只与顶点个数 n 有关,与边的数目 e 无关适用于稠密图	只与边的数目 e 有关,与顶点个数 n 无关适用于稀疏图

【例4】　(2012 年考研真题)下列关于最小生成树的叙述中,正确的是　　　　　（　　）

Ⅰ. 最小生成树的代价唯一

Ⅱ. 所有权值最小的边一定会出现在所有的最小生成树中

Ⅲ. 使用普里姆(Prim)算法从不同顶点开始得到的最小生成树一定相同

Ⅳ. 使用普里姆算法和克鲁斯卡尔(Kruskal)算法得到的最小生成树总不相同

A. 仅Ⅰ　　　　　　B. 仅Ⅱ　　　　　　C. 仅Ⅰ、Ⅲ　　　　　　D. 仅Ⅱ、Ⅳ

【答案】　A

【解析】　(1)对于Ⅰ,最小生成树的树形可能不唯一(这是因为可能存在权值相同的边),但是代价一定是唯一的,Ⅰ正确。

(2)对于Ⅱ,如果权值最小的边有多条并且构成环状,则总有权值最小的边将不出现在某棵最小生成树中,所以Ⅱ错误。

(3)对于Ⅲ,当存在多条权值相同的边时,用 Prim 算法从不同顶点开始得到的最小生成树不一定相同,Ⅲ错误。

(4)对于Ⅳ,当最小生成树唯一时(各边的权值不同),Prim 算法和 Kruskal 算法得到的最小生成树相同,Ⅳ错误。

故答案为 A。

【例5】　(2017 年考研真题)使用 Prim(普里姆)算法求带权连通图的最小(代价)生成树(MST)。请回答下列问题。

(1)对图 1 – 27 中的图 G,从顶点 A 开始求 G 的 MST,依次给出按算法选出的边。

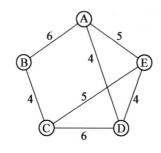

图 1 - 27　带权连通图

(2)图 G 的 MST 是唯一的吗?

(3)对任意的带权连通图,满足什么条件时,其 MST 是唯一的?

【答案】 (1)根据 Prim 算法。算法从图 G 任意顶点开始,一直长大到覆盖图中所有顶点为止。算法每一步在连接树集合 S 中顶点和其他顶点的边中,选择一条使得树的总权重增加最小的边加入集合 S。当算法终止时,S 就是最小生成树。

①S 中顶点为 A,候选边为(A,D)、(A,B)、(A,E),选择(A,D)加入 S。

②S 中顶点为 A、D,候选边为(A,B)、(A,E)、(D,E)、(C,D),选择(D,E),加入 S。

③S 中顶点为 A、D、E,候选边为(A,B)、(C,D)、(C,E),选择(C,E)加入 S。

④S 中顶点为 A、D、E、C,候选边为(A,B)、(B,C),选择(B,C)加入 S。

⑤S 就是最小生成树。依次选出的为(A,D)、(D,E)、(C,E),(B,C)。

(2)图 G 的 MST 是唯一的。第(1)小题的最小生成树包括了图中权值最小的 4 条边,其他边都比这 4 条边大,所以此图的 MST 唯一。

(3)当带权连通图的任意一个环中所包含的边的权值均不相同时,其 MST 是唯一的。

1.6.5　拓扑排序

1. 有向无环图(DAG)

一个无环的有向图称为有向无环图,简称 DAG 图。

2. AOV - 网的定义

在一个表示工程的有向图中,用顶点表示活动,用弧表示活动间的优先关系,称这样的有向图为顶点表示活动的网,简称 AOV - 网。

【说明】 AOV - 网中的弧表示活动之间存在的某种制约关系。

3. 拓扑序列的定义

所谓拓扑序列就是将 AOV - 网中所有顶点排成一个线性序列,该序列满足:若在 AOV - 网中由顶点 v_i 到顶点 v_j 有一条路径,则在该线性序列中的顶点 v_i 必定在顶点 v_j 之前。

4. 拓扑排序

对一个有向图构造拓扑序列的过程称为拓扑排序。

(1)拓扑排序的基本思想。

①从有向图中选择一个没有前驱的顶点并且输出它。

②从有向图中,将此结点和以它为尾的边删除。

③重复步骤①、②,直到不存在无前驱的结点。

④若此时输出的结点数小于有向图中的顶点数,则说明有向图中存在回路,否则输出的顶点的顺序即为一个拓扑序列。

即:拓扑排序为"每次删除入度为 0 的顶点并输出之"。

【说明】 AOV - 网的拓扑序列不是唯一的。

(2)拓扑排序的存储结构。

①图的存储结构:采用邻接表存储。

②引入一维数组 indegree[ ]。存放各顶点的入度,没有前驱的顶点就是入度为 0 的顶点。

③引入栈 S。设置一个栈保存所有入度为零的顶点。这里采用顺序栈。

(3)拓扑排序算法。

伪代码描述为:

步骤 1:栈 S 初始化;累加器 count 初始化;求出各个顶点的入度并存入数组 indegree[i]中。

步骤 2:查找 indegree[i]为零的顶点 i,并将其压入栈 S 中。

步骤 3:当栈 S 非空时循环:

    3.1 将栈 S 中的栈顶元素 i 出栈并输第打印;累加器 count 加 1;

    3.2 将顶点 i 的每个邻接点 k 的入度减 1,如果顶点 k 的入度变为 0,则将顶点 k 入栈。

步骤 4:如果 count < vexnum,输出有回路信息,否则输出有向图无回路。

具体的拓扑排序的算法(略)。

(4)拓扑排序算法的时间复杂度为 $O(n+e)$。

【例6】 (2010 年考研真题)对图 1 - 28 进行拓扑排序,可以得到不同的拓扑序列的个数是   (   )

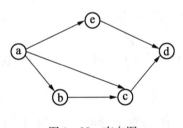

图 1 - 28 有向图

A. 4   B. 3   C. 2   D. 1

【答案】 B

【解析】 拓扑排序的过程如图 1 - 29 所示。

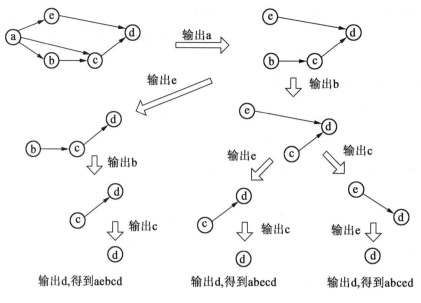

图 1 - 29　拓扑排序过程

可以得到 3 个不同的拓扑序列,分别为 abced、abecd、aebcd。故选 B。

1.6.6　关键路径

1. 关键路径求解的问题

(1)哪些活动是影响工程进度的关键活动?

(2)至少需要多长时间能完成整个工程?

2. AOE - 网的基本概念

(1)AOE - 网。

在一个表示工程的带权有向图中,用顶点表示事件,用有向边表示活动,边上的权值表示活动的持续时间,称这样的有向图为边表示活动的网,简称 AOE - 网。

(2)源点与汇点。

在 AOE - 网中存在唯一的、入度为 0 的顶点,称为源点;存在唯一的、出度为 0 的顶点,称为汇点。

(3)关键路径与关键活动。

从源点到汇点的最长路径的长度即为完成整个工程任务所需要的时间,该路径称为关键路径。关键路径上的活动称为关键活动。

【说明】　整个工程完工的时间就是终点的最早发生时间;关键路径长度是整个工程所需的最短工期。

3. AOE 网的性质

①只有在某顶点所代表的事件发生后,从该顶点出发的各活动才能开始。

②只有在进入某顶点的各活动都已经结束,该顶点所代表的事件才能发生。

4. 关键路径算法的辅助数据结构

为了在 AOE - 网中找出关键路径,需要定义如下几个参量:

（1）事件 v_i 的最早发生时间 $ve(i)$。

$ve(i)$ 是指从源点到顶点 v_i 的最大路径长度，称为事件 v_i 的最早发生时间。

求 $ve(i)$ 的值可从源点开始，按拓扑顺序向汇点递推：

$$\begin{cases} ve(0) = 0 \\ ve(i) = \text{Max}\{ve(k) + \text{dut}(<v_k, v_i>)\}, <v_k, v_i> \in T, 1 \leq i \leq n-1 \end{cases}$$

其中，T 表示所有以 v_i 为头的弧 $<v_k, v_i>$ 的集合，$\text{dut}(<v_k, v_i>)$ 表示与弧 $<v_k, v_i>$ 对应活动的持续时间。

（2）事件 v_i 的最迟发生时间 $vl(i)$。

在保证汇点按其最早发生时间发生这一前提下，求事件 v_i 的最迟发生时间。

在求出 $ve(i)$ 的基础上，可从汇点开始，按逆拓扑顺序向源点递推，求出 $vl(i)$：

$$\begin{cases} vl(n-1) = ve(n-1) \\ vl(i) = \text{Min}\{vl(k) - \text{dut}(<v_i, v_k>)\}, <v_i, v_k> \in S, 0 \leq i \leq n-2 \end{cases}$$

其中，S 为所有以 v_i 为尾的弧 $<v_i, v_k>$ 的集合，$\text{dut}(<v_i, v_k>)$ 表示与弧 $<v_i, v_k>$ 对应活动的持续时间。

（3）活动 a_i 的最早开始时间 $e(i)$。

如果活动 a_i 对应的弧为 $<v_j, v_k>$，则 $e(i)$ 等于从源点到顶点 j 的最长路径长度，即

$$e(i) = v_j e(j)$$

（4）活动 a_i 的最迟开始时间 $l(i)$。

如果活动 a_i 对应的弧为 $<v_j, v_k>$，其持续时间为 $\text{dut}(<v_j, v_k>)$，则有

$$l(i) = v_l(k) - \text{dut}(<v_j, v_k>)$$

（5）活动 a_i 的时间余量。

a_i 的最迟开始时间与 a_i 的最早开始时间之差，即 $l(i) - e(i)$。显然，时间余量为 0 的活动为关键活动。

6. 关键路径算法

伪代码描述如下：

步骤 1：令 $ve(0) = 0$，按拓扑序列求其余各顶点的最早发生时间 $ve(i)$。

步骤 2：如果得到的拓扑序列中顶点个数小于 AOE 网中顶点数，则说明网络中存在环，不能求关键路径，算法终止；否则执行步骤 3。

步骤 3：令 $vl(n-1) = ve(n-1)$，按逆拓扑有序求其余各顶点的最迟发生时间 $vl(i)$。

步骤 4：求每个活动 a_i 的最早开始时间 $e(i)$ 和最迟开始时间 $l(i)$。

步骤 5：若某个活动 a_i 满足条件 $e(i) = l(i)$，则 a_i 为关键活动。

步骤 6：关键活动所在的路径构成关键路径。

【说明】　若只求工程的总用时只要进行步骤 1～步骤 3 即可求得。

【例 7】　（2011 年考研真题）已知有 6 个顶点（顶点编号为 0～5）的有向带权图 G，其邻接矩阵 A 为上三角矩阵，按行为主序（行优先）保存在如下的一维数组中。

4	6	∞	∞	∞	5	∞	∞	∞	4	3	∞	∞	3	3

要求:

(1)写出图 G 的邻接矩阵 A。

(2)画出有向带权图 G。

(3)求图 G 的关键路径,并计算该关键路径的长度。

【答案】　(1)在上三角矩阵 $A[6][6]$ 中,第 1 行至第 5 行主对角线上方的元素个数分别为 5、4、3、2、1,由此可以画出压缩存储数组中的元素所属行的情况,如图 1 – 30 所示。

图 1 – 30　压缩存储数组中元素所属行情况

用"平移"的思想,将前 5 个、后 4 个、后 3 个、后 2 个、后 1 个元素,分别移动到矩阵对角线("0")右边的行上。图 G 的邻接矩阵 A 为

$$A = \begin{bmatrix} 0 & 4 & 6 & \infty & \infty & \infty \\ \infty & 0 & 5 & \infty & \infty & \infty \\ \infty & \infty & 0 & 4 & 3 & \infty \\ \infty & \infty & \infty & 0 & \infty & 3 \\ \infty & \infty & \infty & \infty & 0 & 3 \\ \infty & \infty & \infty & \infty & \infty & 0 \end{bmatrix}$$

(2)根据上面的邻接矩阵,画出有向带权图 G,如图 1 – 31 所示。

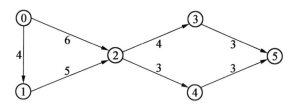

图 1 – 31　有向带权图

(3)按照算法,先计算各个事件的最早发生时间,计算过程如下:

$ve(0) = 0$

$ve(1) = ve(0) + a_{0 \to 1} = 4$

$ve(2) = \max\{ve(0) + a_{0 \to 2}, ve(1) + a_{1 \to 2}\} = \max(6, 4 + 5) = 9$

$ve(3) = ve(2) + a_{2 \to 3} = 9 + 4 = 13$

$ve(4) = ve(2) + a_{2 \to 4} = 9 + 3 = 12$

$ve(5) = \max\{ve(3) + a_{3 \to 5}, ve(4) + a_{4 \to 5}\} = \max(16, 15) = 16$

接下来求各个时间的最迟发生时间,计算过程如下:

$vl(5) = ve(5) = 16$

$vl(4) = vl(5) - a_{4 \to 5} = 16 - 3 = 13$

$vl(3) = vl(5) - a_{3 \to 5} = 16 - 3 = 13$

$vl(2) = \min\{vl(3) - a_{2 \to 3}, vl(4) - a_{2 \to 4}\} = \min\{9, 10\} = 9$

$vl(1) = vl(2) - a_{1 \to 2} = 4$

$$vl(0) = \min\{vl(2) - a_{0\to2}, vl(1) - a_{0\to1}\} = \min(3,0) = 0$$

即 $ve()$ 和 $vl()$ 数组见表 $1-7$。

表 $1-7$　$ve()$ 和 $vl()$ 计算表

i	0	1	2	3	4	5
$ve(i)$	0	4	9	13	12	16
$vl(i)$	0	4	9	13	13	16

接下来计算所有活动的最早和最迟发生时间 $e()$ 和 $l()$：

$$e(a_{0\to1}) = e(a_{0\to2}) = ve(0) = 0$$

$$e(a_{1\to2}) = ve(1) = 4$$

$$e(a_{2\to3}) = e(a_{2\to4}) = ve(2) = 9$$

$$e(a_{3\to5}) = ve(3) = 13$$

$$e(a_{4\to5}) = ve(4) = 12$$

$$l(a_{4\to5}) = vl(5) - a_{4\to5} = 16 - 3 = 13$$

$$l(a_{3\to5}) = vl(5) - a_{3\to5} = 16 - 3 = 13$$

$$l(a_{2\to4}) = vl(4) - a_{2\to4} = 13 - 3 = 10$$

$$l(a_{2\to3}) = vl(3) - a_{2\to3} = 13 - 4 = 9$$

$$l(a_{1\to2}) = vl(2) - a_{1\to2} = 9 - 5 = 4$$

$$l(a_{0\to2}) = vl(2) - a_{0\to2} = 9 - 6 = 3$$

$$l(a_{0\to1}) = vl(1) - a_{0\to1} = 4 - 4 = 0$$

数组 $e()$ 和 $l()$ 与它们的差值见表 $1-8$。

表 $1-8$　$e()$ 和 $l()$ 数组与它们的差值表

	$a_{0\to1}$	$a_{0\to2}$	$a_{1\to2}$	$a_{2\to3}$	$a_{2\to4}$	$a_{3\to5}$	$a_{4\to5}$
$e()$	0	0	4	9	9	13	12
$l()$	0	3	4	9	10	13	13
$l() - e()$	0	3	0	0	1	0	1

满足 $l() - e() = 0$ 的路径就是关键路径，所以关键路径为 $a_{0\to1}$、$a_{1\to2}$、$a_{2\to3}$、$a_{3\to5}$，如图 $1-32$ 所示（粗线表示），长度为 $4+5+4+3=16$。

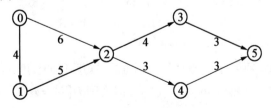

图 $1-32$　关键路径

1.6.7　最短路径

1. 最短路径求解的问题

在带权有向图中：

（1）求一结点到其他结点的最短路径。

（2）求任意两点间的最短路径。

2. 迪杰斯特拉（Dijkstra）算法

（1）Dijkstra 算法求解的问题。

Dijkstra 算法用于求解，给定带权有向图 $G = (V, E)$ 和源点 $v_0 \in V$，求从 v_0 到 G 中其余各顶点的最短路径。

（2）Dijkstra 算法的基本思想。

①初始化：先找出从源点 v_0 到各终点 v_k 的直达路径 (v_0, v_k)，即通过一条弧到达的路径。

②选择：从这些路径中找出一条长度最短的路径 (v_0, u)。

③更新：对其余各条路径进行适当调整。

若在图中存在弧 (u, v_k)，且 $(v_0, u) + (u, v_k) < (v_0, v_k)$，则以路径 (v_0, u, v_k) 代替 (v_0, v_k)。在调整后的各条路径中，再找长度最短的路径，以此类推。

（3）Dijkstra 算法的存储结构。

①图的存储结构：图采用带权的邻接矩阵存储。

②数组 $D[n]$：记录源点到相应顶点路径长度。$D[i]$ 表示当前找到的从源点 v_0 到终点 v_i 的最短路径长度。

③数组 path$[n]$：记录相应顶点的前驱顶点。path$[i]$ 表示当前找到的从源点 v_0 到终点 v_i 的最短路径。

④数组 $S[n]$：记录相应顶点是否已被确定为最短距离。初态为只有一个源点 v_0。

（4）Dijkstra 算法。

Dijkstra 算法用伪代码描述如下：

步骤 1：初始化：

将源点 v_0 加到 S 中，即 $S[v_0] = \text{true}$；

将 v_0 到各个终点的最短路径长度初始化为权值，即 $D[i] = G.\text{arcs}[v_0][v_i]$，$(v_i \in V - S)$；

如果 v_0 和顶点 v_i 之间有弧，则将 v_i 的前驱置为 v_0，即 $\text{Path}[i] = v_0$，否则 $\text{Path}[i] = -1$。

步骤 2：选择下一条最短路径的终点 v_k，使得

$$D[k] = \text{Min}\{D[i] \mid v_i \in V - S\}$$

步骤 3：将 v_k 加到 S 中，即 $S[v_k] = \text{true}$。

步骤 4：更新从 v_0 出发到集合 $V - S$ 上任一顶点的最短路径的长度，同时更改 v_i 的前驱为 v_k。

若 $S[i] = \text{false}$ 且 $D[k] + G.\text{arcs}[k][i] < D[i]$，则 $D[i] = D[k] + G.\text{arcs}[k][i]$；$\text{Path}[i] = k$；

步骤 5：重复 $n - 1$ 次步骤 2 ~ 步骤 4，即可按照路径长度的递增顺序，逐个求得从 v_0 到

图上其余各顶点的最短路径。

具体的 Dijkstra 算法(略)。

(5)Dijkstra 算法的时间复杂度为 $O(n^2)$。

3. Floyd 算法

(1)Floyd 算法求解的问题。

Floyd 算法用于求解每一对顶点之间的最短路径问题。给定带权有向图 $G = (V, E)$,对任意顶点 v_i 和 $v_j(i \neq j)$,求顶点 v_i 到顶点 v_j 的最短路径。

(2)Floyd 算法的基本思想。

假设从 v_i 到 v_j 的弧(若从 v_i 到 v_j 的弧不存在,则将其弧的权值看成∞;若从 v_i 到 v_i 的弧其权值为0)是最短路径,然后进行 n 次试探。若 $v_i, \cdots, v_k$ 和 $v_k, \cdots, v_j$,分别是从 v_i 到 v_k 和从 v_k 到 v_j 中间顶点的序号不大于 $k-1$ 的最短路径,则将 $v_i, \cdots, v_k, \cdots, v_j$ 和已经得到的从 v_i 到 v_j 中间顶点的序号不大于 $k-1$ 的最短路径相比较,取长度较短者为从 v_i 到 v_j 中间顶点的序号不大于 k 的最短路径。

(3)Floyd 算法的存储结构。

①图的存储结构:采用邻接矩阵存储。

②辅助数组 $A[n][n]$:存放在迭代过程中求得的从顶点 v_i 到 v_j 的最短路径长度。初始为图的邻接矩阵,在迭代过程中,根据如下递推公式进行迭代:

$$A^{(-1)}[i][j] = G. \text{arcs}[i][j]$$

$$A^{(k)}[i][j] = \min\{ A^{(k-1)}[i][j], A^{(k-1)}[i][k] + A^{(k-1)}[k][j] \}, 0 \leq k \leq n-1$$

其中,$A^{(k)}[i][j]$ 是从顶点 v_i 到 v_j 的中间顶点的序号不大于 k 的最短路径长度。

③辅助数组 $\text{path}[n][n]$:存放在迭代过程中求得的从顶点 v_i 到 v_j 的最短路径,初始为 $\text{path}[i][j] = "v_i v_j"$,在迭代过程中,如果经过中间顶点 k,则根据如下公式进行替换:

$$\text{path}[i][j] = \text{path}[i][k] + \text{path}[k][j]$$

(4)Floyd 算法。

依次计算 $A^{(-1)}, A^{(0)}, A^{(1)}, \cdots, A^{(n-1)}$。$A^{(-1)}$ 为图的邻接矩阵,计算 $A^{(k)}$ 时,$A^{(k)}[i][j] = \min\{ A^{(k-1)}[i][j], A^{(k-1)}[i][k] + A^{(k-1)}[k][j] \}$。

(5)Floyd 算法的时间复杂度为 $O(n^3)$。

计算 $A^{(k)}$ 的技巧。第 k 行、第 k 列、对角线的元素保持不变,对其余元素,考查 $A[i][j]$ 与 $A[i][k] + A[k][j]$("行 + 列"),如果后者更小,则替换 $A[i][j]$,同时修改路径。

【例8】　(2016 年考研真题第 8 题)使用迪杰斯特拉(Dijkstra)算法求如图 1-33 中从顶点 1 到其他各顶点的最短路径,依次得到的各最短路径的目标顶点是　　　　　(　　)

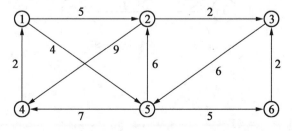

图 1-33　第 8 题有向图

A. 5、2、3、4、6　　　　　　　　　　B. 5、2、3、6、4

C. 5、2、4、3、6　　　　　　　　　　D. 5、2、6、3、4

【答案】　B

【解析】　根据 Dijkstra 算法,从顶点 1 到其余各顶点的最短路径见表 1-9。

表 1-9　迪杰斯特拉算法的求解过程

顶点	从 1 到各终点的最短路径长度 D 值和最短路径				
	第 1 趟	第 2 趟	第 3 趟	第 4 趟	第 5 趟
2	5(1→2)	5(1→2)			
3	∞	∞	7(1→2→3)		
4	∞	11(1→5→4)	11(1→5→4)	11(1→5→4)	
5	4(1→5)				
6	∞	9(1→5→6)	9(1→5→6)	9(1→5→6)	
集合 S	{1,5}	{1,5,2}	{1,5,2,3}	{1,5,2,3,6}	{1,5,2,3,6,4}

从上述求解过程可以看出,从源点 1 出发,最短路径的目标顶点依次是 5、2、3、6、4,因此答案为 B。

【例 9】　(2009 年考研真题第 41 题)带权图(权值非负,表示边连接的两顶点间的距离)的最短路径问题是找出从初始顶点到目标顶点之间的一条最短路径。假设从初始顶点到目标顶点之间存在路径,现有一种解决该问题的方法:

(1)设最短路径初始时仅包含初始顶点,令当前顶点 u 为初始顶点;

(2)选择离 u 最近且尚未在最短路径中的一个顶点 v,加入最短路径中,修改当前顶点 $u = v$;

(3)重复步骤(2),直到 u 是目标顶点时为止。

请问上述方法能否求得最短路径? 若该方法可行,请证明之;否则,请举例说明。

【答案】　该方法不一定能(或不能)求得最短路径。举例说明:

如图 1-34 所示的带权图中,设初始顶点为 1,目标顶点为 4,欲求从顶点 1 到顶点 4 之间的最短路径,显然这两点之间的最短路径长度为 2。按照题中的求解原则,从 1 到 4 的最短路径为 1→2→3→4,但这条路径并不是这两点之间的最短路径。事实上其最短路径为 1→4。

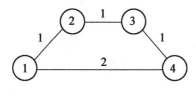

图 1-34　最短路径示例

【课后习题】

一、选择题

1. (2009 年考研真题)下列关于无向连通图特性的叙述中,正确的是　　　　(　　)

Ⅰ. 所有顶点的度之和为偶数

Ⅱ. 边数大于顶点个数减 1

Ⅲ. 至少有一个顶点的度为 1

A. 只有Ⅰ　　　　　B. 只有Ⅱ　　　　　C. Ⅰ和Ⅱ　　　　　D. Ⅰ和Ⅲ

2. (2010 年考研真题)若无向图 $G = (V, E)$ 中含有 7 个顶点,要保证图 G 在任何情况下都是连通的,则需要的边数最少是　　　　(　　)

A. 6　　　　　　B. 15　　　　　　C. 16　　　　　　D. 21

3. (2017 年考研真题)已知无向图 G 含有 16 条边,其中度为 4 的顶点个数为 3,度为 3 的顶点个数为 4,其他顶点的度均小于 3。图 G 所含的顶点个数至少是　　　　(　　)

A. 10　　　　　　B. 11　　　　　　C. 13　　　　　　D. 15

4. (2012 年考研真题)对于有 n 个结点、e 条边且使用邻接表存储的有向图进行广度优先遍历,其算法时间复杂度是　　　　(　　)

A. $O(n)$　　　　B. $O(e)$　　　　C. $O(n+e)$　　　　D. $O(n \times e)$

5. (2013 年考研真题)若对如下所示的无向图进行遍历,则下列选项中,不是广度优先遍历序列的是　　　　(　　)

A. h、c、a、b、d、e、g、f　　　　　　B. e、a、f、g、b、h、c、d

C. d、b、c、a、h、e、f、g　　　　　　D. a、b、c、d、h、e、f、g

6. (2015 年考研真题)设有向图 $G = (V, E)$,顶点集 $V = \{V_0, V_1, V_2, V_3\}$,边集 $E = \{<V_0, V_1>, <V_0, V_2>, <V_0, V_3>, <V_1, V_3>\}$。若从顶点 V_0 开始对图进行深度优先遍历,则可能得到的不同遍历序列个数是　　　　(　　)

A. 2　　　　　　B. 3　　　　　　C. 4　　　　　　D. 5

7. (2012 年考研真题)若用邻接矩阵存储有向图,矩阵中主对角线以下的元素均为零,则关于该图拓扑序列的结论是　　　　(　　)

A. 存在,且唯一　　　　　　　　B. 存在,且不唯一

C. 存在,可能不唯一　　　　　　D. 无法确定是否存在

8. (2014 年考研真题)对如下图所示的有向图进行拓扑排序,得到的拓扑序列可能是
（　　）

A. 3、1、2、4、5、6 　　　　　　　　　　B. 3、1、2、4、6、5

C. 3、1、4、2、5、6 　　　　　　　　　　D. 3、1、4、2、6、5

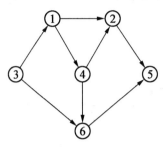

9. (2016 年考研真题)对于有 n 个顶点 e 条弧的有向图采用邻接表存储,则拓扑排序算法的时间复杂度是 （　　）

A. $O(n)$ 　　　　　B. $O(n+e)$ 　　　　　C. $O(n^2)$ 　　　　　D. $O(n \times e)$

10. (2018 年考研真题)下列选项中,不是如下图所示有向图的拓扑序列的是 （　　）

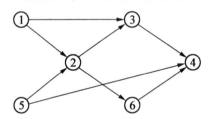

A. 1,5,2,3,6,4 　　　　　　　　　　B. 5,1,2,6,3,4

C. 5,1,2,3,6,4 　　　　　　　　　　D. 5,2,1,6,3,4

11. (2012 年考研真题)如下图所示的有向带权图,若采用迪杰斯特拉(Dijkstra)算法求从源点 a 到其他各顶点的最短路径,则得到的第一条最短路径的目标顶点是 b,第二条最短路径的目标顶点是 c,后续得到的其余各最短路径的目标顶点依次是 （　　）

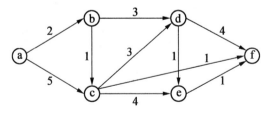

A. d、e、f 　　　　B. e、d、f 　　　　C. f、d、e 　　　　D. f、e、d

12. (2015 年考研真题)求如下图所示的带权图的最小(代价)生成树时,可能是克鲁斯卡(Kruskal)算法第二次选中但不是普里姆(Prim)算法(从 V_4 开始)第 2 次选中的边是
（　　）

A. (V_1, V_3) 　　　　B. (V_1, V_4) 　　　　C. (V_2, V_3) 　　　　D. (V_3, V_4)

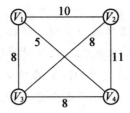

13.(2013 年考研真题)设图的邻接矩阵 A 如下所示。各顶点的度依次是　　　( )

$$A = \begin{bmatrix} 0 & 1 & 0 & 1 \\ 0 & 0 & 1 & 1 \\ 0 & 1 & 0 & 0 \\ 1 & 0 & 0 & 0 \end{bmatrix}$$

A.1、2、1、2　　　　B.2、2、1、1　　　　C.3、4、2、3　　　　D.4、4、2、2

14.(2013 年考研真题)如下图所示的 AOE - 网表示一项包含 8 个活动的工程。通过同时加快若干活动的进度可以缩短整个工程的工期。下列选项中,加快其进度就可以缩短工程工期的是　　　　　　　　　　　　　　　　　　　　　　　( )

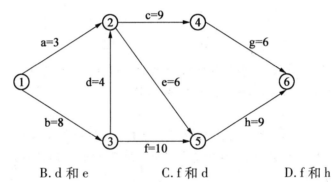

A.c 和 e　　　　　B.d 和 e　　　　　　C.f 和 d　　　　　　D.f 和 h

【课后习题答案】

1.【答案】 A

【解析】 根据握手定理,无向连通图所有顶点度数之和为边的 2 倍。因此所有顶点的度之和必为偶数,Ⅰ正确。无向连通图对应的生成树也是无向连通图,此时边数等于顶点数减 1,因此Ⅱ错误。顶点数为 $n(n \geqslant 1)$ 的无向完全图中不存在度为 1 的顶点,因此Ⅲ错误。故选 A。

2.【答案】 C

【解析】 要保证无向图 G 在任何情况下都是连通的,即任意变动图 G 中的边,G 始终保持连通,首先需要 G 的任意 6 个结点构成完全连通子图 G_1,需 $n(n-1)/2 = 6 \times (6-1)/2 = 15$ 条边,然后再添一条边将第 7 个结点与 G_1 连接起来,因此边数最少为 16 条边。故选 C。

3.【答案】 B

【解析】 根据图的握手定理,无向图边数的两倍等于各顶点度数的总和。由于其他顶点的度均小于 3,可以设它们的度都为 2,设它们的数量是 x,可列出方程 $4 \times 3 + 3 \times 4 + 2x \geqslant 16 \times 2$,解得 $x \geqslant 4$。$4 + 3 + 4 = 11$,故 B 正确。

4.【答案】 C

【解析】 广度优先遍历需要借助队列实现。邻接表的结构包括:顶点结点和表结点(有向图为出边表)。当采用邻接表存储方式时,在对图进行广度优先遍历时每个顶点均需入队一次(头结点遍历),故时间复杂度为 $O(n)$,在搜索所有头结点的邻接点的过程中,每条边至少访问一次(表结点遍历),故时间复杂度为 $O(e)$,因此算法总的时间复杂度为 $O(n+e)$。故选 C。

5.【答案】 D

【解析】 根据图的深度优先搜索和图的广度优先搜索过程,逐个代入,手工模拟,选项 D 是深度优先遍历,而不是广度优先遍历。

6.【答案】 D

【解析】 画出该有向图图形,如下图所示。

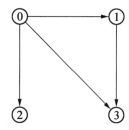

采用图的深度优先遍历,共 5 种可能:$<V_0, V_1, V_3, V_2>$,$<V_0, V_2, V_3, V_1>$,$<V_0, V_3, V_2, V_1>$,$<V_0, V_1, V_2, V_3>$,$<V_0, V_3, V_1, V_2>$,故选 D。

7.【答案】 C

【解析】 对角线以下元素均为零,表明只有顶点 i 到顶点 $j(i<j)$ 可能有边,而顶点 j 到顶点 i 一定没有边,也就是说,这样的有向图中一定没有回路,因此一定存在拓扑序列,但拓扑序列不一定唯一。

8.【答案】 D

【解析】 按照拓扑排序的算法,每次都选择入度为 0 的结点从图中删去,此图中一开始只有结点 3 的入度为 0;删掉结点 3 后,只有结点 1 的入度为 0;删掉结点 1 后,只有结点 4 的入度为 0;删掉结点 4 后,结点 2 和结点 6 的入度都为 0,此时选择删去不同的结点,会得出不同的拓扑序列,分别处理完毕后可知可能的拓扑序列为 3、1、4、2、6、5 和 3、1、4、6、2、5,故选 D。

9.【答案】 B

【解析】 根据拓扑排序的规则,输出每个顶点的同时还要删除以它为起点的边,这样对各顶点和边都要进行遍历,故拓扑排序的时间复杂度为 $O(n+e)$。

10.【答案】 D

【解析】 拓扑排序每次选取入度为 0 的结点输出,经观察不难发现拓扑序列前两位一定是 1、5 或 5、1(因为只有 1 和 5 的入度均为 0,且其他结点都不满足仅有 1 或仅有 5 作为前驱)。因此选项 D 显然错误。

11.【答案】 C

【解析】 从 a 到各顶点的最短路径的求解过程见下表。

顶点	从 a 到各终点的最短路径长度 D 值和最短路径				
	第 1 趟	第 2 趟	第 3 趟	第 4 趟	第 5 趟
b	(a,b)2				
c	(a,c)5	(a,b,c)3			
d	∞	(a,b,d)5	(a,b,d)5	(a,b,d)5	
e	∞	∞	(a,b,c,f)4		
f	∞	∞	(a,b,c,e)7	(a,b,c,e)7	(a,b,d,e)6
集合 S	{a,b}	{a,b,c}	{a,b,c,f}	{a,b,c,f,d}	{a,b,c,f,d,e}

从上述求解过程可以看出,从源点 a 出发,最短路径的目标顶点依次是 a、b、c、e、d、f,因此答案为 C。

12.【答案】 C

【解析】 Kruskal 算法是按权值升序选边的,首先选权值为 5 的边 (V_1,V_4),然后选择权值为 8 的边。此时有 3 种选择:(V_1,V_3)、(V_3,V_4) 和 (V_2,V_3)。B 错误。Prim 算法从 V_4 开始,首先选权值为 5 的边 (V_1,V_4),接着可以选择 (V_1,V_3) 或 (V_3,V_4),不可能选择 (V_2,V_3),所以答案为 C。

13.【答案】 C

【解析】 邻接矩阵 A 为非对称矩阵,说明图是有向图,度为入度加出度之和。各顶点的度是矩阵中此结点对应的行(对应出度)和列(对应入度)的非零元素之和。

14.【答案】 C

【解析】 从源点到汇点的带权路径长度最长的路径,称为关键路径。此 AOE – 网的关键路径有 3 条:bdcg、bdeh 和 bfh。根据定义,只有关键路径上的活动时间同时减少时,才能缩短工期,即正确选项中的两条路径必须涵盖在所有关键路径之中。由此可知,选项 A、B 和 D 都不包含在所有的关键路径中,只有选项 C 包含,因此只有加快 f 和 d 的进度才能缩短工期。所以答案为 C。

1.7 查 找

1.7.1 查找的基本概念

1. 查找表

查找表是由同一类型的数据元素(或记录)组成的数据集合。

(1)静态查找表。

若对查找表只做"查找"操作,称为静态查找表。

(2)动态查找表。

若在查找过程中同时插入查找表中不存在的数据元素,或从查找表中删除已存在的某个元素,称为动态查找表。

2. 关键字

关键字是数据元素（或记录）中某个数据项的值，用它可以标识（识别）一个数据元素（或记录）。

若此关键字可以唯一地标识一个记录，则称此关键字为主关键字；反之，称用以识别若干记录的关键字为次关键字。

3. 查找

查找是根据给定的某个值，在查找表中确定一个其关键字等于给定值的记录或数据元素。

若表中存在这样一个记录，则称查找成功，此时查找的结果可能给出指示该记录在查找表中的位置或整个记录信息。

若表中不存在关键字等于给定值的记录，则称查找不成功。此时查找的结果可给出一个"空"记录或"空"指针。

4. 查找方法评价

对于查找成功的情况，为确定记录在表中的位置，需和给定值进行比较的关键字的个数的期望值称为查找算法的平均查找长度，即

$$ASL = \sum_{i=1}^{n} p_i c_i$$

其中，n 表示问题规模；p_i 表示查找第 i 个记录的概率；c_i 表示查找第 i 个记录所需的关键码的比较次数。

对于查找不成功的情况，平均查找长度即为查找失败对应的关键码的比较次数。

1.7.2　顺序查找

1. 顺序查找的基本思想

在表的一端设置一个称为"监视哨"的附加单元，存放要查找元素的关键字。从顺序表的另一端开始查找，如果在"监视哨"找到要查找元素的关键字，返回失败信息；否则返回相应元素的下标。

2. 顺序查找算法的时间复杂度

对于具有 n 个记录的顺序表，查找第 i 个记录时，需进行 $n-i+1$ 次关键码的比较。设每个记录的查找概率相等，查找成功时，顺序查找的平均查找长度为

$$ASL = \sum_{i=1}^{n} p_i c_i = \sum_{i=1}^{n} p_i(n-i+1) = \frac{1}{n}\sum_{i=1}^{n}(n-i+1) = \frac{n+1}{2} = O(n)$$

若查找不成功，关键码的比较次数是 $n+1$ 次，则查找失败的平均查找长度为 $O(n)$。

3. 顺序检索算法的优缺点

优点：算法简单且适应面广，无论集合中元素是否有序均可使用。顺序表对表中记录的存储结构没有任何要求，顺序存储和链式存储均可应用。

缺点：平均检索长度较大，特别是当 n 很大时，检索效率较低。

1.7.3 折半查找

1. 折半查找的适用情况

折半查找(也称二分查找)要求线性表中的记录:①必须按关键字大小有序;②必须采用顺序存储结构。

2. 折半查找的基本思想

首先,将表中间位置记录的关键字与查找关键字比较,如果两者相等,则查找成功;否则利用中间位置记录将表分成前后两个子表,如果中间位置记录的关键字大于查找关键字,则进一步查找前一子表,否则进一步查找后一子表。

重复以上过程,直到找到满足条件的记录,使查找成功,或直到子表不存在为止,此时查找不成功。

特点:速度很快,要求查找表是有序的,而且随机访问(以便计算折半的下标)。所以,链表不能进行折半查找(但可以采用二义排序树等形式进行快速查找)。

3. 折半查找判定树

(1)折半查找判定树的定义。

描述折半查找过程的二叉树称为折半查找判定树,简称判定树。

折半查找判定树类似于完全二叉树,叶子结点所在层次之差最多为 1,其深度为 $\lfloor \log_2 n \rfloor + 1$。

【说明】 查找过程就是走了一条从根到该结点的路径。

(2)判定树的构造方法。

长度为 n 的判定树的构造方法如下:

①当 $n = 0$ 时,折半查找判定树为空。

②当 $n > 0$ 时,折半查找的判定树的根结点是有序表中序号为 mid $= (n + 1)/2$ 的记录,根结点的左子树是与有序表 $r[1] \sim r[\text{mid} - 1]$ 相对应的折半查找判定树,根结点的右子树是与 $r[\text{mid} + 1] \sim r[n]$ 相对应的折半查找判定树。

4. 折半查找的时间复杂度

(1)最好情况:比较 1 次,即查找的关键码是判定树的根结点。

(2)最坏情况:比较次数为 $\lfloor \log_2 n \rfloor + 1$,即查找的关键码是判定树的最下一层结点。

(3)平均情况:折半查找的平均时间复杂度为 $O(\log_2 n)$。

(4)查找不成功的比较次数最多不超过树的深度,最多为 $\lfloor \log_2 n \rfloor + 1$ 次。

5. 折半查找的优缺点

(1)优点:比较次数少,查找效率高。

(2)缺点:对表结构要求高,只能用于顺序存储的有序表。因此,折半查找不适用于数据元素经常变动的线性表。

【例1】 (2010 年考研真题第 9 题)已知一个长度为 16 的顺序表 L,其元素按关键字有序排列。若采用折半查找法查找一个 L 中不存在的元素,则关键字的比较次数最多的是 (　　)

A. 4　　　　　　　B. 5　　　　　　　C. 6　　　　　　　D. 7

【答案】　B

【解析】　折半查找法在查找成功时进行的关键字比较次数最多为$\lfloor \log_2 n \rfloor + 1$，即判定树的高度；折半查找法在查找不成功时进行的关键字比较次数最多为$\lfloor \log_2 n \rfloor + 1$。题中$n = 16$，因此最多比较$\lfloor \log_2 16 \rfloor + 1 = 5$次。也可以画出草图求解。

思考：若本题题干改为求最少的比较次数呢？

1.7.4　分块查找法

1. 索引顺序表基本思想

（1）首先将列表分成若干个块（子表）。每块中元素任意排序，即块内无序，但块与块之间有序。

（2）构造一个索引表。其中每个索引项对应一块并记录每块的起始位置，以及每块中的最大关键字（或最小关键字）。索引表按关键字有序排列。

2. 分块找找的基本思想

（1）首先，将待查关键字 K 与索引表中的关键字进行比较，以确定待查记录所在的块。可用顺序表查找法或折半查找法进行。

（2）进一步用顺序查找法，在相应块内查找关键字为 K 的元素。

3. 分块查找的时间复杂度

分块查找的平均查找长度为

$$ASL_{bs} = L_b + L_w$$

其中，L_b 为查找索引表确定所在块的平均查找长度；L_w 为在块中查找元素的平均查找长度。

一般情况下，可将长度为 n 的表均匀地分成 b 块，每块含 s 个记录，即 $b = \lceil n/s \rceil$，假定等概率查找每个记录。

若用顺序表查找确定所在块，则分块查找的平均查找长度为

$$ASL_{bs} = L_b + L_w = (n/s + s)/2 + 1$$

若用折半查找确定所在块，则分块查找的平均查找长度为

$$ASL_{bs} = L_b + L_w = \log_2(n/s + s) + s/2$$

4. 分块查找的优缺点

（1）优点：在表中插入和删除数据元素比较容易，无须移动大量元素。

（2）缺点：要增加一个索引表的存储空间并对初始索引表进行排序运算。

1.7.5　二叉排序树

1. 二叉排序树的定义

二叉排序树或者是一棵空的二叉树，或者是具有下列性质的二叉树：

（1）若它的左子树不空，则左子树上所有结点的值均小于根结点的值。

（2）若它的右子树不空，则右子树上所有结点的值均大于根结点的值。

（3）它的左右子树也都是二叉排序树。

【说明】　一般要求二叉排序树中无值相同的结点，若有值相同的结点，一般是在二叉

排序树的右子树中。

【技巧】　中序遍历二叉排序树可以得到一个按关键码有序的序列。手工判别二叉排序树。

2.二叉排序树的存储结构

二叉排序树通常采用二叉链表存储。

3.二叉排序树的插入基本思想

已知一个关键字值为 key 的结点,将其插入到二叉排序树中的方法如下:

(1)若二叉排序树是空树,则关键字值为 key 的结点成为二叉排序树的根。

(2)若二叉排序树非空,则 key 与二叉排序树的根结点进行比较:

①如果 key 的值等于根结点的关键值,则停止插入。

②如果 key 的值小于根结点的关键值,则将 key 插入左子树。

③如果 key 的值大于根结点的关键值,则将 key 插入右子树。

【说明】　先查找,若找不到,则插入结点作为最后访问的叶子结点的孩子。新插入的结点总是叶子。

4.二叉排序树的构造基本思想

首先,将二叉排序树初始化为一棵空树,然后逐个读入元素,每读入一个元素,就建立一个新的结点,并插入到当前已生成的二叉排序树中,即通过多次调用二叉排序树的插入新结点算法实现。

【说明】　(1)插入时比较结点的顺序始终是从二叉排序树的根结点开始。

(2)具有同样元素的序列,输入顺序不同所创建的二叉排序树的形态不同。

(3)对每一个关键字,先进行查找,如果已存在,则不做任何处理,否则插入。一句话,"从空树开始,每次插入一个关键字"。

5.二叉排序树的删除

(1)叶子。

直接删除即可,如图 1-35 所示。

图 1-35　二叉排序树删除 24

(2)左子树或右子树为空。

"移花接木":将左子树或右子树接到双亲上,如图 1-36 所示。

图 1-36　二叉排序树删除 12

（3）左右子树都不空。

"偷梁换柱"：借左子树上最大的结点替换被删除的结点，然后删除左子树最大的结点；或者借用右子树上最小结点然后删除之亦可，如图1-37所示。

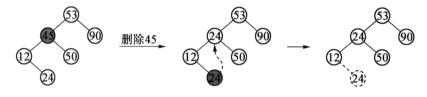

图1-37　二叉排序树删除45

6. 二叉排序树的查找

思路：①若二叉树为空，则找不到；②先与根比较，相等则找到，若小于根，则在左子树上继续查找，否则在右子树上继续查找。

【说明】　二叉排序树的查找效率就在于只需查找二棵子树之一。

7. 二叉排序树的查找性能

二叉排序树的形状取决于各个记录被插入二叉排序树的先后顺序。如果二叉排序树是平衡的（即形态均匀），则有 n 个结点的二叉排序树的高度为 $\lfloor \log_2 n \rfloor + 1$，其查找效率为 $O(\log_2 n)$。如果二叉排序树完全不平衡（最坏情况下为一棵单支链），则其深度可达到 n，查找效率为 $O(n)$。因此，二叉排序树的查找性能在 $O(\log_2 n)$ 和 $O(n)$ 之间。

【例2】　（2013年考研真题）在任意一棵非空二叉排序树 T_1 中，删除某结点 v 之后形成二叉排序树 T_2，再将 v 插入 T_2 形成二叉排序树 T_3。下列关于 T_1 与 T_3 的叙述中，正确的是（　　）

　Ⅰ. 若 v 是 T_1 的叶子结点，则 T_1 与 T_3 不同

　Ⅱ. 若 v 是 T_1 的叶子结点，则 T_1 与 T_3 相同

　Ⅲ. 若 v 不是 T_1 的叶子结点，则 T_1 与 T_3 不同

　Ⅳ. 若 v 不是 T_1 的叶子结点，则 T_1 与 T_3 相同

A. 仅Ⅰ、Ⅲ　　　　　　B. 仅Ⅰ、Ⅳ　　　　　　C. 仅Ⅱ、Ⅲ　　　　　　D. 仅Ⅱ、Ⅳ

【答案】　C

【解析】　（1）当删除二叉树的某个叶子结点 v 时，除将 v 的父结点的指向 v 的指针被修改为 NULL 外，其他结点均不受影响。此时，如果再将结点 v 插入原来二叉排序树中，被删结点仍插到原位，因此结论Ⅱ正确。

（2）当删除一颗二叉排序树的某个非叶子结点 v 时，如果再将该结点 v 插入到原来的二叉排序树中，这个结点 v 一定会成为新的二叉排序树的叶子结点，此时的二叉排序树与删除结点之前不同，因此结论Ⅲ正确。因此答案为C。

【例3】　（2017年考研真题）如图1-38所示二叉树中，可能成为折半查找判定树（不含外部结点）的是（　　）

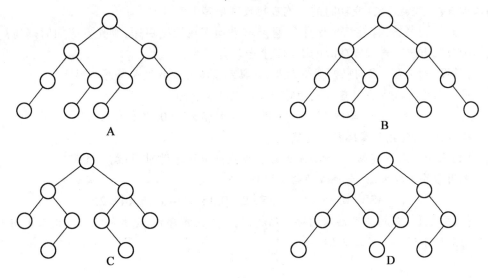

图 1 - 38 例 3 题图

【答案】 A

【解析】 折半查找判定树实际上是一棵二叉排序树,它的中序序列是一个有序序列。可以在树结点上依次填上相应的元素,如图 1 - 39 所示,符合折半查找规则的树即是所求。

B 选项 4、5 相加除 2 向上取整,7、8 相加除 2 向下取整,矛盾。C 选项,3、4 相加除 2 向上取整,6、7 相加除 2 向下取整,矛盾。D 选项,1、10 相加除 2 向下取整,6、7 相加除 2 向上取整,矛盾。A 选项符合折半查找规则,因此选 A 正确。

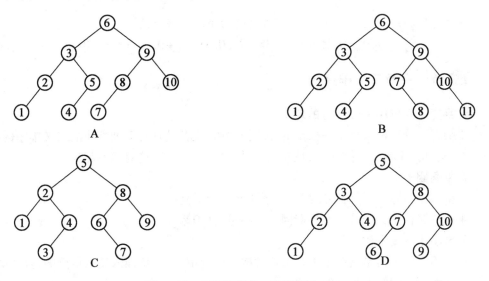

图 1 - 39 不同情况的二叉排序树

【例 4】 (2013 年考研真题)设包含 4 个数据元素的集合 S = {"do","for","repeat","while"},各元素的查找概率依次为 $p_1 = 0.35$, $p_2 = 0.15$, $p_3 = 0.15$, $p_4 = 0.35$。将 S 保存在一个长度为 4 的顺序表中,采用折半查找法,查找成功时的平均查找长度为 2.2。请回答:

(1)若采用顺序存储结构保存 S,且要求平均查找长度更短,则元素应如何排列? 应使用何种查找方法？查找成功时的平均查找长度是多少？

(2)若采用链式存储结构保存 S,且要求平均查找长度更短,则元素应如何排列？应使用何种查找方法？查找成功时的平均查找长度是多少？

【答案一】 (1)采用顺序存储结构,数据元素按其查找概率降序排列。

采用顺序查找方法。查找成功时的平均查找长度为

$$ASL = 0.35 \times 1 + 0.35 \times 2 + 0.15 \times 3 + 0.15 \times 4 = 2.1$$

此时,显然查找长度比折半查找更短。

(2)采用链式存储结构,数据元素按其查找概率降序排列,构成单链表。

采用顺序查找方法,查找成功的平均查找长度为

$$ASL = 0.35 \times 1 + 0.35 \times 2 + 0.15 \times 3 + 0.15 \times 4 = 2.1$$

【答案二】 采用二叉链表的存储结构,构造二叉排序树,元素的存储方式采用图 1-40 所示的两棵不同形态的二叉排序树。

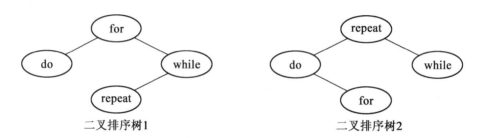

图 1-40　两棵不同形态的二叉排序树

采用二叉排序树的查找方法,查找成功时的平均查找长度

$$ASL = 0.15 \times 1 + 0.35 \times 2 + 0.35 \times 2 + 0.15 \times 3 = 2.0$$

1.7.6　平衡二叉排序树

1. 平衡二叉排序树(AVL)的定义

平衡二叉排序树或者是一棵空的二叉排序树,或者是具有下列性质的二叉排序树:它的左、右子树都是平衡二叉排序树,且左、右子树的高度之差的绝对值不超过 1。

2. 平衡因子

平衡因子:结点左子树高度减去右子树高度所得高度差。

平衡二叉树中各个结点的平衡因子只能是 -1、0 和 1。

3. 最小不平衡子树

最小不平衡子树是指在平衡二叉树的构造过程中,以距离插入结点最近的、且平衡因子的绝对值大于 1 的结点为根的子树。

【说明】 在构造平衡二叉树的过程中,需要处理的就是最小不平衡子树。

4. 构造平衡二叉排序树的基本思想

按照建立二叉排序树的方法逐个插入结点,失去平衡时做调整。

失去平衡时的调整方法如下:

(1)确定 3 个代表性结点。(A 是失去平衡的最小子树的根;B 是 A 的孩子;C 是 B 的

孩子,也是新插入结点的子树。)关键是找到失去平衡的最小子树。

（2）平衡调整的 4 种类型。

①LL 型:结点 x 插在根结点 A 的左孩子的左子树上。

②RR 型:结点 x 插在根结点 A 的右孩子的右子树上。

③LR 型:结点 x 插在根结点 A 的左孩子的右子树上。

④RL 型:结点 x 插在根结点 A 的右孩子的左子树上。

（3）根据 3 个代表性结点的相对位置(C 和 A 的相对位置)判断是哪种类型(LL、LR、RL和 RR)。

（4）平衡化。

先摆好 3 个代表性结点(居中者为根),再接好其余子树(根据大小),如图 1－41 所示。

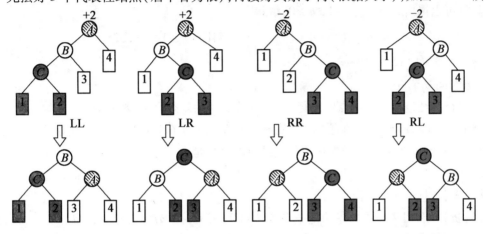

图 1 － 41　平衡调整的四种类型

LL 型和 RR 型需要调整一次,LR 型和 RL 型需要调整两次。

5. 平衡二叉树的查找分析

（1）查找(同二叉排序树)。

（2）平均查找长度 ASL。

在平衡二叉排序树上进行查找的比较次数最多不超过树的深度。因此,平均查找时间复杂度为 $O(\log_2 n)$。

设 N_h 表示深度为 h 的平衡二叉树中含有的最少结点个数,则有如下关系成立:

$$N_h = \begin{cases} 0 \\ 1 \\ N_{h-1} + N_{h-2} + 1, h \geqslant 2 \end{cases}$$

部分结果如下,F_h 表示斐波纳契数列第 h 项。其高度和结点个数见表 1 － 10。

表 1 – 10　平衡二叉树的高度和结点个数

h	N_h	F_h	h	N_h	F_h
0	0	0	6	20	8
1	1	1	7	33	13
2	2	1	8	54	21
3	4	2	9	88	34
4	7	3	10	143	55
5	12	5	11	232	89

观察可以得出 $N_h = F_{h+2} - 1$，$h \geq 0$，解得

$$h = \log_{\varphi}(\sqrt{5}(n+1)) - 2 \approx 1.44\log(n+1) - 0.328$$

其中，$\varphi = (\sqrt{5}+1)/2$。

（3）时间复杂度。

一次查找经过根到某结点的路径，所以查找的时间复杂度是 $O(\log_2 n)$。

【例5】　（2013 年考研真题）若将关键字 1、2、3、4、5、6、7 依次插入到初始为空的平衡二叉树 T 中，则 T 中平衡因子为 0 的分支结点的个数是　　　　　　　　　　（　　）

A. 0　　　　　　　　B. 1　　　　　　　　C. 2　　　　　　　　D. 3

【答案】　D

【解析】　利用 7 个关键字构建平衡二叉树 T，平衡因子为 0 的分支结点个数为 3，构建的平衡二叉树如图 1 – 42 所示。

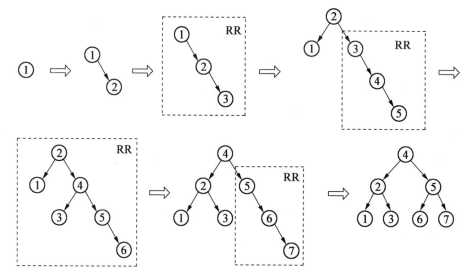

图 1 – 42　平衡二叉树的创建（不加方向也可以）

1.7.7　B－树及 B＋树的基本概念

1. B－树的定义

一棵 m 阶 B－树或者为空树,或者为满足下列特性的 m 叉树:

(1)所有的叶子结点都在同一层上,并且不带信息。叶子结点的双亲称为终端结点。

(2)树中每个结点至多有 m 棵子树。

(3)若根结点不是终端结点,则至少有两棵子树。

(4)除根结点之外的所有非终端结点至少有 $\lceil m/2 \rceil$ 棵子树。

所有的非终端结点都包含以下数据:

$$n, P_0, K_1, P_1, K_2, \cdots, K_n, P_n)$$

其中,$n(\lceil m/2 \rceil - 1 \leqslant n \leqslant m - 1)$ 为关键码的个数;$K_i(1 \leqslant i \leqslant n)$ 为关键码,且 $K_i < K_{i+1}(1 \leqslant i \leqslant n-1)$;$P_i(i = 0, 1, \cdots, n)$ 为指向子树根结点的指针,且指针 P_i 所指子树中所有结点的关键码均小于 K_{i+1} 且大于 K_i。P_n 所指子树中所有结点的关键字均大于 K_n,$(n+1)$ 为子树的个数。

【说明】　B－树是树高平衡的。注意叶子结点的含义。

2. B－树查找的基本思想

将给定值 key 与根结点的各个关键字 $K_1, K_2, \cdots, K_j(1 \leqslant j \leqslant m-1)$ 进行比较,查找时可采用顺序查找,也可采用折半查找。查找时:

(1)若 key $= K_i(1 \leqslant i \leqslant j)$,则查找成功。

(2)若 key $< K_1$,则顺着指针 P_0 所指向的子树继续向下查找。

(3)若 $K_i <$ key $< K_{i+1}(1 \leqslant i \leqslant j-1)$,则顺着指针 p_i 所指向的子树继续向下查找。

(4)若 key $> K_j$,则顺着 p_j 所指向的子树继续向下查找。

如果在自定而下的查找过程中,找到了值为 key 的关键字,则查找成功。如果查到叶子结点也未找到,则查找失败。

3. B－树插入的基本思想

(1)在 B－树中查找给定关键字的记录,若查找成功,则插入操作失败;否则将新记录作为空指针 p 插入到查找失败的叶子结点的上一层结点(由 q 指向)中。

(2)若插入新记录和空指针后,q 指向的结点的关键字个数未超过 $m-1$,则插入操作成功,否则转入步骤(3)。

(3)以该结点的第 $\lceil m/2 \rceil$ 个关键字 $K_{\lceil m/2 \rceil}$ 为拆分点,将该结点分成 3 个部分:$K_{\lceil m/2 \rceil}$ 左边部分,$K_{\lceil m/2 \rceil}$,$K_{\lceil m/2 \rceil}$ 右边部分。$K_{\lceil m/2 \rceil}$ 左边部分仍然保留在原结点中;$K_{\lceil m/2 \rceil}$ 右边部分存放在一个新创建的结点(由 p 指向)中;关键字值为 $K_{\lceil m/2 \rceil}$ 的记录和指针 p 插入到 q 的双亲结点中。因 q 的双亲结点增加一个新的记录,所以必须对 q 的双亲结点重复(2)和(3)的操作,以此类推,直至由 q 指向的结点是根结点,转入步骤(4)。

(4)由于根结点无双亲,则由其分裂产生的两个结点的指针 p 和 q,以及关键字为 $K_{\lceil m/2 \rceil}$ 的记录构成一个新的根结点。

【说明】　这种分裂可能一直上传,如果根结点也分裂了,则树的高度增加了一层。

4. B - 树删除操作的基本思想

假定要在 m 阶 B - 树中删除关键码 key,B - 树的删除过程如下:

首先要找到 key 的位置。定位的结果是返回了 key 所在结点的指针 q,假定 key 是结点 q 中第 i 个关键码 K_i,若结点 q 不是终端结点,则用 p_i 所指的子树中的最小值 x 来"替换" K_i。由于 x 所在结点一定是终端结点,这样,删除问题就归结为在终端结点中删除关键码。

根据不同情况进行删除:

(1)若被删除结点中关键字数目不小于 $\lceil m/2 \rceil$,则只需从该结点中删去该关键字和相应指针,树的其他部分不变。

(2)若被删除关键字所在结点中关键字数目等于 $\lceil m/2 \rceil - 1$,而与该结点相邻的右兄弟(左兄弟)结点中的关键字数目大于 $\lceil m/2 \rceil - 1$,则需将其兄弟结点中的最小(最大)的关键字上移至双亲结点中,而将双亲结点中小于(或大于)且紧靠该上移关键字的关键字下移至被删关键字所在结点中。

(3)若被删关键字所在结点和其相邻的兄弟结点中关键字数目均等于 $\lceil m/2 \rceil - 1$。假设该结点有右兄弟,且其右兄弟结点地址由双亲结点中的指针 p_i 所指,则删去关键字之后,它所在结点中剩余关键字和指针,加上双亲结点中的关键字 K_i 一起,合并到 p_i 所指兄弟结点中(若没有右兄弟,则合并至左兄弟结点中)。

【说明】　合并过程可能会上传到根结点,如果根结点的两个子女合并到一起,则 B - 树就会减少一层。

5. B - 树查找效率

由于 B - 树通常存储在磁盘上,因此,在 B - 树中查找结点的操作是在磁盘上进行的,而在结点中查找关键码的操作是在内存中进行的,显然,在磁盘上进行一次查找比在内存中进行一次查找耗费的时间多得多,因此,B - 树的查找效率取决于待查关键码所在的结点在 B - 树上的层数。

含有 n 个关键码的 m 阶 B - 树的最大深度不超过 $\log_{\lfloor m/2 \rfloor}\left(\dfrac{n+1}{2}\right)+1$。

【例6】　(2012 年考研真题)已知一棵 3 阶 B - 树,如图 1 - 43 所示。删除关键字 78 得到一棵新 B - 树,其最右叶结点中所含的关键字是　　　　　　　　　　　（　　　）

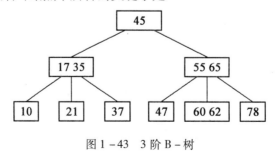

图 1 - 43　3 阶 B - 树

A. 60　　　　　　　　B. 60、62　　　　　　　C. 62、65　　　　　　　D. 65

【答案】　D

【解析】　对于图 1 - 43 所示的 3 阶 B - 树,被删关键字 78 所在结点在删除前的关键字

个数 =1 =⌈3/2⌉ -1,且其左兄弟结点的关键字个数为 2≥⌈3/2⌉,属于"兄弟够借"的情况,则需把该结点的左兄弟结点中最大的关键字上移到双亲结点中,同时把双亲结点中大于上移关键字的关键字下移到要删除关键字的结点中,这样就达到了新的平衡,如图 1 - 44 所示。

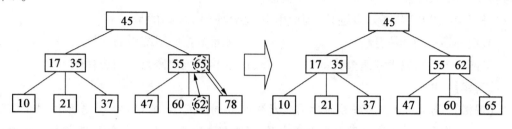

图 1 - 44　B - 树删除

6. B + 树

一棵 m 阶的 B + 树需满足下列条件:

①每个分支结点最多有 m 棵子树。

②非叶根结点至少有两棵子树,其他每个分支结点至少有⌈$m/2$⌉棵子树。

③结点的子树个数与关键字个数相等。

④所有叶结点包含全部关键字信息及指向相应记录的指针,而且叶结点中将关键字按大小顺序排列,并且相邻叶结点按大小顺序相互链接起来。

⑤所有分支结点(可视为索引的索引)中仅包含它的各个子结点(即下一级的索引块)中关键字的最大值及指向其子结点的指针。

7. B 树与 B + 树的区别

①在 B + 树中,具有 n 个关键字的结点只含有 n 棵子树,即每个关键字对应一棵子树;在 B 树中,具有 n 个关键字的结点含有 $(n +1)$ 棵子树。

②在 B + 树中,非根结点关键字个数 n 的范围是⌈$m/2$⌉$\leq n \leq m$(根结点:$1 \leq n \leq m -1$),在 B 树中,非根结点关键字个数 n 的范围是⌈$m/2$⌉$-1 \leq n \leq m -1$(根结点:$1 \leq n \leq m -1$)。

③在 B + 树中,所有非叶结点仅起到索引作用,即结点中的每个索引项只含有对应子树的最大关键字和指向该子树的指针,不含有该关键字对应记录的存储地址。

④在 B + 树中,叶结点包含了全部关键字,即其他非叶结点中的关键字包含在叶结点中;在 B 树中,叶结点包含的关键字和其他结点包含的关键字是不重复的。

8. B + 树查找、插入和删除的基本思想

(1)查找。

若非终端结点上的关键字等于给定值,并不终止,而是继续向下直到叶子结点。因此,在 B + 树中,不管查找成功与否,每次查找都是走了一条从根到叶子的路径。

(2)插入。

仅在叶子结点上进行插入,当结点中的关键字个数大于 m 时,将分裂成两个结点,它们所含关键字的个数分别为⌊$(m +1)/2$⌋和⌈$(m +1)/2$⌉,并且它们的双亲结点中应同时包含这两个结点中的最大关键字。

（3）删除。

B + 树的删除也仅在叶子结点进行，当叶子结点中最大关键字被删除时，其在非终端结点中的值可以作为一个"分界关键字"存在。若因删除而使结点中关键字的个数少于⌈$m/2$⌉，则其和兄弟结点的合并过程也和 B - 树类似。

【例 7】 （2017 年考研真题）下列应用中，适合使用 B + 树的是 （ ）

A. 编译器中的词法分析　　　　　　　B. 关系数据库系统中的索引

C. 网络中的路由表快速查找　　　　　D. 操作系统的磁盘空闲块管理

【答案】 B

【解析】 B + 树是应文件系统所需而产生的 B 树的变形，前者比后者更加适用于实际应用中的操作系统的文件索引和数据库索引，因为前者磁盘读写代价更低，查询效率更加稳定。编译器中的词法分析使用有穷自动机和语法树。网络中的路由表快速查找主要靠高速缓存、路由表压缩技术和快速查找算法。系统一般使用空闲空间链表管理磁盘空闲块。故选 B。

1.7.8　散列查找

1. 散列查找的基本思想

散列查找也称哈希（Hash）查找，其基本思想是：在记录的存储位置和它的关键码之间建立一个确定的对应关系 H，使得每个关键码 key 和唯一的一个存储位置 $H(key)$ 相对应。在查找时，根据这个确定的对应关系找到给定值 k 的映射 $H(k)$，若查找集合中存在这个记录，则必定在 $H(k)$ 的位置上。

【说明】 散列不是一种完整的存储结构，因为它只是通过记录的关键码定位该记录，很难完整地表达记录之间的逻辑关系，所以，散列主要是面向查找的存储结构。

2. 散列查找的基本概念

（1）散列函数和散列地址。

在记录的存储位置 p 和其关键字 key 之间建立一个确定的对应关系 H，使 $p = H(key)$，称这个对应关系 H 为散列函数，p 为散列地址。

（2）散列表。

一个有限连续的地址空间，用以存储按散列函数计算得到相应散列地址的数据记录。

（3）冲突和同义词。

对不同的关键字可能得到同一散列地址，即 $key_1 \neq key_2$，而 $H(key_1) = H(key_2)$，这种现象称为冲突。具有相同函数值的关键字对该散列函数来说称为同义词，key_1 与 key_2 互称为同义词。

3. 散列查找的关键问题

（1）散列函数的设计。

如何设计一个简单、均匀、存储利用率高的散列函数。

（2）冲突的处理。

如何采取合适的处理冲突方法来解决冲突。

4. 散列函数的构造方法

（1）设计散列函数遵循的原则。

①函数计算要简单，每个关键字只能有一个散列地址与之对应。

②函数的值域需在表长的范围内，计算出的散列地址分布均匀，尽可能减少冲突。

【说明】　散列函数通常是简单的初等函数。

（2）常见的散列函数。

①直接定址法。散列函数是关键码的线性函数，即

$$H(\text{key}) = a \times \text{key} + b$$

其中 a、b 为常数。

②数字分析法。根据关键码在各个位上的分布情况，选取分布比较均匀的若干位组成散列地址。

③平方取中法。对关键码平方后，按散列表大小，取中间的若干位作为散列地址。

④折叠法。将关键码从左到右分割成位数相等的几部分（最后一部分位数可以短些），然后将这几部分叠加求和，并按散列表表长，取后几位作为散列地址。

⑤除留余数法。散列函数为

$$H(\text{key}) = \text{key} \bmod p$$

即以关键码除以 p 的余数作为散列地址。若散列表表长为 m，通常选 p 为小于或等于表长（最好接近 m）的最小素数或不包含小于 20 质因子的合数。

5. 处理冲突的方法

（1）开放定址法。

用开放定址法处理冲突得到的散列表称为闭散列表。

开放定址法的基本思想是：把记录都存储在散列表数组中，当某一记录关键字 key 的初始值散列地址 $H_0 = H(\text{key})$ 发生冲突时，以 H_0 为基础，采用合适方法计算得到另一个地址 H_1，如果 H_1 仍然发生冲突，以 H_1 为基础再求下一个地址 H_2，若 H_2 仍然冲突，再求得 H_3。以此类推，直至 H_k 不发生冲突为止，则 H_k 为该记录在表中的散列地址。

所谓开放定址法，就是由关键码得到的散列地址一旦产生了冲突，就去寻找下一个空的散列地址，只要散列表足够大，空的散列地址总能找到，并将记录存入。

①线性探测再散列法。当发生冲突时，线性探测法从冲突位置的下一个位置起，依次寻找空的散列地址，即对于键值 key，设 $H(\text{key}) = d$，闭散列表的长度为 m，则发生冲突时，寻找下一个散列地址的公式为

$$H_i = (H(\text{key}) + d_i) \% m, \quad d_i = 1, 2, \cdots, m-1$$

【说明】　线性探测法会出现非同义词之间对同一个散列地址争夺的现象，称为堆积或聚集。

②二次探测再散列法。当发生冲突时，二次探测法寻找下一个散列地址的公式为

$$H_i = (H(\text{key}) + d_i) \% \ m, \quad d_i = 1^2, -1^2, 2^2, -2^2, \cdots, q^2, -q^2 \ \text{且} \ q \leqslant m/2$$

③随机探测再散列法。当发生冲突时，随机探测法探测下一个散列地址的位移量是一个随机数列，即寻找下一个散列地址的公式为

$$H_i = (H(\text{key}) + d_i) \% m, \quad d_i \text{ 是一个随机数列}, i = 1, 2, \cdots, m-1$$

（2）链地址法。

用链地址法处理冲突构造的散列表称为开散列表。

链地址法基本思想是：将所有散列地址相同的记录存储在一个单链表中，称为同义词链表。在散列表中存储的是所有同义词子表的头指针。

6. 散列查找的基本思想

（1）给定待查的关键字 key，根据造表时设定的散列函数计算 $H_0 = H(\text{key})$。

（2）若单元 H_0 为空，则所查找元素不存在。

（3）若单元 H_0 中元素的关键字为 key，则查找成功。

（4）否则重复下述解决冲突过程：

①按处理冲突的方法，计算下一个散列地址 H_i。

②若单元 H_i 为空，则所查元素不存在。

③若单元 H_i 中元素的关键字为 key，则查找成功。

7. 散列查找的时间复杂度

（1）影响散列查找时间复杂度的因素。

对散列表查找时间效率的量度依然采用平均查找长度。在查找过程中，关键码的比较次数取决于产生冲突的概率。影响冲突产生的概率有 3 个因素：一是散列函数；二是处理冲突的方法；三是散列表的装填因子（也称负载因子）；装填因子 α 定义为

$$\alpha = \frac{\text{填入表中的元素个数}}{\text{哈希表的长度}}$$

（2）散列查找的时间复杂度分析。

以下按处理冲突的不同方法，分别列出查找成功及查找失败时的平均查找长度 ASL_{succ}、$\text{ASL}_{\text{unsucc}}$ 的近似公式。

①线性探测再散列法：

$$\text{ASL}_{\text{succ}} \approx \frac{1}{2}\left(1 + \frac{1}{1-\alpha}\right)$$

$$\text{ASL}_{\text{unsucc}} \approx \frac{1}{2}\left[1 + \frac{1}{(1-\alpha)^2}\right]$$

②随机探测再散列、二次探测再散列以及再哈希法：

$$\text{ASL}_{\text{succ}} \approx -\frac{1}{\alpha}\ln(1-\alpha)$$

$$\text{ASL}_{\text{unsucc}} \approx \frac{1}{1-\alpha}$$

③链地址法：

$$\text{ASL}_{\text{succ}} \approx 1 + \frac{\alpha}{2}$$

$$\text{ASL}_{\text{unsucc}} \approx \alpha + e^{-\alpha}$$

因此，哈希表的平均查找长度是装填因子 α 的函数，而与待散列元素数目 n 无关。

对于一个具体的哈希表，通常采用直接计算的方法求其平均查找长度。

①手工计算等概率情况下查找成功的平均查找长度公式为

$$ASL_{succ} = \frac{1}{表中置入元素个数\ n} \sum_{i=1}^{n} C_i$$

其中,C_i 为查找第 i 个元素时所需的比较次数。

②手工计算在等概率情况下查找不成功的平均查找长度公式为

$$ASL_{unsucc} = \frac{1}{哈希函数取值个数\ r} \sum_{i=0}^{r} C_i$$

其中,C_i 为哈希函数取值为 i 时查找不成功的比较次数。

【例8】 (2018 年考研真题)现有长度为 7,初始为空的散列表 HT,散列函数 $H(k) = k \% 7$,用线性探测再散列法解决冲突。将关键字 22、43、15 依次插入到 HT 后,查找成功的平均查找长度是 （   ）

A. 1. 5   B. 1. 6   C. 2   D. 3

【答案】 C

【解析】 根据题意,得到的 HT 见表 1 – 11。

表 1 – 11 用线性探测再散列法解决冲突散列表

0	1	2	3	4	5	6
	22	43	15			

$ASL_{成功} = (1 + 2 + 3)/3 = 2$。

【例9】 (2010 年考研真题)将关键字序列{7,8,30,11,18,9,14}散列存储到散列表中。散列表的存储空间是一个下标从 0 开始的一维数组,散列函数为 $H(key) = (key \times 3) \bmod 7$,处理冲突采用线性探测再散列法,要求装填(载)因子为 0.7。问题:

(1)请画出所构造的散列表。

(2)分别计算等概率情况下,查找成功和查找不成功的平均查找长度。

【答案】 (1)因为装载因子为 0.7,数据总数为 7,所以存储空间长度为 $L = 7/0.7 = 10$,构造的散列函数为:$H(key) = (key \times 3) \bmod 7$,所构造的散列函数值见表 1 – 12。

表 1 – 12 散列函数值

key	7	8	30	11	18	9	14
$H(key)$	0	3	6	5	5	6	0

采用线性探测再散列法处理冲突,所构造的散列表见表 1 – 13。

表 1 – 13 用线性探测法处理冲突时的散列表

地址	0	1	2	3	4	5	6	7	8	9
关键字	7	14		8		11	30	18	9	

(2)查找成功,是根据每个元素查找次数来计算平均长度的,在等概率情况下,各关键字的查找次数见表 1 – 14。

表 1 - 14　各关键字的查找次数表

key	7	8	30	11	18	9	14
次数	1	1	1	1	3	3	2

$ASL_{成功}$ = 查找次数/元素个数 = $(1+2+1+1+1+3+3)/7 = 12/7$。

这里要特别防止惯性思维。若查找失败,则根据查找失败位置计算平均次数,根据散列函数 mod 7,初始只可能在 0~6 的位置。在等概率情况下,查找 0~6 位置查找失败的查找次数见表 1 - 15。

表 1 - 15　各关键字的查找失败次数表

H(key)	0	1	2	3	4	5	6
次数	3	2	1	2	1	5	4

$ASL_{不成功}$ = 查找次数/散列后的地址个数 = $(3+2+1+2+1+5+4)/7 = 18/7$。

【课后习题】

一、选择题

1. (2009 年考研真题)在下图所示的二叉排序树中,满足平衡二叉树定义的是　　（　　）

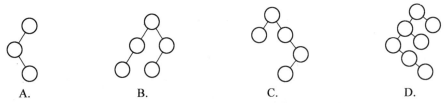

　　A.　　　　　　B.　　　　　　C.　　　　　　D.

2. (2015 年考研真题)现有一棵无重复关键字的平衡二叉树(AVL 树),对其进行中序遍历可得到一个降序序列。下列关于该平衡二叉树的叙述中,正确的是　　（　　）

　　A. 根结点的度一定为 2　　　　　　B. 树中最小元素一定是叶结点

　　C. 最后插入的元素一定是叶结点　　D. 树中最大元素一定是无左子树

3. (2010 年考研真题)在下图所示的平衡二叉树中,插入关键字 48 后得到一棵新平衡二叉树。在新平衡二叉树中,关键字 37 所在结点的左、右子结点中保存的关键字分别是

（　　）

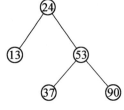

　　A. 13、48　　　　　B. 24、48　　　　　C. 24、53　　　　　D. 24、90

4. (2009 年考研真题)下列叙述中,不符合 m 阶 B - 树定义要求的是　　（　　）

　　A. 根结点最多有 m 棵子树　　　　　B. 所有的叶子结点都在同一层上

　　C. 各结点内关键字均升序或降序排列　　D. 叶子结点之间通过指针链接

5. (2013 年考研真题第 10 题)在一棵高度为 2 的 5 阶 B - 树中,所含关键字的个数最

少是 ( )

    A. 5   B. 7   C. 8   D. 14

6. (2014 年考研真题)在一棵具有 15 个关键字的 4 阶 B - 树中,含关键字的结点个数最多是 ( )

    A. 5   B. 6   C. 10   D. 15

7. (2018 年考研真题)高度为 5 的 3 阶 B - 树含有的关键字个数至少是 ( )

    A. 15   B. 31   C. 62   D. 242

8. (2015 年考研真题)下列选项中,不能构成折半查找中关键字比较序列的是 ( )

    A. 500、200、450、180   B. 500、450、200、180

    C. 180、500、200、450   D. 180、200、500、450

9. (2016 年考研真题)在有 $n(n > 1\,000)$ 个元素的升序数组 A 中查找关键字 x。查找算法的伪代码如下所示。

k = 0;

while(k < n 且 A[k] < x) k = k + 3;

if(k < n 且 A[k] = = x) 查找成功;

else if(k - 1 < n 且 A[k - 1] = = x) 查找成功;

      else if(k - 2 < n 且 A[k - 2] = = x)查找成功;

        else 查找失败;

本算法与折半查找算法相比,有可能具有更少比较次数的情形是 ( )

    A. 当 x 不在数组中   B. 当 x 接近数组开头处

    C. 当 x 接近数组结尾处   D. 当 x 位于数组中间位置

10. (2011 年考研真题)对于下列关键字序列,不可能构成某二叉排序树中一条查找路径的序列是 ( )

    A. 95、22、91、24、94、71   B. 92、20、91、34、88、35

    C. 21、89、77、29、36、38   D. 12、25、71、68、33、34

11. (2018 年考研真题)已知二叉排序树如下图所示,元素之间应满足的大小关系是 ( )

    A. $x_1 < x_2 < x_3$ B. $x_1 < x_4 < x_5$ C. $x_3 < x_5 < x_4$ D. $x_4 < x_3 < x_5$

12. (2014 年考研真题)用哈希(散列)方法处理冲突(碰撞)时可能出现堆积(聚集)现象。下列选项中,会受堆积现象直接影响的是 ( )

    A. 存储效率   B. 散列函数   C. 装填(装载)因子 D. 平均查找长度

13. (2011 年考研真题)为提高散列(Hash)表的查找效率,可以采取的正确措施是
　　　　　　　　　　　　　　　　　　　　　　　　　　　　　(　)

Ⅰ. 增大装填(载)因子

Ⅱ. 设计冲突(碰撞)少的散列函数

Ⅲ. 处理冲突(碰撞)时避免产生聚集(堆积)现象

A. 仅Ⅰ　　　　　　　B. 仅Ⅱ　　　　　　　C. 仅Ⅰ、Ⅱ　　　　　　D. 仅Ⅱ、Ⅲ

14. (2016 年考研真题)B + 树不同于 B - 树的特点之一是　　　　　　(　)

A. 能支持顺序查找　　　　　　　　　　B. 结点中含有关键字

C. 根结点至少有两个分支　　　　　　　D. 所有叶结点都在同一层上

【课后习题答案】

1.【答案】　B

【解析】　根据平衡二叉树的定义,任意结点的左、右子树高度差的绝对值不超过 1。只有选项 B 满足这个条件,而其余 3 个选项均找到不符合该条件的结点。故选 B。

2.【答案】　D

【解析】　只有两个结点的平衡二叉树的根结点的度为 1,A 错误。由中序遍历后可以得到一个降序序列可知,每个结点的左子树的结点的值比该结点的值大,因为没有重复的关键字,所以,树中最大元素一定无左子树(可能有右子树),因此,不一定是叶结点,B 错误。最后插入的结点可能会导致平衡调整,而不一定是叶结点,C 错误。故选 D。

3.【答案】　C

【解析】　插入 48 以后,该二叉树根结点的平衡因子由 -1 变为 -2,在最小不平衡子树根结点的右子树(R)的左子树(L)中插入新结点引起的不平衡属于 RL 型平衡旋转,需要做两次旋转操作(先右旋后左旋)。

调整后,关键字 37 所在结点的左、右子结点中保存的关键字分别是 24、53,如下图所示。

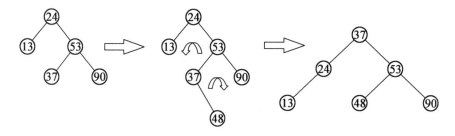

4.【答案】　D

【解析】　选项 A、B 和 C 都是 B - 树的特点,而选项 D 则是 B + 树的特点。注意区别 B - 树和 B + 树各自的特点。故选 D。

5.【答案】　A

【解析】　关键字最少时,应该是结点刚好能分裂的时候。对于 5 阶 B - 树,根结点只有达到 5 个关键字时才能产生分裂,成为高度为 2 的 B - 树,因此高度为 2 的 5 阶 B - 树所含

关键字的个数最少是 5。故选 A。

6.【答案】 D

【解析】 关键字数量不变,要求结点数量最多,则使每个结点中含关键字的个数尽量少即可。根据 4 阶 B – 树的定义,根结点最少含 1 个关键字,非根结点中最少含 $\lceil 4/2 \rceil - 1 = 1$ 个关键字,所以在每个结点中,关键字数量最少都为 1 个,即每个结点都有 2 个分支,类似于二叉树排序,而 15 个结点正好可以构造一个 4 层的 4 阶 B 树,使得叶结点全在第 4 层,符合 B – 树定义,因此,答案为 D。

7.【答案】 B

【解析】

m 阶 B – 树的基本性质:根结点以外的非叶结点最少含有 $\lceil m/2 \rceil - 1$ 个关键字,令 $m = 3$ 得到每个非叶结点中最少包含 1 个关键字,而根结点含有 1 个关键字,因此所有非叶结点都有两个孩子。此时其树形与 $h = 5$ 的满二叉树相同,可求得关键字最少为 31 个。

8.【答案】 A

【解析】 本题可以借助折半查找的判定树进行直观的分析。根据判定树的定义,树中各结点的值满足"左小由大"的关系。画出如下图所示查找路径图,因为折半查找的判定树是一棵二叉排序树,看其是否满足二叉排序树的要求。

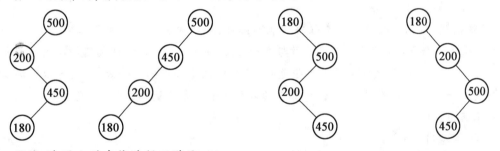

显然,选项 A 的查找路径不满足。

9.【答案】 B

【解析】 在任何情况下,折半查找都从表的中间记录开始进行比较。而本算法通过 while 循环可以定位到与待查关键字 x 的相隔位置最大为 3 的记录上,这样当 x 接近数组的开头处时,while 循环执行一次便可跳出循环,然后利用之后的判断语句即可完成查找工作,此时比折半查找的比较次数少。故选 B。

10.【答案】 A

【解析】 根据二叉排序树的定义,在二叉排序树中,各结点左子树结点值小于根结点,右子树结点值大于根结点。二叉排序树的查找过程是沿从根到某个叶子结点的一条路径进行关键字比较的过程,因此对于一组给定的关键字序列,在判断是否可以构成二叉排序树中的一条查找路径时,可将该序列按"左小右大"的规则画出对应的二叉树。

各选项对应的查找过如下图所示,B、C、D 对应的查找树都是二叉排序树,A 对应的查找树不是二叉排序树,因为在以 91 为根的左子树中出现了比它大的结点 94。故选 A。

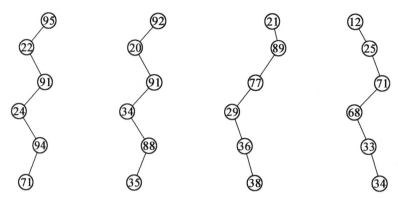

(a)选项A的查找过程 (b)选项B的查找过程 (c)选项C的查找过程 (d)选项D的查找过程

11.【答案】 C

【解析】 根据二叉排序树的特性：中序遍历得到的是一个递增序列。图中二叉排序树的中序遍历序列为 x_1、x_3、x_5、x_4、x_2 可知 $x_3 < x_5 < x_4$。故选 C。

12.【答案】 D

【解析】 产生堆积现象，即产生了冲突，它对存储效率、散列函数和装填因子均不会有影响，而平均查找长度会因为堆积现象而增大，因此答案为 D。

13.【答案】 B

【解析】 散列表的查找效率取决于散列函数、处理冲突的方法和装填因子。显然，冲突的产生概率与装填因子（表中记录数与表长之比）的大小成正比，即装填得越满越容易发生冲突，Ⅰ错误。而聚集现象是不可避免的，显然Ⅲ也是错误的。一般来说，可以根据具体问题构造一个"好"的散列函数，使计算出的散列地址分布尽量均匀，尽可能减少冲突，所以Ⅱ是正确的。故答案为 B。

14.【答案】 A

【解析】 由于 B＋树的所有叶结点中包含了全部的关键字信息，以及指向含这些关键字记录的指针，且叶结点本身依关键字从小到大顺序连接，可以进行顺序查找，而 B－树不支持顺序查找（只支持多路查找）。

1.8 排 序

1.8.1 排序的基本概念

1.排序的定义

假设 $\{R_1, R_2, \cdots, R_n\}$ 是由 n 个记录组成的序列，$\{K_1, K_2, \cdots, K_n\}$ 是其相应的关键字序列，所谓排序是将记录按关键字不增（或不减）的次序排列。

【说明】 在排序问题中，通常将数据元素称为记录。

2.排序基于的数据结构

从操作角度看，排序是对线性结构的一种操作，待排序记录可以用顺序存储结构或链式存储结构存储。

【说明】　不失一般性,这里讨论的排序算法均采用顺序存储结构,并假定关键码为整型,且记录只有关键码一个数据项。若不特定说明,默认为升序排序。

3.排序算法的稳定性

假设 $K_i = K_j (1 \leqslant i, j \leqslant n, i(j))$,且在排序前的序列中 R_i 领先于 R_j(即 $i < j$),若在排序后的序列中 R_i 仍领先于 R_j,则称所用的排序方法是稳定的;反之,若可能使排序后的序列中 R_j 领先于 R_i,则称所用的排序方法是不稳定的。

4.排序基本操作

(1)比较两个关键字大小。

(2)将记录从一个位置移动到另一个位置。

5.排序的分类

(1)按待排序记录所在位置。

内部排序:待排序记录存放在内存。

外部排序:排序过程中需对外存进行访问的排序。

(2)按排序依据原则。

插入排序:直接插入排序、折半插入排序、希尔排序等。

交换排序:起泡排序和快速排序。

选择排序:简单选择排序和堆排序。

归并排序:2 – 路归并排序。

基数排序。

(3)按排序所需工作量。

简单的排序方法: $T(n) = O(n^2)$

先进的排序方法: $T(n) = O(n\log_2 n)$

6.排序算法的衡量标准

(1)空间开销。

执行算法所需的辅助存储空间。辅助存储空间是指在待排序的记录个数一定的条件下,除了存放待排序记录占用的存储空间之外,执行算法所需要的其他存储空间。

(2)时间开销。

执行算法所需的时间。通常用算法执行中的比较和移动次数来衡量。考虑最坏和平均情况。

1.8.2　插入排序

1.直接插入排序的基本思想

直接插入排序的基本思想是:依次将待排序序列中的每一个记录插入到一个已排好序的序列中,直到全部记录都排好序。

2.直接插入排序的操作过程

(1)设待排序的记录存放在数组 $r[1..n]$ 中, $r[1]$ 是一个有序序列。

（2）循环 $n-1$ 次，每次使用顺序查找法，查找 $r[i](i=2,\cdots,n)$ 在已排好序的序列 $r[1..i-1]$ 中的插入位置，然后将 $r[i]$ 插入表长为 $i-1$ 的有序序列 $r[1..i-1]$，直到将 $r[n]$ 插入表长为 $n-1$ 的有序序列 $r[1..n-1]$，最后得到表长为 n 的有序序列。

3. 直接插入排序算法的性能

（1）时间复杂度。

$T(n)=O(n^2)$

（2）空间性能。

$S(n)=O(1)$。

（3）算法特点。

①直接插入排序是稳定排序。

②直接插入排序也适用于链式存储结构。

③更适合初始记录基本有序（正序）的情况，当初始记录无序，n 较大时，不宜采用。

4. 折半法插入排序

（1）折半插入排序算法。

①设待排序的记录存放在数组 $r[1..n]$ 中，$r[1]$ 是有序序列。

②循环 $n-1$ 次，每次使用折半查找法，查找 $r[i](i=2,\cdots,n)$ 在已排好序的序列 $r[1..i-1]$ 中的插入位置，然后将 $r[i]$ 插入表长 $i-1$ 的有序序列 $r[1..i-1]$ 中，直到将 $r[n]$ 插入表长 $n-1$ 的有序序列 $r[1..n-1]$，最后得到一个长度为 n 的有序序列。

（2）折半插入排序的性能。

（1）时间复杂度。

$T(n)=O(n\log_2 n)$。

（2）空间性能。

$S(n)=O(1)$。

（3）算法特点。

①折半插入排序是稳定排序。

②只能用于顺序存储结构，不能用于链式存储结构。

③适合初始记录无序、n 较大时的情况。

【例1】 （2009 年考研真题第 10 题）若数据元素序列 $\{11,12,13,7,8,9,23,4,5\}$ 是采用下列排序方法之一得到的第二趟排序后的结果，则该排序算法只能是 （   ）

A. 冒泡排序　　　　 B. 插入排序　　　　　 C. 选择排序　　　　　 D. 二路归并排序

【答案】 B

【解析】 （1）对于冒泡排序和选择排序，每一趟都能确定一个元素的最终位置，而题目中，前 2 个元素和后 2 个元素均不是最小或最大的 2 个元素并按序排列。

（2）选项 D 中的二路归并排序，第一趟排序结束都可以得到若干个有序子序列，而此时的序列中并没有两两元素有序排列。

（3）插入排序在每趟排序后能确定前面的若干元素是有序的，而此时第二趟排序后，序列的前三个元素是有序的，符合其特征。

1.8.3 希尔排序(缩小增量法)

1. 希尔排序的基本思想

希尔排序的基本思想是:先将整个待排序记录序列分割成若干个子序列,在子序列内分别进行直接插入排序,待整个序列基本有序时,再对全体记录进行一次直接插入排序。

2. 希尔排序的操作过程

假设待排序的记录为 n 个,先取整数 $d < n$,例如,取 $d = n/2$,将所有相距为 d 的记录构成一组,从而将整个待排序记录序列分割成为 d 个子序列,对每个子序列分别进行直接插入排序,然后再缩小间隔 d,例如,取 $d = d/2$,重复上述分割,再对每个子序列分别进行直接插入排序,直到最后取 $d = 1$,即将所有记录放在一组进行一次直接插入排序,最终将所有记录重新排列成按关键码有序的序列。

3. 希尔排序的算法(略)

4. 希尔排序算法的性能

(1)时间性能。

希尔排序的时间性能约为 $O(n^{1.3})$。

(2)空间性能。

$S(n) = O(1)$。

(3)算法特点。

①希尔排序是不稳定排序。

②只能用于顺序存储结构,不能用于链式存储结构。

③增量序列可以有各种取法,比如 $d_1 = n/2$,$d_{i+1} = d_i/2$,且没有除 1 之外的公因子,并且最后一个增量值必须等于 1。

④适合初始记录无序、n 较大的情况。

【例 2】 (2014 年考研真题第 10 题)用希尔排序方法对一个数据序列进行排序时,若第 1 趟排序结果为 9、1、4、13、7、8、20、23、15,则该趟排序采用的增量(间隔)可能是 (   )

A. 2   B. 3   C. 4   D. 5

【答案】 B

【解析】 希尔排序将相隔增量整数倍的元素组成一组,并使用插入排序在组内进行排序。第一趟排序后,各组内元素已有序。假设增量为 d,当 $d = 2$ 时,将元素分为两个子序列,分别为 {9,4,7,20,15} 和 {1,13,8,23},显然两个子序列均是无序的,因此选项 A 是错误的。当 $d = 3$ 时,将元素分为 3 个子序列,分别为 {9,13,20}、{1,7,23} 和 {4,8,15},这 3 个子序列都是递增有序的,故 B 选项符合题目要求。当 $d = 4$ 时,将元素分为 4 个子序列,分别为 {9,7,15}、{1,8}、{4,20} 和 {13,23},显然 {9,7,15} 是无序的,选项 C 是错误的。当 $d = 5$ 时,将元素分为 5 个子序列,分别为 {9,8}、{1,20}、{4,23}、{13,15} 和 {7},显然子序列 {9,8} 不是一个递增序列,因此选项 D 也是错误的。

1.8.4　起泡排序

1. 起泡排序的基本思想

起泡排序的基本思想是两两比较相邻记录的关键码,如果发生逆序,则进行交换,直到没有逆序的记录为止。

2. 起泡排序的操作过程

①将整个待排序的记录序列划分成有序区和无序区(方括号括起来的为无序区),初始状态有序区为空,无序区包括所有待排序的记录。

②对无序区从前向后依次将相邻记录的关键码进行比较,若逆序则交换,从而使得关键码小的记录向前移,关键码大的记录向后移。

③重复执行②,直到无序区中没有反序的记录。

3. 起泡排序算法的性能

(1)时间性能。

①最好情况:待排序记录序列为正序,时间复杂度为 $O(n)$。

②最坏情况:待排序记录序列为逆序,时间复杂度为 $O(n^2)$。

③平均情况: $O(n^2)$。

(2)空间性能。

$S(n) = O(1)$。

(3)算法特点。

①起泡排序是一种稳定的排序方法。

②可用于链式存储结构。

③当初始记录无序,n 较大时,此算法不宜采用。

【例3】　(2010 年考研真题)对一组数据 $\{2,12,16,88,5,10\}$ 进行排序,若前 3 趟排序结果如下:

第一趟排序结果: $\{2,12,16,5,10,88\}$;

第二趟排序结果: $\{2,12,5,10,16,88\}$;

第三趟排序结果: $\{2,5,10,12,16,88\}$;

则采用的排序方法可能是　　　　　　　　　　　　　　　　　　　(　　)

A. 冒泡排序法　　　　B. 希尔排序法　　　　C. 归并排序法　　　　D. 基数排序法

【答案】　A

【解析】　(1)假设是冒泡排序,每一趟排序均能确定一个最大(或最小)的排序码并放到目标位置,因此,采用冒泡排序可能出现题目中的情况,选项 A 正确。

(2)假设是希尔排序,从三趟排序结果中找不出希尔排序使用的增量序列,因此,排除选项 B。

(3)假设是归并排序,则长度为 2 的子序列是有序的。因此可排除选项 C。

(4)假设是基数排序,第一趟分配收集的结果应该是 10、2、12、5、16、88,因此,排除选项 D。

1.8.5　快速排序

1.快速排序的基本思想

首先在待排序列的 n 个记录中任取一个记录(通常取第一个记录)作为枢轴(即比较的基准),将待排序记录分割成独立的两部分,左侧记录的关键码均小于或等于枢轴值,右侧记录的关键码均大于枢轴值,然后分别对这两部分重复上述过程,直到整个序列有序。

2.快速排序的一次划分

(1)一趟快速排序的具体步骤如下。

①初始化。取第一个记录作为枢轴,设置两个参数 i、j 分别用来指示将要与枢轴记录进行比较的左侧记录位置和右侧记录位置,也就是本次划分的区间。

②右侧扫描过程。将枢轴记录关键字与 j 指向的记录关键字进行比较,如果 j 指向记录的关键字大,则 j 前移一个记录位置(即 $j--$)。重复右侧扫描过程,直到右侧的记录关键字小(即反序),若 $i<j$,则将枢轴记录与 j 指向的记录进行交换。

③左侧扫描过程。将枢轴记录与 i 指向的记录关键字进行比较,如果 i 指向记录的关键字小,则 i 后移一个记录位置(即 $i++$)。重复左侧扫描过程,直到左侧的记录关键字大(即反序),若 $i<j$,则将枢轴记录与 i 指向的记录交换。

④重复步骤②、③步,直到 i 与 j 指向同一位置,即枢轴记录最终的位置。

3.快速排序的操作过程

整个快速排序的过程可递归进行。若待排序序列中只有一个记录,则结束递归,否则进行一次划分后,再分别对划分得到的两个子序列进行快速排序(即递归处理)。

4.快速排序的性能

(1)时间复杂度。

①最好情况:时间复杂度为 $O(n\log_2 n)$。

②最坏情况:当待排序记录序列为正序或逆序时,时间复杂度为 $O(n^2)$。

③平均情况:待排序记录序列为随机排列,时间复杂度也为 $O(n\log_2 n)$。

(2)空间复杂度。

①最好情况:算法空间复杂度为 $O(\log_2 n)$。

②最坏情况:算法空间复杂度为 $O(n)$。

③平均情况:算法空间复杂度为 $O(\log_2 n)$。

(3)算法特点。

①快速排序方法为不稳定排序。

②适用于顺序存储结构,很难用于链式存储结构。

③适合初始记录无序、n 较大时的情况。

【例4】　(2010 年考研真题)采用递归方式对顺序表进行快速排序,下列关于递归次数的叙述中,正确的是　　　　　　　　　　　　　　　　　　　　(　　)

A.递归次数与初始数据的排列次序无关

B.每次划分后,先处理较长的分区可以减少递归次数

C.每次划分后,先处理较短的分区可以减少递归次数

D.递归次数与每次划分后得到分区的处理顺序无关

【答案】 D

【解析】 快递排序的递归次数与元素的初始排列有关。最坏情况是在待排序序列已经排好序的情况下,其递归树成为单支树;最好情况是序列基本无序的情况下,每一趟排序后都能将记录序列均匀地分割成两个长度大致相等的子表,类似折半查找。因此,选项 A 是错误的。对于选项 B、C 和 D 可以进行如下分析。

快速排序的递归算法可以简写为:

```
void QSort(SqList &L,int low,int high)
{
    QSort(L,low,p-1);          // ①对左子表递归排序
    QSort(L,p+1,high);         // ②对右子表递归排序
}
```

此函数的递归次数由 low 和 high 决定的。设快速排序的递归次数设为 $F(\text{low},\text{high})$,则按照上述代码中①、②句的执行次序有:

递归次数

$$F(\text{low},\text{high}) = F(\text{low},p-1) + F(p+1,\text{high}) \qquad ③$$

如果将①②句的执行次序颠倒,则有:

递归次数

$$F(\text{low},\text{high}) = F(p+1,\text{high}) + F(\text{low},p-1) \qquad ④$$

显然③和④式是相等的,因此递归次数与每次划分后得到的分区处理顺序无关,选项 B 和 C 都是错误的。因此,答案为 D。

1.8.6 简单选择排序

1.简单选择排序的基本思想

第 i 趟($1 \leqslant i \leqslant n-1$)排序通过 $n-i$ 次关键码的比较,在 $n-i+1$ 个记录中选取关键码最小的记录,并和第 i 个记录交换作为有序序列的第 i 记录。

2.简单选择排序算法

①将整个记录序列划分为有序区和无序区,初始状态有序区为空,无序区含有待排序的所有记录。

②在无序区中选取关键码最小的记录,将它与无序区中的第一个记录交换,使得有序区扩展了一个记录,而无序区减少了一个记录。

③不断重复②,直到无序区只剩下一个记录为止。此时所有的记录已经按关键码从小到大的顺序排列就位。

3.简单选择排序算法的性能

(1)时间复杂度。

时间复杂度为 $O(n^2)$,这是简单选择排序最好、最坏和平均的时间性能。

（2）空间复杂度。

$S(n) = O(1)$。

（3）算法特点。

①简单选择排序是一种不稳定的排序方法。

②可用于链式存储结构。

③移动记录次数较少。

1.8.7 堆排序

1. 堆排序的基本思想

把待排序的记录存放在数组 $r[1..n]$ 中，将 r 看成是一棵完全二叉树的顺序表示，每个结点表示一个记录，第一个记录 $r[1]$ 作为二叉树的根，以下各记录 $r[2] \sim r[n]$ 依次逐层从左到右顺序排列，任意结点 $r[i]$ 的左孩子是 $r[2i]$，右孩子是 $r[2i+1]$，双亲是 $r[\lfloor i/2 \rfloor]$。对这棵完全二叉树进行调整建堆。

2. 堆的定义

称各结点的关键字(key)满足条件：$r[i].key \geqslant r[2i].key$ 并且 $r[i].key \geqslant r[2i+1].key$ $(i = 1, 2, \cdots, \lfloor n/2 \rfloor)$ 的完全二叉树为大根堆。反之，如果这棵完全二叉树中任意结点的关键字小于或等于其左孩子和右孩子的关键字(当有左孩子或右孩子时)，对应为小根堆。

特点：小根堆的堆顶(第一个元素)为最小元素，大根堆的堆顶为最大元素。

3. 重建堆基本思想

（1）首先将与堆相应的完全二叉树根结点的记录移出，该记录称为待调整记录。此时根结点相当于空结点，从空结点的左、右子树中选出一个关键字较大的记录，如果该记录的关键字值大于待调整记录的关键字值，则将记录上移至空结点中。

（2）此时，原来那个关键字较大的子结点相当于空结点，从空结点的左、右子树中选出一个关键字较大的记录，如果该记录的关键字仍大于待调整记录的关键字，则将该记录上移至空结点中。

（3）重复上述移动过程，直到空结点左、右子树的关键字均小于待调整记录关键字。

此时，将待调整记录放入空结点记录即可。一般称其为"筛选"法。

4. 建初始堆的基本思想

将一个任意序列看成是对应的完全二叉树，由于叶结点可以视为单元素的堆，因而可以反复利用上述调整堆算法("筛选"法)，自底向上逐层把所有子树调整为堆，直到将整棵完全二叉树调整为堆。

由于最后一个非叶结点位于 $\lfloor n/2 \rfloor$ 个位置，n 为二叉树结点数目。因此，"筛选"需从第 $\lfloor n/2 \rfloor$ 个结点开始，逐层自底向上倒推，直到根结点。

5. 堆排序的基本思想

（1）将待排序记录按照堆的定义建初堆，并输出堆顶元素。

（2）调整剩余的记录序列，利用筛选法将前 $n-i$ 个元素重新筛选建成一个新堆，再输出堆顶元素。

（3）重复执行步骤（2），进行 $n-1$ 次筛选，最后使待排序记录序列成为一个有序的序列，这个过程称之为堆排序。

6. 堆排序算法的性能

（1）时间复杂度。

堆排序在最坏情况下，其时间复杂度为 $O(n\log_2 n)$，这是堆排序最好、最坏和平均的时间代价。

（2）空间复杂度。

$S(n)=O(1)$。

（3）算法特点。

①堆排序是一种不稳定的排序方法。

②只能用于顺序存储结构，不能用于链式存储结构。

③当记录较多时较为高效。

【例5】　（2009年考研真题）已知关键字序列 $\{5,8,12,19,28,20,15,22\}$ 是小根堆（最小堆），插入关键字3，调整后得到的小根堆是　　　　　　　　　　　　　　　（　　）

A. 3、5、12、8、28、20、15、22、19

B. 3、5、12、19、20、15、22、8、28

C. 3、8、12、5、20、15、22、28、19

D. 3、12、5、8、28、20、15、22、19

【答案】　A

【解析】　根据关键字序列得到的小顶堆的二叉树形式如图1-45所示。

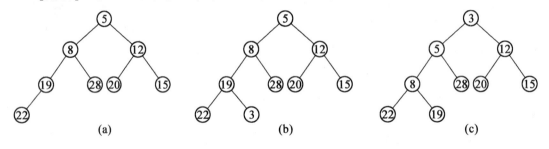

图1-45　调整堆的过程

插入关键字3时，先将其放在小顶堆的末端，如图1-45（b）所示。再将该关键字向上进行调整，得到的结果如图1-45（c）所示。所以，调整后的小顶堆序列为3、5、12、8、28、20、15、22、19。故答案选A。

1.8.8　归并排序

1. 归并排序的基本思想

将两个或两个以上有序表合并成一个新的有序表，直至所有待排序记录都在一个有序序列为止。下面以二路归并为例介绍归并算法。

2. 二路归并排序的操作过程

假设初始序列含 n 个记录,首先将 n 个记录看成 n 个有序的子序列,每个子序列的长度为 1,然后两两归并,得到 $\lfloor n/2 \rfloor$ 长度为 2(n 为奇数时,最后一个序列长度为 1)的有序子序列。在此基础上,再将长度为 2 的有序子序列进行两两归并,得到长度为 4 的有序子序列。

如此重复,直至得到一个长度为 n 的有序序列为止。

3. 二路归并排序算法的性能

(1)时间复杂度。

整个归并排序需要进行 $\lceil \log_2 n \rceil$ 趟,因此,总的时间代价是 $O(n\log_2 n)$,这是归并排序算法最好、最坏、平均的时间性能。

(2)空间复杂度。

$S(n) = O(n)$。

(3)算法特点。

①二路归并排序是一种稳定的排序方法。

②可用于链式存储结构,且不需要附加存储空间,但递归实现时仍需要开辟相应的递归工作栈。

③当记录数 n 较大时,算法较为高效。

【例 6】　(2017 年考研真题)在内部排序时,若选择了归并排序而没有选择插入排序,则可能的理由是　　　　　　　　　　　　　　　　　　　　　　　　(　)

Ⅰ.归并排序的程序代码更短

Ⅱ.归并排序的占用空间更少

Ⅲ.归并排序的运行效率更高

A. 仅Ⅱ　　　　　　　B. 仅Ⅲ　　　　　　　C. 仅Ⅰ、Ⅱ　　　　　　　D. 仅Ⅰ、Ⅲ

【答案】　B

【解析】　归并排序代码比选择插入排序更复杂,前者的空间复杂度是 $O(n)$,后者的空间复杂度是 $O(1)$。但是前者的时间复杂度是 $O(n\log n)$,后者的时间复杂度是 $O(n^2)$。故选 B。

1.8.9　基数排序

1. 多关键码排序的定义

给定一个记录序列 $\{r_1, r_2, \cdots, r_n\}$,每个记录 r_i 含有 d 个关键码$(k_i^0 k_i^1 \cdots k_i^{d-1})$,多关键码排序是将这些记录排列成顺序为 $\{r_{s1}, r_{s2}, \cdots, r_{sn}\}$ 的一个序列,使得对于序列中的任意两个记录 r_i 和 r_j 都满足$(k_i^0 k_i^1 \cdots k_i^{d-1}) \leqslant (k_j^0 k_j^1 \cdots k_j^{d-1})$(假定排序结果为升序),其中 k^0 称为最主位关键码,k^{d-1} 称为最次位关键码。

2. 多关键码排序的基本方法

(1)最主位优先 MSD。

先按最主位关键码 k^0 进行排序,然后将序列分割成若干个子序列,每个子序列中的记录具有相同的 k^0 值,再分别对每个子序列按关键码 k^1 进行排序,然后将子序列分割成若干个更小的子序列,每个更小的子序列中的记录具有相同的 k^1 值,以此类推,直至按最次位关键码 k^{d-1} 排序,最后将所有子序列收集在一起得到一个有序序列。

(2)最次位优先 LSD。

从最次位关键码 k^{d-1} 起进行排序,然后再按关键码 k^{d-2} 排序,依次重复,直至对最主位关键码 k^0 进行排序,得到一个有序序列。LSD 方法无须分割序列,但要求按关键码 $k^{d-1} \sim k^1$ 进行排序时采用稳定的排序方法。

3. 基数排序的基本思想

基数排序将关键码看成由若干个子关键码复合而成,然后借助"分配"和"收集"两种操作采用 LSD 方法进行排序。

4. 基数排序的辅助数据结构

为了便于进行分配和收集操作,采用队列作为辅助数据结构。

5. 基数排序的执行过程

①第一趟排序按最次位关键码 k^{d-1} 将具有相同码值的记录分配到一个队列中,然后再依次收集起来,得到一个按关键码 k^{d-1} 有序的序列。

②一般情况下,第 i 趟排序按关键码 k^{d-i} 将具有相同码值的记录分配到一个队列中,然后再依次收集起来,得到一个按关键码 k^{d-i} 有序的序列。

6. 基数排序算法的性能

(1)时间复杂度。

对于 n 个记录进行链式基数排序时,每一趟分配的时间复杂度为 $O(n)$,每一趟收集时间复杂度为 $O(rd)$,整个排序需进行 d 趟分配和收集,所以时间复杂度为 $O(d(n+rd))$。

(2)空间复杂度。

假设待排序记录的关键码由 d 个子关键码复合而成,每个子关键码的取值范围为 r 个,则基数排序共需要 rd 个队列。因此,基数排序的空间复杂度为 $S(n) = O(rd)$。

(3)算法特点。

①由于采用队列作为辅助数据结构,因此基数排序是稳定的。

②可用于链式存储结构,也可用于顺序结构。

③基数排序使用条件有严格要求:需要知道各级关键字的主次关系和各级关键字的取值范围。

【例7】 (2013 年考研真题)对给定的关键字序列 $\{110, 119, 007, 911, 114, 120, 122\}$ 进行基数排序,则第 2 趟分配收集后得到的关键字序列是　　　　　　　　　　(　　)

A. $\{007, 110, 119, 114, 911, 120, 122\}$

B. $\{007, 110, 119, 114, 911, 122, 120\}$

C. $\{007, 110, 911, 114, 119, 120, 122\}$

D. $\{110, 120, 911, 122, 114, 007, 119\}$

【答案】 C

【解析】 基数排序的第 1 趟排序是按照低位优先的分配排序算法。第一趟排序是按照个位数字的大小来排序的,排序结果为 $\{110, 120, 911, 122, 114, 007, 119\}$;第二趟排序是按照十位数字的大小进行排序的,排序结果为｛007,110,911,114,119,120,122｝。所以答案选C。

1.8.10 各种排序方法的比较

1. 时间复杂度

各种排序算法的时间性能比较见表1-16。从平均情况看,有以下3类排序方法:

表1-16 各种排序方法性能的比较

排序方法	平均情况	最好情况	最坏情况	辅助空间
直接插入排序	$O(n^2)$	$O(n)$	$O(n^2)$	$O(1)$
希尔排序	$O(n\log_2 n) \sim O(n^2)$	$O(n^{1.3})$	$O(n^2)$	$O(1)$
起泡排序	$O(n^2)$	$O(n)$	$O(n^2)$	$O(1)$
快速排序	$O(n\log_2 n)$	$O(n\log_2 n)$	$O(n^2)$	$O(\log_2 n) \sim O(n)$
简单选择排序	$O(n^2)$	$O(n^2)$	$O(n^2)$	$O(1)$
堆排序	$O(n\log_2 n)$	$O(n\log_2 n)$	$O(n\log_2 n)$	$O(1)$
归并排序	$O(n\log_2 n)$	$O(n\log_2 n)$	$O(n\log_2 n)$	$O(n)$

①直接插入排序、简单选择排序和起泡排序属于一类,其时间复杂度为 $O(n^2)$,其中以直接插入排序方法最常用。

②堆排序、快速排序和归并排序属于第二类,时间复杂度为 $O(n\log_2 n)$,其中快速排序被认为是最快的一种排序方法。

③希尔排序介于 $O(n^2)$ 和 $O(n\log_2 n)$ 之间。

从最好情况看,直接插入排序和起泡排序的时间复杂度最好,为 $O(n)$,其他排序算法的最好情况与平均情况相同。

从最坏情况看,快速排序的时间复杂度为 $O(n^2)$,直接插入排序和起泡排序虽然与平均情况相同,最坏情况对简单选择排序、堆排序和归并排序影响不大。

由此可知,在最好情况下,直接插入排序和起泡排序最快;在平均情况下,快速排序最快;在最坏情况下,堆排序和归并排序最快。

3. 空间复杂度

各种排序算法的空间性能见表1-16,从空间复杂度看,所有排序方法分为以下3类:

①归并排序单独属于一类,其空间复杂度为 $O(n)$。

②快速排序单独属于一类,其空间复杂度为 $O(\log_2 n) \sim O(n)$。

③其他排序方法归为一类,其空间复杂度为 $O(1)$。

4. 稳定性

从稳定性看,所有排序方法可分为以下两类:

①稳定的排序方法;包括直接插入排序、起泡排序和并排序。

②不稳定的排序方法;包括希尔排序、快速排字、简单选择排序和堆排序。

5. 算法简单性

从算法简单性看,所有排序方法可分为以下两类:

(1)简单算法;包括直接插入排序、简单选择排字和起泡排序。

(2)改进算法;包括希尔排序、堆排序、快速排序和归并排序,这些算法都很复杂。

6. 待排序的记录个数 n 的大小

从待排序的记录个数 n 的大小看,n 越小,采用简单排序方法越合适;n 越大,采用改进的排序方法越合适。

7. 关键码的分布情况

当待排序记录序列为正序时,直接插入排序和起泡排序能达到 $O(n)$ 的时间复杂度;而对于快速排序而言,这是最坏的情况,此时的时间性能蜕化为 $O(n^2)$,简单选择排序、堆排序和归并排序的时间性能不随记录序列中关键码的分布而改变。

【例8】 (2017 年考研真题)下列排序方法中,若将顺序存储更换为链式存储,则算法的时间效率会降低的是　　　　　　　　　　　　　　　　　　　　（　　）

Ⅰ.插入排序　　　Ⅱ.选择排序　　　Ⅲ.起泡排序　　　Ⅳ.希尔排序　　　Ⅴ.堆排序

A.仅Ⅰ、Ⅱ　　　　　B.仅Ⅱ、Ⅲ　　　　　C.仅Ⅲ、Ⅳ　　　　　D.仅Ⅳ、Ⅴ

【答案】 D

【解析】 插入排序、选择排序、起泡排序原本时间复杂度是 $O(n^2)$,更换为链式存储后的时间复杂度还是 $O(n^2)$。希尔排序和堆排序都利用了顺序存储的随机访问特性,而链式存储不支持这种性质,所以时间复杂度会增加,因此选 D。

1.8.11　外部排序

1. 外部排序的定义

外部排序指的是大文件的排序,即待排序的记录存储在外存储器上,待排序的文件无法一次装入内存,需要在内存和外部存储器之间进行多次数据交换,以达到排序整个文件的目的。

2. 外排序的基本方法

最常用的外部排序方法是归并排序。该方法有两个阶段构成:

第一阶段:待排序记录分批读入内存,把文件逐段输入到内存,用有效的内排序方法对文件的各个段进行排序,经排序的文件段称为顺串(或归并段),当它们生成后立即以子文件的方式写到外存上,这样在外存上就形成了许多初始顺串。

第二阶段:子文件多路归并,对这些顺串用某种归并方法(如二路归并法)进行多趟归并,使顺串长度逐渐由小至大,直至变成一个顺串,即整个文件有序为止。

外部排序可使用磁带、磁盘等外存,最初形成的顺串文件长度取决于内存所能提供的排序区大小和最初排序策略,归并路数取决于能提供的外部设备数。

3. 多路归并排序的基本思想

外部排序最常用的算法是多路归并排序,即将原文件分解成多个能够一次性装入内存的部分,分别把每一部分调入内存完成排序。然后,对已经排序的子文件进行归并排序。

4. 初始串的生成方法

①内部排序法:所生成顺序串的大小取决于一次能放入内存中记录的个数。

②置换选择排序法:如果输入文件中的记录按其关键字随机排列,则所生成的初始顺序串的平均长度为内存工作区大小的 2 倍。

【例9】 (2016 年考研真题)对 10 TB 的数据文件进行排序,应使用的方法是 (   )

A. 希尔排序　　　　　B. 堆排序　　　　　C. 快速排序　　　　　D. 归并排序

【答案】 D

【解析】 外部排序指待排序文件较大,内存一次性放不下,需存放在外部介质中。外部排序通常采用归并排序法。选项 A、B、C 都是内部排序的方法。因此,答案为 D。

【课后习题】

1. (2011 年考研真题)为实现快速排序算法,待排序序列宜采用的存储方式是 (   )

A. 顺序存储　　　　　B. 散列存储　　　　　C. 链式存储　　　　　D. 索引存储

2. (2014 年考研真题)下列选项中,不可能是快速排序第二趟排序结果的是 (   )

A. {2,3,5,4,6,7,9}　　　　　　　　B. {2,7,5,6,4,3,9}

C. {3,2,5,4,7,6,9}　　　　　　　　D. {4,2,3,5,7,6,9}

3. (2015 年考研真题)希尔排序的组内排序采用的是 (   )

A. 直接插入排序　　B. 折半插入排序　　C. 快速排序　　　　D. 归并排序

4. (2018 年考研真题)对初始数据序列 {8,3,9,11,2,1,4,7,5,10,6} 进行希尔排序。若第一趟排序结果为 {1,3,7,5,2,6,4,9,11,10,8},第二趟排序结果为 {1,2,6,4,3,7,5,8,11,10,9},则这两趟排序采用的增量(间隔)依次是 (   )

A. 3、1　　　　　B. 3、2　　　　　C. 5、2　　　　　D. 5、3

5. (2011 年考研真题)已知序列 {25,13,10,12,9} 是大根堆,在序列尾部插入新元素 18,将其再调整为大根堆,调整过程中元素之间进行的比较次数是 (   )

A. 1　　　　　B. 2　　　　　C. 4　　　　　D. 5

6. (2015 年考研真题)已知小根堆为 {8,15,10,21,34,16,12},删除关键字 8 之后需重建堆,在此过程中,关键字之间的比较次数是 (   )

A. 1　　　　　B. 2　　　　　C. 3　　　　　D. 4

7. (2018 年考研真题)在将数据序列 {6,1,5,9,8,4,7} 建成大根堆时,正确的序列变化过程是 (   )

A. {6,1,7,9,8,4,5}→{6,9,7,1,8,4,5}→{9,6,7,1,8,4,5}→{9,8,7,1,6,4,5}

B. {6,9,5,1,8,4,7}→{6,9,7,1,8,4,5}→{9,6,7,1,8,4,5}→{9,8,7,1,6,4,5}

C. {6,9,5,1,8,4,7}→{9,6,5,1,8,4,7}→{9,6,7,1,8,4,5}→{9,8,7,1,6,4,5}

D. {6,1,7,9,8,4,5}→{7,1,6,9,8,4,5}→{7,9,6,1,8,4,5}→{9,7,6,1,8,4,5}→
　　{9,8,6,1,7,4,5}

8. (2012 年考研真题)在内部排序过程中,对尚未确定最终位置的所有元素进行一遍处理称为一趟排序。

下列排序方法中,每一趟排序结束时都至少能够确定一个元素最终位置的方法是

(   )

Ⅰ.简单选择排序　　Ⅱ.希尔排序　　Ⅲ.快速排序　　Ⅳ.堆排序　　Ⅴ.二路归并排序

A.仅Ⅰ、Ⅱ、Ⅳ　　　B.仅Ⅰ、Ⅲ、Ⅴ　　　C.仅Ⅱ、Ⅲ、Ⅳ　　　D.仅Ⅲ、Ⅳ、Ⅴ

9.(2012年考研真题)对同一待排序序列分别进行折半插入排序和直接插入排序,两者之间可能的不同之处是　　　　　　　　　　　　　　　　　　　　　　　　(　　)

A.排序的总趟数　　　　　　　　　　B.元素的移动次数

C.使用辅助空间的数量　　　　　　　D.元素之间的比较次数

10.(2015年考研真题)下列排序算法中,元素的移动次数与关键字的初始排列次序无关的是　　　　　　　　　　　　　　　　　　　　　　　　　　　　　　　　　(　　)

A.直接插入排序　　B.起泡排序　　C.基数排序　　D.快速排序

【课后习题答案】

1.【答案】　A

【解析】　快速排序采用顺序存储结构,在选择枢轴记录后,可以利用数组的下标定位到某个记录,高效地交替的形式将记录分成左、右两个子表,然后分别对左、右子表进行递归,完成排序。而采用链式或其他存储结构,无法利用数组下标快速定位到某个记录,排序效率较低,所以不宜采用。

2.【答案】　C

【解析】　快速排序每一趟排序结束后都将枢轴元素放入最终位置,且枢轴之前的所有元素均小于它,其后元素均大于它。第 i 趟排序结束,至少有 i 个数出现在它最终将要出现的位置,即它左边的数都比它小,它右边的数都比它大。题目问第二趟排序的结果,即要找不存在两个这样的数的选项。选项 A 中 2、3、6、7、9 均符合,所以 A 排除;选项 B 中,2、9 均符合,所以 B 排除;选项 D 中 5、9 均符合,所以选项 D 排除;最后看选项 C,只有 9 一个数符合,所以不可能是快速排序第二趟的结果。故选 C。

3.【答案】　A

【解析】　希尔排序将相隔增量整数倍的元素组成一组,并使用直接插入排序在组内进行排序。然后依次缩减增量再进行排序,待整个序列中的元素基本有序(即增量足够小)时,再对全体元素进行一次直接插入排序。

4.【答案】　D

【解析】

初始序列: 8 , 8 , 9 , 11 , 2 , 1 , 4 , 7 , 5 , 10 , 6

第一趟:　1 , 3 , 7 , 5 , 2 , 6 , 4 , 9 , 11 , 10 , 8

第二趟:　1 , 2 , 6 , 4 , 3 , 7 , 5 , 8 , 11 , 10 , 9

第一趟分组:8,1,6;3,4;9,7;11,5;2,10;间隔为5,排序后组内递增。

第二趟分组:1,5,4,10;3,2,9,8;7,6,11;间隔为3,排序后组内递增。如上图所示,故答案为 D。

5.【答案】　B

【解析】　原始的大根堆在插入关键字18之后,如下图所示,不再满足大根堆的要求,需要进行调整。首先将 18 与 10 比较,交换位置,再将 18 与 25 比较,不交换位置。共比较了 2 次,调整的过程如下图所示。

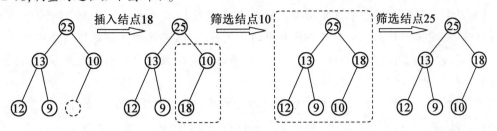

6.【答案】　C

【解析】　原始的小根堆如下图(a)所示,在删除关键字 8 之后,最后一个关键字 12 顶替 8 的位置,如下图(b)所示,此时不再满足小根堆的要求,需要自顶向下进行调整。第 1 次是 15 和 10 比较,第 2 次是 10 和 12 比较并交换,第 3 次还需比较 12 和 16,故比较次数为 3 次。如下图所示。

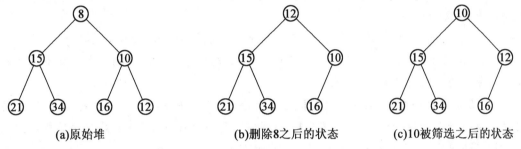

(a)原始堆　　　　　　(b)删除8之后的状态　　　　(c)10被筛选之后的状态

7.【答案】　A

【解析】　要熟练掌握建堆、堆的调整方法,从序列末尾开始向前遍历,变换过程如下图所示。

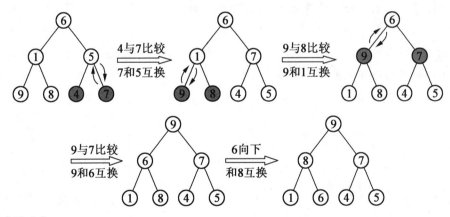

8.【答案】　A

【解析】　对于Ⅰ,简单选择排序每次选择未排序列中的最小元素放入其最终位置。对于Ⅱ,希尔排序每次是对划分的子表进行排序,得到局部有序的结果,所以不能保证每一趟排序结束都能确定一个元素的最终位置。对于Ⅲ,快速排序每一趟排序结束后都将枢轴元素放到最终位置。对于Ⅳ,堆排序属于选择排序,每次都将大根堆的根结点与表尾结点交换,确定其最终位置。对于Ⅴ,二路归并排序每趟对子表进行两两归并从而得到若干个局部有序的结果,但无法确定最终位置。所以,答案为 A。

9.【答案】 D

【解析】 折半插入排序与直接插入排序都是将待插入元素插入前面的有序子序列。其区别是:确定当前记录在前面有序子表中的位置时,直接插入排序是采用顺序查找法,而折半插入排序是采用折半查找法。折半插入排序的比较次数与序列初态无关,而直接插入排序的比较次数与序列初态有关。

因此,折半插入排序的比较次数与序列初态无关,时间复杂度为 $O(n\log_2 n)$;直接插入排序的比较次数与序列初态有关,时间复杂度为 $O(n) \sim O(n^2)$。答案选 D。

10.【答案】 C

【解析】 (1)在直接插入排序中,对于其中的某趟排序,内层的循环次数取决于待插入记录的关键字与前 $i-1$ 个记录关键字之间的关系。在最好情况下,比较 1 次,不移动;在最坏情况下,比较 i 次,移动 $i+1$ 次。对于整个排序过程需执行 $n-1$ 趟,在最好情况下,总的比较次数达最小值 $n-1$,记录不需移动;在最坏情况下,总的关键字比较次数和记录移动次数均约为 $n^2/2$。

(2)在冒泡排序中,在最好情况下,只需进行一趟排序,在排序过程中进行 $n-1$ 次关键字比较,且不移动记录。在最坏情况下,需进行 $n-1$ 趟排序,总的关键字比较次数和记录移动次数分别为 $n^2/2$ 和 $3n(n-1)/2$。

(3)在基数排序中,不需要比较关键字的大小,它是根据关键字中各位的值,通过对待排序记录进行若干趟“分配”与“收集”来实现排序,是一种借助于多关键字排序思想对单关键字排序的方法,元素的移动次数与关键字的初始排列次序无关。

(4)在快速排序中,快速排序最好情况是待排序列基本无序时,选第一个元素为枢轴记录,每趟排序后都能将记录序列均匀地分割成两个长度大致相等的子表。快速排序最坏情况是在待排序列已经排好序的情况下,其递归树成为单支树,每次划分只得到一个比上一次少一个记录的子序列。

因此,基数排序的元素移动次数与关键字的初始排列次序无关,而其他 3 种排序都是与关键字的初始排列明显相关的。故答案选 C。

第 2 章　计算机组成原理

【课程简介】

本课程系统介绍计算机系统的工作原理,并且采用不以具体机型为例的方法,突出了数据和指令信息在计算机内的传递、加工和处理过程,以及处理过程中对计算机硬件的要求,阐述计算原理的各个方面,使学生通过本课程的学习,能够比较全面地掌握计算机组成的基本概念、基本原理和基本结构,并力求深入浅出地介绍。主要内容包括:计算机中数的表示,运算方法、指令系统、运算器、存储器、控制器和输入输出系统的基本工作原理等。本课程在体系结构上采用从外部大框架入手,层层细化的分析方法。学生能够比较全面地掌握计算机的组成原理,对计算机系统有一个概括性了解。

【教学目标】

通过本课程的理论教学,学生具备下列能力:

(1)掌握计算机的基本组成结构,并能抽象出各个功能器件的逻辑模型,以及掌握计算机各功能部件的基本工作原理。

(2)在掌握存储器工作原理的基础上,理解复杂存储体系的工作原理,并掌握 Cache 的映像工作原理,了解存储程序思想在现代计算机系统中的作用。

(3)掌握计算机运算器的基本工作原理,理解如何并行处理来提高处理速度。

(4)掌握计算机指令系统的基本概念,并根据不同的指令结构,了解其对计算机系统的性能有何影响,并掌握计算机的控制器的基本理论,学会分析控制器在指令的作用下如何产生控制流,并如何控制相应的控制流。

(5)根据所学的前述知识,能够构造出某个功能部件的完整模型,以及一个完整的计算机模型,并具有一定的独立分析能力,分析相应的性能指标参数,对该模型有一个整体的评价。

【教学内容与要求】

2.1　计算机系统概述

2.1.1　计算机的层次结构

①硬件:计算机系统中实际装置的总称。对应图 2 - 1 中的 M1 和 M0 层,即所有看得见、摸得着的器件。

②软件:由人们事先编制成具有各种特殊功能的信息组成。对应图 2 - 1 中的 M2、M3 和 M4 层,即软件程序。

③软硬件的关系:一方面不可分离,另一方面在一定程度上可互相转换。

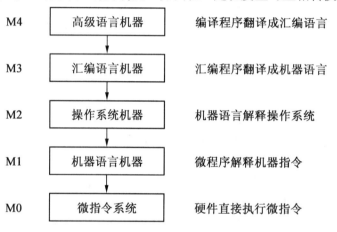

图 2 - 1　传统计算机层次关系图

2.1.2　冯·诺依曼计算机的特点

早期机器以运算器为中心,现在的计算机多以存储器为中心。冯·诺依曼计算机的核心思想是"存储程序",即按需要编出程序,顺序存放在存储器内,运行时顺序执行完成。通常把以此概念为基础的各类计算机均可称为冯·诺依曼计算机。

冯·诺依曼计算机具有如下特点:

①指令和数据均用二进制数表示。

②指令和数据以同等地位(不加区分)存放于存储器内,并按地址访问。

③指令由操作码和地址码组成,操作码表示操作的性质,地址码表示操作数存放的位置。

④指令在存储器内按顺序存放。指令按顺序存放,只需一个程序计数器 PC 逐条地址加"1"即可找出全部指令,控制简单;数据不用按顺序存放,用数据结构映射。

⑤计算机由运算器、存储器、控制器、输入设备和输出设备五大部件组成。

2.1.3　冯·诺依曼计算机的结构

图 2 - 2 所示为以存储器为中心的计算机结构框图,对应的五个部分为存储器、运算器、控制器、输入设备和输出设备。图中双线箭头为数据流,单实线箭头为控制器发出的控制流,单虚线箭头为各部件反馈回的反馈流。

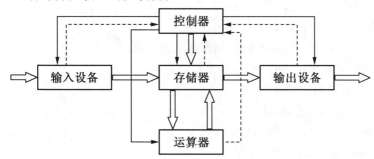

图 2 - 2　以存储器为中心的计算机结构框图

冯·诺依曼计算机各部件的功能如下:

①运算器:实现算术和逻辑运算,运算的结果暂存在 CPU 内。

②存储器:存放数据和程序代码。通常把数据和程序不加区别,存储在一个逻辑存储器内的计算机结构称为冯·诺依曼计算机结构(也称普林斯顿结构);把数据和程序分别存储在两个不同的逻辑存储器内的计算机结构称为哈佛结构,在哈佛结构计算机内把对应的存储器分别称为数据存储器和程序指令存储器,因为在两个不同的存储体内,安全性更高。

③控制器:控制各部件协调工作。

④输入设备:把外界的信息形式,包括人们熟悉的信息形式转换为计算机能识别的信息形式。

⑤输出设备:把计算机的运算结果转换为外界的信息形式。

2.1.4　计算机硬件的主要性能指标

①机器字长:指 CPU 一次能处理的二进制数的最大位数。通常机器字长对应汇编语言中通用寄存器的最大位数。

②存储容量:指存储器能存储的二进制数的总位数。通常存储容量可以按如下公式计算:

$$主存容量 = 存储单元个数 \times 存储字长$$

常用的存储容量对应关系:1 K(1 024 个,即 2^{10})、1 M(1 024 个 K,即 2^{20})、1 G(1 024 个 M,即 2^{30})、1 T(1 024 个 G,即 2^{40})、1 P(1 024 个 T,即 2^{50})、1 E(1 024 个 P,即 2^{60})。

③运算速度:衡量计算机运算速度,通常用每秒计算机所能运行的指令数来衡量

2.1.5　常用计算机名词的中英文对照

(1)与计算机整体结构有关的中英文对照。

CPU(Central Processing Unit):中央处理器,包括控制器和运算器。

MM(Main Memory):主存储器,也称内存。

I/O(Input /Output Equipment):输入输出设备,也称外部设备,简称外设。

(2)与运算器有关的中英文对照。

ALU(Arithmetic Logic Unit):算术逻辑运算单元。

ACC(Accumulator):累加器。

MQ(Multiplier – Quotient Register):乘商寄存器。

X:操作数寄存器。

(3)与存储器有关的中英文对照。

MAR(Memory Address Register):存储器地址寄存器。

MDR(Memory Data Register):存储器数据寄存器。

(4)与控制器有关的中英文对照。

CU(Control Unit):控制单元。

PC(Program Counter):程序计数器。

IR(Instruction Register):指令寄存器。

(5)与计算机运算速度有关的中英文对照。

CPI(Clock Cycle Per Instruction):平均指令周期数。

FLOPS(Floating – point Operations Per Second):每秒执行的浮点运算次数。

MIPS(Million Instructions Per Second):每秒百万条指令。

【例1】 (2015 年考研真题)计算机硬件能够直接执行的是 （ ）

Ⅰ.机器语言程序　　　Ⅱ.汇编语言程序　　　Ⅲ.硬件描述语言程序

A.仅Ⅰ 　　　　　　B.仅Ⅰ、Ⅱ 　　　　　C.仅Ⅰ、Ⅲ 　　　　　D.Ⅰ、Ⅱ、Ⅲ

【答案】 A

【解析】 硬件能直接执行的只能是机器语言(二进制编码);汇编语言是为了增强机器语言的可读性和记忆性的语言,必须经过汇编后才能被执行;硬件描述语言是比汇编语言更上一层的语言,需要编译能够生成对应的逻辑电路。

【注意】 硬件描述语言不生成可执行代码。

【例2】 (2014 年考研真题)程序 P 在机器 M 上的执行时间是 20 s,编译优化后 P 执行的指令数减少到原来的 70%,而 CPI 增加到原来的 1.2 倍,则 P 在 M 上的执行时间是

（ ）

A.8.4 s 　　　　　B.11.7 s 　　　　　C.14 s 　　　　　D.16.8 s

【答案】 D

【解析】 计算机的执行时间 $= I_N \times CPI \times T_C$,其中 I_N 为所执行的指令总数;CPI 为每条指令所需平均机器周期数;T_C 为机器周期时间。优化后为 $0.7 I_N$ 和 $1.2 CPI$,T_C 数值不变,即执行时间 $= 0.7 I_N \times 1.2 CPI \times T_C = 0.84 \times 20$ s $= 16.8$ s。

【例3】 (2018 年考研真题)冯·诺依曼结构计算机中数据采用二进制编码表示,其主要原因是 （ ）

Ⅰ.二进制的运算规则简单

Ⅱ.制造两个稳态的物理器件较容易

Ⅲ.便于用逻辑门电路实现算术运算

A.仅Ⅰ、Ⅱ 　　　　B.仅Ⅰ、Ⅲ 　　　　C.仅Ⅱ、Ⅲ 　　　　D.Ⅰ、Ⅱ和Ⅲ

【答案】　D

【解析】　对于 Ⅰ ,二进制由于只有 0、1 两个数值,运算规则较简单,都是通过 ALU 部件转换成加法运算;对于 Ⅱ ,二进制只需要高电平和低电平两个状态就可以表示,这样的物理器件很容易制造;对于 Ⅲ ,现在的计算机通常采用数字电路,即主要为逻辑门电路。

2.2　数据表示与运算

2.2.1　定点数的表示

定点数表示时,小数点位置固定,小数点放在字首的机器称为小数定点机,小数点放在字尾的机器称为整数定点机。

【注意】　定点表示机器只能表示纯的整数或纯的小数,不能表示实数。

(1)无符号数:最高位不是符号位。

①整数定点无符号数(即小数点放在字尾)。以 8 位二进制为例,格式如下:

$$S_1S_2S_3S_4S_5S_6S_7S_8$$

该格式表数范围示意如下:

| 0 0 0 0 0 0 0 0 | 真值为 0 | (最小值) |
| 0 0 0 0 0 0 0 1 | 真值为 1 | (非 0 最小值) |

…

1 1 1 1 1 1 1 1　　　　真值为 $2^8 - 1 = 255$　　(最大值)

②小数定点无符号数(即小数点放在字首)。以 8 位二进制为例,格式如下:

$$S_1S_2S_3S_4S_5S_6S_7S_8$$

该格式表数范围示意如下:

0.0 0 0 0 0 0 0 0　　　　真值为 0　　　　(最小值)

0.0 0 0 0 0 0 0 1　　　　真值为 2^{-8}　　　(非 0 最小值)

…

0.1 1 1 1 1 1 1 1　　　　真值为 $1 - 2^{-8}$　　(最大值)

(2)有符号数:最高位是符号位,有效数值相应少一位。

①整数定点:小数点放在字尾,最高位为符号位 S_f。

$$S_1S_2S_3S_4S_5S_6S_7$$

②小数定点:最高位为符号位 S_f ,小数点放在 S_f 之后。

$$S_1S_2S_3S_4S_5S_6S_7$$

(3)有符号数的码制。

①原码。

规则:数值不变,正数符号位 $S_f = 0$,负数符号位 $S_f = 1$,"0"值形式不唯一。

举例:X = + 1010　　　则[X]$_原$ = 0,1010

　　　X = − 1010　　　则[X]$_原$ = 1,1010

②补码。

规则:正数符号位 $S_f = 0$,负数符号位 $S_f = 1$;正数数值不变,负数数值各位取反,末位加1;"0"值形式唯一。

举例:X = +1010　　　　则$[X]_补$ = 0,1010　（正数形式与原码一样）

X = −1010　　　　则$[X]_补$ = 1,0101 + 0001 = 1,0110

另一种处理规则:已知一个补码,求其负值的补码,只需连同符号位一起,各位取反,末位加1。

变形补码(符号位取两位或多位)则其含义如下:

00→表示正数,11→表示负数,01→表示正溢出,10→表示负溢出

③反码。

规则:正数符号位 $S_f = 0$,负数符号位 $S_f = 1$;正数数值不变,负数数值各位取反;"0"值形式不唯一。

举例:X = +1010　　　　则$[X]_反$ = 0,1010　（正数形式与原码和补码一样）

X = −1010　　　　则$[X]_反$ = 1,0101

④移码。

规则:正数符号位 $S_f = 1$,负数符号位 $S_f = 0$;正数数值不变,负数数值各位取反,末位加1;"0"值形式唯一。

举例:X = +1010　　　　则$[X]_反$ = 1,1010

X = −1010　　　　则$[X]_反$ = 0,0101 + 0001 = 0,0110　（与补码就符号位不同）

特点:移码可以直接从码的数值上判断出其真值的大小关系。

2.2.2　浮点数的表示

浮点数表示,即小数点的位置可以浮动,通过改变阶码值来实现。

(1)格式。

J_f	$J_1 J_2 \cdots J_m$	S_f	$S_1 S_2 \cdots S_n$
阶符	阶码	尾符	尾数

数学意义:$N = S \times 2^J$,S 用纯小数,表示数的精度;J 用纯整数,表示数的范围。

设上述浮点格式 n 为 8 位,m 为 6 位,均用补码,把（ −17.25 ）表示成浮点数。则（ −17.25 ）二进制数对应为（ −10 001.01 ）,变成数学形式（ −0.100 010 1 × 2^{101} ）,其中除了阶底 2 为十进制数,其余皆为二进制,阶码为101（即十进制的5）,尾数小数点左移了五位。

按上述格式补齐数位,尾数在数后补 0,阶码在数前补 0。则上数变为（ −0.100 010 10 × $2^{000\ 101}$ ）,尾数补码（1,01110110）,阶码补码（0,000101）。

该数值整体表示成:0,000101;1,01110110。

(2)表数范围。

为描述清晰,仅描述正数区间,负数只与正数相差符号位数值,且不考虑数值 0。

$|X|_{MAX} = (1 - 2^{-n}) \times 2^K$,其中 $K = 2^m - 1$;

$|X|_{MIN} = (2^{-n}) \times 2^{-K}$,其中 $K = 2^m - 1$。

【注意】　此区间不包括 0 值。

（3）0 值的浮点表示。

浮点数尾数的真正含义,表示数值序列,只是没有小数点;浮点数阶码的真正含义,表示小数点的具体位置。

0 值的表示:数值序列为 0,且值变为最小。即阶码为负值,且绝对值最大。例如,假设上述浮点格式 n 为 8 位,m 为 6 位,均用补码表示 0 值。则 0 值表示成,尾数(0,00000000),阶码(1,000000),阶码为负值,且绝对值最大。该 0 值整体表示成:1,000000;0,00000000。

【注意】　浮点 0 值若用补码表示,则不是全 0 形式,硬件判断麻烦,所以有的机器数阶码用移码表示,尾数还用补码。

（4）规格化。

原因:保证有效数值尽可能最大化。

形式:要求 $1 > |S| \geqslant (1/2)$,即尾数第一位 $S_1 = 1$。

表数范围:$|X|_{min} = (2^{-1}) \times 2^{-K}$,其中 $K = 2^m - 1$,$|X|_{max}$ 同上。

（5）定点数与浮点数的比较。

①字长一定时,定点表数精度高,浮点表数范围大。

②字长不同时(通常浮点表示字长要比定点表示长),浮点表数精度高,范围大。

③浮点运算比定点运算慢,浮点数有两部分,要分别处理。

④判断溢出时,定点数判断数值本身,浮点数判断阶码。

（6）IEEE 754 标准。

①单精度字长 32 位,符号位 1 位(最高位),阶码 8 位(第 2 ~ 9 位),尾数 23 位(第 10 ~ 32 位)。

双精度字长 64 位(具体格式略)。

②符号 0 表正数,1 表负数,即尾数为原码形式。

③阶码为移码形式,移码值为 127。(不同于标准移码的移码值 128)

④尾数的规格化数值形式为 1. × × × × ×(不同于标准规格化数值形式 0. 1 × × × ×),变换时,省略小数点前的数值 1。

2.2.3　定点数的运算

1. 移位运算

（1）逻辑移位:最高位不是符号位。

规则:左移低位补 0,右移高位补 0。

（2）算术移位:最高位为符号位,保持不变,仅对数值操作。

规则:

正数数值操作:左移低位补 0,右移高位补 0,不考虑码制。

负数数值操作:原码时,左移低位补 0,右移高位补 0。

反码时,左移低位补 1,右移高位补 1。

补码时,左移低位补 0,右移高位补 1。

（3）算术移位对结果的影响。

①正数数值操作时,不考虑码制,左移高位丢 1,错误;右移低位丢 1,误差。

②负数数值操作时,原码时,左移高位丢 1,错误;右移低位丢 1,误差。

③反码时,左移高位丢0,错误;右移低位丢0,误差。

补码时,左移高位丢0,错误,右移低位丢1,误差。

【注意】 负数的补码可以理解为原码和反码的组合体,左为反码,右为原码。

2.补码加减法运算

由于原码运算符号单独处理,实际应用不多,这里只讨论补码加减运算。同时因为补码减法实际也是由加操作完成的,因此硬件简单,实际运算器中不需要设计减法器。

基本公式:

$[A]_补 + [B]_补 = [S]_补 (\bmod M)$

$[A]_补 - [B]_补 = [A]_补 + [-B]_补 = [S]_补 (\bmod M)$

规则:加法直接加上加数的补码,减法加上负值加数的补码。

【注意】 已知加数的补码,只需把其连同符号位一起,各位取反,末位加1,即为其负值加数的补码。

溢出判断规则:同号相加,结果异号,则溢出。即判断 $A_0 = B_0$ 且 $A_0 \neq S_0$ 是否同时成立,成立即溢出。

3.乘法运算

(1)原码一位乘。

原码一位乘是手算的计算机仿真,运算时符号单处理,绝对值参与运算。计算机中数值多为补码表示,所以原码乘法运行时需进行码制转换。

规则:根据乘数 y_i 的数值来决定如何运算。

当 $y_i = 0$ 时,部分积加 $|x|$,然后部分积右移一位。

当 $y_i = 1$ 时,部分积加0,然后部分积右移一位。

举例说明,假设 $[x]_原 = 1.1110$,$[y]_原 = 1.1101$,求 $[x*y]_原$。运算时符号单处理,$x_0 = 1$,$y_0 = 1$,则积符 $= x_0$ 或 $y_0 = 0$。运算时用绝对值,$|x| = 0.1110$,$|y| = 0.1101$,运算过程见表 $2-1$。

表 $2-1$　原码一位乘运算过程

部分积 z	乘数 y	操作说明
0.0000 +0.1110	1101	加 $|x|$
0.1110 0.0111 +0.0000	0　110	右移一位 加0
0.0111 0.0011 +0.1110	10　11	右移一位 加 $|x|$
1.0001 0.1000 +0.1110	110　1	右移一位 加 $|x|$
1.0110 0.1011	0110	右移一位

则结果为$[x*y]_原=0.10110110$。

原码一位乘运算小结：假设字长 n 位（不含符号位，上例 $n=4$）。

① 部分积取 $n+1$ 位，多的一位不是符号位，而是缓冲位，n 位加法和可能为 $n+1$ 位。

② 乘数取 n 位，仅取数值字长，不含符号位。

③ 进行了 n 次加法，n 次移位，加 0 也算一次。

④ 移位采用逻辑移位规则，部分积和乘数一起参与。

⑤ 在计算过程中，若部分积最高位 z_0 为 1，不认为溢出，继续运算。

（2）补码一位乘。

在补码一位乘运算过程中，补码直接参与运算，即符号位参与运算。常用的为布斯比较法和修正法。这里以布斯比较法为例进行说明。

规则：根据乘数 y_i 和附加的 y_{i+1} 的数值来决定如何运算。

当 $y_i y_{i+1}=00$ 时，部分积加 0，然后部分积右移一位。

当 $y_i y_{i+1}=01$ 时，部分积加 $[x]_补$，然后部分积右移一位。

当 $y_i y_{i+1}=10$ 时，部分积加 $[-x]_补$，然后部分积右移一位。

当 $y_i y_{i+1}=11$ 时，部分积加 0，然后部分积右移一位。

举例说明假设 $[x]_补=0.0011$，$[y]_补=1.0111$，求 $[x*y]_补$。计算时部分积取两位符号位，上述 $[x]_补$ 的相应数值如下：

$[x]_补=00.0011$，符号位两位，11 表示负数，00 表示正数。

$[-x]_补=11.1101$，负值补码，连同符号位一起，各位取反，末位加 1。

补码一位乘运算过程见表 2-2。

表 2-2　补码一位乘运算过程

部分积 z	乘数 y　附加 y_{i+1}	操作说明
00.0000	10111　　0	
+11.1101		加 $[-x]_补$
11.1101		
11.1110	1　1011　1	右移一位
+00.0000		加 0
11.1110		
11.1111	01　101　1	右移一位
+00.0000		加 0
11.1111		
11.1111	101　10　1	右移一位
+00.0011		加 $[x]_补$
00.0010		
00.0001	0101　1　0	右移一位
+11.1101		加 $[-x]_补$
11.1110	0101	

则结果为 $[x*y]_补=1.11100101$。

补码一位乘运算小结：假设字长 n 位（不含符号位，上例 $n=4$）：

① 部分积取 $n+2$ 位，多的两位一位是符号位，另一位是缓冲位，因补码运算符号参与运

算,实际上是 $n+1$ 位的加法,则和可能为 $n+2$ 位。

②乘数取 $n+1$ 位,符号参与运算,尾部再附加 y_{i+1},初始 y_{i+1} 为 0。

③进行了 $n+1$ 次加法,n 次移位,最后一次只加不移位。

④移位采用补码算术移位规则,仅两位符号的最高位保持不变,即仅两位符号的最高位为真实的符号位,另一位符号位是缓冲位,部分积和乘数一起参与。

⑤运算的结果即为补码,不需要再转换。

(3)布斯比较补码一位乘法器的逻辑结构。

布斯比较法补码一位乘法器结构框图如图 2-3 所示,其中译码器为 2:4译码,控制门为与或门。

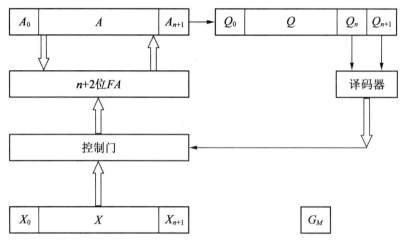

图 2-3　布斯比较法一位乘法器结构框图

4.除法运算

计算机在计算除法时,可以采用原码加减交替和补码加减交替等方法,目前常采用补码加减交替方法。

补码加减交替规则:

(1)符号参与运算。

(2)初始操作,如果被除数 $[x]_{补}$ 与除数 $[y]_{补}$ 符号相同,上商 0,执行 $[x]_{补} - [y]_{补} = [r]_{补}$。

如果被除数 $[x]_{补}$ 与除数 $[y]_{补}$ 符号不同,上商 1,执行 $[x]_{补} + [y]_{补} = [r]_{补}$。

(3)后续操作,如果余数 $[r]_{补}$ 与除数 $[y]_{补}$ 同号,上商 1,执行 $2[r]_{补} - [y]_{补}$,生成新的 $[r]_{补}$。

如果余数 $[r]_{补}$ 与除数 $[y]_{补}$ 异号,上商 0,执行 $2[r]_{补} + [y]_{补}$,生成新的 $[r]_{补}$。

举例说明,假设 $[x]_{补} = 1.0101$,$[y]_{补} = 0.1101$,求 $[x/y]_{补}$。计算时余数取两位符号位,则 $[x]_{补}$ 的相应变为 $[x]_{补} = 11.0101$,计算时需要 $[-y]_{补} = 11.0011$。

除法运算过程见表 2-3。

表 2-3 除法运算过程

余数	商	操作说明
11.0101	0.0000	商初始值全 0
+00.1101		$[x]_补$ 与 $[y]_补$ 异号，$+[y]_补$
00.0010	1	$[r]_补$ 与 $[y]_补$ 同号，商 1
00.0100	1	$2[r]_补$，即左移一位
+11.0011		$+[-y]_补$
11.0111	10	$[r]_补$ 与 $[y]_补$ 异号，商 0
10.1110	10	左移一位
+00.1101		$+[y]_补$
11.1011	100	$[r]_补$ 与 $[y]_补$ 异号，商 0
11.0110	100	左移一位
+00.1101		$+[y]_补$
00.0011	1001	$[r]_补$ 与 $[y]_补$ 同号，商 1
00.0110	10011	左移一位，末位恒 1

则结果商为 $[x/y]_补 = 1.0011$。

补码加减交替运算小结：

假设字长 n 位(不含符号位，上例 $n=4$)：

①余数取 $n+2$ 位，多的两位一位是符号位，另一位是缓冲位，因补码运算符号参与运算，实际上是 $n+1$ 位的加法，则和可能为 $n+2$ 位。

②商取 $n+1$ 位，上商 $n+1$ 次，第一次上商判断是否溢出，最后一次恒置 1。

③进行了 n 次加法，n 次移位。

④移位采用逻辑移位规则，最高位舍掉，低位补 0。

⑤运算的结果即为补码，如首位符号和逻辑不符，则溢出。

【注意】 在定点四则运算中，仅乘法没有溢出，加、减、除均有溢出可能。

2.2.4 浮点数的运算

1. 浮点数的加减运算

假设被加数格式为 $X = S_x \times 2^{Jx}$，加数格式为 $Y = S_y \times 2^{Jy}$，计算 $X \pm Y$。计算步骤如下：

(1)第一步对阶。

对阶即对齐两数的阶码，原则是小阶向大阶对齐。

(2)第二步尾数求和。

在对齐阶码的前提后，计算两数的尾数，即 $S_x \pm S_y$。

(3)第三步规格化。

通常浮点数操作，习惯上符号取两位，这样方便操作，且通常以补码为机器数。

判断形势(补码规则)，即机器数出现 $00.1 \times \times \times$ 或 $11.0 \times \times \times$ 时，则为规格化数。

①左规操作：当尾数为 $00.0 \times \times \times$ 或 $11.1 \times \times \times$ 时，左移尾数，直至符号位与小数点后

第一位互异为止。

②右规操作:当尾数为 01. × × ×或 10. × × ×时,右移尾数,只需右规操作一次。

【注意】　左规和右规二者只需做一种,判断时,先看是否右规,再看是否左规。

(4)舍入处理。

当尾数右移,超过字长时,低位需要舍入处理,常用方法如下:

①0 舍 1 入:丢掉的数值最高位如为 1,保留的数值末位加 1,否则加 0。

②末位恒 1:保留的数值末位置 1(注意不是加 1)。

举例说明,假设 $X = 0.1101 \times 2^{01}$,$Y = -0.1010 \times 2^{11}$,其中除了阶底 2 为十进制数,其余皆为二进制数,计算 $X + Y$,字长格式(2 + 3;2 + 6),均采用补码。

则两数变成对应的机器数,$[X]_{补} = 00,001;00.110100$;$[Y]_{补} = 00,011;11.011000$。

第一步:对阶。阶差 $= [J_x]_{补} + [-J_y]_{补} = 00,001 + 11,101 = 11,110 < 0$。

第二步:对 X 的阶码。$[X]_{补}$变为 $00,011;00.001101$。

第三步:尾和。和的尾数 $= [S_x]_{补} + [S_y]_{补} = 00.001101 + 11.011000 = 11.100101$。

$[X + Y]_{补} = 00,011;11.100101$。

(5)对阶之后的阶码,求尾数和之后的尾数和。

规格化:上述结果尾数形式判断,不需右规,需要左规(仅需一位即可)。

$[X + Y]_{补}$变为 $00,010;11.001010$(尾数左移一位,阶码减 1)。

判断溢出:阶码没有溢出,上述值为结果。

2. 浮点数的乘除运算

运算步骤简单描述为:

(1)阶码相加减;

(2)尾数相乘除;

(3)规格化;

(4)判断溢出。

结论:浮点运算其实是通过定点运算完成的。

【例 1】　(2010 年考研真题)假定有 4 个整数用 8 位补码分别表示 r1 = FEH,r2 = F2H,r3 = 90H,r4 = F8H,若将运算结果存放在一个 8 位寄存器中,则下列运算中会发生溢出的是

（　　）

　A. r1 × r2　　　　　　B. r2 × r3　　　　　　C. r1 × r4　　　　　　D. r2 × r4

【答案】　B

【解析】　r1 对应的二进制是(11111110)$_2$,即 2;r2 对应的二进制是(11110010)$_2$,即 14;r3 对应的二进制是(10010000)$_2$,即 112;r4 对应的二进制是(11111000)$_2$,即 8。r2 × r3 的结果为 1568,超过 8 位二进制数的表数范围。

【例 2】　(2009 年考研真题)一个 C 语言程序在一台 32 位机器上运行,程序中定义了 3 个变量 x、y 和 z,其中 x 和 z 为 int 型,y 为 short 型,当 $x = 127$,$y = -9$ 时,执行赋值语句 $z = x + y$ 后,x、y 和 z 的值分别是

（　　）

　A. $x = 0000007FH$,$y = FFF9H$,$z = 00000076H$

　B. $x = 0000007FH$,$y = FFF9H$,$z = FFFF0076H$

C. $x = 0000007\text{FH}, y = \text{FFF7H}, z = \text{FFFF0076H}$

D. $x = 0000007\text{FH}, y = \text{FFF7H}, z = 00000076\text{H}$

【答案】　D

【解析】　C 语言中的整型数据为补码形式,int 为 32 位,short 为 16 位,故 x、y 转换成十六进制为 0000007FH 、FFF7H。执行 $z = x + y$ 时,由于 x 是 int 型,y 为 short 型,需将短字长数据转换成长字长数据,称之为"符号扩展"。由于 y 的符号位为 1,故在 y 的前面添加 16 个 1,即可将 y 上升为 int 型,其十六进制形式为 FFFFFFF7H。最后执行加法,即 0000007FH + FFFFFFF7H = 00000076H ,其中最高位的进位 1 自然丢弃。

【例 3】　(2009 年考研真题)设浮点数的阶码和尾数均用补码表示,且位数分别为 5 位和 7 位(内含 2 位符号位),若有两个数 $X = 2^7 \times 29/32, Y = 2^5 \times 5/8$,则浮点加法运算 $X + Y$ 的最终结果为　　　　　　　　　　　　　　　　　　　　　　　　　　(　　)

A. 00111 1100010　　　　　　　　　B. 00111 0100010

C. 01000 0010001　　　　　　　　　D. 发生溢出

【答案】　D

【解析】　X 的浮点数格式为 00,111;00,11101(分号前为阶码,分号后为尾数),Y 的浮点数格式为 00,101;00,10100。然后根据浮点数的加法步骤进行运算。

第一步:对阶。X 、Y 阶码相减,即 00,111—00,101 = 00,111 + 11,011 = 00,010 ,可知 X 的阶码比 Y 的阶码大 2。根据小阶向大阶看齐的原则,将 Y 的阶码加 2,尾数右移 2 位,将 Y 变为 00,111;00,00101。

第二步:尾数相加。即 00,11101 + 00,00101 = 01,00010,尾数相加结果符号位为 01,故需右规。

第三步:规格化。将结果尾数右移 1 位,阶码加 1,得 $X + Y$ 为 01,000;00,100010。

第四步:判溢出。阶码符号位为 01,说明发生溢出。

【例 4】　(2014 年考研真题)float 型数据常用 IEEE 754 单精度浮点格式表示。假设两个 float 型变量 x、y 分别存放在 32 位寄存器 F1 和 F2 中 ,若(F1) = CC90 0000H,(F2) = B0C0 0000H,则 x 和 y 之间的关系为　　　　　　　　　　　　　　　　　　(　　)

A. $x < y$ 且符号相同　　　　　　　B. $x < y$ 且符号不同

C. $x > y$ 且符号相同　　　　　　　D. $x > y$ 且符号不同

【答案】　A

【解析】　(F1)和(F2)对应的二进制分别是 $(110011001001\cdots)_2$ 和 $(101100001100\cdots)_2$,根据 IEEE 754 浮点数标准,可知(F1)的数符为 1,阶码为 10011001(正数),尾数为 1.001;而(F2)的数符为 1,阶码为 01100001(负数),尾数为 1.100。所以两数同号(同为负数),(F1)阶码为正数,远离原点,(F2)阶码为负数,离原点更近。

【例 5】　(2015 年考研真题)下列有关浮点数加减运算的叙述中 ,正确的是　(　　)

Ⅰ. 对阶操作不会引起阶码上溢或下溢

Ⅱ. 右规和尾数舍入都可能引起阶码上溢

Ⅲ. 左规时可能引起阶码下溢

Ⅳ. 尾数溢出时,结果不一定溢出

A. 仅Ⅱ、Ⅲ　　　　　B. 仅Ⅰ、Ⅱ、Ⅳ　　　　　C. 仅Ⅰ、Ⅲ、Ⅳ　　　　　D. Ⅰ、Ⅱ、Ⅲ、Ⅳ

【答案】 D

【解析】 对阶是小阶对齐大的阶码,Ⅰ正确;右规和尾数含入过程,阶码加1而可能上溢,Ⅱ正确;同理Ⅲ也正确;尾数溢出时可能仅产生误差,结果不一定溢出,Ⅳ正确。

【例6】 (2016年考研真题)有如下C语言程序段:

```
short si = -32767 ;
unsigned short Usi = si;
```

执行上述两条语句后,Usi 的值为　　　　　　　　　　　　　　　　　(　　)

A. -32767　　　　　B. 32767　　　　　C. 32768　　　　　D. 32769

【答案】 D

【解析】 C语言中的数据在内存中为补码表示形式,short 为16位。si 对应的补码二进制表示为 1000 0000 0000 0001B,最前面的一位"1"为符号位,表示负数,即 -32 767。由 signed 型转化为等长 unsigned 型数据时,符号位成为数据的一部分,也就是说,负数转化为无符号数(即正数),码值不变,其对应的数值将发生变化。Usi 对应的补码二进制表示与 si 的表示相同,但表示正数,为 32 769。

【例7】 (2011年考研真题)假定在一个8位字长的计算机中运行如下C程序段:

```
unsigned int x = 134;
unsigned int y = 246;
int   m = x;
int   n = y;
unsigned  int  z1 = x - y;
unsigned  int  z2 = x + y;
int   k1 = m - n;
int   k2 = m + n;
```

若编译器编译时将8个8位寄存器 R1 ~ R8 分别分配给变量 x、y、m、n、z_1、z_2、k_1 和 k_2。请回答下列问题。(提示:带符号整数用补码表示)

(1)执行上述程序段后,寄存器 R1、R5 和 R6 的内容分别是什么?(用十六进制表示)

(2)执行上述程序段后,变量 m 和 k_1 的值分别是多少?(用十进制表示)

(3)上述程序段涉及带符号整数加/减,无符号整数加/减,这4种运算能否利用同一个加法器辅助电路实现?简述理由。

(4)计算机内部如何判断带符号整数加/减运算的结果是否发生溢出?上述程序段中,哪些带符号整数运算语句的执行结果会发生溢出?

【答案】

(1)134 = 128 + 6 = 10000110B,所以 x 的机器数为 1000 0110B,故 R1 的内容为 86H。

246 = 255 - 9 = 1111 0110B,所以 y 的机器数为 1111 0110B。

$x - y$:1000 0110 + 0000 1010 = (0)1001 0000,括弧中为加法器的进位,故 R5 的内容为 90H。

注意:$-y$ 操作等于 $+[-y]_{补}$

$x + y$:1000 0110 + 1111 0110 = (1)0111 1100,括弧中为加法器的进位,故 R6 的内容为 7CH。

注意:机器码运算时,不考虑 unsigned int 类型还是 int 类型。

(2)m 的机器数与 x 的机器数相同,皆为 86H = 1000 0110B,解释为带符号整数 m(用补码表示)时,其值为 – 111 1010B = – 122。

$m – n$ 的机器数与 $x – y$ 的机器数相同,皆为 90H = 1001 0000B,解释为带符号整数 k_1(用补码表示)时,其值为 – 111 0000B = – 112。

(3)可以用一个电路实现。

n 位加法器实现的是模 2^n 无符号整数加法运算。对于无符号整数 a 和 b,$a + b$ 可以直接用加法器实现,而 $a – b$ 可用 a 加 $– b$ 的补数实现,即 $a + [– b]_补$,所以 n 位无符号整数加/减法运算都可在 n 位加法器中实现。

对于有符号数,符号直接参与运算,即机器码(补码)直接运算,利用公式 $[a]_补 + [b]_补$(mod M)求和,$[a]_补 – [b]_补 = [a]_补 + [– b]_补$(mod M)求差,所以有符号数也可以直接用此运算器实现。

(4)带符号整数加/减运算的溢出判断规则为:若加法器的两个输入端(加法)的符号相同,且不同于输出端(和)的符号,则结果溢出;或加法器完成加法操作时,若次高位的进位和最高位的进位不同,则结果溢出。

最后一条语句执行时会发生溢出。因为 1000 0110 + 1111 0110 = (1)0111 1100,括弧中为加法器的进位,根据上述溢出判断规则,可知结果溢出。或因为两个带符号整数均为负数,它们相加之后,结果小于 8 位二进制所能表示的最小负数。

2.3　存储器层次结构

2.3.1　存储器的分类

计算机存储系统的层次结构示意图如图 2 – 4 所示。

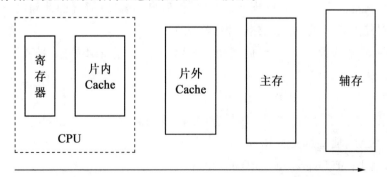

从左至右容量依次增大,速度依次减慢,每位价格依次降低

图 2 – 4　计算机存储系统的层次结构示意图

（1）按存储介质分类。

半导体存储器（SemiConductor Memory，SCM）：体积小、功耗低、速度快。

磁表面存储器（Magnetic Surface Memory，MSF）：非易失、价格低廉。

光介质存储器（Ferro electric Memory，FeM）：记录密度大。

（2）按访问周期是否均等分类。

随机访问存储器（Random Access Memory，RAM）：访问时间与存储位置无关。

顺序访问存储器（Serial Access Storage，SAS）：访问时间与存储所在位置有关。

（3）按访问类型分类。

可读/写存储器（也称 RAM）。

只读存储器（Read Only Memory，ROM）。

（4）按在计算机系统中的作用分类。

主存（也称内存）：通常在计算机系统中的内部。

辅存（也称外存）：通常在计算机系统中的外部，有时可以看作外部设备。

高速缓冲存储器（Cache）。

2.3.2　半导体存储器

1. 随机访问存储器 RAM

（1）静态 RAM（Static RAM，SRAM）。

特点：存储一位二进制数需要 6 个三极管（触发器工作原理），速度快，控制简单，容量小。

（2）动态 RAM（Dynamic RAM，DRAM）。

特点：存储一位二进制数仅需要 1 个三极管（靠三极管的极间电容存储数据），速度略慢、控制复杂，需要刷新和重写操作，容量大。

（3）动态 RAM 的刷新。

①原因：利用极间电容存储数据，电容会自放电。

②集中式刷新：集中一段时间逐行刷新完整个存储阵列（由于刷新时无法进行读写操作，此段时间称为死时间）；实现简单（定时电路按时触发）。

③分散式刷新：扩展每个存储周期，读写操作后自动刷新一行（因此新的存储周期是原来的 2 倍），对外无死时间，速度变慢，刷新操作过于频繁。

应用范围：一般来说，主存广泛使用动态 RAM，高速缓存采用静态 RAM。

2. 只读存储器 ROM

（1）掩膜 ROM（Masked ROM，MROM）。

生产厂家在生产芯片时，利用掩膜工艺，把需要的数据直接存入芯片内。芯片生产后，内部数据无法更改，典型意义的 ROM。

（2）可编程 ROM（Programmed ROM，PROM）。

内部由厂家设置熔丝，需要时可用特殊地写入电压把相应的熔丝熔断（该操作称为编程写入），熔丝熔断后无法再次设置，因此只可写一次。

（3）可擦除 PROM（Erasable PROM，EPROM）。

内部的电子三极管栅极具有浮动栅，不设置浮动栅，正常的导通操作；设置浮动栅则阻碍导通。根据需要设置相应的浮动栅（由特定的写入电压完成），即写入相应的数据，如不需要用紫外线照射，电子获得能量后浮动栅去除，所以可以多次写入擦除。

（4）电可擦除 PROM（Electrically EPROM，EEPROM 或 E^2PROM）。

擦除操作不需要紫外线，直接用特定的电流完成，操作更简单。

现在普遍使用的闪存（Flash Memory）可以理解为一种快速的 EEPROM，即闪速存储器。

2.3.3　主存储器

目前主存储器主要由 DRAM 芯片（通常为多片）构成，主要考虑速度、容量和价格的平衡。

（1）主存储器的操作模型。

通常计算机系统先给出地址（放入 MAR 中），地址选中存储体中唯一的一个存储单元，选中的存储单元与 MDR 进行数据交换（读出或写入）。

主存储器逻辑示意图如图 2 - 5 所示。

（2）存储容量扩充。

①扩位连接：多个芯片同时工作，共同扩展出多位数据。

②扩字连接：多个芯片依次工作，共同扩展出更大的地址空间。（多由译码器控制）

③既扩字又扩位：既扩数据又扩地址，上述二者的结合。

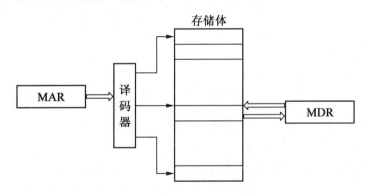

图 2 - 5　主存储器逻辑示意图

（3）几个主要的技术指标。

①存储容量 = 存储单元个数 × 存储字长。

通常为了便于相互比较，现在习惯上把存储字长转换为 Byte（8 位）的倍数。

②速度。

存取时间：启动一次操作到完成该操作的时间（仅与器件本身有关）。

存储周期：在系统中，存储器进行两次连续独立操作的最小间隔时间（与所在系统有关），通常存储周期的值要大于存取时间。

③带宽：单位时间内存储器完成的最大数据传输位数。

它是一个速率值，单位时间通常取 1 s。

它是理论上的最大值（即峰值），在实际中一般很少出现。

【注意】　在数值计算时,因 $2^{10} = 1\ 024$,近似为 $1\ 000$(即 10^3),所以 10^3 有时可缩写为 1 K,同理 10^6 可缩写为 1 M,看清上下文。

(4)主存储器的地址分配。

①字节地址和字地址。

主存的编址原则:按字节编址(一个 8 位数据对应一个物理地址)。即不论机器的具体组织结构,一个地址就对应 1 Byte(8 位二进制数)。

存储字:主存为了提高工作速度,实际一次访存数据要大于 8 位(通常为 Byte 的整数倍数),对应存储器的具体组织结构,一般称一次实际访存所对应的组织结构为存储单元(亦称存储字),该单元内存放的二进制数的位数值为存储字长。

②大端(Big Endian)存储和小端存储(Little Endian)。

小端:地址按从小到大排列,最低有效地址在前面(代表机型 Intel 系列)。即 8086 汇编语言所说的"高高低低"原则。

大端:地址按从小到大排列,最低有效地址在后面(代表机型 IBM370 系列)。

举例说明:假设十六进制数 12345678H 存放在地址 100H 处,如图 2-6 所示。

【注意】　无论大端存储还是小端存储,在高级语言编程中不可见,仅在底层数据传输时需考虑此问题。

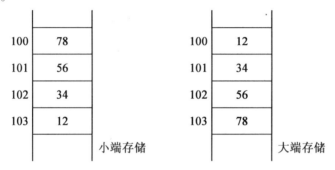

图 2-6　大端存储和小端存储逻辑示意图

(5)提高访存速度的措施。

①多端口 RAM:两套或多套独立的读写逻辑,可并行操作。

②单体多字:一次访存,同时读出或写入多个存储字(提高了访存带宽)。

若连续操作相邻的地址单元,则效果明显;若连续操作跳跃的地址单元,则效果不明显。

③多体并行:多个存储体操作,并行效率高,但控制复杂。

多体并行分为高位地址交叉和低位地址交叉两种模式。

访存优先级原则:

a.易发生代码丢失的优先级高(一般来说 I/O 操作大于 CPU 操作)。

b.严重影响 CPU 工作的优先级高(一般来说写操作大于读操作,不是绝对的,看具体情况)。

2.3.4　存储校验

与存储校验相关的理论,一般为下述几种。

①编码最小距离:某种编码系统中,任意两个相邻码之间最少的二进制不同位数(用 L

表示)

②纠错理论: $L-1=D+C$ 且 $D \geqslant C$ (其中 D 代表检测错码个数, C 代表纠正错码个数)

1. 奇偶校验码

正常编码码距 L 均为 1, 套用上述纠错理论公式, 结果一般编码是既不能检错, 也不能纠错。要想检错只能增加码距, 奇偶校验码附加一位, 下表在码末位附加一位, 则码距 L 变为 2。(可以检测出一位编码出错) 奇偶校验码表见表 2 - 4。

表 2 - 4　奇偶校验码表

十进制数	自然 BCD 码(NBCD)	奇校验码	偶校验码
0	0000	00001	00000
1	0001	00010	00011
2	0010	00100	00101
3	0011	00111	00110
4	0100	01000	01001
5	0101	01011	01010
6	0110	01101	01100
7	0111	01110	01111
8	1000	10000	10001
9	1001	10011	10010

特点:①原理简单,宜于实现。

②只能检错,不能纠错,即知道有数位出错了,具体是哪一位不能确定。处理的方法只能是重新处理一遍。

2. 海明码(Hamming)

海明码可以纠错,则附加多位,使码距大于 2,则 D 和 C 均可大于 1,既可检错又可纠错。实际上海明码是奇偶校验码的扩展,内部是多组奇偶校验码,附加数位 K 和原编码尾数 N 之间应满足如下关系: $2^K \geqslant N+K+1$。附加位与数值位的关系见表 2 - 5。

表 2 - 5　附加位与数值位的关系

N	K(最小)
1	2
2 ~ 4	3
5 ~ 11	4
12 ~ 26	5
其余数值套用公式可以得到	

举例说明,当二进制数值位数 $N=4$ 时(分别记为 $b_4 b_3 b_2 b_1$),需附加 $K=3$(分别记为 $C_4 C_2 C_1$),具体位置示意图见表 2 - 6。

表 2-6　　海明码位置示意图

二进制序号	1	2	3	4	5	6	7
名称	C_1	C_2	b_4	C_4	b_3	b_2	b_1

海明码附加 3 位,实际上内部包含 3 组奇偶校验码。3 组分组特点如下:

(1)每个小组有一位且仅有一位为它独有数位。

(2)每两个小组共同占有一位其他小组没有的数位。

(3)每 3 个小组共同占有一位其他小组没有的数位。

海明码附加位数越多,内部分组就越多,分组特点按上述类推,上面 4 位数值具体分组如下:C_1 对应第一组,相应数位为 1、3、5、7;C_2 对应第二组,相应数位为 2、3、6、7;C_4 对应第三组,相应数位为 4、5、6、7。

组码操作如下说明,对应给定数值 $b_4 b_3 b_2 b_1 = 1100$,按上述分组分别计算,则

$C_1 = b_4 \oplus b_3 \oplus b_1 = 1 \oplus 1 \oplus 0 = 0$

$C_2 = b_4 \oplus b_2 \oplus b_1 = 1 \oplus 0 \oplus 0 = 1$

$C_4 = b_3 \oplus b_2 \oplus b_1 = 1 \oplus 0 \oplus 0 = 1$

最后按上表位置排列,相应的海明码为 0111100。

校验操作如下说明。假设正确的海明码(0111100)有一位出错,变为(0111000),按分组校验:

$P_1 = 1 \oplus 3 \oplus 5 \oplus 7 = 0 \oplus 1 \oplus 0 \oplus 0 = 1$(1、3、5、7 指代对应的数位)

$P_2 = 2 \oplus 3 \oplus 6 \oplus 7 = 1 \oplus 1 \oplus 0 \oplus 0 = 0$

$P_4 = 4 \oplus 5 \oplus 6 \oplus 7 = 1 \oplus 0 \oplus 0 \oplus 0 = 1$

把上述结果组成二进制数,$P_4 P_2 P_1 = 101B$,对应十进制数为 5,即第 5 位出错,若无错,则 $P_4 P_2 P_1 = 000B$,不指代任何数位。

【注意】　海明码仅能纠正一位出错,若多于一位出错,则无法处理。

2.3.5　高速缓冲存储器

引入高速缓冲存储器的原因是为了匹配 CPU 和主存的速度,基的理论是访存的局部性原理(即某一时间段,被访问的主存地址分布集中在某一区域)。

①时间局部性:现在正在访问的信息可能马上还会被访问到。

②空间局部性:现在正在访问的信息,与之相邻的信息可能马上也会被访问到。

1. 相关的基本原理

(1)主存、Cache 均划分为大小相同的块,操作时以块为单位(不同于主存以字为单位)。

(2)块的大小要适中,一般为几个字至十几个字。块太小,影响命中率;块太大,一次调入调出的时间开销大。

(3)地址分为块号(高位)和块内地址(低位)两部分。如果一个块大小为 8 个字,则块内地址为 3 位,其余情况依次类推。

(4)Cache 的每个块均会设置相应的标志状态(包含多位),用来判断是否命中。

高速缓冲存储器 Cache 的逻辑结构示意图如图 2 – 7 所示。

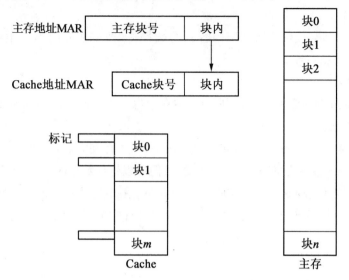

图 2 – 7　高速缓冲存储器 Cache 的逻辑结构示意图

2. 地址映像方式(Address Mapping)

(1)直接映像(相当于对号入座)。

①主存的块号直接决定映射 Cache 的位置。

②硬件实现简单,主存的后几位地址即为 Cache 地址,只需一个比较器即可判断命中。

③Cache 的利用率相对较低,即使有空的槽位,依旧替换。

(2)全相联(相当于随便入座)。

①主存的块可以对应 Cache 的任意位置,没任何限制。

②Cache 的利用率相对较高,只要有空的槽位,即可装入。

③硬件代价高,需要一个庞大的相联比较器,实际上无法实现。

(3)组相联(上述二者的折中)。

①Cache 分若干组,组内全相联映射,各组之间直接映像。

②硬件代价不是很高,实际上最多 8 路相联。

③各组内编号相同的块可以组成一个逻辑结构,称为路,8 路即组内有 8 个块。

3. 替换算法

(1)先进先出(FIFO):最先进入的块最先替换。

①实现简单,只需一个循环移位器,循环指示要替换的位置即可。

②命中率相对较低,会出现颠簸现象。

(2)近期最少使用(Least Recently Used,LRU)。

①命中率相对较好,不会出现颠簸现象。

②硬件实现复杂。

(3)随机法。

①随机选中一个块作为替换块。

②硬件代价最小。

③模拟实现表明,命中率差得不多,所以在实际中也经常被采用。

4. 写入策略

与读数操作不同(读数不改变原内容),写数操作(改变相应内容),主要考虑如何保持 Cache 与主存的数据一致。

(1)写命中时。

写数的地址可以映像到 Cache 中,当然主存中肯定有(即主存和 Cache 同时存在),实现时有下面两种方法:

①写穿法(Write_Through,有时亦称写直达法)。主存和 Cache 同时一起写,写入时间按慢速设备为基准(即主存的时间),所以速度慢;但可以保证数据时刻一致,安全性高。

②写回法(Write_Back)。操作时,只写 Cache,在相应块设置标志位(习惯上称脏位(Dirty Bit)),在该块替换时回写主存,所以速度较快;但某时间段,主存和 Cache 数据不一致,安全性较差。

(2)写失效时。

写数的地址无法映像到 Cache 中,此时数据只在主存中(即 Cache 里不存在),因此只需操作主存(速度也只能以主存为基准),需要考虑是否把该块调入 Cache(根据局部性原理,下一个操作数据也可能在此块中,但写数操作不同于读数操作,即写数操作随机性较大,所以下一个数据也可能不在此块中),具体分配方法有下面两种:

①按写分配。写主存的同时,相应块调入 Cache,因此命中率相对较高,但通信开销大。

②不按写分配。只写主存,相应块不调入 Cache,通信开销小,但命中率相对较低。

5. Cache 体系的性能评价

(1)命中率。

$$H = R_C/R$$

其中,R_C 代表命中的次数;R 代表总的访存次数。

(2)平均访问时间。

在 Cache 体系中包含 Cache 和主存两个部件,它们的访问时间分别为 T_C 和 T_M。则

$$T_a = HT_C + (1 - H)T_M$$

(3)加速比。

$$S_P = T_M/T_a$$

加速比表示采用 Cache 后,系统的性能比没采用 Cache 时性能提升的倍数。

(4)效率。

$$E = T_C/T_a$$

因为不管命中率提升到多高,Cache 体系总会包含访问主存的时间,此参数表示 Cache 体系的性能和单纯访问 Cache 的时间的接近程度。

【例1】 (2012 年考研真题)某计算机存储器按字节编址,采用小端方式存放数据。假定编译器规定 int 型和 short 型长度分别为 32 位与 16 位,并且数据按边界对齐存储。某 C 语言程序段如下:

```
struct {
    int  a;
```

```
    char    b;
    short   c;
 } record;
```

record. a = 273;

　　若 record 变量的首地址为 0xC008,则地址 0xC008 中内容及 record.c 的地址分别为

　　　　　　　　　　　　　　　　　　　　　　　　　　　　　　　　　　　　(　　)

A. 0x00、0xC00D　　　B. 0x00、0xC00E　　　C. 0x11、0xC00D　　　D. 0x11、0xC00E

【答案】　D

【解析】　各字节的存储分配见表 2-7。尽管 record 大小为 7 个字节(成员 a 有 4 个字节,成员 b 有 1 个字节,成员 c 有 2 个字节),由于数据按边界对齐方式存储,故 record 共占用 8 个字节,地址 0xC00D 为占位对齐存储单元。record. a 的十六进制表示为 0x00000111,由于采用小端方式存放数据,故地址 0xC008 中内容应为低字节 0x11;record.b 只占 1 个字节,后面的一个字节留空;record.c 占 2 个字节,地址为 0xC00E。

表 2-7　存储分配示意图

record. a	0xC008	0x11
record. a	0xC009	0x01
record. a	0xC00A	0x00
record. a	0xC00B	0x00
record. b	0xC00C	
占位对齐	0xC00D	
record. c	0xC00E	
record. c	0xC00F	

【例 2】　(2018 年考研真题)假定 DRAM 芯片中存储阵列的行数为 r、列数为 c,对于一个 2 K×1 位的 DRAM 芯片,为保证其地址引脚数最少,并尽量减少刷新开销,则 r、c 的取值分别是　　　　　　　　　　　　　　　　　　　　　　　　　　　　(　　)

A. 2 048、1　　　　B. 64、32　　　　C. 32、64　　　　D. 1、2 048

【答案】　C

【解析】　首先,根据 DRAM 采用的是行列地址线复用技术,我们选用的行列差值尽量不要太大的。对于 B、C 选项,地址线只需 6 根(取行或列所需地址线的最大值),轻松排除 A、D 选项。其次,为了减小刷新开销,DRAM 一般是按行刷新的,所以应选行数值较少的,故答案为 C。

【例 3】　(2017 年考研真题)某计算机主存按字节编址,由 4 个 64 M×8 位的 DRAM 芯片采用交叉编址方式构成,并与宽度为 32 位的存储器总线相连,主存每次最多读写 32 位数据。若 double 型变量 x 的主存地址为 804001AH,则读取 x 需要的存储周期数是　(　　)

A. 1　　　　　　　B. 2　　　　　　　C. 3　　　　　　　D. 4

【答案】　C

【解析】　四体结构见表 2-8。由 4 个 DRAM 芯片采用交叉编址方式构成主存可知,主

存地址最低二位表示该字节存储的芯片编号。double 型变量占 64 位,8 个字节。它的主存地址 804001AH 最低二位是 10,说明它从编号为 2 的芯片开始存储(编号从 0 开始),一个存储周期可以对所有芯片各读取一个字节,因此需要 3 轮,故选 C。

表 2 - 8　四体结构示意图

存储体 0	存储体 1	存储体 2	存储体 3
…	…	…	…
…	…	第 1 字节	第 2 字节
第 3 字节	第 4 字节	第 5 字节	第 6 字节
第 7 字节	第 8 字节	…	…

【例 4】　(2017 年考研真题)某 C 语言程序如下:

```
for(i = 0; i < = 9; i + +) {
    temp = 1;
    for(j = 0; j < = i; j + +) temp * = a[j];
    sum + = temp;
}
```

下列关于数组 a 的访问局部性的描述中,正确的是　　　　　　　　　　　　(　　)

A. 时间局部性和空间局部性皆有　　　　B. 无时间局部性,有空间局部性

C. 有时间局部性,无空间局部性　　　　D. 时间局部性和空间局部性皆无

【解析】　本题答案为 A

时间局部性是指一旦某个地址被访问,在不久的将来它可能再次被访问。空间局部性是指一旦一个存储单元被访问,它附近的存储单元也就很快被访问。显然,这里的循环指令本身具有时间局部性,它对数组 a 的访问具有空间局部性,故选 A。

【例 5】　(2015 年考研真题)假定主存地址为 32 位,按字节编址,主存和 Cache 之间采用直接映射方式,主存块大小为 4 个字,每字 32 位,采用回写(Write Back)方式,则能存放 4 K字数据的 Cache 的总容量的位数至少是　　　　　　　　　　　　　　　　(　　)

A. 146 K　　　　　B. 147 K　　　　　C. 148 K　　　　　D. 158 K

【答案】　C

【解析】　由于采用直接映射方式,因此主存地址分为 3 段(标记位区间、块号区间及块内地址区间)。按字节编址,块大小为 4×32 bit = 16 B = 2^4 B,则"块内地址"占 4 位;"能存放 4 K 字数据的 Cache",即 Cache 的存储容量为 4 K 字(注意单位),则 Cache 共有 1 K = 2^{10} 个块,Cache 块号地址标记占 10 位,即主存地址的块号区间也为 10 位;因此,主存字块标记占 32 - 10 - 4 = 18 位。

Cache 的总容量包括存储容量和标记阵列容量(有效位、标记位、一致性维护位和替换算法控制位)。标记阵列中的有效位和标记位是一定有的,而一致性维护位(脏位)和替换算法控制位的取舍标准是看题中是否说明,本题目中明确说明了采用写回法,因此一定包含一致性维护位,而关于替换算法的词眼题目中未提及,所以不予考虑。

从而每个 Cache 块标记项包含 18 + 1 + 1 = 20 位,标记阵列容量为:$2^{10} \times 20$ 位 = 20 K

位;存储容量为 4 K×32 位 =128 K 位,则总容量为 128 K +20 K =148 K 位。

【例6】 (2013 年考研真题)用海明码对长度为 8 位的数据进行检/纠错时,若能纠正一位错,则校验位数至少为　　　　　　　　　　　　　　　　　　　( )

A. 2　　　　　　　　B. 3　　　　　　　　C. 4　　　　　　　　D. 5

【答案】 C

【解析】 设校验位的位数为 K,数据位的位数为 N,海明码能纠正一位错应满足下述关系:$2^K \geqslant N+K+1$。$N=8$,当 $K=4$ 时,$2^4 \geqslant 8+4+1$,符合要求,故校验位至少是 4 位。

【例7】 (2013 年考研真题)某计算机主存地址空间大小为 256 MB,按字节编址。虚拟地址空间大小为 4 GB,采用页式存储管理,页面大小为 4 KB,TLB(快表)采用全相联映射,有 4 个页表项,内容见表 2 -9。

表 2 -9　表项内容

有效位	标记	页框号	…
0	FF180H	0002H	…
1	3FFF1H	0035H	…
0	02FF3H	0351H	…
1	03FFFH	0153H	…

则对虚拟地址 03FFF180H 进行虚实地址变换的结果是　　　　　　　　( )

A. 0153180H　　　　　　B. 0035180H　　　　　　C. TLB 缺失　　　　　　D. 缺页

【答案】 A

【解析】 按字节编址,页面大小为 4 KB,页内地址共 12 位。地址空间大小为 4 GB,虚拟地址共 32 位,前 20 位为页号。虚拟地址为 03FFF180H,故页号为 03FFFH,页内地址为 180H。查 TLB 表,找页标记 03FFFH 所对应的页表页,页框号为 0153H,且有效位为 1(即有效),则对应的页框号与页内地址拼接即为物理地址,为 153180H。

【例8】 (2010 年考研真题)下列命中组合情况中,一次访存过程中不可能发生的是　　　　　　　　　　　　　　　　　　　　　　　　　　　　　( )

A. TLB 未命中,Cache 未命中,Page 未命中

B. TLB 未命中,Cache 命中,Page 命中

C. TLB 命中,Cache 未命中,Page 命中

D. TLB 命中,Cache 命中,Page 未命中

【答案】 D

【解析】 本题涉及"操作系统"课程的虚存调度和计算机组成原理课程的 Cache 调度。需注意它们之间的协调关联。

Cache 中存放的是主存的一部分副本,TLB(快表)中存放的是 Page(页表)的一部分副本。在同时具有虚拟页式存储器(有 TLB)和 Cache 的系统中,CPU 发出访存命令,先查找对应的 Cache 块。

①若 Cache 命中,则说明所需内容在 Cache 内,其所在页面必然已调入主存,因此 Page 必然命中,但 TLB 不一定命中。

②若 Cache 不命中,并不能说明所需内容未调入主存,与 TLB、Page 命中与否没有联系。但若 TLB 命中,Page 也必然命中;而当 Page 命中,TLB 则未必命中,故 D 不可能发生。

注意:本题看似既涉及虚拟存储器又涉及 Cache,实际上这里并不需要考虑 Cache 命中与否。因为一旦缺页,说明信息不在主存,那么 TLB 中就一定没有该页表项,所以不存在 TLB 命中、Page 缺失的情况,也根本谈不上访问 Cache 是否命中。

【例9】　(2011 年考研真题)某计算机存储器按字节编址,虚拟(逻辑)地址空间大小为 16 MB,主存(物理)地址空间大小为 1 MB,页面大小为 4 KB;Cache 采用直接映射方式,共 8 行;主存与 Cache 之间交换的块大小为 32 B。系统运行到某一时刻时。

页表的部分内容见表 2 – 10:(页框号的内容为十六进制形式)

表 2 – 10　页表的部分内容

虚页号	有效位	页框号
0	1	06
1	1	04
2	1	15
3	1	02
4	0	—
5	1	2B
6	0	—
7	1	32

Cache 的部分内容见表 2 – 11:(标记字段的内容为十六进制形式)

表 2 – 11　Cache 的部分内容

行号	有效位	标记
0	1	020
1	0	—
2	1	01D
3	1	105
4	1	064
5	1	14D
6	0	—
7	1	27A

请回答下列问题。

(1)虚拟地址共有几位? 哪几位表示虚页号? 物理地址共有几位? 哪几位表示页框号(物理页号)?

(2)使用物理地址访问 Cache 时,物理地址应划分成哪几个字段? 要求说明每个字段的位数及在物理地址中的位置。

(3)虚拟地址 001C60H 所在的页面是否在主存中? 若在主存中,则该虚拟地址对应的物理地址是什么? 访问该地址时是否 Cache 命中? 要求说明理由。

（4）假定为该机配置一个四路组相联的 TLB 共可存放 8 个页表项，若其当前内容（十六进制）见表 2-12，则此时虚拟地址 024BACH 所在的页面是否存在主存中？要求说明理由。

表 2-12　页表项当前内容

组号	有效位	标记	页框号	有效位	标记	页框号	有效位	标记	页框号	有效位	标记	页框号
0	0	—	—	1	001	15	0	—	—	1	012	1F
1	1	013	2D	0	—	—	1	008	7E	0	—	—

【答案】　本题包括虚存内容和 Cache 映射内容，虚存主要涉及"操作系统"课程，Cache 映射主要涉及"计算机组成原理"课程。

（1）存储器按字节编址，虚拟地址空间大小为 16 MB = 2^{24} B，故虚拟地址为 24 位，页面大小为 4 KB = 2^{12} B，故高 12 位为虚页号。主存地址空间大小为 1 MB = 2^{20} B，故物理地址为 20 位，由于页内地址为 12 位，故高 8 位为页框号。

（2）Cache 采用直接映射，由于块大小为 32 B，故字块内地址占 5 位；Cache 共 8 行，故 Cache 字块标记（也称 Cache 字块号）占 3 位；主存字块标记占 20 - 5 - 3 = 12 位。

（3）虚拟地址 001C60H 的前 12 位为虚页号，即 001H，查看 001H 处的页表项，其对应的有效位为 1，故虚拟地址 01C60H 所在的页面在主存中。页表 001H 处的页框号为 04H，与页内偏移（虚拟地址后 12 位）拼接成物理地址为 04C60H。物理地址 04C60H = 0000 0100 1100 0110 0000B，主存块只能映射到 Cache 的第 3 行（即第 011B 行），由于该行的有效位为 1，标记（值为 105H）不是 04CH（物理地址高 12 位），故不命中。

（4）由于 TLB 采用四路组相联，故 TLB 被分为 8/4 = 2 个组，因此虚页号中高 11 位为 TLB 标记，最低 1 位为 TLB 组号。虚拟地址 024BACH = 0000 0010 0100 1011 1010 1100B，虚页号为 0000 0010 0100B，TLB 标记为 0000 0010 010B（即 012H），TLB 组号为 0B，因此，该虚拟地址所对应物理页面只可能映射到 TLB 的第 0 组。组 0 中存在有效位 = 1、标记 = 012H 的工作页，因此访问 TLB 命中，即虚拟地址 024BACH 所在的页面在主存中。

【例 10】　（2016 年考研真题）某计算机采用页式虚拟存储管理方式，按字节编址，虚拟地址为 32 位，物理地址为 24 位，页大小为 8 KB，TLB 采用全相联映射，Cache 数据区大小为 64 KB，按 2 路组相联方式组织，主存块大小为 64 B。存储访问过程示意图如图 2-8 所示。

请回答以下问题。

（1）图 2-8 中字段 A ~ G 的位数各是多少？TLB 标记字段 B 中存放的是什么信息？

（2）将块号为 4099 的主存块装入 Cache 中时，所映射的 Cache 组号是多少？对应 H 字段的内容是什么？

（3）Cache 缺失处理的时间开销大还是缺页处理的时间开销大？为什么？

（4）为什么 Cache 可以采用直写（Write Through）策略，而修改页面内容时总是采用回写（Write Back）策略。

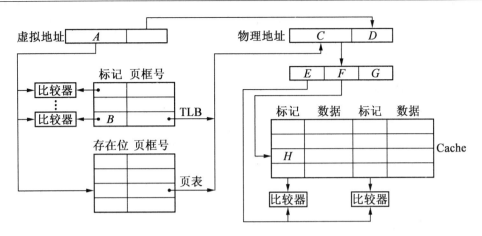

图 2 - 8 有储访问过程示意图

【答案】 (1)页大小为 8 KB,页内偏移地址为 13 位,故 $A = B = 32 - 13 = 19$;$D = 13$;$C = 24 - 13 = 11$;主存块大小为 64 B,故 $G = 6$;

2 路组相联,每组数据区容量有 64 B × 2 = 128 B,共有 64 KB/128 B = 512 组,故 $F = 9$;$E = 24 - G - F = 24 - 6 - 9 = 9$;因而 $A = 19$;$B = 19$;$C = 11$;$D = 13$;$E = 9$;$F = 9$;$G = 6$。

TLB 中标记字段 B 的内容是虚页号,表示该 TLB 项对应哪个虚页的页表项。

(2)块号为物理地址 24 位减去块内地址 6 位,即 18 位,因此块号 4099 = 00 0001 0000 0000 0011B,根据上述结构,组号为 9 位,所以映射的 Cache 组号为 0 0000 0011B = 3,即后 9 位;对应的 H 字段,即前 9 位的内容为 0 0000 1000B。

(3)Cache 缺失带来的开销小,而处理缺页的开销大。

因为缺页处理需要访问磁盘由软件实现;而 Cache 缺失只要访问主存,由硬件实现。

(4)因为采用直写策略时需要同时写快速存储器和慢速存储器,而写磁盘比写主存慢很多,所以,在 Cache - 主存层次,Cache 可以采用直写策略,而在主存 - 外存(磁盘)层次,修改页面内容时总是采用回写策略。

2.4 指令系统

2.4.1 指令集(**Instruction Set**,也称指令系统)

1. 指令的逻辑格式

指令的逻辑格式一般为

Op	Ad
n位	m位

其中:

Op 码(操作码):位数决定指令集中操作的种类。

Ad 码(地址码):位数决定指令集中操作数的寻址空间。

(1)区别几个字长。

①机器字长:处理器一次能处理的最大的二进制位数。

②存储字长：一个存储单元能存放的最大的二进制位数。

③指令字长：一条指令包含的二进制位数（上图示例为 $n+m$ 位）。

注意：指令集内各条指令的长度可能不相同，对应两种不同的指令集，如下：

（2）定长指令集：指令集中的所有指令长度均相同（控制简单）。

（3）不定长指令集：指令集中的所有指令长度有长有短（控制相对复杂）。

2. 操作码编码

操作码位数由操作类型、操作个数来决定。通常按操作码长度规整度可以把指令集分为如下两类。

（1）规整型指令集：指令集中的所有指令操作码的长度固定。

特点：平均码长大（各种指令出现的频率不同），生成的代码量大，但指令译码简单。

（2）非规整型指令集：指令集中的所有指令操作码的长度有长有短。

特点：平均码长短，生成的代码量小，但指令译码复杂。

3. 地址码个数

（1）主存地址操作。

表 2 - 13 以加法运算指令为例，列出不同主存地址个数的含义。

表 2 - 13　主存地址个数的含义

	地址格式	操作（以 ADD 为例）	下一条指令	访存次数
四地址	OP∥α/β/γ/δ	$[\alpha]+[\beta]\to[\gamma]$	δ(PC	1+3=4 次
三地址	OP∥α/β/γ	$[\alpha]+[\beta]\to[\gamma]$	PC+1(PC	1+3=4 次
二地址	OP∥α/β	$[\alpha]+[\beta]\to[\alpha]$（很少采用） 或$[\alpha]+[\beta]\to$ACC	基本不用 PC+1→PC	1+2=3 次
单地址	OP∥α	ACC+$[\alpha]$→ACC	PC+1→PC	1+1=2 次
零地址	OP∥	数在堆栈里	PC+1→PC	视具体操作而定，≥1 次

（2）寄存器操作。表 2 - 14 以加法运算指令为例，列出不同寄存器个数的含义。

注意：操作数在寄存器中，仅需一次访存取指令，执行时不访存。

表 2 - 14　不同寄存器个数的含义

	地址格式	操作（以 ADD 为例）	访存次数
三寄存器地址	OP∥$R_I/R_J/R_K$	$R_I+R_J\to R_K$	1 次
二寄存器地址	OP∥R_I/R_J	$R_I+R_J\to R_I$	1 次
单寄存器地址	OP∥R_I	ACC+R_I→ACC	1 次

（3）Reg - Mem 类型。通常 Reg - Mem 类型为双操作数，一个操作数在寄存器里，另一个操作数在主存里。双操作数类型的含义见表 2 - 15。

表 2 - 15　双操作数类型的含义

	操作（以 ADD 为例）	操作描述	访存次数
Reg 作目的	ADD　R_I,M	$R_I+[M]\to R_I$	1+1=2 次
Mem 作目的	ADD　M,R_I	$[M]+R_I\to[M]$	1+2=3 次

小结:

①采用主存地址需要多次访存,速度慢;采用 Reg 作地址,访存次数少,速度快。

②主存地址占位数多,代码量大;Reg 地址占位数少,代码量相对较少。

③三主存地址格式,编码效率最好,一般在大型机里可以采用。

④二地址格式习惯采用 Reg – Mem 或 Reg – Reg,性能最佳,不用 Mem – Mem。

⑤零地址仅用在堆栈操作等特定场合。

2.4.2 操作数的对齐方式

这里以 32 位机为例,列举 32 位机常用的一些字长单位:字节 Byte(8 位)、半字 Hword(16 位)、字 Word(32 位)、双字 Dword(64 位)。

【注意】 除 Byte 外,其他单位可能在不同机器上含义不一样,如 Word 在 Intel 8086 仅指代 16 位。

(1)端对齐。

以 32 位存储字长为例(即一个存储字内含 4 个字节),存放数据 12345678H,示例如图 2 – 9 所示,图中方格里为地址值,顶端为数据。

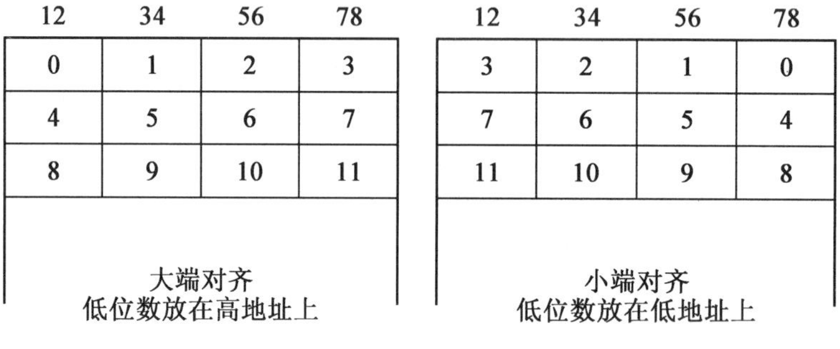

图 2 – 9　端对齐示意图

(2)边界对齐。

当数据字长小于存储字长时,要求一次访存尽量取出一个数据,即避免出现一个数据分别存放在两个存储字内,如图 2 – 10 所示。

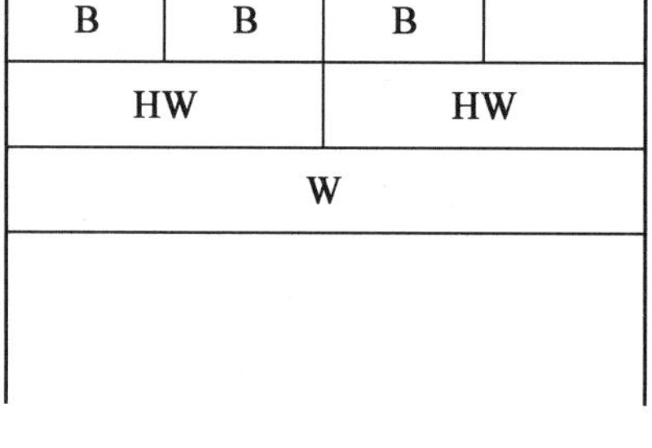

图 2 – 10　边界对齐示意图

边界对齐时,数据地址具有如下特点:

Byte(8 位)	* * * * * * * * * * *	（地址任意）
Hword(16 位)	* * * * * * * * * * 0	（取偶数地址,最后一位为 0）
Word(32 位)	* * * * * * * * 00	（地址为 4 的倍数,最后两位为 0）
Dword(64 位)	* * * * * * * 000	（地址为 8 的倍数,最后三位为 0）

2.4.3　寻址方式

操作数寻址通常考虑操作数的来源,即操作数或者为常数,或者来源于寄存器,或者来源于主存,或者来源于 I/O。

指令的逻辑格式考虑寻址方式后,则需要加入寻址特征位,示意如下：

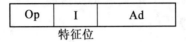

特征位

【注意】　特征位用来指示是何种寻址方式,通常在实际指令集中,Op 码和特征位 I 是合并在一起编码的,所以有的指令集看不到特征位；如果指令集清晰地把 Op 码和特征位 I 分离表示,则称该指令集具有正交性,具有该特性的指令集便于编译。

（1）立即寻址。

Ad 码不是地址,是立即数,在计算机原理课程中习惯上用“#”表示特征位。

特点：指令执行时不访存（速度快）；Ad 码的位数决定立即数的范围；汇编后立即数不能修改（即是常数）。

（2）直接寻址。

Ad 码就是操作数的有效地址（EA = Ad）。

特点：指令执行时需一次访存（速度慢）；Ad 码的位数决定寻址范围；汇编后地址不易修改（不利于程序浮动）。

（3）间接寻址。

Ad 码就是操作数地址的地址（EA = [Ad]）,习惯上用“@”表示特征位。

特点：指令执行时需多次访存（速度最慢）；经过多次访存确定地址,可以扩大寻址范围；实质上可提供一个第三方地址,代码具有普遍性；在有些指令系统中也可做多次间接寻址操作。

现代系统调用多采用此种方法,服务程序首地址放入一个公共区内,调用时计算地址区域,然后从该区域取出首地址。

（4）寄存器寻址。

Ad 码为寄存器编号,指定对应的寄存器,分为直接寄存器寻址方式和间接寄存器寻址方式两种。

①直接寄存器寻址（数存放在对应的寄存器内,无主存地址）。

特点：指令执行时不访存（速度快）；数存放在对应寄存器里；因为 Ad 码放到是寄存器编号（计算机内寄存器数量不多,所以编码位数较少）,所以相应的指令字长短。

②间接寄存器寻址（数的地址存放在对应的寄存器内,EA = (R$_i$)）。

特点：指令执行需一次访存（比主存间址次数要少）。

【注意】　现在意义上的"间址"多指寄存器间接寻址,主存间接寻址只在特定场合中使用。

(5)基址寻址和变址寻址。

Ad 码为偏移地址,再加上一个指定寄存器的值构成有效地址(二者形式一致,只是指定寄存器不同,基址指定的称基址寄存器,此处记作 BR;变址指定的称变址寄存器,此处记作 IR)。

$$基址:EA = (BR) + Ad$$
$$变址:EA = (IR) + Ad$$

特点:实质上是寄存器间接寻址的扩展形式,即寄存器内数据加上一个偏移量构成一个访存地址,指令执行时访存一次;Ad 码放的是偏移地址(Ad 码的位数决定偏移空间的大小),可以扩大寻址范围,提高编程的灵活性。

二者之间的区别说明如下:

①基址:BR 里放的首址,一般情况下值不变,且有的机器系统直接由操作系统赋值,用户不允许直接赋值,编程时偏移地址(Ad 码)可随意改动。

②变址:准确的写法应为 EA = Ad + (IR),即给出的 Ad 码地址为基准地址(一般不变),而 IR 里的值编程时,是可以随意变动(变址寻址名字的由来)。

③现在通用形式为 $EA = (BR) + (R_i)$,即用一个通用寄存器作为变址寄存器,基准地址放在基址寄存器内,也称这种寻址为基址变址寻址。

(6)相对寻址。

Ad 码为相对量(可正值亦可为负值,通常放置一个补码),通常相对程序计数器 PC 而言。

$$EA = (PC) + Ad$$

特点:Ad 码放的是一个相对位置(Ad 码的位数决定偏移空间的大小),转移类指令广泛采用此种寻址方式,方便程序浮动(代码生成后,Ad 码只是一个相对位置,找到当前指令,相对的位置即可找到,与程序具体放置位置无关)。

(7)堆栈寻址。

　*EA = 栈顶指针　　　　　　　　　　　// 所有操作均与堆栈有关,只对栈顶操作

区别下面两种存储区:

栈(Stack):编译器自动分配的先进后出空间,通常向低地址扩展。

队列(Queue):先进先出的空间,一端插入数据,另一端删除数据。

(8)指令的寻址。

指令的寻址,即如何顺序地找到下一条指令的方法。由于在冯·诺依曼计算机体系中程序指令要求顺序存放,所以指令寻址相对简单,仅有下面两种方式:

a. 顺序寻址。

$$PC = (PC) + 1$$

【注意】　此处的 1 为逻辑值,真实值要看该指令具体占用几个地址数。

b. 跳跃寻址。

$$PC = (PC) + 偏移值$$

$$\text{PC} = 新值$$

【注意】　上述偏移量可正可负,且有偏移范围;当数值超出偏移范围时,即直接赋值。

2.4.4　指令集设计思想

通常评价机器的性能,仅仅考虑 CPU 的执行时间,即

$$T_{CPU} = I_N \times CPI \times T_C$$

各参数说明如下:

T_{CPU}:完成某个功能时,CPU 的执行时间。

I_N:所需的指令总数。

CPI:平均指令周期数(因各类指令执行时间不同,衡量时要计算平均数)。

T_C:完成每一个微操作所需的时间,即主时钟频率的倒数。

(1)复杂指令系统(Complex Instruction Set Computer,CISC)

①指令集功能复杂化,提供复杂的指令完成复杂的功能(使指令集变得异常庞大)。

②复杂指令系统是早期计算机的优化思路,早期的编译程序功能有限,可以通过此种思想,使 I_N 总数大幅缩减。另外,早期的计算机硬件提升速度不是很快,所以对 T_C 影响不大。

现在计算机系统中存在的问题:

①指令集庞大,现代编译系统无法优化编译。

②某些指令功能过于强大,执行时间过长,硬件优化困难。

③某些指令使用频度过低,仅在有限的环境中使用,影响整体指令集的 CPI。

(2)精简指令系统(Reduced Instruction Set Computer,RISC)。

①核心思想:指令集功能简单化(使指令集中的指令数尽可能少)。

②主要设计思想。

a.采用高速器件(射极耦合逻辑电路 ECL)和硬连线控制器。

b.选用少数频率高的指令,补充一些必要的指令。

c.CPU 中使用更多的寄存器(大于 32 个),所有计算要求都在寄存器中完成。

d.只允许 LOAD、STORE 指令访存(优化编译)。

e.固定指令字长(目前普遍 32 位)。

f.使用较少的数据表示(即数据类型尽可能少),较少的寻址方式。

g.便于实现流水,要求大多数指令均能在 $1T_C$ 内完成(访存、I/O 操作除外)。

通常计算机系统存在 20 与 80 规律,即 20% 的指令占处理器 80% 的处理时间,而其余 80% 的指令只占处理器 20% 的处理时间。

现在计算机体系设计时,通过精简指令集,在某种程度上能大幅度减小 CPI(通常可以近似为 1),且通过硬件的优化,可使 T_C 也大幅减小,尽管 I_N 可能大幅提高,最后的结果依然可以缩减 T_{CPU},即计算机的性能提升。

【注意】　①如果一味地精简指令系统,则计算机的性能也可能降低。

②目前的计算机系统通常是两种设计思想相融合,共同优化。

2.4.5　指令流水

1. 流水处理

(1)顺序处理(假设把一条指令的处理分为取指、分析和执行),如图2-11所示。

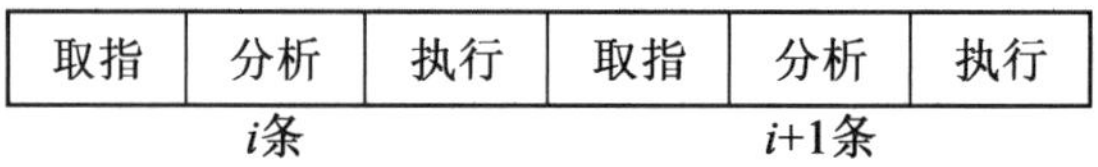

| 取指 | 分析 | 执行 | 取指 | 分析 | 执行 |

i条　　　　　　　　　　i+1条

图2-11　处理顺序

(2)流水处理(图2-12)。

i条　| 取指 | 分析 | 执行 |

i+1条　　| 取指 | 分析 | 执行 |

i+2条　　　　| 取指 | 分析 | 执行 |

图2-12　流水处理示意图

【注意】　流水处理后,原处理次序改变(流水实际上是乱序执行)。

2. 流水的性能分析

流水线处理通常用时空图描述,如图2-13所示。

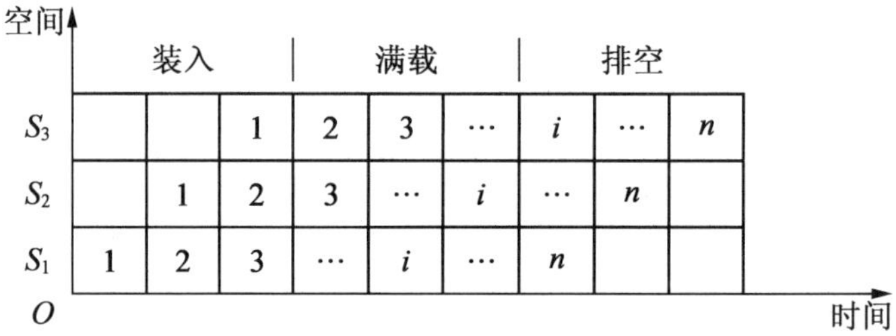

图2-13　流水线时空图

流水线处理的性能分析通常包括以下几个参数指标:

(1)流水时间。

$$T = k \times t + (n-1) \times t$$

式中,k为流水线的段数(即几个功能段);n为任务总数;t为一个功能段的基本时间。

【注意】　该公式为理想情况计算值,即流水处理不断流的情况下。

(2)吞吐率。

吞吐率即流水线单位时间内完成的任务数,通常情况下,单位时间为秒。

$$T_P = n/T$$

加速比即流水处理和非流水处理的性能比值,计算机的性能值等于相对任务执行时间的倒数。

(3)加速比。

$$S_n = T_{非}/T$$

【注意】　流水线分的段数越多,性能提升越大,但控制越复杂(超过8段的流水线称为超流水)。

（4）效率。

此性能参数分析的是流水线各部件的使用情况及使用效率。

$$E = (T_{非} \times 1)/(T \times k)$$

3. 流水线的相关

相关即流水线执行时可能存在的某些制约关系，具体包括下列 3 种情况：

（1）结构相关（Structure Dependence）。

①定义：多条指令同时使用同一个部件，造成流水线无法同时处理多条指令。

②处理方法。

a. 延迟后续指令（恢复为原处理次序）。

b. 多体结构（例如存储器结构相关可设多体存储结构）。

（2）数据相关（Data Dependence）。

①数据引用顺序出现错误，根据先后次序可分为：

先写后读（Read After Write，RAW）；

先读后写（Write After Read，WAR）；

写后写（Write After Write，WAW）。

②处理方法。

a. 延迟后续指令（恢复为原处理次序）。这是流水处理相关最简单的办法，但影响效率。

b. 旁路技术（数据直接送至所需要处，控制相对复杂）。

（3）控制相关（Control Dependence）。

①定义：由分支指令引起的流水线断流。

②处理方法。

a. 尽早判断是否跳转。

b. 延迟槽技术（转移指令后插入一条无关指令）。

【例1】　（2011 年考研真题）偏移寻址通过将某个寄存器内容与一个形式地址相加而生成有效地址。下列寻址方式中，不属于偏移寻址方式的是　　　　　　　　（　　）

A. 间接寻址　　　　　B. 基址寻址　　　　　C. 相对寻址　　　　　D. 变址寻址

【答案】　A

【解析】　间接寻址不需要寄存器，EA = (A)；

基址寻址 EA = A + 基址寄存器 BR 内容；

相对寻址 EA = A + 程序计数器 PC 内容；

变址寻址 EA = A + 变址寄存器 IX 内容。

后 3 者都是将某个寄存器内容与一个形式地址相加而形成的有效地址，故选 A。

【例2】　（2011 年考研真题）下列给出的指令系统特点中，有利于实现指令流水线的是

（　　）

Ⅰ. 指令格式规整且长度一致

Ⅱ. 指令和数据按边界对齐存放

Ⅲ. 只有 Load/Store 指令才能对操作数进行存储访问

A. 仅Ⅰ、Ⅱ　　　　　　B. 仅Ⅱ、Ⅲ　　　　　　C. 仅Ⅰ、Ⅲ　　　　　　D. Ⅰ、Ⅱ、Ⅲ

【答案】　D

【解析】　指令定长、对齐和仅Load/Store指令访存都是RISC的特征,指令格式规整且长度一致,能大大简化指令译码的复杂度,有利于实现流水线。指令和数据按边界对齐存放能保证在一个存取周期内取到需要的数据和指令,不用多余的延迟等待,也有利于实现流水线。只有Load/Store指令才能对操作数进行存储访问,使取指令、取操作数操作简化且时间长度固定,能够有效地简化流水线的复杂度。

【例3】　(2014年考研真题)某计算机有16个通用寄存器,采用32位定长指令字,操作码字段(含寻址方式位)为8位,Store指令的源操作数和目的操作数分别采用寄存器直接寻址与基址寻址方式。若基址寄存器可使用任一通用寄存器,且偏移量用补码表示,则Store指令中偏移量的取值范围是　　　　　　　　　　　　　　　　　　　　　　　　　(　　)

A. $-32\ 768 \sim +32\ 767$　　　　　　　　B. $-32\ 767 \sim +32\ 768$

C. $-65\ 536 \sim +65\ 535$　　　　　　　　D. $-65\ 535 \sim +65\ 536$

【答案】　A

【解析】　采用32位定长指令字,其中操作码为8位,两个地址码一共占用$32-8=24$位,而Store指令的源操作数和目的操作数分别采用寄存器直接寻址与基址寻址,机器中共有16个通用寄存器,则寻址一个寄存器需要$\log_2 16=4$位,源操作数中的寄存器直接寻址用4位,而目的操作数采用基址寻址也要指定一个寄存器,同样用4位,则留给偏移址的位数为$24-4-4=16$位,而偏移址用补码表示,16位补码的表示范围为$-32\ 768 \sim +32\ 767$,故选A。

【例4】　(2013年考研真题)假设变址寄存器R的内容为1000H,指令中的形式地址为2000H;地址1000H中的内容为2000H,地址2000H中的内容为3000H,地址3000H中的内容为4000H,则变址寻址方式下访问到的操作数是　　　　　　　　　　　　　　　　(　　)

A. 1000H　　　　　　B. 2000H　　　　　　C. 3000H　　　　　　D. 4000H

【答案】　D

【解析】　根据变址寻址的方法,变址寄存器的内容(1000H)与形式地址的内容(2000H)相加,得出操作数的实际地址(3000H),根据实际地址访问内存,获取操作数4000H。

【例5】　(2017年考研真题)某计算机按字节编址,指令字长固定且只有两种指令格式,其中三地址指令有29条,二地址指令有107条,每个地址字段为6位,则指令字长至少应该是　　　　　　　　　　　　　　　　　　　　　　　　　　　　　　(　　)

A. 24位　　　　　　B. 26位　　　　　　C. 28位　　　　　　D. 32位

【解析】　本题答案为A

三地址指令有29条,所以它的操作码至少为5位。以5位进行计算,剩余$32-29=3$种操作码给二地址。而二地址另外多了6位给操作码,因此它的数量最大达$3\times64=192$。所以指令字长最少为23位,因为计算机按字节编址,需要是8的倍数,所以指令字长至少应该是24位,故选A。

【例6】　(2016年考研真题)在无转发机制的五段基本流水线(取指、译码/读寄存器、

运算、访存、写回寄存器)中,下列指令序列存在数据冒险的指令对是　　　　　　(　　)

I1:add　R1,R2,R3　　　　　　;(R2) + (R3)→R1

I2:add　R5,R2,R4　　　　　　;(R2) + (R4)→R5

I3:add　R4,R5,R3　　　　　　;(R5) + (R3)→R4

I4:add　R5,R2,R6　　　　　　;(R2) + (R6)→R5

A. I1 和 I2　　　　　B. I2 和 I3　　　　　C. I2 和 I4　　　　　D. I3 和 I4

【解析】　本题答案为 B

数据冒险(即数据相关),指在一个程序中存在必须等前一条指令执行完才能执行后一条指令的情况,则这两条指令即为数据相关。当多条指令重叠处理时就会发生冲突,见表 2-16。

表 2-16　I2 和 I3 指令流水

时钟	1	2	3	4	5	6
I2	取指	译码/读寄存器	运算	访存	写回	
I3		取指	译码/读寄存器	运算	访存	写回

首先这两条指令发生写后读相关,指令 I2 在时钟 5 时将结果写入寄存器(R5)时,但指令 I3 在时钟 3 时读寄存器(R5)。正常的程序执行顺序,应该为指令 I2 先写入 R5,指令 I3 后读 R5,结果变成指令 I3 先读 R5,指令 I2 后写入 R5,因而发生数据冲突。

【例7】　(2016 年考研真题)某计算机主存空间为 4 GB,字长为 32 位,按字节编址,采用 32 位字长指令字格式。若指令按字边界对齐存放,则程序计数器(PC)和指令寄存器(IR)的位数至少分别是　　　　　　　　　　　　　　　　　　　　(　　)

A. 30、30　　　　　B. 30、32　　　　　C. 32、30　　　　　D. 32、32

【答案】　B

【解析】　程序计数器(PC)给出下一条指令字的访存地址(指令在内存中的地址),取决于存储器的字数 (4 GB/32 bit = 2^{30}),故程序计数器(PC)的位数至少是 30 位;指令寄存器(IR)用于接收取得的指令,取决于指令字长(32 位),故指令寄存器(IR)的位数至少为 32 位。

【例8】　(2014 年考研真题)某程序中有如下循环代码段 P:"for(int i = 0;i < N;i + +)sum + = A[i];"。

假设编译时变量 sum 和 i 分别分配在寄存器 R1 和 R2 中。常量 N 在寄存器 R6 中,数组 A 的首地址在寄存器 R3 中。程序段 P 起始地址为 0804 8100H,对应的汇编代码和机器代码见表 2-17。

表 2-17　汇编代码和机器代码

编号	地址	机器代码	汇编代码	注释
1	0804 8100H	0002 2080H	Loop:sll R4,R2,2	(R2) < <2→R4
2	0804 8104H	000B 3020H	add R4,R4,R3	(R4) + (R3)→R4
3	0804 8108H	8C85 0000H	load R5,0(R4)	((R4) +0)→R5
4	0804 810CH	0025 0820H	add R1,R1,R5	(R1) + (R5)→R1
5	0804 8110H	2042 0001H	add R2,R2,1	(R2) +1→R2
6	0804 8114H	1446 FFFAH	bne R2,R6,loop	if(R2)! = (R6)goto loop

执行上述代码的计算机 M 采用 32 位定长指令字,其中分支指令 bne 采用如下格式:

31 26	25 21	20 16	15 0
OP	Rs	Rd	OFFSET

OP 为操作码;Rs 和 Rd 为寄存器编号;OFFSET 为偏移量,用补码表示。请回答下列问题,并说明理由。

(1)M 的存储器编址单位是什么?

(2)已知 sll 指令实现左移功能,数组 A 中每个元素占多少位?

(3)表中 bne 指令的 OFFSET 字段的值是多少?已知 bne 指令采用相对寻址方式,当前 PC 内容为 bne 指令地址,通过分析表中指令地址和 bne 指令内容,推断出 bne 指令的转移目标地址计算公式。

(4)若 M 采用如下"按序发射、按序完成"的 5 级指令流水线:IF(取值)、ID(译码及取数)、EXE（执行）、MEM(访存)、WB(写回寄存器),且硬件不采取任何转发措施,分支指令的执行均引起 3 个时钟周期的阻塞,则 P 中哪些指令的执行会由于数据相关而发生流水线阻塞? 哪条指令的执行会发生控制冒险? 为什么指令 1 的执行不会因为与指令 5 的数据相关而发生阻塞?

【答案】

(1)已知计算机 M 采用 32 位定长指令字,即一条指令占 4 B,观察表中各指令的地址可知,每条指令的地址差为 4 个地址单位,即 4 个地址单位代表 4 B,一个地址单位就代表了 1 B,所以该计算机是按字节编址的。

(2)在二进制中某数左移两位相当于乘以 4,由该条件可知,数组间的数据间隔为 4 个地址单位,而计算机按字节编址,所以数组 A 中每个元素占 4 B。

(3)由表可知,bne 指令的机器代码为 1446 FFFAH,根据题目给出的指令格式后,2 B 的内容为 OFFSET 字段,所以该指令的 OFFSET 字段为 FFFAH,用补码表示,值为 −6。当系统执行到 bne 指令时,PC 自动加 4,PC 的内容就为 0804 8118H,而跳转的目标是 0804 8100H,两者相差了 18H,即 24 个单位的地址间隔,所以偏移址的一位即是真实跳转地址的 −24／ −6 =4 位。可知 bne 指令的转移目标地址计算公式为(PC) +4 + OFFSET×4。

(4)由于数据相关而发生阻塞的指令为第 2、3、4、6 条,因为第 2、3、4、6 条指令都与各自前一条指令发生数据相关。

第 6 条指令会发生控制冒险。当前循环的第 5 条指令与下次循环的第 1 条指令虽然有数据相关,但由于第 6 条指令后有 3 个时钟周期的阻塞,因而消除了该数据相关。

【例9】 (2012 年考研真题)某 16 位计算机中,带符号整数采用补码表示,数据 Cache 和指令 Cache 分离。表 2−18 给出了指令系统中部分指令格式,其中 Rs 和 Rd 表示寄存器,mem 表示存储单元地址,(x)表示寄存器 x 或存储单元 x 的内容。

表 2−18　指令系统中部分指令格式

名称	指令的汇编格式	指令功能
加法指令	ADD　Rs,Rd	(Rs) + (Rd)→Rd
算术/逻辑左移	SHL　Rd	2 ∗ (Rd)→Rd

续表 2 − 18

名称	指令的汇编格式	指令功能
算术右移	SHR　Rd	（Rd）/2→Rd
取数指令	LOAD　Rd,mem	（mem）→Rd
存数指令	STORE　Rs, mem	（Rs）→mem

该计算机采用 5 段流水方式执行指令,各流水段分别是取指（IF）、译码/读寄存器（ID）、执行/计算有效地址（EX）、访问存储器（M）和结果写回寄存器（WB）。流水线采用"按序发射,按序完成"方式,没有采用转发技术处理数据相关,且同一个寄存器的读和写操作不能在同一个时钟周期内进行。回答下列问题:

（1）若 int 型变量 x 的值为 −513,存放在寄存器 R1 中,则执行指令"SHR　R1"后,R1 的内容是多少?

（2）若某个时间段中,有连续的 4 条指令进入流水线,在其执行过程中没有发生任何阻塞,则执行这 4 条指令所需要的时钟周期数为多少?

（3）若高级语言程序中某赋值语句为"x = a + b",且 x、a、b 均为 int 型变量,它们的存储单元地址分别表示为[x]、[a]、[b],该语句对应的指令序列及其在指令流水线中执行过程见表 2 − 19。实现"x = a + b"的指令序列为:

I1　　　LOAD　R1,[a]
I2　　　LOAD　R2,[b]
I3　　　ADD　R1,R2
I4　　　STORE　R2,[x]

表 2 − 19　指令序列及其执行过程

指令	1	2	3	4	5	6	7	8	9	10	11	12	13	14
I1	IF	ID	EX	M	WB									
I2		IF	ID	EX	M	WB								
I3			IF				ID	EX	M	WB				
I4							IF				ID	EX	M	WB

则这 4 条指令执行过程中,I3 和 I4 被阻塞的原因是什么?

（4）若高级语言程序中赋值语句为"x = 2 * x + a",x 和 a 均为 unsigned int 型变量,它们的存储单元地址分别表示为[x]、[a],则执行这条语句至少需要多少个时钟周期? 要求写出对应的指令序列并画出流水线的执行示意图。

【答案】（1）−513 = −0000 0010 0000 0001

补码:1111 1101 1111 1111

右移一位 R1 内容为:1111 1110 1111 1111

左移一位 R1 内容为:1111 1011 1111 1110

（2）$T = 5t + (4 − 1)t = 8t$。

（3）数据相关。

（4）指令序列为:

I1　　　LOAD　R1,[x]

I2　　　LOAD　R2,[a]

I3　　　SHL　R1

I4　　　ADD　R1,R2

I5　　　STORE　R2,[x]

执行过程见表2-20。

表2-20　执行过程

指令	1	2	3	4	5	6	7	8	9	10	11	12	13	14	15	16	17
I1	IF	ID	EX	M	WB												
I2		IF	ID	EX	M	WB											
I3			IF			ID	EX	M	WB								
I4						IF				ID	EX	M	WB				
I5										IF				ID	EX	M	WB

2.5　中央处理器

2.5.1　处理器的结构和功能

1.处理器的逻辑功能

(1)从指令执行的角度描述。

①控制指令的顺序(用PC控制)。

②执行指令(包括3个阶段)。

取指令:根据PC值访存,找出要执行的指令。

分析指令:OP码译码、识别是何种寻址方式、取出相应的操作数。

执行指令:相应的数据进行处理,结果回写到指定位置。

③处理异常情况(例如外部中断等情况)。

④另一种描述。指令控制、操作控制、时间控制、数据加工及处理中断。

2.结构图

处理器从功能上,可以分为ALU、Reg组、INT及CU4个部分,其逻辑结构图如图2-14所示。

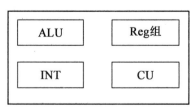

图2-14　处理器的逻辑结构图

各部分功能描述如下：

(1)ALU：实现算术和逻辑运算。

(2)Reg 组：多个寄存器的集合。

(3)INT：中断逻辑,控制处理中断。

(4)CU：控制单元,发出相应的控制信号。

3. 寄存器的组织

(1)用户可见寄存器(所谓可见即用户汇编语言编程时可以使用)。

①通用寄存器(使用时无任何限制,可以装入地址,也可装入数据)。

②专用寄存器(只允许装入一种类型数据,如基址寄存器只允许放基地址)。

(2)控制和状态寄存器(汇编编程时不可访问或不可直接访问)。

①主要核心寄存器(即逻辑上只知道存在,不可编程使用)。例如 MAR、MDR、IR(当前指令寄存器)、PC 等。

②PSW 状态字。

2.5.2　三级时序系统

1. 指令周期

指令周期 CPU 取出并执行一条指令所需的全部时间。

【注意】　由于指令功能的不同,以及控制流的不同,指令周期不是一个定值。

2. 机器周期

因为访存时间值基本固定,且一般为最大操作时间,所以控制器按访存时间值设定机器周期值。(二者数值上相同,但属于两个不同系统,存储周期是存储体系内部的时间,机器周期是控制系统内部时间)

根据机器周期的具体访存目的可分别称为：

取指周期(本次机器周期访存是取指令)；

间址周期(本次机器周期访存是操作数地址)；

执行周期(本次机器周期访存是取操作数,并执行处理)；

中断周期(本次机器周期访存是存断点,并找到中断程序的入口地址)；

【注意】　这里中断周期不是处理整个中断的时间。

机器周期处理流程图如图 2 - 15 所示。

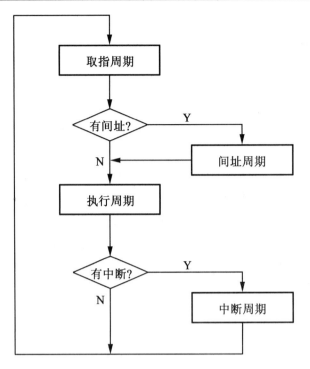

图 2 - 15　机器周期处理流程图

3. 时钟周期

时钟周期也称节拍,一个节拍完成一个基本的数据传递操作(原理层面不可再分),一个节拍的时间即一个时钟周期的时间。

【注意】　一个数据传递操作称为一个微操作,各个微操作的时间不尽相同,设置时取最大时间值。

如果设置 4 个时钟周期,其中 T_0 为第一拍,T_1、T_2、T_3 依次为后续时钟,具体的时钟状态如图 2 - 16 所示。

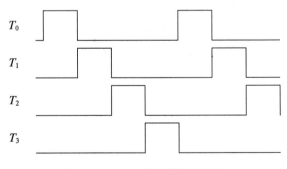

图 2 - 16　四节拍的周期示意图

2.5.3 控制方式

1.控制单元 CU 的外特性

在计算机组成原理课程中,通常把控制单元看作一个黑匣子(即简化问题),这样主要看它的输入和输出之间的逻辑关系。CU 的逻辑示意图如图 2 – 17 所示。

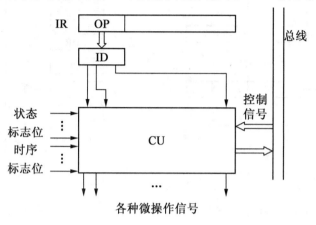

图 2 – 17 CU 的逻辑示意图

(1)输入信号:指令 OP 码译码结果、状态标志(例如是否溢出、结果是否为 0)、时序标志(例如是何机器周期、是哪个节拍)和总线来的控制信号(例如外部中断请求)。

(2)输出信号:各种微操作信号和传回总线的信号(例如读主存、写主存及中断响应)。

2.控制信号传递路径

若某两个部件可以传递数据,则两个部件之间应该有连接通路。

(1)不采用内总线的结构。

图 2 – 18 给出的是不采用内总线的控制逻辑示意图,带圆圈的箭头表示有门控的通路,即二者之间有连接,但门控如果无效,那么数据无法传递,门控受相应的微操作信号控制。例如,若有 PC(MAR 微操作),则该微操作信号打开通路之间的门控,数据才能传递。

特点:各部件之间是专用互连方式,路径短,逻辑结构复杂(不清晰)。

(2)采用内总线的结构。

图 2 – 19 给出的是采用内总线的控制逻辑,所有有门控的通路均面向总线连接,此时如果实现 PC(MAR 微操作),则需同时打开 PC 与总线之间的门控和 MAR 与总线之间的门控,这样数据才能完成传递。

特点:逻辑关系清晰,所有的连接属于共享连接(均共享总线),但传输路径会变长。

通路在物理上可能由若干级门电路组成,传递的时间要看门电路的级数。

由于各个通路的门电路级数均不相同,所以它们的传递时间也不相同,而节拍时间是以传递时间为基准设置的,通常节拍时间取传递时间的最大值。

举例说明,假设系统中存储周期为 2 μs(即机器周期也为 2 μs),一级门电路的延迟为 20 ns,该系统中最短通路仅有 3 级门电路,最长通路有 22 级门电路,则节拍时间如何设置,一个机器周期内含几个节拍。上例中节拍时间按最长通路取值,即 20 ns × 22 = 440 ns,实际设计中还要留有余量，则取 500 ns（即 1 节拍 = 500 ns）；再用 2 μs/500 ns = 4，则一个机器周期内有 4 个节拍。

PC
MAR
ID
OP
Ad
MDR
ACC
X
ALU

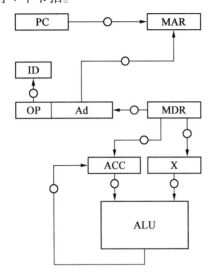

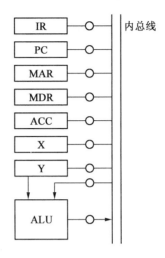

图 2－18　不采用内总线的控制逻辑示意图

IR
PC
MAR
MDR
ACC
X
Y
ALU
内总线

图 2－19　采用内总线的控制逻辑示意图

3. 同步控制

所有的操作均以基准信号为准，控制简单。

（1）定长机器周期。

无论指令操作的简繁，一律以最长的为基准。假设一个机器周期内含 4 个节拍：

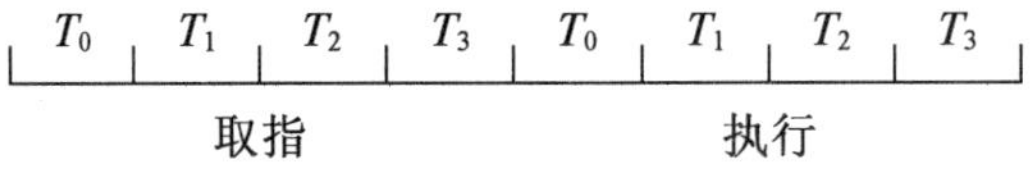

T0 T1 T2 T3 T0 T1 T2 T3
取指
执行

图 2－20　含有 4 个节拍的机器周期

特点：控制简单（操作相当规整），时间上可能存在浪费，若执行周期内只含有一个微操作，则后 3 个节拍为空节拍。

（2）不定长机器周期。

根据指令操作的简繁，适当地缩减或增加节拍。若机器周期内 4 拍无法完成，则增加延长节拍 T^*，增加延长节拍示意图如图 2－21 所示。

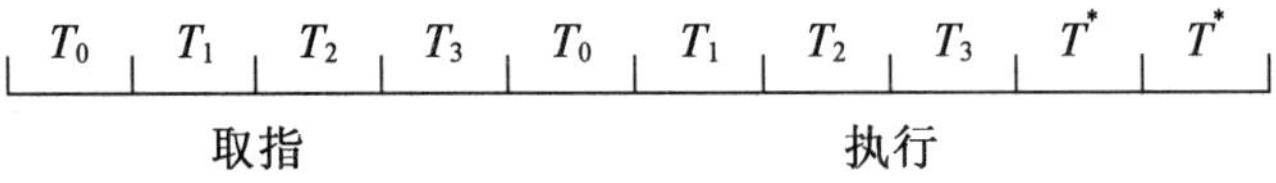

T0 T1 T2 T3 T0 T1 T2 T3 T* T*
取指
执行

图 2－21　增加延长节拍示意图

如机器周期内仅需要 3 拍，则缩减之后如图 2－22 所示。

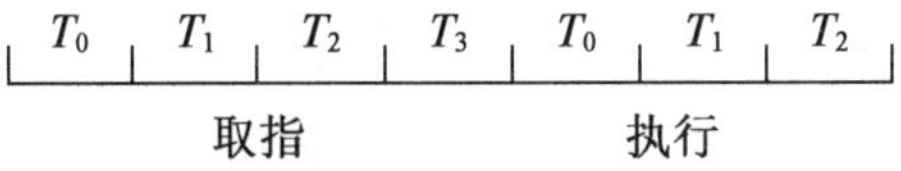

T0 T1 T2 T3 T0 T1 T2
取指
执行

图 2－22　缩减节拍示意图

特点:机器使用效率高,无空节拍,但实际控制上复杂(操作不规整)。

(3)局部控制与中央控制相结合。

对于乘法类指令,需要延长若干节拍,无法简单地由不定长机器周期模式来完成,此时系统中包含中央控制逻辑和局部控制逻辑两套控制逻辑,如图 2-23 所示。

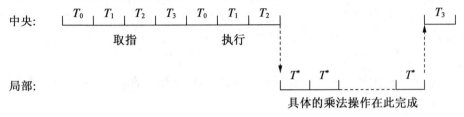

图 2-23　局部控制与中央控制相结合

操作上完成了对复杂模式的控制,如果仅对应中央控制,则它与前面两种模式不冲突。

4. 异步控制

时间基准上不采用统一的时钟,联络上采用应答机制。其控制会更复杂,但有时效率会更好。

5. 联合控制

同步方式和异步方式的结合;兼顾二者的优势,控制相对烦琐。

2.5.4　硬联线控制方式

硬联线控制方式也称组合逻辑,即用逻辑门来实现相应的逻辑表达式。

(1)设计一套指令系统(汇编语言级)。

为了便于说明,设计一套简单的指令系统,之所以不用实际机器的指令系统,是因为真实机器的指令系统会异常烦琐,一套假定的简单模型,可以把问题简化(只为说明如何设计控制器)。

①取数。

LDA　M　;从以 M 为地址的单元内取数至 ACC,即

$$[M] \rightarrow ACC$$

②存数。

STA　M　;把 ACC 内的数值存入以 M 为地址的单元,即

$$ACC \rightarrow [M]$$

③算术左移。

SHL　;把 ACC 内的数值算术左移一位,即

$$R(ACC) \rightarrow L(ACC)$$

$$ACC_0 \rightarrow ACC_0$$

④取反。

COM　;把 ACC 内的数值各位取反

⑤无条件跳。

JMP　M ;程序跳转至 M 地址处

⑥零跳。

JZ　M ;当结果为 0 时,跳转至 M 地址处,否则继续执行

(2)组合逻辑设计过程。

①安排微操作(为了简化,本例未考虑间址周期和中断周期)。

a. 取指周期(FE 标志有效)。

取指时,只知道地址而不知道是何种指令,所以所有指令的取指周期微操作相同。

T_0: 　PC (MAR ,1 (R

T_1: 　M(MAR)(MDR

T_2: 　PC ＋1 (PC

T_3: 　MDR (IR ,OP(IR)(CU

b. 执行周期(EX 标志有效)。

取数指令(LDA　M)的微操作安排如下:

T_0: 　Ad(IR) (MAR ,1 (R

T_1: 　M(MAR)(MDR

T_2:

T_3: 　MDR (ACC

存数指令(STA　M)的微操作安排如下:

T_0: 　Ad(IR) (MAR

T_1: 　ACC (MDR ,1 (W

T_2:

T_3: 　MDR (M(MAR)

算术左移指令(SHL)的微操作安排如下:

T_0:

T_1:

T_2:

T_3: 　R(ACC)(L(ACC) ,ACC_0 (ACC_0

取反指令(COM)的微操作安排如下:

T_0:

T_1:

T_2:

T_3: 　取反(ACC)(ACC

无条件跳转指令(JMP　M)的微操作安排如下:

【注意】 该类指令有地址码,但执行时不访存。

T_0:

T_1:

$T_2:$

$T_3:$ Ad(IR) (PC

为零时跳转指令(JZ M) 的微操作安排如下:

【注意】 该类指令属于分支指令,即存在两种可能。

$T_0:$

$T_1:$

$T_2:$

$T_3:$ 当结果为 0 时 , Ad(IR) (PC; 当结果不为 0 时 , PC (PC

注意:前面取指周期已经 PC 加 1, 所以此处仅保持不变。

(3)汇总见表 2 - 21。

表 2 - 21 微操作汇总表

周期标志	节拍	微操作	SHL	LDA	STA	JMP	JZ	COM
FE 周期	T_0	PC→MAR	1	1	1	1	1	1
		1→R	1	1	1	1	1	1
	T_1	M(MAR)→MDR	1	1	1	1	1	1
	T_2	PC +1→PC	1	1	1	1	1	1
	T_3	MDR→IR	1	1	1	1	1	1
		OP(IR)→CU	1	1	1	1	1	1
EX 周期	T_0	Ad(IR)→MAR	0	1	1	0	0	0
		1→R	0	1	0	0	0	0
	T_1	M(MAR)→MDR	0	1	0	0	0	0
		ACC→MDR	0	0	1	0	0	0
		1→W	0	0	1	0	0	0
	T_2		0	0	0	0	0	0
	T_3	MDR→ACC	0	1	0	0	0	0
		MDR→M(MAR)	0	0	1	0	0	0
		R(ACC)→L(ACC)	1	0	0	0	0	0
		$ACC_0→ACC_0$	1	0	0	0	0	0
		取反(ACC)→ACC	0	0	0	0	0	1
		Ad(IR)→PC	0	0	0	1	0	0
		当结果为 0 时, Ad(IR)→ PC; 当结果不为 0 时, PC→ PC	0	0	0	0	1	0

最后 6 列对应上述 6 条指令,每一行对应一个微操作,如果对应格里的值为 1,表示该条指令在该周期节拍时有此微操作,如果对应格里值为 0,则表示不需要此微操作。

(4)根据此表,写出每一个微操作的逻辑表达式,则每一个逻辑表达式可用对应的逻辑门电路实现,组合在一起就是控制单元 CU。

下面列举几个简单的例子,其他原理相同。

①微操作:M(MAR)→MDR   ;在取指周期和执行周期均有

FE · T_1 + EX · T_1 · LDA   ;其中"·"表示"与","+"表示"或"

②微操作:Ad(IR)→MAR   ;仅在执行周期内有

EX · T_0 · (LDA + STA)

③微操作:Ad(IR)→PC

EX · T_3 · (JMP + ZF · JZ)   ;其中 ZF 为零标志,当 ZF = 1 时,JZ 也有该操作

(5)对应成逻辑门电路。

用与门、或门以及其他门电路实现。可以参考"数字逻辑"等课程。

(6)组合逻辑(硬联线)的特点。

①速度快,相应标志有效后,仅需若干级门电路延迟后,微操作控制信号即可发出。

②无法扩展,逻辑电路一旦设计完成,即是一个整体(通常集成为一个芯片),如果想扩展一条新的指令,需按上述步骤重新设计,生成新的芯片。

2.5.5　微程序控制方式

微程序控制把存储程序的思想引入控制器中,扩充更加灵活,即硬件设计软件化。

1.微指令格式

微指令格式如下:

uOP	uAd

(1)uOP(微操作码):决定执行什么微操作。

(2)uAd(微地址码):下一条微指令的地址   // 这里不存在操作数。

2.微操作码的编码方式

(1)直接表示。

①微操作码的每一位对应一种微操作(即直接表示,没有编码表示)。

②操作快捷(微指令找到即可发出相应的微操作)。

③微操作码可能过长(通常微操作均超过十几种之多,微操作码至少十几位)。

假设已知取数指令(LDA　M)的执行周期微操作安排如下:

T_0:　Ad(IR)→MAR ,1→R

T_1:　M(MAR)→MDR

T_2:

T_3:　MDR→ACC

则对应 4 条微指令,按前面的描述,假设共有 16 种微操作,所以微操作码共 16 位(一位对应一种微操作,位置随意假定),起始微指令的微地址假定为 P,如图 2 - 24 所示。

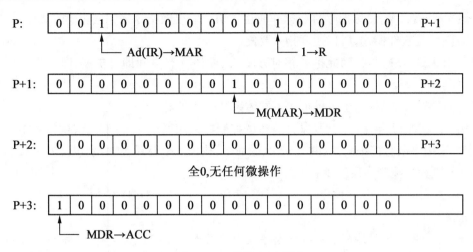

图 2 - 24 微指令示意图

注:为了直观,微地址取 P、P + 1、P + 2 和 P + 3,实际上在微指令系统内,由于微地址指示的是下一条微指令地址,所以微地址可以不连续。

(2)编码表示。

用一个数码指代一种微操作,而不是一位数指代一种微操作,可以把微操作码字段缩短,但操作时需要进行译码。其优点是微操作码可以缩短;缺点是操作时延迟变大(需经过译码后才能发出相应的微操作)。

①直接编码(经过一次译码即可发出微操作)。

要求:a. 微操作码字段分成若干字段。

b. 字段内为一组互斥微操作(即该组内各微操作不应同时出现)。

c. 字段间可同时发出。

假设微操作码字段分成 3 个字段,每字段内应分别包括 7、3 和 12 种微操作,如 2 - 25 所示。

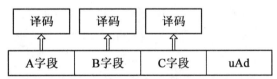

图 2 - 25 微程序直接编码控制逻辑示意图

此处 A、B、C 3 个字段分别对应 7、3 和 12 种微操作,具体数位应该是 A 字段至少取 3 位(对应 3:8 译码器),B 字段至少取 2 位(对应 2:4 译码器),C 字段至少取 4 位(对应 4:16 译码器),所以微操作码最后只有 3 + 2 + 4 = 9 位,而不是 7 + 3 + 12 = 22 位。因为分了 3 个字段,最多一次可发出 3 个微操作。

②间接编码。字段之间彼此还存在关联(如某些字段的输出受其他字段的输出控制),通常此种模式用来作为直接编码的辅助手段(可实现更复杂的逻辑关系)。

(3)混合编码。

混合编码即上述直接表示和编码表示等几种方式的混合应用,操作更灵活,控制相应复杂。

3. 微程序的特点

(1)控制器的一种软件模式的实现,所有的微指令编成的微程序均放在控制存储器

(Control Memory,CM,简称控存)内,操作时逐次访存取出微指令来完成相应的微操作。

（2）既然是软件模式,所以速度相对要慢。

（3）由于是软件模式,因此扩展相对方便(只要控存有空间即可扩展,同时不需要连续的空间)。

（4）只要微操作支持,也可模拟出不同体系结构的机器。

【例1】 (2012 年考研真题)某计算机的控制器采用微程序控制方式,微指令中的操作控制字段采用字段直接编码法,共有 33 个微命令,构成 5 个互斥类,分别包含 7、3、12、5 和 6个微命令,则操作控制字段至少有　　　　　　　　　　　　　　　　　　　（　　）

A.5 位　　　　　　　B.6 位　　　　　　　C.15 位　　　　　　　D.33 位

【答案】 C

【解析】 字段直接编码法将微命令字段分成若干个小字段,互斥性微命令组合在同一字段中,相容性微命令分在不同字段中,每个字段还要留出一个状态,表示本字段不发出任何微命令。5 个互斥类,分别包含 7、3、12、5 和 6 个微命令,需要 3、2、4、3 和 3 位,共 15 位。

【例2】 (2014 年考研真题)某计算机采用微程序控制器,共有 32 条指令,公共的取指令微程序包含 2 条微指令,各指令对应的微程序平均由 4 条微指令组成,采用断定法(下地址字段法)确定下条微指令地址,则微指令中下地址字段的位数至少是　　　　　（　　）

A.5　　　　　　　B.6　　　　　　　C.8　　　　　　　D.9

【答案】 C

【解析】 计算机共有 32 条指令,各个指令对应的微程序平均为 4 条,则指令对应的微指令为 $32 \times 4 = 128$ 条,而公共微指令还有 2 条,整个系统中微指令的条数一共为 $128 + 2 = 130$ 条,所以需要 $\log_2 130 = 8$ 位才能寻址到 130 条微指令,故答案为 C。

【例3】 (2009 年考研真题)冯·诺依曼计算机中指令和数据均以二进制形式存放在存储器中,CPU 区分它们的依据是　　　　　　　　　　　　　　　　　　　　（　　）

A. 指令操作码的译码结果　　　　　B. 指令和数据的寻址方式

C. 指令周期的不同阶段　　　　　　D. 指令和数据所在的存储单元

【答案】 C

【解析】 虽然指令和数据都是以二进制形式存放在存储器中,但 CPU 可以根据指令周期的不同阶段来区分是指令还是数据,通常在取指阶段取出的是指令,在执行阶段取出的是数据。

本题容易误选 A,需要清楚的是,CPU 只有在确定取出的是指令之后,才会将其操作码送去译码,因此,不可能依据译码的结果来区分指令和数据。

【例4】 (2009 年考研真题)在控制器的设计中,硬布线控制器的特点是　　　　（　　）

A. 指令执行速度慢,指令功能的修改和扩展容易

B. 指令执行速度慢,指令功能的修改和扩展难

C. 指令执行速度快,指令功能的修改和扩展容易

D. 指令执行速度快,指令功能的修改和扩展难

【答案】 D

【解析】 微程序控制器采用了"存储程序"的原理,每条机器指令对应一个微程序,因此修改和扩充容易,灵活性好,但每条指令的执行都要访问控制存储器,所以速度慢。

硬布线控制器采用专门的逻辑电路实现,其速度主要取决于逻辑电路的延迟,因此速度快,但修改和扩展困难,灵活性差。

【例5】　(2017 年考研真题)下列关于主存储器(MM)和控制存储器(CM)的叙述中,错误的是　　　　　　　　　　　　　　　　　　　　　　　　　　　　　　(　　)

A. MM 在 CPU 外,CM 在 CPU 内

B. MM 按地址访问,CM 按内容访问

C. MM 存储指令和数据,CM 存储微指令

D. MM 用 RAM 和 ROM 实现,CM 用 ROM 实现

【答案】　B

【解析】　主存储器就是我们通常说的主存,位于 CPU 外,存储指令和数据,由 RAM 和 ROM 实现。控制存储器用来存放实现指令系统的所有微指令,是一种只读型存储器,机器运行时只读不写,在 CPU 的控制器内。CM 按照微指令的地址访问,所以选项 B 错误。

【例6】　(2009 年考研真题)某计算机字长为 16 位,采用 16 位定长指令字结构,部分数据通路结构图如图 2－26 所示,图中所有控制信号为 1 时表示有效,为 0 时表示无效。例如,控制信号 MDRinE 为 1,表示允许数据从 DB 打入 MDR,MDRin 为 1,表示允许数据从内总线打入 MDR。假设 MAR 的输出一直处于使能状态。加法指令"ADD (R1),R0"的功能为(R0)+((R1))→(R1),即将 R0 中的数据与 R1 的内容所指主存单元的数据相加,并将结果送入 R₁ 的内容所指主存单元中保存。

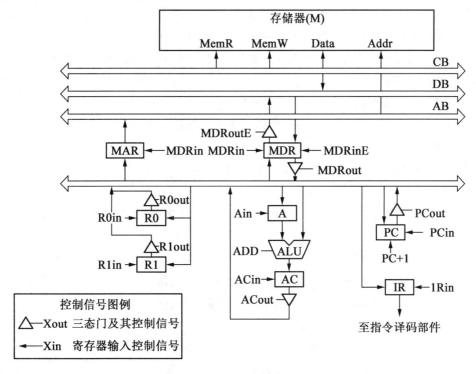

图 2－26　部分数据通路结构图

表 2－22 给出了上述指令取指和译码阶段每个节拍(时钟周期)的功能与有效控制信号,请按表中描述方式用表格列出指令执行阶段每个节拍的功能和有效控制信号。

表 2 - 22　　指令取指和译码阶段每个节拍(时钟周期)的功能与有效控制信号

时钟	功能	有效控制信号
C_1	PC→MAR	PCout,MARin
C_2	M(MAR)→MDR,PC+1→PC	MemR,MDRinE,PC+1
C_3	MDR→IR	MDRout,IRin
C_4	指令译码	无

【答案】　题干已给出取指和译码阶段每个节拍的功能与有效控制信号,我们应以弄清楚取指阶段中数据通路的信息流动作为突破口,读懂每个节拍的功能和有效控制信号。然后应用到解题思路中,包括划分执行步骤、确定完成的功能及需要的控制信号。

取指令的功能是根据 PC 的内容所指主存地址,取出指令代码,经过 MDR,最终送至IR。这部分和后面的指令执行阶段的取操作数、存运算结果的方法是相通的。

C_1:(PC)→MAR

在读写存储器前,必须先将地址(这里为(PC))送至 MAR。

C_2:M(MAR)→MDR,(PC)+1→PC

读写的数据必须经过 MDR,指令取出后 PC 自增 1。

C_3:(MDR)→IR

然后将读到 MDR 中指令代码送至 IR 进行后续操作。

指令"ADD (Rl),R0"的操作数一个在主存中,一个在寄存器中,运算结果在主存中。根据指令功能,要读出 R1 的内容所指的主存单元,必须先将 R1 的内容送至 MAR,即(R1)→MAR。而读出的数据必须经过 MDR,即 M(MAR)→MDR。

因此,将 R1 的内容所指主存单元的数据读出到 MDR 的节拍的操作安排如下:

C_5:(R1)→MAR

C_6:M(MAR)→MDR

ALU 一端是寄存器 A,MDR 或 R0 中必须有一个先写入 A 中,如 MDR。

C_7:(MDR)→A

然后执行加法操作,并将结果送入寄存器 AC。

C_8:(A)+(R0)→AC

之后将加法结果写回到 R1 的内容所指主存单元,注意 MAR 中的内容没有改变。

C_9:(AC)→MDR

C_{10}:(MDR)→M(MAR)

有效控制信号的安排并不难,只需看数据是流入还是流出,若流入寄存器 X 就是 Xin,若流出寄存器 X 就是 Xout。还需注意其他特殊控制信号,如 PC+1、Add 等。

于是得到参考答案见表 2 - 23。

表 2 - 23　后续操作描述表

时钟	功能	有效控制信号
C_5	$(R1) \rightarrow MAR$	R1out, MARin
C_6	$M(MAR) \rightarrow MDR$	MemR, MDRinE
C_7	$(MDR) \rightarrow A$	MDRout, Ain
C_8	$(A) + (R0) \rightarrow AC$	R0out, Add, ACin
C_9	$(AC) \rightarrow MDR$	ACout, MDRin
C_{10}	$(MDR) \rightarrow M(MAR)$	MDRoutE, MemW

【注意】　本题答案不唯一,如果在 C_6 执行 $M(MAR) \rightarrow MDR$ 的同时完成 $(R0) \rightarrow A$,即选择将 $(R0)$ 写入 A,并不会发生总线冲突,这种方案可节省 1 个节拍。

【例 7】　(2013 年考研真题)某计算机采用 16 位定长指令字格式,其 CPU 中有一个标志寄存器,其中包含进位/借位标志 CF、零标志 ZF 和符号标志 NF。假定为该机设计了条件转移指令,其格式如下:

15　　　　　11	10	9	8	7　　　　　　　0
00000	C	Z	N	OFFSET

其中,00000 为操作码 OP;C、Z、N 分别为 CF、ZF 和 NF 的对应检测位,某检测位为 1 时表示需检测对应标志位,需检测的标志位中只要有一个为 1 就转移,否则不转移。例如,若 C = 1, Z = 0, N = 1,则需检测 CF 和 NF 的值,当 CF = 1 或 NF = 1 时发生转移;OFFSET 是相对偏移量,用补码表示。转移执行时,转移目标地址为 $(PC) + 2 + 2 \times OFFSET$;顺序执行时,下条指令地址为 $(PC) + 2$。请回答下列问题。

(1)该计算机存储器按字节编址还是按字编址?该条件转移指令向后(反向)最多可跳转多少条指令?

(2)某条件转移指令的地址为 200CH,指令内容如下图所示,若该指令执行时 CF = 0, ZF = 0, NF = 1,则该指令执行后 PC 的值是多少? 若该指令执行时 CF = 0, ZF = 0, NF = 0,则该指令执行后 PC 的值又是多少? 请给出计算过程。

15　　　　　11	10	9	8	7　　　　　　　0
00000	0	1	1	11100011

图 2 - 27　数据通路示意图

(3)实现"无符号数比较小于等于时转移"功能的指令中,C、Z 和 N 应各是什么?

(4)图 2 - 27 该指令对应的数据通路示意图,要求给出图中部件①～③的名称或功能说明。

【答案】　本题涉及汇编语言、指令系统、指令控制等多方面的知识,比较综合。

(1)因为指令长度为 16 位,且下条指令地址为 $(PC) + 2$,故编址单位是字节。偏移量 OFFSET 为 8 位补码,范围为 -128～127,故相对于当前条件转移指令,向后最多可跳转 127 条指令。

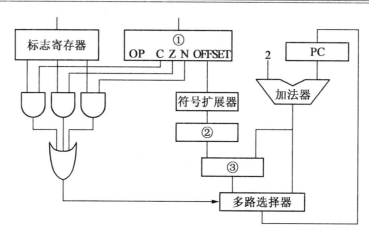

图 2 - 27　数据通路示意图

（2）指令中 CF = 0,ZF = 1,NF = 1,故应根据 ZF 和 NF 的值来判断是否转移。当 CF = 0,
ZF = 0,NF = 1 时,需转移。已知指令中偏移量为 1110 0011B = E3H,符号扩展后为 FFE3H,
左移一位（乘 2）后为 FFC6H,故 PC 的值（即转移目标地址）为 200CH + 2 + FFC6H =
1FD4H。当 CF = 0,ZF = 0,NF = 0 时不转移。PC 的值为 200CH + 2 = 200EH。

（3）指令中的 C、Z 和 N 应分别设置为 C = Z = 1, N = 0,进行数之间的大小比较通常是
对两个数进行减法,而因为是无符号数比较小于等于时转移,即两个数相减结果为 0 或者负
数都应该转移,若是 0,则 ZF 标志应当为 1,若是负数,则借位标志应该为 1,而无符号数并
不涉及符号标志 NF。

（3）部件①用于存放当前指令,不难得出为指令寄存器;多路选择器根据符号标志
C/Z/N 来决定下一条指令的地址是 PC + 2 还是（PC）+ 2 + 2 × OFFSET,故多路选择器左边
线上的结果应该是（PC）+ 2 + 2 × OFFSET。根据运算的先后顺序以及与 PC + 2 的连接,部
件②用于左移一位实现乘 2,为移位寄存器。部件③用于 PC + 2 和 2 × OFFSET 相加,为加
法器。

2.6　总　线　技　术

总线即连接多个部件（在现在总线概念中,多个最少也可以是两个）的一组公用信息传
输线,是各部件共享的传输介质。

现在的总线已经是一个泛化的概念,有些两两互连的传数线也称总线,例如 CPU 和主
存之间通常会有一组专用传输线（就是两个部件互连）,这组线就称为主存总线。

2.6.1　总线分类

（1）按所传输的信息分类。

地址总线（Address Bus,AB）:传输地址信号的总线。

数据总线（Data Bus,DB）:传输数据信号的总线。

控制总线（Control Bus,CB）:传输控制信号的总线。

(2)按传输方式分类。

并行总线(一次传输多位数据)及串行总线(一次仅传输一位数据)。

(3)按所连接的部件分类。

系统总线(也称处理器总线):互连系统中主要功能部件的总线,一般主要连接处理器和主存,特点是时钟频率高,线宽大。

输入输出总线(也称 I/O 总线):连接主机和输入/输出设备的总线,特点是时钟频率低,线宽小。

(4)按在系统中的位置分类。

片内总线:位于处理芯片内部的总线,负责寄存器之间和寄存器与运算器之间的数据传输。

底板总线(也称系统总线或内总线):计算机系统主板上的总线,负责处理器、主存以及I/O 接口之间的互连。

板间总线(也称 I/O 总线):用于主机与 I/O 接口的互连,主要反映主板上的扩展插槽。

通信总线(也称外总线):负责计算机系统之间或计算机与外围设备之间的连接。

2.6.2　总线的特性

所谓的总线的特性,即如何来描述总线。

1. 物理特性(也称机械特性)

物理特性指总线在连接方式上的一些特性,如插头和插座使用标准(几何尺寸、形状、引脚个数以及排列的顺序等)。

2. 电气特性

电气特性指总线的每一根传输线上信号的传递方向和有效的电平范围。

(1)传递方向的 3 种模式。

单工:传递方向不可改变,仅按预先设定的方向传递。

半双工:传递方向可以改变,但某个时间段仅能按一个方向传递(仅一个信道)。

全双工:可两个方向同时传递(实质上是两个信道)。

(2)TTL 逻辑电平。

通常逻辑描述"0"用 +5 V 电平、"1"用 0 V 电平,实际标准中,不同总线的电平值不同,因此不同总线连接时,需要桥接电路。

3. 功能特性

功能特性指总线中每一根传输线的功能,常用信号举例如下:

D_0—D_{31}(数据线)	;数据线 32 根,对应 32 位机
A_0—A_{31}(地址线)	;地址线 32 根,对应寻址空间 4 GB
CLK(时钟)	RST(复位)
INTR(中断请求)	INTA(中断响应)
RD(读)	WR(写)
HRQ(总线请求)	HLDA(总线允许)

4. 时间特性(也称过程特性)

时间特性指总线中任一根线在什么时间内有效,具体用时序关系图描述。

2.6.3　总线控制

1. 总线仲裁(Bus Arbitration)

决定总线归谁使用。

①总线控制器:需要有一个控制器来决定总线的使用权和对总线进行管理

②控制方式。

集中式——控制逻辑集中在一处(早期通常在 CPU 内部)。

分布式——控制逻辑分散到各个部件或设备上。

主模块(Master Module)——拥有总线控制权的部件。

从模块(Slave Module)——被主部件访问的部件。

(1)链式查询方式。

特点:结构简单,扩展容易(不管设备为多少,仅需 3 根控制线即可);对故障敏感(某个设备出错,其后的所有设备均无法操作);远端响应机会小(存在饥饿现象),远端响应延迟大。

(2)计数器定时查询方式。

用一组设备地址线替代原来的 BG(总线获取信号),由于取消了 BG,所以故障敏感特性消失,只有设备地址线上的地址值与请求设备的编号相同时,设备才能获得总线。

特点:扩展受地址线位数限制(若设备地址线仅 3 位,则最多设备数为 8 个);对故障不敏感;各设备优先级相同(请求时设备地址线数值随机);响应的延迟可能小,也可能大(响应时间无法预期)。

(3)独立请求方式。

每一个设备均有一组 BR 和 BG,所以响应时间短,但硬件开销较大(线数多),总线控制器内需要一个优先级排队器。

(4)固定时间片。

固定时间片是一种分时系统模式,即每个设备处理一定时间,时限到了立刻让出总线使用权。

(5)分布式总线仲裁方式。

前面几种均为集中式仲裁,这是一种分布式仲裁。各设备有自己的仲裁电路,操作时向共享的优先级地址线发自己的优先级号,然后回收地址线上的数值,根据回收的数据决定是否使用总线。

2. 总线通信控制

总线通信控制决定数是否送到总线上、对方是否接收、数是否撤销、下一次是否开始。

(1)同步通信。

①无须感知对方,按固有时钟周期来处理。

②时钟可共享同一个,也可彼此各有一个(但使用前需协调同步)。

特点:配合简单一致,信号传输速率高,时钟的频率向慢速设备看齐(对快速设备而言效率较低)。

(2)异步通信。

异步通信需要感知对方的操作,一般用一组应答来进行双方的联络信号,分为单边控制和双边控制两种。

单边控制即只一端控制,另一端无须回应,分为以下两种:

①源部件控制(即发送端)。包括下述功能:

发送端送出数据,同时发数据就绪状态(用该状态信号锁存数据给对方端),理想情况是接收端收到就绪状态,取走数据(接收端不发回应信号)。

缺点:存在"毛刺"脉冲干扰,造成错误数据锁存;发送端不能确切知晓接收端是否把数据取走(若接收端未把数据取走,而发送端又发新数,则原数据丢失)。

②目的部件控制(即接收端)。包括下述功能:

接收端发出数据请求,延迟一定时间(接收端认为在理想情况下,发送端应该接收到该信号并已进行了处理),然后取走数据。整个过程不接收发送端任何信号。

缺点:无法确定发送端是否真的发送了数据(只是假定正常情况下,延迟如此长的时间发送端一定响应)。

双边控制即一端请求,另一端需要回应。这种控制方式的安全性要比单边控制高。按安全级别分为以下几种方式:

a. 不互锁方式。只存在一个递推关系,即回应信号是在接到对方的请求信号发出的。请求端不接收回应信号,而是延迟一段时间(认为时间足够长,对方足够响应)后自动撤销请求信号,同时回应信号也是延长一段时间后自动撤销。实质上就是一种单边控制。

问题:如果对方没有回应,结果是数据丢失。

b. 半互锁方式。存在两个递推关系,回应信号是在接到对方的请求信号发出的,同时请求信号是在接到对方的回应信号后撤销的。最后回应信号是延长一段时间(认为时间足够长,对方足够响应)后自动撤销。

问题:如果对方没有接到回应信号,而本方回应又撤销,结果是对方一直请求。

c. 全互锁方式。存在 3 个递推关系,回应信号是在接到对方的请求信号发出的,同时请求信号是在接到对方的回应信号后撤销的,最后回应信号是在接到对方的请求信号撤销后再撤销。此种方式安全性最高,但控制麻烦,在网络通信中采用较多。

2.6.4　常用总线的结构举例

1. 单总线结构

单总线结构在早期 DEC 公司的 PDP－11/20 采用,仅一条共享总线,如图 2－28 所示。

特点:共享总线,扩展容易,但 I/O 总数有上限(受总线负载能力限制);总线速度由最慢设备决定(木桶原理),总线利用率低;正常的 I/O 模式,即 I/O 先传数给 CPU,CPU 再把数传给主存(不存在 DMA)。

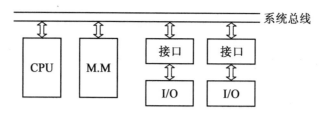

图 2 - 28　单总线结构示意图

2. 多总线结构

在单总线结构(系统总线)的基础上添加局部总线。

【注意】 系统总线之外的总线均可称为局部总线。

多总线结构示意图如图 2 - 29 所示,图中在 CPU 和主存之间引入一条主存总线,可以实现主存和 CPU 之间的高速传输数据;同时在高速 I/O 和主存之间引入一条 DMA 总线,可以实现高速 I/O 和主存之间的高速传输数据。其他低速 I/O 则通过系统总线和 CPU 进行低速传输数据。

特点:引入局部总线,可以高速传输数据,局部总线一般为互连总线,不易于扩展。

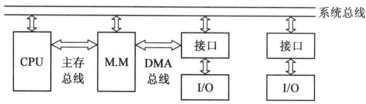

图 2 - 29　多总线结构示意图

3. 总线的层次结构

现代计算机系统的总线普遍呈现多层次结构,如图 2 - 30 所示。

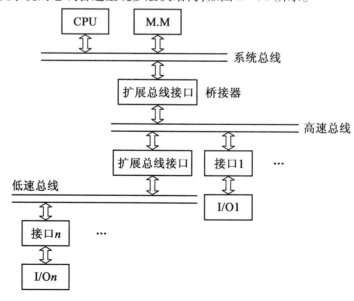

图 2 - 30　多总线层次结构示意图

　　总线的多层次结构可以实现不同的总线速度和 I/O 设备的扩展,同时可以假想下层为一个统一的 I/O 系统,总线之间通过桥接器(Bridge)连接。

2.6.5　总线的性能指标

　　(1)总线宽度:数据总线的位数。

　　(2)工作时钟频率:控制总线中时钟信号线所提供的频率。

　　①处理器内部总线的频率称为内频。

　　②系统总线的频率称为外频。

　　(3)单个数据传送周期数。

　　①正常方式:传送时先送地址,然后再送数据(即两个工作周期送一个数)

　　②突发方式:只有第一个数采用正常方式(两个工作周期),后续数据只需一个工作周期即可(通常满足局部性原理,不需再送地址,地址自动加 1 即可)。

　　(4)负载能力:连接部件数目的多少(平均值一般为 3 个)

　　(5)标准传输率:即传输带宽,为

$$标准传输率 = 总线宽度 \times 工作频率$$

　　【注意】　此处不是时钟频率,传输带宽为理论上的最大值(即总线的峰值)。

　　【例 1】　(2012 年考研真题)某同步总线的时钟频率为 100 MHz,宽度为 32 位,地址/数据线复用,每传输一个地址或数据占用一个时钟周期。若该总线支持突发(猝发)传输方式,则一次"主存写"总线事务传输 128 位数据所需要的时间至少是　　　　　　　(　　)

　　A. 20 ns　　　　　B. 40 ns　　　　　C. 50 ns　　　　　D. 80 ns

　　【答案】　C

　　【解析】　总线频率为 100 MHz,则时钟周期为 10 ns。总线位宽与存储字长都是 32 位,故每一个时钟周期可传送一个 32 位存储字。猝发式发送可以连续传送地址连续的数据,故总的传送时间为:传送地址 10 ns,传送 128 位数据 40 ns,共需 50 ns。

　　【例 2】　(2012 年考研真题)下列关于 USB 总线特性的描述中,错误的是　　　(　　)

　　A. 可实现外设的即插即用和热拔插　　　　B. 可通过级联方式连接多台外设

　　C. 是一种通信总线,连接不同外设　　　　D. 同时可传输 2 位数据,数据传输率高

　　【答案】　D

　　【解析】　USB(通用串行总线)的特点有:即插即用;热插拔;有很强的连接能力,采用菊花链形式将众多外设连接起来;有很好的可扩充性,一个 USB 控制器可扩充高达 127 个外部 USB 设备;高速传输,速度可达 480 Mbit/s,所以选项 A、B、C 都符合 USB 总线的特点。

　　对于选项 D,USB 是串行总线,不能同时传输 2 位数据;另外,尽管 USB 总线有两个数据线,但它是差模传输 1 位数据。

　　【例 3】　(2014 年考研真题)某同步总线采用数据线和地址线复用方式,其中地址/数据线有 32 根,总线时钟频率为 66 MHz,每个时钟周期传送两次数据(上升沿和下降沿各传送一次数据),该总线的最大数据传输率(总线带宽)是　　　　　　　　　　　(　　)

　　A. 132 MB/s　　　B. 264 MB/s　　　C. 528 MB/s　　　D. 1 056 MB/s

【答案】 C

【解析】 数据线有32根,也就是一次可以传送32 bit/8 = 4 B的数据,66 MHz意味着有66 M个时钟周期,而每个时钟周期传送两次数据,可知总线每秒传送的最大数据量为66 M × 2 × 4 B = 528 M,所以总线的最大数据传输率为528 MB/s,故选C。

【例4】 (2014年考研真题)一次总线事务中,主设备只需给出一个首地址,从设备就能从首地址开始的若干连续单元读出或写入多个数据。这种总线事务方式称为 ( )

A.并行传输　　　　B.串行传输　　　　C.突发传输　　　　D.同步传输

【答案】 C

【解析】 猝发(突发)传输是在一个总线周期中,可以传输多个存储地址连续的数据,即一次传输一个地址和一批地址连续的数据,并行传输是在传输中有多个数据位同时在设备之间进行的传输,串行传输是指数据的二进制代码在一条物理信道上以位为单位按时间顺序逐位传输的方式,同步传输是指传输过程由统一的时钟控制,故选C。

【例5】 (2018年考研真题)下列选项中,可提高同步总线数据传输率的是 ( )

Ⅰ.增加总线宽度　　　　　　　　Ⅱ.提高总线工作频率

Ⅲ. 支持突发传输　　　　　　　　Ⅳ.采用地址/数据线复用

A.仅Ⅰ、Ⅱ　　　　B.仅Ⅰ、Ⅱ、Ⅲ　　　　C.仅Ⅲ、Ⅳ　　　　D.Ⅰ、Ⅱ、Ⅲ和Ⅳ

【答案】 B

【解析】 总线数据传输率 = 总线工作频率 × 总线带宽,所以Ⅰ和Ⅱ会影响总线数据传输率。采用突发传输方式(也称猝发传输),在一个总线周期内传输存储地址连续的多个数据字,从而提高了传输效率;而采用地址/数据线复用只是减少了线的数量,节省了成本,但并不能提高传输率。

【例6】 (2017年考研真题)下列关于多总线结构的叙述中,错误的是 ( )

A.靠近CPU的总线速度较快　　　　B.存储器总线可支持突发传送方式

C.总线之间需通过桥接器相连　　　　D.PCI – Express × 16采用并行传输方式

【答案】 D

【解析】 多总线结构用速率高的总线连接高速设备,用速率低的总线连接低速设备。一般来说,CPU是计算机的核心,是计算机中速度最快的设备之一,所以A正确。突发传送方式把多个数据单元作为一个独立传输处理,从而最大化设备的吞吐量。现实中一般用支持突发传送方式的总线提高存储器的读写效率,所以B正确。各总线通过桥接器相连,后者起流量交换作用。PCI – Express总线都采用串行数据包传输数据,所以选D。

【例7】 (2016年考研真题)下列关于总线设计的叙述中,错误的是 ( )

A.并行总线传输比串行总线传输速度快

B.采用信号线复用技术可减少信号线数量

C.采用突发传输方式可提高总线数据传输率

D.采用分离事务通信方式可提高总线利用率

【答案】 A

【解析】 初看可能会觉得A正确,并行总线传输通常比串行总线传输速度快,但这不是绝对的。在实际时钟频率比较低的情况下,并行总线因为可以同时传输若干比特,速率确实比串行总线快。但是,随着技术的发展,时钟频率越来越高,并行导线之间的相互干扰越来越严重,当时钟频率提高到一定程度时,传输的数据已经无法恢复。而串行总线因为导线少,线间干扰容易控制,反而可以通过不断提高时钟频率来提高传输速率,故 A 错误。

总线复用是指一种信号线在不同的时间传输不同的信息。可以使用较少的线路传输更多的信息,从而节省了空间和成本,故 B 正确。突发(猝发)传输是在一个总线周期中,可以传输多个存储地址连续的数据,即一次传输一个地址和一批地址连续的数据,故 C 正确。分离事务通信即总线复用的一种,相比单一的传输线路可以提高总线的利用率,故 D 正确。

【例8】 (2009 年考研真题)假设某系统总线在一个总线周期中并行传输 4 B 信息,一个总线周期占用 2 个时钟周期,总线时钟频率为 10 MHz,则总线带宽是 ( )

A.10 MB/s   B.20 MB/s   C.40 MB/s   D.80 MB/s

【答案】 B

【解析】 总线带宽是指单位时间内总线上传输数据的位数,通常用每秒钟传送信息的字节数来衡量,单位为 B/s。由题意可知,在 1 个总线周期(2 个时钟周期)内传输了 4 字节信息,时钟周期 = 1/10 MHz = 0.1 μs,故总线带宽为 4B/(2×0.1 μs) = 4B/0.2 μs = 20 MB/s。

【例9】 (2013 年考研真题)某 32 位计算机,CPU 主频为 800 MHz,Cache 命中时的 CPI 为 4,Cache 块大小为 32 字节;主存采用 8 体交叉存储方式,每个体的存储字长为 32 位、存储周期为 40 ns;存储器总线宽度为 32 位,总线时钟频率为 200 MHz,支持突发传送总线事务。

每次读突发传送总线事务的过程包括送首地址和命令、存储器准备数据、传送数据。每次突发传送 32 字节,传送地址或 32 位数据均需要一个总线时钟周期。请回答下列问题,要求给出理由或计算过程。

(1)CPU 和总线的时钟周期各为多少? 总线的带宽(即最大数据传输率)为多少?

(2)Cache 缺失时,需要用几个读突发传送总线事务来完成一个主存块的读取?

(3)存储器总线完成一次读突发传送总线事务所需的时间是多少?

(4)若程序 BP 执行过程中,共执行了 100 条指令,平均每条指令需进行 1.2 次访存,Cache 缺失率为 5%,不考虑替换等开销,则 BP 的 CPU 执行时间是多少?

【答案】 (1)CPU 的时钟周期是主频的倒数,即 1/800 MHz = 1.25 ns。

总线的时钟周期是总线频率的倒数,即 1/200 MHz = 5 ns。

总线宽度为 32 位,故总线带宽为 4 B×200 MHz = 800 MB/s 或 4 B/5 ns = 800 MB/s。

(2)Cache 块大小是 32 B,因此 Cache 缺失时需要一个读突发传送总线事务读取一个主存块。

(3)一次读突发传送总线事务包括一次地址传送和 32 B 数据传送;用 1 个总线时钟周期传输地址;每隔 40 ns/8 = 5 ns 启动一个体工作(各进行 1 次存取),第一个体读数据花费 40 ns(准备数据),之后数据存取与数据传输重叠,用 8 个总线时钟周期传输数据。

读突发传送总线事务时间:5 ns + 40 ns + 8×5 ns = 85 ns。

(4)BP 的 CPU 执行时间包括 Cache 命中时的指令执行时间和 Cache 缺失时带来的额外开销。

命中时的指令执行时间:100×4×1.25 ns = 500 ns。

指令执行过程中 Cache 缺失时的额外开销:$1.2 \times 100 \times 5\% \times 85\ ns = 510\ ns$。

BP 的 CPU 执行时间:$500\ ns + 510\ ns = 1\ 010\ ns$。

2.7　输入输出系统

2.7.1　I/O 控制的相关概念

1. I/O 编址方式

(1)统一编址。

主存地址和 I/O 地址编在一个地址空间(所以主存空间相对要小),无相应的 I/O 指令(所以指令系统相对简单)。

(2)独立编址。

用单独的 I/O 指令访问外部设备(指令系统复杂),主存地址和 I/O 地址是两个独立的地址空间(主存空间相对要大)。

2. I/O 的互连方式

(1)直接互连:两个部件之间用一组专用线路互连。

(2)总线互连:多个部件共用一组传输线(各部件只能分时使用)。

3. 联络方式

(1)立即响应:使用时,不用查对方状态(默认对方时刻就绪),直接操作。

(2)异步方式(即应答模式):设置一组联络信号(一应一答),先发请求,只有对方回应后方可操作,否则等待。

(3)同步方式:双方以同步时钟为基准进行相应的操作。

2.7.2　I/O 的基本控制方式

1. 程序查询方式

CPU 通过外设的状态标志对其进行监控和处理,查询方式如图 2 - 31 所示。在查询过程中,CPU 存在踏步查询现象(效率低),实现相对简单。

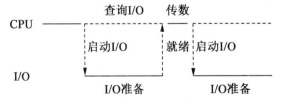

图 2 - 31　查询方式示意图

2. 程序中断方式

中断方式属于软件方式,但需要相应的硬件(中断系统)支持,中断方式示意图如图 2 - 32 所示。

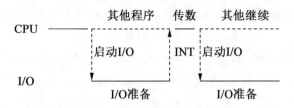

图 2 - 32　中断方式示意图

中断方式的特点:数据传递依旧由 CPU 完成,CPU 和 I/O 外设在某段时间上是并行处理(效率更高)。

3. 存储器直接访问方式(Direct Memory Access,DMA)

传统的 I/O 输入模式需要两步,即先把数送至 CPU 内,再由 CPU 把数送至主存;DMA 模式仅需一步,即不需要 CPU 的干预,I/O 一次把数送至主存内。DMA 方式示意图(包括外设和接口两部分)如图 2 - 33 所示。

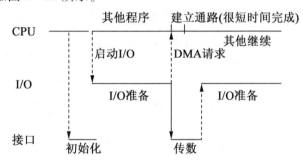

图 2 - 33　DMA 方式示意图

DMA 方式的特点:传数是由 I/O 接口电路控制完成的,CPU 只移交总线;在传数过程中 CPU 不干预,所以之前 CPU 不需要保护现场;是一种硬件控制的传数过程,速度快,异常处理能力差(一旦启动,就无法停止);传数过程开始之前需 CPU 预处理一次,传数过程结束之后需 CPU 后处理一次。

2.7.3　中断系统

在某程序处理过程中,遇到异常或相应事件,暂停现行程序,转去执行相应的处理程序,处理程序结束后返回原现行程序的过程,称为一次中断。

【注意】　这里描述的是典型的外中断,内中断处理模式可能有些不同。

1. 中断的分类

(1)按中断的处理方式,可分为强迫中断和自愿中断。

强迫中断:有请求一般必须相应,请求具有随机性,特殊时可屏蔽。

自愿中断:由自陷(Trap)指令完成,请求不具有随机性(请求时间即自陷指令执行的时间)。

(2)按中断源的位置,可分为内中断和外中断。

内中断:由内部事件引起的中断(例如溢出、奇偶校验错、地址失效)。

外中断:由外部事件引起的中断(例如外部 I/O 请求、键中断)。

2. 中断系统的相关概念操作

(1)如何请求。

用触发器进行状态标识,设置请求触发器(1 表示有请求,0 表示无请求)。

(2)优先级排队

①多个中断源发出请求,只能相应一个,靠排队来决定优先级。

②软件查询(早期采用)。由查询次序决定优先级,在流程前面的先查询,后面的后查询,一旦判断哪级中断有请求,就直接跳转(后面的各级中断不再查询)。

特点:实现简单,易于实现,因为是纯软件方式,速度相对要慢。

③硬件排队器。四级排队器的逻辑如图 2 – 34 所示。

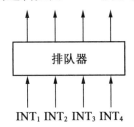

图 2 – 34　四级排队器逻辑示意图

通常左边优先级最高,依次向右递减,最右边最低。内部是屏蔽原理,即当左边的请求有效,自动把右边的全部屏蔽掉,所以输出只有左边的一个有效。例如,四级请求状态为“1111”,即 4 个中断源同时请求,则输出为“1000”,最左边的 1 有效屏蔽掉其右边的所有 1 有效。

此种方式现在普遍采用,即硬件原理不复杂,速度较快。

(3)CPU 的响应条件。

①时间条件:指令周期末时刻(方便断点保护)。

②CPU 状态:必须 CPU 允许响应。

计算机中断系统设置允许触发器,当允许触发器为 1,称为开中断,即此时 CPU 可以响应中断请求;允许触发器为 0,称为关中断,即此时 CPU 不可以响应中断请求。

(4)现场保护。

程序在执行过程中,一些计算的中间结果均存储在 CPU 的一些寄存器中,这些寄存器里的暂存值称为 CPU 现场。

①隐指令。程序的断点(当前 PC 值,返回时需要)由隐指令自动压栈保护(系统自动完成)。

②现场保护。中断服务程序把 CPU 所有涉及的寄存器压栈保护,中断程序返回前再出栈恢复。

(5)服务程序入口地址。

①中断向量。为了方便查找,系统中所有的中断不是按名查找,而是按编号查找。即系统中为所有的中断统一编号(统一的系统中,号码是固定的),该编号称中断向量号。

②中断向量表。所有中断的入口地址索引成表,其示意图如图 2 – 35 所示。

图 2 – 35　中断向量表示意图

【注意】　所谓的中断向量号实质上就是向量表的偏移地址,经过一次间址操作取出的就是中断的入口地址。

(6)现场恢复和中断返回。

①中断返回。中断服务处理完成后,返回原断点处,通常由 IRET 指令完成。

【注意】　相应时断点保护是由系统隐指令完成,程序中不涉及,但返回时必须由 IRET 指令完成。IRET 指令的本质即为出栈操作指令。

②现场恢复。现场恢复即现场保护的反向出栈操作。

(7)多重中断。

多重中断即中断的嵌套,中断处理时再次被新的中断打断。

①实现条件。新来中断的级别要比正在执行中断的级别高。通常级别可分为相应级别和处理级别两种,相应级别由硬件排队器来决定,处理级别即处理的先后次序,这里指处理级别,通常由屏蔽技术实现。

②屏蔽技术。设置屏蔽触发器来标识状态,为 1 表示屏蔽该级中断,为 0 表示开放。

例如:$1^\#2^\#3^\#4^\#$ 四级中断的屏蔽触发器的值依次为“1011”,则表示当前状态,$2^\#$ 中断被屏蔽,$1^\#$ 中断、$3^\#$ 中断和 $4^\#$ 中断可以打断当前的处理程序。

3. 中断系统的逻辑组成

为了描述简单,这里只设置了四级中断,依次为 $1^\#$ 中断、$2^\#$ 中断、$3^\#$ 中断和 $4^\#$ 中断,则请求触发器设置 4 个(和中断源个数对应),允许触发器 1 个(和 CPU 个数对应),屏蔽触发器 4 个(和中断源个数对应),1 个四级排队器以及其他若干门电路。中断逻辑组成如图 2 – 36 所示。

图 2 – 36 中 INTR 为请求触发器;INTM 为屏蔽触发器;EINT 为允许触发器(仅 1 位),当外部事件有中断请求时只触发相应标识,时间上无任何限制;INT 为中断系统向 CPU 发出的请求信号。

EINT 为允许位(为 1 时表示开中断),只要排队器中有请求(或关系),并且开中断则 INT 有效,即向 CPU 发中断请求,同时 INT 触发允许位 EINT 复位(即清 0),表示响应中断后立即关中断。

注:多个触发器构成的逻辑单元可以称为寄存器,图 2 – 36 中虚线部分的内容即可称为相应的寄存器,例如 4 个 INTR 构成的逻辑单元可称为中断请求寄存器,其余类似。在 PC 机中用一片 8259 管理中断,逻辑关系类似。

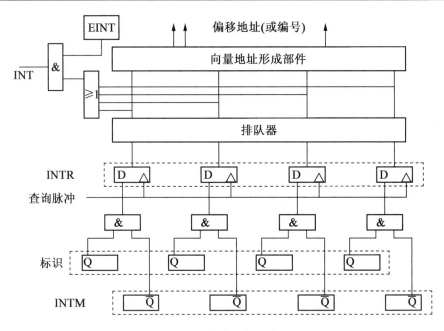

图 2 - 36　中断逻辑示意图

4. 中断的处理流程

中断指令级处理流程大致可分为中断请求、中断响应、中断处理(或称为中断服务)和中断返回。

【注意】 外部事件在请求中断时间上是任意的,不以指令周期为基准。

(1)中断请求。

I/O 设备如有请求设置相应的标识位有效(任意时刻),系统在每条指令周期末时刻查询,查询脉冲只在指令周期末时刻发出。

(2)中断响应。

响应是由指令集中的隐指令完成,不需用户干预。其条件是 CPU 开中断且指令周期末时刻。具体操作包括:系统自动关中断、请求位清零、断点入栈、置相应的屏蔽字及形成向量地址。

(3)中断处理。

处理由中断服务程序来完成,包括现场保护、重新开中断及相应的程序执行。

(4)中断返回。

服务程序最后由 IRET 指令来完成(有的程序根据需要 IRET 也可不放最后),程序返回前现场恢复和关中断,然后断点出栈,返回原断点处。

假设有四级中断,依次为 1# 中断、2# 中断、3# 中断和 4# 中断,它们的响应优先级为 1# > 2# > 3# > 4#,若想把处理次序改为 1# → 3# → 4# → 2#,则相应的屏蔽字为何值,当四级中断同时请求,且之前无任何中断,描述其处理过程。屏蔽字见表 2 - 24。

表2-24 屏蔽字

屏蔽字	1#	2#	3#	4#
1#	1	1	1	1
2#	0	1	0	0
3#	0	1	1	1
4#	0	1	0	1
主程序	0	0	0	0

上述处理过程示意图如图2-37所示。

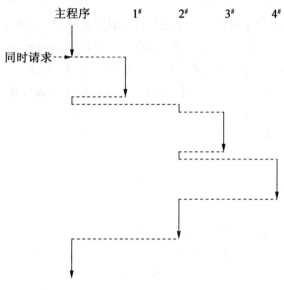

图2-37 处理过程示意图

【注意】 中断的特点是哪里断的回到哪里。

2.7.4 DMA方式

1. DMA传送方式

(1)CPU暂停方式。

响应DMA后,CPU暂停操作。此种方式控制简单,但效率低。

(2)周期挪用(或周期窃取)。

周期挪用是一种面向字符的操作,即一次操作仅传送一个字符,间隔时间较长。操作的设备通常为中速或慢速设备。

发DMA请求后,CPU有以下3种可能:

①CPU未访存。此时CPU未使用总线,直接建立通路,开始DMA传送。

②CPU要访存。此时CPU要使用总线,比较CPU和I/O设备的访存优先级,一般I/O设备的优先级高,所以CPU等待,让出总线建立通路,开始DMA传送。

③CPU正访存。此时CPU正在使用总线,等待此次访存周期结束,然后CPU让出总

线,建立通路,开始 DMA 传送,最长等待一个存储周期。

　　【注意】　响应 DMA 请求的时间结点是存储周期。

　　(3)成块 DMA 操作。

　　成块 DMA 操作是一种面向字块的操作,一旦建立通路,就需要传完一组数据之后才释放总线,此时 CPU 可完成除访存外的其他操作(即无法使用总线和主存),若 CPU 需访存,则只能等待。

　　2. DMA 与中断的比较

　　(1)在传数控制上,中断模式是软件方式(由处理程序完成,速度较慢),DMA 模式是硬件方式(由 DMAC 控制完成,速度较快)。

　　(2)系统在响应请求的时间上,中断是在指令周期末时刻,DMA 是在存储周期末时刻。

　　(3)在处理过程中,中断具有处理异常的能力(即再次中断转至异常处理程序),DMA 不具有处理异常能力(整个 DMA 传数过程没法打断,CPU 只能等待)。

　　(4)在处理之前,中断需要现场保护,DMA 仅需要移交总线使用权,不需现场保护(因为 CPU 不参与)。

　　(5)在优先级上,DMA 的优先级比中断要高(如 DMA 和一个中断同时请求,通常只能响应 DMA)。

2.7.5　I/O 接口电路

　　I/O 接口电路主要作用是数据或信息的缓冲。

　　I/O 接口电路基本逻辑组成如图 2 - 38 所示。

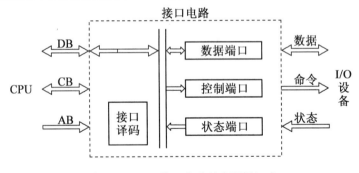

图 2 - 38　I/O 接口电路基本逻辑组成

　　端口:可按地址访问的寄存器或相应部件,计算机与 I/O 设备传递数据大多通过端口寄存器。

2.7.6　输入设备(Input Device)

　　1. 键盘(Keyboard)

　　键盘通常采用逐行扫描法进行按键识别,以 8 行×8 列为例,逻辑示意图如图 2 - 39 所示。所有按键均在行和列的交叉点上,无按键按下时,列线与行线无连接,所以读列线状态均为 +5 V(即逻辑 1),若有按键按下,则按键位置处,列线与行线导通,相应列线状态会改变。

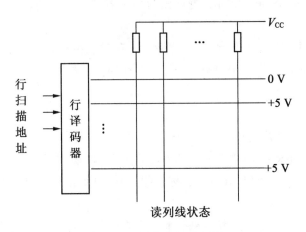

图 2－39　键盘逻辑示意图

扫描方式为逐行改变行线电位状态,初始时第 0 行为 0 V(逻辑 0),其余行均为 +5 V,如果改行有按键按下,则相应位置列线与行线导通,对应的列线读出为 0 V(逻辑 0),根据行线和列线的位置可确定该按键。然后第 1 行为 0 V,执行上述操作确定该行是否有按键按下,然后各行依次为 0 V 状态,循环执行上述操作。

如果键盘为 8 行 ×16 列,可有 128 键(3 位行地址和 4 位列地址,共 7 位数据)。

2. 鼠标(Mouse)

(1)机械式鼠标。

内置塑胶滚球,带动相互垂直的辊轴,产生 x、y 的位移量。

特点:原理简单、可靠性差(易磨损)。

(2)光电鼠标。

光电鼠标的原理类似于一个小型的数码照相机和图像处理器,主要部件包括发光二极管(发出光束)、棱镜、透镜(实现光线的折射和聚焦)、光感应器件(微成像器,移动轨迹会记录成一组高速拍摄连贯的图像)及图像分析芯片(DSP 数字微处理器,通过特征点位置变化来定位移动的方向和距离)。

其技术指标如下:

DPI:每移动 1 in 所能检测出的点数(值越大,精度越高)。

帧速率:DSP 每秒能处理图像的帧数(值越大,灵敏度越好)。

2.7.7　输出设备(Output Device)

1. 显示器

目前常用的显示器为液晶显示器(Liquid Crystal Display,LCD)和 LED 显示器。彩色显示器每个像素点,显示 RGB 三色(Red、Green、Blue),每种颜色用 8 位数据(即 256 级)实现灰度,即 24 位真彩色(3 种颜色共 256 ×256 ×256 级)。

【注意】　人眼无法分辨这么多颜色。

(1)物理分辨率(Physical Resolution):单位面积所能显示的最大光点数。

逻辑分辨率(Logical Resolution):整个屏幕所能容纳的光点数。

（2）点间距(Dot Pitch)。

点间距指两个相邻光点(像素)中心的距离,有时也称行距,可以用像素密度来描述。像素密度是指单位长度的像素数,单位 PPI(每英寸的像素数)。

2.打印机

（1）打印模式。

击打式(Impact):用机械力量击打字锤或字模来完成打印。

非击打式(Nonimpact):用物理或化学方法将油墨印在纸张上。

①针式打印机。用字车(Carriage,也称打印头)击打纸张来完成字符的打印。仅能打印字符。

字车分为单列(7 针或 9 针)和双列(14 针:7×2 或 24 针:12×2)两种

字模格式:英文字符——5×7、7×7、7×9、9×9;汉字字符——24×24。

图 2 -40(a)所示为 5×7 的英文点阵,即 5 列 7 行,共 35 个点,图 2 -40(b)所示为击打后的"A"点阵,即把需要的点击打出来,构成一个大写的 A。针式打印机在某些特定场合还在使用。

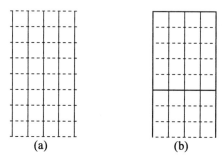

图 2 -40　点阵排列示意图

②激光打印机(Laser Printer)。感光鼓(硒鼓)类似于老式相机的底片。

工作过程简要描述如下:

a.硒鼓充电(表面均匀布满电荷)。

b.激光束扫描照射硒鼓(被照射部分产生光电流,电荷消失)。

c.硒鼓表面吸附碳粉(仅有电荷部分能吸附上)。

d.打印纸通过硒鼓,纸后面有转印电晕丝(用其磁场把硒鼓上带电荷的碳粉吸附在纸上)。

e.热辊定影(把纸上的碳粉固定在纸上)。

f.硒鼓放电,清扫刷清其表面的碳粉(除像),为下一次打印做准备。

【注意】 激光打印机是用物理方式来完成打印的。

③喷墨打印机(Ink - Jet Printer)。喷嘴喷射代垫墨滴束,经过水平和垂直的偏转电场到达纸张表面 。

喷墨打印机包括:

单色打印:黑色墨滴。

彩色打印:CMYK 混色(即青色、品红色、黄色和黑色 4 种墨滴)。

2.7.8　辅助设备

1. 硬盘

硬盘的特点:容量大,具有非易失性。

(1)基本组成部件。

盘片:一种金属合金。

磁头:硬盘的磁头工作时是非接触式(悬浮为 $0.2 \sim 0.5 \ \mu m$,不同于早期的软磁盘)。通常设置一个读头和一个写头,主要因为读写操作和时间均不相同。

【注意】　现在硬盘多为温盘,即温彻斯特盘的简称,是把上述部件集成为一体,使用时不用具体了解其内部结构。

(2)磁道(Track):工作时磁头所形成的轨迹。

对于磁盘是磁盘面若干半径不同的同心圆;对于磁带是沿着带面方向的一条直线。

柱面(Cylinder):为多盘片结构时,各盘面中相同半径的磁道可以构成一个虚拟的柱面,有时磁道也称为柱面。

扇区(Sector):盘面上的磁道被分成的若干弧,每一段弧线即为一个扇区。其特点为:

①不同半径的扇区角速度相同(磁盘转速恒定)。

②不同半径的扇区的容量恒定(由于弧长不同,所以记录密度不同)。

【注意】　磁盘地址格式如下:

台号	柱面号	盘面号	扇区号

磁盘地址不同于主存地址,主存地址是按单元编址,磁盘是按块(扇区)编址。

(3)磁记录原理。

①写入:磁化磁盘盘面介质

写 1:正向驱动电流,盘面上产生正向磁通。

写 0:反向驱动电流,盘面上产生反向磁通。

②读出:用磁头在盘面上移动,产生相应的感生电动势 e。

$$e = -n(\mathrm{d}\phi/\mathrm{d}t) = -n(\mathrm{d}\phi/\mathrm{d}l)(\mathrm{d}l/\mathrm{d}t) = -n(\mathrm{d}\phi/\mathrm{d}l)v$$

【注意】　由于驱动电流很小,所以产生的磁通 ϕ 也不是很大,要想获得一个有效的感生电动势 e,就要增大匝数 n,另外还要有一个很大的线速度(磁盘高速转动的一个原因)。

同时要清楚,稳定的磁通由于没有变化,所以产生不了感生电动势 e,感生电动势 e 只有在磁通变化处才有。

(4)磁表面存储的主要技术指标。

①记录密度。

道密度:沿磁盘半径方向,单位长度的磁道数,单位为 TPI(Track Per Inch)。

位密度:单位长度磁道记录的二进制位数,单位为 bpi(bit per inch)。

【注意】　逻辑上,磁盘按角速度读取数值,即每一个扇区记录的数据量相同。由于磁道周长不同,所以各磁道的位密度均不一样,习惯上取两个数值,即最外磁道(位密度最小)

和最内磁道(位密度最大)。

②存储容量。存储容量的公式为

$$c = n \times k \times s$$

式中,n 为面数;k 为磁道数;s 为每磁道记录的位数。

③平均访问时间。磁盘的访问时间和位置有关,各位置时间均不相同,通常采用平均值,计算时用最大值和最小值的平均数来代替(各种情况出现的概率相同,不用依次计算求平均值)

a. 平均寻道时间:磁头沿半径方向找寻磁道的时间,用 T_{sa} 表示。从一端移到另一端的时间(即从最外磁道到最内磁道,或反之);最小值为 0(不需移动,要找磁道就在磁头下面)。

b. 平均等待时间:磁头找寻相应磁道的某扇区的时间,用 T_{wa} 表示。最大值为磁道转一周的时间,最小值为 0。

则平均访问时间为

$$T_a = T_{sa} + T_{wa}$$

数据传输率:磁盘开始传输数据时,单位时间内所传输的数据量。

此参数指标不包括寻址等待时间以及其他一些辅助操作时间,计算公式为

$$Dr = D \times v$$

式中,D 为位密度;v 为相应磁道的线速度。

误码率:出错位数占总位数的比率。

【注意】　数据传输率也可用每磁道记录的位数 × 每秒磁道转数计算。

2. 光盘(Compact Disc,CD)

光盘的真实含义为压缩盘。

(1)光盘结构。

①基板:无色透明的聚碳酸酯(无毒性、稳定性好、有一定强度)。

②记录层:烧录时,可产生两种截然不同的反射状态,即烧灼或未烧灼。

镜面反射(可假定为 1)、漫反射(可假定为 0)。

③反射层:纯度较高的纯银金属(像小镜子)。

(2)光透与磁盘的区别。

①光盘为螺旋形光道:以恒定的线速度旋转形成。

②光盘的扇区按时间编址:为分、秒、扇区编号(某一秒内访问的扇区次序号)。

③光点的大小(相当于磁盘的位密度)。

光点的大小与两个参数有关,一个是光的波长,一个是物镜的数值孔径。要提高容量(即光点要尽可能的小),则措施为缩短波长(用短波长光),或者提高孔径值(涉及具体制造工艺)。

例如:早期 CD　　　　　　　　　780 nm 不可见红外光

　　　DVD(Digital Versatile Disc)　　650 nm 红色激光

　　　BD(BLUE - ray Disc)　　　　405 nm 蓝色激光

上述几种光盘,波长越来越短,容量越来越大。

3. 外设总结

(1)外设从工作形态上看就是数据流的传递。

(2)外设最直接的分类:输入设备、输出设备及双向设备。

(3)从每次传数的数量来看,外设分为:

面向字符设备——一次请求仅传一个数(例如键盘)。

面向字块设备——一次请求要传一组数(例如硬磁盘)。

4. 从属性分类

(1)人可读设备(Human Readable)。例如显示器等。

(2)机器可读设备(Machine Readable)。例如硬盘、传感器等。

(3)通信设备(Communication)。例如调制解调器(Modem)、路由器(Router)等。

【例1】 (2012年考研真题)在下列选项中,在I/O总线的数据线上传输的信息包括 ( )

Ⅰ.I/O接口中的命令字   Ⅱ.I/O接口中的状态字   Ⅲ.中断类型号

A. 仅Ⅰ、Ⅱ   B. 仅Ⅰ、Ⅲ   C. 仅Ⅱ、Ⅲ   D. Ⅰ、Ⅱ、Ⅲ

【答案】 D

【解析】 I/O接口与CPU之间的I/O总线有数据线、控制线和地址线。控制线和地址线都是单向传输的,从CPU传送给I/O接口,而I/O接口中的命令字、状态字以及中断类型号均是由I/O接口发往CPU的,故只能通过I/O总线的数据线传输。

【例2】 (2015年考研真题)内部异常(内中断)可分为故障(Fault)、陷阱(Trap)和终止(Abort)3类。下列有关内部异常的叙述中,错误的是 ( )

A. 内部异常的产生与当前执行指令相关

B. 内部异常的检测由CPU内部逻辑实现

C. 内部异常的响应发生在指令执行过程中

D. 内部异常处理后返回到发生异常的指令继续执行

【答案】 D

【解析】 内中断是指来自CPU和内存内部产生的中断,包括程序运算引起的各种错误,如地址非法、校验错、页面失效、非法指令、用户程序执行特权指令自行中断(INT)和除数为零等,以上中断都是在指令的执行过程中产生的,故选项A正确。这种检测异常的工作肯定是由CPU(包括控制器和运算器)实现的,故选项B正确。内中断不能被屏蔽,一旦出现应立即处理,C正确。

对于选项D,考虑到特殊情况,如除数为零和自行中断(INT)都会自动跳过中断指令,所以不会返回到发生异常的指令继续执行,故错误。

【例3】 (2014年考研真题)若某设备中断请求的响应和处理时间为100 ns,每400 ns发出一次中断请求,中断响应所允许的最长延迟时间为50 ns,则在该设备持续工作过程中,CPU用于该设备的I/O时间占整个CPU时间的百分比至少是 ( )

A. 12.5%   B. 25%   C. 37.5%   D. 50%

【答案】 B

【解析】 每400 ns发出一次中断请求,而响应和处理时间为100 ns,其中允许的延迟为干扰信息,因为在 50 ns 内,无论怎么延迟,每 400 ns 还是要花费 100 ns 处理中断的,所以该设备的 I/O 时间占整个 CPU 时间的百分比为 100 ns/400 ns = 25% ,故选 B。

【例4】 (2013 年考研真题)下列关于中断 I/O 方式和 DMA 方式比较的叙述中,错误的是 　　　　　　　　　　　　　　　　　　　　　　　　　　　　　　 ( )

A.中断 I/O 方式请求的是 CPU 处理时间,DMA 方式请求的是总线使用权

B.中断响应发生在一条指令执行结束后,DMA 响应发生在一个总线事务完成后

C.中断 I/O 方式下数据传送通过软件完成,DMA 方式下数据传送由硬件完成

D.中断 I/O 方式适用于所有外部设备,DMA 方式仅适用于快速外部设备

【答案】 D

【解析】 (1)中断处理方式。在 I/O 设备输入每个数据的过程中,由于无须 CPU 干预,因而可使 CPU 与 I/O 设备并行工作。仅当输完一个数据时,才需 CPU 花费极短的时间去做些中断处理。因此中断申请使用的是 CPU 处理时间,发生的时间是在一条指令执行结束之后,数据是在软件的控制下完成传送的。

(2)DMA 方式。数据传输的基本单位是数据块,即在 CPU 与 I/O 设备之间每次传送至少一个数据块。DMA 方式每次申请的是总线的使用权,所传送的数据是从设备直接送入内存的,或者相反;仅在传送一个或多个数据块的开始和结束时,才需 CPU 干预,整块数据的传送是在控制器的控制下完成的。

【例5】 (2013 年考研真题)某磁盘的转速为 10 000 rpm,平均寻道时间是 6 ms,磁盘传输速率是 20 MB/s,磁盘控制器延迟为 0.2 ms,读取一个 4 KB 的扇区所需的平均时间约为 　　　　　　　　　　　　　　　　　　　　　　　　　　　　　　 ( )

A.9 ms　　　　　　　B.9.4 ms　　　　　　C.12 ms　　　　　　D.12.4 ms

【答案】 B

【解析】 磁盘转速是 10 000 rpm,转一圈的时间为 6 ms,因此平均查询扇区的时间为 3 ms,平均寻道时间为 6 ms,读取 4 KB 扇区信息的时间为 4 KB/(20 MB/s) = 0.2 ms,磁盘控制器延迟为 0.2 ms,总时间为 3 + 6 + 0.2 + 0.2 = 9.4(ms)。

【例6】 (2016 年考研真题)异常是指令执行过程中在处理器内部发生的特殊事件,中断是来自处理器外部的请求事件。下列关于中断或异常情况的叙述中,错误的是 ( )

A.“访存时缺页”属于中断　　　　　　B.“整数除以 0”属于异常

C.“DMA 传送结束”属于中断　　　　　D.“存储保护错”属于异常

【答案】 A

【解析】 中断是指来自 CPU 执行指令以外事件的发生,如设备发出的 I/O 结束中断,表示设备输入/输出处理已经完成,希望处理机能够向设备发出下一个输入/输出请求,同时让完成输入/输出后的程序继续运行。

时钟中断,表示一个固定的时间片已到,让处理机处理计时、启动定时运行的任务等。这一类中断通常是与当前程序运行无关的事件,即它们与当前处理机运行的程序无关。

异常也称内中断,例如,陷入(Trap)指源自 CPU 执行指令内部的事件,如程序的非法操作码、地址越界、算术溢出、虚存系统的缺页以及专门的陷入指令等引起的事件。所以选项 A 错误。

【例7】 (2010年考研真题)单级中断系统中,中断服务程序内的执行顺序是 ( )

Ⅰ.保护现场　　Ⅱ.开中断　　　Ⅲ.关中断　　　Ⅳ.保存断点

Ⅴ.中断事件处理　Ⅵ.恢复现场　　Ⅶ.中断返回

A. Ⅰ→Ⅴ→Ⅵ→Ⅱ→Ⅶ　　　　　B. Ⅲ→Ⅰ→Ⅴ→Ⅶ

C. Ⅲ→Ⅳ→Ⅴ→Ⅵ→Ⅶ　　　　　D. Ⅳ→Ⅰ→Ⅴ→Ⅵ→Ⅶ

【答案】 A

【解析】 在单级(或单重)中断系统中,不允许中断嵌套,即中断服务过程中不需要开中断。

中断处理过程如下:(1)关中断;(2)保存断点;(3)识别中断源;(4)保存现场;(5)中断事件处理;(6)恢复现场;(7)开中断;(8)中断返回。其中,(1)至(3)由硬件完成(中断隐指令),(4)由中断服务程序完成,故选 A。

也可用排除法,选项 B、C、D 的第一个任务(保存断点或关中断)都是由中断隐指令完成的,即由硬件直接执行,与中断服务程序无关。

【例8】 (2010年考研真题)假定一台计算机的显示存储器用 DRAM 芯片实现,若要求显示分辨率为 $1\ 600 \times 1\ 200$,颜色深度为 24 位,帧频为 85 Hz,显存总带宽的 50% 用来刷新屏幕,则需要的显存总带宽至少约为 ( )

A. 245 Mbps　　　B. 979 Mbps　　　C. 1 958 Mbps　　　D. 7 834 Mbps

【答案】 D

【解析】 刷新所需带宽 = 分辨率 × 色深 × 帧频 = $1\ 600 \times 1\ 200 \times 24$ bit × 85 Hz = 3 916.8 Mbps,显存总带宽的 50% 用来刷屏,于是需要的显存总带宽为 3 916.8 Mbps/0.5 = 7 833.6 Mbps ≈ 7 834 Mbps。

【例9】 (2015年考研真题)若磁盘转速为 7 200 r/min,平均寻道时间为 8 ms,每个磁道包含 1 000 个扇区,则访问一个扇区的平均存取时间大约是 ( )

A. 8.1 ms　　　B. 12.2 ms　　　C. 16.3 ms　　　D. 20.5 ms

【答案】 B

【解析】 存取时间 = 寻道时间 + 延迟时间 + 传输时间。存取一个扇区的平均延迟时间为旋转半周的时间,即为 (60/7 200)/ 2 = 4.17(ms),传输时间为 (60/7 200)/1 000 = 0.01(ms),因此访问一个扇区的平均存取时间为 4.17 + 0.01 + 8 = 12.18(ms),保留一位小数则为 12.2 ms。

【例10】 (2016年考研真题)假定 CPU 主频为 50 MHz,CPI 为 4。设备 D 采用异步串行通信方式向主机传送 7 位 ASCII 字符,通信规程中有 1 位奇校验位和 1 位停止位,从 D 接收启动命令到字符送入 I/O 端口需要 0.5 ms。请回答下列问题,要求说明理由。

(1)每传送一个字符,在异步串行通信线上共需传输多少位? 在设备 D 持续工作过程中,每秒钟最多可向 I/O 端口送入多少个字符?

(2)设备 D 采用中断方式进行输入/输出,如图 2-41 所示。

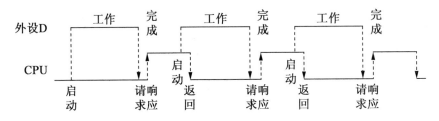

图 2 - 41　设备 D 的中断方式

I/O 端口每收到一个字符申请一次中断,中断响应需 10 个时钟周期,中断服务程序共有 20 条指令,其中第 15 条指令启动 D 工作。若 CPU 需从 D 读取 1 000 个字符,则完成这一任务所需时间大约是多少个时钟周期? CPU 用于完成这一任务的时间大约是多少个时钟周期? 在中断响应阶段 CPU 进行了哪些操作?

【答案】　(1)每传送一个 ASCII 字符,需要传输的位数有 1 位起始位、7 位数据位(ASCII 字符占 7 位)、1 位奇校验位和 1 位停止位,故总位数为 $1 + 7 + 1 + 1 = 10$。I/O 端口每秒钟最多可接收 $1/(0.5 \times 10^{-3}) = 2\,000$ 个字符。

(2)一个字符传送时间包括:设备 D 将字符送 I/O 端口的时间、中断响应时间和中断服务程序前 15 条指令的执行时间。时钟周期为 $1/(50\text{ MHz}) = 20$ ns,设备 D 将字符送 I/O 端口的时间为 0.5 ms/20 ns $= 2.5 \times 10^4$ 个时钟周期。一个字符的传送时间大约为 $2.5 \times 10^4 +$ $10 + 15 \times 4 = 25\,070$ 个时钟周期。完成 1 000 个字符传送所需时间大约为 $1\,000 \times 25\,070 =$ $25\,070\,000$ 个时钟周期。

CPU 用于该任务的时间大约为 $1\,000 \times (10 + 20 \times 4) = 9 \times 10^4$ 个时钟周期。

在中断响应阶段,CPU 主要进行以下操作:关中断、保护断点和程序状态、识别中断源。

第3章 操作系统

【课程简介】

"操作系统课程"是计算机科学与技术专业的必修课。通过本课程的学习,学生应掌握操作系统的基本原理及实现技术,主要内容包括:进程、线程基本概念,进程同步与互斥机制,处理机调度;实存和虚存管理方案;文件与文件系统的基本概念,文件结构的分类,文件目录管理的基本原理,文件存储空间管理的基本思想;I/O 系统的组成、设备分类、设备管理的任务与功能、缓冲技术,驱动程序的基本设计原则。并以 Linux 操作系统为例分析这 4 部分管理功能的运行机制、工作模式,学生能够熟练掌握操作系统的基本原理、程序运行机制和竞争调度机制等,培养学生系统分析与创新实践能力,满足学生从事系统级软件设计、开发与应用工作的能力需求。

【教学目标】

本课程的教学目标:

(1)学生掌握操作系统进程管理、存储器管理、设备管理以及文件系统管理的基本理论、基本技术和基本方法;并将其运用到并发、同步和调度等复杂工程问题的适当表述之中,抽象、归纳复杂工程问题。

(2)学生掌握操作系统各模块的实现机制及策略,比如在进程调度算法选择、内存分配策略选择、置换算法选择等问题上能够对不同的方法进行分析、评判,在解决复杂问题时给出较好的解决方案。

(3)以 Linux 操作系统为基础,分析操作系统进程管理、存储器管理、设备管理以及文件系统管理的运行机制、工作模式等。培养学生熟练掌握 Linux 操作系统接口、程序运行机制和竞争调度机制等,培养学生系统分析与实践能力,满足学生从事系统级软件设计、开发与应用工作的能力需求。

【教学内容与要求】

3.1　操作系统引论

3.1.1　操作系统的基本概念

1. 操作系统的定义

目前操作系统没有公认的精确定义,一般从两个方面定义。一方面,操作系统是系统软件,控制程序执行过程,防止错误和计算机的不当使用,执行用户程序给用户程序提供各种服务,方便用户使用计算机系统;另一方面,操作系统是一个资源管理器,管理各种计算机软硬件资源,提供访问计算机软硬件资源的高效手段,解决资源访问冲突,确保资源公平使用。

2. 操作系统的基本特征

(1)并发。

并发是指计算机系统中同时存在多个运行的程序,需要操作系统管理和调度。

(2)共享。

共享可分为两种资源共享方式:①互斥共享方式,应规定在一段时间内只允许一个进程访问该资源;②同时访问方式,允许在一段时间内由多个进程"同时"对它们进行访问。这里所谓的"同时"往往是宏观上的,而在微观上,这些进程可能是交替地对该资源进行访问即"分时共享"。

(3)虚拟。

操作系统的虚拟技术可归纳为:时分复用技术,如处理器的分时共享;空分复用技术,如虚拟存储器。

(4)异步。

程序的执行不是一贯到底,而是走走停停,向前推进的速度不可预知,操作系统需要保证只要运行环境相同,程序运行的结果也要相同,这就是进程的异步性。

3. 操作系统的目标

操作系统的目标包括方便性、有效性、可扩充性及开放性。

4. 操作系统的作用及功能

(1)操作系统作为计算机系统资源的管理者。

操作系统对计算机的软硬件资源进行管理,包括处理机管理、存储器管理、文件管理、设备管理等。

(2)操作系统作为用户与计算机硬件系统之间的接口。

操作系统通常提供 3 种接口,分别为命令接口、程序接口、图形用户界面(GUI,即图形接口)。其中程序接口由一组系统调用命令组成。用户通过在程序中使用这些系统调用命令来请求操作系统为其提供服务。

(3)操作系统实现了对计算机资源的抽象。

操作系统通过提供资源管理和方便用户的功能,将裸机改造成功能更强、使用更方便的机器,通常把覆盖了软件的机器称为扩充机器,又称之为虚拟机。

3.1.2　操作系统的发展及分类

1. 未配置操作系统阶段

(1)人工操作方式。

该方式有两个突出的缺点:一是用户独占全机;二是 CPU 等待手工操作。

(2)脱机输入\输出方式。

为了缓和 CPU 的高速性与 I/O 设备低速性之间的矛盾而引入了脱机输入/输出技术。该技术是利用专门的外围控制机,将低速 I/O 设备上的数据传送到高速磁盘上。

2. 批处理阶段

(1)单道批处理系统。

该系统对作业进行批量处理,但内存中始终保持一道作业。该系统的主要特征是自动性、顺序性及单道性。但每次主机内存中仅存放一道作业,每当它运行期间发出输入/输出请求后,高速的 CPU 便处于等待低速的 I/O 完成状态。

(2)多道批处理系统。

该系统允许多个程序同时进入内存并运行,具有多道、宏观上并行、微观上串行的特征。处理系统中采用多道程序设计技术,需要对多道程序进行控制,需要复杂的软件,就形成了多道批处理操作系统。该系统的优点是提高了资源利用率和系统吞吐量;缺点是不提供人机交互能力,使得用户响应的时间较长。

3. 分时操作系统

分时技术就是把处理器的运行时间分成很短的时间片,按时间片轮流把处理器分配给各联机作业使用。若某个作业在分配给它的时间片内不能完成其计算,则该作业暂停运行,把处理器让给其他作业使用,等待下一轮再继续运行。由于计算机速度很快,作业运行轮转得很快,给每个用户的感觉好像是自己独占一台计算机。分时系统较好地解决了人机交互功能,主要特征包括同时性、交互性、独立性和及时性。

4. 实时操作系统

实时操作系统是指当外界事件或数据产生时,能够接受并以足够快的速度予以处理,其处理的结果又能在规定的时间之内来控制生产过程或对处理系统做出快速响应,调度一切可利用的资源完成实时任务,并控制所有实时任务协调一致运行的操作系统。其主要特点是提供及时响应和高可靠性。

5. 微机操作系统

微机操作系统是指配置在微型计算机上的操作系统。该系统资源利用率不再是关注点,重点是用户界面和多媒体功能。

【例1】　(2017 年全国统考题第 28 题)与单道程序系统相比,多道程序系统的优点是

　　　　　　　　　　　　　　　　　　　　　　　　　　　　　　　　　　(　)

　Ⅰ.CPU 利用率高　　　　　　　　　　Ⅱ.系统开销小

　Ⅲ.系统吞吐量大　　　　　　　　　　Ⅳ.I/O 设备利用率高

　A.仅 Ⅰ、Ⅲ　　　　　B.仅 Ⅰ、Ⅳ　　　　　C.仅 Ⅱ、Ⅲ　　　　　D.仅 Ⅰ、Ⅲ、Ⅳ

【答案】　D

【解析】　多道程序系统通过组织作业(代码或数据)使 CPU 总有一个作业可执行,从

而提高了 CPU 的利用率、系统吞吐量和 I/O 设备利用率，Ⅰ、Ⅲ、Ⅳ 是优点。但系统要付出额外的开销来组织作业和切换作业，Ⅱ 错误。所以选 D。

【例 2】 (2016 年全国统考题第 23 题)下列关于批处理系统的叙述中，正确的是 ( )

Ⅰ. 批处理系统允许多个用户与计算机直接交互
Ⅱ. 批处理系统分为单道批处理系统和多道批处理系统
Ⅲ. 中断技术使得多道批处理系统的 I/O 设备可与 CPU 并行工作

A. 仅 Ⅱ、Ⅲ   B. 仅 Ⅱ   C. 仅 Ⅰ、Ⅱ   D. 仅 Ⅰ、Ⅲ

【答案】 A

【解析】 批处理系统缺少交互能力，Ⅰ 错误。批处理系统按发展历程又分为单道批处理系统和多道批处理系统，Ⅱ 正确。多道程序设计技术允许同时把多个程序放入内存，并允许它们交替在 CPU 中运行，当一道程序因 I/O 请求而暂停运行时，CPU 便立即转去运行另一道程序，这是借助于中断技术实现的，Ⅲ 正确，故选 A。

【例 3】 (2012 年全国统考题第 29 题)一个多道批处理系统中仅有 P1 和 P2 两个作业，P2 比 P1 晚 5 ms 到达，它们的计算和 I/O 操作顺序如下：

P1：计算 60 ms，I/O 80 ms，计算 20 ms

P2：计算 120 ms，I/O 40 ms，计算 40 ms

若不考虑调度和切换时间，则完成两个作业需要的时间最少是 ( )

A. 240 ms   B. 260 ms   C. 340 ms   D. 360 ms

【答案】 B

【解析】 这类题目最好画图。由于 P2 比 P1 晚 5 ms 到达，P1 先占用 CPU，作业运行的甘特图如图 3-1 所示。

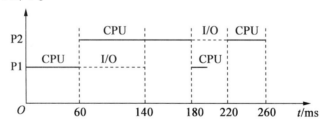

图 3-1 作业运行的甘特图

故选 B。

3.1.3 用户态和核心态

1. 用户态

在 CPU 的设计中，用户态指非特权状态。在此状态下，执行的代码被硬件限定，不能进行某些操作，比如写入其他进程的存储空间，以防止给操作系统带来安全隐患。在操作系统的设计中，用户态也类似，指非特权的执行状态。内核禁止此状态下的代码进行潜在危险的操作，比如写入系统配置文件、杀掉其他用户的进程、重启系统等。

2. 核心态

在处理器的存储保护中，核心态或者特权态是操作系统内核所运行的模式。运行在该模式的代码，可以无限制地对系统存储、外部设备进行访问。

3.用户态和核心态的转换

（1）系统调用。

这是用户态进程主动要求切换到内核态的一种方式,用户态进程通过系统调用申请使用操作系统提供的服务程序完成工作。

（2）异常。

当 CPU 在执行运行在用户态下的程序时,发生了某些事先不可知的异常,这时会触发由当前运行进程切换到处理此异常的内核相关程序中,也就转到了内核态,比如缺页异常。

（3）外围设备的中断。

当外围设备完成用户请求的操作后,会向 CPU 发出相应的中断信号,这时 CPU 会暂停执行下一条即将要执行的指令转而去执行与中断信号对应的处理程序,如果先前执行的指令是用户态下的程序,那么这个转换的过程自然也就发生了由用户态到内核态的切换。比如硬盘读写操作完成,系统会切换到硬盘读写的中断处理程序中执行后续操作等。

以上 3 种方式是系统在运行时由用户态转到内核态的最主要方式,其中系统调用可以认为是用户进程主动发起的,异常和外围设备中断则是被动的。

具体的切换操作,从触发方式上看,可以认为存在上述类型,但是从实际完成由用户态到内核态的切换操作上来说,涉及的关键步骤是完全一致的,没有任何区别,都相当于执行了一个中断响应的过程,因为系统调用实际上最终是由中断机制实现的,而异常和中断的处理机制基本上是一致的。

【例4】 （2017 年全国统考题第 24 题）执行系统调用的过程包括如下主要操作:

①返回用户态　②执行陷入（ trap ）指令　③传递系统调用参数　④执行相应的服务程序

正确的执行顺序是　　　　　　　　　　　　　　　　　　　　　（　　）

A.②→③→①→④　　　　　　　　B.②→④→③→①

C.③→②→④→①　　　　　　　　D.③→④→②→①

【答案】　C

【解析】　执行系统调用的过程:正在运行的进程先传递系统调用参数,然后由陷入（ trap ）指令负责将用户态转化为内核态,并将返回地址压入堆栈以备后用,接下来 CPU 执行相应的内核态服务程序,最后返回用户态。所以 C 正确。

【例5】 （2015 年全国统考题第 24 题）假定下列指令已装入指令寄存器,则执行时不可能导致 CPU 从用户态变为内核态（系统态）的是　　　　　　　　　　（　　）

A.DIV R0,R1;//（R0）/（Rl）→R0

B.INT n;//产生软中断

C.NOT R0;//寄存器 R0 的内容取非

D.MOV R0,addr;//把地址 addr 处的内存数据放入寄存器 R0 中

【答案】　C

【解析】　考虑到部分指令可能出现异常（导致中断）,从而转到核心态。指令 A 有除零异常的可能,指令 B 为中断指令,指令 D 有缺页异常的可能,指令 C 不会发生异常,故选 C。

【例6】 （2014 年全国统考题第 25 题）下列指令中,不能在用户态执行的是　（　　）

A.trap 指令　　　　B.跳转指令　　　　C.压栈指令　　　　D.关中断指令

【答案】　D

【解析】　trap 指令、跳转指令和压栈指令均可以在用户态执行,其中 trap 指令负责由用户态转换成为内核态,而关中断指令为特权指令,必须在核心态才能执行,故选 D。

【例 7】　(2012 年全国统考题第 23 题)下列选项中,不可能在用户态发生的事件是　　( )

A. 系统调用　　　　B. 外部中断　　　　C. 进程切换　　　　D. 缺页

【答案】　C

【解析】　本题的关键是对"在用户态发生"的理解。对于选项 A、B、D 都是在用户态发生,然后转入核心态执行;对于选项 C,进程切换属于系统调用执行过程中的事件,只能发生在核心态。故选 C。

【例 8】　(2011 年全国统考题第 24 题)下列选项中,在用户态执行的是　　　　( )

A. 命令解释程序　B. 缺页处理程序　C. 进程调度程序　　D. 时钟中断处理程序

【答案】　A

【解析】　此题和上一题的区别在于上一题"在用户态发生",而此题是"在用户态执行"。缺页处理和时钟中断都属于中断,在核心态执行;进程调度是操作系统内核进程,无须用户干预,在核心态执行;命令解释程序属于命令接口,是 4 个选项中唯一能面对用户的,它在用户态执行,故选 A。

3.1.4　操作系统体系结构

1. 整体式结构

整体式结构也称简单结构或无结构,整个操作系统的功能由一个一个的过程实现,这些过程之间又可以相互调用,导致操作系统变为一堆过程的集合,其内部结构复杂又混乱。因此这种操作系统没有结构可言。这种结构的最大优点是接口简单直接,系统效率高;缺点是没有可读性,也不具备可维护性。

2. 模块化结构

模块化结构是指将整个操作系统按功能划分为若干个模块,每个模块实现一个特定的功能。模块之间的通信只能通过预先定义的接口进行。这种结构中模块之间的关联要尽可能地少,而模块内部的关联要尽可能地紧密,使得每个模块都具备独立的功能。

3. 分层结构

分层结构就是把操作系统所有的功能模块按照功能调用次序分别排成若干层,各层之间的模块只有单向调用关系,如只允许上层或外层模块调用下层或内层模块。分层的优点是把功能实现的无序性改成有序性,把模块间的复杂依赖关系改为单向依赖关系,即高层软件依赖于低层软件。

4. 微内核结构

微内核结构是以客户、服务器体系结构为基础,采用面向对象技术的结构,能有效地支持多处理器,非常适用于分布式系统。微内核是一个能实现操作系统功能的小型内核,运行在核心态,且常驻内存,它不是一个完整的操作系统,只是为构建通用操作系统提供基础。微内核的基本功能包括进程管理、存储器管理、进程间通信及 I/O 设备管理。此时,操作系统由两大部分组成,即运行在核心态的内核,以及运行在用户态并以客户、服务器方式运行的进程层。这种结构的优点是可提高系统的可扩展性,增强系统的可靠性和可移植性强;缺点是完成一次客户对操作系统提出的服务请求,需多次进行用户/内核模式及上下文的切换,效率受到影响。

【课后习题】

1.(2010 年考研真题)下列选项中,操作系统提供给应用程序的接口是　　　　　(　　)

A.系统调用　　　　B.中断　　　　　C.库函数　　　　　D.原语

2.(2009 年全国统考题)单处理机系统中,可并行的是　　　　　　　　　　(　　)

Ⅰ.进程与进程　Ⅱ.处理机与设备　Ⅲ.处理机与通道　Ⅳ.设备与设备

A.Ⅰ、Ⅱ 和 Ⅲ　　B.Ⅰ、Ⅱ 和 Ⅳ　　C.Ⅰ、Ⅲ 和 Ⅳ　　D.Ⅱ、Ⅲ 和 Ⅳ

3.(2018 年全国统考题)下列关于多任务操作系统的叙述,正确的是　　　　　(　　)

Ⅰ.具有并发和并行的特点

Ⅱ.需要实现对共享资源的保护

Ⅲ.需要运行在多 CPU 的硬件平台上

A.仅 Ⅰ　　　　　B.仅 Ⅱ　　　　　C.仅 Ⅰ、Ⅱ　　　D.Ⅰ、Ⅱ、Ⅲ

4.(2016 年全国统考题)某单 CPU 系统中有输入和输出设备各 1 台,现有 3 个并发执行的作业,每个作业的输入、计算和输出时间均分别为 2 ms、3 ms 和 4 ms,且都按输入、计算和输出的顺序执行,则执行完 3 个作业需要的时间最少是　　　　　　　(　　)

A.15 ms　　　　　B.17 ms　　　　　C.22 ms　　　　　D.27 ms

5.(2013 年全国统考题)下列选项中,会导致用户进程从用户态切换到内核态的操作是

(　　)

Ⅰ.整数除以零　　Ⅱ.sin( )函数调用　　　Ⅲ.read 系统调用

A.仅 Ⅰ、Ⅱ　　　B.仅 Ⅰ、Ⅲ　　　C.仅 Ⅱ、Ⅲ　　　D.仅 Ⅰ、Ⅱ 和 Ⅲ

6.相对于传统操作系统结构,采用微内核结构设计和实现操作系统具有诸多好处,下列属于微内核结构特点的是　　　　　　　　　　　　　　　　　　　　　(　　)

Ⅰ.使系统更高效

Ⅱ.添加系统服务时,不必修改内核

Ⅲ.微内核结构没有单一内核稳定

Ⅳ.使系统更可靠

A.Ⅰ、Ⅲ、Ⅳ　　　B.Ⅰ、Ⅱ、Ⅳ　　　C.Ⅱ、Ⅳ　　　　D.Ⅰ、Ⅳ

7.(苏州大学 2002 年)下面哪个资源不是操作系统应该管理的　　　　　　　(　　)

A.CPU　　　　　B.内存　　　　　C.外存　　　　　D.源程序

8.(浙江大学 2003 年)系统功能调用是　　　　　　　　　　　　　　　(　　)

A.用户编写的一个子程序

B.高级语言中的库程序

C.操作系统中的一条命令

D.操作系统向用户程序提供的接口

9.(华中科技大学 2000 年)用户在程序中试图读某文件的第 100 个逻辑块,使用操作系统提供的接口是　　　　　　　　　　　　　　　　　　　　　　　　　(　　)

A.系统调用　　　B.图形用户接口　C.原语　　　　　D.键盘命令

10.(武汉理工大学 2005 年)设计实时操作系统是,首先应该考虑系统的　　　(　　)

A.可靠性和灵活性　　　　　　　B.实时性和可靠性

C. 分配性和可靠性　　　　　　　　D. 灵活性和实时性

11.(西安电子科技大学 2000 年)实时操作系统必须在_____内处理完来自外部的事件。　　　　　　　　　　　　　　　　　　　　　　　　　　　　　　（　　）

A. 响应时间　　　B. 周转时间　　　C. 规定时间　　　D. 调度时间

12.(武汉理工大学 2005 年)操作系统中采用多道程序设计技术提高 CPU 和外部设备的　　　　　　　　　　　　　　　　　　　　　　　　　　　　　　　　（　　）

A. 利用率　　　　B. 可靠性　　　　C. 稳定性　　　　D. 兼容性

【课后习题答案】

1. A　2. D　3. C　4. B　5. B　6. C　7. D　8. D　9. A　10. B　11. C　12. A

3.2　进　程　管　理

3.2.1　进程的概念

1. 进程的基本概念

为了资源利用率和系统吞吐量,操作系统允许多道程序并发执行,为了使参与并发执行的程序(含数据)能够独立地运行,操作系统引入了进程。进程是程序关于某数据集合上的一次运行活动,是系统进行资源分配和调度的基本单位。程序是指令、数据及其组织形式的描述,是静态的、持久的;进程是程序的执行,是暂时的、动态的。进程实体除了包含程序及其相关的数据之外,还必须为之配置一个专门的数据结构,称为进程控制块(PCB)。系统利用进程控制块来描述进程的基本情况和运行变化的过程,进而控制和管理进程。

PCB 是进程存在的唯一标志,每个进程在操作系统中都有一个对应的 PCB,创建进程,实质上是创建进程的 PCB,它之后就常驻内存,而撤销进程,实质上是撤销进程的 PCB。PCB 中的信息主要包括进程描述信息、存储管理信息、进程的调度和状态信息、进程所用资源信息、进程间通信信息及进程组织的链接信息。

可以动态地创建、终止进程,进程可以被独立调度并占用处理机运行,不同进程在执行时不相互影响,但它们在使用共享资源或访问共享数据及相许协作时又相互制约。故进程的特征是动态性、并发性、独立性和不确定性。

2. 进程的状态及状态转换

通常进程有以下 6 种状态,前 3 种是进程的基本状态。

(1)运行状态:指进程正在处理机上运行。

(2)就绪状态:指进程已获得了除处理机之外的一切所需资源,一旦得到处理机即可运行。

(3)阻塞状态:又称等待状态,指进程正在等待某一事件的出现而暂停运行,如等待某资源为可用(不包括处理机)或等待输入、输出完成。在该状态下即使处理机空闲,进程也不能运行。

(4)创建状态:指进程正在被创建,还没被转到就绪状态之前的状态。

（5）结束状态:指当进程需要结束运行时,系统首先必须置该进程为结束状态,然后再进一步处理资源释放和回收等工作。

（6）挂起状态。指让进程静止下来,不参加调度时的状态。

进程状态之间的转换关系如图 3 - 1 所示。

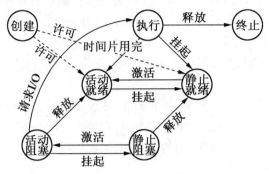

图 3 - 1　进程状态之间的转换关系

3.进程的组织

进程是通过进程控制块组织起来的。目前,常用的组织方式有链接方式和索引方式,以及因为查找性能不好,已很少使用的线性方式。

①链接方式。链接方式是将同一状态进程的 PCB 链接成一个队列,不同状态的进程对应不同的队列,比如就绪队列、阻塞队列等。也可以把处于阻塞状态的进程,根据其阻塞原因的不同,排成多个阻塞队列。

②索引方式。索引方式是将同一状态的进程组织在一个索引表中,索引表的表项指向相应的 PCB,不同状态的进程对应不同的索引表,如就绪索引表和阻塞索引表等。同样可以把处于阻塞状态的进程,根据其阻塞原因的不同,建立多个索引表。

【例1】　（2011 年全国统考题第 32 题）有两个并发执行的进程 P1 和 P2,共享初值为 1 的变量 x。P1 对 x 加 1,P2 对 x 减 1。加 1 和减 1 操作的指令序列见表 3 - 1。

表 3 - 1　加 1 和减 1 操作的指令序列

// 加 1 操作	// 减 1 操作
load R1,x　// 取 x 到寄存器 R1 中 inc R1 store x,R1　// 将 R1 的内容存入 x	load R2,x　// 取 x 到寄存器 R2 中 dec R2 store x,R2　// 将 R2 的内容存入 x

两个操作完成后,x 的值　　　　　　　　　　　　　　　　　　　（　　）

A.可能为 -1 或 3 　　　　　　　　　B.只能为 1

C.可能为 0、1 或 2 　　　　　　　　D.可能为 -1、0、1 或 2

【答案】　C

【解析】　将 P1 中 3 条语句依次编号为 1、2、3;P2 中 3 条语句依次编号为 4、5、6。依次执行 1、2、3、4、5、6,结果为 1,依次执行 1、2、4、5、6、3,结果为 2,依次执行 4、5、1、2、3、6,结果为 0。无论按什么次序执行,都无法得出 -1 的结果。故选 C。

3.2.2　进程控制

进程有由创建而产生、由调度而执行、由撤销而消亡的生命周期,因此操作系统要有对进程生命周期的各个环节进行控制的功能,这就是进程控制。进程控制一般是由操作系统的内核来实现,内核在执行操作时,往往是通过执行各种原语操作来实现的。原语一般是指由若干条指令所组成,用来实现某个特定功能,在执行过程中不可被中断的程序段。原语是操作系统核心的一个组成部分,并且常驻内存,通常在管态下执行。

1. 进程的创建

在操作系统中,终端用户登录系统、作业调度、系统提供服务、用户程序的应用请求等都会引起进程的创建。操作系统创建一个进程时,首先是为进程分配一个标识号,同时申请一个空白的 PCB;然后为进程分配资源,初始化 PCB;准备就绪后,将新进程插入到就绪队列。

2. 进程的终止

引起进程终止的事件主要有正常结束和异常结束两种情况。正常结束表示进程的任务已经完成。在程序的最后安排一条终止的系统调用指令。当程序运行到该指令时,将产生一个中断,通知操作系统本进程已经完成。异常结束表示进程在运行时,发生了越界错误、保护错误、非法指令、特权指令错误、运行超时、等待超时、算术运算错误、I/O 故障、外接干预等异常事件,导致程序无法继续运行。

操作系统终止一个进程时,首先根据被终止进程的标识符检索 PCB,从中读出该进程的状态;若该进程处于执行状态,则立即终止进程的执行,若该进程还有子进程,则应将其所有子进程终止,并将该进程所拥有的全部资源归还给操作系统或归还给其父进程;然后将该PCB 从所在队列(链表)中删除。

3. 进程的阻塞

正在执行的进程,由于期待的某些事件未发生,如请求系统服务未满足、等待某种操作完成、新数据尚未到达或无新工作可做等,进程由运行状态变为阻塞状态。进程阻塞的执行过程,首先找到将要被阻塞进程的 PCB,从中读出该进程的状态,若该进程为运行状态,则保护其现场,将其状态转为阻塞状态,停止运行;然后把该 PCB 插入到相应事件的等待队列中去。

4. 进程的唤醒

当被阻塞进程所期待的事件出现时,如它所启动的 I/O 操作已完成或其所期待的数据已到达,则由有关进程(如提供数据的进程)调用唤醒原语(Wakeup),将等待该事件的进程唤醒。进程唤醒的过程,首先是在该事件的等待队列中找到相应进程的 PCB;然后将其从等待队列中移出,并将状态变为就绪状态,再把该 PCB 插入就绪队列中,等待调度程序调度。

5. 进程的挂起

进程挂起的原因主要有,终端用户或父进程请求挂起;系统负荷较重可能影响到对实时任务的控制时,系统把一些不重要的进程挂起;操作系统有时希望挂起某些进程,以便检查运行中的资源使用情况;为缓和内存紧张,系统可以将内存中处于阻塞状态的进程挂起换至外存上。

进程挂起的过程,首先检查被挂起进程的状态,若处于活动就绪或执行状态,将其改为静止就绪;对于活动阻塞状态的进程,则将之改为静止阻塞;根据需要确定是否移出内存。

6. 进程的激活

当系统资源尤其是内存资源充裕或进程请求激活指定进程时,系统或有关进程会调用激活原语把指定进程激活,进行激活的过程根据需要,判断是否将进程从外存调入内存;检查该进程的现行状态,若是静止就绪,便将之改为活动就绪;若为静止阻塞,便将之改为活动阻塞。

7. 进程的切换

进程挂起的原因主要有:正在执行的进程执行完毕;执行中进程自己调用阻塞原语将自己阻塞起来进入睡眠等待状态;分时系统中时间片已经用完;CPU 执行方式是可剥夺式的;就绪队列中某进程的优先级高于当前执行进程的优先级。

CPU 在调度进程时分为可剥夺式和不可剥夺式两种方式。可剥夺式是指就绪队列中一旦有优先级高于当前执行 进程优先级时,立即切换进程;不可剥夺式是指即使就绪队列中存在优先级高于当前执行进程优先级,当前进程仍将占用处理机直到该进程自己因调用原语操作或等待 I/O 而进入阻塞、睡眠状态,或时间片用完时才重新发生调度让出处理机。

进程切换的过程:首先保存处理机上下文,包括程序计数器和其他寄存器;然后更新 PCB 信息,把进程的 PCB 移入相应的队列;选择另一个进程执行,并更新其 PCB 和内存管理的数据结构;最后恢复处理机上下文。

【例2】 (2010 年全国统考题第 24 题)下列选项中,导致创建新进程的操作是 ( )

Ⅰ.用户登录成功 Ⅱ.设备分配 Ⅲ.启动程序执行

A.仅Ⅰ和Ⅱ B.仅Ⅱ和Ⅲ C.仅Ⅰ和Ⅲ D.Ⅰ、Ⅱ和Ⅲ

【答案】 C

【解析】 引起进程创建的事件有用户登录、作业调度、提供服务、应用请求等。用户登录成功后,系统要为此创建一个用户管理的进程,包括用户桌面、环境等。所有的用户进程会在该进程下创建和管理。设备分配是通过在系统中设置相应的数据结构实现的,不需要创建进程。启动程序执行是典型的引起创建进程的事件。故选 C。

3.2.3 进程调度

1. 调度的基本概念

在多道程序系统中,进程数量往往多于处理机数量,这导致进程之间存在互相争夺处理机的情况。处理机调度就是按照一定的算法,从就绪队列中选择一个进程,并将处理机分配给它运行。

2. 调度的基本准则

(1)比较调度算法的参数。

①周转时间。周转时间是指进程从初始化到终止所经历的总时间,包括在就绪队列中排队等待、在处理机上运行以及进行输入、输出操作所花费时间的总和。带权周转时间是指周转时间与进程实际运行时间的比值。

②响应时间。响应时间是指从用户提交请求到系统首次产生响应所花费的时间。

③等待时间。等待时间是指进程处于等处理机状态时间之和,等待时间越长,用户满意度越低。调度算法实际上并不影响作业执行或输入、输出操作的时间,只影响作业在就绪队列中等待所花的时间。因此,衡量一个调度算法的优劣,常常只考察等待时间即可。

④截止时间。截止时间分为开始截止时间和完成截止时间。开始截止时间是指某任务

必须开始执行的最迟时间,完成截止时间是必须完成的最迟时间。常用于评价实时系统的性能。

⑤优先权。让紧急的作业得到及时的处理。

⑥公平性。合理地分配 CPU,使每个进程等待处理机的时间大致相同。

⑦系统吞吐量。系统吞吐量表示单位时间内 CPU 完成作业的数量。

(2)选择调度算法的准则。

设计调度程序,一方面要满足用户的要求,另一方面要考虑系统整体效率。用户主要考虑自己的进程响应时间快、等待时间短、并能得到截止时间的保证;系统整体效率主要考虑的是各类资源的平衡使用,使得系统资源的利用率高,特别是 CPU 的利用率,从而提高系统的吞吐量,并兼顾优先级和公平性。

3. 调度算法

(1)先来先服务算法(FCFS)。

先来先服务算法每次选择最先进入就绪队列的进程分配处理机使之执行。它的优点是实现简单、公平;缺点是没有考虑进程的执行时间的区别。

(2)短进程优先算法(SPF)。

短进程优先算法每次选择估计运行时间最短的进程分配处理机使之执行。它的优点是平均等待时间和平均周转时间最少。

其缺点是对长进程不公平,可能存在长进程长期等待的情况;进程估计的运行时间可能不准;也没有考虑进程的紧迫程度。

(3)优先级算法。优先级算法每次选择优先级最高的进程分配处理机使之执行。根据进程创建后其优先级是否可以改变,可将进程优先级分为以下两种情况。

①静态优先级。在创建进程时,根据进程类型、进程对资源的要求、用户要求等确定优先级且在进程的整个运行期间保持不变。它的优点是简单易行,系统开销小;缺点是不够精确,可能会出现优先级低的进程长期没有被调度的情况。短进程优先调度算法就是静态优先级的一种。

②动态优先级。在进程运行过程中,根据进程占有 CPU 时间的长短、就绪进程等待 CPU 时间的长短等动态调整优先级。

(4)高响应比优先调度算法。

高响应比优先调度算法同时考虑了进程的等待时间和估计的运行时间,是 FCFS 算法和 SJF 算法的综合平衡,是动态优先级调度算法的一种实现。在每次进行调度时,高响应比优先调度算法选择响应比高的进程投入运行。响应比 = (等待时间 + 要求服务时间)/要求服务时间。它的特点是:当进程的等待时间相同时,要求服务时间越短,其响应比越高,有利于短作业;当要求服务时间相同时,进程的响应比由其等待时间决定,等待时间越长,其响应比越高,因而它实现的是先来先服务,兼顾了公平性;对于长作业,进程的响应比可以随等待时间的增加而提高,当其等待时间足够长时,其响应比便可升到很高,从而也可获得处理机,克服了饥饿状态,兼顾了长作业。该算法相对公平,但响应比的计算和比较的开销较大。

(5)时间片轮转调度算法。

时间片轮转调度算法主要适用于分时系统。在这种算法中,系统将所有就绪进程按到达时间的先后次序排成一个队列,进程调度程序按照先来先服务的原则,选择就绪队列中第一个进程执行,但只能运行一个时间片。在使用完一个时间片后,即使进程并未运行完,也必须释放处理机给下一个就绪的进程,然后返回就绪队列的末尾重新排队。

该算法中时间片的大小对系统性能的影响很大。如果时间片过大,以至于所有进程都能在一个时间片内执行完毕,则该算法就退化为先来先服务调度算法。如果时间片很小,那么处理机将在进程间过于频繁切换,使处理机的开销增大,而真正用于运行用户进程的时间将减少。

(6)多级反馈队列调度算法。

多级反馈队列调度算法是对前面几种算法进行折中权衡得到的算法,它的实现思想是:设置多个就绪队列,并为各个队列赋予不同的优先级。第一个队列的优先级最高,其余各队列的优先权逐个降低。该算法赋予各个队列中进程执行时间片的大小也各不相同,在优先权越高的队列中,为每个进程所规定的执行时间片就越短。新进程创建就绪后,首先将它放入第一队列的末尾,按 FCFS 原则排队等待调度。当轮到该进程执行时,若它能在该时间片内完成,便可准备撤离系统;如果它在一个时间片结束时尚未完成,调度程序便将该进程转入第二队列的末尾,再同样地按 FCFS 原则等待调度执行;如果它在第二队列中运行一个时间片后仍未完成,再依次将它放入第三队列……如此下去,当一个长进程从第一队列依次降到第 n 队列后,在第 n 队列中便采取按时间片轮转的方式运行。仅当高优先级队列为空时,才调度低优先级队列中的进程。若一个队列中的进程正执行,此时有新进程进入高优先级队列,则新进程抢占运行。原来进程放回原队列的队尾。

多级反馈队列的特点:多级反馈队列结合了 FCFS 算法,对各种类型的进程相对公平;多级反馈队列结合了 RR 算法,每个新到达的进程都可以很快得到响应;多级反馈队列对短进程有利,短进程需要用较少的时间,因此可以在高优先级队列中执行,对于需要执行时间长的进程,经过前面几个队列得到部分执行,不会出现长期得不到处理的现象。UNIX 系统中使用的就是多级反馈队列算法。

【例3】 (2018 年全国统考题第 24 题)某系统采用基于优先权的非抢占式进程调度策略,完成一次进程调度和进程切换的系统时间开销为 1 μs。在 T 时刻就绪队列中有 3 个进程,即 P1 、P2 和 P3,其在就绪队列中的等待时间,需要的 CPU 时间和优先权见表 3-2。

表 3-2 进程需要的 CPU 时间和优先权

进程	等待时间	需要的 CPU 时间	优先权
P1	30 μs	12 μs	10
P2	15 μs	24 μs	30
P3	18 μs	36 μs	20

若优先权值大的进程优先获得 CPU,从 T 时刻起系统开始进程调度,系统的平均周转时间为 ( )

A. 54 μs B. 73 μs C. 74 μs D. 75 μs

【答案】 D

【解析】 由优先权可知,进程的执行顺序为 P2→P3→P1。

P2 的周转时间:$15+1+24=40(\mu s)$。

P3 的周转时间:$18+1+24+1+36=80(\mu s)$。

P1 的周转时间:$30+1+24+1+36+1+12=105(\mu s)$。

平均周转时间:$(40+80+105)/3=225/3=75(\mu s)$。故选 D。

【例 4】 (2017 年全国统考题第 27 题)下列有关基于时间片的进程调度的叙述中,错误的是　　　　　　　　　　　　　　　　　　　　　　　　　　　(　　)

A. 时间片越短,进程切换的次数越多,系统开销也越大

B. 当前进程的时间片用完后,该进程状态由执行态变为阻塞态

C. 时钟中断发生后,系统会修改当前进程在时间片内的剩余时间

D. 影响时间片大小的主要因素包括响应时间、系统开销和进程数量等

【答案】 B

【解析】 时间片越短,进程切换的次数越多,系统开销也就越大,所以 A 正确。当前进程的时间片用完后,它的状态由执行态变为就绪态,B 错误。时钟中断是系统中特定的周期性时钟节拍。操作系统通过它来确定时间间隔、实现时间的延时和任务的超时,C 正确。现代操作系统为了保证性能最优,通常根据响应时间、系统开销、进程数量、进程运行时间、进程切换开销等因素确定时间片大小,D 正确。故选 B。

【例 5】 (2013 年全国统考题)某系统正在执行 3 个进程,即 P1、P2 和 P3,各进程的计算(CPU)时间和 I/O 时间比例见表 3－3。为提高系统资源利用率,合理的进程优先级设置应为　　　　　　　　　　　　　　　　　　　　　　　　　　　　(　　)

表 3－3　各进程的计算(CPU)时间和 I/O 时间比例

进程	计算时间比例	I/O 时间比例
P1	90%	10%
P2	50%	50%
P3	15%	85%

A. P1 > P2 > P3　　B. P3 > P2 > P1　　C. P2 > P1 = P3　　D. P1 > P2 = P3

【答案】 B

【解析】 为了合理地设置进程优先级,应该将进程的 CPU 时间和 I/O 时间做综合考虑,对于 CPU 占用时间较少而 I/O 占用时间较多的进程,优先调度能让 I/O 更早地得到使用,提高了系统的资源利用率,显然应该具有更高的优先级。故选 B。

【例 6】 (2016 年全国统考题第 46 题)某进程调度程序采用基于优先数的调度策略,即选择优先数最小的进程运行,进程创建时由用户指定一个 nice 作为静态优先数。为了动态调整优先数,引入运行时间 cpuTime 和等待时间 waitTime,初值均为 0。进程处于执行态时,cpuTime 定时加 1,且 waitTime 置 0;进程处于就绪态时,cpuTime 置 0,waitTime 定时加 1。请回答下列问题。

(1)若调度程序只将 nice 的值作为进程的优先数,即 priority = nice,则可能会出现饥饿现象,为什么?

(2)使用 nice、cpuTime 和 waitTime 设计一种动态优先数计算方法,以避免产生饥饿现象,并说明 waitTime 的作用。

【解析】 (1)由于采用了静态优先数,当就绪队列中总有优先数较小的进程时,优先数较大的进程一直没有机会运行,因而会出现饥饿现象。

(2)优先数 priority 的计算公式为

$$priority = nice + k1 \times cpuTime - k2 \times waitTime$$

其中 $k1 > 0$,$k2 > 0$,用来分别调整 cpuTime 中所占的比例。waitTime 可使长时间等待的进程优先数减少,从而避免出现饥饿现象。(也可以是包含 nice、cpuTime 和 waitTime 的其他合理的优先数计算方法。)

3.2.4　进程同步

1. 进程同步的引入

在多道程序环境下,进程是并发执行的,且以不可预测的速度向前推进;进程的异步性会给系统造成混乱,造成了结果的不可再现性。为防止这种现象,实现资源共享和进程之间的协作,避免进程之间的冲突,保证进程的正确运行,引入了进程同步。

2. 进程的同步和互斥

进程同步是用来描述并发进程间相互制约的关系,主要分为以下两种。

①直接制约关系,称为狭义上的进程同步。它是指为完成某种任务而建立的两个或多个进程,因需要在某些位置上协调它们的工作次序而产生的互相等待的制约关系。进程同步主要源于它们之间的相互合作。

②间接制约关系,称进程互斥。由于各进程要求共享资源,而有些资源需要互斥使用,因此各进程间竞争使用这些资源,进程的这种关系称为进程的互斥。

3. 临界资源和临界区

虽然多个进程可以共享系统中的各种资源,但许多资源一次只能为一个进程所使用,如打印机等;还有许多变量、数据等可以被若干个进程共享,也属于临界资源。

对临界资源的访问,必须互斥地进行,在每个进程中,访问临界资源的那段代码称为临界区。

为了保证临界资源的正确使用,可以把临界资源的访问过程分成进入区、临界区、退出区和剩余区 4 个部分。

为禁止两个进程同时进入临界区,同步机制应遵循空闲让进、忙则等待、有限等待、让权等待的准则。

4. 临界区的实现方法

(1)关中断。

为了实现进程互斥的进入临界区,最简单的办法就是在进入区关中断,在退出区开中断,这样在临界区中就不会再响应中断,也就没有了上下文切换和进程的并发,从而实现临界区的互斥。现代计算机体系结构都提供指令来实现禁止中断。但如果临界区很长,可能导致其他进程处于饥饿状态,并且无法确定响应中断需要的时间,会给系统带来很多问题,这种方法要小心谨慎使用。

(2)软件方法。

可以利用软件方法实现进程互斥的进入临界区,著名的算法有 Peterson 算法、Dekkers 算法和 Lamport 算法等。下面主要介绍 Peterson 算法。

Peterson 算法可以控制两个进程访问一个共享的临界资源而不发生访问冲突。Peterson

算法的描述见表3.4,使用控制变量 flag 和 turn。其中 flag[0] 的值为真,表示进程 P0 希望进入临界区,变量 turn 保存有权访问临界资源的进程的 ID 号。

表 3 - 4　Peterson 算法的进程描述

P0 进程:	P1 进程:
while(true) {	while(true) {
flag[0] = true;	flag[1] = true;
turn = 1;	turn = 0;
while (flag[1]&&turn = = 1);	while (flag[0]&&turn = =0);
临界区;	临界区;
flag[0] = flase;	flag[1] = flase;
剩余区;	剩余区;
}	}

Peterson 算法满足使用临界区的 3 个必须标准,即空闲让进、忙则等待和有限等待。

如果 P0、P1 都在临界区,则在临界区的条件要同时满足 flag[0] = true、flag[1] = true,且 turn = 0、trun = 1。显然这是不可能同时成立的,所以 P0、P1 不可能都在临界区,满足忙则等待的准则。

如果 P1 不在临界区,则 flag[1] = false 或 turn = 0,则 P0 能进入临界区,满足空闲让进的准则。

如果 P0 要求进入临界区,设置 flag[0] = true,turn = 1;假设此时 P1 已在临界区,flag[1] = true,P1 使用完临界区后,flag[1] 的值修改为 flase,此时 P0 可以进入临界区,满足有限等待的准则。

Peterson 算法通过循环测试是否能进入临界区,不满足让权等待准则。

使用软件方法解决临界区的访问问题,比较复杂且有一定的局限性,不易理解,因此现在已经很少使用。

(3)通过原子操作指令实现。

现代 CPU 体系结构都提供一些特殊的执行过程不可分割的原子操作指令,可以用这些指令实现临界区的互斥访问。如测试和置换指令(TestAndSet 指令)、交换指令(exchange 指令或 swap 指令)。通过这些指令实现临界区互斥访问的过程见表 3 -5 和表 3 -6。

表 3 - 5　TestAndSet 指令实现临界区互斥访问

TestAndSet 指令的描述	用 TestAndSet 指令实现临界区的互斥访问
boolean TestAndSet(boolean * lock)	while(TestAndSet(&lock)) ;// 进入区
{	临界区
boolean old = * lock;	lock = false;// 退出区
* lock = true;	剩余区
return old;	
}	

表 3 - 6 exchange 指令实现临界区互斥访问

exchange 指令的描述	用 exchange 指令实现临界区的互斥访问
boolean exchange(boolean ＊a, boolean ＊b)	key = true
｛	do｛
boolean temp;	exchange(&lock &key) ;
temp = ＊a;	｝while(key ！ = false) ;
＊a = ＊b;	临界区
＊b temp;	lock = false;
｝	剩余区

通过原子操作指令实现临界区资源的互斥访问比较简单,但在进入区检查临界区的资源使用情况时,均是通过循环测试,没有遵循让权等待的准则,为此会消耗处理机的时间,且很难用于解决复杂的进程同步问题。

5. 信号量

信号量机制时荷兰学者 Dijkstra 于 1965 年提出的,用来解决互斥与同步的进程同步工具。它只能被两个标准的原语 P 操作和 V 操作来访问,一般在申请资源时执行 P 操作,释放资源时执行 V 操作,也可以记为"wait 操作"和"signal 操作"。

(1)整型信号量。

整型信号量被定义为一个用于表示资源数目的整型量 s,P 操作和 V 操作描述见表3 - 7。

表 3 - 7 整型信号量的 P、V 操作描述

P 操作	V 操作
P(s)｛	V(s)｛
while(s < =0) ;	s = s + 1;
s = s - 1;	｝
｝	

在 P 操作中,当信号量 s≤0 时,会不断地进行测试。因此,该机制并未遵循让权等待的准则,而使进程处于"忙等"的状态。

(2)记录型信号量。

为了解决整型信号量没有遵循让权等待的问题,引入记录型信号量。记录型信号量中每个信号量除一个整数值记录可用资源数外,还添加一个进程等待队列。该队列用来链接等待在该信号量的进程。

记录型信号量可描述为:

typedef struct｛

int value;

struct process ＊L;

｝ semaphore;

相应的 P 操作和 V 操作描述见表 3 - 8。

表 3 - 8　记录型信号量的 P 操作和 V 操作描述

P 操作	V 操作
void P(semaphore S) {	void signal(semaphore S) {
S. value - - ;	S. value + + ;
if(S. value < 0)	if(S. values < = 0) {
调用阻塞原语,把进程插入到 s. Li 队列,进行自我阻塞;	调用唤醒原语,唤醒 S. L 中的第一个等待进程 P wakeup(P);
}	}

可见该机制遵循了"让权等待"的准则,不存在进程"忙等"现象,一般没有特殊声明,信号量都是指记录型信号量。

(3)利用信号量实现进程同步。

信号量机制能用于解决进程间各种同步问题,比如要求进程 P2 中的语句 Y 在进程 P1 中语句 X 运行之后才可运行。设 s 为实现进程 P1、P2 同步的公共信号量,表示资源数量的 value 初值为 0。进程执行操作的伪代码描述见表 3 - 9。

表 3 - 9　进程执行操作的伪代码描述

semaphore s = 0　　// 信号量的定义和初始化	
P1 进程	P2 进程
P1 {	P2 {
…	…
X;	P(s);
V(s);	Y;
…	…
}	}

P2 在执行 Y 语句之前,先执行 P 操作判断 P1 进程中 X 语句是否已经执行,如果未执行,因信号量 S 的 value 初值为 0,执行 P 操作时 P2 阻塞,直至 P1 执行完 X 语句,再执行 V 操作唤醒 P2 进程,这样就保证了 Y 语句一定在 X 语句之后执行。

(4)利用信号量实现进程互斥。

信号量机制也能解决进程互斥问题,如两个进程需要互斥访问同一个临界资源的问题。设 S 为实现进程 P1、P2 互斥的信号量,由于每次只允许一个进程进入临界区访问临界资源,所以设置 S 的 value 初值为 1,表示可用资源数为 1。两进程对临界资源的互斥访问操作的伪代码描述见表 3 - 10。

互斥的实现是不同进程对同一信号量进行 P、V 操作,一个进程在成功地对信号量执行了 P 操作后进入临界区,并在退出临界区后,由该进程对信号量执行 V 操作,如果有进程等待,则唤醒该进程,使之可以进入临界区;如果没有等待进程,则资源数 value 值加 1,恢复为初值状态,表示当前没有进程进入临界区,可以让其他进程进入。

表 3 – 10　利用信号量实现进程互斥伪代码描述

semaphore s = 1　　　// 信号量的定义和初始化	
P1 进程	P2 进程

P1 {
…
P(S);
临界区;
V(S);
…
}
	P2 {
	…
	P(S);
	临界区;
	V(S);
	…
	}

6. 管程

信号量提供了一种方便、有效的进程同步机制,但 P 操作和 V 操作可能分散在不同的进程中,若使用不当容易出现死锁。1974 年,Hore 提出了解决进程同步问题的一种机制——管程。

管程是由局部于自己的若干公共变量及其说明和所有访问这些公共变量的过程所组成的软件模块。它采用面向对象的方法,收集相关共享数据并定义访问共享数据的同步方法。管程把分散在各进程中的临界区集中起来进行管理,对程序隐蔽了同步细节,用户编写并发程序时直接调用管程的操作,简化了同步功能的调用,且便于用高级语言来书写程序,也便于验证程序的正确性。

管程能够实现对共享变量的互斥操作。管程要求进程只能通过管程内部提供的方法才能进入管程访问共享数据,且在任何时候仅允许一个进程在管程中执行某个内部方法。管程的这种互斥访问是由编译程序在编译时自动添加上的。

管程能够实现进程操作的同步控制,具体是通过条件变量实现的。条件变量是管程内的一种数据结构,且只有在管程中才能被访问,它对管程内的所有过程是共享的,可以用来实现管程内部的等待机制。每个条件变量表示一种等待原因,对应一个等待队列,进入管程的进程因资源被占用而进入等待状态时,在对应的队列等待。条件变量只能通过两个原语操作来使用,一个是 wait 操作,另一个是 signal 操作。wait 操作可使调用进程阻塞在对应条件变量的队列中,并释放管程的互斥访问权,直到另一个进程在该条件变量上执行 signal 操作唤醒该进程,才将其移出条件变量的等待队列;signal 操作,如果条件变量对应的等待队列不为空,则将等待队列中的一个进程唤醒,如果等待队列为空,则相当于空操作。当执行 signal 操作唤醒等待进程时,会使得两个在管程内的进程都是可以执行的。如何保证这两个进程的互斥操作,有两种方式:一种是当前进程执行完才切换到被唤醒的进程执行;另一种立即切换到被唤醒的进程执行,等它执行完后再切换回来。

【例 7】 (2012 年全国统考题第 30 题)若某单处理器多进程系统中有多个就绪态进程,则下列关于处理机调度的叙述中,错误的是　　　　　　　　　　　　　　　(　　)

A. 在进程结束时能进行处理机调度

B. 创建新进程后能进行处理机调度

C. 在进程处于临界区时不能进行处理机调度

D.在系统调用完成并返回用户态时能进行处理机调度

【答案】 C

【解析】 选项 A、B、D 显然是可以进行处理机调度的情况。对于选项 C,当进程处于临界区时,说明进程正在占用处理机,只要不破坏临界资源的使用规则,就不会影响处理机调度的。所以选 C。

【例8】 (2016 年全国统考题第 27 题)使用 TSL(Test and Set Lock)指令实现进程互斥的伪代码如下所示。

```
do{  ......
      while (TSL (& lock));
      critical section;
      lock = FALSE;
      ......
} while(TRUE);
```

下列与该实现机制相关的叙述中,正确的是(　　　　)。

A.退出临界区的进程负责唤醒阻塞态进程

B.等待进入临界区的进程不会主动放弃 CPU

C.上述伪代码满足"让权等待"的同步准则

D." while(TSL(&lock));"语句应在关中断状态下执行

【答案】 B

【解析】 当进程退出临界区时置 lock 为 FALSE,会使等待资源的进程结束 while 循环,进入临界区,由于进程等待资源是使用 while 循环测试资源的占有情况,进程不会主动放弃 CPU,没有遵循"让权等待"的准则,进程没有阻塞,所以选项 A 、C 错误,选项 B 正确。若"while(TSL(&lock));"在关中断状态下执行,当 TSL(&lock)的值为 TRUE 时,不再开中断,则系统会进入死循环,且无法进行进程切换,所以选项 D 错误。故选 B。

【例9】 (2010 年全国统考题第 25 题)设与某资源关联的信号量初值为 3,当前值为 1。若 M 表示该资源的可用个数,N 表示等待该资源的进程数,则 M、N 分别是　　　　(　　　)

A.0、1　　　　　　B.1、0　　　　　　C.1、2　　　　　　D.2、0

【答案】 B

【解析】 当信号量的值大于 0 时,表示相关资源可用数量,所以该资源的可用个数是 1。由于资源有剩余,可见没有其他进程等待使用该资源,故等待该资源的进程数为 0。故选 B。另外也要知道当信号量小于 0 时,表述资源不够用,有等待该资源的进程,其绝对值就是等待该资源的进程数。

【例10】 (2016 年全国统考题第 30 题)进程 P1 和 P2 包含并发执行的线程,部分伪代码描述见表 3 - 11。

表 3 – 11　伪代码描述

// 进程 P1	// 进程 P2
int x = 0;	int x = 0;
Thread1 {	Thread3 {
int a;	int a;
a = 1;	a = x;
x + = 1;	x + = 3;
}	}
Thread2 {	Thread4 {
int a;	int b;
a = 2;	b = x;
x + = 2;	x + = 4;
}	}

下列选项中,需要互斥执行的操作是　　　　　　　　　　　　　　(　　)

A. a = 1 与 a = 2　　　　　　　　B. a = x 与 b = x

C. x + = 1 与 x + = 2　　　　　　D. x + = 1 与 x + = 3

【解析】　C

【解析】　线程的同步问题和进程的同步问题的处理方法是类似的,线程的同步问题可以按照进程的同步问题进行处理。选项 A 中的两条语句,是进程 P1 中的两个线程分别对自己的局部变量 a 赋值的语句,不需要互斥执行;选项 B 中的两条语句,是进程 P2 中的两个线程分别对自己的局部变量 a、b 赋值的语句,虽然用到共享变量 x,但没有改变 x 的值,不需要互斥执行;选项 C 中的两条语句,是进程 P1 中的两个线程对共享变量 x 赋值的语句,需要互斥执行;选项 D 中的两条语句,一个是进程 P1 线程中的语句,一个是进程 P2 线程中的语句,两个进程的变量虽然名字相同,但有各自的地址空间,互不影响,不需要互斥执行。故选 C。

3.2.5　经典进程同步问题

进程同步问题的实现关键是分析进程之间的同步和互斥关系,确定需要的信号量,并根据进程的操作流程确定 P 操作、V 操作的位置。这里介绍 3 种比较经典的进程同步问题。

1. 生产者 – 消费者问题

①问题描述。生产者 – 消费者问题描述的是多个生产者和消费者共享多个缓冲区(假设缓冲区个数为 n)的问题。生产者生产产品,并将产品放入缓冲区,供给消费者进程使用;尽管所有的生产者进程和消费者进程都是以异步方式运行的,但他们之间必须保持同步,既不允许消费者进程从空的缓冲区中拿产品,也不允许生产者进程向满缓冲区中放产品。

②问题分析。生产者与消费者进程对缓冲区的访问是互斥关系,同时必须生成之后才能消费,所以生产者与消费者又是相互协作的同步关系。因而对于缓冲区的访问需要设置一个互斥量 mutex,用来实现互斥;设置两个信号量,一个记录空闲缓冲区单元 empty,一个记录满缓冲区单元 full,用来实现同步。

③代码实现。生产者和消费者问题的伪代码实现见表 3 – 12。

表 3 – 12　生产者和消费者问题的伪代码实现

semaphore mutex = 1, empty = n, full = 0; // 信号量的定义及初始化	
生产者进程	消费者进程

producer{
while(true){
　　生产产品；
　　P(empty)；
　　P(mutex)；
　　把产品放入缓冲区；
　　V(mutex)；
　　V(full)；
　}
}
	consumer{
	while(true){
	P(full)；
	　　P(mutex)；
	　　从缓冲区中取产品；
	　　V(mutex)；
	　　V(empty)；
	　　使用产品；
	　}
	}

2. 读者 – 写者问题

①问题描述。有多个读者和多个写者共享一个文件,多个读进程可以同时访问文件,但写者进程访问文件与其他读写进程都互斥。

②问题分析。读者和读者之间不互斥,读者和写者之间是互斥的,写者和写者之间也是互斥的。首先设置一个互斥信号量 wmutex,用来实现进程的互斥关系;因为读者与读者之间不互斥,如何实现这个关系,需要设置一个整型计数器 count,用它来记录读者的数量,当有进程读文件的时候,写进程无法写文件,此时读进程会一直占用文件,当没有读进程的时候写进程才可以写文件,第一个读进程占有互斥信号量,最后一个读进程释放互斥信号量;由于所有读进程共享计数器 count,所以需要定义互斥信号量 cmutex 来实现对 count 的互斥访问。

③伪代码实现。读者 – 写者问题的伪代码实现见表 3 – 13。

表 3 – 13　读者 – 写者问题的伪代码实现

int count = 0; semaphore wmutex = 1, cmutex = 1;	
读者进程	写者进程

reader{
while(true){
　　P(cmutex)；
　　if(count = =0)　P(wmutex)；
　　count + +；
　　V(cmutex)；
　　读文件
　　P(cmutex)；
　　count – –；
　　if(count = =0)
　　V(wmutex)；
　　V(cmutex)；
　}
}
	writer{
	while(true){
	　　P(wmutex)；
	　　写文件
	　　V(wmutex)；
	　}
	}

3. 哲学家进餐问题

（1）问题描述。

5 位哲学家围绕一张圆桌而坐，每两位哲学家之间的桌子摆一根筷子，他们的生活方式就是思考和进餐。当哲学家饥饿的时候，只有同时拿起左右两根筷子才可以用餐，如果筷子已在他人手上，则需等待；用完餐后筷子放回原处，供其他哲学家使用。如何保证哲学家们能够有序地就餐，即不会出现有哲学家因拿不到筷子无法进餐的现象。

（2）问题分析。

每位哲学家与左右邻居对其中间筷子的访问是互斥关系。定义互斥信号量数组 chopstick[5] = \{1,1,1,1,1\} 用于实现对 5 根筷子的互斥访问。5 位哲学家的编号分别位 0、1、2、3、4，哲学家 i 左边的筷子的编号为 i，哲学家右边的筷子的编号为 $(i+1)\%5$。

（3）伪代码实现。

哲学家就餐算法的伪代码实现见表 3 - 14。

表 3 - 14　哲学家就餐算法的伪代码实现（有死锁）

semaphore chopstick[5] = \{1,1,1,1,1\};
i 号哲学家进程
Pi\{   While(true)\{   　　思考;   　　P(chopstick[i]);   　　P(chopstick[(i+1)%5]);   　　进餐;   　　V(chopstick[i]);   　　V(chopstick[(i+1)%5]);   　\}   \}

思考上述算法执行中，是否能保证 5 位哲学家都能够就餐？假如 5 位哲学家都想要进餐，且分别拿起了他们左边筷子，等他们再想拿右边筷子的时候，筷子已经被拿走了，哲学家进程因等待资源而阻塞，这就出现了死锁。为了防止死锁的发生，可以对哲学家进程施加一些限制条件。比如最多只允许有 4 位哲学家同时进餐，从而能够保证至少有一位哲学家能够进餐，当他进完餐后释放出他用过的两根筷子，使更多的哲学家能够进餐；或者仅当哲学家的左右两根筷子均可用时，才允许他拿起筷子进餐；又或者规定奇数号哲学家先拿他左边的筷子，然后再去拿右边的筷子，而偶数号哲学家则相反。下面给出第一种方法的伪代码实现，具体见表 3 - 15 所示。

表 3 - 15　哲学家就餐算法的伪代码实现（无死锁）

semaphore chopstick[5] = \{1,1,1,1,1\};   semaphore maxp = 4;
i 号哲学家进程

```
Pi{
while(true){
    思考;
    P(maxp);
    P(chopstick[i]);
    P(chopstick[(i+1)%5]);
    进餐;
    V(chopstick[i]);
    V(chopstick[(i+1)%5]);
    V(maxp);
  }
}
```

【例 11】 (2017 年全国统考题第 46 题)某进程中有 3 个并发执行的线程:thread1、thread2 和 thread3,其伪代码见表 3 – 16。

表 3 – 16 【例 11】伪代码

```
typedef struct{                    // 复数的结构类型定义
    float a;
    float b;
} cnum;
cnum x,y,z;                        // 全局变量
cnum add(cnum p,cnum q){           // 计算两个复数之和
    cnum s;
    s.a = p.a + q.a;
    s.b = p.b + q.b;
    return s;
}
```

线程 1	线程 2	线程 3

thread1
{
　　cnum w;
　　w = add(x,y);
　　…
}
	thread2
	{
	　　cnum w;
	　　w = add(y,z);
	　　…
	}
		thread3
		{
		　　cnum w;
		　　w.a = 1;
		　　w.b = 1;
		　　z = add(z,w);
		　　y = add(y,w);
		　　…
		}

请添加必要的信号量和 P、V[或 wait( )、signal( )]操作,要求确保线程互斥访问临界资源,并且最大限度地并发执行。

【解析】 根据题意"要求确保线程互斥访问临界资源,并且最大限度地并发执行",先找出满足题意要求的线程在各个变量上的互斥关系。对于共享变量,如果是一读一写或两个都是写,就要互斥执行,但都是读操作时,为了最大限度地并发执行,不互斥执行。

对于共享变量 x,只有 thread1 对它进行读操作,不需要互斥。

对于共享变量 y,thread1、thread2 对它进行读操作,不用互斥,但 thread3 对它进行读写操作,所以 thread1 和 thread3 对 y 操作时要互斥,定义互斥信号量 mutexy13;thread2 和 thread3 对 y 操作时也要互斥,定义互斥信号量 mutexy23。

对于共享变量 z,thread2 对它进行读操作,thread3 对它进行读写操作,需要互斥,定义互斥信号量 mutexz23。程序实现的伪代码描述见表 3-17。

表 3-17 程序实现的伪代码描述

semaphore mutexy13 = 1, mutexy23 = 1,mutexz23 = = 1;

线程 1	线程 2	线程 3

thread1
{
    cnum w;
    p(mutexy13);
    w = add(x,y);
    v(mutexy13);
    …
 	
}
	thread2
	{
	    cnum w;
	    p(mutexy23);
	    p(mutexz23);
	    w = add(y,z);
	    v(mutexz23);
	    v(mutexy23);
	    …
	
	}
		thread3
		{
		    cnum w;
		    w. a = 1;w. b = 1;
		    p(mutexz23);
		    z = add(z,w);
		    v(mutexz23);
		    p(mutexy13);
		    p(mutexy23);
		    y = add(y,w);
		    v(mutexy13);
		    v(mutexy23);
		    …
		
		}

【例 12】 (2009 年全国统考题)3 个进程 P1、P2、P3 互斥使用一个包含 $N(N>0)$ 个单元的缓冲区,P1 每次用 produce( )生成一个正整数,并用 put( )送入缓冲区某一空单元中;P2 每次用 getodd( )从该缓冲区中取出一个奇数,并用 countodd( )统计奇数个数;P3 每次用 geteven( )从该缓冲区中取出一个偶数,并用 counteven( )统计偶数个数。请用信号量机制实现这 3 个进程的同步与互斥活动,并说明所定义信号量的含义(要求用伪代码描述)。

【解析】 对缓冲区的访问要互斥,因此设置互斥信号量 mutex;进程 P1、P2 因为奇数的放置与取用需要同步,设同步信号量 empty、odd;进程 P1、P3 因为偶数的放置与取用也需要同步,设置同步信号量 empty、even;因为进程 P1、P2、P3 共享缓冲区,表示空缓冲区资源的信号量 empty 是公用的。程序实现的伪代码描述见表 3-18。

表 3 – 18　程序实现的伪代码描述

semaphore mutex = 1, odd = 0, even = 0, empty = N;		
进程 1	进程 2	进程 3
P1{	P2{	P3{
while(true)	while(true)	while(true)
{		{
x = produce( );	{	P(even) ;
P(empty) ;		P(mutext) ;
P(mutex) ;	P(odd) ;	geteven( ) ;
Put( ) ;	P(mutex) ;	V(mutex) ;
V(mutex) ;	getodd( ) ;	V(empty) ;
if(x%2 = =0) V(even) ;	V(mutex) ;	counteven( ) ;
else　V(odd)	V(empty) ;	}
}	countodd( ) ;	}
}	}	

【例13】　(2011 年全国统考题第 45 题)某银行提供 1 个服务窗口和 10 个供顾客等待的座位。顾客到达银行时,若有空座位,则到取号机上领取一个号,等待叫号。取号机每次仅允许一位顾客使用。当营业员空闲时,通过叫号选取一位顾客,并为其服务。顾客和营业员的活动过程描述如下:

cobegin{

Process 顾客 i{	Process 营业员{
从取号机获取一个号码;	while(true){
等待叫号;	叫号;
获取服务;	为客户服务;
}	}
	}
}cend	

请添加必要的信号量和 P、V[或 wait( )、signal( )]操作,实现上述过程中的互斥与同步。要求写出完整的过程,说明信号量的含义并赋初值。

【解析】　对取号机的领号操作要互斥,定义一个互斥信号量 mutex;顾客需要获得空座位等待叫号,每当营业员空闲时,将选取一位顾客并为其服务。空座位的有、无影响等待顾客数量,顾客的有、无决定了营业员是否能开始服务,故分别设置信号量 empty 和 full 来实现这一同步关系。另外,顾客获得空座位后,需要等待叫号和被服务。这样,顾客与营业员就服务何时开始又构成了一个同步关系,定义信号量 service 来完成这一同步过程。程序实现的伪代码描述见表 3 – 19。

表 3 – 19　程序实现的伪代码描述

semaphore　　mutex = 1，empty = 10，full = 0；service = 0；

顾客进程	营业员进程

process 顾客 i{
 P(empty)；
 P(mutex)；
 从取号机上取号；
 V(mutex)；
 V(full)；
 P(service)；//等待叫号
 接受服务：
 }
	process 营业员{
	 while(true){
	 　P(full)；
	 　V(empty)；
	 　V(service)；　//叫号
	 　为顾客服务；
	 }
	 }

3.2.6　进程通信

进程通信主要有以下 4 种方式。

1. 信号通信

信号是进程之间一种重要的通信机制，它的作用是通知进程某个事件已经发生，进程在收到信号后，在当前执行处设置断点，然后立即转去执行信号处理操作，执行结束后，返回到断点，继续执行之前的操作，类似中断处理机制，可以看作在软件层次上对中断机制的一种模拟。它与中断的区别是，中断处理运行在核心态，而信号通信运行在用户态；中断的响应比较及时，而信号的相应一般会有延迟。信号的发出者可以是进程、系统或硬件。

2. 共享存储区

用户进程空间一般都是独立的，进程运行期间一般不能访问其他进程的空间，要想让两个用户进程共享空间必须通过特殊的系统调用实现，而进程内的线程是自然共享进程空间的。共享存储区是指在内存中开辟一个公共存储区，把要进行通信的进程的虚地址空间映射到共享存储区。发送进程向共享存储区中写数据，接收进程从共享存储区中读数据。在对共享存储区进行读、写操作时，需要使用同步互斥工具对共享空间的读、写进行控制。共享存储区是通信中最快的一种方式，没有数据复制也没有系统调用的干预，一个进程在共享存储区写以后，另一个进程立即可见。其缺点是需要程序员自己实现共享区域的同步互斥关系。

3. 消息传递

不同进程之间需要交换更大量的信息时，甚至是不同机器之间的不同进程需要进行通信时，通常使用更高级的通信机制 – 消息队列机制。在消息传递系统中，进程间的数据交换是以格式化的消息为单位的。通信时使用操作系统提供的发送消息和接收消息两个原语进行数据交换。实现时又分为直接通信方式和间接通信方式两种。

①直接通信方式。发送进程直接把消息发送给接收进程，并将它挂在接收进程的消息缓冲队列上，接收进程从消息缓冲队列中取得消息。

②间接通信方式。发送进程把消息发送到某个中间实体中，接收进程从中间实体中取得消息。这种中间实体一般称为信箱，所以也称信箱通信方式。该通信方式相应的通信系

统称为电子邮件系统。

4. 管道通信

管道是进程之间的一种通信机制。管道是指用于连接一个读进程和一个写进程,以实现它们之间通信的一个共享文件,又名 pipe 文件。从本质上说,管道也是一种文件,但它又和一般的文件有所不同,不属于某种文件系统,并且只存在于内存中,可以看作一种固定大小的缓冲区。例如,Linux 中该缓冲区的大小为 4 KB。一个进程可以通过管道把数据传递给另外一个进程。前者向管道中写入数据,后者从管道中读出数据。由于管道是一块共享的存储区域,所以要注意同步、互斥的使用。例如,在 Linux 中,管道是一种使用非常频繁的通信机制。它采用半双工通信,即某一时刻只能单向传输,不能两个方向同时进行数据传送,要实现两个进程双向交互通信,则需要定义两个管道。

【例 14】 (2014 年全国统考题)下列关于管道通信的叙述中,正确的是　　　　(　　)

A. 一个管道可实现双向数据传输

B. 管道的容量仅受磁盘容量大小限制

C. 进程对管道进行读操作和写操作都可能被阻塞

D. 一个管道只能有一个读进程或一个写进程对其操作

【答案】 C

【解析】 根据前面分析,管道采用半双工通信,即某一时刻只能单向传输,所以选项 A 错误;管道不是磁盘文件,它只是利用文件接口,且容量是固定的,不受磁盘容量大小限制,所以选项 B 错误;当管道满时,进程在写管道会被阻塞,而当管道空时,进程在读管道会被阻塞,选项 C 正确;管道对于管道两端的进程而言,就是一个文件,可以有一个读进程或多个写进程对其操作,选项 D 错误。故选 C。

3.2.7 死锁

1. 死锁的基本概念

(1)死锁的定义及产生原因。

死锁是指多个进程循环等待它方占有的资源而无限期地僵持下去的局面,此时若无外力作用,这些进程都将无法向前推进。产生死锁的原因主要有以下 3 个:

①竞争资源。系统中的资源分为两类。一类是可剥夺资源,是指某进程在获得这类资源后,该资源还可以被其他进程剥夺。例如,优先级高的进程可以剥夺优先级低的进程的处理机。又如,存储器管理程序可以把一个进程占有的内存空间移到内存中的另一个区域或者移到外存,即剥夺了该进程原来占有的存储区。另一类资源是不可剥夺资源,是指当系统把这类资源分配给某进程后,只能在进程用完后自行释放,而不能中途强行收回,如磁带机、打印机等。死锁是多个进程之间对不可剥夺资源的竞争而产生,对可剥夺资源的竞争不会产生死锁。

②进程执行顺序不当。进程在运行过程中,请求和释放资源的顺序不当时,也会导致死锁现象的产生。

③信号量使用不当。信号量使用不当也会造成死锁进程间彼此相互等待对方发来的消息,结果也会使得这些进程无法继续向前推进,产生死锁。

(2)死锁产生的必要条件。

产生死锁必须同时满足以下 4 个条件:

①互斥。互斥是指某个资源在一段时间内只能由一个进程占用,不能同时被两个或两个以上的进程占有。如果此时还有其他进程请求该资源,则请求者只能等待。

②不可剥夺。不可剥夺是指进程已获得的资源,只能在使用完时由自己释放,在未使用完之前,不能被剥夺。

③请求和保持。请求和保持是指进程已经占有了至少一个资源,又提出了已被其他进程占用的资源请求,此时请求进程阻塞,等待新资源时,继续占有已占有的资源。

④环路等待。环路等待是指若干进程之间形成一种头尾相接的循环等待资源关系。如一个进程等待序列{P0,P1,P2,…,Pn},其中的进程 P0 正在等待进程 P1 占用的某个资源;进程 P1 正在等待进程 P2 占用的某个资源……进程 Pn 正在等待已被进程 P0 占用的某个资源,形成一个进程循环等待环。

(3)死锁的处理策略。

目前处理死锁的方法可以归结为以下 4 种。

①预防死锁。预防死锁是指为资源的使用设置某些限制条件,确保系统永远不会进入死锁状态。

②避免死锁。避免死锁是指在资源的动态分配过程中,系统对资源的请求进行判断,只允许不会出现死锁的进程获得资源,防止系统进入不安全状态,从而避免死锁。

③死锁的检测及解除。死锁的检测及解除是指无须采取任何限制性措施,允许进程在运行过程中发生死锁。在检测到运行系统进入死锁状态时,系统采取某种措施解除死锁。

④忽略死锁。考虑到死锁出现的概率不大,而处理死锁的开销较大,大多数操作系统忽略死锁。

(4)资源分配图。

资源分配图是描述资源和进程间的分配和占用关系的有向图。如图 3 - 2 所示,用圆圈代表一个进程,用框代表一类资源,框中的一个点代表一类资源中的一个资源。从进程到资源的有向边称为请求边,表示该进程申请一个单位的该类资源;从资源到进程的边称为分配边,表示该类资源已经有一个资源被分配给了该进程。进程 P2 已经获得了两个 R2 资源,又请求一个 R1 资源;进程 P1 已获得了一个 R1 和一个 R2 资源,又请求一个 R2 资源。

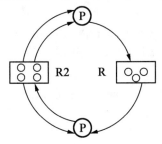

图 3 - 2　资源分配图

【例 15】　(2009 年全国统考题第 25 题)某计算机系统中有 8 台打印机,由 K 个进程竞争使用,每个进程最多需要 3 台打印机。该系统可能会发生死锁的 K 的最小值是(　　)。

A. 2　　　　　　　　B. 3　　　　　　　　C. 4　　　　　　　　D. 5

【答案】　C

【解析】　考虑极端情况,因为每个进程最多需要 3 台打印机,如果每个进程已经占有了 2 台打印机,那么只要还有多的打印机,总能满足一个进程达到 3 台的条件,然后顺利执行,所以每个进程有 2 台打印机,将 8 台打印机分给 8/2＝4 个进程,这个情况就是极端情况,可能会发生死锁的最少进程数。故选 C。

【例 16】 (2014 年全国统考题第 24 题)某系统有 n 台互斥使用的同类设备,3 个并发进程分别需要 3、4、5 台设备,可确保系统不发生死锁的设备数 n 最小为( )。

A. 9   B. 10   C. 11   D. 12

【答案】 B

【解析】 3 个并发进程分别需要 3、4、5 台设备,当系统只有 $(3-1)+(4-1)+(5-1)=$ 9 台设备时,第一个进程分配 2 台,第二个进程分配 3 台,第三个进程分配 4 台。这种情况下,3 个进程均无法继续执行下去,发生死锁。当系统中再增加 1 台设备,也就是总共 10 台设备时,这最后 1 台设备分配给任意一个进程都可以顺利执行完成,因此保证系统不发生死锁的最小设备数为 10。所以选 B。

【例 17】 (2016 年全国统考题第 25 题)系统中有 3 个不同的临界资源 R1、R2 和 R3,被 4 个进程 P1、P2、P3 和 P4 共享。各进程对资源的需求为:P1 申请 R1 和 R2,P2 申请 R2 和 R3,P3 申请 R1 和 R3,P4 申请 R2。若系统出现死锁,则处于死锁状态的进程数至少是

                                                             ( )

A. 1   B. 2   C. 3   D. 4

【答案】 C

【解析】 对于本题,P1、P2、P3 三个进程都是申请两个不同资源,通过观察,如果一个进程申请的两个资源能都满足,那么它使用完资源释放后,系统可以把资源再分配给其他进程,系统就不会出现死锁。如果 P1、P2、P3 三个进程每个进程都得到了一个资源,都在请求另一个已经被其他进程占有的资源,这时候就会发生死锁,所以处于死锁状态的进程数至少有三个。至于进程 P4 因为它只申请一个资源,如果它在 P1、P2、P3 三个进程每个进程都得到了一个资源之前申请到 R2,它使用完资源释放,不影响 P1、P2、P3 是否造成死锁,如果 P4 在 P1、P2、P3 三个进程每个进程都得到了一个资源之后申请 R2,它也会一直阻塞等待资源 R2,这时候处于死锁状态的进程数就是 4。结合分析选 C。

2. 死锁的预防

预防死锁的发生是采用某种策略限制并发进程对资源的请求,使系统在任何时刻都不满足死锁的必要条件,此时系统一定不会出现死锁。

(1)破坏互斥条件。

互斥使用是某些资源的固有属性,如打印机,所以通过破坏互斥条件预防死锁的方法不太可行。

(2)破坏请求和保持条件。

系统规定所有进程在开始运行之前,都必须一次性地申请其在整个运行过程所需的全部资源,只要有一种资源不能满足某进程的要求,即使其他所需的各资源都空闲,也不分配给该进程,而让该进程等待,从而避免发生死锁。它的优点是实现简单。其缺点是有些资源可能仅在运行初期或运行快结束时才使用,资源利用率低;当个别资源长期被其他进程占用时,将致使等待该资源的进程迟迟不能开始运行,产生"饥饿"现象。

(3)破坏不剥夺条件。

如进程请求不能立即分配的资源,则释放已占有资源,相当于剥夺了进程已占有的资

源。该策略释放已获得的资源可能造成前一阶段工作的失效,反复地申请、释放资源,同时会增加系统开销。

(4)破坏循环等待条件。

对资源进行排序,要求进程按顺序请求资源。这样在资源分配图中不可能再出现环路。这种方法的缺点是:编号必须相对稳定,限制了新类型设备的增加;尽管在为资源编号时已考虑到大多数进程实际使用这些资源的顺序,但也经常会发生进程使用资源的顺序与系统规定顺序不同的情况,从而造成资源的浪费;此外,这种方法也会给用户的编程带来麻烦。

3. 避免死锁

死锁避免是一种保证系统不进入死锁状态的动态策略,它的基本思想是系统对进程发出的每一个资源申请进行动态检查,判断系统是否处于安全状态,此状态下系统一定没有死锁,此时才分配资源。系统处于不安全状态时可能会出现死锁,确保系统不进入不安全状态就可以避免死锁。

(1)系统安全状态。

安全状态是针对所有已占用资源的进程,存在分配资源的安全序列 $<P1,P2,\cdots,Pn>$,按照该序列分配资源,可使每个进程都可顺序地完成。主要思路如下:首先找到当前可用资源能够满足的进程作为 P1,该进程完成后释放所占用的资源;然后可用资源能够满足的下一个进程作为 P2,该进程完成后释放所占用的资源;以此类推,最终所有进程都能获得所需资源。此时称 $<P1,P2,\cdots,Pn>$ 为安全序列。如果存在这样的序列,系统就是安全状态;否则称系统处于不安全状态。

(2)银行家算法。

银行家算法以银行借贷分配策略为基础,判断并保证系统处于安全状态,从而避免死锁产生的算法。

①数据结构描述。

a. 可利用资源 Available。它一个含有 m 个元素的数组,其中每一个元素代表一类可利用的资源数目。如果 $Available[j]=K$,则表示系统中现有 K 个 Rj 类资源。

b. 进程对资源的最大需求 Max。它是一个 $n\times m$ 的矩阵,用来描述系统中 n 个进程中的每一个进程对 m 类资源的最大需求。如果 $Max[i,j]=K$,则表示进程 Pi 最多需要 K 个 Rj 类资源。

c. 进程已分配资源 Allocation。它是一个 $n\times m$ 的矩阵,用来描述已分配给每一进程的每类资源数。如果 $Allocation[i,j]=K$,则表示进程 Pi 当前已分得 K 个 Rj 类资源。

d. 进程还需资源 Need。它是一个 $n\times m$ 的矩阵,用以表示每一个进程尚需的各类资源数。如果 $Need[i,j]=K$,则表示进程 Pi 还需要 K 个 Rj 类资源。

上述 3 个矩阵间存在下述关系: $Need[i,j]=Max[i,j]-Allocation[i,j]$ 。

②银行家算法描述。设 Request$_i$ 是进程 Pi 的请求向量,如果 $Request_i[j]=K$,表示进程 Pi 需要 K 个 Rj 类型的资源。当 Pi 发出资源请求后,系统按下述步骤进行检查:

步骤 1:如果 $Request_i[j]\leqslant Need[i,j]$,转向步骤 2;否则因为它所需要的资源数已超过最大值,请求错误。

步骤 2:如果 $Request_i[j]\leqslant Available[j]$,便转向步骤 3;否则,表示尚无足够资源,P$i$ 须等待。

步骤 3:系统试探着把资源分配给进程 Pi,并修改下面数据结构中的数值:

Available$[j]$ = Available$[j]$ − Request$_i[j]$；

Allocation$[i,j]$ = Allocation$[i,j]$ + Request$_i[j]$；

Need$[i,j]$ = Need$[i,j]$ − Request$_i[j]$；

步骤 4：系统执行安全性算法，检查分配资源后，系统是否处于安全状态。如果安全，正式将资源分配给进程 Pi，否则不予分配，恢复至原来的资源分配状态，并让进程 Pi 等待。

③安全性算法。

步骤 1：设置两个向量。一个是工作向量 Work。它是一个长度为 m 的数组，用来表示系统可提供给进程继续运行所需的各类资源数目，在执行安全算法开始时，Work = Available。另一个是 Finish。它是一个长度为 n 的数组，表示系统是否有足够的资源分配给进程，使之运行完成。开始时先做 Finish$[i]$ = FALSE；当有足够资源分配给进程时，再令 Finish$[i]$ = TRUE。

步骤 2：从进程集合中找到一个能满足下述条件的进程：Finish$[i]$ = FALSE，Need$[i,j]$ ≤ Work$[j]$；若找到执行步骤 3，否则执行步骤 4。

步骤 3：Work$[j]$ = Work$[j]$ + Allocation$[i,j]$；Finish$[i]$ = true；跳转至步骤 2。

步骤 4：如果所有进程 Pi 的 Finish$[i]$ == TRUE，则系统处于安全状态；否则系统处于不安全状态。

【例 18】　（2013 年全国统考题第 32 题）下列关于银行家算法的叙述中，正确的是　　　　　　　　　　　　　　　　　　　　　　　　　　　　　（　　）

A. 银行家算法可以预防死锁

B. 当系统处于安全状态时，系统中一定无死锁进程

C. 当系统处于不安全状态时，系统中一定会出现死锁进程

D. 银行家算法破坏了死锁必要条件中的"请求和保持"条件

【答案】　B

【解析】　银行家算法是避免死锁的方法，所以选项 A 错误；利用银行家算法，系统处于安全状态时就可以避免死锁（即此时必然无死锁），当系统进入不安全状态后便可能进入死锁状态，但也不是必然，所以选项 B 正确、选项 C 错误；破坏死锁产生的必要条件是预防死锁的方法，所以选项 D 错误。故选 B。

【例 19】　（2012 年全国统考题第 27 题）假设 5 个进程 P0、P1、P2、P3、P4 共享 3 类资源 R1、R2、R3，这些资源总数分别为 18、6、22，T0 时刻的资源分配情况见表 3 − 20，此时存在的一个安全序列是　　　　　　　　　　　　　　　　　　　　　　　　　（　　）

表 3 − 20　T0 时刻的资源分配情况

进程	已分配资源			资源最大需求		
	R1	R2	R3	R1	R2	R3
P0	3	2	3	5	5	10
P1	4	0	3	5	3	6
P2	4	0	5	4	0	11
P3	2	0	4	4	2	5
P4	3	1	4	4	2	4

A. P0、P2、P4、P1、P3　　　　　　　　B. P1、P0、P3、P4、P2

C. P2、P1、P0、P3、P4   D. P3、P4、P2、P1、P0

【答案】 D

【解析】 由于安全序列不唯一,此类题可以一边分析一边用排除法寻找答案。首先求得各进程的需求矩阵 Need 与可利用资源 Available,见表 3 –21 和表 3 –22。

表 3 –21 求各进程的需求短阵 Need

进程	Need		
	R1	R2	R3
P0	2	3	7
P1	1	3	3
P2	0	0	6
P3	2	2	1
P4	1	1	0

表 3 –22 可利用资源 Avallable

Available	R1	R2	R3
	2	3	3

比较 Need 和 Available 可以发现,初始时进程 P1 与 P3 可满足需求,排除选项 A、C。尝试给 P1 分配资源,则 P1 完成后 Available 将变为(6,3,6),无法满足 P0 的需求,排除选项 B。尝试给 P3 分配资源,则 P3 完成后 Available 将变为(4,3,7),该向量能满足其他所有进程的需求。所以,以 P3 开头的所有序列都是安全序列。故选 D。

4. 死锁的检测与解除

允许系统发生死锁状态,维护系统的资源分配情况,定期调则用死锁检测算法来判断系统是否存在死锁,如果存在死锁,则用死锁恢复机制进行恢复。

(1)死锁检测算法。

①数据结构描述。

a. 可利用资源 Available。它一个含有 m 个元素的数组,其中的每一个元素代表一类可利用的资源数目。如果 Available[j] = K,则表示系统中现有 K 个 Rj 类资源。

b. 进程已分配资源 Allocation。它是一个 $n \times m$ 的矩阵,用来描述已分配给每一进程的每类资源数。如果 Allocation[i,j] = K,则表示进程 Pi 当前已分得 K 个 Rj 类资源。

②死锁检测算法描述。

步骤 1:设置 Work 和 Finish 两个向量并赋初值。Work 表示系统可提供给进程继续运行所需的各类资源数目,在执行安全算法开始时,Work: = Available。Finish 表示系统是否有足够的资源分配给进程,使之运行完成。Allocation[i] > 0 时, Finish[i] = FALSE;否则,Finish[i] = TRUE。

步骤 2:寻找进程 Pi 满足:Finish[i] = FALSE,且 Request$i$ ≤ Work;若找到执行步骤 3;否造转到步骤 4。

步骤 3:Work = Work + Allocation[i],Finish[i] = TRUE,然后转到步骤 2。

步骤 4:如某个 Finish[i] == FALSE,系统则处于死锁状态。

(2)资源分配图的简化。

死锁的检测可以通过资源分配图的简化来描述,如图 3 –3 所示。其主要步骤如下:

步骤 1:在资源分配图中,找出既不阻塞又不是孤立结点的进程 Pi,消去它所有的请求边和分配边,使之成为孤立结点。不阻塞是指系统有足够的空闲资源分配给它,孤立结点是指资源分配图即没有请求边,也没有分配边的进程。

步骤 2:重复步骤 1,如果查找失败,转到步骤 3。

步骤 3:如果所有的结点都是孤立结点,则称该图是可完全简化的,否则该资源分配图为不可完全简化的。

当前状态是否存在死锁的条件是当且仅当该状态的资源分配图是不可完全简化的,该条件为死锁定理。

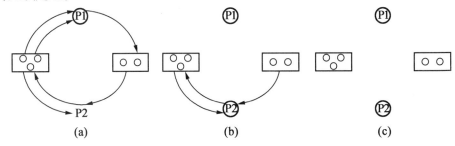

(a)   (b)   (c)

图 3 - 3　资源分配图的简化

(3)死锁的解除。

死锁解除的主要方法如下:

①撤销进程。撤销部分甚至全部死锁进程,直至解除死锁。

②资源抢占。挂起某些死锁进程并抢占它的资源。

③进程回退。让一或多个进程回退到安全状态。

5.忽略死锁。

预防死锁和避免死锁都属于事先预防策略,但预防死锁的限制条件比较严格,实现起来较为简单,但往往导致系统的效率低,资源利用率低;避免死锁的限制条件相对宽松,资源分配后需要通过算法来判断是否进入不安全状态,实现起来较为复杂,且算法的复杂度为 $O(m \times n^2)$,系统开销较大 。死锁检测对进程限制宽松,允许死锁的产生,但死锁检测算法的复杂度也为 $O(m \times n^2)$,开销也较大,并且通过剥夺进程资源解除死锁,很难找到造成死锁的关键进程,且剥夺进程资源可能出现反复剥夺资源的情况,代价可能会很大。考虑到死锁出现的概率不大,而处理死锁的开销较大,大多数操作系统忽略死锁,即对死锁不做任何处理,如 UNIX 系统。

3.2.8　线程

1.线程的基本概念

为了使多道程序能够并发执行,从而显著提高系统的并发程度,操作系统引入了进程。因进程的创建、切换及通信等操作开销较大,为了较少这个开销,引入了线程。线程是进程的一部分,用来描述进程中一个执行流的执行状态。它是处理机的调度单位,是进程中指令执行流的最小单位。引入线程后,进程的内涵发生了改变,进程只作为除 CPU 以外系统资源的分配单元,资源包括代码段、数据段的地址空间、打开的文件等内容。线程作为基本的 CPU 执行单元,由线程 ID、程序计数器、寄存器集合和堆栈组成,这些信息保存在一个叫线程控制块(TCB)的数据结构中。线程不拥有系统资源,只拥有一点在运行中必不可少的资源,但它可与同属一个进程的其他线程共享进程所拥有的全部资源,包括进程的代码段、进程打开的文件、进程的全局变量等。

2.线程与进程的比较

(1)调度。

在传统的操作系统中,拥有资源的基本单位和独立调度、分派的基本单位是进程。而在引入线程的操作系统中,线程是调度和分派的基本单位。在同一进程中,线程的切换不引起进程的切换;在不同进程间,线程的切换会引起进程的切换。

(2)拥有资源。

传统的操作系统和引入了线程的操作系统,进程都可以拥有资源,是系统中拥有资源的一个基本单位,而线程自己不拥有系统资源,但可以访问其隶属进程的资源,即一个进程的代码段、数据段及所拥有的系统资源,如已打开的文件、I/O 设备等。

(3)并发性。

在引入线程的操作系统中,不仅进程之间可以并发执行,而且多个线程之间也可以并发执行,从而提高系统的吞吐量。

(4)系统开销。

在进程切换时,涉及当前进程 CPU 环境的保存及被新调度运行进程的 CPU 环境的设置,而线程的切换则仅需保存和设置少量寄存器内容,不涉及存储器管理方面的操作,所以就切换代价而言,线程远低于进程。由于一个进程中的多个线程具有相同的地址空间,在同步和通信的实现方面,线程也比进程容易。

3.线程的实现方式

线程的实现方式有 3 种,即用户线程、内核线程及轻量级进程。

(1)用户线程。

在用户级线程中,有关线程管理的所有工作都在用户空间实现,由应用程序通过一组用户级的线程库函数来完成线程的管理,包括线程的创建、终止、同步和调度等。内核意识不到用户线程的存在。通常,应用程序从单线程起始,在该线程运行的任何时刻,可以通过调用线程库中的函数创建一个新线程,并使其开始运行。用户线程的优点是在用户空间实现线程的控制机制,每个进程有私有的 TCB 列表;不依赖于操作系统的内核,同一进程内的用户线程切换时无须用户态与核心态的切换,所以速度较快,且允许每个进程拥有自己的线程调度算法。用户线程的缺点是用户线程阻塞时,会导致整个进程阻塞;不支持基于线程的处理机抢占;只能按进程分配 CPU 时间,导致具有多个线程的进程中的每个线程的时间片较少。

(2)内核线程。

内核线程是由内核通过系统调用实现的线程机制,由内核完成线程的创建、终止和管理,应用程序没有进行线程管理的代码,只有一个到内核级线程的编程接口。内核线程的特点是由内核维护 PCB 和 TCB;一个内核线程阻塞,不影响进程内的其他线程;线程的创建、终止和切换在内核实现,开销较大;以线程为单位进行 CPU 时间的分配,多线程的进程可获得更多的 CPU 时间。

(3)轻量级进程。

引入轻量级进程(LWP)是为了将用户线程和内核线程组合在一起。轻量级进程是建立在内核之上并由内核支持的用户线程,是内核线程的高度抽象,每一个轻量级进程都与一个特定的内核线程关联。内核线程只能由内核管理并像普通进程一样被调度。线程创建完全在用户空间进行,线程的调度和同步在应用程序中进行。一个应用程序中的多个用户级线程,通过轻量级进程被映射到一些内核级线程上,轻量级进程数目小于或等于用户级线程的数目。这种方式实现起来比较复杂。

【例20】 (2011年全国统考题第25题)在支持多线程的系统中,进程P创建的若干线程不能共享的是　　　　　　　　　　　　　　　　　　　　　　　　　　　　(　　)

　　A.进程P的代码段　　　　　　　　　B.进程P中打开的文件

　　C.进程P的全局变量　　　　　　　　D.进程P中某线程的栈指针

【答案】 D

【解析】 进程是资源分配的基本单位,线程是处理机调度的基本单位。因此,进程的代码段、进程打开的文件、进程的全局变量等都是进程的资源,唯有进程中某线程的栈指针是属于线程的,属于进程的资源可以共享,属于线程的栈是独享的,对其他线程透明。故选D

【课后习题】

1.(2018年全国统考题第25题)属于同一进程的两个线程 thread 1 和 thread2 并发执行,共享初值为0的全局变量 X。thread1 和 thread2 实现对全局变量 x 加1的操作,代码描述如下:

thread1	thread2
mov R1,x　//(x) - > R1 inc R1　　//(R1) +1 - > R1 mov x,R1　//(R1) - > x	mov R2,x　//(x) - > R2 inc R2　　//(R2) +1 - > R2 mov x,R2　//(R2) - > x

在所有可能的指令执行序列中,使 x 的值为 2 的序列个数是　　　　　　　(　　)

　　A.1　　　　　　　B.2　　　　　　　C.3　　　　　　　D.4

2.(2015年全国统考题第25题)下列选项中,会导致进程从执行态变为就绪态的事件是　　　　　　　　　　　　　　　　　　　　　　　　　　　　　　　　　　(　　)

　　A.执行 P(wait)操作　　　　　　　B.申请内存失败

　　C.启动 I/O 设备　　　　　　　　　D.被高优先级进程抢占

3.(2018年全国统考题第27题)下列选项中,可能导致当前进程 P 阻塞的事件是　　　　　　　　　　　　　　　　　　　　　　　　　　　　　　　　　　　　　　(　　)

　　Ⅰ.进程 P 申请临界资源

　　Ⅱ.进程 P 从磁盘读数据

　　Ⅲ.系统将 CPU 分配给高优先权的进程

　　A.仅Ⅰ　　　　　B.仅Ⅱ　　　　　C.仅Ⅰ、Ⅱ　　　　D.Ⅰ、Ⅱ、Ⅲ

4.(2014年全国统考题第26题)一个进程的读磁盘操作完成后,操作系统针对该进程必做的是　　　　　　　　　　　　　　　　　　　　　　　　　　　　　　　　(　　)

　　A.修改进程状态为就绪态　　　　　B.降低进程优先级

　　C.给进程分配用户内存空间　　　　D.增加进程时间片大小

5.(2012 年全国统考题第 31 题)下列关于进程和线程的叙述中,正确的是 （ ）

A. 不管系统是否支持线程,进程都是资源分配的基本单位

B. 线程是资源分配的基本单位,进程是调度的基本单位

C. 系统级线程和用户级线程的切换都需要内核的支持

D. 同一进程中的各个线程拥有各自不同的地址空间

6.(2018 年全国统考题第 32 题)下列同步机制中,可以实现让权等待的是_____。

A. Peterson 算法   B. swap 指令

C. 信号量方法   D. TestAndSet 指令

7.(2010 年全国统考题第 27 题)进程 P0 和 P1 的共享变量定义及其初值为:

boolean flag[2];int tun =0;flag[0] = FALSE;flag[1] = FALSE;

若进程 P0 和 P1 访问临界资源的类 C 伪代码实现如下:

进程 P0	进程 P1
void P0(){	void P1(){
while(TRUE)	while (TRUE)
flag[0] =TRUE ; turn =1 ;	flag[1] =TRUE ; turn =0;
while (flag[1] &&(turn ==1));	while (flag[0] &&(t urn ==0));
临界区;	临界区;
flag[0] =FALSE ;	flag[1] =FALSE ;
}	}

则并发执行进程 P0 和 P1 时产生的情形是 （ ）

A. 不能保证进程互斥进入临界区,会出现"饥饿"现象

B. 不能保证进程互斥进入临界区,不会出现"饥饿"现象

C. 能保证进程互斥进入临界区,会出现"饥饿"现象

D. 能保证进程互斥进入临界区,不会出现"饥饿"现象

8.(2016 年全国统考题第 32 题)下列关于管程的叙述中,错误的是 （ ）

A. 管程只能用于实现进程的互斥

B. 管程是由编程语言支持的进程同步机制

C. 任何时候只能有一个进程在管程中执行

D. 管程中定义的变量只能被管程内的过程访问

9.(2018 年全国统考题第 28 题)若 x 是管程内的条件变量,则当进程执行 x. wait( )时所做的工作是 （ ）

A. 实现对变量 x 的互斥访问

B. 唤醒一个在 x 上阻塞的进程

C. 根据 x 的值判断该进程是否进入阻塞状态

D. 阻塞该进程,并将之插入 x 的阻塞队列中

10.(2011 年全国统考题第 23 题)下列选项中,满足短任务优先且不会发生饥饿现象的调度算法是 （ ）

A. 先来先服务

B. 高响应比优先

C. 时间片轮转

D. 非抢占式短任务优先

11. (2014 年全国统考题第 23 题)下列调度算法中,不可能导致饥饿现象的是　　(　　)

A. 时间片轮转

B. 静态优先数调度

C. 非抢占式短作业优先

D. 抢占式短作业优先

12. (2010 年全国统考题第 26 题)下列选项中,降低进程优先级的合理时机是　　(　　)

A. 进程的时间片用完

B. 进程刚完成 I/O,进入就绪列队

C. 进程长期处于就绪列队中

D. 进程从就绪状态转为运行状态

13. (2017 年全国统考题第 23 题)假设 4 个作业到达系统的时刻和运行时间如下表所示。

作业	到达时间 t	运行时间
J1	0	3
J2	1	3
J3	1	2
J4	3	1

系统在 $t = 2$ 时开始作业调度。若分别采用先来先服务和短作业优先调度算法,则选中的作业分别是　　(　　)

A. J2、J3　　　　　　B. J1、J4　　　　　　C. J2、J4　　　　　　D. J1、J3

14. (2009 年全国统考题第 24 题)下列进程调度算法中,综合考虑进程等待时间和执行时间的是　　(　　)

A. 时间片轮转调度算法

B. 短进程优先调度算法

C. 先来先服务调度算法

D. 高响应比优先调度算法

15. (2018 年全国统考题第 26 题)假设系统中有 4 个同类资源,进程 P1、P2 和 P3 需要的资源数分别为 4、3 和 1,P1、P2 和 P3 已申请到的资源数分别为 2、1 和 0,则执行安全性检测算法的结果是　　(　　)

A. 不存在安全序列,系统处于不安全状态

B. 存在多个安全序列,系统处于安全状态

C. 存在唯一安全序列 P3、P1、P2,系统处于安全状态

D. 存在唯一安全序列 P3、P2、P1,系统处于安全状态

16. (2011 年全国统考题第 27 题)某时刻进程的资源使用情况如下表所示。此时的安全序列是　　(　　)

进程	已分配资源			尚需分配			可用资源		
	R1	R2	R3	R1	R2	R3	R1	R2	R3
P1	2	0	0	0	0	1	0	2	1
P2	1	2	0	1	3	2			
P3	0	1	1	1	3	1			
P4	0	0	1	2	0	0			

  A. P1、P2、P3、P4   B. P1、P3、P2、P4

  C. P1、P4、P3、P2   D. 不存在的

  17. (2015 年全国统考题第 26 题)若系统 S1 采用死锁避免方法，S2 采用死锁检测方法。下列叙述中，正确的是_____。

  Ⅰ. S1 会限制用户申请资源的顺序，而 S2 不会

  Ⅱ. S1 需要进程运行所需资源总量信息，而 S2 不需要

  Ⅲ. S1 不会给可能导致死锁的进程分配资源，而 S2 会

  A. 仅Ⅰ、Ⅱ   B. 仅Ⅱ、Ⅲ   C. 仅Ⅰ、Ⅲ   D. Ⅰ、Ⅱ、Ⅲ

  18. (2013 年全国统考题第 45 题)某博物馆最多可容纳 500 人同时参观，有一个出入口，该出入口一次仅允许一个人通过。参观者的活动描述如下：

cobegin

 参观者进程 i：

  { …

    进门；

    …

    参观；

    …

    出门；

    …

  }

 coend

  请添加必要的信号量和 P、V［或 wait( )、signal( )］操作，以实现上述过程中的互斥与同步。要求写出完整的过程，说明信号量的含义并赋初值。

  19. (北航 2002 年考研题)在一辆公共汽车上，司机和售票员各行其职，司机负责开车和到站停车；售票员负责售票和开、关门，当售票员关好车门后，司机才能继续开车行驶，当司机停好车后，售票员才能打开车门。试用 P、V 操作实现司机与售票员之间的同步。

  20. (2015 年全国统考题第 45 题)有 A、B 两人通过信箱进行辩论，每个人都从自己的信箱中取得对方的问题。将答案和向对方提出的新问题组成一个邮件放入对方的邮箱中。假设 A 的信箱最多放 M 个邮件，B 的信箱最多放 N 个邮件。初始时 A 的信箱中有 x 个邮件 $(0 < x < M)$，B 的信箱中有 y 个 $(0 < y < N)$。辩论者每取出一个邮件，邮件数减 1。A 和 B 两人的操作过程描述如下：

  CoBegin

A{	B{
while(TRUE) {	while(TRUE) {
从 A 的信箱中取出一个邮件;	从 B 的信箱中取出一个邮件;
回答问题并提出一个新问题;	回答问题并提出一个新问题;
将新邮件放入 B 的信箱;	将新邮件放入 A 的信箱;
}	}
}	}

CoEnd

当信箱不为空时,辩论者才能从信箱中取邮件,否则需要等待。当信箱不满时,辩论者才能将新邮件放入信箱,否则需要等待。请添加必要的信号量和 P、V[或 wait( )、signal( )]操作,以实现上述过程的同步。要求写出完整过程,并说明信号量的含义和初值。

21(2014 年全国统考题)系统中有多个生产者进程和多个消费者进程,共享一个能存放 1 000 件产品的环形缓冲区(初始为空)。当缓冲区未满时,生产者进程可以放入其生产的一件产品,否则等待;当缓冲区未空时,消费者进程可以从缓冲区取走一件产品,否则等待。要求一个消费者进程从缓冲区连续取出 10 件产品后,其他消费者进程才可以取产品。请使用信号量 P,V[或 wait( )、signal( )]操作实现进程间的互斥与同步,要求写出完整的过程,并说明所用信号量的含义和初值。

22. 设有两个优先级相同的进程 P1、P2,令信号量 S1、S2 的初值为 0,已知 $z = 2$,进程执行语句如下,试问 P1、P2 并发运行结束后 x、y,z 的值分别可能等于多少?

P1	P2
y = 1;	x = 2;
y = y + 2;	x = x + 1;
v(s1);	p(s1);
z = y + 1;	x = x + y;
p(s2);	v(s2);
y = z + y;	z = x + z;

23. 某同学主修了动物行为学、辅修了计算机科学,他参加了一个课题,调查实验室的小白鼠是否能被教会理解死锁。他找到了一处小峡谷,横跨峡谷拉了一根绳索(假定为南北方向),这样小白鼠就可以攀着绳索越过峡谷。只要它们朝着相同的方向,同一时间可以有多只小白鼠通过。但是,如果在相反方向同时有其他小白鼠通过,则会发生死锁。如果小白鼠们想越过峡谷,他必须看当前是否有别的小白鼠在逆向通过。请用信号量写一个避免死锁的程序来解决该问题?

24. 经典进程同步部分给出的读者、写者文件的解决算法是读进程优先,如果一直有读进程时,写进程就得不到资源,容易造成写者饥饿。请实现一个读者、写者公平的算法? 实际操作中,写文件往往更加重要,请再实现一个写者优先的算法?

25. 理发店里有一位理发师、一个理发椅和 n 个供等候理发的顾客坐的椅子。如果没有顾客,则理发师便在理发椅上睡觉。当一个顾客到来时,他必须先叫醒理发师,如果理发师正在理发时又有顾客到来,则如果有空椅子可坐,他就坐下来等,如果没有空椅子,他就离开。请用信号量和 P、V 操作实现他们的同步。

【课后习题答案】

1. B　2. D　3. C　4. A　5. A　6. C　7. D　8. A　9. D　10. B　11. A　12. A　13. D
14. D　15. A　16. D　17. B

18. **解析**　出入口一次仅允许一个人通过,设置互斥信号量 mutex,初值为 1。博物馆最多可同时容纳 500 人,故设置信号量 empty,初值为 500。

具体伪代码实现见下表:

semaphore empty = 500, mutex = 1;
参观者 i 进程

参观者 i 进程 {
　　…
　　P(empty) ;
　　P(mutex) ;
　　进门 ;
　　V(mutex) ;
　　参观 ;
　　P(mutex) ;
　　出门 ;
　　V(mutex) ;
　　V(empty) ;
　　…
}

19. **解析**　车门关闭与车的行驶有同步关系,定义两个同步信号量 run、stop,具体实现的伪代码描述如下所示。

具体伪代码实现见下表:

semaphore run = 0, stop = 0;	
司机进程	售票员进程

Driver {
while(true) {
　　P(run) ;
　　启动车辆 ;
　　正常行车 ;
　　到站停车 ;
　　V(stop) ;
　}
}
	Conductor {
	while(true) {
	　　关车门 ;
	　　V(run) ;
	　　售票 ;
	　　P(stop) ;
	　　开车门 ;
	　}
	}

20. **解析**　两人对两个信箱的操作都要互斥,定义用于 A 的信箱的互斥信号量为 mutexA,用于 B 的信箱的互斥信号量为 mutexB。两人存取邮件的操作要同步,假定 fullA、fullB

分别表示 A、B 信箱中的邮件数量；emptyA、emptyB 分别表示 A、B 信箱中还可存放的邮件数量。

具体伪代码实现见下表。

semaphore mutexA = 1, mutexB = 1, fullA = x, fullB = y, emptyA = M − x, emptyB = N − y;	
A 进程	B 进程
A\{	B\{
while(true) \{	while(true) \{
P(fullA) ;	P(fullB) ;
P(mutexA) ;	P(mutexB) ;
从 A 的信箱中取出一个邮件；	从 B 的信箱中取出一个邮件；
V(mutexA) ;	V(mutexB) ;
V(emptyA) ;	V(emptyB) ;
回答问题并提出一个新问题；	回答问题并提出一个新问题；
P(emptyB) ;	P(emptyA) ;
P(mutexB) ;	P(mutexA) ;
将新邮件放入 B 的信箱；	将新邮件放入 A 的信箱；
V(mutexB) ;	V(mutexA) ;
V(fullB) ;	V(fullA) ;
\}	\}
\}	\}

21. **解析**　　本题是生产者和消费者问题，只对典型问题加了一个条件"一个消费者进程从缓冲区连续取出 10 件产品后，其他消费者进程才可以取产品"。完成此题只需在标准模型上新加一个信号量 mutex1 用于控制一个消费者进程一个周期（10 次）内对于缓冲区的控制，初值为 1，即可完成指定要求。

具体伪代码实现见下表。

semaphore mutex1 = 1, mutex = 1, empty = n, full = 0;	
生产者进程	消费者进程
producer \{	consumer\{
while(true) \{	while(true) \{
生产一个产品；	P(mutex1)
P(empty) ;	for(int i = 0; i < 10; + + i) \{
P(mutex) ;	P(full) ;
把产品放入缓冲区；	P(mutex) ;
V(mutex) ;	从缓冲区取出一件产品；
V(full) ;	V(mutex) ;
\}	V(empty) ;
\}	消费这件产品；
	\}
	V(mutex1) ;
	\}
	\}

22. 解析　x、y、z 的值可能有 3 种情况：$x=6$，$y=7$，$z=4$；$x=6$，$y=13$，$z=10$；$x=6$，$y=7$，$z=10$。

23. 解析　此题是典型问题读者写着问题的变型，同一个方向的小白鼠过桥不用互斥，相反方向的小白鼠过桥需要互斥，具体实现的伪代码见下表。

int sncount = 0，nscount = 0； semaphore mutex = 1，nsmutex = 1，snmutex = 1；	
从南到北过桥的小白鼠进程	从北到南过桥的小白鼠进程

PSN{
　　p(snmutex)
　　if(sncount = =0)　p(mutex)；
　　sncount + +；
　　v(snmutex)
　　过桥
　　p(snmutex)
　　sncount − −；
　　if(lcount = =0)　v(mutex)；
　　v(snmutex)
}
	PNS{
	　　p(nsmutex)
	　　if(nscount = =0)　p(mutex)；
	　　nscount + +；
	　　v(nsmutex)
	　　过桥
	　　p(nsmutex)
	　　nscount − −；
	　　if(nscount = =0)　v(mutex)；
	　　v(nsmutex)
	}

24. 解析　(1)读者写者公平算法。当有读进程正在读共享文件时，如果有写进程请求访问，要想实现公平的算法，这时应禁止后续读进程的请求，使之等待，直到已在读文件的读进程执行完毕后，立即让写进程执行，只有在写进程执行完时才允许后面的读进程再次运行。为此，增加一个信号量 q，实现读写进程之间的公平竞争。算法的实现见下表。

int count = 0； semaphore wmutex = 1，cmutex = 1，q = 1；	
读者进程	写者进程

reader{
while(true){
　　P(q)；
　　P(cmutex)；
　　if(count = =0)　P(wmutex)；
　　count + +；
　　V(cmutex)；
　　V(q)；
　　读文件
　　P(cmutex)；
　　count − −；
　　if(count = =0)V(wmutex)；
　　V(cmutex)；
　　}
　}
 	
	writer{
	while(true){
	　　P(q)；
	　　P(wmutex)；
	　　写文件
	　　V(wmutex)；
	　　V(q)；
	　　}
	　}

（2）写者优先算法。实现写者优先，可以类似于读者优先，只要写进程在访问文件未结束时，又有新的写进程请求访问，这些写进程就优先于等待的读进程。增加一个整型变量wcount，用于记录当前的写者数量，由于所有写进程共享变量 wcount，所以需要增加互斥信号量 wcmutex，来实现对 wcount 的互斥访问。具体的代码实现见下表。

---

int count = 0, wcount;
semaphore wmutex = 1, cmutex = 1, wcmutex;
semaphore q = 1;

读者进程	写者进程
reader{	writer{
while(true){	while(true){
P(q);	P(wcmutex);
P(cmutex);	if(wcount = =0) P(q);
if(count = =0) P(wmutex);	wcoun + +;
count + +;	V(wcmutex);
V(cmutex);	P(wmutex);
V(q);	写文件
读文件	V(wmutex);
P(cmutex);	P(wcmutex);
count − −;	wcoun − −;
if(count = =0) V(wmutex);	if(wcoun = =0) V(q);
V(cmutex);	V(wcmutex);
}	}
}	}

25. 解析 理发师理发和顾客被理发之间需要同步，定义同步信号量 customers、barbers 用来实现他们之间的同步关系；定义一个整型变量 waiting 用来统计等待理发的顾客数；对共享变量 waiting 的修改要互斥，定义一个互斥信号量 mutex。具体的伪代码实现见下表。

---

int waiting = 0;
semaphore customers = 0, barbers = 0, mutex = 1;

理发师进程	顾客进程
Barber{	Customer{
while (true){	P(mutex);
P(customers)	if (waiting < chairs){
P(mutex);	waiting + +;
waiting − −;	V(customers);
V(barbers);	V(mutex);
V(mutex);	P(barbers);
为顾客理发;	理发;
}	} else{
}	V(mutex);
	}
	}

3.3　内　存　管　理

3.3.1　内存管理的基本概念

1. 程序执行的步骤

将用户源程序变为可在内存中执行的程序,通常需要以下几个步骤:

①编译:由编译程序将用户源代码编译成若干个目标模块。

②链接:由链接程序将编译后形成的一组目标模块,以及所需库函数链接在一起,形成一个完整的装入模块。

③装入:由装入程序将装入模块装入内存运行。

2. 逻辑地址空间与物理地址空间

逻辑地址是指程序各个模块的偏移地址。原程序在编译后,每个目标模块都是从 0 号单元开始编址,称为该目标模块的逻辑地址或相对地址。当链接程序将各个模块链接成一个完整的可执行目标程序时,链接阶段主要完成了重定位,形成整个程序的完整逻辑地址空间。用户程序和程序员只需知道逻辑地址,而内存管理的具体机制则是对用户完全透明的。

物理地址空间是硬件支持的地址空间,是内存中物理单元的集合,它是地址转换的最终地址,进程在运行时执行指令和访问数据最后都要通过物理地址从内存中存取。

线性地址是逻辑地址到物理地址变换之间的中间层。在分段部件中逻辑地址是段中的偏移地址,然后加上基地址就是线性地址。

3.3.2　连续分配方式

连续分配方式,是指为一个用户程序分配一块不小于指定大小的连续的物理内存空间。它主要包括单一连续分配、固定分区分配和动态分区分配。在介绍分配方式之前,先了解一下内存碎片的概念。内存碎片是指内存中的空闲但不能供用户作业使用的空间,具体分为外部碎片和内部碎片。外部碎片是内存分配单元之间的未被使用的空间;内部碎片是内存分配单元内部的未被使用的空间,它取决于分配单元的大小是否要被取整。

1. 单一连续分配

单一连续分配只能用于单用户、单任务的操作系统中,有内部碎片,存储器的利用率极低。

2. 固定分区分配

固定分区分配是最简单的一种多道程序存储管理方式,它将用户内存空间划分为若干个固定大小的区域,每个分区只装入一道程序。这种分区的缺点:分区大小固定;程序小于分区时有内部碎片;程序大于分区时作业无法装入执行。

3. 动态分区分配

动态分区分配又称可变分区分配,当程序被加载执行时,分配一个进程指定大小可变的分区。动态分区的常用分配算法：

（1）首次适应（First Fit）算法。空闲分区以地址递增的次序链接，分配内存时顺序查找，找到大小能满足要求的第一个空闲分区。该算法的优点是计算简单，在高地址空间有大块的空闲分区；缺点是分配大块地址空间时速度较慢。

（2）循环首次适应（Next Fit）算法。由首次适应算法演变而成，不同之处是分配内存时从上次查找结束的位置开始继续查找。该算法的优点是能使内存中的空分区分布得更均匀，从而减少了查找分区时的开销，但缺乏大的空闲分区。

（3）最佳适应（Best Fit）算法。空闲分区按容量递增形成分区链，找到第一个能满足要求的空闲分区。该算法的优点是相对简单，可避免大的空闲分区被拆分，可减少外部碎片的大小；缺点是释放空间较慢、容易产生很多无用的小碎片。

（4）最坏适应（Worst Fit）算法。

最坏适应算法又称最大适应（Largest Fit）算法，空闲分区以容量递减的次序链接。找到第一个能满足要求的空闲分区，也就是挑选出最大的分区。该算法的优点是中等大小的地址分配较多时效果较好，避免出现太多的小碎片；缺点是释放分区较慢，容易破坏大的空闲分区。

【例1】　（2017年全国统考题第25题）某计算机按字节编址，其动态分区内存管理采用最佳适应算法，每次分配和回收内存后都对空闲分区链重新排序。当前空闲分区信息见表3－23。

表3－23　当前空闲分区信息

分区起始地址	20 K	500 K	1000 K	200 K
分区大小	40 KB	80 KB	100 KB	200 KB

回收起始地址为60 K、大小为140 KB的分区后，系统中空闲分区的数量、空闲分区链第一个分区的起始地址和大小分别是　　　　　　　　　　　　　　（　　　）

A. 3、20 K、380 KB　　　　　　　　　B. 3、500 K、80 KB

C. 4、20 K、180 KB　　　　　　　　　D. 4、500 K、80 KB

【答案】　B

【解析】　回收起始地址为60 K、大小为140 KB的分区时，它与表中第一个分区和第四个分区合并，成为起始地址为20 K、大小为380 KB的分区，剩余3个空闲分区。在回收内存后，算法会对空闲分区链按分区大小由小到大进行排序，表中的第二个分区排第一。所以选择B。

3.3.3　离散分配方式

连续分配存在以下主要缺点：分配给程序的物理内存必须连续，存在外碎片和内碎片，内存分配的动态修改困难，内存利用率较低。为提高内存利用效率和管理灵活性，引入离散分配方式。根据离散单位不同，具体分为页式分配方式和段式分配方式。

1. 基本页式分配方式

（1）页式分配的基本概念。

①页帧。把物理地址空间划分成大小相同的基本分配单位，称为帧（Frame）或页帧

（Page Frame）或物理页面或页框或物理块（Frame，Page Frame）。

②页面。把逻辑地址空间也划分为相同大小的基本分配单位，称为页或页面（Page）或逻辑页面。

页面的大小和页帧的大小必须是相同的，为方便地址转换，页面和页帧的大小应是 2 的整数幂。

进程在执行时需要申请主存空间，就是要为每个页面分配主存中的可用页帧，这就产生了页面和页帧的一一对应。

页面大小应该适中，如果页面太小，会使进程的页面数过多，这样页表就过长，占用大量内存，而且也会增加硬件地址转换的开销，降低页面换入、换出的效率；页面过大又会使页内碎片增大，降低内存的利用率。

进程逻辑地址表示为页号和页内偏移组成的二元组（P，W）。分页存储管理的逻辑地址结构如下：

31	12	11	0
页号P		位移量W	

地址结构包含两部分：前一部分为页号 P，后一部分为页内偏移量 W。地址长度为 32 位，其中 0 ~ 11 位为页内地址，即每页大小为 4 KB；12 ~ 31 位为页号，地址空间最多允许有 2^{20} 页。

③页表。为了便于在内存中找到进程的每个页面所对应的物理块，系统为每个进程建立页表，记录页面在内存中对应的物理块号，页表一般存放在内存中。进程执行时，通过查找该表，即可找到每页在内存中的物理块号。页表的作用是实现从页号到物理块号的地址映射，如图 3 - 4 所示。

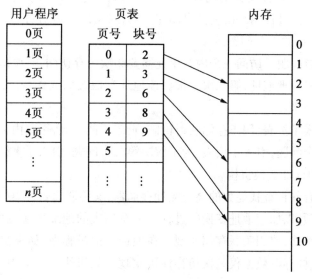

图 3 - 4　页表的作用

（2）基本地址变换机构。

地址变换机构的任务是将逻辑地址转换为内存中物理地址，地址变换是借助于页表实现的。图 3 - 5 所示给出了基本页式分配的地址变换机构。

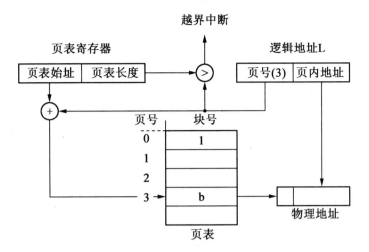

图 3 - 5　分页系统的地址变换机构

系统中通常设置一个页表寄存器,存放页表在内存的始址和页表长度。当进程未执行时,页表的始址和长度存放在进程控制块中;当进程执行时,才将页表始址和长度存入页表寄存器。设页面大小为 L,逻辑地址 A 到物理地址 E 的变换过程如下:

①计算页号 P(P = A/L)和页内偏移量 W(W = A%L)。

②比较页号 P 和页表长度 M,若 P > M,则产生越界中断,否则继续执行。

③页表中页号 P 对应的页表项地址 = 页表起始地址 F + 页号 P × 页表项长度,取出该页表项内容 b,即为物理块号。

④计算 E = b × L + W,用得到的物理地址 E 去访问内存。

以上整个地址变换过程均是由硬件自动完成的,对用户是透明的。

(3)页式分配存在的主要问题。

①内存访问性能问题。访问一个内存单元需要 2 次内存访问,一次是访问页表,确定所存取的数据或指令的物理地址,第二次才根据该地址存取数据或指令。这种方法比通常执行指令的速度慢了一半。

②每个进程引入了页表,用于存储映射机制,页表不能太大,否则内存利用率会降低。

为了解决第一个问题,引入了快表;为了解决第二个问题,引入了多级页表。

(3)具有快表的地址变换机构。

快表是一个具有并行查找能力的高速缓冲存储器,又称联想寄存器(TLB),用来存放当前访问的若干页表项,以加速地址变换的过程。配有快表的地址变换机构如图 3 - 6 所示。快表具备快速访问性能,使用关联存储实现。在地址映射过程中,如果快表命中,物理页号可以直接被获取,这样存取数据仅一次访存便可实现。如果快表未命中,需要访问页表,在读出页表项后,应同时将其存入快表,以便后面可能再次访问,若快表已满,则需按一定的算法对旧的页表项进行替换,快表的有效性是基于著名的局部性原理。一般快表的命中率可以达到 90% 以上,这样分页带来的速度损失就降低到 10% 以下。

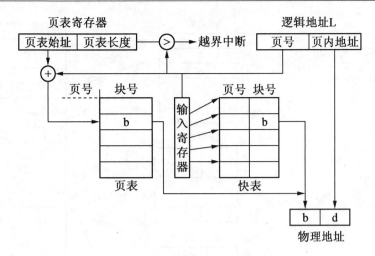

图 3-6 配有快表的地址变换机构

（4）多级页表。

由于大多数计算机系统都支持非常大的逻辑地址空间，若要实现进程对全部逻辑地址空间的映射，页表非常大，要占用很大的内存空间。而且页表还要求存放在连续的存储空间中，显然这是不现实的。可以采取以下方式解决：对页表所需的内存空间，采用离散分配方式；只将当前需要的部分页表项调入内存，其余的页表项当需要时再调入。

对于支持 32 位逻辑地址空间的计算机系统，如果系统的页面大小为 4 KB（2^{12}），那么页表可以拥有 100 万个条目（$2^{32}/2^{12}$）。假设每个页表项有 4 B，每个进程就需要 4 MB 物理地址空间来存储页表。在内存中连续地分配这么大的页表是不可取的。解决方法是将页表再分页，形成两级页表，如图 3-7 所示。对页表进行再分页，使每个页中包含 1 K（即 1 024）个页表项，最多允许外层页表中的外层页内地址为 10 位，外层页号也为 10 位，此时的逻辑地址结构如图 3-8 所示。

建立多级页表的要求是最高一级页表项不超过一页的大小。

2. 基本段式管理方式

分段管理方式的目的是方便编程、实现信息的保护和共享、方便数据的动态增长及程序的动态链接等需要。

（1）分段。

段式管理方式按照用户进程中的自然段划分逻辑空间。例如，用户进程由主程序、两个子程序、栈和一段数据组成，于是可以把这个用户进程划分为 5 个段，每段从 0 开始编址，并分配一段连续的地址空间，段内要求连续，段间不要求连续，因此整个作业的地址空间是二维的，其逻辑地址由段号 S 与段内偏移量 W 两部分组成。

如图 3-9 所示，段号为 16 位，段内偏移量为 16 位，则一个作业最多可有 $2^{16}=65\ 536$ 个段，最大段长为 $2^{16}=64$ KB。

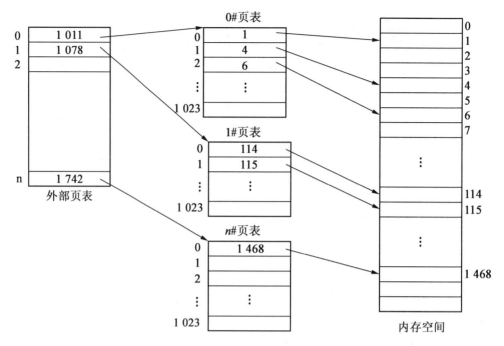

图 3-7　具有两级页表的地址变换机构

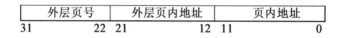

图 3-8　逻辑地址结构

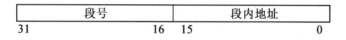

图 3-9　分段存储中的逻辑地址结构

（2）段表。每个进程都有一张段表,用于实现从逻辑段到物理内存区的映射,如图3-10所示。

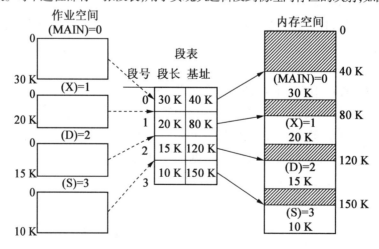

图 3-10　利用段表实现地址映射

（3）地址变换机构。分段系统的地址变换过程如图 3 – 11 所示。

①从逻辑地址 A 中取出前几位为段号 S，后几位为段内偏移量 W。

②比较段号 S 和段表长度 M，若 S > M，则产生越界中断，否则继续执行。

③段表中段号 S 对应的段表项地址 = 段表起始地址 F + 段号 S × 段表项长度，取出该段表项的前几位得到段长 C。若段内偏移量大于 C，则产生越界中断，否则继续执行。

④取出段表项中该段的起始地址 b，计算 E = b + W，用得到的物理地址 E 去访问内存。

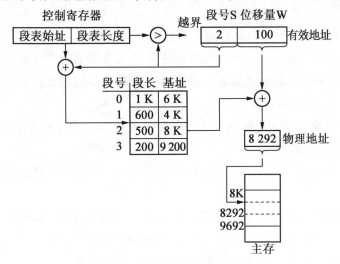

图 3 – 11　段系统的地址变换过程

3. 段页式管理方式

页式存储管理能有效地提高内存利用率，而分段存储管理能反映程序的逻辑结构并有利于段的共享。可以将这两种存储管理方法结合起来，形成段页式存储管理方式。

【例 2】（2015 年全国统考题第 46 题）某计算机系统按字节编址，采用二级页表的分页存储管理方式，虚拟地址格式如下所示：

10位	10位	12位
页目录号	页表索引	页内偏移量

请回答下列问题。

（1）页和页框的大小各为多少字节？进程的虚拟地址空间大小为多少页？

（2）假定页目录项和页表项均占 4 字节，则进程的页目录和页表共占多少页？要求写出计算过程。

（3）若某指令周期内访问的虚拟地址为 0100 0000H 和 0111 2048H，则进行地址转换时共访问多少个二级页表？要求说明理由。

【解析】　本题的虚拟地址空间是指逻辑地址空间。

（1）页和页框大小相同，均为 $2^{12}B = 4$ KB。进程的虚拟地址空间大小为 $2^{32}/2^{12} = 2^{20}$ 页。

（2）页目录所占页数为 $(2^{10} \times 4)/2^{12} = 1$，页表所占页数为 $(2^{20} \times 4)/2^{12} = 1\ 024$ 页，共占 $1\ 025$ 页。

（3）虚拟地址 0100 0000 H 和 0111 2048H 的最高 10 位的值都是 4，页目录号相同，访问的是同一个二级页表,所以需要访问一个二级页表。

【例3】 (2014 年全国统考题第 28 题)下列措施中,能加快虚实地址转换的是 (　　)

Ⅰ. 增大快表(TLB)容量

Ⅱ. 让页表常驻内存

Ⅲ. 增大交换区(swap)

　A. 仅 Ⅰ　　　　　　B. 仅 Ⅰ　　　　　　C. 仅 Ⅰ、Ⅱ　　　　　D. 仅 Ⅱ、Ⅲ

【答案】 C

【解析】 虚实地址转换是指逻辑地址和物理地址的转换。增大快表容量能把更多的表项装入快表中,会加快虚实地址转换的平均速率;让页表常驻内存可以省去一些不在内存中的页表从磁盘上调入的过程,也能加快虚实地址转换的速率;增大交换区对虚实地址转换速度无影响,因此 Ⅰ、Ⅱ 正确。故选 C。

【例4】 (2014 年全国统考题第 32 题)下列选项中,属于多级页表优点的是 (　　)

　A. 加快地址变换速度　　　　　　　　B. 减少缺页中断次数

　C. 减少页表项所占字节数　　　　　　D. 减少页表所占的连续内存空间

【答案】 D

【解析】 因为增加查表过程,多级页表不仅不会加快地址的变换速度,反而会减慢速度;如果访问过程中多级页表都不在内存中,会增加缺页中断的次数;多级页表能够减少页表所占的连续内存空间,但不会减少页表项所占的字节数,故选 D。

3.3.4　虚拟内存概述

由于程序规模的增长速度远远大于内存容量的增长速度,在计算机系统中时常出现内存空间不够用的情况,出现了覆盖、交换和虚拟存储等技术扩大内存。

1. 扩充内存的主要方法

(1)覆盖。

覆盖技术主要是用于同一个程序或进程中。由于程序运行时并非任何时候都要访问程序及数据的各个部分(尤其是大程序),因此可以把用户空间分成固定区和覆盖区。必要部分(常用功能)的代码和数据放在固定区,常驻内存;可选部分(不常用功能)放在覆盖区,只在需要用到时才装入内存,因此不存在调用关系的模块可相互覆盖,共用同一块内存区域。

(2)交换。

交换技术主要是用在不同进程之间,以进程为单位换进、换出,把暂时不能执行的进程从内存移到外存,把内存空间腾出来;把将要运行的进程从外存移到内存。

(3)虚拟内存技术。

虚拟内存技术用在进程之间,在有限容量的内存中,以页或段为单位进行换进或换出,从而是系统可以装入更多更大的进程。

2. 局部性原理

局部性原理是实现虚拟内存的理论依据,包括时间局部性和空间局部性。局部性原理是指程序在执行过程中的一个短时期(时间局部性),所执行的指令地址和操作数地址,分别局限于一定区域(空间局部性)。

3. 虚拟内存的定义和特征

虚拟内存是指具有请求调入功能和置换功能,能从逻辑上对内存容量进行扩充的一种存储器系统。在虚拟存储器系统中,作业无须全部装入,只要装入一部分就可运行,在程序执行过程中,当所访问的信息不在内存时,由操作系统将所需要的部分调入内存,然后继续执行程序。另外,操作系统将内存中暂时不使用的内容换出到外存上,从而腾出空间存放将要调入内存的信息。这样,系统好像为用户提供了一个比实际内存大得多的存储器,称为虚拟内存。虚拟内存具有多次性、对换性、虚拟性的特征。

4. 虚拟内存技术的实现

虚拟内存的实现是建立在离散分配的内存管理方式的基础上,有 3 种方式:请求分页存储管理、请求分段存储管理及请求段页式存储管理。

3.3.5 请求分页存储管理方式

请求分页系统建立在基本分页系统基础之上,为了支持虚拟存储器功能而增加了请求调页功能和页面置换功能。

1. 页表机制

请求分页系统中的页表项是在基本页表项中增加了 4 个字段,具体结构如下:

页号	物理块号	状态位P	访问字段A	修改位M	外存地址

状态位 P:用于指示该页是否已调入内存,供程序访问时参考。

访问字段 A:用于记录本页在一段时间内被访问的次数,或记录本页最近已有多长时间未被访问,供置换算法换出页面时参考。

修改位 M:标识该页在调入内存后是否被修改过,供置换页面时参考。

外存地址:用于指出该页在外存上的地址,通常是物理块号,供调入该页时参考。

2. 地址变换过程

在进行地址变换时,先检索快表,若找到要访问的页,便修改页表项中的访问位(写指令则还须重置修改位),然后利用页表项中给出的物理块号和页内地址形成物理地址;若未找到该页的页表项,应到内存中去查找页表,再对比页表项中的状态位 P,看该页是否已调入内存,若未调入则产生缺页中断,请求从外存把该页调入内存。

3. 缺页中断机构

当要访问的页面不在内存时,便产生一个缺页中断,请求操作系统将所缺的页调入内存。此时应将缺页的进程阻塞,若内存中有空闲块,则分配一个块,将要调入的页装入该块,并修改页表中相应页表项;若此时内存中没有空闲块,则要淘汰某页。

4. 页面分配置换策略

根据每个进程分配的物理块数,在整个运行期间是否改变,以及发生页面置换的选择范围是否仅限于当前进程占用的物理块,分为固定分配局部置换、可变分配全局置换、可变分配局部置换。

5. 页面置换算法

(1)最佳置换算法(OPT)。

该法的基本思路是置换在未来最长时间不访问的页面。它的主要特征:缺页率最少,但在实际系统中无法实现,可以作为置换算法的性能评价依据。

(2)先进先出页面置换算法(FIFO)。

该算法的基本思路是置换内存中滞留时间最长的页面。它的主要特征:实现简单,但性能较差,调出的页面可能是经常访问的,另外进程分配物理页面数增加时,缺页并不一定减少(Belady 现象)。

Belady 现象是指当所分配的物理块数增大而缺页次数不减反增的异常现象,只有 FIFO 算法可能出现 Belady 异常。

(3)最近最久未使用置换算法(LRU)。

该算法的基本思路是置换时选择最近最久未使用的页面。它的主要特征:考虑了进程执行的局部性原理,性能较好,但实现的开销较大。

(4)时钟置换算法(CLOCK)。

该算法是 LRU 的近似实现,它的基本思路是仅对页面的访问情况进行大致统计,从而减少 LRU 的实现开销。在页表项中设置访问位(A),记录过去一段时间内页面的访问情况,再将内存中的所有页面都通过链接指针链接成一个循环队列。当某页被访问时,其访问位被置 1。置换算法在选择一页淘汰时,只需检查页的访问位。若为 0,就选择该页换出;若为 1,则重新将其置 0,暂不换出,然后再循环检查下一个页面。

该算法置换时只使用一位的访问位,用来表示该页是否已经使用过,将未使用过的页面换出去,又称最近未用算法(NRU)。

CLOCK 算法的性能比较接近 LRU 算法。在使用位的基础上再增加一个修改位(M),则得到改进型的 CLOCK 置换算法,使得 CLOCK 算法更加高效。访问位和修改位共有下列 4 种情况:$A=0,M=0$;$A=1,M=0$;$A=0,M=1$;$A=1,M=1$。$M=0$ 表示该页未被修改,$M=1$ 表示该页已被修改。

置换时扫描循环队列,找($A=0,M=0$)的页面作为淘汰页,如果扫描一轮后未找到该类页面,开始第二轮扫描,找($A=0,M=1$)的页面,遇到的第一个这样的页面用于替换。在这一轮扫描中,将所有扫描过的页面的访问位 A 设置成 0。如果这轮扫描也失败,再重复上述过程,重新查找。

该算法考虑了页面被修改后重新写回磁盘的开销,减少了磁盘的 I/O 操作次数,但置换时可能经过多轮扫描,算法本身的开销会有所增加。

6. 抖动与工作集

抖动也称颠簸,是指在页面置换过程中,刚换出的页面马上要换入主存,或刚换入的页面马上又要换出主存,从而产生频繁的页面调度现象。如果一个进程大部分时间用于页面的换进或换出,则会大大降低处理机的利用率,我们称此时的进程处于抖动状态。

工作集是一个进程当前正在使用的逻辑页面集合,即在当前时刻之前的某时间窗口中的所有访问页面所组成的集合。正确选择工作集的大小,对内存的利用率和系统吞吐量的提高、对减少抖动现象,都将产生重要影响。

【例 5】 (2013 年全国统考题第 46 题)某计算机主存按字节编址,逻辑地址和物理地址都是 32 位,页表项大小为 4 字节。请回答下列问题。

(1)若使用一级页表的分页存储管理方式,逻辑地址结构如下:

页号(20 位)	页内偏移量(12 位)

则页的大小是多少字节？页表最大占用多少字节？

（2）若使用二级页表的分页存储管理方式，逻辑地址结构如下：

页目录号(10 位)	页表索引(10 位)	页内偏移量(12 位)

设逻辑地址为 LA，请分别给出其对应的页目录号和页表索引的表达式。

（3）采用（1）中的分页存储管理方式，一个代码段起始逻辑地址为 0000 8000H，其长度为 8 KB，被装载到从物理地址 0090 0000H 开始的连续主存空间中。页表从主存 0020 0000H 开始的物理地址处连续存放，如图 3-12 所示（地址大小自下向上递增）。请计算出该代码段对应的两个页表项的物理地址，以及这两个页表项中的页框号以及代码页面 2 的起始物理地址。

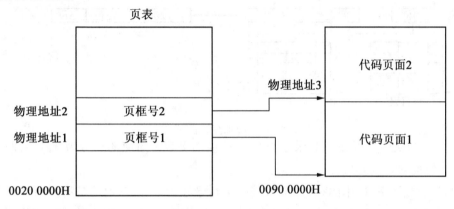

图 3-12　【例 5】题图

【解析】　（1）因为页内偏移量是 12 位，所以页大小为 2^{12}B = 4 KB；页号是 20 位，页表项数为 2^{20}，页表项为 4 B，所以一级页表最大为 $2^{20} \times 4$ B = 4 MB。

（2）根据逻辑地址结构，可以得到：页目录号可表示为 LA≫22，页表索引可表示为 LA≫12& 0x3FF。

（3）代码页面 1 的逻辑地址为 0000 8000H，表明其位于第 8 个页处，对应页表中的第 8 个页表项，所以第 8 个页表项的物理地址 = 页表起始地址 + 8 × 页表项的字节数 = 0020 0000H + 8 × 4 = 0020 0020H。由此可得如图 3-13 所示的答案。

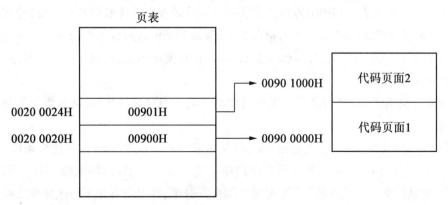

图 3-13　答案图

【例 6】　[2018 年全国统考题第 45 题]请根据题图 3-14 给出的虚拟存储管理方式，

回答下列问题。

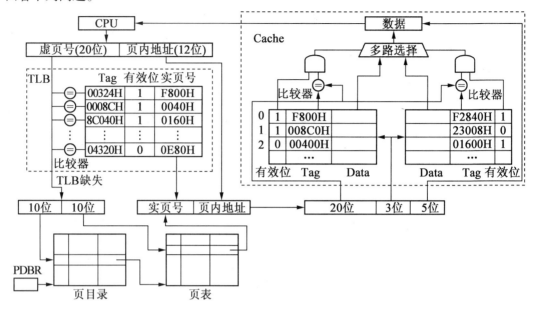

图 3 – 14　虚拟存储管理方式

（1）某虚拟地址对应的页目录号为 6，在相应的页表中对应的页号为 6，页内偏移量为 8，该虚拟地址的十六进制表示是什么？

（2）寄存器 PDBR 用于保存当前进程的页目录起始地址，该地址是物理地址还是虚拟地址？进程切换时，PDBR 的内容是否会变化？说明理由。同一进程的线程切换时，PDBR 的内容是否会变化？说明理由。

（3）为了支持改进型 CLOCK 置换算法，需要在页表项中设置哪些字段？

【解析】　（1）由图 3 – 15 可知，目录号占 10 位，页号占 10 位，页内地址占 12 位，所以展开成二进制表示为 0000 0001 10 00 0000 0110 0000 0000 1000B，故十六进制表示为 0180 6008H。

（2）PDBR 为页目录基址地址寄存器，其存储页目录表物理内存基地址，是物理地址。进程切换时，PDBR 的内容会变化；同一进程的线程切换时，PDBR 的内容不会变化。每个进程的地址空间、页目录和 PDBR 的内容存在一一对应的关系。进程切换时，地址空间发生了变化，对应的页目录及其起始地址也相应变化，因此 PDBR 的内容也要切换。同一进程中的线程共享该进程的地址空间，其线程发生切换时，地址空间不变，线程使用的页目录不变，因此 PDBR 的内容也不变。

（3）改进型 CLOCK 置换算法在置换时需要用到使用位和修改位，故需要设置访问字段和修改字段。

【例 7】　（2012 年全国统考题第 45 题）某请求分页系统的局部页面置换策略如下：系统从 0 时刻开始扫描，每隔 5 个时间单位扫描一轮驻留集（扫描时间忽略不计），本轮没有被访问过的页框将被系统回收，并放入到空闲页框链尾，其中内容在下一次分配之前不被清空。当发生缺页时，如果该页曾被使用过且还在空闲页链表中，那么重新放回进程的驻留集中；否则，从空闲页框链表头部取出一个页框。假设不考虑其他进程的影响和系统开销。初始时进程驻留集为空。目前系统空闲页框链表中页框号依次为32、15、21、41。进程P依次访问的<虚拟页号,访问时刻>是<1,1>,<3,2>,<0,4>,<0,6>,<1,11>,<0,13>,<2,14>。请回答下列问题。

(1)访问<0,4>时,对应的页框号是什么？说明理由。

(2)访问<1,11>时,对应的页框号是什么？说明理由。

(3)访问<2,14>时,对应的页框号是什么？说明理由。

(4)该策略是否适合于时间局部性好的程序？说明理由。

【解析】 (1)因为起始驻留集为空,且4<5还未开始第一轮驻留集扫描,所以依次进行分配,0页对应的页框为空闲链表中的第三个空闲页框21。

(2)因为11>10,发生在第二轮扫描后,页号为1的页框在第二轮扫描时被放入空闲页框链表中,此时该页又被重新访问,因此应被重新放回驻留集中,其页框号为第一次访问时分配的32。

(3)因为第2页从来没有被访问过,它不在驻留集中,因此从空闲页框链表中取出此时链表头的页框41分配给第二页。

(4)适用。因为程序的时间局部性越好,从空闲页框链表中重新取回的机会就越大,该策略的优势越明显。

【例8】 (2010年全国统考题)设某计算机的逻辑地址空间和物理地址空间均为64 KB,按字节编址。若某进程最多需要6页数据存储空间,页的大小为1 KB,操作系统采用固定分配局部置换策略为此进程分配4个页框。在时刻260前的该进程访问情况见表3-24(访问位即使用位)。

表3-24 在时刻260前的该进程访问情况

页号	页框号	装入时刻	访问位
0	7	130	1
1	4	230	1
2	2	200	1
3	9	20	1

当该进程执行到时刻260时,要访问逻辑地址为17CAH的数据。请回答下列问题:

(1)该逻辑地址对应的页号是多少？

(2)若采用先进先出(FIFO)置换算法,该逻辑地址对应的物理地址是多少？要求给出计算过程。

(3)若采用时钟(CLOCK)置换算法,该逻辑地址对应的物理地址是多少？要求给出计算过程(设搜索下一页的指针沿顺时针方向移动,且当前指向2号页框,如图3-15所示)。

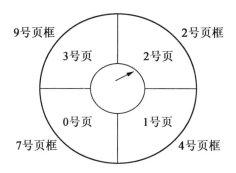

图 3 - 15　【例 8】题图

【解析】　（1）由于该计算机的逻辑地址空间和物理地址空间均为 64 KB = 2^{16} B，按字节编址，且页的大小为 1 KB = 2^{10} B，故逻辑地址和物理地址的地址格式均为

页号/页框号（6 位）	页内偏移量（10 位）

17CAH = 0001 0111 1100 1010B，可知该逻辑地址的页号为 000101B = 5。

（2）根据 FIFO 算法，需要替换装入时间最早的页，故需要置换装入时间最早的 0 号页，即将 5 号页装入 7 号页框中，所以物理地址为 0001 1111 1100 1010B = 1FCAH。

（3）根据 CLOCK 算法，如果当前指针所指页框的使用位为 0，则替换该页；否则将使用位清零，并将指针指向下一个页框，继续查找。根据题设和图 3 - 15，将从 2 号页框开始，前 4 次查找页框号的顺序为 2→4→7→9，并将对应页框的使用位清零。在第 5 次查找中，指针指向 2 号页框，因 2 号页框的使用位为 0，故淘汰 2 号页框对应的 2 号页，把 5 号页装入 2 号页框中，并将对应使用位设置为 1，所以对应的物理地址为 0000 1011 1100 1010B = 0BCAH。

【例 9】　（2009 年全国统考题第 46 题）请求分页管理系统中，假设某进程的页表内容见表 3 - 25。

表 3 - 25　某进程的页表内容

页号	页框号	有效位（存在位）
0	101H	1
1		0
2	254H	1

页面大小为 4 KB，一次内存的访问时间为 100 ns，一次快表（TLB）的访问时间为 10 ns，处理一次缺页的平均时间为 10^8 ns（已含更新 TLB 和页表的时间），进程的驻留集大小固定为 2，用最近最少使用置换算法（LRU）和局部淘汰策略。假设①TLB 初始为空；②地址转换时先访问 TLB，若 TLB 未命中，再访问页表（忽略访问页表之后的 TLB 更新时间）；③有效位为 0 表示页面不在内存中，产生缺页中断，缺页中断处理后，返回到产生缺页中断的指令处重新执行。设有虚地址访问序列 2362H、1565H、25A5H，请问：

（1）依次访问上述 3 个虚地址，各需多少时间？给出计算过程。

（2）基于上述访问序列，虚地址 1565H 的物理地址是多少？请说明理由。

【解析】　（1）页面大小为 4 KB，即 2^{12}，则得到页内位移占虚地址的低 12 位，页号占剩余高位。可得 3 个虚地址的页号 P 如下(十六进制的一位数字转换成 4 位二进制,因此,十六进制的低三位正好为页内位移,最高位为页号):

2362H:P = 2,访问快表 10 ns,因初始为空,未命中,访问页表 100 ns 得到页框号,合成物理地址后访问主存 100 ns,共计 10 ns + 100 ns + 100 ns = 210 ns。

1565H:P = 1,访问快表 10 ns,未命中,访问页表 100 ns,存在位为 0,不在内存,进行缺页中断处理 10^8 ns,返回到产生缺页中断的指令处重新执行,访问快表 10 ns,命中,合成物理地址后访问主存 100 ns,共计 10 ns + 100 ns + 10^8 ns + 10 ns + 100 ns = 100000220 ns。

25A5H:P = 2,访问快表 10ns,命中,因第一次访问已将该页号放入快表,访问主存 100 ns,共计 10 ns + 100 ns = 110 ns。

(2)当访问虚地址 1565H 时,产生缺页中断,合法驻留集为 2,必须从页表中淘汰一个页面,根据 LRU 置换算法,应淘汰 0 号页面,因此 1565H 的对应页框号为 101H。由此可得 1565 H 的物理地址为 101565H。

【课后习题】

1. (2011 年全国统考题第 30 题)在虚拟内存管理中,地址变换机构将逻辑地址变换为物理地址,形成该逻辑地址的阶段是　　　　　　　　　　　　　　　(　　)

　　A. 编辑　　　　　　B. 编译　　　　　　C. 链接　　　　　　D. 装载

2. (2009 年全国统考题第 26 题)分区分配内存管理方式的主要保护措施是　　(　　)

　　A. 界地址保护　　B. 程序代码保护　　C. 数据保护　　　　D. 栈保护

3. (2010 年全国统考题第 28 题)某基于动态分区存储管理的计算机,其主存容量为 55MB (初始为空闲),采用最佳适配(Best Fit)算法,分配和释放的顺序为:分配 15 MB,分配 30 MB,释放 15 MB,分配 8 MB,分配 6 MB,此时主存中最大空闲分区的大小是　(　　)

　　A. 7 MB　　　　　　B. 9 MB　　　　　　C. 10 MB　　　　　　D. 15 MB

4. (2016 年全国统考题第 28 题)某进程的段表内容如下:

段号	段长	内存起始地址	权限	状态
0	100	600	只读	在内存
1	200	…	读写	不在内存
2	300	4000	读写	在内存

当访问段号为 2、段内地址为 400 的逻辑地址时,进行地址转换的结果是　　　(　　)

　　A. 段缺失异常　　　　　　　　　　　B. 得到内存地址 4400

　　C. 越权异常　　　　　　　　　　　　D. 越界异常

5. (2009 年全国统考题第 27 题)一个分段存储管理系统中,地址长度为 32 位,其中段号占 8 位,则最大段长是____。

　　A. 2^8 B　　　　　　B. 2^{16} B　　　　　　C. 2^{24} B　　　　　　D. 2^{32} B

6. (2012 年全国统考题第 25 题)下列关于虚拟存储器的叙述中,正确的是 （ ）

　　A. 虚拟存储只能基于连续分配技术

　　B. 虚拟存储只能基于非连续分配技术

　　C. 虚拟存储容量只受外存容量的限制

　　D. 虚拟存储容量只受内存容量的限制

7. (2013 年全国统考题第 30 题)若用户进程访问内存时产生缺页,则下列选项中,操作系统可能执行的操作是 （ ）

　　Ⅰ. 处理越界错　　Ⅱ. 置换页　　　　Ⅲ. 分配内存

　　A. 仅Ⅰ、Ⅱ　　　　B. 仅Ⅱ、Ⅲ　　　　C. 仅Ⅰ、Ⅲ　　　　D. Ⅰ、Ⅱ和Ⅲ

8. (2010 年全国统考题第 29 题)某计算机采用二级页表的分页存储管理方式,按字节编址,页大小为 2^{10}B ,页表项大小为 2B ,逻辑地址结构为逻辑地址空间大小为 2^{16} 页,则表示整个逻辑地址空间的页目录表中包含表项的个数至少是 （ ）

　　A. 64　　　　　　　B. 128　　　　　　　C. 256　　　　　　　D. 512

9. (2011 年全国统考题第 28 题)在缺页处理过程中,操作系统执行的操作可能是 （ ）

　　Ⅰ. 修改页表　　　　Ⅱ. 磁盘 I/O　　　　Ⅲ. 分配页框

　　A. 仅Ⅰ、Ⅰ　　　　B. 仅Ⅱ　　　　　　C. 仅Ⅲ　　　　　　D. Ⅰ、Ⅱ和Ⅲ

10. (2015 年全国统考题第 30 题)在请求分页系统中,页面分配策略与页面置换策略不能组合使用的是 （ ）

　　A. 可变分配,全局置换　　　　　　　　B. 可变分配,局部置换

　　C. 固定分配,全局置换　　　　　　　　D. 固定分配,局部置换

11. (2016 年全国统考题第 26 题)某系统采用改进型 CLOCK 置换算法,页表项中字段 A 为访问位,M 为修改位。A = 0 表示页最近没有被访问,A = 1 表示页最近被访问过。M = 0 表示页没有被修改过,M = 1 表示页被修改过。按(A,M)所有可能的取值,将页分为 4 类:(0,0),(1,0),(0,1)和(1,1),则该算法淘汰页的次序为 （ ）

　　A. (0,0),(0,1),(1,0),(1,1)

　　B. (0,0),(1,0),(0,1),(1,1)

　　C. (0,0),(0,1),(1,1),(1,0)

　　D. (0,0),(1,1),(0,1),(1,0)

12. (2014 年全国统考题第 30 题)在页式虚拟存储管理系统中,采用某些页面置换算法,会出现 Belady 异常现象,即进程的缺页次数会随着分配给该进程的页框个数的增加而增加。下列算法中,可能出现 Belady 异常现象的是 （ ）

　　Ⅰ. LRU 算法　　　Ⅱ. FIFO 算法　　　Ⅲ. OPT 算法

　　A. 仅Ⅱ　　　　　　B. 仅Ⅰ、Ⅱ　　　　C. 仅Ⅰ、Ⅲ　　　　D. 仅Ⅱ、Ⅲ

13. (2015 年全国统考题第 27 题)系统为某进程分配了 4 个页框,该进程已访问的页号序列为 2,0,2,9,3,4,2,8,2,4,8,4,5。若进程要访问的下一页的页号为 7,依据 LRU 算法,应淘汰页的页号是 （ ）

　　A. 2　　　　　　　B. 3　　　　　　　　C. 4　　　　　　　　D. 8

14. (2016 年全国统考题第 29 题)某进程访问页面的序列如下所示。

$$\cdots, 1, 3, 4, 5, 6, 0, 3, 2, 3, 2, 0, 4, 0, 3, 2, 9, 2, 1 \cdots$$

若工作集的窗口大小为 6，则在 t 时刻的工作集为 （　　）

A. {6,0,3,2}　　　　　　　　　B. {2,3,0,4}

C. {0,4,3,2,9}　　　　　　　　D. {4,5,6,0,3,2}

15. (2011 年全国统考题第 29 题)当系统发生抖动时，可以采取的有效措施是 （　　）

Ⅰ. 撤销部分进程

Ⅱ. 增加磁盘交换区的容量

Ⅲ. 提高用户进程的优先级

A. 仅 Ⅰ　　　　　B. 仅 Ⅱ　　　　　C. 仅 Ⅲ　　　　　D. 仅 Ⅰ、Ⅱ

16. 分页系统中的页面为 （　　）

A. 用户所感知　　　　　　　　B. 操作系统所感知

C. 编译程序所感知　　　　　　D. 链接、装载程序所感知

17. 虚拟存储管理系统的基础是程序的_____理论。 （　　）

A. 动态性　　　　B. 虚拟性　　　　C. 局部性　　　　D. 共享性

18. 内存碎片是指 （　　）

A. 存储分配完后所剩的空闲区

B. 没有被使用的存储区

C. 不能被使用的存储区

D. 未被使用，而又暂时不能使用的存储区

19. 在支持_____的系统中，目标程序可以不经过任何改动而装入物理内存单元。

（　　）

A. 静态重定位　　　B. 动态重定位　　　C. 汇编　　　　　　D. 存储扩充

【课后习题答案】

1. B　2. A　3. B　4. D　5. C　6. B　7. B　8. B　9. D　10. C　11. A　12. A　13. A
14. A　15. A　16. B　17. C　18. D　19. B

3.4　设 备 管 理

3.4.1　I/O 系统

1. 设备的类型

(1)按使用特性分类：①人机交互类外部设备；②存储设备；③网络通信设备。

(2)按传输速率分类：①低速设备；②中速设备；③高速设备。

（3）按信息交换的单位分类：①块设备；②字符设备。

（4）从设备的特性分类：①独占设备；②共享设备；③虚拟设备。

2. 设备控制器

设备控制器的主要功能：①接收和识别 CPU 或通道发来的命令；②实现数据交换；③发现和记录设备及自身的状态信息；④设备地址识别；⑤数据缓冲；⑥差错控制。

3. 通道

（1）I/O 通道。I/O 通道是一种特殊的处理机，它具有执行 I/O 指令的能力，并通过执行通道（I/O）程序来控制 I/O 操作。但 I/O 通道又与一般的处理机不同，主要表现在以下两个方面：一是其指令类型单一；二是通道所执行的通道程序是放在主机的内存中的，没有自己的内存。

（2）通道类型：①字节多路通道；②数组选择通道；③数组多路通道。

3.4.2　I/O 软件

为了使复杂的 I/O 软件具有清晰的结构、良好的可移植性和适应性，在 I/O 软件中普遍采用了层次式结构，每一层都利用其下层提供的服务，完成本层的某些子功能，并屏蔽这些功能实现的细节，向高层提供服务。I/O 软件从上到下分一般为 4 个层次：用户层、与设备无关的软件层、设备驱动程序以及中断处理程序。与设备无关的软件层也就是系统调用的处理程序。当用户使用设备时，首先在用户程序中发起一次系统调用，操作系统的内核接到该调用请求后请求调用处理程序进行处理，再转到相应的设备驱动程序，当设备准备好或所需数据到达后设备硬件发出中断，将数据按上述调用顺序逆向回传到用户程序中。

（1）用户层。

用户层软件实现了与用户交互的接口（库函数），用户可直接使用该层提供的、与 I/O 操作相关的库函数对设备进行操作。用户层软件将用户请求翻译成格式化的 I/O 请求，并通过系统调用请求操作系统内核的服务。

（2）与设备无关的软件层。

与设备无关的软件层又称设备独立性软件，与设备硬件特性无关的功能大多在这一层实现。该层的主要功能：①向上提供统一的调用接口（如 read/write 系统调用）；②实现设备的保护；③差错处理；④设备的分配与回收；⑤数据缓冲区管理；⑥建立逻辑设备名到物理设备名的映射关系并根据设备类型选择调用相应的驱动程序。

用户或用户层软件发出 I/O 操作相关系统调用的系统调用时，需要指明此次需要操作的 I/O 设备的逻辑设备名。设备独立性软件需要通过逻辑设备表（LUT），来确定逻辑设备对应的物理设备，并找到该设备对应的设备驱动程序。

（3）设备驱动程序。

设备驱动程序主要负责对硬件设备的具体控制，将上层发出的一系列命令（如 read/write）转化为特定设备"能听得懂"的一系列操作，包括设置设备寄存器，检查设备状态。通常，每一类设备配置一个设备驱动程序。驱动程序一般以一个独立进程的方式存在。

（4）中断处理程序。

位于 I/O 系统底层，与硬件设备密切相关；进程请求 I/O 操作时，通常被挂起，直到数据传输结束后产生 I/O 中断，CPU 转向中断处理程序。

3.4.3　I/O 控制方式

对设备的控制有以下 4 种方式。

1. 轮询方式

I/O 设备在特定的状态寄存器中放置状态和错误信息，操心系统定期检测状态寄存器，它的特点是简单易，但 CPU 和 I/O 设备只能串行工作，CPU 的利用率低。

2. 中断方式

CPU 在 I/O 请求时先设置任务参数，发出 I/O 请求后，继续执行其他任务；I/O 设备处理 I/O 请求，处理完成后触发 CPU 中断请求；CPU 接收中断，分发到相应中断处理例程。中断申请使用的是 CPU 处理时间，发生的时间是在一条指令执行结束之后，数据是在软件的控制下完成传送的。它的特点是 CPU 和 I/O 设备并行工作，提高了 CPU 的利用率；但由于数据中的每个字在存储器与控制器之间的传输都应经过 CPU，导致中断驱动方式会消耗较多的 CPU 时间。

3. 直接存储器存取方式（DMA）

该方式数据传输的基本单位是数据块，即在 CPU 与 I/O 设备之间，每次传送至少一个数据块，DMA 方式每次申请的是总线的使用权，所传送的数据是从设备直接送入内存的，或者相反，仅在传送一个或多个数据块的开始和结束时，才需 CPU 干预，整块数据的传送是在控制器的控制下完成的。

DMA 在开始传输时，CPU 初始化 DMA 控制器，启动 I/O 设备；然后 CPU 继续其他工作，DMA 控制器直接操作内存总线开始传输；当传输完成后，DMA 控制器中断 CPU。

4. 通道控制方式

I/O 通道方式是 DMA 方式的发展，可以进一步减少 CPU 的干预。当 CPU 要完成 I/O 操作时，只需向 I/O 通道发送一条 I/O 指令；通道接到该指令后，通过执行通道程序，完成 I/O 任务，数据传送完成后向 CPU 发中断请求。

3.4.4　缓冲区

缓存是为解决数据传输双方访问速度差异较大而引入的速度匹配中间层。在设备管理中，为了缓和 CPU 与 I/O 设备间速度不匹配的矛盾、减少对 CPU 的中断频率、放宽对 CPU 中断响应时间的限制、解决基本数据单元大小（即数据粒度）不匹配的问题、提高 CPU 和 I/O 设备之间的并行性引入缓冲区。

1. 单缓冲

在设备和处理机之间设置一个缓冲区。设备和处理机交换数据时，先把被交换数据写入缓冲区，然后需要数据的设备或处理机从缓冲区取走数据。单缓冲工作示意图如图 3 - 16 所示。

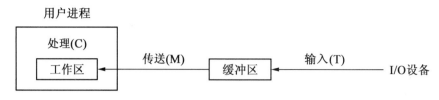

图 3 – 16　单缓冲工作示意图

2. 双缓冲

在设备和处理机之间设置两个缓冲区。I/O 设备输入数据时先装填到缓冲区 1,在缓冲区 1 填满后才开始装填缓冲区 2,与此同时处理机可以从缓冲区 1 中取出数据放入用户进程处理,当缓冲区 1 中的数据处理完后,若缓冲区 2 已填满,则处理机又从缓冲区 2 中取出数据放入用户进程处理,而 I/O 设备又可以装填缓冲区 1。双缓冲机制提高了处理机和输入设备的并行操作程度。双缓冲工作示意图如图 3 – 17 所示。

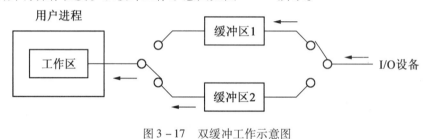

图 3 – 17　双缓冲工作示意图

3. 循环缓冲

包含多个大小相等的缓冲区,每个缓冲区中有一个链接指针指向下一个缓冲区,最后一个缓冲区指针指向第一个缓冲区,多个缓冲区构成一个环形。

4. 缓冲池

缓冲池由多个公用的缓冲区组成。

3.4.5　SPOOLing 技术

SPOOLing 是 Simultaneous Peripheral Operation On – Line(即外部设备联机并行操作)的缩写,它是关于低速设备如何与 CPU 交换数据的一种技术,通常称为假脱机技术。

SPOOLing 技术的核心思想是以联机的方式得到脱机的效果,主要包括以下 3 部分:输入井和输出井、输入缓冲区和输出缓冲区、输入进程和输出进程。简单来说就是在内存中形成缓冲区,在高速设备(通常是磁盘)形成输出井和输入井。输入时,从低速设备传入缓冲区,再传到高速设备的输入井;输出时,从高速设备的输出井传到缓冲区,再传到低速设备。

SPOOLing 除了是一种速度匹配技术外,还是一种虚拟设备技术。用一种物理设备模拟另一类物理设备,使各作业在执行期间只使用虚拟的设备,而不直接使用物理的独占设备。这种技术可使独占的设备变成可共享的设备,使得设备的利用率和系统效率都能得到提高。

将一台"独享"打印机改造为可供多个用户共享的打印机,是应用 SPOOLing 技术的典型实例。具体做法是:系统对于用户的打印输出,并不真正把打印机分配给该用户进程,而是先在输出井中申请一个空闲盘块区,将要打印的数据送入其中;然后为用户申请并填写请求打印表,并将该表挂到请求打印队列上。若打印机空闲,输出程序从请求打印队首取表,将要打印的数据从输出井传送到内存缓冲区,再进行打印,直到打印队列为空。

3.4.6　磁盘存储器的管理

1.磁盘的结构和格式

磁盘是由表面涂有磁性物质的金属或塑料构成的圆形盘片,通过一个称为磁头的导体线圈从磁盘中存取数据。

磁盘中一般会由多个盘片组成,每个盘片包含两个面,每个盘面都对应地有一个读/写磁头。每个盘面都被划分为数目相等的磁道,并从外缘的“0”开始编号,具有相同编号的磁道形成一个圆柱,称之为磁盘的柱面。磁盘的柱面数与一个盘面上的磁道数是相等的。由于每个盘面都有自己的磁头,因此,盘面数等于总的磁头数。盘面中一圈圈同心圆为一条条磁道,从圆心向外画直线,可以将磁道划分为若干个弧段,每个磁道上一个弧段被称之为一个扇区,扇区是磁盘的最小组成单元。磁盘地址用“柱面号·盘面号·扇区号(或块号)”表示。其存储容量为

$$存储容量 = 磁头数 × 磁道(柱面)数 × 每道扇区数 × 每扇区字节数$$

2.磁盘的格式化

磁盘格式化分为低级格式化和高级格式化。低级格式化又称物理格式化,是将空白的磁盘划分出柱面、磁道和扇区,每个扇区又划分出数据区(通常为 512 B 大小)和标识部分、间隔区等磁盘控制信息。每块硬盘在出厂时,已由硬盘生产商进行低级格式化,通常使用者无须再进行低级格式化操作。在低级格式化完成后,一般要对磁盘进行分区。在逻辑上,每个分区就是一个独立的逻辑磁盘,它的起始扇区和大小都记录在磁盘 0 扇区的主引导记录分区表所包含的分区表中。在这个分区表中必须有一个分区被标记成活动的(即引导块),以保证能够从磁盘引导系统。高级格式化又称逻辑格式化,是根据一定的分区格式对磁盘的进行标记,生成引导区信息、初始化空间分配表、标注逻辑坏道、校验数据等,使操作系统能够对磁盘进行读写,高级格式化因操作系统的不同而不同。低级格式化是一种损耗性操作,其对硬盘寿命有一定的负面影响;高级格式化只是对磁盘进行寻常的读写操作,对硬盘并没有不利的影响。

3.磁盘的读取时间

磁盘的读取时间包括磁盘的寻道时间、旋转延迟时间和传输时间。

寻道时间是指磁头从当前位置移动到数据所在磁道所耗费的时间。该时间是启动磁臂的时间 s 与磁头移动磁道数 n 所花费的时间之和,即寻道时间 $T_s = m × n + s$。其中,m 是一常数,与磁盘驱动器的速度有关。

旋转延迟时间是指盘片旋转将请求数据所在扇区移动到磁头下方所耗费的时间,旋转延迟取决于磁盘转速。平均旋转延迟时间为磁盘旋转一周时间的一半,即旋转延迟时间 $T_r = 1/(2 × r)$。其中,r 为磁盘每秒钟的转数。

数据传输时间是指把数据从磁盘读出或向磁盘写入数据所耗费的时间。数据传输时间

T_t 的大小与每次读/写数据的字节数 b 和旋转速度有关,即 $T_t = b/(r \times N)$。其中 N 为一条磁道上的字节数。

总的磁盘读取平均时间为

$$T_a = T_s + T_r + T_t = m \times n + s + 1/(2 \times r) + b/(r \times N)$$

4. 磁盘的调度算法

磁盘的读取时间中最耗时的是磁盘的寻道时间,因此,磁盘调度的目标是使磁盘的平均寻道时间最短。

常用的磁盘调度算法有以下几种:

(1)先来先服务算法(FCFS)。

该算法是根据进程请求访问磁盘的先后次序进行调度,每个进程的请求都能依次地得到处理,不会出现某一进程的请求长期得不到满足的"饥饿"现象,且实现简单。但该算法未对寻道进行优化,致使平均寻道时间较长。

(2)最短寻道时间优先算法(SSTF)。

该算法优先选择距离当前磁头所在的磁道距离最近的请求处理,以使每次的寻道时间最短,提高系统性能。但由于请求是随时到达的,会出现某些请求长期得不到处的"饥饿"现象。

(3)扫描算法(SCAN)。

该算法磁头从磁盘的一端向另一端移动,依次处理所经过磁道上的服务请求,当到达另一端时,磁头改变移动方向,继续处理。磁头在磁盘上来回移动,颇似电梯的运行,又称电梯算法。

(4)循环扫描算法(SCAN)。

在 SCAN 算法中当磁头移动到磁盘一端并掉转方向时,因为刚刚对附近磁道的请求进行了处理,此时紧靠磁头一端的请求数量很少,而另一端的请求密度却很大,这些请求等待的时间较长。为了解决这个问题,人们提出 SCAN 算法。该算法规定了磁头单向移动,即磁头移动到另一端时,马上回到磁盘开始,返回时并不处理请求。

SCAN 算法和 SCAN 算法磁头总是从盘面的一端到另一端,实际使用时,磁头移动只需到达最远端的请求即可返回,无须到达磁盘端点。它们在朝一个给定方向移动前会查看是否有请求,这种形式的 SCAN 算法和 SCAN 算法分别称为 LOOK 与 C – LOOK 调度。一般无特别说明,也可以默认 SCAN 算法和、SCAN 算法为 LOOK 和 C – LOOK 调度。

(5)N 步 SCAN 算法。

在 SSTF、SCAN 及 SCAN 算法中,都可能会出现一个或几个进程对某一磁道有较高的访问频率,从而垄断整个磁盘设备导致磁臂停留在某处不动的现象,这一现象称为"磁臂粘着"。为了解决这个问题,提出 N 步 SCAN 算法。该算法是将磁盘请求队列分成若干个长度为 N 的子队列。队列间按 FCFS 算法依次处理所有子队列;队列内按 SCAN 算法处理请求,处理完一个队列后再处理其他队列。

(6)FSCAN 算法。

该算法是 N 步 SCAN 算法的简化,即只将磁盘请求队列分成两个子队列。一个是由当前所有请求磁盘 I/O 的进程形成的队列,队列内按 SCAN 算法处理请求,将新出现的所有请求磁盘 I/O 的进程,放入另一个等待处理的请求队列。

【例 1】　(2010 年全国统考题第 45 题)假设计算机系统采用 CSCAN(循环扫描)磁盘调度策略使用 2 KB 的内存空间记录 16 384 个磁盘块的空闲状态。

(1)请说明在上述条件下如何进行磁盘块空闲状态的管理。

(2)设某单面磁盘旋转速度为 6 000 r/min,每个磁道有 100 个扇区,相邻磁道间的平均移动时间为 1 ms。若在某时刻,磁头位于 100 号磁道处,并沿着磁道号增大的方向移动(图 3 - 18),磁道号请求队列为 50、90、30、120,对请求队列中的每个磁道需读取 1 个随机分布的扇区,则读完这 4 个扇区点共需要多少时间? 要求给出计算过程。

(3)如果将磁盘替换为随机访问的 Flash 半导体存储器(如 U 盘、SSD 等),是否有比 CSCAN 更高效的磁盘调度策略? 若有,给出磁盘调度策略的名称并说明理由;若无,说明理由。

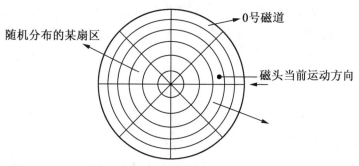

图 3 - 18　例 1 题图

【解析】　(1)用位图(位图在文件管理外存存储空间管理部分学习)表示磁盘的空闲状态。每位表示一个磁盘块的空闲状态,共需要 16 384/8 = 2 KB,正好可放在系统提供的内存中。

(2)寻道时间:采用 CSCAN 调度算法,访问磁道的顺序依次为 120、30、50、90,移动的磁道数分别为 20、90、20、40。移动的总磁道数为 20 + 90 + 20 + 40 = 170,故总的移动磁道时间为 170 × 1 ms = 170 ms。

旋转延迟时间:由于转速为 6 000 r/min,则旋转一圈所需时间为 60 000 ms/6 000 = 10 ms,那么平均旋转延迟为 10 ms/2 = 5 ms,总的旋转延迟时间为 5 × 4 = 20 ms。

传送时间:由于旋转一圈所需时间是 10 ms,则读取磁道上一个扇区的平均时间为 10 ms/100 = 0.1 ms,则总的读取扇区的时间是 0.1 ms × 4 = 0.4 ms。

综上,读取上述磁道上所有扇区所花的时间为 170 ms + 20 ms + 0.4 ms = 190.4 ms。

(3)采用 FCFS 调度策略更高效。因为 Flash 半导体存储器的物理结构不需要考虑寻道时间和旋转延迟,可直接按 I/O 请求的先后顺序服务。

【课后习题】

1.(2013 年全国统考题第 22 题)下列关于中断 I/O 方式和 DMA 方式比较的叙述中,错误的是　　　　　　　　　　　　　　　　　　　　　　　　　　　　( )

A. 中断 I/O 方式请求的是 CPU 处理时间,DMA 方式请求的是总线使用权

B. 中断响应发生在一条指令执行结束后，DMA 响应发生在一个总线事务完成后

C. 中断 I/O 方式下数据传送通过软件完成，DMA 方式下数据传送由硬件完成

D. 中断 I/O 方式适用于所有外部设备，DMA 方式仅适用于快速外部设备

2. (2017 年全国统考题第 32 题)系统将数据从磁盘读到内存的过程包括以下操作：

①DMA 控制器发出中断请求

②初始化 DMA 控制器并启动磁盘

③从磁盘传输一块数据到内存缓冲区

④执行"DMA 结束"中断服务程序

正确的执行顺序是　　　　　　　　　　　　　　　　　　　　　　　　　　（　　）

A. ③→①→②→④　　　　　　　　　　B. ②→③→①→④

C. ②→①→③→④　　　　　　　　　　D. ①→②→④→③

3. (2013 年全国统考题第 25 题)用户程序发出磁盘 I/O 请求后，系统的处理流程是：用户程序→系统调用处理程序→ 设备驱动程序→中断处理程序。其中，计算数据所在磁盘的柱面号、磁头号、扇区号的程序是　　　　　　　　　　　　　　　　　　　（　　）

A. 用户程序　　　　　　　　　　　B. 系统调用处理程序

C. 设备驱动程序　　　　　　　　　　D. 中断处理程序

4. (2012 年全国统考题第 24 题)中断处理和子程序调用都需要压栈以保护现场，中断处理一定会保存而子程序调用不需要保存其内容的是　　　　　　　　　　　　（　　）

A. 程序计数器　　　　　　　　　　B. 程序状态字寄存器

C. 通用数据寄存器　　　　　　　　　D. 通用地址寄存器

5. (2011 年全国统考题第 26 题)用户程序发出磁盘 I/O 请求后，系统的正确处理流程是　　　　　　　　　　　　　　　　　　　　　　　　　　　　　　　　　　（　　）

A. 用户程序→系统调用处理程序→中断处理程序→设备驱动程序

B. 用户程序→系统调用处理程序→设备驱动程序→中断处理程序

C. 用户程序→设备驱动程序→系统调用处理程序→中断处理程序

D. 用户程序→设备驱动程序→中断处理程序→系统调用处理程序

6. (2012 年全国统考题第 26 题)操作系统的 I/O 子系统通常由 4 个层次组成，每一层明确定义了与邻近层次的接口。其合理的层次组织排列顺序是　　　　　　　（　　）

A. 用户级 I/O 软件、设备无关软件、设备驱动程序、中断处理程序

B. 用户级 I/O 软件、设备无关软件、中断处理程序、设备驱动程序

C. 用户级 I/O 软件、设备驱动程序、设备无关软件、中断处理程序

D. 用户级 I/O 软件、中断处理程序、设备无关软件、设备驱动程序

7. (2009 年全国统考题第 32 题)程序员利用系统调用打开 I/O 设备时，通常使用的设备标识是　　　　　　　　　　　　　　　　　　　　　　　　　　　　　　　　（　　）

A. 逻辑设备名　　B. 物理设备名　　　C. 主设备号　　　　D. 从设备号

8. (2010 年全国统考题第 32 题)本地用户通过键盘登录系统时，首先获得键盘输入信息的程序是　　　　　　　　　　　　　　　　　　　　　　　　　　　　　　（　　）

A. 命令解释程序　　　　　　　　　　B. 中断处理程序

C. 系统调用服务程序　　　　　　　　D. 用户登录程序

9. (2015 年全国统考题第 23 题)处理外部中断时,应该由操作系统保存的是　　(　　)

A. 程序计数器(PC)的内容　　　　　　B. 通用寄存器的内容

C. 快表(TLB)中的内容　　　　　　　D. Cache 中的内容

10. (2018 年全国统考题第 29 题)当定时器产生时钟中断后,由时钟中断服务程序更新的部分内容是　　　　　　　　　　　　　　　　　　　　　　　　　　　(　　)

Ⅰ. 内核中时钟变量的值

Ⅱ. 当前进程占用 CPU 的时间

Ⅲ. 当前进程在时间片内的剩余执行时间

A. 仅Ⅰ、Ⅱ　　　　B. 仅Ⅱ、Ⅲ　　　　C. 仅Ⅰ、Ⅲ　　　　　D. Ⅰ、Ⅱ、Ⅲ

11. (2015 年全国统考题第 28 题)在系统内存中设置磁盘缓冲区的主要目的是 (　　)

A. 减少磁盘 I/O 次数　　　　　　　　B. 减少平均寻道时间

C. 提高磁盘数据可靠性　　　　　　　D. 实现设备无关性

12. (2013 年全国统考题第 27 题)设系统缓冲区和用户工作区均采用单缓冲,从外设读入 1 个数据块到系统缓冲区的时间为 100,从系统缓冲区读入 1 个数据块到用户工作区的时间为 5,对用户工作区中的 1 个数据块进行分析的时间为 90(如下图所示)。进程从外设读入并分析 2 个数据块的最短时间是　　　　　　　　　　　　　　　　　(　　)

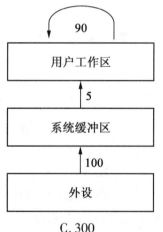

A. 200　　　　　　B. 295　　　　　　C. 300　　　　　　D. 390

13. (2011 年全国统考题第 31 题)某文件占 10 个磁盘块,现要把该文件磁盘块逐个读入主存缓冲区,并送用户区进行分析,假设一个缓冲区与一个磁盘块大小相同,把一个磁盘块读入缓冲区的时间为 100 μs,将缓冲区的数据传送到用户区的时间是 50 μs,CPU 对一块数据进行分析的时间为 50 μs。在单缓冲区和双缓冲区结构下,读入并分析完该文件的时间分别是　　　　　　　　　　　　　　　　　　　　　　　　　　　(　　)

A. 1 500 μs、1 000 μs　　　　　　　　B. 1 550 μs、1 100 μs

C. 1 550 μs、1 550 μs　　　　　　　　D. 2 000 μs 、2 000 μs

14. (2016 年全国统考题第 31 题)下列关于 SPOOLing 技术的叙述中,错误的是(　　)

A. 需要外存的支持

B. 需要多道程序设计技术的支持

C. 可以让多个作业共享一台独占设备

D. 由用户作业控制设备与输入/输出井之间的数据传送

15. (2017 年全国统考题第 29 题)下列选项中,磁盘逻辑格式化程序所做的工作是 （ ）

Ⅰ. 对磁盘进行分区

Ⅱ. 建立文件系统的根目录

Ⅲ. 确定磁盘扇区校验码所占位数

Ⅳ. 对保存空闲磁盘块信息的数据结构进行初始化

A. 仅Ⅱ   B. 仅Ⅱ、Ⅳ   C. 仅Ⅲ、Ⅳ   D. 仅Ⅰ、Ⅱ、Ⅳ

16. (2018 年全国统考题第 30 题)系统总是访问磁盘的某个磁道而不响应对其他磁道的访问请求,这种现象称为磁臂黏着。下列磁盘调度算法中,不会导致磁臂黏着的是 （ ）

A. 先来先服务(FCFS)   B. 最短寻道时间优先(SSTF)

C. 扫描算法(SCAN)   D. 循环扫描算法(CSCAN)

17. (2015 年全国统考题第 32 题)某硬盘有 200 个磁道(最外侧磁道号为 0),磁道访问请求序列为 130、42、180、15、199,当前磁头位于第 58 号磁道并从外侧向内侧移动。按照 SCAN 调度方法处理完上述请求后,磁头移过的磁道数是 （ ）

A. 208   B. 287   C. 325   D. 382

18. (2013 年全国统考题第 21 题)某磁盘的转速为 10 000 r/min,平均寻道时间是 6 ms,磁盘传输速率是 20 MB/s ,磁盘控制器延迟为 0.2 ms,读取一个 4 KB 的扇区所需的平均时间约为 （ ）

A. 9 ms   B. 9.4 ms   C. 12 ms   D. 12.4 ms

19. (2012 年全国统考题第 32 题)下列选项中,不能改善磁盘设备 I/O 性能的是 （ ）

A. 重排 I/O 请求次序   B. 在一个磁盘上设置多个分区

C. 预读和滞后写   D. 优化文件物理块的分布

20. (2009 年全国统考题第 29 题)假设磁头当前位于第 105 道,正在向磁道序号增加的方向移动。现有一个磁道访问请求序列为 35、45、12、68、110、180、170、195,采用 SCAN 调度(电梯调度)算法得到的磁道访问序列是 （ ）

A. 110、170、180、195、68、45、35、12

B. 110、68、45、35、12、170、180、195

C. 110、170、180、195、12、35、45、68

D. 12、35、45、68、110、170、180、195

【课后习题答案】

1. D   2. B   3. C   4. B   5. B   6. A   7. A   8. B   9. B   10. D   11. A   12. C   13. B

14. D   15B   16. A   17. C   18. B   19. B   20. A

3.5　文 件 管 理

为了方便计算机存储和检索信息,操作系统提供文件系统来管理持久层数据,文件系统提供数据的存储和访问等功能。

3.5.1　文件和文件系统的基本概念

1.文件
文件是以计算机辅存为载体,存储在计算机上的信息的集合,包括文本文档、图片、程序等。文件的属性包括文件名称、文件类型、文件长度、文件物理位置、文件创建时间和用户标识信息、文件保护相关信息等。

2.文件控制块
文件控制块(FCB)是操作系统为管理文件而设置的一组具有固定格式的数据结构,存放了为管理文件所需的所有属性信息,包括文件的基本信息,如文件名、文件的物理位置、文件的逻辑结构、文件的物理结构等;文件的存取控制信息,如文件存取权限等;文件的使用信息,如文件建立时间、修改时间等。

3.文件的目录
文件目录是为了实现更有效地组织和使用文件而产生的一种特殊文件,是 FCB 的有序集合,一个 FCB 就是一个文件目录项。目录在用户所需要的文件名和文件之间提供一种映射,用来文件的按名存取。按名存取是指用户在使用时不需要了解文件的各种属性、文件存储介质的特征以及文件在存储介质上的具体位置等情况,方便快捷地使用文件。

4.文件的逻辑结构
文件的逻辑结构是从用户观点出发看到的文件的组织形式,与存储介质特性无关,是用户可见结构,可以分成两种类型:①无结构文件,又称流式文件,它对文件内信息不再划分单位,是依次由一串字节流构成的文件,以字节为单位,是有序相关信息项的集合;②有结构的文件,又称记录式文件,它是把文件中的信息按逻辑上独立的含义划分信息单位,每个单位称为一个逻辑记录(简称记录),文件的访问单位是记录。有结构的文件按记录的组织形式又可以分为顺序文件、索引文件、索引顺序文件、直接文件或散列文件。

3.5.2　文件的基本操作

操作系统提供系统调用,用来完成对文件的创建、写、读、删除等基本操作。

1.创建文件
为文件分配必要的外存空间,根据文件存放路径的信息找到对应的目录文件,为之建立一个目录项。目录项中应记录新文件的文件名及其在外存的地址等属性信息。

2.删除文件
根据文件存放路径找到相应的目录文件,并从目录文件中找到文件名对应的目录项;根据目录项记录的文件在外存的存放位置、文件大小等信息,回收文件占用的磁盘块;从目录表中删除文件对应的目录项。

当前操作系统所提供的大多数文件操作,大致分两步:首先通过检索文件目录来找到指定文件的属性及其在外存上的位置;然后对文件实施相应的操作,如读文件或写文件等。当用户要求对一个文件实施多次读/写或其他操作时,每次都要从检索目录开始。为了避免多次重复地检索目录,在大多数操作系统中都引入了"打开"和"关闭"这两个文件系统调用。

3. 打开文件

根据文件存放路径及文件名找到对应目录文件的目录项,并检查该用户是否有指定的操作权限;将目录项复制到内存中的"打开文件表"中,并将该文件对应表的编号返回给用户,之后用户使用打开文件表的编号来指明要操作的文件。

打开文件表有两种:一种是系统的打开文件表,整个系统只有一张,记录系统所有被使用的文件信息;一种是用户进程的打开文件表,记录该进程此时打开的文件。系统的打开文件表中存放每个文件的打开计数器,用来记录打开此文件的进程数,方便实现某些文件管理的功能。例如,在 Windows 系统中,删除某个文件时,系统先检查系统打开文件表,确认是否有进程正在使用该文件。如果该文件已被某个进程打开,则系统会提示"暂时无法删除文件"。

4. 关闭文件

将进程打开文件表相应的表项删除,并回收分配给该文件的内存空间等资源,同时,系统打开文件表的打开计数器减1,若计数器的值为0,则删除对应表项。

5. 读文件

读文件时需要指明文件名称、要读入文件数据的内存位置、读入数据的长度。读文件时,从读指针指向的外存中,将用户指定大小的数据读入指定的内存区域中。

6. 写文件

写文件时需要指明文件名称、要写回文件数据所在内存中的位置、写出数据的长度。写文件时,从用户指定的内存区域中将指定大小的数据写回文件写指针指向的外存中,更新写指针。

通常进程只对一个文件读或写,所以读和写操作可以使用同一个指针,这样不仅节省了空间,同时也降低了系统的复杂度。

在对文件进行读写时,要先使用"打开"系统调用打开该文件。打开文件的参数包含文件的路径名与文件名,而读写文件的文件名称只需要使用打开文件返回的文件描述符,并不使用文件名作为参数。

这6个基本操作可以组合执行其他文件操作。例如,一个文件的复制,可以创建新文件,从旧文件读出并写入到新文件。

【例1】 (2012年全国统考题第28题)若一个用户进程通过 read 系统调用读取一个磁盘文件中的数据,则下列关于此过程的叙述中,正确的是　　　　　　　　(　　)

Ⅰ.若该文件的数据不在内存中,则该进程进入睡眠等待状态

Ⅱ.请求 read 系统调用会导致 CPU 从用户态切换到核心态

Ⅲ.read 系统调用的参数应包含文件的名称

A.仅Ⅰ、Ⅱ　　　　　B.仅Ⅰ、Ⅲ　　　　C.仅Ⅱ、Ⅲ　　　　D.Ⅰ、Ⅱ和Ⅲ

【答案】　A

【解析】　对于Ⅰ,当所读文件的数据不在内存时,产生缺页中断,进程进入阻塞状态,直到所需数据调入内存后,才将该进程唤醒。对于Ⅱ,read 系统调用通过陷入,将 CPU 从用户态切换到核心态,从而获取操作系统提供的服务。对于Ⅲ,根据上文介绍的内容,是正确的。故选 A。

3.5.3　目录管理

目录管理的基本要求是实现"按名存取",提高对目录的检索速度,实现文件共享,允许文件重名。

1.索引结点

在检索目录文件的过程中只用到了文件名,仅当找到一个目录项后,才需要从该目录项中读出该文件的物理地址等其他信息。也就是说,在检索目录时,文件的其他描述信息不会用到,也不需调入内存。因此,有的系统(如 UNIX)采用了文件名和文件描述信息分开的方法,文件描述信息单独形成一个数据结构,称为索引结点(Inode)。在文件目录中的每个目录项仅由文件名和指向该文件所对应的索引结点的指针构成,见表 3 – 26。

FCB 中除了文件名以外的所有信息,都存在索引结点之中。磁盘格式化的时候,操作系统自动将磁盘分成两个区域,一个是存放文件的数据区,另一个是存放结点信息的 inode 区。在格式化时 inode 已设定 inode 结点总数,由于每个文件都必须有一个 inode,所以 inode 结点的数量限制了系统中文件的个数。

表 3 – 26　UNIX 的文件目录

文件名	索引结点编号
文件名1	
文件名2	
…	…

2.目录结构

目录结构的组织,关系到文件系统的存取速度,也关系到文件的共享性和安全性。目录的组织结构分为下列 3 种:

①单级目录结构。在整个文件系统中只建立一张目录表,所有文件的目录项都登记在这一个文件目录表中,根据文件名查找文件时,查找该表即可找到。

单级目录结构实现了"按名存取",但是存在查找速度慢、文件不允许重名、不便于文件共享等缺点,不适用于多用户的操作系统。

②两级目录结构。两级目录结构由"主目录"与"用户目录"构成。在主目录(也就是根目录)中,每个目录项的内容只是给文件主名以及该用户的目录所在的存储位置。查找文件时,只需搜索该用户对应的目录文件即可,这既解决了不同用户文件的"重名"问题,也在一定程度上保证了文件的安全。但是两级目录结构缺乏灵活性,不能对文件分类。

③多级目录结构。多级目录结构又称树形目录结构。在这种结构中,允许每个用户拥有多个自己的目录,即在用户目录的下面,可以再分子目录,子目录下面还可以有子目录。

用户要访问某个文件时用文件的路径名标识文件,文件路径名是一个字符串,它分为绝对路径和相对路径。绝对路径是从根目录开始到指定文件的路径,由中间一系列连续的目录组成,用斜线分隔,路径中的最后一个名称即为指向的文件。当层次较多时,每次从根目录查询浪费时间,因此引入了相对路径,相对路径从当前目录出发到所找文件通路上所有目录名与数据文件名用斜线分隔符链接而成。

树形目录结构便于对文件进行分类,层次结构清晰,也能够更有效地进行文件的管理和保护;但是,在树形目录中查找一个文件,需要按路径名逐级访问中间结点,这增加了磁盘访问次数,降低了文件的查询速度。

3.5.4 文件共享

在多用户系统中,文件共享是很必要的,它使多个用户在共享同一个文件时,系统中只需保留该文件的一份副本即可;如果系统不能提供共享功能,则每个需要该文件的用户都要有各自的副本,这样会造成对存储空间的极大浪费。文件的共享方式主要有两种:一种是基于索引结点的共享方式,又称硬链接;一种是利用符号链实现文件共享,又称软链接。

1. 基于索引结点的共享方式

在这种共享方式中引用索引结点,在索引结点中还应设置一个链接计数变量 count,用于表示链接到本索引结点(即文件)上的用户目录项的数目。

当创建一个新文件时,将 count 置为 1。当其他用户要共享此文件时,在该用户的目录中增加一个目录项,设置一指针指向此文件的索引结点,并将 count 加 1。文件在删除时,只是将 count 减 1,删除自己目录中的目录项,如果 count 大于 0,说明还有其他用户在使用该文件,暂时不能把文件数据删除,否则会导致指针悬空,只有在 count 等于 0 时,系统负责删除文件。

2. 利用符号链实现文件共享

在这种共享方式中,共享文件时由系统创建一个 LINK 类型的新文件,用来记录原共享文件存放的路径,新文件中的路径名则只被看作是符号链,类似于 Windows 操作系统的"快捷方式"。当打开文件时,操作系统会判断文件的类型,若是 LINK 类型,则会根据文件记录的"路径信息"进行检索并最终找到该文件。

在这种共享方式中,即使原共享文件已被删除,也不会出现指针悬空的问题,只是通过 LINK 型文件中的路径去查找共享文件时失败。另外,由于用该方式访问共享文件时要查询多级目录,会有多次磁盘 I/O 操作,因此降低访问文件的速度。

【例 2】 (2017 年全国统考题第 31 题)若文件 f1 的硬链接为 f2,两个进程分别打开 f1 和 f2,获得对应的文件描述符为 fd1 和 fd2,则下列叙述中正确的是 ( )

Ⅰ. f1 和 f2 的读写指针位置保持相同

Ⅱ. f1 和 f2 共享同一个内存索引结点

Ⅲ. fd1 和 fd2 分别指向各自的用户打开文件表中的一项

A. 仅Ⅲ　　　　　B. 仅Ⅱ、Ⅲ　　　　C. 仅Ⅰ、Ⅱ　　　　D. Ⅰ、Ⅱ和Ⅲ

【答案】　B

【解析】　硬链接指通过索引结点进行连接。不同的进程打开共享文件时,指向各自的打开文件表,维护着自己的文件访问模式及文件偏移量。故选项Ⅲ正确,选项Ⅰ错误。由于内存索引结点表对应系统中的每个活动的文件,所以它们共享同一个内存索引结点。选项Ⅱ正确。故选 B。

3.5.5　文件保护

文件保护通常通过口令保护、加密保护和访问控制等方式实现。其中,口令保护和加密保护是为了防止用户文件被他人存取或窃取,而访问控制则用于控制用户对文件的访问方式。

1. 口令保护

口令保护方式是建立一个文件时需要提供一个口令,系统为其建立 FCB 时附上该口令,同时告诉允许共享该文件的其他用户。用户请求访问文件时必须提供相应口令。这种方式实现开销小,但口令保存在 FCB 中不够安全。

2. 加密保护

加密保护方式是用一个"密码"对文件加密,文件被访问时需要使用密钥。这种方式比较安全、保密性强,但加密/解密需要耗费一定的时间。

3. 访问控制

访问控制方式是根据用户身份进行控制,为每个文件和目录增加一个访问控制列表(ACL),以规定每个用户及其所允许的访问类型。

精简的访问列表采用拥有者、组和其他 3 种用户类型。这样只需用 3 个域列出访问表中这 3 类用户的访问权限即可。文件拥有者在创建文件时,说明创建者用户名及所在的组名,系统在创建文件时也将文件拥有者的名字、所属组名列在该文件的 FCB 中。用户访问该文件时,按照文件控制表的权限访问文件,如果用户和拥有者在同一个用户组,则按照同组权限访问,否则只能按其他用户权限访问。UNIX 操作系统即采用此种方法。这种方法的优点是访问控制灵活,可以实现复杂的文件保护功能;缺点是长度无法预计,并且可能导致复杂的空间管理。

3.5.6　文件存储空间的分配

文件主要存在磁盘上,常用的磁盘空间分配方法有 3 种:连续分配、链接分配和索引分配。

1. 连续分配

连续分配方法要求每个文件在磁盘上占有一组连续的块。文件采用连续分配方式时,文件记录在 FCB 的物理位置可以用开始块的磁盘地址和连续块的数量来定义。连续分配的优点是实现简单、存取速度快,能够实现高效的顺序和随机访问。其缺点是会产生外存碎片;创建文件时要给出文件大小;不利于文件的动态增加和修改。连续分配只适用于长度固定的文件。UNIX 系统中的对换区采用连续分配方式。

2. 链接分配

链接分配是采取离散分配的方式来消除外部碎片,提高磁盘的利用率;链接分配适用于文件的动态增长,对文件的增、删、改也非常方便。具体又可以分为隐式链接和显式链接两种形式。

①隐式连接。每个文件对应一个磁盘块的链表,链接信息隐含记录在盘块数据中,每个盘块拿出若干字节,记录指向下一盘块号的指针。文件记录在 FCB 的物理位置包括文件第一块的指针和最后一块的指针。隐式链接分配的缺点在于无法随机访问盘块,只能通过指针顺序访问文件,且可靠性差,链表中的一个指针丢失或损坏,会导致其后文件数据的丢失。

②显式链接。显式链接是指把用于链接文件各物理块的指针,从每个物理块的块末尾中提取出来,显式地存放在内存的一张链接表中。该表在整个磁盘仅设置一张,每个表项中存放对应块的下一块链接指针,即下一个盘块号。所有已分配盘块的链接关系都记录在其中,称文件分配表(FAT)。属于一个文件的盘块通过链接成为一体,每个链条的首地址作为文件地址记录在相应文件的 FCB 的"物理地址"字段中。为了提高文件系统访问速度,文件分配表一般常驻内存,这样显著地提高了检索速度,减少了访问磁盘的次数。其缺点是文件分配表需要占用一定的存储空间。

3. 索引分配

索引分配是把每个文件的所有的盘块号都集中放在一起构成索引块(表),每个文件都有其索引块,这是一个磁盘块地址的数组。FCB 的"物理地址"字段为索引块的地址。为了加快文件的访问速度,通常将文件的索引块读入内存的缓冲区中。索引分配的优点是支持随机访问,且没有外部碎片;缺点是由于索引块的分配,增加了系统存储空间的开销,且受磁盘块大小的限制,无法支持大文件。为了支持大文件,可以有多个索引块,再把这些索引块集中起来,放到外存索引块中,这样形成二级索引。二级索引使外层索引块指向内层的索引块,内层索引块再指向文件块。这种方法根据最大文件大小的要求,可以继续到三级索引或四级索引等。

为了解决索引分配中文件较小时,存储索引的开销,且同时支持大文件,在某些系统中引入了混合索引。混合索引将多种分配方式相结合起来。例如,系统既采用直接地址或连续分配方式,又采用单级索引分配方式和两级索引分配方式。

【例 3】 (2014 年全国统考题第 46 题)文件 F 由 200 条记录组成,记录从 1 开始编号。用户打开文件后,欲将内存中的一条记录插入到文件 F 中,作为其第 30 条记录。请回答下列问题,并说明理由。

(1)若文件系统采用连续分配方式,每个磁盘块存放一条记录,文件 F 存储区域前后均有足够的空闲磁盘空间,则完成上述插入操作最少需要访问多少次磁盘块? F 的文件控制块内容会发生哪些改变?

(2)若文件系统采用链接分配方式,每个磁盘块存放一条记录和一个链接指针,则完成上述插入操作需要访问多少次磁盘块? 若每个存储块大小为 1 KB,其中 4 字节存放链接指针,则该文件系统支持的文件最大长度是多少?

【解析】 (1)系统采用顺序分配方式时,插入记录需要移动其他的记录块,整个文件共有 200 条记录,要插入新记录作为第 30 条,而存储区前后均有足够的磁盘空间,且要求最少的访问存储块数,则要把文件前 29 条记录前移,若算访盘次数移动一条记录读出和存回磁盘各是一次访盘,29 条记录共访盘 58 次,存回第 30 条记录访盘 1 次,共访盘 59 次。插入记录后 F 文件控制区的起始块号和文件长度的内容会因此改变,起始块号减 1,文件长度加 1。

(2)文件系统采用链接分配方式时,插入记录并不用移动其他记录,只需找到插入位置相关的记录,修改指针即可。插入的记录为其第 30 条记录,那么需要找到文件系统的第 29 块,一共需要访盘 29 次;然后把第 29 块的下块地址部分及 30 条记录数据一起存入磁盘,访盘 1 次;然后修改内存中第 29 块的下块地址字段,再存回磁盘,访存 1 此一共访盘 29 + 1 + 1 = 31 次。

因为链接指针占 4 字节,即 32 位,则可以寻址的盘块数为 2^{32} = 4G 块,每块的大小为 1 KB,即 1 024 B,其中下一块地址部分占 4 B,数据部分占 1 020 B,所以该系统的文件最大长度是 4 G×1 020 B = 4 080 GB。

【例 4】 (2011 年全国统考题第 46 题)某文件系统为一级目录结构,文件的数据一次性写入磁盘,已写入的文件不可修改,但可多次创建新文件。请回答如下问题。

(1)在连续、链式、索引 3 种文件的数据块组织方式中,哪种更合适? 要求说明理由。为定位文件数据块,需要 FCB 中设计哪些相关描述字段?

(2)为了快速找到文件,对于 FCB 是集中存储好,还是与对应的文件数据块连续存储好? 要求说明理由。

【解析】 (1)因为文件不可修改,所以在磁盘中连续存放,即采用连续结构较好,这样磁盘寻道时间更短,文件随机访问效率更高,在 FCB 中文件物理位置加入的字段为:<起始块号,块数 >或者 <起始块号,结束块号 >。

(2)将所有的 FCB 集中存放,文件数据集中存放。这样在随机查找文件名时,只需访问 FCB 对应的块,可减少磁头移动和磁盘 I/O 访问次数。

【例 5】 (2016 年全国统考题第 47 题)某磁盘文件系统使用链接分配方式组织文件,簇的大小为 4KB。目录文件的每个目录项包括文件名和文件的第一个簇号,其他簇号存放在文件分配表 FAT 中。

(1)假定目录树如图 3 – 19 所示,各文件占用的簇号及顺序见表 3 – 27,其中 dir、dir1 是目录,file1、file2 是用户文件。请给出所有目录文件的内容。

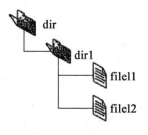

图 3 – 10 目录树

表 3 – 27 簇号及顺序

文件名	簇号
dir	1
dir1	48
file1	100、106、108
file2	200、201、202

(2)若 FAT 的每个表项仅存放簇号,占 2 字节,则 FAT 的最大长度为多少字节? 该文

件系统支持的文件长度最大是多少?

(3)系统通过目录文件和 FAT 实现对文件的按名存取,说明 file1 的 106、108 两个簇号分别存放在 FAT 的哪个表项中。

(4)假设仅 FAT 和 dir 目录文件已读入内存,若需将文件 dir/dir1/file1 的第 5 000 个字节读入内存,则要访问哪几个簇?

【解析】 (1)两个目录文件 dir 和 dir1 的内容见表 3-28 和表 3-29。

表3-28 Dir目录文件

文件名	簇号
dir1	48

表2-29 Dir1目录文件

文件名	簇号
File1	100
File2	200

(2)由于 FAT 的表项仅存簇号,且簇号为 2 个字节,即 16 位,因此在 FAT 表中最多允许 2^{16}(65 536)个表项,一个 FAT 文件最多包含 2^{16}(65 536)个簇。所以 FAT 的最大长度为 $2^{16} \times 2$ B = 128 KB。文件的最大长度是 $2^{16} \times 4$ B = 256 MB。

(3)在 FAT 的每个表项中存放文件的下一个簇号。file1 的簇号 106 存放在 FAT 的 100 号表项中,簇号 108 存放在 FAT 的 106 号表项中。

(4)因为簇的大小为 4 K,所以 5 000 个字节应该存在 file1 文件的第二个簇中。具体的查找过程是先在 dir1 目录文件里找到 dir1 的簇号 48,然后读取 48 号簇,得到 dir1 目录文件,接着找到 file1 的第一个簇号 100,据此在 FAT 里查找 file1 的第 2 个簇的簇号 106,最后访问磁盘中的 106 簇。因此,需要访问的簇为目录文件 dir1 所在的 48 号簇,及文件 file1 的 106 号簇。

【例6】 (2018 年全国统考题第 46 题)某文件系统采用索引结点存放文件的属性和地址信息,簇大小为 4 KB。每个文件索引结点占 64 B,有 11 个地址项,其中直接地址项 8 个,一级、二级和三级间接地址项各 1 个,每个地址项长度为 4 B。请回答下列问题。

(1)该文件系统能支持的最大文件长度是多少? (给出计算表达式即可)

(2)文件系统用 1 M(1 M = 2^{20})个簇存放文件索引结点,用 512 M 个簇存放文件数据。若一个图像文件的大小为 5 600 B,则该文件系统最多能存放多少个图像文件?

(3)若文件 F1 的大小为 6 KB,文件 F2 的大小为 40 KB,则该文系统获取 F1 和 F2 最后一个簇的簇号需要的时间是否相同? 为什么?

【解析】 (1)因为簇大小为 4 KB,且每个地址项长度为 4 B,所以每簇有 4 KB/4 B = 1 024 个地址项、一级间接寻址可以访问的物理块有 1 024 个、二级间接寻址可以访问的物理块有 $1\,024^2$ 个、二级间接寻址可以访问的物理块有 $1\,024^3$ 个,故该系统最大文件的物理块数可达 $8 + 1 \times 1\,024 + 1 \times 1\,024^2 + 1 \times 1\,024^3$,每个物理块(簇)大小为 4 KB,故最大文件长度为 $(8 + 1 \times 1\,024 + 1 \times 1\,024^2 + 1 \times 1\,024^3) \times 4$ KB = 32 KB + 4 MB + 4 GB + 4 TB。

(2)因为用 1 M 个簇存放文件索引结点,文件索引结点总个数为 1 M × 4 KB/64 B = 64 M;又因为 5 600 B 的文件占 2 个簇,512 M 个簇可存放的文件总个数为 512 M/2 = 256 M。64 M 小于 256 M,所以可表示的文件总个数受限于文件索引结点的总个数,故能存储 64 M 个大小为 5 600 B 的图像文件。

（3）因为直接地址项有 8 个，所以通过直接地址访问的文件最大为文件 F1 的大小为 4 KB×8＝32 KB，6 KB＜32 KB，故获取文件 F1 的最后一个簇的簇号只需要访问索引结点的直接地址项。文件 F2 的大小为 40 KB，40 KB ＞32 KB，故获取 F2 的最后一个簇的簇号还需要读一级索引表。所以，它们需要的时间不相同。

【例7】　（2012 年全国统考题第 46 题）某文件系统空间的最大容量为 4 TB（1 TB＝2^{40} B），以磁盘块为基本分配单位。磁盘块大小为 1 KB。文件控制块（FCB）包含一个 512 B 的索引表区。请回答下列问题。

（1）假设索引表区仅采用直接索引结构，索引表区存放文件占用的磁盘块号，索引表项中块号最少占多少字节？可支持的单个文件最大长度是多少字节？

（2）假设索引表区采用如下结构：第 0～7 字节采用＜起始块号，块数＞格式表示文件创建时预分配的连续存储空间，其中起始块号占 6 B，块数占 2 B；剩余 504 字节采用直接索引结构，一个索引项占 6 B，那么可支持的单个文件最大长度是多少字节？为了使单个文件的长度达到最大，请指出起始块号和块数分别所占字节数的合理值并说明理由。

【解析】　（1）因为文件系统空间的最大容量为 4 TB，磁盘块大小为 1 KB，所以文件系统中所能容纳的磁盘块总数为 4 TB/1 KB＝2^{32}。要完全表示所有磁盘块，索引项中的块号最少要占 32/8＝4 B。而索引表区仅采用直接索引结构，故 512 B 的索引表区能容纳 512 B/4 B＝128 个索引项。每个索引项对应一个磁盘块，所以该系统可支持的单个文件最大长度是 128×1 KB＝128 KB。

（2）因为文件的索引表区包含两部分：预分配的连续空间和直接索引区。连续区块数占 2 B，共可以表示 2^{16} 个磁盘块，即 2^{26} B。直接索引区共 504 B/6 B＝84 个索引项。所以该系统可支持的单个文件最大长度是 $2^{16+84}×1$ KB＝2^{26} B＋84 KB。

为了使单个文件的长度达到最大，应使连续区的块数字段表示的空间大小尽可能接近系统最大容量 4 TB，设起始块号和块数分别占 4 B，这样起始块号可以寻址的范围是 2^{32} 个磁盘块，共 4 TB，即整个系统空间。同样，块数字段可以表示最多 2^{32} 个磁盘块，共 4 TB。

【例8】　（2013 年全国统考题第 26 题）若某文件系统索引结点（Inode）中有直接地址项和间接地址项，则下列选项中，与单个文件长度无关的因素是　　　　　　（　　）

A．索引结点的总数　　　　　　B．间接地址索引的级数

C．地址项的个数　　　　　　　D．文件块大小

【答案】　A

【解析】　这里的单个文件长度是指单个文件的最大长度，4 个选项中，只有 A 选项，索引结点的总数即文件的总数，与单个文件的最大长度无关；间接地址级数越多、地址项数越多、文件块越大，则单个文件的长度就可以越大。故选 A。

3.5.7　文件存储空间管理

文件存储设备分成许多大小相同的物理块，并以块为单位交换信息，因此，文件存储设备的管理实质上是对空闲块的组织和管理，它包括空闲块的组织、分配与回收等问题。

1. 空闲表法

空闲表法适用于连续分配方式，与内存的动态分配方式类似，它为每个文件分配一块连

续的存储空间。空闲盘区的分配和回收与内存的动态分配类似,同样是采用首次适应算法、最佳适应算法等。对存储空间进行回收时,也要考虑相邻接者是否需要合并的问题。

2. 空闲链表法

空闲链表法是将所有空闲盘区拉成一条空闲链,根据构成链所用的基本元素不同,可把链表分成两种形式。空闲盘块链和空闲盘区链。空闲盘块链是将磁盘上的所有空闲空间,以盘块为单位拉成一条链;空闲盘区链是将磁盘上的所有空闲盘区(每个盘区可包含若干个盘块)拉成一条链。

3. 位图法

位示图是利用二进制的一位来表示磁盘中一个盘块的使用情况,磁盘上所有的盘块都有一个二进制位与之对应。当其值为"0"时,表示对应的盘块空闲;当其值为"1"时,表示对应的盘块已分配。位示图一般用连续的"字"来表示,如一个字的字长是16位,字中的每一位对应一个盘块。因此可以用(字号,位号)对应一个盘块号,也可以用(行号,列号)表示。

4. 成组链接法

成组链接法结合了空闲表和空闲链表两种方法,是 Unix 系统中常见的管理空闲盘区的方法,它把空闲块分为若干组,每组的第一空闲块登记了下一组空闲块的物理盘块号和空闲块总数。如果一个组的第二个空闲块号登记为0,则表示该组是最后一组。成组链接法示意图如图 3 - 20 所示。

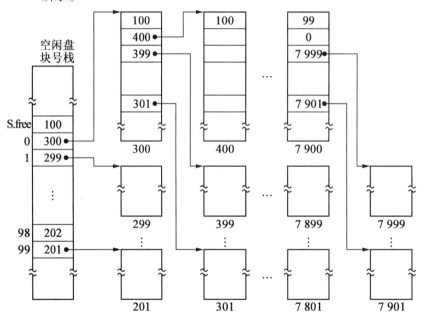

图 3 - 20　成组链接法示意图

表示文件存储器空闲空间的"位图"或第一个成组链块以及卷中的目录区、文件区划分信息都需要存放在辅存储器中,一般放在卷头位置,在 UNIX 系统中称为"超级块"。在对卷中文件进行操作前,"超级块"需要预先读入系统空闲的主存,并且经常保持主存"超级块"与辅存卷中"超级块"的一致性。

【例9】 (2015年全国统考题第31题)文件系统用位图法表示磁盘空间的分配情况,

位图存于磁盘的 32～127 号块中,每个盘块占 1 024 字节,盘块和块内字节均从 0 开始编号。假设要释放的盘块号为 409 612,则位图中要修改的位所在的盘块号和块内字节序号分别是 ( )

A. 81、1   B. 81、2   C. 82、1   D. 82、2

【答案】 C

【解析】 盘块号 = 起始块号 + $[$盘块号/$(1\ 024 \times 8)]$ = 32 + $[409\ 612/(1\ 024 \times 8)]$ = 32 + 50 = 82,块内的位号 = $[$盘块号%$(1\ 024 \times 8)]$,这里问的是字节号而不是位号,因此还需要除以 8,块内字节号 = 12/8 = 1,故选 C。

【课后习题】

1. (2014 年全国统考题第 29 题)在一个文件被用户进程首次打开的过程中,操作系统需要做的是 ( )

A. 将文件内容读到内存中   B. 将文件控制块读到内存中

C. 修改文件控制块中的读写权限   D. 将文件的数据缓冲区首指针返回给用户进程

2. (2013 年全国统考题第 23 题)用户在删除某文件的过程中,操作系统不可能执行的操作是 ( )

A. 删除此文件所在的目录   B. 删除与此文件关联的目录项

C. 删除与此文件对应的文件控制块   D. 释放与此文件关联的内存缓冲区

3. (2010 年全国统考题第 31 题)设置当前工作目录的主要目的是 ( )

A. 节省外存空间   B. 节省内存空间

C. 加快文件的检索速度   D. 加快文件的读/写速度

4. (2009 年全国统考题第 31 题)设文件 F1 的当前引用计数值为 1,先建立 F1 的符号链接(软链接)文件 F2,再建立 F1 的硬链接文件 F3,然后删除 F1。此时,F2 和 F3 的引用计数值分别是 ( )

A. 0、1   B. 1、1   C. 1、2   D. 2、1

5. (2017 年全国统考题第 30 题)某文件系统中,针对每个文件,用户类别分为 4 类:安全管理员、文件主、文件主的伙伴及其他用户;访问权限分为 5 种:完全控制、执行、修改、读取及写入。若文件控制块中用二进制位串表示文件权限,为表示不同类别用户对一个文件的访问权限,则描述文件权限的位数至少应为 ( )

A. 5   B. 9   C. 12   D. 20

6. (2009 年全国统考题第 30 题)文件系统中,文件访问控制信息存储的合理位置是 ( )

A. 文件控制块   B. 文件分配表   C. 用户口令表   D. 系统注册表

7. (2018 年全国统考题第 31 题)下列优化方法中,可以提高文件访问速度的是 ( )

Ⅰ. 提前读   Ⅱ. 为文件分配连续的簇

Ⅲ. 延迟写   Ⅳ. 采用磁盘高速缓存

A. 仅Ⅰ、Ⅱ   B. 仅Ⅱ、Ⅲ   C. 仅Ⅰ、Ⅲ、Ⅳ   D. Ⅰ、Ⅱ、Ⅲ、Ⅳ

8. (2017 年全国统考题第 26 题)某文件系统的簇和磁盘扇区大小分别为 1 KB 和 512 B。若一个文件的大小为 1 026 B,则系统分配给该文件的磁盘空间大小是　　（　　）

　　A. 1 026 B　　　　B. 1 536 B　　　　C. 1 538 B　　　　D. 2 048 B

9. (2015 年全国统考题第 29 题)在文件的索引结点中存放直接索引指针 10 个,一级和二级索引指针各 1 个。磁盘块的大小为 1 KB,每个索引指针占 4 字节。若某文件的索引结点已在内存中,则把该文件偏移量(按字节编址)为 1 234 和 307 400 处所在的磁盘块读入内存,需访问的磁盘块个数分别是　　　　　　　　　　　　　　　　　（　　）

　　A. 1、2　　　　　B. 1、3　　　　　C. 2、3　　　　　D. 2、4

10. (2013 年全国统考题第 24 题)为支持 CD – ROM 中视频文件的快速随机播放,播放性能最好的文件数据块组织方式是　　　　　　　　　　　　　　　　（　　）

　　A. 连续结构　　　B. 链式结构　　　C. 直接索引结构　　D. 多级索引结构

11. (2010 年全国统考题第 30 题)设文件索引结点中有 7 个地址项,其中 4 个地址项是直接地址索引,2 个地址项是一级间接地址索引,1 个地址项是二级间接地址索引,每个地址项大小为 4 B。若磁盘索引块和磁盘数据块大小均为 256 B,则可表示的单个文件最大长度是　　　　　　　　　　　　　　　　　　　　　　　　　　　　（　　）

　　A. 33 KB　　　　　B. 519 KB　　　　C. 1 057 KB　　　　D. 16 513 KB

12. (2009 年全国统考题第 28 题)下列文件物理结构中,适合随机访问且易于文件扩展的是　　　　　　　　　　　　　　　　　　　　　　　　　　　　　（　　）

　　A. 连续结构　　　　　　　　　　B. 索引结构

　　C. 链式结构且磁盘块定长　　　　D. 链式结构且磁盘块变长

13. (2018 年全国统考题第 27 题)现有一个容量为 10 GB 的磁盘分区,磁盘空间以簇(Cluster)为单位进行分配,簇的大小为 4 KB,若采用位图法管理该分区的空闲空间,即用一位(bit)标识一个簇是否被分配,则存放该位图所需簇的个数为　　　　（　　）

　　A. 80　　　　　　B. 320　　　　　　C. 80 K　　　　　D. 320 K

14. 对目录和文件的描述正确的是　　　　　　　　　　　　　　　　（　　）

　　A. 文件大小只受磁盘容量的限制

　　B. 多级目录结构形成一颗严格的多叉树

　　C. 目录也是文件

　　D. 目录中可容纳的文件数量只受磁盘容量的限制

【课后习题答案】

　　1. B　2. A　3. C　4. B　5. D　6. A　7. D　8. D　9. B　10. A　11. C　12. B　13. A
14. C

第 4 章　数据库系统原理

【课程简介】

"数据库系统原理"是计算机科学与技术专业的专业核心课程。本课程系统讲述了数据库系统的基础理论、基本技术和基本方法。本课程的知识内容和技术方法,对从事现代数据管理技术的应用、开发和研究的人员都是重要且必备的基础。本章讲述的主要内容包括:数据库系统的体系结构、关系数据库、SQL、数据库安全性和完整性、关系数据库理论、数据库设计、数据库恢复技术和并发控制。课程教学目标为:学生系统地掌握数据库系统的基本原理和基本技术;在掌握数据库系统基本概念的基础上,能熟练使用 SQL 语言在某一个数据库管理系统上进行数据库操作;掌握数据库设计方法和步骤,具有设计数据库模式以及开发数据库应用系统的基本能力。

【教学目标】

通过本课程的学习,学生应具备以下几方面的目标(知识、能力、素质 3 方面,必须支撑培养方案中的毕业要求):

(1)掌握数据库系统的基本理论、基本技术和基本方法,并将其运用到复杂工程问题的适当表述之中,抽象、归纳复杂工程问题。

(2)将所学理论知识与工程运用进行有机结合,能够对复杂查询问题进行分析、表达,并利用关系数据库理论进行优化,并在实验过程中进行对比验证,对实验结果进行分析和解释,得到有效结论。

(3)利用数据库基本理论和技术,根据实际工程需求,利用适当的数据库管理系统进行数据库设计与实现,并能根据实际需求进行优化,体现创新能力。

【教学内容与要求】

4.1　绪　　论

本章首先介绍数据库的基本概念,并通过对数据管理技术进展情况的介绍阐述数据库技术产生和发展的背景,介绍数据库的优点;其次介绍概念模型、组成数据模型的 3 要素和 3 种主要的数据库模型,即层次模型、网状模型和关系模型;然后介绍数据库管理系统内部的系统结构,数据库系统三级模式和两层映像系统结构能够保证数据库系统具有较高的逻辑独立性和物理独立性;最后简要介绍数据库系统的组成。

4.1.1 数据库系统概述

1. 基本概念

要求学生理解数据、数据库、数据库管理系统、数据库系统的概念,掌握数据库管理系统的功能,数据库系统的组成。

(1)数据(Data)。

描述事务的符号记录称为数据。数据与其语义是不可分的。

(2)数据库(DataBase,DB)

数据库指长期存储在计算机内,有组织、可共享的大量的数据集合。

数据库数据的特点:永久存储、有组织、可共享。

【例1】 (2014年考研真题)_____是存储在计算机内的有组织的数据集合。

(　)

A. 网络系统　　　B. 数据库系统　　　C. 操作系统　　　D. 数据库

【答案】 D

(3)数据库管理系统(DataBase Management System,DBMS)。数据库管理系统位于用户与操作系统之间的一层数据管理软件,主要用于科学地组织和存储数据、高效地获取和维护数据,它是数据库系统的核心。它对数据库进行统一的管理和控制,以保证数据库的安全性和完整性。

【例2】 (2006年考研真题)数据库管理系统是数据库系统的核心,它负责有效地组织、存储、获取和管理数据,属于一种_____,是位于用户与操作系统之间的一层数据管理软件。

(　)

A. 系统软件　　　B. 工具软件　　　C. 应用软件　　　D. 数学软件

【答案】 A

(4)DBMS的主要功能。

DBMS的主要功能包括:数据定义功能;数据的组织、存储和管理功能;数据操纵功能;数据库的事务管理和运行管理功能;数据库的建立和维护功能;其他功能。

【例3】 (2014年考研真题)数据库关系系统能实现对数据库中数据的查询、插入、修改和删除等操作,这种功能称为

(　)

A. 数据定义功能　B. 数据管理功能　C. 数据操纵功能　D. 数据控制功能

【答案】 C

(5)数据库系统(DataBase System,DBS)。

数据库系统是引入了数据库之后的计算机系统,由数据库、数据库管理系统(及其开发工具)、应用程序和数据库管理员(及用户)组成的存储、管理、处理和维护数据的系统。

2. 数据管理技术的发展过程及各个阶段的特点

①人工管理阶段(20世纪40年代中叶至50年代中叶)。数据不保存;应用程序管理数据;数据不共享、冗余度极大;数据完全依赖于程序,缺乏独立性。

②文件系统阶段(20世纪50年代末至60年代中叶)。数据可以长期保存;把数据组织成内部有结构的记录,实现了记录内的结构性;由文件系统管理数据,利用"按文件名访问、按记录进行存取"的管理技术;面向某一应用程序,数据共享性差、冗余度大;记录内有结构,整体无结构;数据的独立性差,应用程序自己控制与管理数据,数据的结构是靠程序定义

和解释的;数据的逻辑结构改变必须修改应用程序,缺乏独立性。

③数据库系统阶段(20 世纪 60 年代末至今)。数据结构化;数据的共享性高,冗余度低,易扩充;数据独立性高;数据由 DBMS 统一管理和控制,具体体现在安全性控制、完整性约束、数据库恢复与并发控制功能。

【例4】 (2009 年考研真题)下列不属于数据库系统与文件系统的区别的是 (   )

A. 数据的结构化程度不同　　　　　B. 数据的保存年限不同

C. 数据的独立性程度不同　　　　　D. 数据存取的灵活性程度不同

【答案】 B

【解析】 数据库中数据具有整体的结构化,能够保持数据的完整性与一致性,而文件系统只能实现文件内的结构化,而不能实现整体的结构化;数据库中数据的结构由 DBMS 统一进行管理和控制,采用三层模式与两级映射的模式结构,因此能够保证数据的物理独立性和逻辑独立性,而文件系统中数据的独立性较低,当数据的物理结构和逻辑结构发生变化时,必须修改相应的应用程序;文件系统中数据按照记录进行读取,而数据库系统中的数据存取灵活度高,可以按照记录、数据项进行存取。而数据的保存年限受制于用户的保存需要,与存储在数据库中还是文件系统中没有关系。

3. 数据库系统的主要特点

(1)数据结构化。

数据结构化是数据库系统与文件系统的根本区别。在数据库系统中,数据是面向全组织的,具有整体结构化的特点,这种数据之间的联系由 DBMS 进行描述和维护,这样就降低了程序员的工作量,而且当联系的特性发生改变时,只需要修改数据库中的逻辑结构,程序是不需要修改的,也便于程序后期的维护。

(2)数据共享性高,冗余度小,易扩充。

数据库系统是从整体角度看待和描述数据的,数据不再面向某个应用而是面向整个系统,因此数据可以被多个用户、多个应用共享使用。这样就减小了数据的冗余,节约了存储空间,缩短了存取时间,避免了数据之间的不相容和不一致。

数据库系统弹性大,易于扩充,可以适应各种用户的要求,数据面向整个系统,被多个应用共享使用,而且容易增加新的应用。面向不同的应用,只需要存取相应的数据库的子集。当应用需求改变或增加时,只要重新选择数据子集或者加上一部分数据,便可以满足更多更新的要求,也就是保证了系统的易扩充性。

(3)数据独立性高。

数据的独立性包括数据的物理独立性和数据的逻辑独立性。物理独立性是指用户的应用程序与数据库中数据的物理存储是相互独立的。当数据的物理存储改变时,应用程序不用改变。逻辑独立性是指用户的应用程序与数据库的逻辑结构是相互独立的。当数据的逻辑结构改变时,用户程序也可以不变。

【例5】 (2013 年考研真题)物理独立性是指 (   )

A. 概念模式改变,外模式和应用程序不变

B. 概念模式改变,内模式不变

C. 内模式改变,概念模式不变

D. 内模式改变,外模式和应用程序不变

【答案】 D

【解析】　物理独立性是指当数据库的内模式改变时,只需要修改内模式与模式之间的映射,就可以使数据的模式不变,因此建立在模式基础上的外模式和应用程序就可以不变。

(4)数据由 DBMS 统一管理和控制。

数据库系统中的数据由 DBMS 进行统一管理和控制,为保证数据的安全、可靠、正确及有效,数据库管理系统必须提供一定的功能来保证。为此,DBMS 必须提供以下几方面的数据控制功能:数据的安全性控制、完整性控制、并发控制和数据库恢复。

4.1.2　数据模型

1. 世界的抽象过程

(1)数据模型的基本概念。

数据模型是对现实世界数据特征的抽象,是数据库系统的核心和基础。数据模型通常由数据结构、数据操作、数据的完整性约束条件 3 部分组成。

(2)数据模型应满足 3 个方面的要求。

①比较真实地模拟现实世界;②容易为人所理解;③便于计算机处理。

(3)数据模型的分类。

按照不同的应用目的可以把数据模型划分为概念(数据)模型、逻辑(数据)模型及物理(数据)模型。

①概念模型(信息模型)。概念模型是按用户观点对数据进行建模,是现实世界到机器世界的一个中间层次,其强调语义表达功能;概念模型独立于计算机系统和 DBMS,是数据库设计人员和用户之间进行交流的语言,主要用于数据库的设计,是数据库设计的有力工具。

②逻辑模型。逻辑模型是按计算机系统的观点对数据建模,主要用于 DBMS 的实现,有严格的形式化定义(层次、网状和关系模型),以便于在计算机系统中实现。常见的逻辑模型主要包括层次模型、网状模型、关系模型、面向对象模型等。

③物理模型。物理模型对数据最底层的抽象,描述数据在系统内部的表示方式和存取方法,或在磁盘或磁带上的存储方式和存取方法,是面向计算机系统的。物理模型的具体实现是 DBMS 的任务,用户一般不必考虑物理级的细节。

【例 6】　(2010 年考研真题)概念模型应该具备的特点不包括　　　　　　　　　(　　)

A. 可读性强

B. 容易在计算机中实现

C. 容易修改

D. 易于向层次、网状、关系等数据模型映射

【答案】　B

【解析】　概念模型是按照用户的观点进行建模,注重语义表达功能;作为用户和数据库设计人员之间进行交流的语言,独立于具体的计算机系统,不涉及在计算机中的实现,要求其可读性强,且容易进行修改;作为数据库设计的有力工具,要求其易于向层次、网状、关系等数据模型进行转换。

(4)信息抽象的具体过程。

数据库的设计初衷在于管理现实世界中由于信息流动所产生的大量数据,对现实世界进行数据抽象的过程也是数据库设计的过程。在具体实际中,从现实的信息到数据库存储

的数据以及用户使用的数据是一个逐步抽象的过程,针对不同的抽象过程,采用不同的数据模型。信息抽象的具体过程如下:

①利用概念模型对现实世界进行抽象和描述,表达用户需求观点的数据全局逻辑结构。根据用户的要求,设计数据库的概念模型,这是对现实世界进行的第一层抽象,这是一个"综合"的过程。

②利用逻辑模型表达计算机实现观点的数据库全局逻辑结构,根据转换规则,把概念模型转换成数据库的逻辑模型,这是一个"转换"的过程。

③DBMS 利用物理模型定义和描述数据在磁盘或磁带上的存储方式、存取设备和存取方法。

2. 概念模型

(1)概念模型中的基本概念。

掌握实体、属性、码、实体型、实体集、联系等概念。

(2)概念模型的表示方法。

最常用的是实体 – 联系方法(Entity – Relationship Approach)。该方法用 E – R 图来描述概念模型,也称 E – R 模型。设计 E – R 模型能够更有效地更好地模拟现实世界。

(3)E – R 模型的基本要素。

①矩形框——表示实体型。

②菱形框——表示联系型。

③椭圆形框——表示实体型或联系型的属性。

④直线——用来连接上述 3 种图框。

【例 7】　(2018 年考研真题)如果一门课程只能由一位教师讲授,而一位教师可以讲授若干门课程,则课程与教师这两个实体型之间的联系是_____。　　　　　　(　　)

A. 一对一　　　　B. 多对多　　　　C. 一对多　　　　D. 多对一

【答案】　D

(4)掌握 E – R 图的绘制过程。

能够根据具体应用情境设计 E – R 模型。

【例 8】　(2002 年考研真题)根据以下说明画出该模型的 E – R 图。

在对运动会实体、属性及其联系的描述中,设有运动队、运动员、项目、比赛场地 4 个实体,各实体中的属性如下:

运动队:队名,领队,教练,联系电话

运动员:运动员号,姓名,性别

项目:项目号,项目名,比赛时间

场地:比赛场地,位置

各实体之间的联系如下:

①一个运动队有多个运动员,而一个运动员只能属于一个运动队,每个运动队有确定的队员人数。

②一个运动员可以参加多个项目,一个项目可以有多名运动员参加,运动员参加项目后会得到一个比赛成绩。

③一个场地可以安排多个比赛项目,一个项目只能安排在一个场地上进行。

【答案】　模型的 E – R 图如图 4 – 1 所示。

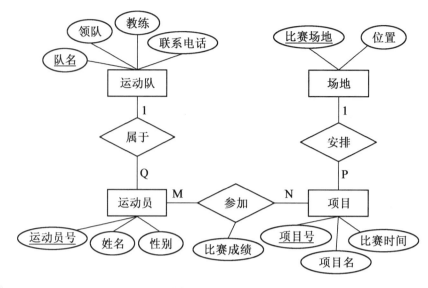

图 4 - 1　E - R 图

【解析】　E-R图的绘制过程:①先确定实体型,本题目中共有运动队、场地、运动员、项目4个实体型;②确定实体之间的联系及其类型,运动队和运动员之间存在着一对多的联系,运动员和项目之间存在着多对多的联系,场地和项目之间存在着一对多的联系;③确定实体型和联系型的属性和类型,确定并标记主键;④用连线连接各要素。

3.数据模型的组成要素

数据模型是严格定义的一组概念的集合,通常由数据结构、数据操作和数据的完整性约束条件3部分组成,称为数据模型的"三要素"。

(1)数据结构:是对系统静态特性的描述。

(2)数据操作:是对系统动态特性的描述。

(3)数据的完整性约束条件:是一组给定的数据模型中数据及其联系所具有的制约和依存规则。

4.常用的数据模型

(1)当前流行的数据模型。

当前流行的数据模型主要有层次模型(Hierarchical Model)、网状模型(Network Model)、关系模型(Relational Model)和面向对象模型(Object Oriented Model)。它们的区别在于记录之间联系的表示方式不同。其中,关系模型是目前应用最为广泛的模型,市面上绝大多数数据库管理系统都是关系型。

(2)层次模型的数据结构、数据操作与完整性约束、特点。

(3)网状模型的数据结构、数据操作与完整性约束、特点。

(4)关系模型。

关系模型是最重要的一种数据模型,也是目前主要采用的数据模型,是建立在严格的数学概念的基础上的,是本章的重点。

①关系模型的数据结构。关系模型数据结构简单,容易理解,是目前应用最多、也最为重要的一种数据模型。

关系模型是由若干关系模式组成的集合。关系模型建立在严格的数学概念基础上,采用二维表结构来表示实体和实体之间的联系。在用户观点下,关系模型中数据的逻辑结构是一张二维表,由行和列组成。关系数据库用二维表表示实体及其属性,实体间的联系也用二维表来表示。二维表对应存储文件,其存取路径对用户透明。

②关系模型的数据操纵。关系数据模型的操纵主要包括查询、插入、删除和更新数据。数据操作是集合操作,操作对象和操作结果都是关系,即若干元组的集合;存取路径对用户隐蔽,用户只要指出"做什么",不必详细说明"怎么做"。

③关系模型的完整性约束。关系的完整性约束条件包括实体完整性、参照完整性和用户定义的完整性。

④关系模型的特点。关系数据模型的特点:概念清晰,结构简单,实体、实体联系和查询结果都采用关系表示,用户比较容易理解。关系模型的存取路径对用户是透明的,程序员不用关心具体的存取过程,减轻了程序员的工作负担,具有较好的数据独立性和安全保密性。但是,关系模型一般只处理格式化的数据,对于多媒体数据如图像、图形、声音等,处理效果不好。同时,数据结构比较简单,不能描述许多复杂的数据结构。

【例9】 (2014 年考研真题)下列对关系模型的叙述错误的是 ( )

A. 建立在严格的数学理论、集合论和谓词演算公式基础之上

B. 关系模型是由关系数据结构、关系操作集合和关系完整性约束 3 部分组成

C. 用二维表表示关系模型是其一大特点

D. 不具有连接操作的 DBMS 也可以是关系数据库管理系统

【答案】 D

【解析】 关系模型采用二维表来表示实体及其联系,实体间的联系通过不同关系中的公共属性来表示,如果关系数据库管理系统不能提供连接操作,将无法完成涉及多个表的查询操作,也就无法表示实体间的联系,故 D 错误。

4.1.3 数据库系统的结构

1. 数据库模式和数据库实例

数据库逻辑结构和特征的描述就称为数据库的模式,它是型的描述,反映的是数据的结构及其联系,模式相对稳定;某一时刻数据库中所有数据就称为数据库的一个实例,是模式的一个具体值,反映数据库某一时刻的状态,同一个模式可以有很多实例,实例会随着数据库中数据的更新而有所变动。

2. 数据库系统的三级模式结构

数据库系统的体系结构由三级模式、两层映像组成。数据库系统的模式结构是由外模式、模式和内模式三级构成的。数据库系统模式结构如图 4－2 所示。

(1)模式。

模式也称逻辑模式,是数据库中全体数据的逻辑结构和特征的描述,表达了所有用户的公共数据视图,综合了所有用户的需求。因此,一个数据库中只有一个模式,它是数据库系统模式结构的中间层。

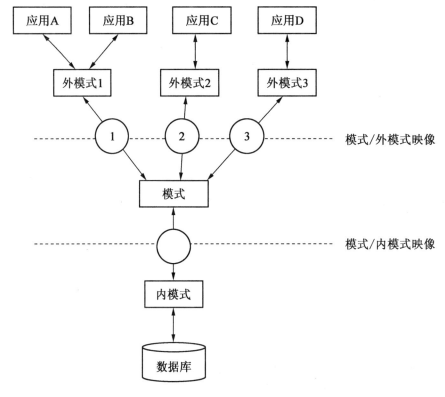

图 4-2　数据库系统模式结构

（2）外模式。

外模式也称子模式或用户模式，是数据库用户（包括应用程序员和最终用户）使用的局部数据的逻辑结构和特征的描述。它是数据库用户的数据视图，是与某一应用有关的数据的逻辑表示，因此，一个应用程序只能使用一个外模式，但一个外模式可以由多个应用程序所共享。

（3）内模式。

内模式也称存储模式，是数据库中数据物理结构和存储方式的描述，是数据在数据库内部的表示方式。一个数据库中只有一个内模式。

3. 数据库的二级映像功能与数据独立性

（1）外模式/模式映像。

对于每一个外模式，数据库系统都有一个外模式/模式映像，定义外模式与模式之间的对应关系。映像定义包含在各自外模式的描述中。

当模式改变时，由数据库管理员对各个外模式/模式的映像做相应改变，可以使外模式保持不变。应用程序是依据数据的外模式编写的，从而应用程序不必修改，保证了数据与程序的逻辑独立性。

（2）模式/内模式映像。

数据库中模式/内模式映像是唯一的，定义了数据全局逻辑结构与存储结构之间的对应关系，通常包含在模式描述中。当数据库的存储结构改变时，由数据库管理员对模式/内模式映像做相应改变，可以使模式保持不变，从而应用程序也不必改变，保证了数据与程序的物理独立性。

【**例 10**】 (2017 年考研真题)数据库系统管理阶段,数据的逻辑独立性由_____保证。　　　　　　　　　　　　　　　　　　　　　　　　　　( )

A. 内模式　　　　　　　　　　　B. 外模式

C. 模式/外模式映射　　　　　　　D. 内模式/模式映射

【**答案**】　C

4.1.4　数据库系统的组成

1. 数据库系统的组成

数据库系统一般由数据库、数据库管理系统(及其应用开发工具)、应用程序和数据库管理员组成。

2. 数据库管理员(DBA)的职责

数据库管理员负责全面管理和控制数据库系统,具体包括:

(1)确定数据库中的信息内容和结构;

(2)决定数据库的存储结构和存放策略;

(3)定义数据的安全性要求和完整性约束条件;

(4)监控数据库的使用和运行;

(5)数据库的改进以及重组、重构。

3. 数据库的重组和重构

在数据库运行过程中,大量数据不断被插入、删除、修改,时间一长,数据的组织结构会受到严重影响,从而降低系统性能。因此,数据库管理员要定期对数据进行重组织,以改善系统性能。数据库管理员还要对数据库进行较大的改造,包括修改部分设计,就是数据库的重构。

【课后习题】

一、选择题

1.(2017 年考研真题)以一定的结构存储在一起相互关联的、结构化的数据集合是　　　　　　　　　　　　　　　　　　　　　　　　　　　　( )

A. 编译系统　　　B. 操作系统　　　C. 数据库　　　　D. 数据库管理系统

2.(2015 年考研真题)_____是位于用户与操作系统之间的一层数据管理软件,数据库在建立、使用和维护时由其统一管理、统一控制。　　　　　　　　　( )

A. DBMS　　　B. DB　　　　C. DBS　　　　D. DBA

3.(2012 年考研真题)数据库管理系统的工作不包括　　　　　　　　　( )

A. 定义数据库　　　　　　　　B. 对已定义的数据库进行管理

C. 为定义的数据库提供操作系统　　D. 数据通信

4.(2015 年考研真题)在数据管理技术发展的几个阶段中,数据独立性最高的是_____阶段。　　　　　　　　　　　　　　　　　　　　　　　　( )

A. 数据库管理　　　　　　　　B. 文件管理

C. 人工管理　　　　　　　　　D. 数据项管理

5.(2012 年考研真题)数据管理技术经历了人工管理、_____ 3 个阶段。　　（　　）

(1)DBMS　(2)文件系统　(3)网状系统　(4)数据库系统　(5)关系系统

A.(2)和(4)　　　　　　　　　　B.(3)和(5)

C.(1)和(4)　　　　　　　　　　D.(2)和(3)

6.(2003 年考研真题)数据独立性是指　　　　　　　　　　　　　　　　（　　）

A.用户与数据分离　　　　　　　　B.用户与程序分离

C.程序与数据分离　　　　　　　　D.人员与设备分离

7.(2018 年考研真题)数据库系统达到了高度的数据独立性,是因为采用了　（　　）

A.层次模型　　　　　　　　　　　B.关系模型

C.三层模式结构　　　　　　　　　D.网状模型

8.(2018 年考研真题)下列关于概念层模型的叙述中,错误的是　　　　　（　　）

A.概念层模型是现实世界到信息世界的语法抽象

B.概念层模型主要用于数据库设计中的概念设计

C.概念模型是从用户观点对数据和信息建模

D.概念模型独立于具体的逻辑模型

9.(2016 年考研真题)下列实体类型的联系中,属于一对一联系的是　　　（　　）

A.教研室对教师的所属联系

B.父亲对孩子的亲生联系

C.省对省会的所属联系

D.供应商与工程项目的供货联系

10.(2011 年考研真题)数据库概念设计的 E－R 图中,用属性描述实体的特征,属性在
E－R 图中用_____表示。　　　　　　　　　　　　　　　　　　　（　　）

A.矩形　　　　B.四边形　　　　C.菱形　　　　D.椭圆形

二、综合分析题

(2004 年考研真题)某一研究所要对科研项目进行计算机管理,该研究所有若干科研人员,每个人有职工号(唯一的)、姓名、性别、出生年月、专业、研究方向等,每个科研项目的信息包括研究项目编号(唯一的)、项目名称、起始时间和完成时间、项目经费额、经费来源以及参加项目的每个人员所承担的任务等信息。该研究所规定,一个科研项目可以有多名科研人员参加,一个科研人员也可以参加多个研究项目。每个项目由一个科研人员负责,一个科研人员可以负责多个项目。每个办公室有房间编号(唯一的)、面积和办公电话,一个办公室可以有多个科研人员办公,一个科研人员只能在一个办公室办公。请画出此管理系统给的 E－R 图。

【课后习题答案】

一、选择题

1.C　2.A　3.C　4.A　5.A　6.C　7.C　8.A　9.C　10.D

二、综合分析题

【答案】

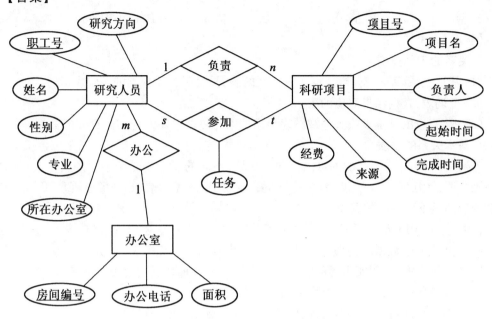

4.2 关系数据库

本节讲解关系模型的基本概念,即关系模型的关系数据结构、关系数据操作和关系完整性约束,并介绍用代数方式来表达的关系语言,即关系代数的各类运算,要求学生在理解关系模型的基础上,掌握各类关系代数运算的含义、表达方式,能够构建关系代数表达式来表达各类查询需求,并能够理解各等价的关系代数表达式之间效率的差异,了解关系代数优化的策略。

4.2.1 关系数据结构及形式化定义

1. 关系模型的组成和结构

关系模型由关系数据结构、关系操作集合和关系完整性约束3部分组成,现实世界的实体以及实体间的各种联系均用关系来表示。

2. 基本概念

掌握域、笛卡尔积、元组、基数、目数、关系、超键与候选码、主码、主属性和非主属性、全码、关系模式、关系的型和值、关系数据库的型和值等概念。

【例1】 (2013年考研真题)设R是含属性$A_1,A_2,A_3,\cdots,A_n$的关系,如果A_1是仅有的键,则R有_____个超键。 ( )

A. $n-1$ B. n C. 2^{n-1} D. 2^n

【答案】 C

【解析】 键是不含有多余属性的超键,因此,键A_1和任意的$n-1$个其余属性中的任意个组合在一起都是超键,因此,有2^{n-1}个超键。故选C。

【例2】 (2004年考研真题)在数据库中要区分型和值,在关系数据库中,关系模式是
　　　　　　　　　　　　　　　　　　　　　　　　　　　　　　　　　(　　)

A. 型　　　　　　　B. 值　　　　　　　C. 型和值　　　　D. 以上都不对

【答案】 A

3. 关系的3种类型

(1)基本关系(基本表、基表):实际存在的表,是实际存储数据的逻辑表示。

(2)查询表:查询结果对应的表。

(3)视图表:由基本表或其他视图表导出的表,是虚表,不对应实际存储的数据。

4. 基本关系的性质

①列是同质的;②不同的列可出自同一个域,不同的属性要给予不同的属性名;③列的顺序无所谓;④任意两个元组不能完全相同;⑤行的顺序无所谓;⑥分量必须取原子值,即每一个分量都是不可分的数据项。

【例3】 (2018年考研真题)下列关于关系数据模型的叙述中,错误的是　　　(　　)

A. 关系模型中数据的物理结构是一张二维表

B. 在关系模型中,现实世界的实体以及实体间的各种联系均用关系来表示

C. 插入、删除、更新是关系模型中的常用操作

D. 关系操作通过关系语言实现,关系语言的特点是高度非过程化

【答案】 A

【解析】 关系模型中数据的逻辑结构是一张规则的二维表。

4.2.2　关系操作

1. 关系模型中常用的关系操作

包括查询操作和插入、删除、修改操作两大部分。

2. 关系操作的特点

关系操作采用集合操作方式,即操作的对象和结果都是集合,称为一次一集合的方式。

3. 关系数据库语言的分类

早期的关系操作能力通常用代数方式或逻辑方式来表示,分别称为关系代数和关系演算。关系代数用对关系的运算来表达查询要求,关系演算则用谓词来表达查询要求。关系演算又可按谓词变元的基本对象是元组变量还是域变量分为元组关系演算和域关系演算。关系数据库语言分为关系代数语言、关系演算语言及具有关系代数和关系演算双重特点的语言3类,它们在表达能力上是等价的,都具有完备的表达能力。

4.2.3　关系的完整性

1. 关系模型中的完整性约束分类

关系模型中的完整性约束分为实体完整性、参照完整性和用户定义的完整性,其中实体完整性和参照完整性是关系模型必须满足的完整性约束条件,被称为关系的两个不变性。

2. 实体完整性规则(Entity Integrity)

关系数据库中的每个元组应该是可区分的,是唯一的,这样的约束条件用实体完整性来保证。具体内容为:若属性A(指一个或一组属性)是基本关系R的主属性,则关系R中各

元组在属性 A 上不能取空值。所谓的空值就是"不知道"或"不存在"或"无意义"的值。

3. 参照完整性（Referential Integrity）

（1）外码。

设 F 是基本关系 R 的一个或一组属性，但不是关系 R 的码，Ks 是基本关系 S 的主码，如果 F 与 Ks 相对应，则称 F 是基本关系 R 的外码（Foreign Key）。

（2）参照完整性规则（Referential Integrity）。

若属性（或属性组）F 是基本关系 R 的外码，它与基本关系 S 的主码 Ks 相对应，（基本关系 R 和 S 不一定是不同的关系），则对于 R 中每个元组在 F 上的值必须取空值（F 的每个属性值必须取空值）或者等于 S 中某个元组的主码值。

【例 4】　（2018 年考研真题）已知关系 R 和 S 如下所示，属性 A 为 R 的主码，S 的外码，属性 C 为 S 的主码，S 中违反参照完整性约束的元组是　　　　　　　　　　　　　　（　　）

R	
A	B
a1	b1
a2	b5

S		
C	D	A
c1	d1	a1
c2	d4	null
c3	d1	a3
c4	d3	a2

A. {c1,d1,a1}　　　B. {c2,d4,null}　　C. {c3,d1,a3}　　　　D. {c4,d3,a2}

【答案】　C

【解析】　由于 S 表的 A 属性参照 R 表的 A 属性，因此 S 表中各元组中 A 属性的取值只能有两种情况：或者为空值，或者为 R 表中的某一个元组的 A 值，即 a1、a2，因此{c3,d1,a3}元组违反了参照完整性约束。

（3）用户自定义完整性（User – Defined Integrity）。

针对某一具体数据的约束条件，反映某一具体应用所涉及的数据必须满足的特殊语义。

前两项完整性是关系模型必须满足的完整性约束条件，被称为关系的两个不变性，应由关系数据库系统自动支持。

4.2.4　关系代数

关系代数是一种抽象的查询语言，它用对关系的运算来表达查询。关系代数的运算对象和运算结果都是关系，用到的运算符包括两类：集合运算符和专门的关系运算符，除此以外，还有用来辅助专门的关系运算符进行操作的比较运算符和逻辑运算符。

1. 传统的集合运算

传统的集合运算是二目运算，包括并（∪）、交（∩）、差（－）、广义笛卡尔积（×）。它将关系看作是元组的集合，运算是从关系的"水平"方向，即行的角度来进行。其中，并（∪）、交（∩）、差（－）要求参与运算的两个关系 R 和 S 必须具有相同数目的属性集合，且各个属性取自同一个域，即两个关系相容。

2. 专门的集合运算

专门的关系运算不仅涉及行,还涉及列,包括选择(σ)、投影(Π)、连接($\bowtie$)、除($\div$)等操作。要求学生掌握选择、投影、连接、除运算的功能,并能够在实际工作中根据需要表达各类查询的关系代数表达式。

3. 选择(σ)

$\sigma_F(R) = \{t|t \in \mathbf{R} \land F(t) = '真'\}$ 其中,F 表示选择条件,条件表达式中的运算符包括比较运算符和逻辑运算符。

4. 投影(Π)

$\Pi_A(R) = \{t[A]|t \in \mathbf{R}\}$,其中,A 为 R 中的属性列。

5. 连接($\bowtie$)

连接也称 θ 连接,是从两个关系的笛卡尔积中选取属性间满足一定条件的元组。除一般连接操作外,还包括等值连接、自然连接、左外连接、右外连接、全外连接等类型。

(1)θ 连接。

R、S 两个关系的 θ 连接表示为:$R \underset{A\theta B}{\bowtie} S$ 或者 $R \bowtie_{A\theta B} S$,其中 A、B 分别为 R、S 中的属性,θ 为比较运算符,相当于在 R×S 中选取 R 的属性 A 值与 S 的属性 B 值满足比较关系 θ 的元组。

(2)F 连接。

R、S 两个关系的 F 连接表示为:$R \underset{F}{\bowtie} S$ 或者 $R \bowtie_F S$,其中 F 是由多个形如 $A\theta B$ 形式的比较表达式通过 $\neg \land \lor$ 组合而成的表达式。

(3)等值连接。

等值连接是当连接条件中比较运算符是"="的连接运算。它是从关系 R 与 S 的广义笛卡尔积中选取 A、B 属性值相等的那些元组。

(4)自然连接。

自然连接表示为 $R \bowtie S$ 或 $R \infty S$,是一种特殊的等值连接,它要求两个关系中必须存在公共属性,在进行运算时先对关系 R 和 S 进行笛卡尔积运算,然后自动选择在所有公共属性上值均相等的元组,并去掉重复的属性列,即是自然连接的结果。如果两个关系中不存在公共属性,则退化为笛卡尔积。

自然连接与等值连接的区别与联系:

区别:①等值连接中不要求相等属性值的属性名相同,而自然连接要求相等属性值的属性名必须相同,即两关系中只有同名属性才能进行自然连接;②在连接结果中,等值连接不将重复属性去掉,而自然连接去掉重复属性,也可以说,自然连接是去掉重复列的等值连接。

联系:自然连接是一种特殊的等值连接。

(5)外连接。

在关系 R 和 S 进行连接操作时,如果 R 或 S 中的某个元组不能和另外关系中的任何一个元组配对,则该元组称为悬浮元组。悬浮元组一般被舍弃,如果把 R 和 S 中舍弃的元组也保存在结果关系中,而在其他属性上填空值(NULL),这种连接就称为外连接;如果只把左边关系 R 中要舍弃的元组保留就是左外连接,如果只把右边关系 S 中要舍弃的元组保留就是右外连接。

【例 5】 (2010 年考研真题)对工厂数据库中有产品和仓库两个关系:产品(产品号、名称、仓库号)和仓库(仓库号、名称、位置、管理员),一种产品只能存放在一个仓库中。如果要列出所有产品在仓库的存放情况,包括暂未分配仓库的产品和空置的仓库,则应执行 ( )

  A. 全外连接 B.左外连接 C.右外连接 D.自然连接

【答案】 A

【解析】 本题中产品信息和仓库信息分别存储在产品关系和仓库关系中,两个关系有一个公共属性仓库号,利用此属性可以将两个关系进行连接。如果使用自然连接,则只保留已经分配仓库的产品信息的存放情况,这样未分配仓库的产品和空置的仓库信息则由于没有匹配记录而被舍弃,而题目中需要保留两个关系中没有匹配成功的记录,因此需要利用全外连接运算来完成查询。如果使用产品和仓库的左外连接操作,则只能保留暂未分配仓库的产品信息;如果使用右外连接,则只能保留空置仓库的信息。

【例 6】 (2015 年考研真题)设 R 和 S 关系如下:

R				S		
A	B	C		B	C	D
8	4	2		6	8	10
6	5	3		4	2	6
5	6	8		5	2	6
				5	3	5

试求 $\Pi_{D,C}(S)$、$\sigma_{2<'6'}(R)$、$R \bowtie S$、$R \underset{1>3}{\bowtie} S$ 的值。

【解析】 (1)$\Pi_{D,C}(S)$的操作是对 S 进行投影,投影出 D、C 两个属性列,然后去除重复元组后得到计算结果,结果如下:

D	C
10	8
6	2
5	3

(2)$\sigma_{2<'6'}(R)$的操作是对 R 进行选择,选择在第二个属性列即 B 属性上值小于 6 的元组,因此,只有第三个元组不满足条件。结果如下:

A	B	C
8	4	2
6	5	3

(3)$R \bowtie S$的操作是对 R 和 S 进行自然连接,两个表有公共字段 B、C,则选取 R 和 S 中 B、C 两个属性上值均相等的元组,进行连接后去除重复的公共属性列即为计算结果,结果集中属性有 A、B、C、D。计算结果如下:

A	B	C	D
8	4	2	6
6	5	3	5
5	6	8	10

(4) R$\underset{1>3}{\bowtie}$S 的操作是对 R 和 S 进行连接,具体是将 R 表中和 S 表中满足 R 表第一个属性(即 A 属性)的值大于 S 表中的第三个属性(即属性 D)的值的元组进行连接。计算结果如下:

A	R.B	R.C	S.B	S.C	D
8	4	2	4	2	6
8	4	2	5	2	6
8	4	2	5	3	5
6	5	3	5	3	5

6. 象集

要求掌握象集的含义,并能够计算象集。假设有 R 关系,由 X、Z 两个属性(组)组成,则象集 Z_x 表示 R 中属性组 X 上值为 x 的诸元组在 Z 上分量的集合。

7. 除(÷)

要求掌握除运算的含义和计算过程,并能够计算两个关系除运算的结果。

【例 7】 (2015 年考研真题)设关系 R、S 如下所示,则 R ÷ S 的结果为　　　　　（　　）

	R			S	
X	Y	Z	Y	Z	W
a1	b1	c2	b1	c2	d1
a2	b3	c7	b2	c1	d2
a3	b2	c1			
a1	b2	c3			
a4	b6	c6			
a2	b2	c3			
a1	b2	c1			
a3	b1	c2			

　A. {a1}　　　　　　B. {a2}　　　　　　C. {a1,a3}　　　　　　D. {a2,a4}

【答案】　C

【解析】　可以通过计算求出各选项的象集,a1 的象集为{{b1,c2},{b2,c3},{b2,c1}},a2 的象集为{{b3,c7},{b2,c3}},a3 的象集为{{b2,c1},{b1,c2}},a4 的象集为{b6,c6},因此,只有 a1 和 a3 的象集包含对 S 进行 Y、Z 投影的结果,因此答案为 C。

8. 基本代数运算

关系代数中基本运算有 5 个:并、差、积、选择及投影,其他操作都可以通过这些基本操作来表示:

(1)交:$R \cap S = R - (R - S) = S - (S - R)$。

(2)连接:$R \bowtie S$。

θ 连接可表示为:$R \underset{A\theta B}{\bowtie} S = \sigma_{A\theta B}(R \times S)$。

连接包括 θ 连接、F 连接、等值连接、自然连接、左外连接、右外连接及全外连接等多种类型。其中,F 连接、θ 连接、等值连接都可以用笛卡尔积和选择进行表示;自然连接可以用笛卡尔积、选择和投影进行表示。

(3)除:$R \div S = \Pi_X(R) - \Pi_X(\Pi_X(R) \times S - R)$。

9. 利用关系代数表达式表达各类查询

要求学生能够掌握各类关系代数操作的功能和计算过程,能够利用关系代数表达各类查询,能够理解表达同一查询要求的多个关系代数表达式的性能差异。

【例 8】　(2014 年考研真题)高校运动会管理数据库的 3 个关系如下:

运动员(号码,姓名,性别,年龄,班级)

比赛项目(编号,名称,类别,比赛场地,比赛时间)

参赛(号码,编号,成绩)

使用关系代数完成下列操作:

(1)求张三所参加的全部比赛项目的名称;

(2)求既参加男子 100 米又参加男子 200 米的运动员姓名及所在班级;

(3)求参加了张三所参赛的全部比赛项目的运动员姓名。

【解析】(1)在本题中,张三所参加的"全部"比赛项目中,"全部"在这里的含义与题目(3)中有所不同,这里仅表示查询出张三参加的比赛项目,"全部"省略后不影响查询含义,即只要张三参加了某一项目,就需要查询出该项目的名称。因此,这里需要利用选择操作选择出张三参加的运动员信息,然后与参赛和比赛项目关系进行自然连接,即可查询出张三参加的比赛项目。答案为 $\Pi_{名称}(比赛项目 \bowtie 参赛 \bowtie \sigma_{姓名='张三'}(运动员))$ 或 $\Pi_{名称}(\sigma_{姓名='张三'}(比赛项目 \bowtie 参赛 \bowtie 运动员))$。

(2)本题是利用比赛项目名称查询参加的运动员姓名及班级,因此仍然需要对 3 个表进行自然连接,在此基础上分别查询参加了男子 100 米的运动员信息和参加了男子 200 米的运动员信息,并进行交运算即可。也可以分别查询出参加男子 100 米和男子 200 米的运动员号码,相交运算后与运动员表进行自然连接,查询出运动员的姓名和班级;也可以先查询出男子 100 米和男子 200 米比赛项目的编号,然后与参赛表进行相除运算,即可查询出同时参与了两个项目的运动员编号,然后与运动员关系进行自然连接进行查询。答案为 $\Pi_{名称}(\sigma_{姓名='张三'}(比赛项目 \bowtie 参赛 \bowtie 运动员))$ 或 $\Pi_{姓名,班级}(\sigma_{名称='男子100米'}(比赛项目 \bowtie 参赛 \bowtie 运动员)) \cap \Pi_{姓名,班级}(\sigma_{名称='男子200米'}(比赛项目 \bowtie 参赛 \bowtie 运动员))$ 或 $\Pi_{姓名,班级}(运动员 \bowtie (\Pi_{号码,编号}(参赛) \div \Pi_{编号}(\sigma_{名称='男子100米' \vee 名称='男子200米'}(比赛项目))))$。

(3)本题中,"全部"含义非常重要,它表示查询的运动员参加了张三参加的所有比赛项目,注意参加一项不符合查询要求,只要有一项没有参加都不符合要求,因此这里"全部"不可省略,表示参加"所有"项目的含义必须用除法完成。因此,本题需要先查询出张三参与的所有比赛项目编号,然后作为除数与参赛关系表投影出的(号码,编号)结果进行除运算,得出参与张三参加的所有项目的运动员号码,然后与运动员表进行自然连接后即可投影出需要的运动员姓名。答案为 $\Pi_{姓名}(运动员 \bowtie (\Pi_{号码,编号}(参赛) \div \Pi_{编号}(\sigma_{姓名='张三'}(运动员) \bowtie 比赛项目)))$。

10. 关系代数表达式的查询优化

在关系数据库查询中,一些性能较好的 DBMS 能自动选择较优的算法,以花费较小的代价来实现用户所需的查询。这一过程就称为数据库查询的优化。对关系代数表达式进行优化组合,可以提高系统的效率。

关系代数表达式的优化策略如下:

①选择运算应尽可能先做,这在优化策略中是最重要、最基本的一条。

②如果在查询表达式中,某一子表达式的形式为一个笛卡尔积运算后紧接着执行某些选择运算,则将这两个运算合并为一个连接运算。

③表达式中的投影运算,一般应尽可能早地执行。但应注意:可能有某些属性虽然在最后结果中不需要保留,但在执行指定的关系运算中却不可缺少。

④如果在一个表达式中有某个子表达式重复出现,则应先将该子表达式算出结果保存起来,以免重复计算。

⑤如有若干投影和选择运算,并且它们都对同一个关系进行操作,则可以在扫描此关系的同时完成所有这些运算。

⑥把投影运算同其前或其后的二元运算结合起来,没有必要为了去掉某些字段而扫描一遍关系。

使用优化规则,可以在计算时尽可能减少中间关系的数据量。

【例 9】 (2015 年考研真题)在关系代数表达式的查询优化中,不正确的叙述是

（　　）

A. 尽可能早地执行连接　　　　　　B. 尽可能早地执行选择

C. 尽可能早地执行投影　　　　　　D. 把笛卡尔积和随后的选择合并成连接运算

【答案】 A

【解析】 根据优化策略,尽早地执行选择、投影可以减小进行计算的数据量,把笛卡尔积和随后的选择合并成连接操作,可以减少对关系的扫描次数,因此选项 B、C、D 均可提高查询效率。而过早进行连接操作,会由于参与运算的元组数量过大而导致计算量大,降低查询效率,通常放在选择、投影等操作之后,尽量晚做。

【例 10】 (2015 年考研真题)有两张基本表:学生 S(Sno,Sname,Sage,Sdept),选课 SC(Sno,Cno,Grade),现要查询选修了 2 号课程的学生姓名,以下关系代数表达式的查询效率最高的是

（　　）

A. $Q1 = \pi_{Sname}(\sigma_{Student.Sno = SC.sno \wedge SC.Cno = '2'}(Student \times SC))$

B. $Q2 = \pi_{Sname}(Student \infty \sigma_{SC.Cno = '2'}(SC))$

C. $Q3 = \pi_{Sname}(\sigma_{SC.Cno = '2'}(Student \infty SC))$

D. $Q4 = \pi_{Sname}(\sigma_{SC.Cno = '2'}(\pi_{Sname,Sno}(Student) \infty SC))$

【答案】 B

【解析】 根据优化策略,尽可能早地执行选择可以大大提高查询效率,因此 B 选项效率最高。

【课后习题】

一、选择题

1. (2013 年考研真题)在概念模型中的一个实体对应于数据库中的一个关系的一个　　　　　　　(　　)

　A. 属性　　　　　　　B. 字段　　　　　　　C. 列　　　　　　　D. 元组

2. (2004 年考研真题)在关系模型中,关系的"元数"是指　　　　　　　(　　)

　A. 行数　　　　　　　B. 元组个数　　　　　　C. 关系个数　　　　　　D. 列数

3. (2018 年考研真题)关于键的描述,下面错误的是　　　　　　　(　　)

　A. 在关系中能唯一标识元组的属性集称为关系模式的超键

　B. 不含有多余属性的超键称为候选键

　C. 如果模式 R 中属性 K 是其他模式的主键,那么 K 在模式 R 中称为内键

　D. 用户选作元组标识的候选键称为主键

4. (2015 年考研真题)关系数据库中,一个关系的主键　　　　　　　(　　)

　A. 可由多个任意属性组成

　B. 最多由一个属性组成

　C. 可由一个或多个其值能唯一标识该关系模式中任何元组的属性组成

　D. 以上都不是

5. (2015 年考研真题)一个关系中最多只能有一个　　　　　　　(　　)

　A. 候选键　　　　　　B. 主键　　　　　　　C. 外键　　　　　　　D. 超键

6. (2018 年考研真题)在关系模型中,对关系的叙述不正确的是　　　　　　　(　　)

　A. 关系中每一个属性值都是不可分解的

　B. 关系中允许出现重复元组

　C. 由于关系是一个集合,因此不考虑元组间的顺序,即没有行序

　D. 元组中的属性在理论上也是无序的

7. (2012 年考研真题)在关系 R(R#,RN,S#)和 S(S#,SN,SD)中,R 的主键是 R#,S 的主键是 S#,则 S#在 R 中称为　　　　　　　(　　)

　A. 外键　　　　　　　B. 候选键　　　　　　C. 主键　　　　　　　D. 超键

8. (2013 年考研真题)在关系数据库中,表与表之间的联系是通过_____实现的。

　　　　　　　　　　　　　　　　　　　　　　　　　　　　　　　(　　)

　A. 实体完整性规则　　　　　　　　B. 引用完整性规则

　C. 用户自定义的完整性规则　　　　D. 值域

9. (2015 年考研真题)在关系模型完整性规则中,要求"不允许引用不存在的实体"的规则是_____。　　　　　　　　　　　　　　　　　　　　　(　　)

　A. 实体完整性规则　　　　　　　　B. 参照完整性规则

　C. 用户定义的完整性规则　　　　　D. 域的引用规则

10. (2018 年考研真题)下列关于参照完整性约束的参照关系和被参照关系的叙述中,是错误的是　　　　　　　(　　)

　A. 参照关系是从关系,被参照关系是主关系

　B. 参照关系与被参照关系之间的联系是 $1:n$ 联系

C. 参照关系与被参照关系通过外码相联系

D. 其主码在另一个关系中作为外码的关系称为被参照关系

11. (2017 年考研真题)设属性 A 是关系 R 的外键(A 不是 R 的主属性),则 A 可以取空值(NULL)。这是　　　　　　　　　　　　　　　　　　　　　　　(　)

　　A. 实体完整性规则　　　　　　　　B. 参照完整性规则

　　C. 用户定义完整性规则　　　　　　D. 域完整性规则

12. (2013 年考研真题)有如下关系:学生(学号,姓名,性别,专业号,年龄),将属性年龄的取值范围定义在 0 ~ 120 之间属于符合　　　　　　　　　　　　　　(　)

　　A. 实体完整性　　　　　　　　　　B. 参照完整性

　　C. 用户定义的完整性　　　　　　　D. 逻辑完整性

13. (2009 年考研真题)以下关于关系模型的描述,错误的是　　　　　　　(　)

　　A. 关系操作的特点是集合操作方式

　　B. 关系模型的数据结构非常单一

　　C. 关系语言是一种高度过程化的语言

　　D. 关系完整性约束包括实体完整性、参照完整性和用户定义的完整性

14. (2014 年考研真题)关系代数中,传统的关系运算包括　　　　　　　　(　)

　　A. 并、交、差、笛卡尔积　　　　　B. 选择、投影、连接、除

　　C. 连接、自然连接、投影　　　　　D. 统计、查询、显示、制表

15. (2015 年考研真题)设关系 R 和 S 的结构相同,且各有 8 个元组,则这两个关系的"并"操作结果中元组的个数为　　　　　　　　　　　　　　　　　　(　)

　　A. 8　　　　　　B. 16　　　　　C. 小于等于 8　　　D. 小于等于 16

16. (2011 年考研真题)参加差运算的两个关系　　　　　　　　　　　　　(　)

　　A. 属性个数可以不相同　　　B. 属性个数必须相同

　　C. 一个关系包含另一个关系的属性　D. 属性名必须相同

17. (2004 年考研真题)从关系中挑选出指定的属性组成新关系的运算称为　(　)

　　A. "选取"运算　　B. "投影"运算　　C. "连接"运算　　D. "交"运算

18. (2018 年考研真题)在关系代数中,从两个关系的笛卡尔积中选取它们属性间满足一定条件的元组的操作称为　　　　　　　　　　　　　　　　　　　　　(　)

　　A. 并　　　　　　　B. 选择　　　　　C. 连接　　　　　D. 自然连接

19. (2015 年考研真题)进行自然连接运算的两个关系必须具有　　　　　　(　)

　　A. 公共属性　　　B. 相同属性个数　C. 相同值　　　　D. 相同关键字

20. (2015 年考研真题)当关系 R 和 S 自然连接时,能够把 R 和 S 原该舍弃的元组放到结果关系中的操作是　　　　　　　　　　　　　　　　　　　　　　(　)

　　A. 左外联接　　　B. 右外联接　　　C. 外部并　　　　D. 外联接

二、填空题

1. (2006 年考研真题)域是实体中相应属性的_____,性别属性的域包含有_____个值。

2. (2006 年考研真题)若一个关系为 R(学生号,姓名,性别,年龄),则_____可以作为该关系的主码,姓名、性别和年龄为该关系的_____属性。

3. (2015 年考研真题)数据库的实体完整性规则是对主键的约束,而参照完整性规则是

对_____的约束。

4.(2015 年考研真题)关系的并、差、交操作要求两个关系具有相同的_____。

5.(2014 年考研真题)关系模式 R 与 S,组成关系 R÷S 的是关系_____的属性子集。

6.(2015 年考研真题)在关系代数中,"交"操作可用_____操作组合而成。

7.(2004 年考研真题)数据模型通常由_____、_____、_____3 部分组成。

8.(2004 年考研真题)关系代数是用_____来表达查询要求的方式,关系演算是用_____来表达查询要求的方式。

9.(2004 年考研真题)在专门关系运算中,从表中按要求取出制定属性的操作称为_____;从表中选出满足某种条件的元组的操作称为_____;将两个关系中满足一定条件的元组连接到一起构成新表的操作称为_____。

10.(2004 年考研真题)关系操作的特点是_____操作。

11.(2015 年考研真题)一般在关系代数运算中,当查询设计到"否定"时,就要用到_____操作,当涉及"全部值"时,就要用到_____操作。

12.(2011 年考研真题)自然连接运算是由_____、_____、_____操作组合而成的。

13.(2006 年考研真题)设一个关系模式为 R1(A,B,C),对应的关系内容为 R = {{1,10,50},{2,10,60},{3,20,72},{4,30,60}},另一个关系模式为 R2(A,D,E),对应的关系内容为 R = {{1,10,50},{2,10,60},{1,20,72},{2,30,60}},则 R1 ⋈ R2 的运算结果中包含有_____个元组,每个元组包含有_____个分量。

三、计算题

1.(2015 年考研真题)设关系 R、S 如下所示,在集合上做下列关系运算,写出运算结果。

(1)$\Pi_{A,B}(R) \cup S$ (2)$\Pi_{A,B}(R) - S$ (3)$R \bowtie S$

(4)$\gamma_{A.COUNT(*)\to D,SUM(B)\to E}(R)$ (5)$R \underset{C>S.B}{\bowtie} S$

R				S	
A	B	C		A	B
1	2	3		1	2
3	4	5		3	4
3	5	6		5	6
1	6	9			

2.(2012 年考研真题)设教学数据库中有学生、课程和成绩 3 个关系模式如下:

Student(sno,sname,sex,sage,sdept)

Course(cno,cname,cpno,credit),其中,cpno 代表先行课的课程号,credit 代表学分。

SC(sno,cno,grade),其中 grade 代表成绩。

写出下列各查询的关系代数表达式:

(1)检索学分超过了 4 学分的课程的课程名;

(2)检索所有选修了 2 号课程的学生的姓名和分数;

(3)检索被学号为"s001"同学选修,但不被"s009"同学选修的所有课程的课程号;

(4)查询各个专业的学生人数及平均年龄;

（5）查询选修人数超过 30 个同学的课程名、选修人数及平均成绩。

【课后习题答案】

一、选择题

1. D　2. D　3. C　4. C　5. B　6. B　7. A　8. B　9. B　10. B　11. B　12. C　13. C
14. A　15. D　16. B　17. B　18. C　19. A　20. D

二、填空题

1. 取值范围,2

2. 学生号,非主

3. 外键

4. 属性集合

5. R

6. 差

7. 数据结构、数据操作、数据的完整性约束

8. 对关系的运算、谓词

9. 投影,选择,连接

10. 集合

11. 非,除

12. 笛卡尔积,选择,投影

13. 4,5

三、计算题

1.【答案】 （1）首先计算 $\Pi_{A,B}(R)$，也就是对 R 进行 A、B 属性上的投影，结果为 R1，然后与 S 表进行并运算，结果为下面的 R2。

（2）将上题中计算出的 R1 与 S 进行减运算，结果为下面的 R3。

（3）R 和 S 做自然连接，R 和 S 的公共属性是 A、B，那么就选取 R 中每条记录，并和 S 中与其 A、B 属性都相同的记录进行连接，并在结果中去除掉 A、B 重复属性。结果为下面的 R4。

（4）本题关系代数表达式中的→是赋值运算，γ 是分组操作符，表示根据 A 属性进行分组,分组后再进行聚集运算，先统计元组数目，重名为 D 属性，再对 B 属性进行求和运算，形成 E 属性。结果为下面的 R5。

（5）本题首先对 R 和 S 进行笛卡尔积，然后选择 C＞S.B 条件的结果，结果为下面的 R6。

R1			R2			R3			R4		
A	B		A	B		A	B		A	B	C
1	2		1	2		3	5		1	2	3
3	4		3	4		1	6		3	4	5
3	5		3	5							
1	6		1	6							
			5	6							

R5		
A	D	E
1	2	8
3	2	9

R6				
R.A	R.B	R.C	S.A	S.B
1	2	3	1	2
3	4	5	1	2
3	5	6	1	2
1	6	9	1	2
3	4	5	3	4
3	5	6	3	4
1	6	9	3	4
1	6	9	5	6

2.【答案】 （1）$\Pi_{cname}(\sigma_{credit>4}(Course))$；

（2）$\Pi_{sname,grade}(\sigma_{cno=2}(SC)\bowtie Student)$；

（3）$\Pi_{cno}(\sigma_{sno='s001'}(SC))-\Pi_{cno}(\sigma_{sno='s009'}(SC))$；

（4）$\gamma_{sdept,COUNT(*)\to stunum,AVG(sage)\to avgage}(Student)$；

（5）$\Pi_{cname,stunum,avggrd}(\sigma_{stunum>30}(\gamma_{cno,COUNT(*)\to stunum,AVG(grade)\to avggrd}(SC)\bowtie Course))$。

4.3 关系数据库标准语言——SQL

结构化查询语言（Structured Query Language，SQL）是关系数据库的标准语言，也是一个通用的、功能极强的关系数据库语言，其功能不仅仅是查询，而是包括数据定义、数据操纵、数据库安全性、完整性定义与控制等一系列功能。本节将详细介绍 SQL 语言的基本功能，并进一步讲述关系数据库的基本概念。

4.3.1 SQL 概述

1.SQL 的组成

SQL 语言集多种功能于一体，主要包括：

（1）数据操纵语言（Data Manipulation Language，DML）。

该 SQL 语句允许用户提出查询，以及插入、删除和修改行。

（2）数据定义语言（Data Definition Language DDL）。

该 SQL 语句支持表的创建、删除和修改，支持视图和索引的创建和删除。完整性约束能够定义在表上，可以是在创建表的时候，也可以是在创建表之后定义约束。

（3）数据控制语言（Data Control Language，DCL）。

该 SQL 语句的目标是管理用户对数据库对象的访问。设计数据库并创建对象后，需要实现一个安全策略，在保护系统免遭入侵的同时，也能向用户和应用程序提供适当级别的数据访问权限与数据库功能权限。

（4）触发器和高级完整性约束。

新的 SQL 标准包括对触发器的支持，当对数据库的改变满足触发器的条件时，DBMS 就执行触发器。

（5）嵌入式和动态 SQL。

嵌入式的 SQL 特征使得可以从宿主语言（例如 C 或者 COBOL）中调用 SQL 代码。动态的 SQL 特征允许在运行时构建查询。

（6）客户－服务器执行和远程数据库提取。

这些命令控制一个客户应用程序如何连接到一个 SQL 数据库服务器上，或者如何通过网络来访问数据库的数据。

（7）事管务理。

各种命令允许用户显式地控制一个事务如何执行。

2. SQL 的特点

①综合统一；

②高度非过程化；

③面向集合的操作方式；

④以同一种语法结构提供多种使用方式；

⑤语言简洁，易学易用。

3. SQL 与数据库模式结构

支持 SQL 的关系数据库管理系统，同样支持关系数据库三级模式结构，其中外模式包括若干视图和部分基本表，数据库模式包括若干基本表，内模式包括若干存储文件。用户可以利用 SQL 对基本表和视图进行查询或其他操作，基本表和视图一样，都是关系。

【例1】 （2018 年考研真题）下列关于 SQL 语言支持数据库三级模式结构的叙述中，错误的是 （　　）

A. 一个 SQL 数据库模式是该数据库中基本表的集合

B. 在 SQL 中，外模式对应于"视图"和部分基本表

C. 基本表和索引都存放在存储文件中

D. 一个基本表只能存放在一个存储文件中

【答案】　D

【解析】　SQL 支持数据库的三级模式结构。在 SQL 中，模式对应于基本表，内模式对应于存储文件，外模式对应于视图和部分基本表。元组对应于表中的行，属性对应于表中的列。①一个 SQL 数据库是表的汇集。②一个 SQL 表由行集构成，一行是列的序列，每列对应一个数据项。③一个表可以带若干索引，索引也存放在存储文件中。④存储文件的逻辑结构组成了关系数据库的内模式，存储文件的物理结构是任意的，对用户是透明的。⑤一个表或者是一个基本表，或者是一个视图。基本表是实际存储在数据库中的表，视图是一个虚表。⑥一个基本表可以跨多个存储文件存放，一个存储文件可以存放一个或多个基本表。⑦SQL 用户可以是应用程序，也可以是终端用户。一个 SQL 数据库是一个表的汇集，故选项 D 错误。

4.3.2　数据的定义

1. 表的定义、修改与删除

（1）CREATE TABLE　表名

（

列定义,［列定义,］…,

　　［表级完整性约束定义…］　）;

其中,列定义完整格式:

＜列名＞　＜列类型＞　［ DEFAULT ＜默认值＞］　［［ NOT ］ NULL］　［＜列约束＞］

（2）完整性约束类型。

主键约束（PrimaryKey）:表级、列级均可定义。

唯一键约束（Unique）:表级、列级均可定义。

外键约束（ForeignKey）:表级、列级均可定义。

检查约束（Check）:表级、列级均可定义。

非空约束（NOT NULL）:只能在列级定义,不能在表级定义。

默认值（Default）:只能在列级定义,不能在表级定义。每列只能有一个默认约束。

【例 2】　（2015 年考研真题）以下只能实现单个属性完整性约束定义的关键词是

（　　）

A. NOT NULL　　　　　B. PRIMARY KEY　　　　C. CHECK　　　　D. FOREIGN KEY

【答案】　A

（3）列级约束和表级约束。

列约束:在每个列后定义,可以有多个约束子句,但是不能定义多个列上的约束。

表约束:在全部列定义完成后定义,可以有多个约束子句。

格式:［Constraint ＜约束名＞］　＜约束类型＞　［违约处理措施］

【例 3】　（2006 年考研真题）学校有多名学生,财务处每年要收一次学费。为财务处收费设计一个数据库,包括两个关系:

学生（学号,姓名,专业,入学日期）

收费（学年,学号,学费,书费,总金额）

假设规定属性的类型:学费、书费、总金额为数值型数据;学号、姓名、学年、专业为字符型数据;入学日期为日期型数据。自定义列的宽度。试用 SQL 语句定义上述表的结构（定义中应包含主码和外码的定义）。

【解析】　学生表的主码为学号,可以在列级也可以在表级创建主码约束;收费表的主码为（学年,学号）,只能在表级创建主码约束;另外,学号要参照学生表的学号属性,注意数据类型要相同,且定义宽度相同。

【答案】

（1）CREATE TABLE 学生

　　（学号 char(8) PRIMARY KEY,

　　姓名 varchar(10),

　　专业 varchar(30),

　　入学日期 datetime

　　）;

（2）CREATE TABLE 收费

　　（学年 char(4),

　　学号 char(8) REFERENCES 学生(学号),

　　学费 number,

　　　　书费 number,

　　　　总金额 number

　　　　PRIMARY KEY(学年,学号)

　　　　)；

2. 修改基本表

ALTER TABLE <表名>

　　　　[ADD <列定义>] |

　　　　[MODIFY<列定义>] |

　　　　[DROP COLUMN <列名>] |

　　　　[ADD <表约束>] |

　　　　[DROP CONSTRAINT <约束名>]

　　　　[RENAME COLUMN <原列名> TO <新列名>] --修改列名

3. 删除基本表

DROP TABLE <表名> [Cascade Constraints]

　当表中的主键被引用时,不能删除。

　Cascade Constraints 表示删除表时同时删除该表的所有约束。

4. 索引的建立与删除

CREATE [UNIQUE] [CLUSTER] INDEX <索引名>

ON <表名> (<列名>[<次序>][, <列名>[<次序>]]…);\

5. 删除索引

DROP INDEX <索引名>

　【例4】 (2015年考研真题)下列关于 SQL 语句索引(Index)的叙述中,不正确的是

　　　　　　　　　　　　　　　　　　　　　　　　　　　　　　( )

　A. 系统在存取数据时会自动选择合适的索引作为存取路径

　B. 使用索引可以加快查询语句的执行速度

　C. 在一个基本表上可以创建多个索引

　D. 索引是外模式

　【答案】 D

　【解析】 建立索引是加快查询速度的有效手段,用户可以根据应用环境的需要,在基本表上建立一个或多个索引,以提供多种存取路径,加快查找速度。索引通过提供一种直接存取的方法来取代默认的全表扫描检索的方法,通过使用索引可以提高改善数据检索性能,可以快速地定位一条数据。系统在存取数据时会自动选择合适的索引作为存取路径,用户不必也不能显式地选择索引。索引一旦建立,就由系统使用和维护它,不需要用户干预。建立索引是为了减少查询操作的时间,但如果数据增删改频繁,系统会花费许多时间来维护索引,从而降低了查询效率。这时,需要删除一些不必要的索引。索引是关系数据库的内部实现技术,属于内模式的范畴。

4.3.3 数据查询

1. SELECT 语句

(1)SELECT 语句的含义。

SQL 数据查询语句格式：

SELECT〔ALL|DISTINCT〕＜目标列表达式＞　　　〔,＜目标列表达式＞〕… －－指定希望查看的列
FROM ＜表名或视图名＞〔,＜表名或视图名＞〕…　　　　　　　　－－指定要查询的表
〔WHERE ＜条件表达式＞〕　　　　　　　　　　　　　　　　　－－指定查询条件
〔GROUP BY ＜列名1＞　　　　　　　　　　　　　　　　　　　　－－指定要分组的列
〔HAVING ＜条件表达式＞〕〕　　　　　　　　　　　　　　　　　－－指定分组的条件
〔ORDER BY ＜列名2＞〔ASC|DESC〕〕　　　　　　　　　　　　　－－指定如何排序

（2）理解 SQL 语句与关系代数的对应关系,并能够写出与关系代数表达式等价的 SQL 语句。

在 SEELCT 语句中,SELECT 语句对应关系代数中的"投影"运算,WHERE 子句对应"选择"运算,FROM 子句中指定多个表时,对这多个表做"笛卡尔积运算"。

【例5】　(2006 年考研真题)设有 R(A,B,C)和 S(C,D,E)两个关系,使用 SQL 查询语句表达下列关系代数表达式 $\pi_{A,E}(\sigma_{B=D}(R \times s))$。

【答案】　SELECT A,E FROM R,S WHERE R. B ＝ S. D;

2. 单表数据查询

（1）查询指定列。

可以在 SELECT 关键字后面列出需要查询的列,多个列之间用","分割。

（2）选出所有属性列。

选出所有属性列可以在 SELECT 关键字后面列出所有列名,或者将＜目标列表达式＞指定为 ＊。

（3）查询经过计算的值。

在 SELECT 关键字的后面不仅可以使用列名来表示要查询的列,还可以将使用包含列名的算术表达式,如 2019 － Sage 可以表示学生的出生年份;列名有时不能清晰地表达列的含义,或显示的是列的表达式,这些情况下可以在列的后面(用空格分开或者加 as 关键字)指定相应列的别名,如果别名中含有空格,则需要用双引号进行包含,如"Birth Year";如果需要再查询结果中加入字符,可以在目标列表达式中使用字符常量;可以在目标列表达式中采用函数对查询结果进行运算,如 LOWER(SDEPT)可以用小写字符显示学生所在院系;可以使用"‖"运算符将查询的目标列或目标表达式连接起来。。

（4）消除值重复的行。

在某些查询结果中会包含重复的值,导致查询结果不准确,可以用 DISTINCT 关键字来去除查询结果中重复的元组。

【例6】　(2015 年考研真题)SQL 语言中,使用 SELECT 语句进行查询时,若希望查询结果不存在重复的元组,则需要用保留字　　　　　　　　　　　　　　　　（　　　）

A. UNIQUE　　　　　　B. EXCEPT　　　　　　C. DISTINCT　　　　　　D. ALL

【答案】　C

（5）查询满足条件的元组。

在 SELECT 语句中,可以通过 WHERE 子句实现返回满足条件的记录,如果无 WHERE 子句,则返回全部记录。WHERE 子句后面跟的是条件的布尔组合,其结果是查询指定条件的元组。WHERE 子句常用的查询条件主要有以下几种:

①比较表达式。用 ＝、＞、＞ ＝、＜、＜ ＝、＜ ＞构造比较表达式,表达各类查询条件。

②确定范围。使用 BETWEEN…AND 操作符可以选中排列于两值(包括这两个值)之

间的数据。这些数据可以是数字、文字或日期。

③确定集合。IN 关键字可以让用户在一个或数个不连续的值的限制之内取出表中的值。

④字符匹配。谓词 LIKE 可以用来进行模式匹配,实现模糊查询。其一般语法格式如下:

[NOT] LIKE '<模式>' [ESCAPE '<换码字符>']

可使用字符串的任意片段匹配通配符,通配符有"%"和"_",分别表示任意个字符和1个字符。使用通配符可使 LIKE 运算符更加灵活。如果用户要查询的匹配字符串本身就含有"%"或"_",就要使用 ESCAPE '<换码字符>'短语对通配符进行转义。ESCAPE '\'短语表示"\"为换码字符,这样匹配串中紧跟在\后面的"_"字符不再具有通配符的含义,而是取其本身含义,被转义为普通的"_"字符。

【例7】 (2016 年考研真题)已知 SN 是一个字符型字段,下列 SQL 查询语句的功能是   （   ）

SELECT SN FROM S WHERE SN LIKE "AB%"

A. 查询含有 3 个字符"AB%"的所有 SN 字段

B. 查询含有 3 个字符且前两个字符为"AB"的所有 SN 字段

C. 查询以字符"AB"开头的所有 SN 字段

D. 查询含有字符"AB"的所有 SN 字段

【答案】 C

【解析】 通配符% 表示零个或更多字符的任意字符串;因此 AB% 表示以 AB 开头的任意字符,因此答案为 C。

【例8】 (2005 年考研真题)在下列语句中,查找成绩汇总属性中以"优秀率"开始、以"%"结束的字符串:

WHERE 成绩汇总＿＿＿＿＿＿＿＿＿＿＿＿＿＿＿＿＿＿＿＿＿＿＿＿＿。

【答案】 LIKE '优秀率%\%' ESCAPE '\'

【解析】 以"优秀率开始"的字符串可以表示为"优秀率%",其中"%"表示任意个字符的通配符,如果要求以"%"结束,那么这里就需要对"%"进行转义,可以用"\"符号进行转义,使其后面的符号"%"称为普通字符。

⑤空值。空值表示缺少数据,测试空值只能用比较操作符 IS NULL 和 IS NOT NULL。

⑥多种条件。逻辑运算符 AND 和 OR 可在 WHERE 子句中把两个或多个条件连接起来。

（6）查询结果排序。

可以用 ORDER BY 子句指定按照一个或多个属性列的升序(ASC)或降序(DESC)重新排列查询结果,其中升序 ASC 为缺省值。如果没有指定查询结果的显示顺序,DBMS 将按其最方便的顺序(通常是元组在表中的先后顺序)输出查询结果。

（7）聚集函数与分组查询。

①聚集函数。SQL 支持聚集函数,这些函数可以应用到任何一个表的任何列上。这些聚集函数主要有 COUNT、SUM、AVG、MAX、MIN 等,如果指定 DISTINCT 短语,则表示在计算时要取消指定列中的重复值。

②分组查询。GROUP BY 子句可以将查询结果表的各行按一列或多列取值相等的原则

进行分组,也就是将聚集函数应用到关系中每个由多个分组组成的行上。对查询结果分组的目的是细化聚集函数的作用对象。当用聚集函数时,一般都要用到 GROUP BY 先进行分组,然后再进行聚集函数的运算。运算完后可能要用到 HAVING 子句对分组的结果进行筛选。

(8)SELECT 语句中各子句的执行次序。

当 SELECT 语句被 DBMS 执行时,其子句会按照固定的先后顺序执行:①FROM 子句;②WHERE 子句;③GROUP BY 子句;④HAVING 子句;⑤SELECT 子句;⑥ORDER BY 子句。

【例 9】　(2010 年考研真题)对由 SELECT—FROM—WHERE—GROUP—ORDER 组成的 SQL 语句,其在被 DBMS 处理时,各子句的执行次序为　　　　　　　　　(　　)

A. SELECT—FROM—GROUP—WHERE—ORDER

B. FROM—SELECT—WHERE—GROUP—ORDER

C. FROM—WHERE—GROUP—SELECT—ORDER

D. SELECT—FROM—WHERE—GROUP—ODER

【答案】　C

【解析】　SELECT 语句的执行过程为:FROM 子句先被执行,通过 FROM 子句获得一个虚拟表,然后通过 WHERE 子句从虚拟表中获取满足条件的记录,生成新的虚拟表。将新虚拟表中的记录通过 GROUP BY 子句分组后得到更新的虚拟表,而后 HAVING 子句在最新的虚拟表中筛选出满足条件的记录组成另外一个虚拟表,SELECT 子句会将指定的列提取出来组成更新的虚拟表,最后 ORDER BY 子句对其进行排序得出最终的虚拟表。通常这个最终的虚拟表被称为查询结果集。

3. 连接查询

(1)WHERE 子句中的连接查询。

①等值连接和非等值连接。连接查询的 WHERE 子句中用来连接两个表的条件称为连接条件或连接谓词,其一般格式为

[<表名 1>.] <列名 1>　<比较运算符>　[<表名 2>.] <列名 2>

②自身连接。连接操作不仅可以在两个表之间进行,也可以是一个表与其自己进行连接,这种连接称为表的自身连接。

③外连接。在通常的连接操作中,只有满足连接条件的元组才能作为结果输出,上面曾经举例查询选课课程的学生情况,那么结果集中只有选了课的学生信息,没有选课的学生不会出现在结果集中,原因在于他们没有选课,在 SC 表中没有相应的元组。但是有时想以 Student 表为主体列出每个学生的基本情况及其选课情况,若某个学生没有选课,则只输出其基本情况信息,其选课信息为空值即可,这时就需要使用外连接。外连接的运算符通常为 *。

④复合条件连接。上面各个连接查询中,WHERE 子句中只有一个条件,即用于连接两个表的谓词。WHERE 子句中有多个条件的连接操作,称为复合条件连接。连接操作除了可以是两表连接,一个表与其自身连接外,还可以是两个以上的表进行连接,后者通常称为多表连接。

(2)FROM 子句中的连接查询。

SQL -92 标准所定义的 FROM 子句的连接语法格式为:

FROM join_table join_type join_table

［ON（join_condition）］

4. 嵌套查询

嵌套查询是将其他查询嵌套在另一个查询里面的查询,嵌套在查询中的查询称为子查询。当然,子查询本身也可以是嵌套查询,这样就可以形成更深层次的查询。嵌套查询使得可以用一系列简单的查询构成复杂的查询,从而明显地增强了 SQL 的查询能力。子查询通常出现在 WHERE 子句中,有时候也出现 FROM 子句或 HAVING 短语中。

（1）了解嵌套查询的执行过程。

嵌套查询的执行过程与嵌套查询的类型有关,嵌套查询根据子查询的执行是否依赖父查询提供的条件分为不相关子查询和相关子查询。

①不相关子查询。不相关子查询是指执行过程不依赖于父查询的任何条件的子查询语句,这类查询称为不相关子查询。不相关子查询执行过程:由里向外逐层处理。即每个子查询在上一级查询处理之前求解,子查询的结果用于建立其父查询的查找条件。

②相关子查询。相关子查询的执行过程依赖于父查询的某个条件,子查询不止执行一次。这类子查询的查询条件往往依赖于其父查询的某属性值,称为相关子查询。相关子查询执行过程:首先取外层查询中表的第一个元组,根据它与内层查询相关的属性值处理内层查询,若 WHERE 子句返回值为真,则取此元组放入结果表;然后再取外层表的下一个元组,重复这一过程,直至外层表全部检查完为止。

（2）WHERE 子句中的嵌套查询。

子查询嵌入 WHERE 子句中的条件表达式中,条件表达式可以是比较子查询、含有 IN 的子查询、含有 BETWEEN…AND 的子查询、含有 ALL 和 ANY 的子查询及含有 EXISTS 的子查询。

利用 EXISTS 实现全称量词的查询和逻辑蕴涵运算是本章的难点内容。SQL 语言中没有全称量词∀（For all）,因此必须利用谓词演算将一个带有全称量词的谓词转换为等价的带有存在量词的谓词。SQL 语言中也没有蕴函（Implication）逻辑运算,因此也必须利用谓词演算将一个逻辑蕴函的谓词转换为等价的带有存在量词的谓词。

【例10】 （2014 年考研真题）设有关系模式:S(SN,SNAME,CITY),其中,S 表示供应商,SN 为供应商代号,SNAME 为供应商名字,CITY 为供应商所在城市,主关键字为 SN。

P(PN,PNAME,COLOR,WEIGHT),其中 P 表示零件,PN 为零件代号,PNAME 为零件名字,COLOR 为零件颜色,WEIGHT 为零件重量,主关键字为 PN。

J(JN,JNAME,CITY),其中 J 表示工程,JN 为工程编号,JNAME 为工程名字,CITY 为工程所在城市,主关键字为 JN。

SPJ(SN,PN,JN,QTY),其中 SPJ 表示供应关系,SN 是为指定工程提供零件的供应商代号,PN 为所提供的零件代号,JN 为工程编号,QTY 表示提供的零件数量,主关键字为(SN,PN,JN),外部关键字为 SN,PN,JN。

写出实现以下各题功能的 SQL 语句:

(1)取出重量最轻的零件代号。

(2)取出至少由一个和工程不在同一城市的供应商提供零件的工程代号。

【答案】

(1)SELECT PN FROM P WHERE WEIGHT =

　　　　（SELECT MIN(WEIGHT) FROM P);

（2）SELECT DISTINCT JN FROM SPJ WHERE

　　　　　（SELECT CITY FROM S WHERE S. SN = SPJ. SNO）！ =

　　　　　（SELECT CITY FROM J WHERE J. JN = SPJ. JN）；

也可以用连接查询来实现，SQL 语句为：

SELECT DISTINCT SPJ. JN

FROM SPJ，S，J

WHERE SPJ. SN = S. SN AND J. JN = SPJ. JN AND S. CITY ！ = J. CITY；

【例 11】　（2006 年考研真题）根据所给出的教学数据库，写出下列所给的每种功能相应的查询语句。

学生（学生号 char（7），姓名 char（6），性别 char（2），出生日期 datetime，专业 char（10），年级 int）

课程（课程号 char（4），课程名 char（10），课程学分 int）

选课（学生号 char（7），课程号 char（4），成绩 int）

（1）从教学库中查询出至少有两名学生选修的全部课程。

（2）从教学库中查询出至少选修了姓名为@ ml 学生所选课程中一门课的全部学生。

（3）从教学库中查询出每门课程被选修的学生人数，并按所选人数的升序排列出课程号、课程名和选课人数。

【解析】　（1）这个查询可以利用选课表进行分组查询，并利用 HAVING 子句对分组结果进行筛选。

SELECT 课程号 FROM 选课 GROUP BY 课程号 HAVING COUNT（ ＊ ） > =2；

（2）注意：本题目中的查询要求是只要选修了姓名为@ ml 学生所选课程中的一门课即可，这个查询可以利用嵌套查询来完成。先查询@ ml 学生所选的课程：

SELECT 课程号 FROM 选课，学生

WHERE 选课. 学生号 = 学生. 学生号 AND 姓名 ='@ ml'；

然后从选课表中查询选修了上面课程中一门课的学生学号：

SELECT 学生号 FROM 选课 WHERE 课程号 IN

（SELECT 课程号 FROM 选课，学生

WHERE 选课. 学生号 = 学生. 学生号 AND 姓名 ='@ ml'）；

（3）本题目中由于需要根据选课人数对结果进行排序，因此需要对统计课程选修人数的表达式进行属性重命名；另外，当使用分组查询时，出现在 SELECT 子句中的非聚集属性都必须出现在 GROUP 子句中。

SELECT 选课. 课程号，课程名，COUNT（ ＊ ） 选课人数

FROM 课程，选课　 WHERE 课程. 课程号 = 选课. 课程号

GROUP BY 选课. 课程号，课程名

ORDER BY 选课人数 ASC；

（3）出现在 HAVING 子句中的嵌套查询。

HAVING 子句的主要功能是对分组后的数据进行过滤，如果子查询在 HAVING 中表示要利用子查询构造的条件表达式进行分组过滤。条件表达式可以是比较表达式、BETWEEN…AND 表达式、IN 表达式等，与出现在 WHERE 子句中的基本相同，只是 HAVING 子句中的条件表达式作用于分组结果。

（4）基于派生表的查询。

子查询可以出现在 FROM 子句中,此时子查询生成的临时派生表成为主查询的查询对象,此时必须为派生关系指定一个别名,格式为:

FROM　（子查询）　AS 表别名(属性列名列表)

其中,AS 可以省略,如果子查询中没有聚集函数,派生表可以不指定属性列,子查询 SELECT 子句后面的列名为其默认属性,但是如果子查询中包含聚集函数,则必须为其指定属性名。

5. 集合查询

SQL 提供了 3 种集合操作符,它们扩展了前面讨论的基本查询形式。既然查询的结果是多行的集合,那么考虑使用像并、交和差这样的操作符就很自然。SQL 提供的这些集合操作包括:

（1）并操作。

UNION、UNION ALL:使用 UNION 将多个查询结果合并起来,形成一个完整的查询结果时,系统会自动去掉重复的元组。

（2）交操作。

INTERSECT:可以对多个查询结果进行交操作。

（3）差操作。

EXCEPT:可以对多个查询结果进行差操作,SQL 标准中差操作的关键字为 EXCEPT,但是 Oracle 中差操作用 MINUS 关键字表示。

【例12】　(2002 年考研真题)已知某数据库系统中包含 3 个基本表:

商品基本表 GOODS(G#,GNAME,PRICE,TYPE,FACT)

商场基本表 SHOPS(S#,SNAME,MANAG,ADDR)

销售基本表 SALES(S#,G#,QTY)

其中、G#、GNAME、PRICE、TYPE、FACT 分别代表商品号、商品名、单价、型号、制造商; S#、SNMAE、MANAG、ADDR 分别代表商场号、商场名、经理、地址;QTY 代表销售量。

试用 SQL 语句完成下列查询:

（1）查询不生产微波炉的制造商;

（2）查询位于南京路的所有商场号和商场名;

（3）查询未销售南华厂的产品的商场名和经理;

（4）查询至少在 S01 和 S02 两个商场销售的商品名、型号和制造商;

（5）查询生产电视机的制造商数;

（6）查询平均销售量最高的商品号。

【答案】

（1）SELECT FACT FROM GOODS

　　EXCEPT

　　SELECT FACT FROM GOODS WHERE GNAME = ′微波炉′;

　　或者:

　　SELECT FACT FROM GOODS a WHERE NOT EXISTS

　　　　(SELECT ＊ FROM GOODS b WHERE b. FACT = a. FACT AND GNAME = ′微波炉′);

（2）SELECT S#,SNAME FROM SHOPS WHERE ADDR = ′南京路′;

（3）SELECT SNAME , MANAG FROM SHOPS WHERE S# NOT IN

    （SELECT S# FROM SALES,GOODS WHERE SALES. G# = GOODS. G#

        AND FACT = ′南华厂′）;

（4）SELECT GNAME,TYPE,FACT FROM GOODS WHERE NOT EXISTS

    （SELECT ＊ FROM SHOPS WHERE S# IN（′S01′,′S02′）AND NOT EXISTS

        （SELECT ＊ FROM SALES WHERE SALES. S# = SHOPS. S#

            AND SALES. G# = GOODS. G#））;

（5）SELECT COUNT（DISTINCT FACT）FROM GOODS WHERE GNAME = ′电视机′;

（6）SELECT G# FROM SALES GROUP BY G# HAVING AVG（QTY）=

    （SELECT MAX（AVG（QTY））FROM SALES GROUP BY G#）;

4.3.4 数据更新

1. 数据插入

（1）插入单行数据。

INSERT INTO ＜表名＞［（＜属性列 1＞［,＜属性列 2＞…）］

VALUES（＜常量 1＞［,＜常量 2＞］…）

（2）插入子查询结果。

子查询可以嵌套在 INSERT 语句中,把子查询的结果插入到指定的表中,这样的一条 INSERT 语句可以一次插入多条元组。其格式为

INSERT INTO ＜表名＞ ［（＜属性列 1＞［,＜属性列 2＞… ）］

子查询;

2. 数据更新

UPDATE 的功能是修改表中满足 WHERE 子句条件表达式的元组的属性值,要求必须提供表名以及 SET 表达式,即用＜表达式＞的值取代相应的属性列值,如果省略 WHERE 子句,则表示要修改表中的所有元组。UPDATE 语句的格式为

UPDATE ＜表名＞

SET ＜列名＞ = ＜表达式＞［,＜列名＞ = ＜表达式＞］…

［WHERE ＜条件＞］;

（1）UPDATE 语句修改元组的值。

当需要更新元组的过滤条件比较简单时,可以直接在 WHERE 子句中利用被修改表中属性构造嵌入条件表达式。例如,修改学号为 20010101 学生的姓名为"张三",就可以用如下 SQL 语句:UPDATE Student SET Sname = ′张三′ WHERE Sno = ′20010101′;

（2）带子查询的 UPDATE 语句。

当需要更新元组的过滤条件比较复杂时,UPDATE 语句 WHERE 子句中的条件表达式就必须使用带有子查询的条件表达式来构造更新操作的条件。如例 16 题目中题 3 中为所有女生加 10 分。此题需对选课表 SC 中的 Grade 字段进行更新,但只修改女生的成绩,而 SC 表中并没有性别字段,此时需要利用子查询先从 Student 表中查询出所有女生的学号,然后再根据 SC 中各元组的 Sno（学号）值是否在子查询返回的所有女生学号集合中来判断该元组的 Grade 值是否需要更新。WHERE 子句中的更新条件为:Sno IN（SELECT Sno FROM

Student WHERE Ssex = ′女′）。带子查询 UPDATE 语句的格式为

UPDATE ＜表名＞

SET ＜列名＞ ＝ ＜表达式＞［,＜列名＞ ＝ ＜表达式＞］

［WHERE＜带有子查询的条件表达式＞］；

本语句执行时,将修改使＜带有子查询的条件表达式＞为真的所有元组。

3. 删除数据

DELETE 语句的功能是从指定表中删除满足 WHERE 子句条件的所有元组。如果省略 WHERE 子句,则表示删除表中全部元组,但表的定义仍在数据字典中。DELETE 语句的一般格式为

DELETE

FROM ＜表名＞

［WHERE ＜条件＞］；

4. 带子查询的删除语句

子查询同样也可以嵌套在 DELETE 语句中,用以构造执行删除操作的条件,具体格式为

DELETE FROM ＜表名＞

［WHERE＜带有子查询的条件表达式＞］

本语句将删除所有使＜带有子查询的条件表达式＞为真的所有元组。

4.3.5 视图

1. 视图的基本概念

视图是从一个或多个基本表或视图导出的表,本身不包含数据,是一个虚表。视图基于的表称为基表。数据库中只存放视图的定义,而不存储对应的数据,这些数据仍存放在原来的基本表中。视图只在刚刚打开的一瞬间,通过定义从基表中搜集数据,并展现给用户。因此,一旦基本表中的数据发生变化,从视图中查询出的数据就随之改变。

2. 视图的用途

（1）视图能够简化用户的操作。

（2）视图使用户能以多种角度看待同一数据,提供灵活性。

（3）视图对重构数据库提供了一定程度的逻辑独立性。

（4）视图能够对机密数据提供安全保护。

（5）适当利用视图可以更清晰地表达查询,提高查询效率。

【例 13】 （2012 年考研真题)在关系数据库系统中,为了简化用户的查询操作,提高查询效率,而又不增加数据的存储空间,常用的方法是创建 （ ）

A. 另一个表 B. 游标 C. 视图 D. 索引

【答案】 C

【解析】 视图对应数据库三级模式中的外模式,是一个虚表,因此不会增加数据的存储空间,而且视图能够为同一种数据提供不同的呈现方式,简化用户的操作。创建索引是加快表的查询速度的有效手段,但是不能简化用户的查询操作。创建另一个表会增加数据的存储空间,而游标并不能提高查询效率。因此正确答案为 C。

3. 定义视图

CREATE VIEW＜视图名＞（列名 1,列名 2,…）

　　AS ＜子查询＞

　　　［With Read Only］［With Check Option］

4.视图的创建过程

DBMS 执行 CREATE VIEW 语句的结果只是把对视图的定义存入数据字典,并不执行其中的 SELECT 语句。只是在对视图查询时,才按视图的定义从基本表中将数据查出。

5.各种类型视图的概念及创建

(1)行列子集视图。

从单个基本表导出的,只是去掉了基本表的某些行和某些列且保留了主码的视图称为行列子集视图。利用行列子集视图可以进行数据更新操作。

(2)分组视图。

子查询中带有聚集函数和 GROUP BY 子句的视图称为分组视图。

(3)表达式视图。

子查询中 SELECT 子句中带虚拟列的视图称为表达式视图。

(4)连接视图。

基于多个表或视图的连接操作的视图称为连接视图。

(5)只读视图。

定义时使用 With Read Only 选项所定义的视图是只读视图,只能进行查询操作,而不能进行更新操作。

6.查询视图

视图查询与基本表的查询相同。DBMS 执行对视图的查询时,首先进行有效性检查,检查查询涉及的表、视图等是否在数据库中存在,如果存在,则从数据字典中取出查询涉及的视图的定义,把定义中的子查询和用户对视图的查询结合起来,转换成对基本表的查询,然后再执行这个经过修正的查询。将对视图的查询转换为对基本表的查询的过程称为视图的消解。

7.更新视图

视图的更新与表的更新类似。由于视图是不实际存储数据的虚表,因此对视图的更新最终都需要通过视图消解过程转化为对基本表的更新操作。不是所有视图都是可更新的,基于连接查询的视图不可更新;使用了函数的视图不可更新;使用了分组操作的视图不可更新;只有建立在单个表上而且没有使用函数的视图才是可更新的。

【例14】 (2009 年考研真题)现有基本表:学生(学号,姓名,年龄,所在系),课程(课程号,课程名,学分),选课(学号,课程号,成绩)。在以下视图中,可以更新的视图为(　　)

A.视图 V1,由选修了 3 号课程的学生学号、姓名组成

B.视图 V2,由学生的学号和他的平均成绩组成

C.视图 V3,由学生的学号、姓名和出生年份组成

D.视图 V4,由管理科学与工程系的学生学号、姓名组成

【答案】　D

8.删除视图

Drop View ＜视图名＞［CASCADE］

视图删除后视图的定义将从数据字典中删除,如果该视图还导出了其他视图,则使用 CASCADE 级联删除语句可以把该视图和由它导出的所有视图一并删除。基本表被删除

后,由该基本表导出的所有视图均无法使用,但是视图的定义没有从字典中删除,需要用户利用 DROP VIEW 语句进行删除。

【例15】 (2018 年考研真题)下列关于关系数据库视图的叙述中,错误的是 (　　)

A. 视图是关系数据库系统提供给用户以多种角度观察数据库中数据的重要机制

B. 视图可对重构数据库提供一定程度的逻辑独立性

C. 所有的视图都是可查询和可更新的

D. 对视图的一切操作最终要转换为对基本表的操作

【答案】 C

【解析】 所有的视图都是可以查询的,但是只有行列子集视图才是可更新的,其他类型的视图均不能完成视图消解过程,因此不是可更新的。

9. 利用 SQL 语言进行数据定义和数据操纵

要求学生能够利用 SQL 语句进行数据定义、数据查询、数据更新,尤其要掌握数据定义中表的创建、表结构的修改、删除表;数据查询中重点要掌握连接查询和嵌套查询;能够利用视图简化查询的操作,能够创建行列子集视图、分组视图、带表达式的视图、连接视图,能够利用视图进行数据查询、数据插入、数据更新、数据删除等操作,能够利用视图更新基本表中的数据。

【例16】 (2014 年考研真题)SQL 语言操作题

已知学生 – 课程数据库中包括以下 3 个表:

学生表:Student(Sno,Sname,Ssex,Sage,Sdept)

课程表:Course(Cno,Cname,Cpno,Ccredit)

学生选课表:SC(Sno,Cno,Grade)

其中:Sno 表示学生学号,Sname 表示学生姓名,Ssex 表示学生性别,Sage 表示学生年龄,Sdept 表示学生所在系,Cno 表示课程号,Cname 表示课程名称,Cpno 表示先行课号,Ccredit 表示该课程的学分,Grade 表示考试成绩。____表示主码,～～～表示外码。

用 SQL 语言完成如下查询:

(1)用 SQL 语言建立 SC 表,要求满足以下完整性约束条件的定义:

①定义关系的主码,②定义参照完整性,③100≥Grade≥0。

(2)查询年龄大于 19 岁的"计算机系"的学生学号和姓名。

(3)将所有女生的成绩加 10 分。

(4)请为"计算机系"的学生建立一个视图 E_W,属性包括学号(Sno)、姓名(Sname)、所选课程号(Cno)及成绩(Grade)。

【答案】

(1)CREATE TABLE SC(

  Sno INT REFERENCES Student(Sno),

  Cno INT REFERENCES Course(Cno),

  Grade INT CHECK(Grade BETWEEN 0 AND 100),

  PRIMARY KEY(Sno,Cno)

 );

(2)SELECT Sno,Sname FROM Student

  WHERE Sdept = '计算机系' AND Sage > 19;

（3）Update SC SET Grade ＝ Grade ＋ 10 WHERE Sno IN

　　（SELECT Sno FROM Student WHERE Ssex ＝ ′女′）；

（4）CREATE VIEW E_W AS

　　SELECT Student. Sno，Sname，Course. Cno，Grade

　　FROM Student，SC，Course

　　WHERE Student. Sno ＝ SC. Sno AND SC. Cno ＝ Course. Cno AND Sdept ＝ ′计算机系′；

【例 17】　（2012 年考研真题）设有一个涉及第二次世界大战中大型舰船的数据库，它由以下 4 个关系组成：

Classes（class，type，country，numguns，bore，displacement）

Ships（name，class，launched）

Battles（name，date）

Outcome（shipname，battle，result）

其中，相同设计的舰船组成一个"类"，Classes 表示舰船的类，记录了类的名字、型号（type，其中 bb 表示主力舰，bc 表示巡洋舰）、生产国家、火炮门数、火炮尺寸（或口径，单位是英寸）和排水量（重量，单位是吨）。关系 ships 记录了战舰的名字、舰船的类属名字、开始服役的日期。关系 Battles 给出了这些舰船参加的战役的时间。关系 Outcome 给出了各个舰船在各场战役中（battle 表示战役名）的结果（有沉没、受伤和完好 3 种结果，分别用 sunk、damaged 和 ok 表示）。

写出实现下列各题的 SQL 语句：

（1）查询参加了北大西洋战役（战役名为 North Atlantic）的舰船的名字。

（2）查询既有主力舰又有巡洋舰的国家。

（3）火炮数量超过 50 个的舰船的名字。

（4）统计每一类战舰所具有的舰船的数量、平均的火炮数量。

（5）设 class、country 分别为最大长度为 8 和 10 的可变长字符串，type 为长度为 2 的字符串，其他属性均为数值型，写出创建 Classes 表的 SQL 语句，并设定其主键为 class，且 type 属性为非空。

【解析】　（1）战役名称信息和参加的舰船的名字信息存储在 Outcome 表中，因此，直接利用 Outcome 表即可完成该查询。

SELECT shipname FROM Outcome WHERE battle ＝ ′North Atlantic′；

（2）主力舰和巡洋舰是舰船的型号，各个国家具有舰船类型的信息存在 Classes 表中，因此，对 Classes 进行单表查询即可完成该查询；这里需要分别查询具有主力舰的国家和具有巡洋舰的国家，然后进行相交操作或者将查询到拥有主力舰和拥有巡洋舰的国家子句嵌入国家的选择条件进行嵌套查询。

（SELECT country FROM Classes WHERE type ＝ ′bb′）　INTERSECT

（SELECT country FROM Classes WHERE type ＝ ′bc′）；

或：

SELECT country FROM Classes WHERE country IN

　（SELECT country FROM Classes WHERE type ＝ ′bb′）AND country IN

　（SELECT country FROM Classes WHERE type ＝ ′bc′）；

（3）舰船名字存于 Ships 表中，火炮数量信息存于 Classes 表中，两个关系利用 class 属性进行连接,就可以查询"中"替换为"出"中每个舰船的火炮数量。因此需要对 Classes 和 Ships 表进行等值连接或者自然连接即可完成本题要求,选择条件为火炮数量大于 50。

　　　　SELECT name FROM Classes,Ships WHERE Classes. class = Ships. class AND numguns > 50;

或:

　　　　SELECT name FROM Classes JOIN Ships ON Classes. class = Ships. class WHERE numguns > 50;

或:

　　　　SELECT name FROM Classes NATURAL JOIN Ships WHERE numguns > 50;

　　(4)首先分析每一类战舰所具有的舰船数量,可以通过对 Ships 表进行根据 class 属性分组进行聚集查询,平均的火炮数量需要利用 Classes 表中的 numguns 属性,因此,本题目需要先对两个表进行自然连接或等值连接,然后分组进行聚集查询即可。需要注意的是,如果利用自然连接,则不需要指定 class 的表名,而如果利用等值连接,则必须指明。答案如下:

　　　　SELECT class,COUNT(*),MIN(numguns)

　　　　FROM Classes NATURAL JOIN Ships

　　　　GROUP BY class;

或:

　　　　SELECT Classes. class,COUNT(*),MIN(numguns)

　　　　FROM Classes,Ships　　WHERE Classes. class = Ships. class

　　　　GROUP BY class;

　　(5)主码用 PRIMARY KEY 子句即可列级定义,也可以用 PRIMARY KEY(class)进行标记定义,但是 NOT NULL 约束必须用列级定义。

　　　　CREATE TABLE Classes(

　　　　class varchar(8) PRIMARY KEY,

　　　　type char(2) NOT NULL,

　　　　country varchar(10),

　　　　numguns numeric,

　　　　bore numeric,

　　　　displacement numeric

　　　　);

或:

　　　　CREATE TABLE Classes(

　　　　class varchar(8),

　　　　type char(2) NOT NULL,

　　　　country varchar(10),

　　　　numguns numeric,

　　　　bore numeric,

　　　　displacement numeric,

　　　　PRIMARY KEY(class)

　　　　);

【课后习题】

一、选择题

1.(2017 年考研真题)SQL 语言通常称为　　　　　　　　　　　　　　　　　　(　　)

　A.结构化查询语言　　　　　　　　　　B.结构化控制语言

　C.结构化定义语言　　　　　　　　　　D.结构化操纵语言

2.(2015 年考研真题)SQL 语言具有两种使用方式,分别称为嵌入式 SQL 和　(　　)

　A. 交互式 SQL　　　B. 多用户 SQL　　　C. 提示式 SQL　　　D. 解释式 SQL

3.(2016 年考研真题)视图是数据库系统三级模式中的　　　　　　　　　　　(　　)

　A. 外模式　　　　　B. 模式　　　　　　C. 内模式　　　　　D. 模式映像

4.(2004 年考研真题)为了使索引键的值在基本表中唯一,在建立索引的语句中应使用保留字　　　　　　　　　　　　　　　　　　　　　　　　　　　　　　　　　(　　)

　A. UNIQUE　　　　B. COUNT　　　　　C. DISTINCT　　　　D. UNION

5.(2018 年考研真题)SQL 语言十分简洁,完成数据定义、数据操作、数据控制的核心功能只用了 9 个动词。下列动词中用于数据定义的是　　　　　　　　　　　(　　)

　A. ALTER　　　　　B. DELETE　　　　　C. GRANT　　　　　D. INSERT

6.(2004 年考研真题)在 SELECT 语句中,对应关系代数中"选择"运算的语句是

　　　　　　　　　　　　　　　　　　　　　　　　　　　　　　　　　　(　　)

　A. SELECT　　　　　B. FROM　　　　　　C. WHERE　　　　　D. SET

7.(2004 年考研真题)在 SELECT 语句中没有分组子句和聚合函数时,SELECT 子句表示了关系代数中的　　　　　　　　　　　　　　　　　　　　　　　　　　(　　)

　A. 投影操作　　　　B. 选择操作　　　　C. 连接操作　　　D. 笛卡尔积操作

8.(2014 年考研真题)在 WHERE 语句的条件表达式中,与 1 个字符匹配的通配符是

　　　　　　　　　　　　　　　　　　　　　　　　　　　　　　　　　　(　　)

　A. *　　　　　　　　B. ?　　　　　　　　C. %　　　　　　　D. _

9.(2006 年考研真题)在 SQL 中,下列涉及空值的操作,不正确的是　　　　　(　　)

　A. AGE IS NULL　　　　　　　　　　　B. AGE IS NOT NULL

　C. AGE = NULL　　　　　　　　　　　D. NOT(AGE IS NULL)

10.(2015 年考研真题)在 SQL 中,聚合函数 COUNT(列名)用于　　　　　　　(　　)

　A. 对一列中的非空值计算个数　　　　　B. 对一列中的非空值和空值计算个数

　C. 计算元组的个数　　　　　　　　　　D. 计算属性的个数

11.(2018 年考研真题)基于"学生 – 选课 – 课程"数据库中的 3 个关系:

学生表 S(S#,SNAME,SEX,BIRTHYEAR,DEPT),主码为 S#

课程表 C(C#,CNAME,TEACHER),主码为 C#

选课表 SC(S#,C#,GRADE),主码为(S#,C#)

查找"选修了至少 5 门课程的学生的学号",正确的 SQL 语句是　　　　　　(　　)

　A. SELECT S# FROM SC GROUP BY S# HAVING COUNT(*) > =5;

　B. SELECT S# FROM SC GROUP BY S# WHERE COUNT(*) > =5;

　C. SELECT S# FROM SC HAVING COUNT(*) > =5;

　D. SELECT S# FROM SC WHERE COUNT(*) > =5;

12. (2011 年考研真题)SQL 中,与 NOT IN 等价的操作符是　　　　　　　　　(　　)

A. = SOME　　　　　B. < > SOME　　　　　C. = ALL　　　　　D. < > ALL

13. (2018 年考研真题)基于"学生 – 选课 – 课程"数据库中的 3 个关系:

学生表 S(S#,SNAME,SEX,BIRTHYEAR,DEPT),主码为 S#

课程表 C(C#,CNAME,TEACHER),主码为 C#

选课表 SC(S#,C#,GRADE),主码为(S#,C#)

查找"选修了 C01 号课程的全体学生的姓名和所在系",下列 SQL 语句中错误的是

(　　)

A. SELECT SNAME,DEPT FROM S WHERE S# IN(SELECT S# FROM SC WHERE C# = ′C01′);

B. SELECT SNAME,DEPT FROM S WHERE S# = (SELECT S# FROM SC WHERE C# = ′C01′);

C. SELECT SNAME,DEPT FROM S,SC WHEREC# = ′C01′ AND S. S# = SC. S#;

D. SELECT SNAME,DEPT FROM (S JOIN SC ON S. S# = SC. S#) WHERE C# = ′C01′;

14. (2014 年考研真题)下列 SQL 语句中,实现对表中记录值进行修改的是　　(　　)

A. ALTER TABLE　　B. SELECT　　　　　C. UPDATE　　　　D. DELETE

15. (2014 年考研真题)下列关于视图的说法不正确的是　　　　　　　　　(　　)

A. 对已经定义的视图可以查询,也可以在其上定义新视图和基本表

B. 视图能够简化用户的操作,并使用户能以多种角度看待同一数据

C. 行列子集视图可以被更新,即能唯一地有意义地转换成对相应基本表的更新

D. 视图对重构数据库提供一定程度的逻辑独立性,也能够对机密数据提供必要的保护

16. (2012 年考研真题)以下对视图的叙述中错误的是　　　　　　　　　　(　　)

A. 视图不是物理存在的,是虚拟存在的表

B. 在某些情况下,视图可以进行更新

C. 视图的查询需要转化为对基表的查询,这个转换工作是由 SQL 系统完成的

D. 对视图的更新操作,其对应的基表保持不变

17. (2018 年考研真题)在数据库系统中,视图可以提供数据的　　　　　　(　　)

A. 安全性　　　　　　B. 完整性　　　　　C. 可恢复性　　　　D. 并发性

18. (2006 年考研真题)关于视图,下列说法中正确的是　　　　　　　　　(　　)

A. 对视图的使用和表一样,也可以进行插、查、删、改操作

B. 视图只能从表中导出

C. 视图与表一样,也存储着数据

D. 对视图的操作,最终都要转化成对基本表的操作

19. (2005 年考研真题)使用 UPDATE 语句对视图进行修改时,下列说法正确的是

(　　)

A. 修改视图中的数据,实际上是修改了基本表的数据

B. 由于视图只是一种"虚表",故对它进行修改时不会影响基本表的数据

C. 当视图是依据基本表创建的情况下,修改视图中的数据会修改基本表的数据,而当视图是依据其他视图创建的时,修改视图中的数据不会修改基本表的数据

D. 所有的视图都可以用 UPDATE 语句进行更新

20.(2014年考研真题)下列关于视图的说法不正确的是 (　　)

A. 对已经定义的视图可以查询,也可以在其上定义新视图和基本表

B. 视图能够简化用户的操作,并使用户能以多种角度看待同一数据

C. 行列子集视图可以被更新,并能唯一地有意义地转换成对相应基本表的更新

D. 视图对重构数据库提供一定程度的逻辑独立性,也能够对机密数据提供必要保护

二、填空题

1.(2006年考研真题)在SQL的查询语句中,_____选项实现分组统计功能,_____选项实现对结果表的排序功能。

2.(2014年考研真题)在SQL中X between 20 and 30的含义是_____。

3.(2015年考研真题)SQL表达式中,通配符"%"表示_____,"_"(下划线)表示_____。

4.(2006年考研真题)向基本表插入数据时,可以在命令中使用关键字_____引出记录值,或者在命令中通过_____子句得到一个结果表。

5.(2014年考研真题)在SQL中,视图是由_____产生的虚表。

6.(2004年考研真题)使用SQL语言的SELECT语句进行查询时,要去掉查询结果中的重复记录,应该使用_____关键字。

7.(2004年考研真题)使用SQL语言的SELECT语句进行分组查询时,如果希望去掉不满足条件的分组,应当使用_____关键字。

8.(2011年考研真题)视图是一个虚表,它是从一个或几个基本表导出的表。在数据库中,只存放视图的_____,不存放视图对应的_____。

9.(2005年考研真题)下面的查询语句中,WHERE子句可以等价替换为_____。

SELECT * FROM XS WHERE 专业名 LIKE '计算机应用'

三、计算分析题

1.(2004年考研真题)设r和s分别是关系模式R(A,B,C)和S(D,E,F)上的两个关系,请写出与关系代数表达式 $\pi_{A,F}(\sigma_{C=D}(r \times s))$ 等价的SQL语句。

2.(2014年考研真题)

R表				S表				T表		
A	B	C		A	B	C		B	C	D
a1	b1	c2		a1	b2	c1		b1	c2	d4
a2	b3	c7		a2	b2	c3		b2	c1	d1
a3	b4	c6		a4	b6	c6		b2	c3	d2
a1	b2	c3		a1	b1	c2				
				a3	b4	c6				

写出与以下关系代数表达式等价的SQL语句:

(1)R∩S　(2)R-S　(3)S÷T　(4)R×T　(5)S⋈T

四、SQL操作题

1.(2013年考研真题)设某公司的信息管理系统中有3个基本表:

职工表 E(E#,ENAME,AGE,SEX,ECITY),其属性是职工编号、姓名、年龄、性别和籍贯。

部门表 C(C#,CNAME,TELE),其属性是部门编号、部门名称和电话号码。

工作表 W(E#,C#,SALARY),其属性是职工编号、部门编号和工资。

备注:＿＿＿＿＿＿表示主码,～～～～～～表示外码。

用 SQL 语言完成如下查询:

(1)用 SQL 语言建立 W 表,要求满足以下完整性约束条件的定义:

①定义关系的主码,②定义参照完整性,③SALARY≥1000。

(2)查询年龄大于 25 岁的女职工的职工编号。

(3)为每个部门中超过 50 岁的女职工加薪 1000 元。

(4)请为女职工信息建立一个视图 E_W,属性包括职工编号 E#,职工姓名 ENAME,所在部门编号 C#,所在部门名称 CNAME,工资 SALARY。

2.(2013 年考研真题)假设一个数据库中有三个关系:

客户关系:C(C#,CN,CA),属性的含义依次为客户号、客户名称和地址;

产品关系:P(P#,PN,PR,PS),属性的含义依次为产品号、品名、单价和供应商;

订单关系:R(R#,C#,P#,RD,QTY),属性的含义依次为订单号、客户号、产品号、日期和数量。规定一张订单只能订购一种产品。

写出实现下列查询的 SQL 语句:

(1)查询名为'华大数码'的供应商所提供的产品的产品名称和单价。

(2)列出客户"张山"订购的产品的信息,包括品名、日期和数量。

(3)列出那些客户 A 订购的但客户 B 没订购的产品的名称。

(4)统计每一个客户的订单数量,产品的种类及订购的总数量,要求查询结果按订单数量排序。

(5)设 R 关系中 R#、C#和 P#都为长度 5 的定长字符串,RD 为日期型数据,QTY 为实数,写出创建 R 关系模式的 SQL 语句,并设定其主键为 R#,且 C#和 P#属性为非空,并设定 QTY 值必须是大于 0 的 check 约束条件。

3.(2017 年考研真题)假设学生－课程数据库关系模式如下所示,用 SQL 语句表达下列操作:

Student(S#,Sname,Sage,Ssex)

Course(C#,Cname,T#)

SC(S#,C#,Score)

Teacher(T#,Tname)

(1)查询所有学生的学号、姓名、选课数、总成绩;

(2)查询两门以上不及格课程的学生学号及其平均成绩;

(3)查询姓"张"的老师的个数;

(4)删除学习"张平"老师课的 SC 表记录;

(5)向 SC 表中插入符合以下条件的记录:没有上过编号"005"课程的学生学号;插入"005"号课程的平均成绩;

(6)统计每门课程的学生选修人数。要求输出课程号和选修人数,查询结果按人数降序排列,若人数相同,按课程号升序排列。

【课后习题答案】

一、选择题

1. A　2. A　3. A　4. A　5. A　6. C　7. A　8. D　9. C　10. A　11. A　12. D　13. B

14. C　15. A　16. D　17. A　18. D　19. A　20. A

二、填空题

1. GROUP BY,ORDER BY

2. X 的值在 20~30 之间

3. 任意个字符,单个字符

4. VALUES,SELECT

5. 基本表或视图

6. DISTINCT

7. HAVING

8. 定义,数据

9. 专业名 = '计算机应用'

三、计算分析题

1. SELECT A,F　FROM R,S　WHERE　C = D;

2. (1)SELECT ＊ FROM R INTERSECT SELECT ＊ FROM S;

(2)SELECT ＊ FROM R EXCEPT SELECT ＊ FROM S;

(3)SELECT DISTINCT A FROM S a WHERE NOT EXISTS(

    SELECT ＊ FROM T WHERE NOT EXISTS(

      SELECT ＊ FROM S b WHERE a. A = b. A AND T. B = b. B AND T. C = b. C));

(4)SELECT ＊ FROM R,T;

(5)SELECT ＊ FROM S NATURAL JOIN T;

    或 SELECT S. ＊ ,D　FROM S,T　WHERE　S. B = T. B AND S. C = T. C;

四、SQL 操作题

1. (1)CREATE TABLE W(

    E# INT , C# INT ,

    SALARY REAL CHECK(SALARY > =1000) ,

    PRIMARY KEY(E# , C#) ,

    FOREIGN KEY (E#)　REFERENCES　E(E#),

    FOREIGN KEY(C#)　REFERENCES　C(C#));

(2)SELECT E# FROM E WHERE AGE >25 AND SEX = '女';

(3)UPDATE W SET SALARY = SALARY + 1000 WHERE E# IN

    (SELECT E# FROM E WHERE AGE >50 AND SEX = '女');

(4)CREATE VIEW E_W AS

    SELECT E. E# , ENAME, W. C# , CNAME , SALARY

    FROM E , W , C

    WHERE E. E# = W. E# AND C. C# = W. C# AND SEX = '女';

2. (1)SELECT PN,PR　FROM　P　WHERE　PS = '华大数码';

（2）SELECT PN，RD，QTY　FROM　C，P，R

　　　WHERE　C．C# ＝ R．C#　AND R．P# ＝ P．P#　AND CN ＝ ′张山′；

（3）SELECT PN FROM P WHERE P# IN（SELECT P# FROM R WHERE C# ＝′A′）AND

　　　　　　　　　　　　P# NOT IN（SELECT P# FROM R WHERE C# ＝′

　　　　　　　　　　　　B′）；

（4）SELECT C#，COUNT（ ＊ ），COUNT（DISTINCT P#），SUM（QTY）

　　　FROM R　GROUP BY C#　ORDER BY COUNT（ ＊ ）；

（5）CREATE TABLE R（

　　　R#　CHAR（5）　PRIMARY　KEY，

　　　C#　CHAR（5）　NOT　NULL，

　　　P#　CHAR（5）　NOT　NULL，

　　　RD　DATE，

　　　QTY　REAL CHECK（QTY ＞0）

　　　）；

3.（1）SELECT Student．S#，Sname，COUNT（ ＊ ），SUM（Score）

　　　　FROM Student，SC WHERE Student．S# ＝ SC．S#GROUP BY Student．S#，Sname；

（2）SELECT S#，AVG（Score）FROM SC WHERE Score ＜60

　　　GROUP BY S#　HAVING COUNT（ ＊ ） ＞ ＝2；

（3）SELECT COUNT（ ＊ ）FROM Teacher WHERE Tname LIKE ′张%′；

（4）DELETE FROM SC WHERE C# IN

　　　（SELECT C# FROM Course，Teacher WHERE Course．T# ＝ Teacher．T# AND Tname ＝′

　　　张平′）；

（5）INSERT INTO SC（S#，C#，Score）

　　　SELECT　＊　FROM

　　　（SELECT S# FROM Student EXCEPT SELECT S# FROM SC WHERE CNO ＝′005′），

　　　（SELECT C#，AVG（Score）FROM SC WHERE C# ＝′005′ GROUP BY C#）；

（6）SELECT C#，COUNT（ ＊ ）as NUM FROM SC GROUP BY C#

　　　ORDER BY（NUM DESC，C# ASC）；

4.4　数据库安全性

　　本节主要介绍实现数据库系统提供的安全性措施，主要包括用户身份鉴别、自主存取控制和强制存取控制技术、视图技术、审计技术、数据加密等。学习本节的目的是要求学生理解和掌握如何使用SQL中的数据控制语句实现数据库的安全性保护，自主存取控制权限的定义和维护方法，包括定义用户、定义角色、分配权限给角色、分配权限给用户和回收权限等基本功能，并能够设计SQL语句来检查数据权限分配是否正确。

4.4.1　数据库的安全性概述

1. 数据库的安全性概念

数据库的安全性是指保护数据库,防止因用户非法使用数据库造成数据泄露、更改或破坏。

2. 数据库的不安全因素

(1)非授权用户对数据库的恶意存取和破坏。

(2)数据库中重要或敏感的数据被泄露。

(3)安全环境的脆弱性。

3. 安全框架体系

(1)TCSEC 标准。

(2)CC 标准。

4.4.2　数据库安全性控制

1. 数据库安全性控制的常用方法

(1)用户标识和鉴别。

(2)存取控制。

(3)定义视图。

(4)审计。

(5)数据加密。

2. 用户身份鉴别

用户身份鉴别是数据库管理系统提供的最外层安全保护措施,每个用户在系统中都有一个用户标识,每个用户标识由用户名和用户标识号两部分组成,用户标识号在系统的整个生命周期内是唯一的,系统内部记录着所有合法用户的标识。系统鉴别是指由系统提供一定的方式让用户标识自己的名字或身份。在常见的 DBMS 中,可以使用 CREATE USER 语句创建用户。

3. 常用存取控制方法

(1)自主存取控制(Discretionary Access Control,DAC)。

用户对不同的对象有不同的存取权限,不同的用户对同一对象也有不同的权限,用户还可将其拥有的存取权限转授给其他用户。通过 SQL 的 GRANT 语句和 REVOKE 语句实现授权与回收权限。

(2)强制存取控制(Mandatory Access Control,MAC)。

每个对象有一定密级,每个用户有某一级别的许可证。任何对象,只有具有合法许可证的用户才可以存取。

【例1】　(2015 年考研真题)SQL 的 REVOKE 和 GRANT 语句主要用来维护数据库的

　　　　　　　　　　　　　　　　　　　　　　　　　　　　　　　　　　　　　(　　)

A. 完整性措施　　　　B. 安全性措施　　　　C. 可靠性措施　　　　D. 一致性措施

【答案】　B

4. 授权

定义存取权限称为授权。可以利用 GRANT 语句为用户授权。GRANT 语句的一般格式：

　　GRANT ＜权限＞［,＜权限＞］…

　　ON ＜对象类型＞ ＜对象名＞［,＜对象类型＞ ＜对象名＞］…

　　TO ＜用户＞［,＜用户＞］…

　　［WITH GRANT OPTION］;

　　【例2】　（2006年考研真题)在数据库的安全控制中,为了保证用户只能存取他有权存取的数据,在授权的定义中,数据对象的_____,授权子系统就越灵活。　　　　　　（　　）

　　A.范围越小　　　　　　B.约束越细致　　　　　　C.范围越大　　　　　　D.范围越适中

　　【答案】　A

　　【解析】　在数据库的安全性控制中,为了保证用户只能存取自己有权存取的数据,在授权的定义中,数据对象的范围越小,授权子系统就越灵活。

5. Revoke 语句收回权限

　　REVOKE ＜权限＞［,＜权限＞］…

　　［ON ＜对象名＞］

　　FROM ＜用户＞［,＜用户＞］…;

　　Oracle 不支持某个字段更新权限的回收,需要回收整个表。

　　【例3】　（2009年考研真题)设有关系 S、SC 和 C:

　　S(snum,sname,age,sex),例:(1,′李四′,20,′男′)是一条数据记录。

　　SC(snum,cnum,score),例:(1,′C1′,80)是一条数据记录。

　　C(cnum,cname,teacher), 例:(′C1′,′数据库原理′,′王一′)是一条数据记录。

　　用 SQL 语句完成对关系表授权和存取控制功能:

　　(1)把查询 S 表和修改学生学号的权限给用户 U1,并允许将此权限授予其他用户;

　　(2)只允许 U2 检索 S 关系表中男同学的信息。

　　【答案】

　　(1)GRANT SELECT,UPDATE(snum) ON S TO U1 WITH GRANT OPTION;

　　(2)CREATE VIEW Male_Stu AS SELECT ＊ FROM S WHERE sex =′男′;

　　　　GRANT SELECT ON Male_Stu TO U2;

6. 利用角色简化授权过程

　　角色是权限的集合,可以为一组具有相同权限的用户创建一个角色,以简化授权的过程,使自主授权的执行更加灵活、方便。

　　(1)创建角色。

　　CREATE ROLE 　　＜角色名＞

　　(2)给角色授权。

　　GRANT 　　＜权限＞［,＜权限＞］…

　　ON ＜对象类型＞对象名

　　TO ＜角色＞［,＜角色＞］…

　　(3)将一个角色授予其他的角色或用户。

　　GRANT ＜角色1＞［,＜角色2＞］…

　　TO ＜角色3＞［,＜用户1＞］…

　　［WITH ADMIN OPTION］

（4）角色权限的收回。

REVOKE ＜权限＞[,＜权限＞]…

ON ＜对象类型＞ ＜对象名＞

FROM ＜角色＞[,＜角色＞]…

7. 强制存取控制方法

（1）自主存取控制的局限性。

自助存取控制（MAC）能够通过授权机制有效地控制对敏感数据的存取，但是由于用户对数据的存取权限是"自主"的，用户可以自由地决定将数据的存取权限授予何人，以及决定是否也将"授权"的权限授予别人。在这种授权机制下，仍可能存在数据的"无意泄露"。这种机制仅仅通过对数据的存取权限来进行安全控制，而数据本身并无安全性标记。要解决这一问题，就需要对系统控制下的所有主客体实施强制存取控制策略。

（2）强制存取控制。

强制存取控制是指系统为保证更高程度的安全性，按照 TCSEC/TDI 标准中安全策略的要求所采取的强制存取检查手段，适用于那些对数据有严格而固定密级分类的部门。它不是用户能直接感知或进行控制的。

9. 利用视图机制进行安全性管理

通过视图机制把要保密的数据对无权存取的用户隐藏起来，从而自动对数据提供一定程度的安全保护。视图机制间接地实现支持存取谓词的用户权限定义，例如在某大学，假定王平老师只能检索计算机系学生的信息，这就要求系统能支持"存取谓词"的用户权限定义，先建立计算机系学生的视图，然后在视图上进一步定义存取权限。

10. 审计

按照 TDI/TCSEC 标准中安全策略的要求，审计功能是数据库管理系统达到 C2 以上安全级别必不可少的一项指标。因为任何系统的安全保护都不是完美无缺的，蓄意盗窃、破坏数据的人总是想方设法打破控制。审计功能把用户对数据库的所有操作自动记录下来放入审计日志中。审计员可以利用审计日志监控数据库中的各种行为，重现导致数据库现有状况的一系列事件，找出非法存取数据的人、事件和内容等，还可以通过对审计日志进行分析，对潜在的威胁提前采取措施加以防范。

利用 AUDIT 语句和 NOAUDIT 语句来设置与取消审计功能，审计一般可分为用户级审计和系统级审计。审计设置及审计日志一般都存储在数据字典中，必须把审计开关打开才可以在系统表 SYS_AUDITTRAIL 中查看到审计信息。

数据库安全审计系统提供了一种事后检查的安全机制。安全审计机制将特定用户或者特定对象相关的操作记录到系统审计日志中，作为对后续操作的查询分析和追踪的依据。通过审计机制，可以约束用户可能的恶意操作。

【课后习题】

一、选择题

1.（2014 年考研真题）实现数据库安全性控制的常用方法和技术不包括　　　　　（　　）

　A. 用户标识和鉴别　　　　　　　　　　B. 存取控制、视图机制

　C. 审计和数据加密　　　　　　　　　　D. 数据备份

2.（2012 年考研真题）SQL 语言中，实现数据存取控制功能的语句是　　　　　（　　）

A. CREATE 和 DROP   B. INSERT 和 DELETE

C. GRANT 和 REVOKE   D. COMMIT 和 ROLLBACK

3. (2018 年考研真题)数据库管理系统通常提供授权功能,来控制不同用户访问数据库的权限,这是为了实现数据库的   (   )

A. 可靠性   B. 一致性   C. 完整性   D. 安全性

4. (2014 年考研真题)在数据库系统中,对存取权限的定义称为   (   )

A. 授权   B. 定义   C. 约束   D. 审计

5. (2018 年考研真题)下列 SQL 语句中,能够实现"收回用户 ZHAO 对学生表(STUDENT)中学号(XH)的修改权"这一功能的是   (   )

A. REVOKE UPDATE(XH) ON TABLE FROM ZHAO

B. REVOKE UPDATE(XH) ON TABLE FROM PUBLIC

C. REVOKE UPDATE(XH) ON STUDENT FROM ZHAO

D. REVOKE UPDATE(XH) ON STUDENT FROM PUBLIC

二、填空题

1. (2004 年考研真题)DBMS 通常提供授权功能来控制不同的用户访问数据库中数据的权限,其目的是数据库的_____。

2. (2006 年考研真题)数据库的安全性控制采用_____、存取控制、视图、用户标识与鉴别、审计技术。

3. (2005 年考研真题)以 SQL 语句将对表 Student 的查询权限授予所有用户:
_____ ON TABLE Student _____。

三、SQL 操作题

1. 用 SQL 语句完成下列各小题(2005 年考研真题)

设一关系数据库包括三个表,表结构如下:

EMP(职工)表结构

列名	说明	数据类型	约束
Eno	工号	字符串,长度 6	主码
Ename	姓名	字符串,长度 10	非空
Age	年龄	整数	取值 18 到 99
Sex	性别	字符串,长度 2	取"男"或"女"
Ecity	住址	字符串,长度 20	默认为"西安市"

COMP(公司)表结构

列名	说明	数据类型	约束
Cno	公司号	字符串,长度 8	主码
Cname	公司名	字符串,长度 20	非空
City	所在地	字符串,长度 20	默认为"西安市"

WORKS(工作)表结构

列名	说明	数据类型	约束
Eno	工号	字符串,长度 6	主属性,引用 EMP 的 Eno
Cno	公司号	字符串,长度 8	主属性,引用 COMP 的 Cno
Salary	工资	浮点型	默认值为 0,取值 0 到 99 999

(1)创建满足约束条件的 WORKS 表。

(2)为 COMP 表的 Cname 列增加不能有重复值的约束 UK_CID。

(3)建立由"凯特"公司的职工工号和工资构成的视图 V_WORKS_KT。

(4)查询所有年龄在 40 岁以上并且姓"张"的职工工号、姓名和年龄。

(5)查询"凯特"公司男职工的工号、姓名和工资,并将查询结果按工资降序排列。

(6)根据 WORKS 表,查询规模在 50 人以上的公司号以及相应的公司人数。

(7)将新记录(020416,张梅,25,女,北京市)插入到 EMP 表。

(8)给"凯特"公司的职工每人增加 100 元钱工资。

(9)为用户 user1 和 user2 授予对 EMP 和 WORKS 表的查询权和插入权。

(10)收回用户 user3 创建视图的权限。

2. (2014 年考研真题)给定学生 – 选课数据库,其中包含有 3 张基本表:

学生表 S(Sno,Sname,Sage,Ssex,Sdept)

课程表 C(Cno,Cname,Teacher,Ccredit)

选课表 SC(Sno,Cno,Grade)

按要求完成下列数据操作要求:

(1)用 SQL 语句将对学生表 S 的修改权限授权给用户 U1,并且 U1 可以将权限进行传播;

(2)用 SQL 语句表示"将计算机科学系全体学生的成绩置零"。

(3)用 SQL 语句表示"查询选修并且成绩及格的课程总数大于 3 门(包括 3 门)的学生的学号和姓名"。

(4)用 SQL 语句创建视图 VSC(Sno,Sname,Cno,Cname,Grade)

(5)用 SQL 语句表示"查询选修了全部课程的学生学号"。

【课后习题答案】

一、选择题

1. D　2. C　3. D　4. A　5. C

二、填空题

1. 安全性　2. 数据加密　3. GRANT SELECT, TO PUBLIC

三、SQL 操作题

1. (1)CREATE TABLE WORKS(

　　　Eno char(6) REFERENCES EMP(Eno),

　　　Cno char(8) REFERENCES COMP(Cno),

　　　Salary float DEFAULT 0,

　　　　CHECK(Salary BETWEEN 0 AND 99999)

　　　　);

(2) ALTER TABLE COMP ADD CONSTRAINT UK_CID UNIQUE(Cname);

(3) CREATE VIEW V_WORKS_KT AS

　　SELECT Eno,Salary FROM WORKS WHERE Cno IN

　　　(SELECT Cno FROM COMP WHERE Cname = '凯特');

(4) SELECT Eno,Ename,Age FROM EMP WHERE Age > 40 AND Ename like '张%';

(5) SELECT EMP. Eno,Ename,Salary FROM EMP,COMP,WORKS

　　WHERE EMP. Eno = WORKS. Eno AND COMP. Cno = WORKS. Cno

　　　　AND Cname = '凯特' AND Sex = '男'

　　ORDER BY Salary DESC;

(6) SELECT Cno,Count(∗) FROM WORKS GROUP BY Cno HAVING Count(∗) > 50;

(7) INSERT INTO EMP VALUES ('020416', '张梅', '25', '女', '北京市');

(8) UPDATE WORKS SET Salary = Salary + 100 WHERE Cno IN

　　　(SELECT Cno FROM COMP WHERE Cname = '凯特');

(9) GRANT SELECT,INSERT ON TABLE EMP, TABLE WORKS TO user1,user2;

(10) REVOKE CREATE VIEW FROM user3;

2. (1) GRANT UPDATE ON S TO U1 WITH GRANT OPTION;

(2) UPDATE SC SET Grade = 0 WHERE Sno IN

　　　　(SELECT Sno FROM S Sdept = '计算机科学系');

(3) SELECT S. Sno,Sname FROM S,SC

　　WHERE S. Sno = SC. Sno AND Grade > = 60

　　GROUP BY S. Sno　HAVING Count(DISTINCT Cno) > = 3;

(4) CREATE VIEW VSC AS

　　　　SELECT S. Sno, Sname, SC. Cno, Cname, Grade

　　　　FROM　S, SC, C

　　　　WHERE S. Sno = SC. Sno　　AND SC. Cno = C. Cno;

(5) SELECT DISTINCT Sno FROM SC X WHERE NOT EXISTS

　　　　(SELECT ∗ FROM SC Y WHERE NOT EXISTS

　　　　　　(SELECT ∗ FROM SC Z WHERE Z. Sno = X. Sno AND Z. Cno = Y. Cno));

或者:

SELECT Sno FROM SC

GROUP BY Sno　HAVING　COUNT(DISTINCT Cno) =

　　　(SELECT COUNT(∗) FROM COURSE);

【注意】 为了防止存在一个学生多次选修一门课程的情况,这里对 Cno 进行计数时,用了 DISTINCT。

4.5　数据库的完整性

前面已经介绍了关系完整性的概念及三类完整性约束的含义,并且介绍了各类完整性约束的定义、修改与删除方式,本节将详细介绍各类完整性约束的定义、约束的检查机制与违约处理方式,尤其是可能破坏参照完整性的情况及违约处理策略,以加深学生对于数据库完整性的理解,掌握数据库完整性设计以及完整性语言的使用方法,尤其是各类较为复杂的完整性约束的定义与实现。

4.5.1　概述

1. 数据库的完整性
数据库的完整性是指数据的正确性和相容性。

2. 数据库的安全性和数据库的完整性的区别
数据的完整性是指防止数据库中存在不符合语义的数据,也就是防止数据库中存在不正确的数据,它的防范对象是不合语义的、不正确的数据。数据库完整性约束能够防止合法用户使用数据库时向数据库中添加不合语义的数据。

数据的安全性的目的是保护数据库防止恶意的破坏和非法的存取,它的防范对象是非法用户和非法操作。

3. 为维护数据库的完整性,DBMS 必须能够实现的功能
(1)提供定义完整性约束条件的机制(DDL)。
(2)提供完整性检查的方法(INSERT、DELETE、UPDATE)。
(3)违约处理(拒绝、级联、置空)。

4.5.2　实体完整性

1. 实体完整性定义与删除
利用 CREATE TABLE 语句在创建表时定义实体完整性,利用 PRIMARY KEY 定义;也可以利用 ALTER TABLE 语句在创建表后通过修改表结构来添加主键约束:

ALTER TABLE Table_name
ADD [CONSTRAINT Constraint_name] PRIMARY KEY(Column_name)

也可以用 ALTER 语句删除主码约束:

ALTER TABLE Table_name
DROP [CONSTRAINT Constraint_name] | PRIMARY KEY [CASCADE];

2. 违约处理机制
定义为主码后,更新操作时如果新值缺失或与表中某一元组在主码上的属性值重复,则违反完整性约束,此时系统拒绝执行更新操作。

【例1】 (2017 年考研真题)实体完整性通常是通过　　　　　　　　　　(　　)
A. 定义主键来保证　　　　　　　　　B. 定义用户定义的完整性来保证
C. 定义外键来保证　　　　　　　　　D. 关系系统自动保证
【答案】　A

4.5.3　参照完整性

1. 参照完整性的定义与删除

(1)在 CREATE TABLE 中用 FOREIGN KEY 短语定义哪些列为外码,用 REFERENCES 短语指明这些外码参照哪些表的主码。定义外键约束后,外码的数据要求在主表中存在或者为 NULL。

(2)在表创建后利用 ALTER TABLE 修改表结构定义完整性。

2. 参照完整性可能破坏参照完整性的情况及违约处理

(1)可能破坏参照完整性的操作有参照表中插入元组、修改参照表中元组的外码值、删除被参照表中的元组和修改被参照表中元组的主码值。

(2)违约处理措施主要有拒绝执行、级联操作和级联置空。详细情况见表 4-1。

表 4-1　可能破坏参照完整性的情况及违约处理

被参照表(如 Student)	参照表(例如 SC)	违约处理
可能破坏参照完整性	插入元组	拒绝/级联插入
可能破坏参照完整性	修改外码值	拒绝
删除元组	可能破坏参照完整性	拒绝/级连删除/设置为空值
修改主码值	可能破坏参照完整性	拒绝/级连修改/设置为空值

3. 参照完整性中的违约处理策略的定义

当各类操作违反参照完整性约束时,系统默认的违约处理策略为拒绝。除此以外,对被参照表进行修改主码值和删除操作时,系统提供了更多的违约处理选项。

(1)对被参照表的主码值进行更新操作导致的违约处理选项。

拒绝:对被参照表的主码值进行更新操作时,如果该记录被参照,则拒绝操作:ON UPDATE NO ACTION。

级联更新:当对被参照表中元组的主码值进行更新操作时,级联更新参照表中的相关联元组的外码值:ON UPDATE CASCADE。

级联设空:当对被参照表中元组的主码值进行更新操作时,则将参照表中的相关联元组的外码值设置为空值:ON UPDATE SET NULL。

(2)对被参照表删除操作导致的违约处理选项。

拒绝:删除被参照表中的记录时,如果该记录被参照,则拒绝操作:ON DELETE NO ACTION。

级联删除:删除被参照表中的记录时,同时删除参照表中相关联的记录:ON DELETE CASCADE。

级联设空:删除被参照表中的记录时,同时将参照表表中相应记录的外键列值设为空:ON DELETE SET NULL。

【例 2】　(2015 年考研真题)已知两个关系如下:

R				S		
A	B	C		D	E	A
1	b1	c1		d1	e1	1
2	b2	c2		d2	e2	1
3	b1	c1		d3	e1	2

假设关系 R 的主码是 A,关系 S 的主码是 D,在关系 S 的定义中包含外码子句:"FOR-EIGN KEY(A) REFERENCES R(A) ON DELETE NO ACTION",下列 SQL 语句不能成功执行的是　　　　　　　　　　　　　　　　　　　　　　　　　　　　　(　　)

A. DELETE FROM R WHERE A = 2

B. DELETE FROM R WHERE A = 3

C. DELETE FROM S WHERE A = 1

D. DELETE FROM S WHERE A = 2

【答案】　A

【例 3】　(2011 年考研真题)综合应用题

(1)为了维护数据库的参照完整性,当删除被参照关系的元组时,系统可能采取哪些做法?

(2)若有学生关系 S(S#,SNAME,SEX,AGE),其主键为 S#;选课关系 SC(S#,C#,GRADE),其主键为(S#,C#),且 S. S# = SC. S#。假定学生号为"01001"的学生离开学校不再回来了,为此若删除关系 S 中 S# = ′01001′的元组时,如果关系 SC 中有 4 个元组的 S# = ′01001′,应该选用(1)中的哪一种做法? 为什么?

【解析】　(1)当删除被参照关系的元组时,系统可能采取 3 种方法以维护数据库的参照完整性,分别为拒绝删除、级联删除及级联置空。拒绝删除是指当删除被参照关系中的元组时,如果该元组已经被引用,则拒绝删除;级联删除是指当删除被参照关系中的元组时,如果该元组被引用,则除了删除该元组外,同时删除参照表中引用该元组的元组;级联置空是指当删除被参照关系中的元组时,如果该元组被引用,则删除该元组并将参照表引用该元组记录的外码值设置为空值(NULL)。

(2)应该选用"级联删除"做法,因为 S#不仅是 SC 表的外码,也是主属性,而主属性不能取空值,否则就违反了关系的实体完整性约束,因此不适合用级联置空的方法。同时,学生离开学校不再回来了,应该从数据库中将其删除,同时其选修课程的记录从应用的角度来说也应该删除掉。因此,适合使用"级联删除"的做法。

4.5.4　用户定义的完整性

1.属性上的约束条件

(1)列值非空(NOT NULL)。

(2)列值唯一(UNIQUE)(允许为空)。

(3)用 CHECK 短语指定列值应该满足的条件。

约束条件的检查与违约处理方法:当往表中插入元组或修改属性的值时,关系数据库管理系统将检查属性上的约束条件是否被满足,如果不满足,则操作拒绝执行。

2. 元组上的约束条件

元组上约束条件的定义可以设置不同属性之间的取值的相互约束条件,元组上的约束条件用 CHECK 短语来进行设置。例如,"男生姓名以先生结束,女生姓名以女士结束"的限制,就必须使用元组上的约束条件,完整性约束子句为

CHECK(Ssex = '女' AND Sname LIKE '% 女士'　OR Ssex = '男' AND Sname LIKE '% 先生')

约束条件的检查和违约处理:当往表中插入元组或修改属性的值时,关系数据库管理系统将检查元组上的约束条件是否被满足,如果不满足,则操作拒绝执行。

3. 断言

(1)断言的概念。

在 SQL 中可以使用数据定义语言中的 CREATE ASSERTION 语句,通过声明性断言来指定更具一般性的约束。可以定义涉及多个表或聚集操作比较复杂的完整性约束。断言创建以后,任何对断言中所涉及关系的操作都会触发关系数据库管理系统对断言的检查,任何使断言不为真值的操作都会被拒绝执行。使用断言的过程中需要注意,如果断言很复杂,则系统在检测和维护断言上的开销会比较高,因此要注意是否需要使用断言。

(2)创建断言的语句格式。

CREATE　ASSERTION　<断言名>　<CHECK 子句>

4. 触发器 *

(1)触发器的概念。

触发器(Trigger)是用户定义在关系表上的一类由事件驱动的特殊过程。一旦定义,触发器将被保存在数据库服务器中,任何用户对表的增删改操作均由服务器自动激活相应的触发器,在关系数据库管理系统核心层进行集中的完整性控制。触发器类似于约束,但是比约束更灵活,可以实施更为复杂的检查和操作,具有更精细和更强大的数据控制能力。但是,触发器虽然功能强大,但是每次访问一个表都可能触发一个触发器,会导致系统性能降低,所以要谨慎使用。

(2)定义触发器。

触发器又称事件 – 条件 – 动作规则。当特定的系统事件发生时,对规则的条件进行检查,如果条件成立,则执行规则中的动作,否则就不执行。规则中的动作体可以很复杂,也可以涉及其他表和其他数据库对象,通常是一段 SQL 存储过程。

SQL 使用 CREATE TRIGGER 命令建立触发器,其格式为

CREATE TRIGGER <触发器名>
{BEFORE|AFTER} <触发事件>　ON　<表名>
REFERENCING　NEW|OLD　ROW　AS　<变量>
FOR EACH {ROW|STATEMENT}
[WHEN　<触发条件>]　<触发动作体>

(3)激活触发器。

触发器的执行是由触发事件激活,并由数据库服务器自动执行的。一个数据表上可能定义了多个触发器,如多个 BEFORE 触发器、多个 AFTER 触发器等,同一个表上的多个触发器激活时遵循如下的执行顺序:先执行该表上的 BEFORE 触发器,然后执行激活触发器的 SQL 语句,最后执行该表上的 AFTER 触发器。对于同一个表上的多个 BEFORE(AFTER)触发器,遵循"谁先创建谁先执行"的原则,即按照触发器创建的时间先后顺序执行。有些关系数据库管理系统按照触发器名称的字母排序执行触发器。

（4）删除触发器。

SQL 语句格式：

DROP   TRIGGER ＜触发器名＞   ON   ＜表名＞

触发器必须是一个已创建的，并且只能由相应权限的用户删除。

5.利用 SQL 语句进行各类完整性约束的定义、修改与删除操作

要求能够理解和掌握数据库完整性设计及完整性语言的使用方法，掌握实体完整性、参照完整性以及用户自定义完整性的定义和维护方法。掌握单属性和属性组的实体完整性和参照完整性的定义、删除等各种基本功能；掌握列级完整性约束和表级完整性约束的定义方法；掌握创建表时定义完整性的方法，也能够在创建表后通过修改表的方式添加各类约束，并能够实现参照完整性的违约处理方法的设置，理解各类更新操作对各类完整性的可能破坏情况，了解其违约处理方法，并能够设计 SQL 语句来验证完整性约束是否起作用。

【例4】 （2013 年考研真题）设基本表 R 和 S 由以下 SQL 语句定义：

CREATE TABLE R(a INT PRIMARY KEY,b INT NOT NULL,c INT)；

CREATE TABLE S(d INT,e INT PRIMARY KEY,

f INT CHECK(f BETWEEN 0 AND 100)，

FOREIGN KEY d   REFERENCES R(a))；

R 表和 S 表的当前值如下：

R				S		
a	b	c		d	e	f
11	12	13		21	15	16
21	22	23		31	25	26
31	32	33		31	35	36

分析下列给出的 5 个更新操作，指出哪些操作会被拒绝执行，并说明原因：

（1）INSERT INTO S VALUES(10,45,46)；

（2）INSERT INTO R(b,c) VALUES(42,43)；

（3）INSERT INTO S VALUES(11,45,46)；

（4）UPDATE S SET f＝128；

（5）DELETE FROM R WHERE a＝31；

【解析】   首先根据题目中给出的 SQL 语句分析 R 表和 S 表的完整性约束情况，然后再分析各操作的允许执行情况。两个表的完整性约束如下：

R 表的完整性约束有：主码为 a，属性 b 不允许为空。

S 表的完整性约束有：主码为 e，属性 f 的值在 0 到 100 之间，d 属性参照 R 表 a 属性，且没有指定违约处理选项，则默认拒绝执行违反参照完整性约束的操作。

然后再来分析各 SQL 语句进行的操作：

（1）语句是向 S 表中插入一条记录(10,45,46)，其中新记录中主码 e 的属性值为 45，非空且在当前 S 表中不存在，不违反实体完整性；d 属性值 10 在当前 R 表各元组的 a 属性值中不存在，因此违反了参照完整性，操作会被拒绝执行，原因为违反了 S 表 d 属性参照 R 表 a 属性的参照完整性约束。

（2）语句是在 R 表中插入一条记录，其(b,c)的值为(42,43)，缺少 a 值，而 R 表中的主码为 a，这样导致主属性值为空，违反了 R 表的实体完整性约束，因此该操作会被拒绝执行。

(3)语句是向 S 表中插入一条记录(11,45,46),新记录中 d 的值为 11,在 R 表 a 属性值中存在,因此不违反 S 表参照 R 表的参照完整性;e 的值为 45,非空且在 S 表的 e 属性中不存在,不违反实体完整性约束;f 的值为 46,满足 S 表 f 属性 0~100 的用户自定义完整性约束。故该操作满足 S 表的所有完整性约束,操作会被执行。

(4)语句功能是将 S 表中所有记录的 f 值修改为 128,这个操作会被拒绝,因为违反了 f 属性上值在 0~100 范围内的用户自定义完整性约束。

(5)语句功能是删除 R 表中 a 值为 31 的记录,通过查看当前 R 表和 S 表的情况发现,S 表中存在两条记录引用了 R 表中 a 值为 31 的元组,并且 SQL 表定义中也没有指定级联删除选项,因此该操作会被拒绝执行,因为该操作违反了 S 表对 R 表的参照完整性约束。

【课后习题】

一、选择题

1. 数据库的完整性是指数据的　　　　　　　　　　　　　　　　　　　　　　　( )
①正确性　　②合法性　　③不被非法存取　　④相容性　　⑤不被恶意破坏
A.①和③　　　　　　　B.②和⑤　　　　　　C.①和④　　　　　　D.②和④

2. (2005 年考研真题)下面的两个关系中,职工号和设备号分别为职工关系和设备关系的关键字:
职工(职工号,职工名,部门号,职务,年龄,工资)
设备(设备号,职工号,设备名)
两个关系的属性中,存在一个外关键字为　　　　　　　　　　　　　　　　　( )
A. 职工关系的"职工号"　　　　　　　　B. 职工关系的"设备号"
C. 设备关系的"职工号"　　　　　　　　D. 设备关系的"设备号"

3. (2012 年考研真题)约束"年龄限制在 18~30 岁之间"属于 DBMS 的功能是　( )
A. 安全性　　　　　B. 完整性　　　　　C. 并发控制　　　　　D. 恢复

4. (2010 年考研真题)已知关系:厂商(厂商号,厂名)　PK=厂商号
产品(产品号,颜色,厂商号)　　　　PK=产品号,FK=厂商号

厂商		产品		
厂商号	厂名	产品号	颜色	厂商号
C01	IBM	P01	橙	C01
C02	微软	P02	银	C03
C03	思科			

设两个关系中已经存在如上元组,若再往产品关系中插入如下元组:
Ⅰ(P03,红,C02)　　Ⅱ(P01,蓝,C01)　　Ⅲ(P04,白,C04)　　Ⅳ(P05,黑,NULL)
能够插入的元组是　　　　　　　　　　　　　　　　　　　　　　　　　　　( )
A.Ⅰ、Ⅱ、Ⅳ　　　　B.Ⅰ、Ⅲ　　　　　C.Ⅰ、Ⅱ　　　　　D.Ⅰ、Ⅳ

5. (2010 年考研真题)有一个关系:药品(药品代号,名称,生产厂家代号),规定生产厂家代号的值域是"GYZZ"+12 位数字的字符串,这一规则属于　　　　　　　　　　( )
A. 实体完整性约束　　　　　　　　　　B. 参照完整性约束
C. 用户自定义完整性约束　　　　　　　D. 关键字完整性约束

二、SQL 操作实现题

1.(2011 年考研真题)假设有下面两个关系模式:职工(职工号,姓名,年龄,职务,工资,部门号),其中职工号为主码;部门(部门号,名称,经理名,电话)中部门号为主码。请用 SQL 语言定义这两个关系模式,要求在模式中完成以下完整性约束条件的定义:

(1)定义每个模式的主码;

(2)定义参照完整性;定义职工年龄不得超过60岁。

2.(2015 年考研真题)学生选课系统

学生选课数据库有 3 个表,分别表示学生表 S、课程表 C 和学生选课表 SC,它们的结构如下所示:

S(SNO,SNAME,SDEPT,SAGE)

C(CNO,CNAME,TEACHER)

SC(SNO,CNO,GRADE)

其中,SNO,学号;SNAME,学生姓名;SDEPT,所在系;SAGE,年龄;CNO,课程号;CNAME,课程名称;TEACHER,教师;GRADE,成绩。有下划线的表示为各关系的关键字,SC 中的属性 SNO 和 CNO 也为外码,参照 S 和 C 的关键字。

(1)请写出这 3 个关系的 SQL 定义语句。

(2)要求在删除 S 的一个元组时,把关系 SC 中具有相同 SNO 的元组全部删除,则 SC 的定义应如何修改;若要求修改 S 中的 SNO 时,SC 中相同的 SNO 值也要修改,则 SC 应如何修改。

(3)设计一个触发器,使得在修改 SC 的成绩时,要求修改后的成绩不能小于0。

3.(2005 年考研真题)已知学籍管理数据库中学生,课程,选修三个关系如下:

学生

学号(主键)	姓名	专业
119801	赵一	会计
119802	钱二	税务
119803	孙三	信息

课程

课程号(主键)	课程名	时间	地点
C1	数学	8:00	214
C2	英语	10:00	342
C3	计算机	14:00	428

选修

学号(主键)	课程号(主键)	分数
119801	C1	80
119801	C2	84
119802	C2	92
119802	C3	78
119803	C3	82

（1）用 SQL 语句创建数据库及其表结构,同时按表中的要求定义主键,注意选用合理的数据类型。

（2）用 ALTER 语句在选修表上定义外键,使其学号列和课程号列分别参照学生表的学号列和课程表的课程号列。

（3）强制课程表中的课程名不可重复。

（4）定义一个视图,用以查看选修了英语课的学生的学号、姓名和专业。

【课后习题答案】

一、选择题

1. C　2. C　3. B　4. D　5. C

二、SQL 操作实现题

1.（1）CREATE TABLE 职工

```
（职工号 char(8) PRIMARY KEY,
    姓名 varchar(10),
    年龄 int CHECK(年龄 < =60),
    职务 varchar(20),
    工资 number,
    部门号 char(4)  REFERENCES 部门(部门号));
```

（2）CREATE TABLE 部门

```
（部门号 char(4)  PRIMARY KEY,
  名称 varchar(40),
  经理名 varchar(10),
  电话 varchar(13));
```

2.（1）CREATE TABLE S

```
（SNO char(8) PRIMARY KEY,
  SNAME varchar(10),
  SDEPT varchar(40),
  SAGE int);
 CREATE TABLE C
 (
   CNO char(6) PRIMARY KEY,
   CNAME varchar(40),
   TEACHER varchar(10));
 CREATE TABLE SC
 (
   SNO char(8) REFERENCES S(SNO),
   CNO char(6) REFERENCES C(CNO),
   GRADE int,
   PRIMARY KEY(SNO,CNO)
 );
```

(2)要求在删除 S 的一个元组时,把关系 SC 中具有相同 SNO 的元组全部删除,则 SC 的定义中 SNO 字段的定义为"SNO char(8) REFERENCES S(SNO)"应该修改为"SNO char (8) REFERENCES S(SNO) ON DELETE CASCADE";若要求修改 S 中的 SNO 时,SC 中相同的 SNO 值也要修改,则 SC 的定义中 SNO 字段的定义应修改为"SNO char(8) REFER-ENCES S(SNO) ON UPDATE CASCADE"。

(3) CREATE TRIGGER updateGrade
  BEFORE UPDATE OF GRADE ON SC
  FOR EACH ROW
  BEGIN
    IF :new. GRADE <0 THEN
      Return;
    END IF;
  END;

3.(1) CREATE TABLE 学生
  (学号 char(6) PRIMARY KEY,
   姓名 varchar(10),
   专业 varchar(20));
  CREATE TABLE 课程
  (课程号 varchar(6) PRIMARY KEY,
   课程名 varchar(20),
   时间 varchar(5),
   地点 int
  );
  CREATE TABLE 选修
  (
   学号 char(6),课程号 varchar(6),分数 int,
   PRIMARY KEY(学号,课程号)
  );

(2) ALTER TABLE 选修 ADD
  (FOREIGN KEY(学号) REFERENCES 学生(学号),
  FOREIGN KEY(课程号) REFERENCES 课程(课程号));

(3) ALTER TABLE 课程 ADD UNIQUE(课程名);

(4) CREATE VIEW English_Stu AS
  SELECT 学生.学号,姓名,专业
  FROM 学生,选修,课程
  WHERE 学生.学号 = 选修.学号 AND 课程.课程号 = 选修.课程号
   AND 课程名 ='英语';

4.6 关系数据理论

本节讨论如何设计关系模式问题。关系模式设计得好与坏,直接影响到数据冗余度、数据一致性等问题。要设计好的数据库模式,必须有一定的理论为基础。这就是模式规范化理论。

关系的规范化理论是为了解决数据库中数据的插入、删除、修改异常等问题的一组规则,提供了判断关系逻辑模式优劣的理论标准,以帮助预测模式可能出现的问题,进而对关系模式进行规范化处理,产生各种满足不同范式要求的模式的算法工具,是数据库逻辑设计的指南和工具。

4.6.1 问题的提出

1. 数据依赖的类型

(1)函数依赖。

(2)多值依赖。

2. 数据依赖对关系模式的影响及解决方法

不合适的数据依赖将会导致关系发生插入异常、删除异常、更新异常问题,且导致数据冗余较大。数据冗余是指同一数据重复存储多次,由数据冗余将会引起各种操作异常。通过把模式分解成若干比较小的关系模式,可以消除冗余。

解决方法:利用关系的规范化理论通过分解关系模式来消除其中不合适的数据依赖。

【例1】 (2012 年考研真题)关系数据库的规范化是为了解决关系数据库中 (　　)

A. 保证数据的安全性和完整性问题　　　　B. 提高查询速度问题

C. 插入、删除异常和数据冗余问题　　　　D. 减少数据操作的复杂性问题

【答案】 C

【解析】 关系模式将导致数据冗余和存储异常,而存储异常问题有更新异常、插入异常和删除异常。这样的关系模式属于"不好"的关系,这些"不好"的关系和数据依赖有密切的联系,其中最重要的是函数依赖和多值依赖,这正是关系数据库的规范化所要解决的问题。

4.6.2 规范化

1. 函数依赖

设 R(U)是一个属性集 U 上的关系模式,X 和 Y 是 U 的子集。若对于 R(U)的任意一个可能的关系 r,r 中不可能存在两个元组在 X 上的属性值相等,而在 Y 上的属性值不等,则称"X 函数确定 Y"或"Y 函数依赖于 X",记作 X→Y。

【例2】 设(2018 年考研真题)有关系 R(A,B,C)的值如下表,下列叙述正确的是

(　　)

A	B	C
a2	b2	c3
a2	b3	c5
a1	b3	c4

A. 函数依赖 A→B 在 R 关系中成立

B. 函数依赖 BC→A 在 R 关系中成立

C. 函数依赖 B→A 在 R 关系中成立

D. 函数依赖 A→BC 在 R 关系中成立

【答案】　B

【解析】　从表中第一行和第二行可以看出,当两个元组的 A 值相等时,B 和 C 值都不相等,因此 A 不能决定 B 和 C,因此选项 A 和 D 都不正确。第二行和第三行所示的两个元组中 B 值相等而 A 和 C 均不相等,因此 B 不能决定 A 和 C,选项 X 也不正确。表中 3 个元组中 BC 属性组的值各不相同,因此选项 B 中 BC 决定 A 可能成立。相对而言,只有 B 正确。

2. 平凡函数依赖与非平凡函数依赖

在关系模式 R(U)中,对于 U 的子集 X 和 Y,如果 X→Y,但 Y⊄X,则称 X→Y 是非平凡的函数依赖;若 X→Y,但 Y⊆X,则称 X→Y 是平凡的函数依赖。

若 X→Y,则 X 称为这个函数依赖的决定属性组,也称为决定因素(Determinant)。如果 X 不函数决定 Y,则表示为 X↛Y。若 X→Y,Y→X,则记作 X←→Y,即 X 等价于 Y。

3. 完全函数依赖与部分函数依赖

在 R(U)中,如果 X→Y,并且对于 X 的任何一个真子集 X',都有 X'↛Y,则称 Y 对 X 完全函数依赖,记作 $X \xrightarrow{F} Y$。若 X→Y,但是 Y 不完全函数依赖于 X,则称 Y 对 X 部分函数依赖,记作 $X \xrightarrow{P} Y$。

4. 传递函数依赖

在 R(U)中,如果 X→Y,Y⊄X,Y↛X,Y→Z,Z⊄Y,则称 Z 对 X 传递函数依赖,记作 $X \xrightarrow{传递} Z$ 或 $X \xrightarrow{T} Z$。

【例 3】　(2017 年考研真题)在关系模式 R<U,F>中,X、Y、Z 都是属性,且 X→Y、Y→Z,则 X→Z　　　　　　　　　　　　　　　　　　　　　　(　　)

A. 一定是传递函数依赖　　　　　　　B. 一定不是传递函数依赖

C. 不一定是传递函数依赖　　　　　　D. 无法判断

【答案】　C

【解析】　仅仅根据 X→Y、Y→Z,不能判断 X→Z 是传递函数依赖,确定传递函数依赖,还需要 Y⊄X,Y↛X,Z⊄Y。例如,如果 Y→X,则 X,Y 等价,此时 X→Z 是直接函数依赖。

5. 码

(1)候选码:设 K 为 R<U,F>中的属性或属性组合,若 $K \xrightarrow{F} U$,则称 K 为 R 的候选码。

(2)主码:若候选码多于一个,则选择其中的一个作为主码。

【例4】 (2015年考研真题)设有关系模式 R(A,B,C,D),F 是 R 上的 FD 集,F = {AB→C,D→A},则 R 的关键码为_____。

【答案】 BD

(3)外码。关系模式 R 中属性或属性组 X 并非 R 的码,但是 X 是另一个关系模式的码,则称 X 是 R 的外部码,也称外码。

6. 范式

范式是符合某一种级别的关系模式的集合。

(1)1NF。

如果一个关系模式 R 的所有属性都是不可分的基本数据项,则 R∈1NF。关系数据库中的关系必须达到 1NF。

(2)2NF。

若 R∈1NF,且每一个非主属性完全函数依赖于码,则 R∈2NF。

(3)3NF。

关系模式 R<U,F>中若不存在这样的码 X、属性组 Y 及非主属性 Z(Z 不属于 Y),使得 X→Y,Y→Z 成立,且 Y 不能函数决定 X,则称 R<U,F>∈3NF。若 R∈3NF,则每一个非主属性既不部分依赖于码也不传递依赖于码。

【例5】 (2012年考研真题)关系模式 R 中的属性全部是主属性,则 R 的最低范式必定是 （ ）

A. 1NF   B. 3NF   C. BCNF   D. 4NF

【答案】 B

(4)BCNF。

关系模式 R<U,F>∈1NF,若 X→Y 且 Y 不属于 X 时 X 必含有码,则 R<U,F>∈ BCNF。该定义等价于每一个决定属性因素都包含码。

7. 判断一个关系模式的范式并对其进行规范化处理的方法

(1)首先判断关系是否属于 1NF。

依据关系中的每一个属性是否都是不可再分的数据项,如果满足,就属于 1NF。例如,S(学号,姓名,年龄),其中每一项都是不可再分的项,因此 S∈1NF,而如 EMP(职工号,工资(基本工资,奖金))表,它的记录内容如下:{{201,{2 000,3 000}},{202,{1 000,600}}},这样表中的数据项就是可再分的,就不满足 1NF。

(2)然后判断关系是否属于 2NF。

先求解关系的候选码,确定主属性和非主属性,再根据非主属性对码是否是完全函数依赖来判断关系是否属于 2NF。如果存在非主属性对码的部分函数依赖,则 R∉2NF,否则,R∈2NF。例如:

R1(学号,姓名,课程号,成绩),其中(学号,课程号)→成绩,学号→姓名,因此,关系的候选码是(学号,课程号),这样非主属性姓名对码就是部分函数依赖,因此,该关系不属于 2NF。这个关系模式会导致数据冗余和插入、删除、更新异常,为了解决这些问题,需要对关系进行规范化处理,就需要把 R1 分解为两个关系:(学号,姓名)和(学号,课程号,成绩),分解后的两个关系就都属于 2NF。

R2(零件号,零件名,仓库号,仓库地址),假设一种零件只存放在一个仓库,一个仓库可以存放多种零件,这样关系 R2 的函数依赖集为:{零件号→零件名,零件号→仓库号,仓库号→仓库地址}。在本关系中,零件号能决定所有属性,因此,零件号就是唯一的候选码,其他属性都是非主属性,对零件号也全部都是完全函数依赖。因此,R2∈2NF。

(3)根据非主属性对码是否存在传递函数依赖,来判断是否属于 3NF。比如上面的关系 R2(零件号,零件名,仓库号,仓库地址),由于零件号→仓库号,仓库号→仓库地址,因此,仓库地址对码是传递函数依赖,这样关系 R2 就不属于 3NF。这个关系模式也会导致数据冗余和插入异常、删除异常、更新异常。为了解决这些问题,同样需要对其进行规范化处理,分解为(零件号,零件名,仓库号)和(仓库号,仓库地址)两个关系,分解后的两个关系都属于 3NF。

(4)根据主属性之间是否存在部分函数依赖或传递函数依赖来判断关系是否属于 BC-NF。比如关系:R3(学生号,课程号,授课教师号),假设一名教师只讲授一门课程,但是一门课程可以由多名教师讲授,学生选修课程时要选定授课教师,也就是说,函数依赖集为:{授课教师号→课程号,(学生号,课程号)→授课教师号},这样的话,关系的候选码有两个,分别为(学生号,课程号)和(授课教师号,学生号),也就是说,3 个属性都是主属性,关系中不存在非主属性,也就不存在非主属性对码的部分或传递函数依赖,那么 R3∈3NF,但是课程号对不包含它的候选码(授课教师号,学生号)是部分函数依赖,因此,R3 不属于 3NF。另外,还可以通过 BCNF 的概念,查看函数依赖集中的每个函数依赖,它的左侧是否都包含某个候选码,如果有某个函数依赖不包含候选码,那么该关系就不属于 BCNF。例如,R3 中函数依赖"授课教师号→课程号",它的左侧就不包含候选码,因此,R3 不属于 BCNF。同样,通过对关系模式进行分解可以起到规范化的作用,把它分为(授课教师号,课程号)和(学生号,教师号),分解后的两个关系都属于 BCNF。

但是,关系模式并不是规范化的级别越高越好,而是要根据具体项目需求,一般分解到 3NF 就可以满足应用需求。

【例 6】　(2009 年考研真题)关系模式规范化

现有如下关系模式:

订单(订单号,零件数量,零件号,零件描述,单价,供应商号,供应商姓名,供应商地址,订购日期,交货日期,订单总量)

其中,一个订单对应多种零件,不同订单可以订购同种零件,一种零件由一个供应商供应,一个供应商可以供应多种零件。

(1)写出该关系模式中的函数依赖关系和主码。

(2)该关系模式最高满足第几范式?并说明理由。

(3)将该关系模式分解为 3NF,并说明理由。

【答案】

(1)该关系模式中的函数依赖关系有:(订单号,零件号)→零件数量,零件号→零件描述,零件号→单价,零件号→供应商号,供应商号→供应商姓名,供应商号→供应商地址,订单号→订购日期,订单号→交货日期,订单号→订单总量。

关系模式的候选码为(订单号,零件号)

(2)关系模式满足第一范式,因为存在着零件描述、供应商号、供应商姓名等非主属性对码的部分函数依赖,因此关系模式不满足第二范式。

(3)将订单关系模式分解为如下关系模式集:

零件表(零件号,零件描述,单价,供应商号);函数依赖集={零件号→零件描述,零件号→单价,零件号→供应商号},候选码为零件号,不存在非主属性对码的部分函数依赖和传递函数依赖,因此,零件表满足 3NF。

供应商表(供应商号,供应商姓名,供应商地址);函数依赖集 ={供应商号→供应商姓名,供应商号→供应商地址},候选码为供应商号,不存在非主属性对码的部分函数依赖和传递函数依赖,因此,供应商表满足 3NF。

订单表(订单号,订购日期,交货日期,订单总量);函数依赖集 ={订单号→订购日期,订单号→交货日期,订单号→订单总量},候选码为订单号,不存在非主属性对码的部分函数依赖和传递函数依赖,因此,订单表满足 3NF。

订单明细表(订单号,零件号,零件数量);函数依赖集 ={(订单号,零件号)→零件数量},候选码为(订单号,零件号),不存在非主属性对码的部分函数依赖和传递函数依赖,因此,订单明细表满足 3NF。

8. 多值依赖的概念及性质

设 $R(U)$ 是属性集 U 上的一个关系模式,X、Y 和 Z 是 U 的子集,并且 $Z = U - X - Y$。如果对于 $R(U)$ 的任一关系实例 r,给定一对 (x,z) 值,都有一组 Y 值与之对应,且这组值仅仅决定于 x 值而与 z 值无关。则称 Y 多值依赖于 X,或 X 多值决定 Y,记作 $X \rightarrow\rightarrow Y$。

若 $X \rightarrow\rightarrow Y$,而 $Z = \varphi$,则称 $X \rightarrow\rightarrow Y$ 为平凡的多值依赖,否则称 $X \rightarrow\rightarrow Y$ 为非平凡的多值依赖。多值依赖具有如下性质:

(1)多值依赖具有对称性,若 $X \rightarrow\rightarrow Y$,则 $X \rightarrow\rightarrow Z$,其中 $Z = U - X - Y$;

(2)多值依赖具有传递性,若 $X \rightarrow\rightarrow Y$,$Y \rightarrow\rightarrow Z$,则 $X \rightarrow\rightarrow Z - Y$;

(3)函数依赖是多值依赖的特殊情况。若 $X \rightarrow Y$,则 $X \rightarrow\rightarrow Y$。

9. 多值依赖的形式化定义

在 $R(U)$ 的任一关系 r 中,如果存在元组 t、s 使得 $t[X] = s[X]$,那么就必然存在元组 $w、v \in r(w、v$ 可以与 s、t 相同),使得 $w[X] = v[X] = t[X]$,而 $w[Y] = t[Y]$,$w[Z] = s[Z]$,$v[Z] = t[Z]$,即交换 s、t 元组的 Y 值所得的两个新元组必在 r 中,则 Y 多值依赖于 X,记为 $X \rightarrow\rightarrow Y$,其中 X、Y 是 U 的子集,$Z = U - X - Y$。

【例7】 (2014 年考研真题)设关系模式 $R(A,B,C)$ 存在多值依赖 $A \rightarrow\rightarrow B$,已知 R 的当前关系中已经存在(8,1,2)、(8,3,4)和(1,7,6)三个元组,则下列元素_____不一定在该实例中。　　　　　　　　　　　　　　　　　　　　　　　　　　　　(　　)

A.(8,1,4)　　　　　B.(8,3,2)　　　　　C.(8,7,2)　　　　　D.以上均不正确

【答案】　C

【解析】　由于 $A \rightarrow\rightarrow B$,因此,针对 A 的任意一个值如8,在 B 属性上如果有1和3对其对应,C 属性上有2和4对其对应,这样对于 AB 上的每一个具体值,C 上都有一组值与其对应。因此,(8,1,4)和(8,3,2)都一定存在于 R 中,但是,对于 A 上值不相同的元组,则不一定存在于关系中。因此,答案为 C。

10. 4NF

关系模式 $R<U,F> \in 1NF$,如果对于 R 的每个非平凡多值依赖 $X \rightarrow\rightarrow Y$(Y 不包含于 X),X 都含有码,则 $R \in 4NF$。如果 $R \in 4NF$,则 R 中不允许有非平凡且非函数依赖的多值依赖,允许的非平凡多值依赖是函数依赖。

11. 各范式之间的关系

范式是衡量模式优劣的标准,它表达了模式中数据依赖之间应满足的联系。到目前为

止,范式共有 1NF、2NF、3NF、BCNF、4NF、5NF 种级别,它们的关系是

$$5NF \subset 4NF \subset BCNF \subset 3NF \subset 2NF \subset 1NF$$

范式的级别越高,其数据冗余和操作异常现象就越少。

关系模式的规范化过程实际上是一个"分解"过程:把逻辑上独立的信息放在独立的关系模式中。分解是解决数据冗余的主要方法,也是规范化的一条原则:"关系模式有冗余问题就分解它。"

【例 8】　(2013 年考研真题)下面叙述中正确的是　　　　　　　　　(　　)

A.若关系模式 R 是 3NF,则 R 一定是 BCNF

B.关系模式的最高范式是 BCNF

C.任何一个关系模式可分解为 BCNF,分解过程既保持函数依赖又具有无损连接特性

D.A 和 B 是关系模式 R 的两个属性,若函数依赖 A→B 成立,则 A→→也一定成立

【答案】　D

【解析】　A 选项中满足 3NF 的关系模式不一定是 BCNF,只有 R 关系模式只有一个候选码时才成立;B 选项也不正确,在函数依赖讨论的范畴内最高范式是 BCNF,超出这个范畴还有 4NF 和 5NF 等范式;C 选项中,任何一个关系模式都可分解为 BCNF 范式,但是分解的过程有可能不能保持函数依赖;D 选项正确,函数是多值依赖的特殊情形。

4.6.3　数据依赖的公理系统

1. 逻辑蕴含

对于满足一组函数依赖 F 的关系模式 R ＜U,F＞,其任何一个关系实例 r,若函数依赖 X→Y 都成立,则称 F 逻辑蕴含 X→Y。

2. Armstrong 公理系统

自反律、增广律和传递律。

3. Armstrong 公理系统的 3 条推理规则

合并规则、伪传递规则和分解规则。

【例 9】　(2012 年考研真题)下面关于函数依赖的叙述中,不正确的是　　　　(　　)

A.若 XY→Z,则 Y→Z,X→Z　　　　　　　　B.若 X→Y,X→Z,则 X→YZ

C.若 X→Y,Y→Z,则 X→Z　　　　　　　　D.若 X→Y,Y 包含 Z,则 X→Z

【答案】　A

【解析】　选项 B 中利用 ArmStrong 公理系统的合并规则即可得出,C 选项根据公理系统的传递律得证,D 中 Y 包含 Z,则根据自反律 Y→Z,然后根据传递律即可得出 X→Z,而 A 中则不成立。

4. 闭包

(1)函数依赖集闭包。

在关系模式 R＜U,F＞中为 F 所逻辑蕴含的函数依赖的全体叫作 F 的闭包,记为 F^+。

(2)属性集的闭包。

设 F 为属性集 U 上的一组函数依赖,X⊆U, $X_F^+ = \{A | X→A$ 能由 F 根据 Armstrong 公理导出$\}$, X_F^+ 称为属性集 X 关于函数依赖集 F 的闭包。

设 F 为属性集 U 上的一组函数依赖,X、Y⊆U,X→Y 能由 F 根据 Armstrong 公理导出的

充分必要条件是 $Y \subseteq X_F^+$。

5. 求闭包的算法

要求能够根据该算法计算属性集 X 在函数依赖机 F 上的闭包。

【例 10】 (2018 年考研真题)设关系模式 $R(A,B,C,D)$，$F = \{A \rightarrow B, B \rightarrow C\}$ 是 R 上的 FD 集，则属性集 BD 的闭包 $(BD)^+$ 为　　　　　　　　　　　　　（　　）

　　A. BD　　　　　　　　B. CD　　　　　　　　C. BC　　　　　　　　D. BCD

【答案】　D

【解析】　首先令 $i = 0$，$X^{(i)} = \{BD\}$，求 $B = \{BCD\}$；$X^{(1)} = X \cup B = \{BCD\}$；由于 $X^{(1)} ! = X^{(0)}$，继续计算，$i = 1$，$X^{(1)} = \{BCD\}$，$B = \{BCD\}$；由于 $X^{(1)} = X^{(0)}$，算法终止。答案为 D。

6. 计算函数依赖集 F 的最小函数依赖集 Fm（难点，重点掌握）

(1)逐一检查 F 中各函数依赖 $FD_i : X \rightarrow Y$ 若 $Y = A_1 A_2 \cdots A_k, k >\ = 2$，则用 $\{X \rightarrow A_j | j = 1, 2, \cdots, k\}$ 来取代 $X \rightarrow Y$。

(2)逐一检查 F 中各函数依赖 $FD_i : X \rightarrow A$，令 $G = F - \{X \rightarrow A\}$，若 $A \subseteq X_G^+$，则从 F 中去掉此函数依赖。

(3)逐一取出 F 中各函数依赖 $FD_i : X \rightarrow A$，设 $X = B_1 B_2 \cdots B_m$，逐一考查 $B_i (i = 1, 2, \cdots, m)$，若 $A \subseteq (X - B_i)_F^+$，则以 $X - B_i$ 取代 X。

4.6.4　模式的分解

1. 模式分解的基本概念和特点

把一个关系模式分解成若干个关系模式的过程，称为关系模式的分解。

2. 模式分解的无损连接性和保持函数依赖性

(1)无损连接性。

无损连接性是指对关系模式分解时，原关系模式下的任一合法关系实例，在分解之后，应能通过自然连接运算恢复起来。无损连接性有时也称无损分解。

(2)保持函数依赖性。

保持函数依赖性指的是对关系分解时，原关系的函数依赖集与分解后各关系函数依赖集的并集等价，即其闭包相等。

3. 无损连接的判别算法

假设 $\rho = \{R_1 < U_1, F_1 >, R_2 < U_2, F_2 >, \cdots, R_k < U_k, F_k >\}$ 是关系模式 $R < U, F >$ 的一个分解，$U = \{A_1, A_2, \cdots, A_n\}$，$F = \{FD_1, FD_2, \cdots, FD_p\}$，并设 F 是一个最小依赖集，记 FD_i 为 $X_i \rightarrow A_{lj}$。其步骤如下：

①建立一张 n 列 k 行的表，每一列对应一个属性，每一行对应分解中的一个关系模式。若属性 $A_j \in U_i$，则在 j 列 i 行上填上 a_j，否则填上 b_{ij}。

②对于每一个 FD_i 做如下操作：找到 X_i 所对应的列中具有相同符号的那些行，考查这些行中 l_i 列的元素，若其中有 a_j，则全部改为 a_j，否则全部改为 b_{mli}，m 是这些行的行号最小值。

如果在某次更改后，有一行成为 $a_1, a_2, \cdots, a_n$，则算法终止，且分解 p 具有无损连接性。

对 F 中 p 个 FD_i 逐一进行一次这样的处理，称为对 F 的一次扫描。

③比较扫描前后，表有无变化，如有变化，则返回第②步，否则算法终止。如果发生循

环,那么前次扫描至少应使该表减少一个符号,表中符号有限,因此,循环必然终止。

④如果扫描完 F 中所有的函数依赖后,仍没有一行成为 $a_1, a_2, \cdots, a_n$,则不具有无损连接性。

4. 保持函数依赖的判断算法

保持函数依赖的判断算法只需要判断 F 中的每一个函数依赖 FD_i 是否存在于分解后的某一个 F_k 中,如果都存在,则分解 ρ 是保持函数依赖的分解,否则就不是。

【例 11】 (2004 年考研真题)设关系模式 R(A,B,C),F 是 R 上成立的 FD 集,F = $\{B \rightarrow C\}$,则分解 ρ = $\{AB, BC\}$ 相对于 F ( )

A. 是无损连接,也是保持 FD 的分解　　　B. 是无损连接,但不保持 FD 的分解

C. 不是无损连接,但保持 FD 的分解　　　D. 既不是无损连接,也不保持 FD 的分解

【答案】 A

【解析】 首先判断是否保持 FD,由于 F 中只包含一个函数依赖 B→C,在 ρ 中分解为 AB 和 BC,其中 BC 就包含了函数依赖 B→C,因此该分解是保持 FD 的分解。其次,再判断是否是无损连接。

(1)首先构造初始表如下:

	A	B	C
$R_1(AB)$	a_1	a_2	b_{13}
$R_2(BC)$	b_{21}	a_2	a_3

(2)对 F 中的每一个如 $X_i \rightarrow A_{li}$ 的 FD_i 做如下操作:找到 X_i 所对应的列中具有相同符号的那些行,考查这些行中 li 列的元素,若其中有 a_{li},则全部改成 a_{li},否则全部改为 b_{mli}。其中 m 是这些行的最小值。这里考查 B→C,B 列对应的两行中都为 a_2,而 C 列中第二行为 a_3,因此,两行的 C 列可以都改为 a_3,如下所示。由于 F 中只包含一个 FD,因此,算法终止。

	A	B	C
$R_1(AB)$	a_1	a_2	a_3
$R_2(BC)$	b_{21}	a_2	a_3

(3)算法终止时,表中第一行为 a_1、a_2、a_3,因此,ρ 是无损连接分解。

综上,ρ 既是无损连接分解,又保持函数依赖。故答案为 A。

5. 单属性依赖集图论求解法

【例 12】 (2013 年考研真题)分析与计算题

设有关系 R(A,B,C,D,E),函数依赖集 F = $\{A \rightarrow B, B \rightarrow C, C \rightarrow D, C \rightarrow E\}$

回答下列问题:

(1)求 R 的所有候选码;

(2)判断 R 满足的最高范式;

(3)若把关系 R 分解为 $R_1(A,B,C)$ 和 $R_2(C,D,E)$,则:R_1 的候选码是什么? 它属于第几范式? R_2 的候选码是什么? 它属于第几范式?

【解析】 (1)由于 R 中的各函数依赖均为左侧单属性函数依赖,因此可以用函数依赖图来判断关系 R 的候选码。根据函数依赖集 F 中的函数依赖情况,画出如图 4-3 所示的函数依赖图,从依赖图中可以找出 R 的候选码只有一个,为 A。

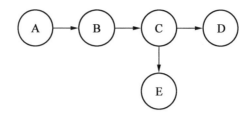

图 4 - 3　关系模式 R 的函数依赖图

（2）R 中每个属性都是不可再分的数据项，R 满足第一范式；由于 R 中非主属性只有一个单属性 A 组成的候选码，不存在非主属性 B、C、D、E 对码的部分函数依赖，R 满足第 2 范式；但是存在着非主属性 C、D、E 对码的传递函数依赖，R 不满足第三范式。因此，R 满足的最高范式为第二范式。

（3）分解后的关系模式 $R_1(A,B,C)$ 对应的函数依赖集 $F_1 = \{A{\to}B, B{\to}C\}$，候选码为 A，不存在非主属性对码的部分函数依赖，满足第二范式；存在着非主属性 C 对码的传递函数依赖，仍然不满足第三范式，因此，R_1 属于第二范式。

分解后的关系模式 $R_2(C,D,E)$ 对应的函数依赖集 $F_2 = \{C{\to}D, C{\to}E\}$，候选码为 C，不存在非主属性对码的部分函数依赖，满足第二范式；且非主属性 D、E 对码均为直接函数依赖，因此 R_2 满足第三范式。

6. 多属性依赖集候选码求解法

【例 13】　（2014 年考研真题）设有关系模式 $R(A,B,C,D,E)$，$F = \{A{\to}BC, CD{\to}E, B{\to}D, E{\to}A\}$ 是 R 上成立的函数依赖集，那么 R 的候选码的个数和所属的最高范式分别为

（　　）

　　A. 1 个, 2NF　　　　　　B. 2 个, 2NF　　　　　　C. 2 个, BCNF　　　　　　D. 4 个, 3NF

【答案】　D

【解析】　通过对 F 进行极小化处理，得到 $F_m = \{A{\to}B, A{\to}C, CD{\to}E, B{\to}D, E{\to}A\}$。通过对各属性进行分类发现，所有的属性都是 LR 类属性，因此，只能从 LR 中随机选择一个来判断是否可以作为候选码。

通过计算 $A^+ = \{ABCDE\}$，$B^+ = \{BD\}$，$C^+ = \{C\}$，$D^+ = \{D\}$，$E^+ = \{ABCDE\}$，因此，A、E 是关系 R 的候选码。去除掉这两个属性，在剩下的 $\{B,C,D\}$ 中两两组合，确定其闭包是否包含所有属性，如果有，其也是候选码。

$(BC)^+ = \{BCDEA\}$ 包含 R 中所有属性，因此 BC 也是候选码。

$(CD)^+ = \{CDEAB\}$ 包含 R 中所有属性，因此 CD 也是候选码。

$(BD)^+ = \{BD\}$，不包含 R 中所有属性，因此 BD 不是候选码。

故 R 的候选码有 4 个：A、E、BC 和 CD，主属性有：A、BCDE，没有非主属性，因此至少满足第三范式。但是，主属性之间存在部分函数依赖和传递函数依赖，因此不满足 BCNF。答案为 D。

7. 利用关系的规范化理论进行满足各类分解要求的模式分解

（1）将 R 转换为达到 3NF 的保持函数依赖的分解算法。

（2）将 R 转换为达到 3NF 的既有无损连接性又保持函数依赖的分解算法。

（3）将 R 转换为达到 BCNF 的无损连接分解。

（4）将 R 转换为达到 4NF 的具有无损连接性的分解。

【例14】 (2002年考研真题)设有关系模式 R(A,B,C,D),其函数依赖集 F = {A→C, C→A,B→AC,D→AC,BD→A}。

(1)求出 F 的最小依赖集;

(2)求出 R 的所有候选关键字;

(3)判断 p = {AC,BD,AD} 是否为无损连接分解;

(4)将 R 分解为 BCNF 并具有无损连接性。

【解析】 (1)①首先将 F 中右侧为多属性的函数依赖化单为单属性函数依赖:

$$F = \{A→C,C→A,B→A,B→C,D→A,D→C,BD→A\}$$

②依次判断 F 中每一个函数依赖是否为冗余函数依赖:

考查 A→C,令 G = F - {A→C},计算 A_G^+ = {A},不包含 C,因此,A→C 不多余,保留;

考查 C→A,令 G = F - {C→A},计算 C_G^+ = {C},不包含 A,因此,C→A 不多余,保留;

考查 B→A,令 G = F - {B→A},计算 B_G^+ = {BCA},包含 A,因此,B→A 多余,去除,处理后的函数依赖集仍然用 F 表示为

$$F = \{A→C,C→A,B→C,D→A,D→C,BD→A\}$$

考查 B→C,令 G = F - {B→C},计算 B_G^+ = {B},不包含 C,因此,B→C 不多余,保留;

考查 D→A,令 G = F - {D→A},计算 D_G^+ = {DCA},包含 A,因此,D→A 多余,去除,处理后的函数依赖集为

$$F = \{A→C,C→A,B→C,D→C,BD→A\}$$

考查 D→C,令 G = F - {D→C},计算 D_G^+ = {D},不包含 C,因此,D→C 不多余,保留;

考查 BD→A,令 G = F - {BD→A},计算 $(BD)_G^+$ = {BDCA},包含 A,因此,BD→A 多余,去除,处理后的函数依赖集为

$$F = \{A→C,C→A,B→C,D→C\}$$

③针对 F 中左侧为多属性函数依赖,判断其是否含有冗余属性。到此处,F 中所有的函数依赖均为单属性,因此,F 已经被处理成最小函数依赖集。故 F 的最小函数依赖集为

$$F_{min} = \{A→C,C→A,B→C,D→C\}。$$

(2)关系模式 R 的最小函数依赖集为{A→C,C→A,B→C,D→C},其中的函数依赖均为单属性函数依赖,因此可以使用函数依赖图来进行候选码的判断。函数依赖图如图 4-4 所示,因此,所有的入边构成候选码,因此关系模式有唯一的候选码(B,D)。

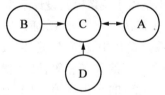

图 4-4 函数依赖图

(3)①首先根据 ρ 中分解情况构造初始表如下:

	A	B	C	D
AC	a_1		a_3	
BD		a_2		a_4
AD	a_1			a_4

②利用 F 中的函数依赖,修改初始表中相应数据项的值。首先考查 A→C,AC 行和 AD 行 A 列值均为 a_1,并且 AC 行 C 列值为 a_3,因此可以把 AD 行 C 列值修改为 a_3;此时,表中不存在任何一行包含 a_1、a_2、a_3、a_4,因此继续考察 C→A,此时 AC 和 AD 行在 A、C 两列的值相等,不需要处理数据项;此时,表中不存在任何一行包含 a_1、a_2、a_3、a_4,因此继续考察 B→AC,由于没有任意两行的 B 列值相同,因此不需要处理数据项;继续考察 D→AC,BD 行和 AD 行的 D 值都为 a_4,同时 AD 行 A 列值为 a_1,C 列值为 a_3,因此,可以把 BD 行 A 列值修改为 a_1,C 列值修改为 a_3。此时,处理表中 BD 行包含 a_1、a_2、a_3、a_4,具体如下,算法终止,因此分解 p 是无损连接分解。

	A	B	C	D
AC	a_1		a_3	
BD	a_1	a_2	a_3	a_4
AD	a_1		a_3	a_4

③由于此时表中存在 BD 行包含 a_1、a_2、a_3、a_4,因此分解 p 是无损连接分解。

(4)将 R 分解为 BCNF 并具有无损连接性:

$R_1(AC)$,$F_1 = \{ A→C,C→A \}$,候选码为 A、C、R_1 满足 BCNF。

$R_2(BC)$,$F_2 = \{ B→C \}$,候选码为 B,R_2 满足 BCNF。

$R_3(CD)$,$F_3 = \{ D→C \}$,候选码为 D,R_3 满足 BCNF。

$R_4(BD)$,$F_4 = \varnothing$,候选码为 BD,R_4 满足 BCNF。

根据题目(3)的判断步骤,得出分解具有无损连接性。

【课后习题】

一、选择题

1.(2017 年考研真题)下述不是由于关系模式设计不当而引起的是 （　　）

A. 数据冗余　　　　　B. 丢失修改　　　　　C. 插入异常　　　　　D. 更新异常

2.(2014 年考研真题)在关系模式 R 中,函数依赖 X→Y 的语义是 （　　）

A. 在 R 的某一关系中,若两个元组的 X 值相等,则 Y 值也相等

B. 在 R 的每一关系中,若两个元组的 X 值相等,则 Y 值也相等

C. 在 R 的某一关系中,Y 值应与 X 值相等

D. 在 R 的每一关系中,Y 值应与 X 值相等

3.(2015 年考研真题)R(U,F)属于 3NF,下列说法正确的是 （　　）

A. 一定消除了插入和删除异常　　　　　B. 仍存在一定的插入和删除异常

C. 一定属于 BCNF　　　　　D. 消除了所有冗余

4.(2004 年考研真题)设有关系模式 R(A,B,C),F 是 R 上成立的 FD 集,F = {A→B,C→B},则相对于 F,关系模式 R 的主码为 （　　）

A. AB　　　　　　　　B. AC　　　　　　　　C. CB　　　　　　　　D. ABC

5.(2011 年考研真题)关系模型中的关系模式至少是　　　　　　　　　　　　(　　)

A.1NF　　　　　　　B.2NF　　　　　　　C.3NF　　　　　　　D. BCNF

6.(2018 年考研真题)关系模式由 2NF 转化为 3NF 是消除了非主属性对主码的(　　)

A. 局部依赖　　　　　B. 传递依赖　　　　C. 完全依赖　　　　D. 多值依赖

7.(2005 年考研真题)当关系模式 R(A,B)已经属于 3NF 时,以下说法正确的是

(　　)

A. 一定消除了插入和删除异常　　　　　　B. 仍然存在一定的插入和删除异常

C. 一定属于 BCNF　　　　　　　　　　　　D. B 和 C 都正确

8.(2016 年考研真题)关系模式中满足 2NF 的模式,则　　　　　　　　　　(　　)

A. 可能是 1NF　　　B. 必定是 1NF　　　C. 必定是 3NF　　　D. 必定是 BCNF

9.(2013 年考研真题)关于第三范式描述正确的是　　　　　　　　　　　　(　　)

A. 一个关系属于第一范式,它就属于第三范式

B. 一个关系模式属于 BC 范式,它就属于第三范式

C. 一个关系实例有数据冗余,它就是第三范式

D. 一个关系实例没有数据冗余,它就是属于第三范式

10.(2014 年考研真题)已知关系模式 R(U,F),其中 U = {A,B,C,D,E},F = {A→B, BC→D,E→C},则下列函数依赖在 R 中不一定成立的是　　　　　　　(　　)

A. AC→D　　　　　B. AE→C　　　　　C. BC→B　　　　　D. CE→D

11.(2018 年考研真题)X→Y 能用 FD 推理规则推出的充分必要条件是　　(　　)

A. $Y \subseteq X$　　　　B. $Y \subseteq X^+$　　　　C. $X \subseteq Y^+$　　　　D. $X^+ = Y^+$

12.(2004 年考研真题)设有关系模式 R(A,B,C,D),F 是 R 上成立的 FD 集,F = {B→ C,C→D},则属性 C 的闭包 C^+ 为　　　　　　　　　　　　　　　　　(　　)

A. BCD　　　　　　B. BD　　　　　　　C. CD　　　　　　　D. BC

13.(2015 年考研真题)已知关系 R = {A,B,C,D,E,G},F = {A→C,BC→DE,D→E, CG→B}。则 AB 的闭包 $(AB)_F^+$ 为　　　　　　　　　　　　　　　　　(　　)

A. ABCDEG　　　　B. ABCDE　　　　　C. ABC　　　　　　D. AB

14.(2014 年考研真题)设有关系模式 R(A,B,C,D),F 是 R 上成立的 FD 集,F = {AB→ C,D→A},则属性集(CD)的闭包$((CD)^+)$为　　　　　　　　　　　　(　　)

A. CD　　　　　　　B. ACD　　　　　　C. BCD　　　　　　D. ABCD

15.(2004 年考研真题)关系模式 R(A,B,C,D,E)中有下列函数依赖:A→BC,D→E, C→D,下面对 R 的分解中哪一个(或哪一些)是 R 的无损连接分解　　　　(　　)

Ⅰ:(A,B,C)(C,D,E)　　　　　　　　　　Ⅱ:(A,B)(A,C,D,E)

A. 都不是　　　B. 只有 Ⅰ　　　　C. 只有 Ⅱ　　　　D. Ⅰ 和 Ⅱ

二、填空题

1.(2006 年考研真题)一个关系若存在部分函数依赖和传递函数依赖,则必然会造成数据_____以及_____、_____和_____异常。

2.(2015 年考研真题)关系模式的操作异常往往是由于_____引起的,解决该问题的主要方法是_____。

3.(2006 年考研真题)关系数据库中的每个关系必须最低达到_____范式,该范式中

的每个属性都是_____。

4.(2015 年考研真题)关系的规范性限制要求关系中的每一个_____都是不可分解的。

5.(2015 年考研真题)消除了非主属性对候选键局部函数依赖的关系模式,称为_____范式。

6.(2006 年考研真题)若一个关系的任何属性都不存在部分依赖和传递依赖于任何候选码,则该关系达到_____范式。

7.(2004 年考研真题)在规范化过程中,若要求模式分解保持函数依赖和无损连接,则任何关系都能分解为_____。

8.(2004 年考研真题)不良的关系模式可能造成的问题有_____、_____和_____。

9.(2006 年考研真题)在对关系模式进行分解时,需满足_____时,才能不丢失数据。

10.(2005 年考研真题)如果只考虑函数依赖,则属于_____的规范化程度是最高的;如果考虑多值依赖,则属于_____的规范化程度是最高的。

三、分析与计算题

1.(2014 年考研真题)现有关系模式 R(A,B,C,D,E,F),函数依赖集 F = {AB→E,AC→F,AD→B,B→C,C→D}。

(1)求关系模式 R 的所有候选码。

(2)分析每个非主属性对候选码的依赖关系。

(3)该关系模式满足第几范式? 说明理由。

2.(2014 年考研真题)关系模式规范化设有关系模式 R 的当前关系 r 如下表所示。

职工号	职工名	部门名	部门地址
N1	杨幂	财会科	D1
N2	孙俪	生产科	D2
N3	王峰	人事科	D3
N4	邓超	财会科	D1
N5	邓超	行政科	D4

试回答下列问题:

(1)根据关系 r 中属性的联系类型,写出其基本的函数依赖,并找出关系模式 R 的候选码。

(2)R 最高为第几范式? 为什么?

(3)是否会发生删除异常? 若会发生,请说明在什么情况下发生?

(4)将 R 分解成高一级的范式,分解后的关系是如何解决分解前存在的删除异常问题?

3.(2012 年考研真题)假设某商业集团数据库中有一关系模式 R 如下:

　　　R(商店编号,商品编号,库存数量,部门编号,商店负责人,部门负责人)

如果规定:

(1)每个商店可以销售多种商品;

(2)每个商店的每种商品只在一个部门销售;

(3)每个商店的每个部门只有一个负责人;一个人可以同时担任多个部门的负责人;

（4）每个商店只有一个商店负责人，一个人可以同时担任多家商店的负责人；

（5）每个商店的每种商品只有一个库存数量。

试完成回答下列问题：

（1）根据上述规定，写出关系模式 R 的基本函数依赖。

（2）找出关系模式 R 的候选键。

（3）试问关系模式 R 是否第三范式？为什么？若 R 不属于 3NF，请将 R 分解成 3NF 模式集，分解过程保持无损连接性并保持函数依赖性。

【部分习题答案】

一、选择题

1. B　2. B　3. B　4. B　5. A　6. B　7. B　8. B　9. B　10. D　11. B　12. C　13. B　14. B　15. D

二、填空题

1. 冗余，插入、删除和更新

2. 数据冗余，模式分解

3. 第一，不可再分的

4. 属性

5. 第二

6. BC

7. 3NF

8. 插入异常，更新异常，删除异常

9. 保持无损连接

10. BCNF，4NF

三、综合题

1. 【解析】　（1）①判断函数依赖集 F 是否为最小函数依赖集，首先 F 中所有函数依赖的右侧均为单属性，因此不需要化单函数依赖；其次，判断 F 中各函数依赖是否为冗余的函数依赖。检查 AB→E，令 G = F − {AB→E}，计算 $(AB)_F^+ = \{ABCDF\}$，不包含 E，因此，AB→E 不多余；同样的方法验证其他函数依赖，发现都不多余；最后检查左侧为多属性的函数依赖中是否含有冗余属性，$(AB)_F^+ = \{A\}$，$(AB)_F^+ = \{BCD\}$，$(AB)_F^+ = \{CD\}$，$(AB)_F^+ = \{D\}$，因此，AB→E 中 A、B 各自的闭包都不包含 E，不包含冗余属性，AC→F 中，C、D 的闭包也都不包含 F，不含冗余属性；AD→B 中，A、D 的闭包都不包含 B，因此也不含有冗余属性。故 F 是最小函数依赖集。

②首先根据 R 中各属性在 F 中出现的位置，将其分为 L、R、LR 和 N 四类：

L：A

R：E、F

LR：B、C、D

N：∅

③然后令 X = L∪N = {A}，计算 $(AB)_F^+ = \{A\}$，不包含 R 中所有属性，因此需要从 LR 类中依次取出一个属性，与 X 组合在一起，判断其闭包是否包含 R 中所有属性：

$(AB)_F^+ = \{ABECDF\}$，包含 R 中所有属性，因此（AB）可以作为候选码；

$(AB)_F^+ = \{ACFDBE\}$，包含 R 中所有属性，因此（AC）可以作为候选码；

$(AB)_F^+ = \{ADBCEF\}$，包含 R 中所有属性，因此（AD）可以作为候选码；

算法终止，R 中所有的候选码有：AB、AC、AD。

（2）R 中所有的候选码有：AB、AC、AD，因此，主属性有：A、B、C、D，非主属性有 E、F。通过计算，$(AB)_F^+ = \{A\}$，$(AB)_F^+ = \{BCD\}$，$(AB)_F^+ = \{CD\}$，$(AB)_F^+ = \{D\}$，因此，A、B、C、D 属性都不能函数决定 E、F，故非主属性 E、F 对候选码均为完全函数依赖；同时，由于 AB、AC、AD 属性组相互等价，F 中包含 AB→E，AC→F，故 E、F 对候选码均为直接函数依赖。因此，R 中非主属性 E、F 对候选码的函数依赖均为直接、完全函数依赖。

（3）关系模式 R 中不存在非主属性对码的部分函数依赖，因此满足第二范式；R 中也不存在非主属性对码的传递函数依赖，因此 R 满足第三范式。但是，F 中存在函数依赖 AD→B，B→C，C→D，说明主属性 C 存在着对不包含它的码（AD）的传递函数依赖，也存在着对不包含它的码（AB）的部分函数依赖，因此 R 不满足 BCNF；另外，判断 BCNF 也可以通过函数依赖 B→C，C→D 中 B、C 均不包含码来进行判断。故 R 最高满足第三范式。

2.【解析】（1）关系模式 R 的基本函数依赖为：

F = ｛职工号→职工名，职工号→部门名，部门名→部门地址｝，因此，关系模式 R 的候选码为职工号。

（2）R 最高为 2NF，因为职工号→部门名，部门名→部门地址，因此，存在非主属性部门地址对码的传递函数依赖。

（3）会发生删除异常，比如生产科只有一名职工孙俪（职工号 N2），当删除孙俪员工时，会将生产科的信息进行删除。

（4）将 R 分解为：

R1｛职工号，职工名，部门名｝

R2（部门名，部门地址）

当删除孙俪的信息时，会删除 R1 表中孙俪的信息，而生产科的信息在 R2 表中，并不会被删除，也就解决了分解前存在的删除异常问题。

3.【解析】（1）关系模式 R 的基本函数依赖有：

（商店编号，商品编号）→部门编号，（商店编号，部门编号）→部门负责人，商店编号→商店负责人，（商店编号，商品编号）→库存数量

（2）首先根据 R 基本函数依赖中各属性的位置将属性划分为 L、R、LR、N4 类：

L:商店编号,商品编号

R:库存数量,商店负责人,部门负责人

LR:部门编号

N:空

然后计算（商店编号，商品编号）$^+$为｛商店编号，商品编号，部门编号，部门负责人，商店负责人，库存储量｝，包含 R 中所有属性，因此，关系模式 R 的唯一候选键为（商店编号，商品编号）。

（3）关系模式 R 不满足第三范式，因为存在着商店负责人对码的部分函数依赖，因此 R 不满足第二范式，只满足第一范式。可以先将 R 分解为满足第二范式的关系模式集：

R_1（商店编号，商店负责人），候选码为商店编号，R_1 满足第三范式。

R_2(商店编号,商品编号,部门编号,部门负责人,库存数量),候选码为(商店编号,商品编号),非主属性对码均为完全函数依赖,因此 R_2 满足第二范式。

由于关系模式 R_2 中存在着(商店编号,商品编号)→部门编号,(商店编号,部门编号)→部门负责人,因而,(商店编号,商品编号)→(商店编号,部门编号),(商店编号,部门编号)→部门负责人,故存在着非主属性对码的传递函数依赖,R_2 不满足第三范式,可以对其进行模式分解,使其满足第三范式:

R_{21}(商店编号,商品编号,部门编号,库存数量),候选码为(商店编号,商品编号),非主属性对码均为直接函数依赖,因此,R_{21} 满足第三范式。

R_{22}(商店编号,部门编号,部门负责人),候选码为(商店编号,部门编号),非主属性对码为直接函数依赖,R_{22} 满足第三范式。综上,关系模式 R 分解成 3NF 模式集为:

R_1(商店编号,商店负责人);

R_{21}(商店编号,商品编号,部门编号,库存数量);

R_{22}(商店编号,部门编号,部门负责人)。

4.7　数据库设计

本节讨论基于关系模型的数据库设计的技术和方法,主要介绍数据库设计的方法和步骤,详细介绍数据库设计各个阶段的目标、任务、方法以及需要注意的事项,其中重点是概念结构设计和逻辑结构设计,这也是数据库设计过程中最重要的两个环节。要求学生能够根据应用系统的要求进行系统分析,在系统分析的基础上进行系统的概念模型设计,能够在概念模型的基础上完成逻辑模型设计(包括模式和子模式的设计)、物理模型设计,并能够进行数据库的实施。

4.7.1　数据库设计概述

1. 数据库设计的基本特征
数据库设计的基本特征:反复性、试探性、分步进行,将数据库结构设计和数据处理设计密切结合。

2. 数据库建设的基本规律
数据库建设的基本规律:三分技术,七分管理,十二分基础数据。

3. 数据库设计的主要阶段
(1)需求分析。

准确了解与分析用户需求(包括数据与处理),是最困难、最耗费时间的一步。具体任务是调查应用领域,对应用领域中各种应用的信息要求和操作要求进行详细分析,形成需求分析说明书。

(2)概念结构设计。

概念结构设计是整个数据库设计的关键,通过对用户需求进行综合、归纳与抽象,形成一个独立于具体 DBMS 的概念模型。任务包括:抽象数据并设计局部视图、合并局部视图生成初步 E－R 图、消除不必要的冗余设计基本 E－R 图得到全局概念结构、验证整体概念结构。

（3）逻辑结构设计。

将概念结构转换为某个 DBMS 所支持的数据模型，并对其进行优化。首先将概念结构转化为一般的逻辑数据模型；然后将转换来的逻辑数据模型向特定 DBMS 支持下的数据模型转换；再对数据模型进行优化；最后设计用户子模式。

（4）物理结构设计。

为逻辑数据模型选取一个最适合应用环境的物理结构（包括存储结构和存取方法）。数据库在物理设备上的存储结构与存取方法称为数据库的物理结构，它依赖于选定的数据库管理系统。

（5）数据库实施。

运用 DBMS 提供的数据库语言（如 SQL）及宿主语言，根据逻辑设计和物理设计的结果建立数据库，编制与调试应用程序，组织数据入库，进行试运行。

（6）数据库运行和维护。

数据库应用系统经过试运行后即可投入正式运行，在数据库系统运行过程中必须不断地对其进行评价、调整与修改。

设计一个完善的数据库应用系统往往是上述 6 个阶段的不断反复，把数据库设计和对数据库中数据处理的设计紧密结合起来，将这两个方面的需求分析、抽象、设计、实现在各个阶段同时进行，相互参照，相互补充，以完善两方面的设计。

【例 1】 （2017 年考研真题）在关系数据库设计阶段中，完成 E - R 图设计的阶段是

（　　）

A. 需求分析阶段　　　　B. 概念设计阶段　　　　C. 逻辑设计阶段　　　　D. 物理设计阶段

【答案】 B

4. 数据库设计过程中的各级模式

在需求分析阶段综合各个用户的应用需求，形成数据流图和数据字典，撰写用户需求说明书；在概念结构设计阶段形成独立于机器特点、独立于各个关系数据库管理系统的概念模式，也就是 E - R 图；在逻辑结构设计阶段将 E - R 图转换成具体的数据库产品支持的数据模型，形成数据库逻辑模式，然后根据用户处理的要求、安全性的考虑，在基本表的基础上再建立必要的视图，形成数据的外模式；在物理结构设计阶段，根据关系数据库管理系统的特点和处理的需要进行物理存储安排，建立索引，形成数据库内模式。

4.7.2 需求分析

1. 需求分析的任务

需求分析是分析用户的需求，是设计数据库的起点。需求分析的任务是通过详细调查现实世界要处理的对象（组织、部门、企业等），充分了解原系统的工作概况，明确用户的各种需求，然后在此基础上确定新系统的功能。需求分析调查的重点是"数据"和"处理"，通过调查、收集与分析，获得用户对数据库的信息要求、处理要求、安全性与完整性要求。

2. 需求分析的方法

进行需求分析首先是调查用户的实际要求，与用户达成共识，然后分析与表达这些需求。常用的调查方法有跟班作业、开调查会、请专人介绍、询问、设计调查表请用户填写、查阅记录等。

4.7.3　概念结构设计

(1)要求掌握 E－R 图的绘制方法。

(2)对分 E－R 图进行合并处理时,常见以下冲突类型。

①属性冲突:包括属性域冲突和属性取值单位冲突。

②命名冲突:有同名异义和异名同义两种命名冲突,其中同名异义指不同意义的对象在不同的局部应用中具有相同的名字,异名同义指同一意义的对象在不同的局部应用中具有不同的名字。

③结构冲突:常见有 3 类结构冲突,分别是同一对象在不同应用中具有不同的抽象、同一实体在不同 E－R 图中所包含的属性个数和属性排列次序不完全相同、实体之间的联系在不同局部视图中呈现不同的类型。

【例2】　(2003 年考研真题)当局部 E－R 图合并成全局 E－R 图时,可能出现冲突,下列所列冲突中不属于上述冲突的是　　　　　　　　　　　　　　　　　　　(　　)

A. 属性冲突　　　　　　B.语法冲突　　　　　C.结构冲突　　　　　D.命名冲突

【答案】　B

4.7.4　逻辑结构设计

1.E－R 图向关系模型的转换的原则

(1)实体型转换原则:一个实体型转换为一个关系。

(2)实体型间联系的转换原则。

①一个 1:1 联系可以转换为一个独立的关系模式,也可以与任意一端对应的关系模式合并。但在一些情况下,与不同的关系模式合并效率会有所不同。因此究竟应该与哪端的关系模式合并需要依应用的具体情况而定。

②一个 1:n 联系可以转换为一个独立的关系模式,也可以与 n 端对应的关系模式合并。

③一个 m:n 联系转换为一个关系模式,该关系的候选码为 m 端和 n 端实体候选码的组合。

④3 个或 3 个以上实体间的一个多元联系转换为一个关系模式,该关系的候选码为各实体型候选码的组合。

⑤具有相同码的关系模式可合并。

2.数据模型的优化方法

(1)确定数据依赖。按需求分析阶段所得到的语义,分别写出每个关系模式内部各属性之间的数据依赖以及不同关系模式属性之间数据依赖。

(2)消除冗余的联系。对于各个关系模式之间的数据依赖进行极小化处理,消除冗余的联系。

(3)确定关系所属的范式。按照数据依赖的理论对关系模式逐一进行分析,考查是否存在部分函数依赖、传递函数依赖、多值依赖等,确定各关系模式分别属于第几范式。

(4)按照需求分析阶段得到的各种应用对数据处理的要求,分析对于这样的应用环境这些模式是否合适, 确定是否要对它们进行合并或分解。

(5)对关系模式进行分解。连接运算是关系模式低效的主要原因,规范程度不是越高越好。如果只要求查询功能,保持一定程度的更新异常和冗余,就不会产生实际影响。因此,并不是规范化程度越高的关系就越优,一般来说,第三范式就足够了。

【例3】 (2004年考研真题)关系数据库规范化理论主要解决的问题是 (　　)

A. 如何构造合适的数据库逻辑结构

B. 如何构造合适的数据库物理结构

C. 如何构造合适的应用程序界面

D. 如何控制不同用户的数据操作权限

【答案】 A

3. 数据库的设计与优化

【例4】 (2014年考研真题)设某集团数据库中共有3个实体集,分别为部门,属性有部门号,部门名,办公地点;职工,属性有职工号,姓名,性别,年龄;产品,属性有产品号,产品名,产品类型,单价。每个部门可以聘用多名职工,每名职工只受聘于一个部门,每个部门聘用每名职工时保存聘用期限和聘用日期。每个部门生产多种产品,每种产品可以在不同的部门生产,每个部门生产每种产品都有一个生产量。每种产品由一名职工负责,每个职工最多负责一种产品。

请根据上面的描述完成如下题目:

(1)根据需求分析,用E-R图画出该公司的部门、职工、产品的概念模型,要求给出实体、联系的属性;

(2)将问题(1)得到的E-R图转换成关系模式,并注明主码和外码。

【答案】 (1)公司概念模型如图4-5所示。

(2)转换的关系模式如下:其中,＿＿＿表示主码,﹏﹏﹏表示外码。

部门表:(部门号,部门名,办公地点)

职工表:(职工号,姓名,性别,年龄,所属部门号,聘用期限,聘用日期)

产品表:(产品号,产品名,产品类型,单价,负责职工号)

部门生产产品表:(部门号,产品号,生产量)

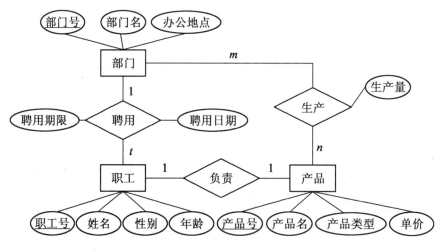

图4-5 示例E-R图

【例5】 (2002年考研真题)假设一个海军基地要建立一个舰队管理信息系统,它包括如下两个方面的信息：

1：舰队方面

舰队：舰队名称，基地地点，舰艇数量。

舰艇：编号，舰艇名称，舰队名称。

2：舰艇方面

舰艇：舰艇编号，舰艇名，武器名称。

武器：武器名称，武器生产时间，舰艇编号。

官兵：官兵证号，姓名，舰艇编号。

其中，一个舰队拥有多艘舰艇，一艘舰艇属于一个舰队；一艘舰艇安装多种武器，一种武器可安装于多艘舰艇上；一艘舰艇有多个官兵，一个官兵只属于一艘舰艇。请完成如下设计：

(1)分别设计舰队和舰艇两个局部 E－R 图；

(2)将上述两个局部 E－R 图合并为一个全局 E－R 图；

(3)将该全局 E－R 图转换为关系模式；

(4)合并时是否存在命名冲突？如何处理？

【解析】

(1)舰队和舰艇两个局部 E－R 图如图 4－6 和图 4－7 所示。

(2)全局 E－R 图如图 4－8 所示。

(3)转换的关系模式如下：

舰队表：(舰队名称，基地地点，舰艇数量)

舰艇表：(舰艇编号，舰艇名称，舰队名称)

武器表：(武器名称，武器生产时间)

官兵表：(官兵证号，姓名，舰艇编号)

舰艇安装武器表：(舰艇编号，武器名称)

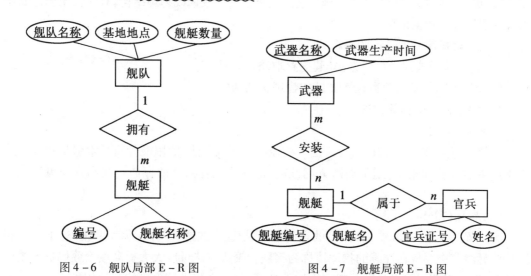

图 4－6　舰队局部 E－R 图　　　　　图 4－7　舰艇局部 E－R 图

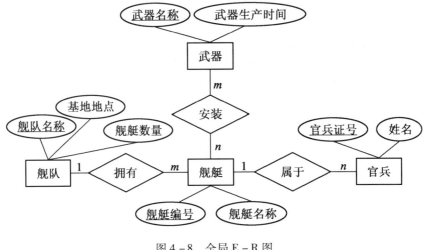

图 4 - 8　全局 E - R 图

（4）局部 E - R 图合并为全局 E - R 图时存在命名冲突，表现在：

①舰队局部 E - R 图中舰艇的属性"编号"与舰艇局部 E - R 图中舰艇的"舰艇编号"存在异名同义的问题，合并时统一为"舰艇编号"。

②舰队局部 E - R 图中舰艇的属性"舰艇名称"与舰艇局部 E - R 图中舰艇的"舰艇名"存在异名同义的问题，合并时统一为"舰艇名称"。

4.7.5　物理结构设计

1.数据库物理设计的步骤

（1）确定数据库的物理结构，在关系数据库中主要指存取方法和存储结构。

（2）对物理结构进行评价，评价的重点是时间和空间效率。如果评价结果满足原设计要求，则可进入到物理实施阶段，否则，就需要重新设计或修改物理结构，有时甚至要返回逻辑设计阶段修改数据模型。

2.关系数据库物理设计的内容

（1）为关系模式选择存取方法（建立存取路径）。

（2）设计关系、索引等数据库文件的物理存储结构。

3.DBMS 常用的存取方法

（1）索引方法。

目前主要是 B + 树索引方法，这是一种经典的存取方法，使用最普遍。索引从物理上分为聚簇索引和普通索引，用于提高查询性能，但它要牺牲额外的存储空间和提高更新维护代价。

（2）聚簇（Cluster）方法。

为了提高某个属性（或属性组）的查询速度，把这个或这些属性（称为聚簇码）上具有相同值的元组集中存放在连续的物理块称为聚簇。聚簇方法可以大大提高按聚簇码进行查询的效率，但是聚簇只能提高某些特定应用的性能，且建立与维护聚簇的开销相当大。

（3）HASH 方法。

某关系的属性主要出现在等值连接条件中或在相等比较选择条件中,适合采用 HASH 方法作为存取方法。

【例6】　（2015 年考研真题）某高校的管理系统中有学生关系为:学生(学号,姓名,性别,出生日期,班级),该关系的数据是在高考招生时从各省的考生信息库中导入的,来自同一省份的学生记录在物理上相邻存放,为适应高校对学生信息的大量事务处理是以班级为单位的应用需求,应采用的优化方案是　　　　　　　　　　　　　　　　　　　　（　　）

A. 将学号设为主码　　　　　　　　　　　B. 对学号建立 UNIQUE 索引
C. 对班级建立 CLUSTER 索引　　　　　　D. 对班级建立 UNIQUE 索引

【答案】　C

【解析】　由于应用需求是以班级为单位的,因此优化方案应该是对班级建立索引;由于班级和学生之间存在着一对多的关系,因此,索引的类型应该是 CLUSTER 类型。

【课后习题】

一、选择题

1.（2014 年考研真题）在关系数据库设计过程中,数据模型的优化和外模式的设计是在_____阶段进行。　　　　　　　　　　　　　　　　　　　　　　　　　　（　　）

A. 需求分析　　　　B. 概念结构设计　　　C. 逻辑结构设计　　　D. 物理结构设计

2.（2014 年考研真题）在关系数据库设计阶段中,完成关系模式设计的阶段是　（　　）

A. 需求分析阶段　　B. 概念设计阶段　　　C. 逻辑设计阶段　　　D. 物理设计阶段

3.（2014 年考研真题）在关系数据库设计过程中,数据模型的优化和外模式的设计是在_____阶段进行。　　　　　　　　　　　　　　　　　　　　　　　　　　（　　）

A. 需求分析　　　　B. 概念结构设计　　　C. 逻辑结构设计　　　D. 物理结构设计

4.（2014 年考研真题）数据库设计人员和用户之间沟通信息的桥梁是　　　　（　　）

A. 程序流程图　　　B. 实体联系图　　　　C. 模块结构图　　　　D. 数据结构图

5.（2015 年考研真题）若有 10 个不同的实体集,它们之间存在 12 个不同的二元联系,其中 3 个是 1:1 联系,4 个是 1:N 联系,5 个是 $M:N$ 联系,则根据 E-R 模型转换成关系模型的规则,该 E-R 结构转换成的关系模式个数为　　　　　　　　　　　　（　　）

A. 14 个　　　　　　B. 15 个　　　　　　C. 19 个　　　　　　D. 22 个

6.（2014 年考研真题）当两个实体之间存在着一个 $m:n$ 联系时,那么根据 E-R 模式转换成关系模式的规则,这个 E-R 结构转换成的关系模式个数为　　　　　　　　（　　）

A. 1 个　　　　　　B. 2 个　　　　　　C. 3 个　　　　　　D. 4 个

7.（2015 年考研真题）从 E-R 模型关系向关系模型转换时,一个 $M:N$ 联系转换为关系模型时,该关系模式的关键字是　　　　　　　　　　　　　　　　　　　　（　　）

A. M 端实体的关键字

B. N 端实体的关键字

C. M 端实体关键字与 N 端实体关键字组合

D. 重新选取其他属性

8.（2013 年考研真题）在 E-R 图向关系模式转换中,如果两实体之间是多对多的联系,则必须为联系建立一个关系,该联系对应的关系模式属性只包括　　　　　　　（　　）

A. 联系本身的属性

B. 联系本身的属性及所联系的任一实体的主键

C. 自定义的主键

D. 联系本身的属性及所联系的双方实体的主键

9. (2006 年考研真题)逻辑结构设计的主要工具是　　　　　　　　　　　(　　)

A. 数据流程图和数据字典　　　　　　　　B. E - R 图

C. 规范化理论　　　　　　　　　　　　　D. SQL 语言

10. (2014 年考研真题)以下_____不是当前常用的存取方法。　　(　　)

A. 索引方法　　　　B. 聚簇方法　　　　C. HASH 方法　　　　D. 链表方法

二、填空题

1. (2014 年考研真题)数据流程图是用于描述结构化方法中_____阶段的工具。

2. (2014 年考研真题)当用户在一个关系表的某一列上建立一个非聚集索引(该表没有聚集索引)时,数据库管理系统会自动为该索引维护一个索引结构,该索引结构中的记录是由查找码和它相对应的_____构成的。

3. (2006 年考研真题)机器实现阶段的任务是在计算机系统中建立_____,装入_____。针对各种处理要求编写相应的_____。

4. (2003 年考研真题)_____是各类数据描述的集合,它通常包括数据项、数据结构、数据流、数据存储和处理过程共 5 个部分。

5. (2007 年考研真题)在设计局部 E - R 图时,由于各个子系统分别有不同的应用,而且往往是由不同的设计人员设计,所以各个局部 E - R 图之间难免有不一致的地方,称为冲突。这些冲突主要有_____、_____、_____三类。

三、分析设计题

1. (2014 年考研复试真题)设某单位车辆管理数据库中有 3 个实体集,分别为部门,其属性有部门号、部门名、部门电话;职工,其属性有职工号、姓名、性别、年龄;车辆,其属性有车辆号、车辆类型、价格。每个部门可以聘用多名职工,每名职工只受聘于一个部门,每个部门聘用每名职工时保存聘用期限和聘用日期。每个部门可以使用多车,每辆车可以供在不用的部门使用,每个部门使用每辆车都有一个用车费用。每辆车由一名职工负责,每个职工最多负责一辆车。

请根据上面的描述完成如下题目:

(1)根据需求分析,用 E - R 图画出该公司的部门、职工、车辆的概念模型,要求给出实体、联系的属性。

(2)将(1)中得到的概念模型转换为关系模式集合,并标明主码,外码(若有)。

2. (2003 年考研真题)设要建立一个企业数据库,该企业有多个下属单位,每一单位有多个职员,一个职员仅隶属于一个单位,且一个职员仅在一个工程中工作,但一个工程中有很多职员参加建设,有多个供应商为各个工程供应不同设备。单位的属性有:单位名、电话;职员的属性有:职员号、姓名、性别;设备的属性有:设备号、设备名、产地;供应商属性有:姓名、电话;工程的属性有:工程名、地点。在联系中应反映出职工参加某工程的开始时间,供应商为各个工程供应不同设备的数量。请完成如下处理:

(1)设计满足上述要求的 E - R 图;

(2)将该 E - R 图转换为等价的关系模型方式。

3.(2004 年考研真题)某保险公司欲设计一车辆保险数据库系统,每个客户可以有一辆或多辆车参保,每辆车可能发生零次或任意多次事故。客户的属性有客户编号、姓名和地址,车的属性有车牌号码、车型、颜色和购买日期,事故的属性有事故报告编号、事故地点和事故日期,客户的车发生事故有一个损失数量。

(1)根据上述语义画出该数据库的 E - R 图,并在图中注明实体的属性和联系的类型;

(2)将该数据库的 E - R 模型转换成关系模型,并指出每个关系模式的主键和外键;

(3)分析每个关系模式已经达到第几范式。

【课后习题答案】

一、选择题

1.C　2.C　3.C　4.B　5.B　6.C　7.C　8.D　9.C　10.D

二、填空题

1.需求分析

2.索引列列值

3.数据库,数据,应用程序

4.数据字典

5.属性冲突,命名冲突,结构冲突

三、分析设计题

1.(1)该公司的概念模型如下图所示。

(2)关系模式集合:

部门:(部门号,部门名,部门电话),主码为部门号,没有外码。

职工:(职工号,姓名,性别,年龄,所属部门号,聘用期限,聘用日期),主码为职工号,外码为所属部门号。

车辆:(车辆号,车辆类型,价格,负责职工号),主码为车辆号,外码为负责职工号。

部门使用车辆表:(部门号,车辆号,用车费用),主码为(部门号,车辆号),外码为部门号,车辆号。

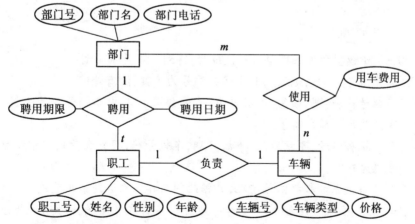

2(1)E - R 图如下图所示:

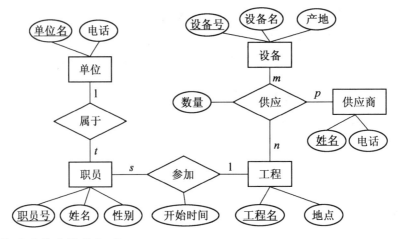

（2）转化后的关系模式如下：

单位(<u>单位名</u>,电话)

职员(<u>职员号</u>,姓名,性别,<u>单位名</u>,工程名,开始时间)

工程(<u>工程名</u>,地点)

供应商(<u>姓名</u>,地点)

设备(<u>设备号</u>,设备名,产地)

供应(<u>供应商姓名,工程名,设备号</u>,数量)

3.（1）E-R图如下图所示：

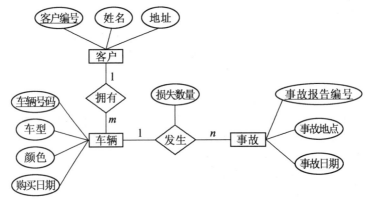

（2）根据E-R模型向关系模型的转换规则，得到如下关系模型：

客户表(客户编号,姓名,地址),其中客户编号为主键,没有外键。

车辆表(车辆号码、车型、颜色,购买日期,客户编号),其中车辆号码为主键,外键为客户编号,参照客户关系的客户编号。

事故表(事故报告编号,事故地点,事故日期,车辆号码,损失数量),其中事故报告编号为主键,车辆号码为外键。

（3）首先列出各关系的数据依赖情况,并据此判断各关系达到第几范式：

①$F_{客户表}$＝{客户编号→姓名,客户编号→地址},不存在非主属性对码的部分函数依赖和传递函数依赖,且只有一个候选码客户编号,也不存在主属性之间的部分函数依赖和传递函数依赖,因此客户表属于BCNF。同时,客户表也不存在非平凡多值依赖情况,因此,客户表属于4NF。

②$F_{车辆表}$ ＝｛车辆号码→车型,车辆号码→颜色,车辆号码→购买日期,车辆号码→客户编号｝,不存在非主属性对码的部分函数依赖和传递函数依赖,且只有一个候选码车辆号码,也不存在主属性之间的部分函数依赖和传递函数依赖,因此车辆表属于 BCNF。同时,车辆表也不存在非平凡多值依赖情况,因此,车辆表属于 4NF。

③$F_{事故表}$ ＝｛事故报告编号→事故地点,事故报告编号→事故日期,事故报告编号→车辆号码,事故报告编号→损失数量｝,不存在非主属性对码的部分函数依赖和传递函数依赖,且只有一个候选码事故报告编号,也不存在主属性之间的部分函数依赖和传递函数依赖,因此事故表属于 BCNF。同时,事故表也不存在非平凡多值依赖情况,因此,事故表属于 4NF。

综上,关系模型中的各表都属于 4NF。

4.8　数据库恢复技术

本节主要讨论数据库恢复的概念和常用技术,首先介绍事务的基本概念和特征,然后介绍故障的种类及其对数据库造成的影响;在介绍数据转储和登记日志文件等恢复实现技术的基础上,讨论各类故障的恢复策略,并在最后介绍具有检查点的恢复技术和数据库镜像技术。

4.8.1　事务的基本概念

1. 事务的概念及特性

事务是用户定义的一个数据库操作序列。这些操作要么全做,要么全不做。从用户的观点来看,它是一个整体,不可分割。从 DBMS 来看,它是数据库运行中的一个逻辑单位,由 DBMS 中的事务管理子系统负责事务的控制和管理。事务具有如下特性:原子性(Atomicity)、一致性(Consistency)、隔离性(Isolation)、持续性(Durability),简称 ACID 特性。

2. 定义事务控制的语句

(1)事务开始:BEGIN TRANSACTION。

(2)事务提交:COMMIT。

(3)事务回退:ROLLBACK。

4.8.2　故障的种类

1. 数据库系统发生故障的种类

(1)事务内部的故障。

事务内部的故障指不能由事务程序本身发现和处理的非预期故障。如运算溢出、并发事务发生死锁而被选中撤销的事务以及违反了某些完整性限制等;事务内部故障不破坏数据库,但是数据库中可能包含不正确的数据,这是由于事务的运行被非正常终止造成的。

(2)系统故障。

系统故障称为软故障,是指造成系统停止运转的任何事件,使得系统要重新启动。故障发生时整个系统的正常运行突然被破坏,所有正在运行的事务都非正常终止,但是它并不破坏数据库,只是内存中数据库缓冲区的信息全部丢失。发生系统故障的常见原因有特定类型的硬件错误(如 CPU 故障)、操作系统故障、DBMS 代码错误、系统断电等。系统故障不破坏数据库,但是其中可能包含不正确的数据,这是由于事务的运行被非正常终止造成的。

(3)介质故障。

介质故障又称硬故障,指外存故障。其发生的常见原因有磁盘损坏、磁头碰撞、操作系统的某种潜在错误、瞬时强磁场干扰等。

(4)计算机病毒。

计算机病毒是一种人为的故障或破坏,是一些恶作剧者研制的一种计算机程序,它可以繁殖和传播,病毒会破坏、盗窃系统中的数据,破坏系统文件。

【例1】　(2013年考研真题)数据库系统可能出现下列故障:

Ⅰ.事务执行过程中发生运算溢出

Ⅱ.某并发事务因发生死锁而被撤销

Ⅲ.磁盘物理损坏

Ⅳ.系统突然发生停电事故

Ⅴ.操作系统因为病毒攻击而出现重启

以上故障属于系统故障(软故障)的是　　　　　　　　　　　　　　　　(　　)

A.Ⅰ、Ⅱ、Ⅳ和Ⅴ　　　　B.Ⅳ和Ⅴ　　　　C.Ⅰ、Ⅱ、Ⅲ和Ⅴ　　　　D.Ⅲ和Ⅳ

【答案】　B

【解析】　事务执行过程中发生运算溢出属于事务内部的故障;并发事务因发生死锁而被撤销属于事务内部故障;磁盘物理损坏属于介质故障;系统突然发生停电事故,会导致机器重启,这样 BDMS 也会重启,因而属于系统故障;操作系统因为病毒攻击而出现重启,也是系统故障。故答案为 B。

2.各类故障对数据库的影响

各类故障对数据库的影响有两种可能性:①数据库本身被破坏,如硬件故障和计算机病毒;②数据库没有被破坏,但是数据可能不正确,这是由于事务的运行被非正常终止造成的。

4.8.3　恢复的实现技术

1.恢复操作的基本原理

利用存储在系统其他地方的冗余数据来重建数据库中已被破坏或不正确的那部分数据。

2.数据转储

转储是指 DBA 将整个数据库复制到磁带上或另一个磁盘上保存起来的过程,备用的数据称为后备副本或后援副本,这样数据库遭到破坏后可以将后备副本重新装入,将数据库恢复到转储时的状态。

3.数据转储的分类

(1)根据转储过程中用户事务的运行状态(转储状态),数据转储分为静态转储和动态转储;

(2)根据转储过程中涉及的数据对象(转储方式),数据转储分为海量转储和增量转储。

【例2】　(2013年考研真题)关于数据库系统中数据的静态转储和动态转储机制,下述说法正确的是　　　　　　　　　　　　　　　　　　　　　　　　　　(　　)

A.静态转储时允许其他事务访问数据库

B. 动态转储时允许在转储过程中其他事务对数据进行存取和修改

C. 静态转储能够保证转储期间数据库的可用性

D. 动态转储过程不需要写日志文件

【答案】　B

4. 日志文件

日志文件(Log)是用来记录事务对数据库的更新操作的文件。

5. 以记录为单位的日志文件内容

(1)各个事务的开始标记(BEGIN TRANSACTION)。

(2)各个事务的结束标记(COMMIT 或 ROLLBACK)。

(3)各个事务的所有更新操作。

6. 登记日志文件的原则

(1)登记的次序严格按并行事务执行的时间次序。

(2)必须先写日志文件,后写数据库。写日志文件操作是指把表示这个修改的日志记录写到日志文件,写数据库操作是指把对数据的修改写到数据库中。

7. 登记日志文件时必须要先写日志文件的原因

写数据库和写日志文件是两个不同的操作,在这两个操作之间可能发生故障。如果先写了数据库修改,而在日志文件中没有登记这个修改,则以后就无法恢复这个修改了;反之,如果先写日志,但没有修改数据库,按日志文件恢复时只不过是多执行一次不必要的 UNDO 操作,并不会影响数据库的正确性。

【例3】　(2003 年考研真题)写一个修改到 DB 中,与写一个表示这个修改的运行记录到日志中是两个不同的操作,对这两个操作的顺序安排应该是　　　　　　　　　　(　　)

A. 先做前者　　　　　　　　　　　　B. 先做后者

C. 由程序员在程序中做安排　　　　　D. 哪一个先做由系统决定

【答案】　B

【例4】　(2014 年考研真题)事务 T1、T2 和 T3 按如下调度方式并发地对数据项 A、B、C 三项进行访问(表 4 - 2),假设 A、B、C 的初值分别为 A = 20,B = 30,C = 40。那么:

(1)在事务 T2 刚完成提交后,数据库中 A、B、C 的值各是多少?

(2)在事务 T3 结束后,给出该并发调度对应的日志文件,并说明此时 A、B、C 的值各是多少?

表 4 - 2　T1、T2、T3 调度方式

T1	T2	T3
Begin - trans(T1) Read(A) A: = A + 10		
	Begin - trans(T2) Read(B)	
Write(A) Commit		

续表 4 − 2

T1	T2	T3
Begin − trans(T1) Read(A) A: = A + 10		
		Begin − trans(T3) Read(C)
	B: = B − 10 Write(B)	
		C: = C * 2
	Commit	
		Write(C) Rollback

【答案】

(1)T2 事务刚完成提交后,数据库中 A、B、C 的值分别为 A = 30,B = 20,C = 40。

(2)该并发调度对应的日志文件如下:

< T1, Begin Transsaction >

< T2, Begin Transaction >

< T1, A, 20, 30 >

< T1, Commit >

< T3, Begin Transaction >

< T2, B, 30, 20 >

< T2, Commit >

< T3, C, 40, 80 >

< T3, Rollback >

T3 事务结束后,A、B、C 的值分别为 A = 30,B = 20,C = 40。

【解析】　本题考查的是并发事务的调度、回滚与日志文件的内容,T1、T2 和 T3 的调度次序是 T1 先读取 A 的值,并对 A 进行加 10 操作,但是更新后 A 的值还没有写入数据库,而是直到 T2 读取 B 的值后,才写入数据库(此时 A 的值为 30)并进行提交;然后 T3 事务读取 C 的值后,T2 事务对 B 进行 −10 操作后,写入数据库,此时数据库中 B 的值为 20;然后 T3 事务对 C 进行乘 2 操作,但是还没有进行写入操作,而是要等待 T2 事务提交后,再写入 C。因此,在 T2 事务提交时,数据库中 C 的值还没有更新,还是原来的值 40。因此,T2 事务提交时,A、B、C 的值分别为 A = 30,B = 20,C = 40。然后 T3 事务把 C 修改后的值 80 写入数据库,然后事务 T3 回滚,这样 T3 对 C 的更新需要执行逆操作,也就是最后恢复为原始值 40。因此 T3 事务结束后,A、B、C 的值分别是 A = 30,B = 20,C = 40。

4.8.4　恢复策略

1. 事务内部故障的恢复策略和步骤

事务内部故障的恢复策略:撤销事务(UNDO)。由恢复子系统应利用日志文件撤销

(UNDO)此事务已对数据库进行的修改。事务故障的恢复由系统自动完成,对用户是透明的,不需要用户干预。恢复的步骤如下:

(1)反向扫描文件日志(即从最后向前扫描日志文件),查找该事务的更新操作。

(2)对该事务的更新操作执行逆操作,即将日志记录中"更新前的值"写入数据库。对于插入操作,其"更新前的值"为空,则相当于做删除操作;对于删除操作,"更新后的值"为空,则相当于做插入操作;对于修改操作,则相当于用修改前值代替修改后值。

(3)继续反向扫描日志文件,查找该事务的其他更新操作,并做同样处理。

(4)如此处理下去,直至读到此事务的开始标记,事务故障恢复完成。

2. 系统故障导致数据库不一致的原因

(1)未完成事务对数据库的更新已写入数据库。

(2)已提交事务对数据库的更新还留在缓冲区没来得及写入数据库(注:已提交的事务的更新一定已经写入日志文件)。

3. 系统故障的恢复策略和步骤

系统故障的恢复策略:首先 UNDO 故障发生时未完成的事务,然后 REDO 已完成的事务。系统故障的恢复由系统在重新启动时自动完成,不需要用户干预。恢复步骤如下:

(1)正向扫描日志文件(即从头扫描日志文件),生成 REDO 队列和 UNDO 队列。

(2)对撤销(UNDO)队列事务进行撤销(UNDO)处理,具体为反向扫描日志文件,对每个 UNDO 事务的更新操作执行逆操作,即将日志记录中"更新前的值"写入数据库。

(3)对重做(REDO)队列事务进行重做(REDO)处理,具体为正向扫描日志文件,对每个 REDO 事务重新执行登记的操作,即将日志记录中"更新后的值"写入数据库。

【例 5】　(2014 年考研真题)在数据库系统出现系统故障后进行恢复时,对于事务 T,如果日志文件中有 BEGIN TRANSACTION 记录,而没有 COMMIT 或 ROLLBACK 记录,则数据库管理系统处理这种事务时应执行的操作是_____。

【答案】　UNDO

4. 利用静态转储副本进行介质故障恢复的步骤

(1)装入最新的后备数据库副本(离故障发生时刻最近的静态转储副本),使数据库恢复到最近一次转储时的一致性状态。

(2)装入转储结束时刻到故障发生时刻的日志文件副本,重做已完成的事务。

首先扫描日志文件,找出故障发生时已提交的事务的标识,将其记入重做队列。然后正向扫描日志文件,对重做队列中的所有事务进行重做处理,即将日志记录中"更新后的值"写入数据库。

5. 利用动态转储副本进行介质故障恢复的步骤

(1)装入最新的后备数据库动态转储副本(离故障发生时刻最近的动态转储副本),然后须装入转储时刻的日志文件副本,利用与恢复系统故障的方法(即 REDO + UNDO),使数据库恢复到最近一次转储时的一致性状态。即先扫描日志文件,生成 REDO 队列和 UNDO 队列,然后先反向扫描日志文件,对 UNDO 队列中的事务进行 UNDO 操作,最后正向扫描日志文件,对 REDO 队列中的事务进行 REDO 操作。

(2)装入转储结束时刻到故障发生时刻的日志文件副本,重做已完成的事务。首先扫描日志文件,找出故障发生时已提交事务的标识,将其记入重做队列。然后正向扫描日志文件,对重做队列中的所有事务进行重做处理,即将日志记录中"更新后的值"写入数据库。

【例6】 (2009年考研真题)以下关于数据库恢复技术的描述,错误的是　　　( )

A. 建立冗余数据最常用的技术是数据转储和登录日志文件

B. 登记日志文件时必须先写数据库,后写日志文件

C. 事务故障和系统故障的恢复是由系统自动完成的

D. 数据转储方法可以分为动态海量/增量转储、静态海量/增量转储

【答案】 B

4.8.5 具有检查点的恢复技术

1. 检查点技术的用途

解决数据库系统故障的恢复问题时,要从日志文件的开始处进行扫描,因此会重复大量没有必要的 REDO 操作。为了解决这种问题,具有检查点的恢复技术应运而生。因此,检查点技术主要用于解决系统故障的问题。

2. 检查点记录的内容

(1)在日志文件中增加检查点记录。

检查点记录的内容有两个:一是建立检查点时刻所有正在执行的事务清单;二是这些事务最近一个日志记录的地址。

(2)增加重新开始文件。

重新开始文件用来记录各个检查点记录在日志文件中的地址。

3. 检查点记录的建立步骤

恢复子系统在登录日志文件期间动态地维护日志。其方法是周期性执行建立检查点,保存数据库状态的操作。具体步骤如下:

(1)将当前日志缓冲区中所有的日志记录写入磁盘的日志文件上。

(2)在日志文件中写入一个检查点记录。

(3)将当前数据缓冲区的所有数据记录写入磁盘的数据库中。

(4)把检查点记录在日志文件中的地址写入一个重新开始文件。

4. 如何利用检查点恢复技术进行系统故障恢复

系统使用检查点方法进行恢复的步骤如下:

(1)从重新开始文件中找到最后一个检查点记录在日志文件中的地址,由该地址在日志文件中找到最后一个检查点记录。

(2)由该检查点记录得到检查点建立时刻所有正在执行的事务清单(ACTIVE – LIST),这里建立两个事务队列:UNDO – LIST 和 REDO – LIST,把 ACTIVE – LIST 暂时放入 UNDO – LIST 队列。

(3)从检查点开始正向扫描日志文件。如果有新开始的事务 T_i,把 T_i 暂时放入 UNDO – LIST 队列,如果有提交的事务 T_j,把 T_j 从 UNDO – LIST 队列移到 REDO – LIST 队列,直到日志文件结束。

（4）首先对 UNDO – LIST 队列中的每个事务执行 UNDO 操作,然后对 REDO – LIST 中的每个事务执行 REDO 操作。

【例7】 （2017 年考研真题)如图 4 – 9 所示,当系统出现故障时,需要予以撤销的事务有 （ ）

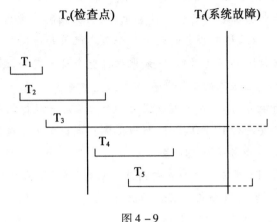

图 4 – 9

A. T_1 B. T_2 和 T_4 C. T_3 和 T_5 D. T_2、T_3、T_4 和 T_5

【答案】 C

【解析】 当系统故障发生时,恢复子系统将根据事务的不同状态采取不同的恢复策略:在检查点之前提交的事务($T1$):不用 REDO;在检查点之前开始执行,在检查点之后故障点之前提交的事务($T2$)需要做 REDO 操作;在检查点之前开始执行,在故障点时还未完成的事务($T3$)需要做 UNDO 处理;在检查点之后开始执行,在故障点之前提交的事务($T4$)需要做 REDO 处理;在检查点之后开始执行,在故障点时未提交的事务($T5$)需要进行做 UNDO 处理。

【例8】 （2014 年考研真题)当数据库系统崩溃时磁盘日志记录如下:(其中记录 < T,START > 表示事务 T 开始:记录 < T,commit > 是事务 T 的结束标记,表示事务成功提交;记录 < T,X,v,w)的含义是事务 T 修改数据库元素 X,X 的旧值是 v,X 的新值为 w)

< T1,START >

< T1,X,14,16 >

< T1,Y,15,5 >

< T2,START >

< T2,Z,20,10 >

< T1,COMMIT >

< T2,Y,5,8 >

< T2,X,16,19 >

< T3,START >

< T3,Z,10,40 >

< CHECKPOINT >   //设置检查点

< T2,COMMIT >

< T3,X,19,33 >

请回答下列问题:

（1）检查点记录主要包括哪些内容？检查点在数据库恢复中起什么作用？

（2）根据上述日志，数据库恢复时，哪些事务需要 REDO？哪些事务需要 UNDO？哪些事务不必执行任何操作？为什么？

（3）数据库按照日志进行恢复后，X、Y、Z 的值各是多少？

【答案】　（1）检查点记录是一类新的日志记录，它的内容主要包括建立检查点时刻所有正在执行的事务清单，以及这些事务的最近一个日志记录的地址。

在进行数据库系统故障的恢复操作时，如果扫描整个日志文件，则有可能重复执行大量没有必要的 REDO 操作。检查点的用途是在磁盘上建立事务处理一致性的标志，当数据库系统出现故障需要进行恢复时，检查点可以视为一个数据库一致性的状态，检查点建立之前已经提交的事务则不需要进行 REDO 操作，可以起到提高数据库系统恢复效率的作用。

（2）根据上述日志，各事务的状态如图 4 – 10 所示，T1 事务在检查点之前提交，因此，不需要进行 REDO 操作；T2 事务在检查点之前开始执行，在检查点之后故障点之前提交，因此需要进行 REDO；T3 事务在检查点之前开始执行，在故障点时还没有完成，因此需要进行 UNDO 操作。因此，数据库恢复时 T2 事务需要 REDO，T3 事务需要 UNDO，T1 事务不需要进行任何操作。

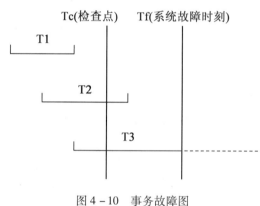

图 4 – 10　事务故障图

（3）数据库按照日志进行恢复后，X、Y、Z 的值分别是 X = 19，Y = 8，Z = 10。

【课后习题】

一、选择题

1.（2015 年考研真题）数据库中_____是并发控制的基本单位。　　　　（　　）

　A. 进程　　　　　　　B. 运行单位　　　　　　C. 封锁　　　　　　D. 事务

2.（2006 年考研真题）若系统在运行过程中，由于某种硬件故障，使存储在外存上的数据部分丢失或者全部丢失，这种情况称为　　　　　　　　　　　　　　　　　（　　）

　A. 事务故障　　　　　B. 系统故障　　　　　　C. 介质故障　　　　D. 运行故障

3.（2018 年考研真题）下面不是数据库恢复采用的方法是　　　　　　　　　（　　）

　A. 建立检查点　　　　B. 建立副本　　　　　　C. 建立日志文件　　D. 建立索引

4.（2014 年考研真题）包含在日志文件中的主要内容是　　　　　　　　　　（　　）

A.程序运行过程　　　　　　　　　　B.对数据的全部操作

C.对数据的全部更新操作　　　　　　D.程序执行结果

5.(2006 年考研真题)系统死锁属于　　　　　　　　　　　　　　（　　）

A.事务故障　　　　　B.程序故障　　　　　C.系统故障　　　　　D.介质故障

6.(2006 年考研真题)数据库镜像可以用于　　　　　　　　　　　（　　）

A.保证数据库的完整性　　　　　　　B.实现数据库的安全性

C.进行数据库恢复或并发操作　　　　D.实现数据共享

7.(2003 年考研真题)恢复的主要技术是　　　　　　　　　　　　（　　）

A.事务　　　　　　　B.数据冗余　　　　　C.日志文件　　　　　D.数据转储

8.(2003 年考研真题)假设有如下事务:T1 在检查点之前提交;T2 在检查点之前开始执行,在检查点之后故障点之前提交;T3 在检查点之前开始执行,在故障点时还未完成;T4 在检查点之后开始执行,在故障点之前提交;T5:在检查点之后开始执行,在故障点时还未完成。在利用具有检查点的恢复技术进行恢复时,_____需要 REDO。　　（　　）

A. T1　　　　　　B. T2 和 T4　　　　　C. T3 和 T5　　　　　D. T5

二、填空题

1.(2014 年考研真题)事务的_____是指整个事务要么都执行,要么都不执行。

2.(2015 年考研真题)在应用程序中,事务以 BEGIN TRANSACTION 语句开始,而以_____或_____结束。

3.(2014 年考研真题)设有某转储策略,用该策略对数据库中的某一数据文件 f 进行转储时,会将其跟上一次的转储文件采用一定机制进行比较,若发现 f 被修改或 f 为新文件时才转储该文件,这种转储策略是_____。

4.(2006 年考研真题)数据库恢复的基本原理是利用_____。

【课后习题答案】

一、选择题

1. D　2. C　3. D　4. C　5. A　6. C　7. B　8. B

二、填空题

1.原子性

2. COMMIT,ROLLBACK

3.增量转储

4.存储在系统其他地方的冗余数据来重建数据库中已被破坏或不正确的那部分数据

4.9　并　发　控　制

本节要求学生掌握并发操作带来的不一致性问题,理解不一致性问题发生的原因,掌握三级封锁协议各解决了哪些问题以及带来的活锁和死锁问题的解决方案;掌握进行并发事务调度正确性与否的判断标准(可串行化调度),掌握两段锁协议的内容,并能够根据并发事务的操作内容进行基于两段锁协议或其他封锁协议的不产生死锁的可串行化调度。

4.9.1　并发控制概述

1. 并发事务的调度

一个调度是来源于某个事务集合的动作(Read,Write, Commit, Rollback)所形成一个执行序列,使得来源于任何事务 T 的任意两个动作在该序列中出现的先后关系与它们在事务 T 中出现的顺序保持一致。串行调度是指非交错地依次执行给定事务集合中每一个事务的全部动作。并发调度是指交错执行各事务中操作的一个动作序列。

2. 并发操作带来的数据不一致性问题

数据库并发操作导致的数据不一致性问题有 3 种,分别为丢失修改、不可重复读(Non-repeatable Read)和读"脏"数据(Dirty Read),其中不可重复读包括幻影现象。

【例 1】　(2006 年考研真题)设有 T1 和 T2 两个事务,其并发操作见表 4 – 3,下面评价正确的是　　　　　　　　　　　　　　　　　　　　　　　　　　　　　(　　)

表 4 – 3　T1 和 T2 事务操作

T1	T2
(1)读 A = 100,B = 5	
(2)	读 A = 100 A = A * 2 写回
(3)求 A + B = 105;验证错	

A. 该操作不存在问题

B. 该操作丢失修改

C. 该操作不能重复读

D. 该操作读"脏数据"

【答案】　C

4.9.2　封锁

1. 封锁

封锁是实现并发控制的一个非常重要的技术,所谓封锁就是事务 T 在对某个数据对象进行操作之前,先向系统发出请求,对其加锁,加锁后事务 T 就对该数据对象有了一定的控制,在事务 T 释放它的锁之前,其他事务不能更新此数据对象。

【例 2】　(2018 年考研真题)为了解决并发操作带来数据不一致的问题,DBMS 通常采取＿＿＿＿＿技术。　　　　　　　　　　　　　　　　　　　　　　　　　　　　(　　)

A. 恢复　　　　　　　　B. 完整性控制　　　　　C. 授权　　　　　　　D. 封锁

【答案】　D

2. 基本封锁类型

（1）排它锁（Exclusive Locks，简记为 X 锁）：又称写锁，若事务 T 对数据对象 A 加上 X 锁，则只允许 T 读取和修改 A，其他任何事务都不能再对 A 加任何类型的锁，直到 T 释放 A 上的锁。保证其他事务在 T 释放 A 上的锁之前不能再读取和修改 A。

（2）共享锁（Share Locks，简记为 S 锁）：又称读锁，若事务 T 对数据对象 A 加上 S 锁，则其他事务只能再对 A 加 S 锁，而不能加 X 锁，直到 T 释放 A 上的 S 锁。保证其他事务可以读 A，但在 T 释放 A 上的 S 锁之前不能对 A 做任何修改。

3. 封锁的相容矩阵

封锁的相容矩阵见表 4 - 4。

表 4 - 4　封锁的相容矩阵

T2	T1		
	S	X	—
S	Y	N	Y
X	N	N	Y
—	Y	Y	Y

表中，Y 表示相容的请求；N 表示不相容的请求。

【例 3】　（2006 年考研真题）如果事务 T 获得了数据项 Q 上的排它锁，则 T 对 Q

（　　　）

A. 只能读不能写　　B. 只能写不能读　　　C. 既可读又可写　　　D. 不能读不能写

【答案】　C

4.9.3　封锁协议

1. 封锁协议

在运用 X 锁和 S 锁这两种基本封锁对数据对象加锁时，还需要约定一些规则，如何时申请 X 锁或 S 锁、持锁时间、何时释放等，这些规则称为封锁协议。

2. 三级封锁协议

三级封锁协议是保证数据一致性的封锁协议。三级封锁协议的主要区别在与什么操作需要申请封锁以及何时释放锁（即持锁时间）。

（1）一级封锁协议。事务 T 在修改数据 R 之前必须先对其加 X 锁，直到事务结束才释放。一级封锁协议可防止丢失修改，并保证事务 T 是可恢复的。在一级封锁协议中，如果是读数据，不需要加锁，因此，不能保证可重复读和不读"脏"数据。

（2）二级封锁协议。一级封锁协议加上事务 T 在读取数据 R 前必须先加 S 锁，读完后即可释放 S 锁。二级封锁协议可以防止丢失修改和读"脏"数据。在二级封锁协议中，由于读完数据后即可释放 S 锁,所以它不能保证可重复读。

(3)三级封锁协议。一级封锁协议加上事务 T 在读取数据 R 之前必须先对其加 S 锁,直到事务结束才释放。三级封锁协议可防止丢失修改、读脏数据和不可重复读。

4.9.4 活锁和死锁

1.活锁

当一系列封锁不能按照其先后顺序执行时,就可能导致一些事务无限期等待某个封锁,从而导致该事务处于永久等待的情形。避免活锁的简单方法是采用先来先服务的策略。

2.死锁

两个或多个事务都已封锁了一些数据对象,然后又都请求对其他事务已封锁的数据对象封锁,从而出现多个事务出现死等待的情形。

3.死锁的预防

死锁产生的原因是两个或多个事务都已封锁了一些数据对象,然后又都请求对已被其他事务封锁的数据对象加锁,从而出现死等待。预防死锁的发生就是要破坏死锁产生的条件,通常有一次封锁法和顺序封锁法。

4.死锁的诊断

(1)超时法:如果一个事务的等待时间超过了规定的时限,就认为发生了死锁。

(2)事务等待图法:事务等待图动态地反映了所有事务的等待情况,并发控制子系统周期性地生成事务等待图,如果发现图中存在回路,则表示系统中出现了死锁。

【例4】 (2009 年考研真题)如果某个时刻几个事务的事务等待图如图 4-11 所示,那么   (   )

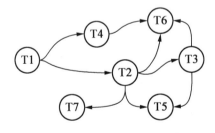

图 4-11　例 4 题图

A. 没有出现死锁   B. 肯定出现了死锁

C. 回路有可能过一段时间自动消失   D. 无法判定是否出现死锁

【答案】 A

【解析】 事务依赖图中,若两个事务的依赖关系形成一个回路,则显示产生了死锁,本题图所示的事务等待图中没有出现回路,因此没有出现死锁。

5.死锁的解除

并发控制子系统一旦检测到系统中存在死锁,就要设法解除。通常采用的方法是选择一个处理死锁代价最小的事务,将其撤销,释放此事务持有的所有锁,使其他事务得以继续运行下去。

【例 5】　（2013 年考研真题）如果某个时刻几个事务的事务等待图如图 4 - 12 所示，那么撤销_____并释放该事务持有的所有锁，可以使其他事务继续运行下去。　　（　　）

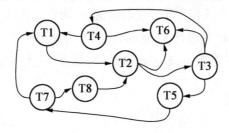

图 4 - 12　例 5 题图

A. T1　　　　　　　　　B. T1、T6　　　　　　　　C. T2　　　　　　　　D. T5、T6

【答案】　C

【解析】　可以通过从事务等待图中去除某个(些)事务事务等待图中是否存在环路来判断撤销该事务释放该事务的封锁后，其他事务是否能继续执行下去。A 选项中去除 T1 后事务等待图如图 4 - 13(a)所示，从中可以看出存在环路 T2 - T3 - T5 - T7 - T8 - T2，仍然存在死锁问题；B 选项中去除 T1、T6 事务后事务等待图如图 4 - 13(b)所示，存在环路 T2 - T3 - T5 - T7 - T8 - T2，表示剩下的事务仍存在死锁的问题；C 选项中去除 T2 事务后事务等待图如图 4 - 13(c)所示，其中不再存在回路，表示死锁问题得到解决，其他事务可以继续进行下去；D 选项中去除 T5，T6 事务后事务等待图如图 4 - 13(d)所示，其中仍然存在环路 T1 - T2 - T3 - T4 - T1，因此取消该事务后其他事务仍然不能继续执行下去。故答案为 C。

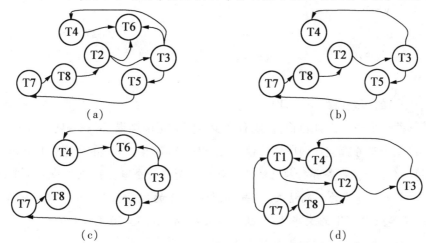

图 4 - 13　各选项处理后事务等待图

4.9.5　并发调度的可串行性

1. **可串行化(Serializable)调度**

多个事务的并发执行是正确的，当且仅当其结果与按某一次序串行地执行这些事务时的结果相同,称这种调度策略为可串行化调度。可串行性是并发事务正确调度的准则,一个给定的并发调度,当且仅当它是可串行化的,才认为是正确调度。

2. 冲突可串行化调度

一个调度 Sc 在保证冲突操作次序不变的情况下,通过交换两个事务不冲突操作的次序得到另一个调度 Sc′,如果 Sc′ 是串行的,则称调度 Sc 为冲突可串行化的调度。其中冲突操作指的是不同事务对于同一数据的读写操作或写写操作,其他操作是不冲突操作。

4.9.6 两段锁协议

1. 两段锁协议

两段锁协议是保证并行调度可串行性的封锁协议,指所有事务必须分两个阶段对数据项加锁和解锁:在对任何数据进行读、写操作之前,事务首先要获得对该数据的封锁,并且在释放一个封锁之后,事务不再申请和获得任何其他封锁。

在两段锁协议中,事务分为两个阶段,第一阶段是获得封锁,也称为扩展阶段,在此阶段中,事务可以申请获得任何数据项上的任何类型的锁,但是不能释放任何锁;第二阶段是释放封锁,也称收缩阶段,在此阶段事务可以释放任何数据项上的任何类型的锁,但是不能再申请任何锁。

2. 能够设计遵守两段锁协议的并发调度

【例 6】 (2010 年考研真题)设 T1、T2 是如下的两个事务:

T1： $A := B + 1$;

　　　 $B := A * 2$

T2： $C := C + 7$

　　　 $A := B * 2$;

　　　 $B := A + 2$

设 (A, B, C) 的初始值为 $(1, 1, 1)$。

(1)若这两个事务允许并行执行,则有多少可能的正确结果,请一一列举出来。

(2)若这两个事务都遵守两段锁协议,请给出一个不产生死锁的可串行化调度。

【答案】 (1)两个事务并行执行的正确结果就是将两个事务按照某一次序串行执行的结果。因此,有两种可能的正确结果:一是按照 T1、T2 的次序执行,执行结果是 $A = 8, B = 10, C = 8$;而是按照 T2、T1 的次序执行,执行结果是: $A = 5, B = 10, C = 8$。

(2)不产生死锁的可串行化调度见表 4 − 5。

表 4 - 5　T1、T2 可串行调度

T1	T2
Xlock A	
Xlock B	
R(B) = 1	
A←B + 1	
	Xlock C
	R(C) = 1
	C←C + 7
	W(C) = 8
	Xlock A
W(A) = 2	等待
B←A * 2	等待
W(B) = 4	等待
Unlock A	等待
	Xlock A
Unlock B	
	Xlock B
	Unlock C
Commit	
	R(B) = 4
	A←B * 2
	W(A) = 8
	B←A + 2
	W(B) = 10
	Unlock A
	Unlock B
	Commit

4.9.7　封锁粒度

1. 封锁粒度的定义
封锁对象的大小称为封锁粒度。

2. 选择封锁粒度的原则
封锁粒度与系统的并发度和并发控制的开销密切相关。封锁粒度越大,数据库所能够封锁的数据单元就越少,并发度就越小,系统开销也越小;封锁粒度越小,并发度较高,但系统开销也就越大。

3. 引入意向锁的目的

引进意向锁(Intention Lock)的目的是提高对某个数据对象加锁时系统的检查效率。比如,具有意向锁的多粒度封锁方法可以提高系统的并发度,减少加锁和解锁的开销,在实际的数据库管理系统产品中得到广泛应用。

4. 意向锁

如果对一个结点加意向锁,则说明该结点的下层结点正在被加锁;对任一结点加基本锁,必须先对它的上层结点加意向锁。常用意向锁有:意向共享锁(Intent Share Lock,简称 IS 锁)、意向排它锁(Intent Exclusive Lock,简称 IX 锁)、共享意向排它锁(Share Intent Exclusive Lock,简称 SIX 锁)。

5. 意向锁的相容矩阵

意向锁相容矩阵见表 4 − 6。

表 4 − 6　意向锁相容矩阵

T2	T1					
	S	X	IS	IX	SIX	—
S	Y	N	Y	N	N	Y
X	N	N	N	N	N	Y
IS	Y	N	Y	Y	Y	Y
IX	N	N	Y	Y	N	Y
SIX	N	N	Y	N	N	Y
−	Y	Y	Y	Y	Y	Y

注:Y = Yes,表示相容的请求;N = No;表示不相容的请求。

【例7】 (2014 年考研真题)多粒度封锁协议规定,若结点 Q 上已经加上 SIX,则只能再对其加　　　　　　　　　　　　　　　　　　　　　　　　　　(　)

A. 共享锁　　　B. 意向共享锁　　　C. 意向排它锁　　　D. 共享意向排他锁

【答案】 B

【例8】 (2009 年考研真题)事务 T2 可以向 $f_{2.2}$ 结点加 X 锁的是　　　　　(　)

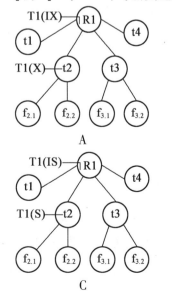

A　　　　　　　　　　　　　　　　B

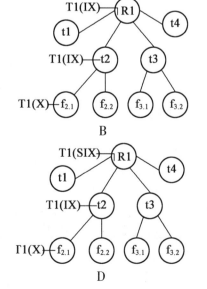

C　　　　　　　　　　　　　　　　D

【答案】　B

【解析】　如果事务 T2 想给 $f_{2.2}$ 结点加 X 锁，首先需要对其上层的结点 R1 和 $t2$ 加 IX 锁，如果这两个结点上现有的封锁与 T2 事务欲添加的 IX 封锁不冲突，根据现有 $f_{2.2}$ 结点上没有任何封锁就可以判定 T2 事务可以对 $f_{2.2}$ 结点添加的 X 封锁。根据意向锁的相容矩阵，A 选项中 R 结点已经由事务 T1 添加了 IX 封锁，与其不冲突，但是 $t2$ 结点上已经被 T1 事务添加了 X 封锁，与 T1 欲添加的 IX 封锁冲突，因此 A 中 T2 事务不可以向 $f_{2.2}$ 结点添加 X 锁；选项 B 中 T1 事务为 R1 添加了 IX 封锁，$t2$ 结点添加了 IX 封锁，这两个封锁与 T2 事务对 $f_{2.2}$ 结点添加 X 锁引起的对其添加 IX 封锁都不冲突，T2 事务可以向 $f_{2.2}$ 结点添加 X 封锁；选项 C 中 T1 事务对 R1 上的 IS 封锁与 T2 事务对其添加 IX 封锁不冲突，但是在 $t2$ 结点上的 S 封锁与 T2 事务对 $t2$ 结点的 IX 封锁冲突，因此选项 C 中 T2 事务不能对 $f_{2.2}$ 结点添加 X 封锁；选项 D 中现有的 T1 事务对 R1 添加的 SIX 封锁与 T2 事务欲对其添加的 IX 封锁冲突，因此 D 选项中也不可以对 $f_{2.2}$ 结点添加 X 封锁。因此，答案为 B。

【课后习题】

一、选择题

1. (2013 年考研真题)在数据库技术中,未提交的随后又被撤销的数据称为　　　(　　)
A. 错误数据　　　　　　B. 冗余数据　　　　　　C. 过期数据　　　　　　D. 脏数据

2. (2014 年考研真题)在 DB 中,产生数据修改不一致的根本原因是　　　　　(　　)
A. 未对数据进行完整性控制　　　　　　B. 数据冗余
C. 数据存储量太大　　　　　　　　　　D. 内模式

3. (2014 年考研真题)并发控制要解决的根本问题是保持数据库状态的　　　(　　)
A. 安全性　　　　　　B. 完整性　　　　　　C. 可靠性　　　　　　D. 一致性

4. (2018 年考研真题)数据库系统必须控制事务的并发操作,保证数据库的　　(　　)
A. 不存在冗余的信息　　　　　　B. 处于一致的状态
C. 完整性　　　　　　　　　　　D. 操作不出现死循环

5. (2017 年考研真题)如果事务 T 获得了数据项 A 上的共享锁,则 T 对 Q　　(　　)
A. 只能读不能写　　B. 只能写不能读　　C. 既可读又可写　　D. 不能读不能写

6. (2015 年考研真题)事务依赖图中,若两个事务的依赖关系形成一个循环,则就会
　　　　　　　　　　　　　　　　　　　　　　　　　　　　　　　(　　)
A. 出现活锁现象　　　　　　　　　　B. 出现死锁现象
C. 事务执行成功　　　　　　　　　　D. 事务执行失败

7. (2003 年考研真题)以下_____封锁违反两段锁协议。　　　　　　(　　)
A. Slock A ⋯ Slock B ⋯ Xlock C ⋯ Unlock A ⋯ Unlock B ⋯ Unlock C;
B. Slock A ⋯ Slock B ⋯ Xlock C ⋯ Unlock C ⋯ Unlock B ⋯ Unlock A;
C. Slock A ⋯ Slock B ⋯ Xlock C ⋯ Unlock B ⋯ Unlock C ⋯ Unlock A;
D. Slock A ⋯ Unlock A ⋯ Slock B ⋯ Xlock C ⋯ Unlock B ⋯ Unlock C;

8. (2003 年考研真题)若事务 T 对数据对象 A 加上 S 锁,则　　　　　　(　　)
A. 事务 T 可以读 A 和修改 A,其他事务只能再对 A 加 S 锁,而不能加 X 锁
B. 事务 T 可以读 A 但不能修改 A,其他事务能对 A 加 S 锁和 X 锁
C. 事务 T 可以读 A 但不能修改 A,其他事务只能再对 A 加 S 锁,而不能加 X 锁

D. 事务 T 可以读 A 和修改 A,其他事务能对 A 加 S 锁和 X 锁

9. (2003 年考研真题) _____可以防止丢失修改和读"脏"数据,但不能防止不可重复读。 （ ）

A. 一级封锁协议　　　　B. 二级封锁协议　　　　C. 三级封锁协议　　　　D. 两段锁协议

10. (2010 年考研真题) 并发事务调度正确性的准则是 （ ）

A. 可并行化　　　　B. 可串行化　　　　C. 可消解化　　　　D. 可交叉化

二、分析设计题

1. (2013 年考研真题) 设有两个事务 T1、T2,其并发操作见表 4 – 7。

表 4 – 7　T1、T2 事务的并发操作

T1	T2
(1) 读 A = 10,B = 5	
(2) A = A + B,写回 A = 15	
(3)	读 A = 15,C = 20
(4)	C = C – A,写回 C = 5
(5)	Commit
(6) 读 C = 5, 若满足 A < = C,Commit; 否则 Rollback;	

(1) 将出现什么类型的数据不一致性,为什么?

(2) 请使用封锁机制解决该问题,从而保证数据的一致性,并给出 T1、T2 执行完毕之后最终 A 和 C 的值。

2. (2009 年考研真题) 设一个联网售飞机票的数据库系统中,某个时刻某航班有余票 120 张,使用该系统的两个代售点同时启动事务处理两个旅行社的订票,甲代售点的旅行社客户欲订 30 张,乙代售点的旅行社客户欲订 45 张,若按如下顺序执行会出现什么问题?请给出一种正确的并发调度方案。

甲代售点事务	乙代售点事务
读余票 X	
验证 X > =30?	
售票,X = X – 30	读余票 X
写回 X	验证 X > =45?
	售票,X = X – 45
	写回 X

【课后习题答案】

一、选择题

1. D　2. B　3. D　4. B　5. A　6. B　7. D　8. C　9. B　10. B

二、分析设计题

1. (1) 并发操作如本题中所示将出现读"脏"数据的不一致性问题。因为 T1 事务先修改了数据 A 的值,但并没有提交,而 T2 事务读取了 T1 事务对 A 数据的未提交的更新值15,用其更新了数据库中 C 的值并进行了提交,而 T1 事务最终又由于不满足 A≤C 而进行了回

滚,数据库中 A 的值回滚为 10,因此,事务 T2 读取的数据 A 的值 15 就是"脏"数据。

（2）可以采用遵循两段锁的并发调度机制,来保证数据的一致性,并发调度操作如下:

T1	T2
（1）Xlock A,Slock B	
（2）读 A = 10,B = 5	
（3）A = A + B,写回 A = 15	
（4）	Slock A
（5）Slock C	等待
（6）读 C = 20	等待
（7）满足 A < = C,Commit;	等待
（8）Unlock A,Unlock B	等待
（9）	Slock A,Xlock C
（10）	读 A = 15,C = 20
（11）	C = C − A,写回 C = 5
（12）	Commit

T1、T2 执行完毕之后最终 A 和 C 的值分别为 15 和 20。

2. 若按题目中所述顺序进行并发调度,将发生甲代售点售出 30 张车票的操作在数据库中没有相应体现的问题,也就是甲代售点事务对数据库中数据对象 X 的修改被乙售票点事务的更新操作覆盖掉,发生了丢失修改的问题。可以采用基于两段锁协议来进行并发调度,以保证并发调度的正确性,调度方案如下:其中,用 Xlock X 表示对 X 申请 X 锁封锁,Unlock X 表示释放 X 的封锁。

甲代售点事务	乙代售点事务
Xlock X	
读余票 X(= 120)	Xlock X 等待
验证 X > = 30?	等待
售票,X = X − 30	等待
写回 X(= 90)	等待
提交	
Unlock X	
	Xlock X
	读余票 X(= 90)
	验证 X > = 45?
	售票,X = X − 45
	写回 X(= 45)
	Unlock X

第 5 章　编译原理

【课程简介】

编译原理教学的内容处于计算机层次结构中的底层,它是计算机科学与技术专业必修的一门重要专业基础课程。该课程在介绍有关基本概念、形式语言理论、程序语言结构的基础上,重点讨论词法分析、语法分析、语义翻译、存储管理、数据流分析技术和目标代码生成等内容。设置本课程的主要目的是系统地介绍编译系统的结构、工作流程以及编译程序各组成部分的设计原理和实现技术,学生通过本课程的学习,既掌握编译理论和方法方面的基本知识,也获得设计、实现、分析和移植编译程序方面的初步能力。通过本课程的学习,加强对学生逻辑思维能力、逻辑抽象能力、解决实际问题能力和创新能力的培养,学生真正掌握对编译系统进行分析、设计和开发的基本技能,为计算机专业培养高素质人才奠定扎实、宽厚的学科基础。

【教学目标】

通过本课程的理论教学,学生应具备下列能力:

(1)掌握编译系统的基本理论、基本技术和基本方法;能够运用形式化方法、工具抽象和描述复杂工程问题及其解决方法。

(2)对实验中要求设计的系统能结合查阅资料、撰写报告和答辩总结等环节,培养学生运用课程知识对工程问题进行分析的能力、沟通表达能力,并具有根据已有模型进行推究整理和验证的能力。

(3)经历复杂系统的设计与实现,培养其对多种方法、工具、环境的比较、评价和选择能力。选择不同的方法实现词法、语法和语义分析。选择合适的开发语言和环境。

(4)根据实际工程需求,利用编译系统的基本原理和方法以及适当的编译知识进行设计与实现,并能根据实际需求进行优化。在实际进行中可以采用不同方案解决工程问题,根据实际需求进行比对验证,以期获得最优解决方案。

【教学内容与要求】

5.1　绪　　论

1. 编译程序的定义

编译程序是现代计算机系统的基本组成部分。从功能上看,一个编译程序就是一个语言翻译程序,它把一种语言(称为源语言)书写的程序翻译成另一种语言(称为目标语言)的等价的程序。

编译程序是计算机软件中应用非常广泛的一个分支,自20世纪80年代以来,把用高级程序设计语言书写的源程序,翻译成等价的计算机汇编语言或机器语言的目标程序的翻译程序作为目标,进行了深入的研究。编译程序属于采用生成性实现途径实现的翻译程序。它以高级程序设计语言书写的源程序作为输入,而以汇编语言或机器语言表示的目标程序作为输出。编译出的目标程序通常还要经历运行阶段,以便在运行程序的支持下运行,加工初始数据,算出所需的计算结果。编译程序的实现算法较为复杂。这是因为它所翻译的语句与目标语言的指令不是一一对应关系,而是一对多对应关系;同时也因为它要处理递归调用、动态存储分配、多种数据类型以及语句间的紧密依赖关系。但是,由于高级程序设计语言书写的程序具有易读、易移植和表达能力强等特点,编译程序广泛地用于翻译规模较大、复杂性较高且需要高效运行的高级语言书写的源程序。

编译程序的基本功能是把源程序翻译成目标程序。但是,作为一个具有实际应用价值的编译系统,除了基本功能之外,还应具备语法检查、调试措施、修改手段、覆盖处理、目标程序优化、不同语言合用以及人-机联系等重要功能。

(1)语法检查:检查源程序是否合乎语法。如果不符合语法,编译程序要指出语法错误的部位、性质和有关信息。编译程序应使用户一次上机,能够尽可能多地查出错误。

(2)调试措施:检查源程序是否合乎设计者的意图。为此,要求编译程序在编译出的目标程序中安置一些输出指令,以便在目标程序运行时能输出程序动态执行情况的信息,如变量值的更改、程序执行时所经历的线路等。这些信息有助于用户核实和验证源程序是否表达了算法要求。

(3)修改手段:为用户提供简便的修改源程序的手段。编译程序通常要提供批量修改手段(用于修改数量较大或临时不易修改的错误)和现场修改手段(用于运行时修改数量较少、临时易改的错误)。

(4)覆盖处理:主要是为处理程序长、数据量大的大型问题程序而设置的。其基本思想是让一些程序段和数据公用某些存储区,其中只存放当前要用的程序或数据;其余暂时不用的程序和数据,先存放在磁盘等辅助存储器中,待需要时动态地调入。

(5)目标程序优化:提高目标程序的质量,即占用的存储空间少,程序的运行时间短。依据优化目标的不同,编译程序可选择实现表达式优化、循环优化或程序全局优化。目标程序优化有的在源程序级上进行,有的在目标程序级上进行。

(6)不同语言合用:其功能有助于用户利用多种程序设计语言编写应用程序或套用已有的不同语言书写的程序模块。最为常见的是高级语言和汇编语言的合用。这不但可以弥补高级语言难于表达某些非数值加工操作或直接控制、访问外围设备和硬件寄存器之不足,而且还有利于用汇编语言编写核心部分程序,以提高运行效率。

(7)人-机联系:确定编译程序实现方案时达到精心设计的功能。其目的是便于用户在编译和运行阶段及时了解计算机内部工作情况,有效地监督、控制系统的运行。

早期编译程序的实现方案,是把上述各项功能完全收纳在编译程序之中。然而,习惯做法是在操作系统的支持下,配置调试程序、编辑程序和连接装配程序,用以协助实现程序的调试、修改、覆盖处理,以及不同语言合用功能。但在设计编译程序时,仍需精心考虑如何与这些子系统衔接等问题。

随着程序设计语言在形式化、结构化、直观化和智能化等方面的发展,作为实现相应语言功能的编译程序,也正向自动程序设计的目标发展,以便提供理想的程序设计工具。

2. 编译过程

编译过程分为分析和综合两个部分,并进一步划分为词法分析、语法分析、语义分析、代码优化、存储分配和代码生成6个相继的逻辑步骤。这6个步骤只表示编译程序各部分之间的逻辑联系,而不是时间关系。编译过程既可以按照这6个逻辑步骤按顺序执行,也可以按照平行互锁方式去执行。

(1)词法分析阶段。

在此阶段需要完成的任务是将源程序进行行扫描并分解成一个个的单词符号,表示成机内单词形式(TOKEN 字)。在这个过程中要去掉源程序中和程序执行无关的空格和注释。还要检查是否出现词法错误。

(2)语法分析阶段。

此阶段需要完成的任务是"组词成句",把 TOKEN 串按照语法规则构成更大的语法单位与语法类。在这个过程中要检查是否出现语法错误。

(3)语义分析及中间代码生成阶段。

此阶段要完成的任务是翻译由语法分析出来的各种语句的含义。说明语句要进行查填符号表的工作。可执行语句则生成相应的中间代码序列。

(4)代码优化阶段。

此阶段是对代码进行等价变换,以期获得更高质量的代码,达成节省时间、空间的目的。此阶段分为针对具体机器的优化和针对中间代码的优化。

(5)目标代码生成阶段。

此阶段要完成的任务是将中间代码翻译成具体机器的指令程序。

(6)存储分配。

对于编译程序来说,除了生成目标代码之外,还必须考虑目标程序运行时所使用的数据区的管理问题,这就是所谓的运行时的存储分配问题。不同的编译程序关于数据空间的存储分配策略可能不同。静态分配策略在编译时对所有数据对象分配固定的存储单元,且在运行时始终保持不变。栈式动态分配策略在运行时把存储器作为一个栈进行管理,运行时,每当调用一个过程,它所需要的存储空间就动态地分配到栈顶,一旦退出,它所占空间就予以释放。堆式动态分配策略在运行时把存储器组织成堆结构,以便用户关于存储空间的申请与归还(回收),凡申请者从堆中分给一块,凡释放者退回给堆。

在确定编译程序的具体结构时,常常分若干遍实现。对于源程序或中间语言程序,从头到尾扫视一次并实现所规定的工作称为一遍。每一遍可以完成一个或相连几个逻辑步骤的工作。例如,可以把词法分析作为第一遍;语法分析和语义分析作为第二遍;代码优化和存储分配作为第三遍;代码生成作为第四遍。反之,为了适应较小的存储空间或提高目标程序质量,也可以把一个逻辑步骤的工作分为几遍去执行。例如,代码优化可划分为代码优化准备工作和实际代码优化两遍进行。

一个编译程序是否分遍,以及如何分遍,根据具体情况而定。其判别标准可以是存储容量的大小、源语言的繁简、解题范围的宽窄,以及设计、编制人员的多少等。分遍的优点是各遍功能独立单纯、相互联系简单、逻辑结构清晰、优化准备工作充分;缺点是各遍之中不可避免地要有些重复的部分,而且遍和遍之间要有交接工作,因此增加了编译程序的长度和编译时间。

　　一遍编译程序是一种极端情况,整个编译程序同时驻留在内存,彼此之间采用调用转接方式连接在一起,如图 5 - 1 所示。当语法分析程序需要新符号时,它就调用词法分析程序;当它识别出某一语法结构时,它就调用语义分析程序。语义分析程序对识别出的结构进行语义检查,并调用"存储分配"和"代码生成"程序生成相应的目标语言指令。

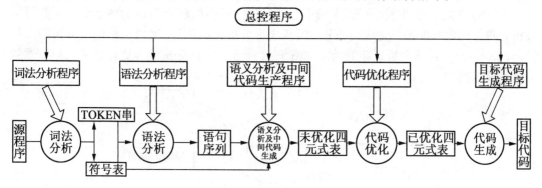

图 5 - 1　编译程序

　　根据需要,可以把词法分析、语法分析和语义分析与中间代码生成各作为独立的一遍进行编写与调试,每次完成上述的一个程序,总控程序负责调用并打印或显示每遍的输出。

　　【例 1】　(1999 年考研真题)

　　程序设计语言的语法分析可以分为两大类,即＿＿＿＿＿和＿＿＿＿＿,其中前者采用了＿＿＿＿＿分析方法,后者采用了＿＿＿＿＿法。

　　LEX 是用于＿＿＿＿＿的工具,而 YACC 是用来＿＿＿＿＿的工具。

　　【答案】　程序设计语言的语法分析方法可分为两大类,即(自顶向下分析)和(自底向上分析),其中前者采用了(算符优先)分析方法,后者采用了(递归下降)法。

　　LEX 是用于(词法分析)的工具,而 YACC 是用来(分析二义文法)的工具。

　　【例 2】　(1998 年考研真题)画出编译程序的组成框图。

　　【答案】　编译程序主要由词法分析器、语法分析器、中间代码生成器、代码优化和目标代码生成器顺次完成编译任务。每一阶段的输出作为下一阶段的输入,第一阶段的输入是源程序,最后一阶段的输出是目标代码程序。每阶段的工作和"表格管理"和"出错处理"这两个部分功能模块相关。编译程序框架如图 5 - 1 所示。

　　【扩展】　类似题有哈尔滨工业大学 2000 年考研真题:画出编译程序的总体结构图,简述各个部分的主要功能。

5.2　词　法　分　析

　　每一种高级语言都规定了允许使用的字符集,高级语言的单词是语言中有实在意义的最小语法单位,它们都定义在各语言的字符集上。有的单词仅由一个符号组成;有的单词则由两个或更多的符号组成。因此进行编译工作,首先需要把源程序的字符序列翻译成单词序列。

词法分析是编译过程的第一阶段。这一阶段的任务就是对输入的字符串形式的源程序按顺序进行行扫描并分解,从输入的源程序字符流中根据源程的词法规则识别单词,并把它们表示成机内单词形式(TOKEN 字),这就是词法分析阶段的主要任务。无论每一类单词的 TOKEN 数据结构的格式如何,都没有固定的模式,可以随编译程序的不同而不同。常用 TOKEN 的结构可以分成两部分:一种是别码,另一种是单词的内部形式。种别码用于区别各单词的种类,如标识符、常数、关键字、界限符等。这样,就能为以后的语法分析和语义分析处理单词做好准备。完成词法分析的程序称词法分析程序,通常也称词法分析器或扫描器(Scanner)。词法分析程序的功能如图 5 - 2 所示。词法分析的生成器是词法扫描器的自动生成工具。

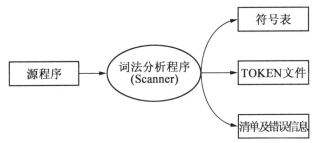

图 5 - 2　词法分析程序的功能

在词法分析过程中,核心的词法处理通过文法定义来实现。

5.2.1　正规文法与有穷自动机

1. 文法的乔姆斯基体系

(1)文法 $G = (V_T, V_N, P, S)$,G 称为 0 型文法(Type 0 Grammar),也称为短语结构文法(Phrase Structure Grammar,PSG)。

$L(G)$ 称为 0 型语言,也可以称为短语结构语言(PSL)、递归可枚举集(Recursively Enumerable,R. E.)。

(2)G 是 1 型文法。如果对于 $\alpha \rightarrow \beta \in P$,均有 $|\beta| \geqslant |\alpha|$ 成立,则称 G 为 1 型文法(Type 1 Grammar)或上下文有关文法(Context Sensitive Grammar,CSG)。

$L(G)$ 称为 1 型语言(Type 1 Language)或者上下文有关语言(Context Sensitive Language,CSL)。

(3)G 是 2 型文法。如果对于 $\alpha \rightarrow \beta \in P$,均有 $|\beta| \geqslant |\alpha|$,并且 $\alpha \in V$ 成立,则称 G 为 2 型文法(Type 2 Grammar),或上下文无关文法(Context Free Grammar,CFG)。$L(G)$ 称为 2 型语言(Type 2 Language)或者上下文无关语言(Context Free Language,CFL)。

(4)G 是 3 型文法。如果对于 $\alpha \rightarrow \beta \in P$,$\alpha \rightarrow \beta$ 均具有形式 $A \rightarrow \alpha$;$A \rightarrow \alpha B$,其中 $A, B \in V_N$,$w \in V_T^+$,则称 G 为 3 型文法(Type 3 Grammar),也可称为正则文法(Regular Grammar,RG)或者正规文法。$L(G)$ 称为 3 型语言(Type 3 Language),也可称为正则语言或者正规语言(Regular Language,RL)。

【例1】　(1999 年考研真题)Chomsky 定义的 4 种形式语言文法为:

①_____文法,又称为_____文法;

②_____文法,又称为_____文法;

③_____文法,又称为_____文法;

④_____文法,又称为_____文法。

【答案】　Chomsky 定义的 4 种形式语言文法为:

①(0 型)文法,又称为(短语)文法;

②(1 型)文法,又称为(上下文有关文法)文法;

③(2 型)文法,又称为(上下文无关文法)文法;

④(3 型)文法,又称为(正规)文法。

【扩展】　3 型文法又称为正规文法,在有的书中称为正则文法,是同一个概念,对应的正规式和正则式也是同一个概念。

【例 2】　(1997 年考研真题)已知文法 $G[S]$ 为:

$S \rightarrow dAB$

$A \rightarrow aA \mid a$

$B \rightarrow Bb \mid \varepsilon$

(1)试问 $G[S]$ 是否为正规文法?为什么?

(2) $G[S]$ 新产生的语言是什么? $G[S]$ 能否改写为等价的正规文法?

【分析】　该文法左边只有一个非终结符,首先是上下文无关文法,然后判断是不是正规文法,显然 $S \rightarrow dAB$ 不符合正规文法的形式,所以不是正规文法。

因为 $A \rightarrow aA \mid a$ 产生 a^n (至少有一个, $n \geqslant 1$), $B(Bb \mid \varepsilon$ 产生 b^m ($m \geqslant 0$),所以产生的语言为 $L(G[S]) = \{da^n b^m \mid n \geqslant 1, m \geqslant 0\}$,要写对应正规文法可根据语言写出:

$S \rightarrow dA$

$A \rightarrow aA \mid aB \mid a$

$B \rightarrow bB \mid b$

【答案】

① $G[S]$ 不是正规文法,因为 $S(dAB$ 不符合正规文法。

② $G[S]$ 产生的语言为: $L = \{da^n b^m \mid n \geqslant 1, m \geqslant 0\}$ 。

$G[S]$ 对应的正规文法为:

$S \rightarrow dA$

$A \rightarrow aA \mid aB \mid a$

$B \rightarrow bB \mid b$

【扩展】　如果化为这样一种结果:

$S \rightarrow dA$

$A \rightarrow aA \mid aB$

$B \rightarrow bB \mid \varepsilon$

也是正确的,可以根据上下文无关文法的简化原则消去 ε 。

【例 3】　(1996 年考研真题)给出 0、1、2、3 型文法的定义。

【答案】　乔姆斯基(Chomsky)把文法分成类型,即 0 型、1 型、2 型和 3 型。0 型强于 1 型,1 型强于 2 型,2 型强于 3 型。

如果它的每个产生式 $\alpha \rightarrow \beta$ 的结构: $\alpha \in (V_T \cup V_N)^*$ 且至少含有一个非终结符,而 $\beta \in (V_T \cup V_N)^*$,我们说 $G = (V_T, V_N, P, S)$ 是一个 0 型文法。

0 型文法也称短语文法。一个非常重要的理论结果——0 型文法的能力相当于图灵

(Turing)机。或者说,任何 0 型语言都是递归可枚举的;反之,递归可枚举集必定是一个 0 型语言。

如果把 0 型文法分别加上以下的第 i 条限制,则可以得到以下 i 型文法。

(1)G 的任何产生式 $\alpha \rightarrow \beta$ 均满足 $|\beta| \geqslant |\alpha|$;仅仅 $S \rightarrow \varepsilon$ 例外,但 S 不得出现在任何产生式的右部。

(2)G 的任何产生式为 $A \rightarrow \beta$,$A \in V_N$,$\beta \in (V_T \cup V_N)^*$。

(3)G 的任何产生式为 $A \rightarrow \alpha$ 或 $A \rightarrow \alpha B$,其中 $\alpha \in V_T^*$,$A,B \in V_N$。

1 型文法也称上下文有关文法。这种文法意味着,对非终结符进行替换时务必考虑上下文,并且,一般不允许替换成空串 ε。

2 型文法对非终结符进行替换时无须考虑上下文,也称上下文五无关文法。

3 型文法也称为正规文法。

2. 有穷状态自动机(Finite Automaton,FA)

(1)有穷状态自动机是一个五元组,定义为 $M = (Q, \Sigma, \delta, q_0, F)$,其分量分别为:

Q——状态的非空有穷集合。($q \in \mathbf{Q}$,q 称为 M 的一个状态(state))。

Σ——输入字母表(Input Alphabet)。输入字符串都是 Σ 上的字符串。

q_0——$q_0 \in \mathbf{Q}$,是 M 的开始状态(Initial State),也可称为初始状态或者启动状态。

δ——状态转移函数(Transition Function),有时候又称为状态转换函数或者移动函数。$\delta : Q \times \Sigma(Q$,对 $((q,a) \in \mathbf{Q} \times \Sigma, \delta(q,a) = p$ 表示:M 在状态 q 读入字符 a,将状态变成 p,并将读头向右移动一个带方格而指向输入字符串的下一个字符。

F——$F(Q$,是 M 的终止状态(Final State)集合。($q \in F$,q 称为 M 的终止状态,又称为接受状态(Accept State)。

(2)确定的有穷状态自动机。

由于对于任意的 $q \in \mathbf{Q}$,$a \in \Sigma$,$\delta(q,a)$ 均有确定的值,所以,将这种 FA 称为确定的有穷状态自动机(Deterministic Finite Automaton,DFA)。

(3)M 接受(识别)的语言。

对于 $\forall x \in \Sigma^*$,如果 $\delta(q,x) \in F$,则称 M 接受 x,如果 $\delta(q,x) \notin F$,则称 M 不接受 x。

$L(M) = \{x | x \in \Sigma^*$ 且 $\delta(q,x) \in F\}$ 称为由 M 接受(识别)的语言。如果 $L(M_1) = L(M_2)$,则称 M_1 与 M_2 等价。

【例 4】 (1999 年考研真题)Chomsky 将文法分为 4 类。指明这 4 类文法与自动机的对应关系。指出右线性文法、左线性文法和正规文法之间的关系。

【答案】 乔姆斯基(Chomsky)把文法分成类型,即 0 型、1 型、2 型和 3 型。0 型强于 1 型,1 型强于 2 型,2 型强于 3 型。

例题 3 中已经详细讲到了 4 种文法的定义与区别,这里不再叙述。值得注意的是,这 4 种文法各对应一种类型的自动机。

0 型文法都是递归可枚举的,反之,递归可枚举集必定是一个 0 型语言。所以 0 型文法的能力相当于图灵(Turing)机,也就是最基本、能力最强的自动机。

1 型文法也称上下文有关文法。这种文法意味着,对非终结符进行替换时务必考虑上下文,并且,一般不允许替换成空串 ε。其对应的自动机是先行线性界限自动机。

2 型文法也称上下文无关文法,对应非终结符进行替换时无须考虑上下文。其对应的自动机是下推自动机。它是形式语言中的一条重要定理,事实上,使用下推表(先进后出存区或栈)的有穷自动机是分析上下文无关文法的基本手段,在以后研究语法分析时会有更多的了解。

3 型文法也称正规文法,它等价于正规式,所以对应确定有穷自动机。形如 $A→α$ 或 $A→αB$ 的称为右线性 3 型文法,形如 $A→α$ 或 $A→Bα$ 的称为左线性 3 型文法。

【例 5】　(1994 年考研真题)给出语言 $\{0^i a^j b^k | i,j,k≥0\}$ 的正规文法。

【分析】　正规文法的定义是 $A→α$ 或 $A→αB$,其中 $α∈V_T^*$,$A,B∈V_N$,本题 i、j、k 彼此没有直接关联,而正规文法的产生式又全为要求严格的正规式,看上去难以下手,不过,如果能够想到利用 DFA 的转换图作为过渡桥梁,就可迎刃而解了,根据语言,可以方便地画出 DFA 图,然后根据图形又可以直观地写出文法。

【答案】　画 DFA 图,如图 5-3 所示。

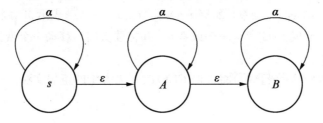

图 5-3　DFA 图

显然这样一个图形是符合语言要求的,根据图形,写出文法。

$S→0SA$

$A→aA|B$

$B→bB|ε$

再变形为:

$S→0S|aA|bB|ε$

$A→aA|bB|ε$

$B→bB|ε$

【扩展】　注意乔姆斯基对于语言的 4 种分类:

0 型文法。对于 $G=(V_T,V_N,P,S)$,且每个产生式 $α→β$ 都满足 $α∈(V_T∪V_N)^*$ 且至少含有一个非终结符,而 $β∈(V_T∪V_N)^*$。

如果把 0 型文法分别加上以下的第 i 条限制,就得到以下 i 型文法。

①G 的任何产生式 $α→β$ 均满足 $|β|≥|α|$;仅仅 $S→ε$ 例外,但 S 不得出现在任何产生式的右部。

②G 的任何产生式为 $A→β$,$A∈V_N$,$β∈(V_T∪V_N)^*$。

③G 的任何产生式为 $A→α$ 或 $A→αB$,其中 $α∈V_T^*$,$A,B∈V_N$。

(4)有穷自动机有更为直观的表示:状态转移图(Transition Diagram)。

①$q∈\mathbf{Q}⟺q$ 是该有向图中的一个顶点。

②$bδ(q,a)=p⟺$图中有一条从顶点 q 到顶点 p 的标记为 a 的弧。

③$q∈F⟺$标记为 q 的顶点被用双层圈标出。

④用标有 S 的箭头指出 M 的开始状态。

状态转移图又可以称为状态转换图。

(5)注意事项。

①定义 FA 时,常常只给出 FA 相应的状态转移图就可以了。

②对于 DFA 来说,并行的弧按其上的标记字符的个数计算,对于每个顶点来说,它的出度恰好等于输入字母表中所含的字符的个数。

③不难看出,字符串 x 被 FAM 接收的充分必要条件是,在 M 的状态转移图中存在一条从开始状态到某一个终止状态的有向路,该有向路上从第一条边到最后一条边的标记依次并置而构成的字符串 x。简称此路的标记为 x。

④一个 FA 可以有多于一个的终止状态。

(6)不确定的有穷状态自动机(Non – deterministic Finite Automaton,NFA)。

M 是一个五元组,$M = (Q, \Sigma, \delta, q_0, F)$,其中 Q、Σ、q_0、F 的意义同 DFA。

$\delta: Q \times \Sigma = 2^Q$,对 $\delta(q, a) \in Q \times \Sigma$,$\delta(q, a) = \{p_1, p_2, \cdots, p_m\}$ 表示 M 在状态 q 读入字符 a,可以选择地将状态变成 p_1 或者 $p_2 \cdots \cdots$ 或者 p_m,并将读头向右移动一个带方格而指向输入字符串的下一个字符。

【例6】 (1995 年考研真题)将文法 $G(S)$ 改写为等价的正规文法。

$S \rightarrow dAB$

$A \rightarrow aA \mid a$

$B \rightarrow Bb \mid \varepsilon$

【分析】 这类题的思路,即是针对 3 型文法,设计一个 DFA,将 G 的每个 V_N 看作是 NFA 的一个状态。令 G 的开始符为 NFA 的初态,令 Y 为 NFA 唯一的终态。

【答案】 针对上述文法,设计 NFA,如图 5 - 4 所示。

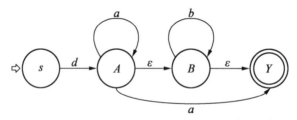

图 5 - 4　NFA 图

将其确定化,得到 DFA,如图 5 - 5 所示。

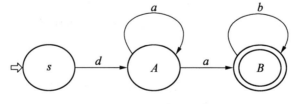

图 5 - 5　DFA 图

据此可得到,此文法实质为 $da^m b^n (m \geq 1, n \geq 0)$。

故文法为:

$S \rightarrow dA$

$A \rightarrow aA \mid aB$

$B \to bB \mid \varepsilon$

5.2.2　RE 的形式定义

正则表达式(Regular Expression,RE)如下:

(1)Φ 是 Σ 上的 RE,它表示语言 Φ;

(2)ε 是 Σ 上的 RE,它表示语言 $\{\varepsilon\}$;

(3)对于 $\forall a \in \Sigma, a$ 是 Σ 上的 RE,它表示语言 $\{a\}$;

(4)如果 r 和 s 分别是 Σ 上表示语言 R 和 S 的 RE,则:

r 与 s 的"和"$(r+s)$ 是 Σ 上的 RE,$(r+s)$ 表达的语言为 $R \cup S$;

r 与 s 的"乘积"(rs) 是 Σ 上的 RE,(rs) 表达的语言为 RS;

r 的克林闭包(r^*) 是 Σ 上的 RE,(r^*) 表达的语言为 R^*。

(5)只有满足(1)(2)(3)(4)的才是 Σ 上的 RE。

【例7】　(1996 年考研真题)有穷状态自动机 M 接收字母表 $\Sigma = \{0,1\}$ 上所有满足下述条件的串,串中至少要包含两个连续的 0 或两个连续的 1。

(1)请给出与 M 等价的正规式;

(2)构造与 M 等价的正规文法。

【答案】　(1)所求正规式为$(0 \mid 1)^*(00 \mid 11)(0 \mid 1)^*$

(2)与 M 等价的正规文法为:

$A \to 0B \mid 1C$

$B \to 1C \mid 0D$

$C \to 0B \mid 1D$

$D \to 0D \mid 1D \mid \varepsilon$

5.2.3　正则表达式、NFA、DFA 之间的等价变换

1. RE 转换成 FA

(1)0 对应的 FA,如图 5 - 6 所示。

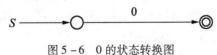

图 5 - 6　0 的状态转换图

(2)01 对应的 FA,如图 5 - 7 所示。

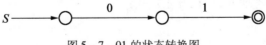

图 5 - 7　01 的状态转换图

(3)0|1 对应的 FA,如图 5 - 8 所示。

(4)0^* 对应的 FA,如图 5 - 9 所示。

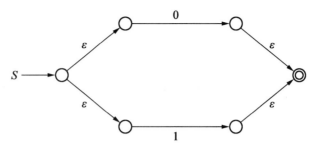

图 5 - 8　0|1 的状态转换图

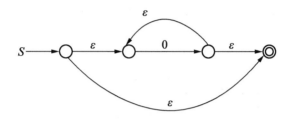

图 5 - 9　0* 的状态转换图

2. NFA 转换成 DFA

从 NFA 的矩阵表示中可以看出,表项通常是一状态的集合,而在 DFA 的矩阵表示中,表项是一个状态,NFA 到相应的 DFA 的构造的基本思路是:DFA 的每一个状态对应 NFA 的一组状态。DFA 使用它的状态去记录在 NFA 读入一个输入符号后可能达到的所有状态。

NFA 确定化算法:

假设 NFA $N = (K, \Sigma, f, K_0, K_t)$ 按如下办法构造一个 DFA $M = (S, \Sigma, d, S_0, S_t)$,使得 $L(M) = L(N)$:

(1) M 的状态集 S 由 K 的一些子集组成。用 $[S_1, S_2, \cdots, S_j]$ 表示 S 的元素,其中 $S_1, S_2, \cdots, S_j$ 是 K 的状态。并且约定,状态 $S_1, S_2, \cdots, S_j$ 是按某种规则排列的,即对于子集 $\{S_1, S_2\} = \{S_2, S_1\}$ 来说,S 的状态就是 $[S_1, S_2]$。

(2) M 和 N 的输入字母表是相同的,即是 Σ。

(3) 转换函数是这样定义的:$d([S_1, S_2, \cdots, S_j], a) = [R_1, R_2, \cdots, R_t]$,其中 $\{R_1, R_2, \cdots, R_t\} = \varepsilon - \text{closure}(\text{move}(\{S_1, S_2, \cdots, S_j\}, a))$。

(4) $S_0 = \varepsilon - \text{closure}(K_0)$ 为 M 的开始状态。

(5) $S_t = \{[S_i, S_k, \cdots, S_e], \text{其中} [S_i, S_k, \cdots, S_e] \in S \text{ 且} \{S_i, S_k, \cdots, S_e\} \cap K_t \neq \varnothing\}$。

【例 8】　(1997 年考研真题)已知正规式:

(1) $((a|b)^* | aa)^* b$。

(2) $(a|b)^* b$。

试用有穷自动机的等价性证明正规式(1)和(2)是等价的,并给出相应的正规文法。

【分析】　基本思路是对两个正规式,分别经过确定化、最小化、化简为两个最小 DFA,如这两个最小 DFA 相同,就证明了这两个正规式是等价的。

【答案】　根据正规式(1)画出 NFA 图,如图 5 - 10 所示。

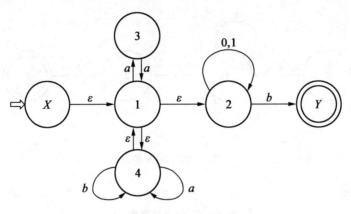

图 5 - 10　NFA 图

即为表 5 - 1。

表 5 - 1　状态转换表 1

I	I_a	I_b
X124	1234	124Y
1234	1234	124Y
124Y	1234	124Y

化为表 5 - 2。

表 5 - 2　状态转换表 2

I	I_a	I_b
1	2	3
2	2	3
3	2	3

由于 2 与 3 完全一样,将两者合并,见表 5 - 3。

表 5 - 3　状态转换表 3

I	I_a	I_b
1	1	2
2	1	2

因此,DFA 图如图 5 - 11 所示。

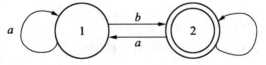

图 5 - 11　DFA 图

而对正规式(2)可画 NFA 图,如图 5 - 12 所示。

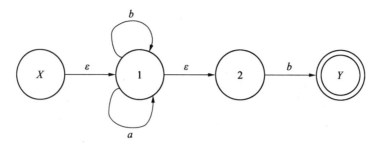

图 5 - 12　NFA 图

即见表 5 - 4。

表 5 - 4　状态转换表 4

I	I_a	I_b
$X12$	12	12Y
12	12	12Y
12Y	12	12Y

也可化简为如表 5 - 5 所示的状态转换表。

表 5 - 5　状态转换表 5

I	I_a	I_b
1	1	2
2	1	2

得 DFA 图,如图 5 - 13 所示。

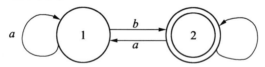

图 5 - 13　DFA 图

图 5 - 11 和图 5 - 13 完全一样,故两个自动机完全一样,所以两个正规文法等价。

对相应正规文法,令 A 对应 1,B 对应 2。

故为:

$A \rightarrow aA \mid bB \mid b$

$B \rightarrow aA \mid bB \mid b$

即为 $S \rightarrow aS \mid bS \mid b$,此即为所求正规文法。

【例 9】　(1995 年考研真题)将下面的 NFA 确定化,如图 5 - 14 所示。

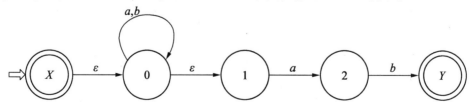

图 5 - 14　NFA 图

【分析】　首先确认对状态的 ε 闭包这一概念的理解:这是一个集合,这个集合中每个状态经过任意条 ε 弧所能达到的状态都在这个集合中。

然后从起始状态开始,构造它的 ε 闭包作为新状态之一 T_0,分别尝试 T_0 对接受字符集中的每一个字符所能形成的新集合的 ε 闭包,对每一个新集合采用同样步骤,直到不产生新集合为止。所形成的新集合都作为新状态,状态转换的边上注明的就是在产生集合时所用的字符。

【答案】　画出表5－6。

表 5－6　状态转换表 1

I	I_a	I_b
$X01$	012	01
012	012	$01Y$
01	012	01
$01Y$	012	01

为各个状态换名,得到表5－7。

表 5－7　状态转换表 2

I	I_a	I_b
1	2	3
2	2	4
3	2	3
4	2	2

其中1和4为终态,如图5－15所示,即为所求。

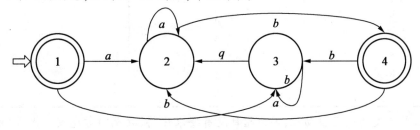

图 5－15　DFA 图

【例10】　(1994 年考研真题)把如图5－16所示的不确定的有穷自动机化为确定的有穷自动机。

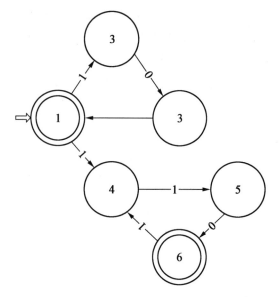

图 5－16　NFA 图

【分析】　和上题使用相同的方法进行 NFA 的确定化。但与上题的区别在于本题目并不含 ε，而是状态 1 接受字符 1 的后继状态为 2 和 4 两个状态。

【答案】　先画出状态转换表，见表 5－8。

表 5－8　状态转换表

I	I_0	I_1
1	\	24
24	3	5
3	\	1
5	6	\
6	\	4
4	\	5

现在已将其变为确定自动机，因为题目没有要求化简，故无须考虑最小化，即可得 DFA 图，如图 5－17 所示。

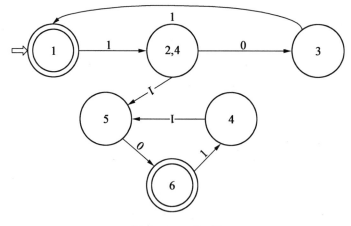

图 5－17　DFA 图

3. DFA 的极小化处理

主要步骤:

(1) for $\forall (q,p) \in F \times (Q-F)$ do

       标记可区分状态表中的表项 (q,p);

(2) for $((q,p) \in F \times F \cup (Q-F) \times (Q-F) \& q \ne p$ do

(3)   if $(a \in \sum,$ 可区分状态表中的表项 $(\delta(q,a),\delta(p,a))$ 已被标记 then

         begin

(4)   标记可区分状态表中的表项 (q,p);

(5) 递归地标记本次被标记的状态对的关联链表上的各个状态对在可区分状态表中的对应表项

         end

(6) else for $\forall a \in \varepsilon$, do

(7) if $\delta(q,a) \ne \delta(p,a)$ & (q,p) 与 $(\delta(q,a),\delta(p,a))$ 不是同一个状态对 then

       将 (q,p) 放在 $(\delta(q,a),\delta(p,a))$ 的关联链表上。

【例 11】 (1995 年考研真题) 把如图 5-18 所示的 DFA 最小化。

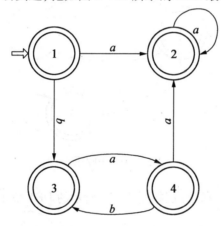

图 5-18   DFA 图

【分析】 除了使用上述可区分状态表的方法来进行最小化处理之外,也可使用列表法进行 DFA 的最小化,更为直观简化。即先画出状态转换表,把所有的状态都列出来,然后分别对应不同的输入列出到达的不同的状态,最后把结果相同的状态合并,即可以得到最小化的状态表,相对应的可以画出 DFA。一定要注意的是,终态和非终态无论后继状态是否相同,一定不是等价状态。

【答案】 根据 DFA 图做状态转换表,见表 5-9。

表 5 - 9 　状态转换表 1

I	I_a	I_b
1	2	3
2	2	\
3	4	\
4	2	3

　　从表 5 - 9 中可以看到状态 1 和 4 的后继状态都相同,而且它们都是终态,因此二者是等价状态。将表 5 - 9 中的状态换名转化为表 5 - 10。

表 5 - 10 　状态转换表 2

I	I_a	I_b
1	2	3
2	2	\
3	1	\

　　故得最小 DFA 图,如图 5 - 19 所示。

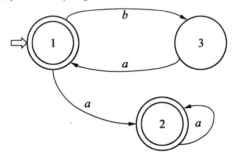

图 5 - 19 　DFA 图

【例 12】　(1994 年考研真题)把如图 5 - 20 所示的 DFA 最小化。

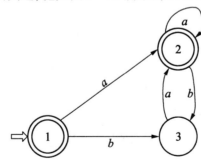

图 5 - 20 　DFA 图

【分析】　本题使用列表法进行 DFA 的最小化更为简单。

【答案】　根据图 5 - 20 作状态转换表,见表 5 - 11。

表 5 – 11　状态转换表 1

I	I_a	I_b
1	2	3
2	2	3
3	2	\

因为状态 1 和状态 2 完全一样,且均为终态,故将它们合并,得表 5 – 12。

表 5 – 12　状态转换表 2

I	I_a	I_b
1	1	2
2	1	\

如图 5 – 21 所示,对应的 DFA 图即为所求。

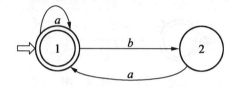

图 5 – 21　所求 DFA 图

【扩展】　一般与文法有关的题要考到画 NFA、确定化得 DFA、最小化这 3 个步骤,本题因一开始画出的即为确定有穷自动机,所以略去了确定化这一步,但这一步也是必考内容,不可忽视。

【例 13】　(1994 年考研真题)字母表 $\{a,b\}$ 上的正规式 $R = (ba|a)^*$,构造 R 的相应 DFA 图。

【分析】　本题在上类题目的基础上,先要从正规式求出 NFA,然后确定化为 DFA。

【解答】　图 5 – 22 所示为正规式 $R = (ba|a)^*$ 相应的 NFA 图。

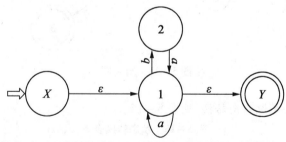

图 5 – 22　NFA 图

下面进行确定化,列状态转换表,见表 5 – 13。

表 5 – 13　状态转换表 1

I	I_a	I_b
$X1Y$	$1Y$	2
$1Y$	$1Y$	2
2	$1Y$	\

共 3 个状态, 换名, 见表 5 - 14。

表 5 - 14　状态转换表 2

I	I_a	I_b
1	2	3
2	2	3
3	2	\

所求 DFA 图如图 5 - 23 所示。

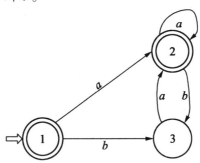

图 5 - 23　所求 DFA 图

【例 14】　(1997 年考研真题) 为正规式 $(a|b)^*a(a|b)$ 构造一个确定的有穷自动机。

【答案】　先做出 NFA, 如图 5 - 24 所示。

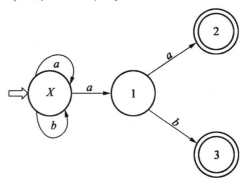

图 5 - 24　NFA 图

下面进行确定化, 先做状态转换, 见表 5 - 15。

表 5 - 15　状态转换表 1

I	I_a	I_b
X	$X1$	X
$X1$	$X12$	$X3$
$X12$	$X12$	$X3$
$X3$	$X1$	X

本题未要求化简, 故无须考虑最小化, 用 1、2、3、4 分别代替 X、$X1$、$X3$、$X12$, 则状态转换表见表 5 - 16。

表 5 - 16　　状态转换表 2

I	I_a	I_b
1	2	1
2	4	3
3	2	1
4	4	3

即可画出相应 DFA，如图 5 - 25 所示。

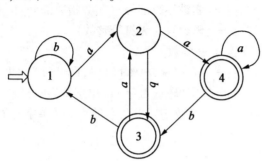

图 5 - 25　　所求 DFA 图

5.2.4　C 语言单词词法定义

为了更规范地给出 C 语言的词法定义，首先确定 C 语言的字符集也就是字母表，然后再给出每一类单词的巴克斯范式。

1. C 语言的字符集

程序是由字符组成的，每一种语言都对应一个字符集。Simple - C 的字符集定义如下：

〈字符集〉: = a|b|c|d|e|f|g|h|i|j|k|l|m|n|o|p|q|r|s|t|u|v|w|x|y|z|A|B|C|D|E|F |G|H|I|J|K|L|M|N|O|P|Q|R|S|T|U|V|W|X|Y|Z|

0|1|2|3|4|5|6|7|8|9|

+ | - | + + | - - | * |/|%|=|<|>|==|>=|<=|! =|(|)|[|]|.|.;|{|}|,|_ |:|'|"

注：在程序中，英文字母区分大小写；关键字只能由小写字母组成。

2. 单词的巴克斯范式

Simple - C 编译系统的单词符号分类如下：

- ·标识符　　　　　　　　（ID）
- ·关键字　　　　　　　　（它是标识符的子集，if, for, do, while,…）
- ·符号　　　　　　　　　（ + , - ）
- ·整数　　　　　　　　　（INT）
- 无符号整数　　　　　　（UNSIGNED）
- ·实数　　　　　　　　　（FLOAT）
- 字符常数　　　　　　　（CHAR）
- 字符串　　　　　　　　（STRING）
- ·单字符　　　　　　　　（ + , - , * ,/,%, < , > , = ,(,),[,],{ , },.,.;,,,,:,_,',"）

・双字符　　　　　　　　　(+ + , − − , > = , < = , ! =)

・注释头符　　　　　　　　(／ *)

・注释结束符　　　　　　　(* ／)

上述各类符号的巴科斯范式如下:

〈标识符〉　　　　　　　::=〈字母〉|_{〈字母〉|〈数字〉|_}

〈整数〉　　　　　　　　::=〈符号〉〈无符号整数〉|〈无符号整数〉

〈无符号整数〉　　　　　::=〈数字〉{〈数字〉}

〈实数〉　　　　　　　　::=〈实数小数部分〉〈实数指数部分〉|〈实数小数部分〉

〈实数小数部分〉　　　　::=〈整数〉.〈无符号整数〉

〈实数指数部分〉　　　　::= e〈整数〉

〈单字符界限符〉　　　　::= +|−|*|/|%|〈|〉|,|=|(|)|[|]|.|;|:|,|&|'|"

〈字符常数〉　　　　　　::='〈字母〉|〈数字〉|〈单字符界限符〉'

〈字符串〉　　　　　　　::="{〈数字〉}|〈字母〉}|{〈单字符界限符〉}|{〈双字符界限符〉}"

〈符号〉　　　　　　　　::= +|−

〈双字符界限符〉　　　　::= + +|− −|> =|< =|! =

〈注释头符号〉　　　　　::=／ *

〈注释结束符号〉　　　　::= * ／

3. 词法定义所对应的状态转换图

有穷自动机是描述过程设计语言单词构成的工具,而状态转换图是有穷自动机比较直观的描述方法,根据有穷自动机的状态转换图可以方便地手工构造词法分析程序。遵循程序设计语言的词法规则构造的状态转换图,可识别出源程序的单词。这里使用确定的有限状态自动机(DFA),给出每一类单词的状态转换图以及识别各类单词的总图。

(1)标识符的状态转换图,如图 5 - 26 所示。

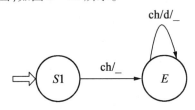

图 5 - 26　识别标识符的状态转换图

图中,ch 代表字母;d 代表数字;_为下划线。

(2)实常数的状态转换图,其中包含了整常数的状态转换图,如图 5 - 27 所示。

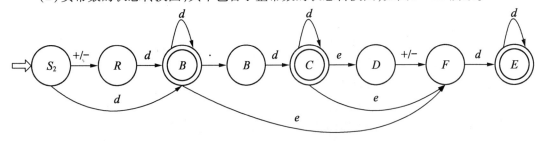

图 5 - 27　识别实常数的状态转换图

图中,d 代表数字; + 和 – 代表正负号;e 代表指数标志。

（3）字符常数的状态转换图,如图 5 – 28 所示。

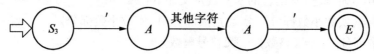

图 5 – 28　识别字符常数的状态转换图

图中其他字符代表除单引号之外的其他字符。

（4）注释的状态转换图,如图 5 – 29 所示。在 C 语言中,注释和除号都是以"／"开始,因此图中设置两个终态。

图中的其他代表除前序字符之外的其他字符。

（5）字符串的状态转换图,如图 5 – 30 所示。在 Simple – C 中,字符串由双引号开始并以双引号结束。

（6）剩余单词的状态转换图。除了上述单词外,其他单词的个数都是有限的。例如,我们可以给出单字符界限符的状态转换图,如图 5 –31 所示。按照相同的方法,也可以给出其他单词的状态转换图。

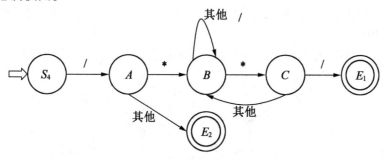

图 5 – 29　识别注释的状态转换图

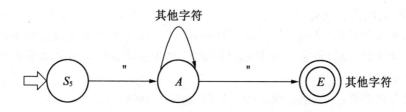

图 5 – 30　识别符号串的状态转换图

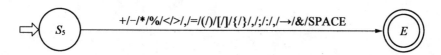

图 5 – 31　识别单字符界限符的状态转换图

【课后习题】

1.（1998 年考研真题）某语言的实常数定义如下：

〈实数〉：：＝〈实数小数部分〉〈实数指数部分〉|〈实数小数部分〉

〈实数小数部分〉：：＝〈整数〉.〈无符号整数〉

〈实数指数部分〉：：＝ e〈整数〉

〈整数〉：：＝〈符号〉〈无符号整数〉|〈无符号整数〉

〈无符号整数〉：：＝〈数字〉|〈数字〉}

〈符号〉：：＝ + | −

〈数字〉：：＝0|1|2|3|4|5|6|7|8|9

试画出识别该程序语言实常数的有穷自动机（FA）

2.（1998 年考研真题）给出下列术语的严格定义。

有穷状态自动机

3.（2000 年考研真题）给出下列术语的严格定义。

确定的有穷状态自动机

4.（2000 年考研真题）写出不能被 5 整除的偶数集的文法。

5.（同济大学 2000 年考研真题）构造下列正规表达式的 DFA，要求写出步骤：

$1(0|1)^*101$

6.（南京大学 2000 年考研真题）试为下图的状态转换图写出相应的有穷状态自动机。

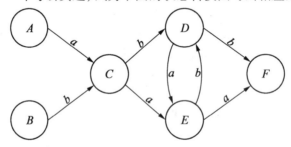

初始状态：A,B，终止状态：F。

7.（1997 年考研真题）请构造与正规式 $R = (a^* | b^*)b(ba)^*$ 等价的状态最少的 DFA。

8.（1997 年考研真题）假定 A 与 B 都是正规集，请用正规集与有穷自动机的等价性，说明 $A \cup B$ 也是正规的。

9.（2000 年考研真题）构造正规式 $(0|1)^*00$ 相应得 DFA。

10.（2000 年考研真题）有语言 $L = \{w | w \in \{0|1\}^+$，并且 w 中至少有两个 1，又在任何两个 1 之间有偶数个 0。试构造接受该语言的确定有穷自动机（DFA）。

【课后习题答案】

1.【答案】

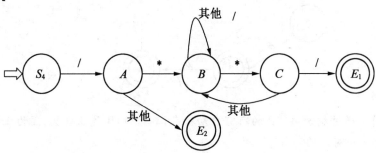

4.【答案】

$S\to +A\,|-A$

$A\to B2\,|\,B4\,|\,B6\,|\,B8\,|\,2\,|\,4\,|\,6\,|\,8$

$B\to B0\,|\,B1\,|\,B2\,|\,B3\,|\,B4\,|\,B5\,|\,B6\,|\,B7\,|\,B8\,|\,B9\,|\,1\,|\,2\,|\,3\,|\,4\,|\,5\,|\,6\,|\,7\,|\,8\,|\,9$

5.【答案】　DFA 如下图:

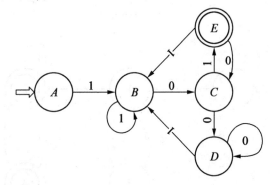

6.【答案】　FA 如下图:

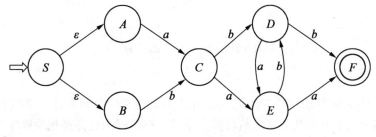

7.【答案】　DFA 如下图:

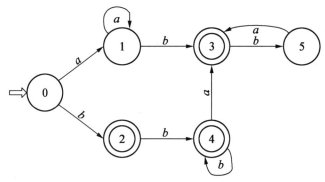

8.【提示】　通过构造 A∪B 的有穷自动机来证明 A∪B 是正规集,因为正规集和 FA 在语言关系上是一一对应的。

9.【答案】

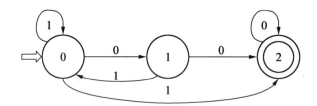

10.【答案】

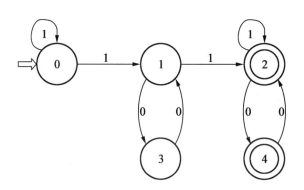

5.3　语 法 分 析

　　语法分析是编译系统的第二阶段,语法分析器就是语法分析程序。要进行语法分析程序的设计与实现就必须清楚语法分析阶段的需求。扫描器的任务是把源程序的各个单词识别出来,然后表示成 TOKEN 串。至于 TOKEN 串可以组合成什么样的句子就是由语法分析程序完成。

　　语法分析生成句子的方法有两种:一种是自顶向下的,另外一种是自底向上的。语法分析的过程就是构造一棵倒立的语法树的过程。如果分析是从语法树的根部开始,逐步为某语句构造出一棵语法树,并使得该语句的各个单词从左到右,依次排列在叶子结点上,则该分析就是自顶向下的。自底向上的分析过程和自顶向下的分析过程刚好相反。但不论是哪一种分析方法都要考虑分析的确定性问题。

5.3.1　C 语言的语法定义

下面将用上下文无关文法给出 C 语言的几种基本结构的语法定义,包括顺序结构、选择结构和循环结构定义。为方便编程,关键字用小写字母表示,非终结符用大写字母开头的字符串表示。

可执行语句:

ExecSentence	::= Sen SenMore
SenMore	::= ExecSentence
	∣ε
Sen	::= ConditionalSen
	∣LoopSen
	∣InputSen
	∣OutputSen
	∣ReturnSen
	∣FunCallSen
	∣AssignmentSen
	∣Expression;
	∣continue;
	∣break;
	∣ε

条件语句:

ConditionalSen　　　::= if (Expression) {ExecSentence} else {ExecSentence}

　　　　　　　　　　∣if (Expression) {ExecSentence}

　　　　　　　　　　∣if (Expression) Sen; else {ExecSentence}

　　　　　　　　　　∣if (Expression) Sen;else Sen;

　　　　　　　　　　∣if (Expression) {ExecSentence} else Sen;

　　　　　　　　　　∣if (Expression) Sen;

赋值语句:

AssignmentSen　　　::= Id = Expression;

　　　　　　　　　　∣ArrayName[Index] = Expression;

　　　　　　　　　　∣ArrayName[Index] [Index] = Expression;

　　　　　　　　　　∣StrVarName. StrVar = Expression;

循环语句:

LoopSen　　　　　　::= while (Expression)　Sen;

　　　　　　　　　　∣while (Expression)　{ExecSentence}

　　　　　　　　　　∣do{ExecSentence} while (Expression) ;

　　　　　　　　　　∣for (ForExpression)　{ExecSentence}

　　　　　　　　　　∣for (ForExpression) Sen;

ForExpression　　　::= Expression; Expression; Expression

5.3.2　自顶向下分析法

自顶向下分析法分为递归下降分析和 LL(1) 分析两种。

1. 递归下降分析法

递归下降分析法是一种非常容易实现的自顶向下语法分析方法。只需要把某个语法成分定义好文法，按照文法的定义形式就可以编写出一个递归下降分析程序，文法中定义了几个非终结符，在程序中就需要定义几个函数，每个函数要严格按照产生式的右部书写内容编写。虽然递归下降分析方法比较容易实现，但由于涉及频繁的子程序的调用与返回，所以效率比较低下。

2. LL(1) 分析法

LL(1) 分析法是一种分析效率比较高的自顶向下分析方法。这种方法用一个分析栈存放当前非终结符产生式右部符号串，当非终结符在栈顶时，它就是当前非终结符。此外还需要一个分析表，它是根据可选集构造的。LL(1) 分析器的结构如图 5-32 所示。

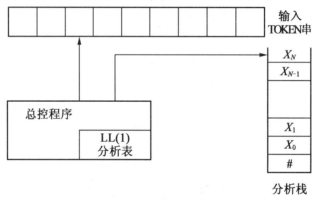

图 5-32　LL(1) 分析器的结构

3. LL(1) 分析表的构造

（1）构造 LL(1) 分析表的基础。

在语法分析过程中，为了分析的确定性，提高分析效率，一般对上下文无关文法做一些限制，即要求文法满足一定的条件，不同的语法分析方法对语法的限制是不同的，改进后的文法是上下文无关文法的子集，但对于描述程序设计语言的大多部分语法是足够用的。

为了文法的改进，通常在语法分析中会用到以下 3 个集合：首终结符号集合（First 集）、后随符号集合（Follow 集）和可选集合（Select 集）。

设 α 是文法中终结符与非终结符构成的任意符号串，α 的首终结符号集合定义为：First$(\alpha) = \{a \mid \alpha^* \Rightarrow a, \cdots, a$ 是终结符号$\}$。

设 A 是文法中任意的非终结符，S 是文法的开始符号，A 的后随符号集合定义为：Follow$(A) = \{a \mid S^+ \Rightarrow \cdots Aa \cdots,$ 其中 a 是终结符号$\}$。

设 $A \rightarrow \alpha$ 是文法的任意产生式，该产生式的可选集合定义为：

①如果 $\alpha \neq \varepsilon$，且 α 是不可空的，则 Select$(A \rightarrow \alpha) = $ First(α)。

②如果 $\alpha \neq \varepsilon$，但 α 是可空的，则 Select$(A \rightarrow \alpha) = $ First$(\alpha) \cup$ Follow(A)。

③如果 $\alpha = \varepsilon$，则 Select$(A \rightarrow \alpha) = $ Follow(A)。

如果文法中所有具有相同左部的产生式的可选集合都互不相交,则该文法为 LL(1)文法。我们可以用 LL(1)文法构造 LL(1)分析表并进行 LL(1)分析。

如果发现文法不是 LL(1)的,可以通过提取公共左因子和消除左递归的方法来改造成 LL(1)文法。当然,有些文法是不可改造 LL(1)文法的。

①提取公共左因子的方法。如果有 $S \rightarrow aBC \cdots | a$,则引入新非终结符 S',改写为 $S \rightarrow a S', S' \rightarrow BC \cdots | \varepsilon$。

②消除左递归的方法。如果是直接左递归,即有 $S \rightarrow S a | b$ 的形式,转化为右递归,即改写为 $S' \rightarrow a S' | \varepsilon, S \rightarrow bS'$,即将 S 的左递归转化为 S' 的右递归,增加一个产生式 $S' \rightarrow \varepsilon$,然后在 S 的其余所有产生式中都加上 S'。

如果是间接左递归,即没有直接左递归的形式,但互相代入后会产生直接左递归,则先代入变为直接左递归,然后再按上面的方法变换。

【例 1】 (1995 年考研真题)给出定义语言 $L = \{1^n a0^n 1^m a0^m | n > 0, m \geq 0\}$ 的 LL(1)文法 $G(S)$,并说明 $G(S)$ 为 LL(1)的理由。

【分析】 一个文法,若其分析表 M 不含多重定义出口,即称它为一个 LL(1)文法,也就是说要分析其 First 集和 Follow 集。

【答案】 首先 $L = \{1^n a0^n 1^m a0^m | n > 0, m \geq 0\}$ 可将其划分为 $1^n a0^n$、$1^m a0^m$ 两个单元,分别对应非终结符 A、B,故有:

$S \rightarrow AB$

$A \rightarrow 1A0 | 1a0$

$B \rightarrow 1B0 | a$

注意此时存在公共左因子,为消除公共左因子,提取公共候选式,有 $S(AB, A(1C, C(A0 | a0, B \rightarrow 1B0 | a$。

此时可求出此文法的 First 集:

$\text{First}(A) = \text{First}(S) = \{1\}, \text{First}(B) = \{1, a\}, \text{First}(C) = \{1, a\}$

一个文法,若其分析表 M 不含多重定义入口,即称它为一个 LL(1)文法,也就是说对产生式 $A(\alpha | \beta$,若 $\text{First}(\alpha) \cap \text{First}(\beta) = \Phi$ 即为 LL(1)文法(因为该文法中 $\text{Select}(A \rightarrow \alpha) = \text{First}(\alpha)$,故满足上述条件即可)。对照已写出的 First 集,易知本文法满足上述条件,故本文法为 LL(1)文法。

【例 2】 (1999 年考研真题)将 $G[V]$ 改造成 LL(1)的。

$G[V]$:

$V \rightarrow N | N[E]$

$E \rightarrow V | V + E$

$N \rightarrow i$

【答案】 首先要提取公共左因子,消除左递归。

改写为

$V \rightarrow NA$

$A \rightarrow [E] | \varepsilon$

$E \rightarrow VB$

$B \rightarrow +E | \varepsilon$

$N \rightarrow i$

可选集最终转换为求 First 集和 Follow 集：

$\text{First}(V) = \text{First}(N) = \text{First}(E) = \{i\}$

$\text{Select}(A \to [E]) = \{[\}$，$\text{Select}(A \to \varepsilon) = \text{Follow}(A) = \{ +, \#,] \}$。

$\text{Select}(B \to +E) = \{ + \}$，$\text{Select}(B \to \varepsilon) = \text{Follow}(B) = \{] \}$。

可以看出 $\text{Select}(A \to [E]) \cap \text{Select}(A \to \varepsilon) = \Phi$；

$\text{Select}(B \to +E) \cap \text{Select}(B \to \varepsilon) = \Phi$

故现在已得到 LL(1) 文法，即为：

$V \to NA$

$A \to [E] \mid \varepsilon$

$E \to VB$

$B \to +E \mid \varepsilon$

$N \to i$

（2）LL(1)分析表的构造方法。

LL(1)分析表也称为 LL(1)矩阵。它的作用是根据栈顶非终结符号和当前输入符确定应该选择的语法规则，表中的每一行对应文法的一个非终极符，而每一列对应一个终结符，一个非终结符和一个终结符可以确定表中的一个元素。分析表可以用数组 $L[X][a] = k$ 表示，其中 $X \in V_N, a \in V_T \cup \{\#\}$，$K$ 为产生式编号或错误编号。

设有产生式 $i: A \to \alpha$，其中 i 为产生式 $A \to \alpha$ 的编号。若 $a \in \text{Select}(A \to \alpha)$，那么有 $L[A][a] = i$；若 a 不属于任何一个以 A 为左部的产生式的 Select 集，则 $L[A][a] =$ 错误编号，如图 5-33 所示。

为构造 C 语言的 LL(1) 分析表，我们要对 C 语言的上下文无关文法进行改写，变换成 LL(1) 文法，并给出每一个产生式的可选集合。

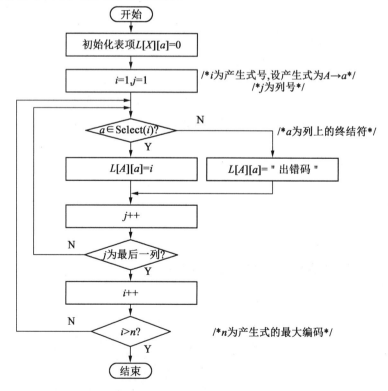

图 5-33　构造 LL(1) 分析表算法框图

【例3】　(1995年考研真题)试为文法

$G(S)$：$S{\rightarrow}i\mid(E)$

$E{\rightarrow}E+S\mid E-S\mid S$

构造 LL(1)分析表(将构造步骤详细列出)。

【分析】　首先与应该写出文法的 First 集和 Follow 集。继而求出可选集,这也是最费时的一步,写完后构造分析表就容易了,另外还须消除左递归。

【答案】　由于存在左递归,所以不是 LL(1)文法,要先消除左递归。

文法改写为：

$S{\rightarrow}i\mid(E)$

$E{\rightarrow}SE'$

$E'{\rightarrow}+S\,E'\mid-S\,E'\mid\varepsilon$

此时文法已无左递归,可以开始求可选集了。

$\mathrm{Select}(S(i)=\{i\}$, $\mathrm{Select}(S{\rightarrow}(E))=\{(\}$。

$\mathrm{Select}(E{\rightarrow}SE')=\mathrm{First}(SE')=\{i,(\}$。

$\mathrm{Select}(E'{\rightarrow}+S\,E')=\{+\}$,$\mathrm{Select}(E'{\rightarrow}-S\,E')=\{-\}$,$\mathrm{Select}(E'{\rightarrow}\varepsilon)=\mathrm{Follow}(E')=\{)\}$。

可以看出 $\mathrm{Select}(S{\rightarrow}i)\cap\mathrm{Select}(S(\rightarrow E))=\varnothing$；

$\mathrm{Select}(E'{\rightarrow}+S\,E')\cap\mathrm{Select}(E'{\rightarrow}-S\,E')\cap\mathrm{Select}(E'{\rightarrow}\varepsilon)=\varnothing$

所以是 LL(1)文法,可以开始构造 LL(1)分析表了,见表5-17。

表5-17　LL(1)分析表

	i	$($	$)$	$+$	$-$	#
S	$S{\rightarrow}I$	$S{\rightarrow}(E)$				
E	$E{\rightarrow}SE'$	$E{\rightarrow}SE'$				
E'			$E'{\rightarrow}\varepsilon$	$E'{\rightarrow}+SE'$	$E'{\rightarrow}-SE'$	

【扩展】　求解 Select 集合时都会转化为求解 First 集和 Follow 集,注意一定要熟练掌握求解这两个集合的方法。同时,在处理算符优先文法时,还会遇到 FirstOP 和 LastOP 两个集合,要清楚它们和 First 集和 Follow 集的区别,不可混淆。

【例4】　(1997年考研真题)已知文法：

$G(A)$：$A{\rightarrow}aABl\mid a$

$B{\rightarrow}Bb\mid d$

①试给出与 $G(A)$等价的 LL(1)文法 $G'(A)$。

②构造 $G'(A)$的 LL(1)分析表,给出输入串 $aade$#的分析过程。

【答案】　由于存在公共左因子和左递归,所以不是 LL(1)文法,要先提取公共左因子和消除左递归。

文法改写为：

$A{\rightarrow}aT$

$T{\rightarrow}ABl\mid\varepsilon$

$B{\rightarrow}dB'$

$B'{\rightarrow}bB'\mid\varepsilon$

此时文法已无左递归和公共左因子,可以开始求可选集了。

Select($A{\to}aT$) = $\{a\}$。

Select($T{\to}ABl$) = First(AB) = $\{a\}$,Select($T{\to}\varepsilon$) = Follow(T) = $\{d,\#\}$。

Select($B{\to}dB'$) = $\{d\}$。

Select($B'{\to}bB'$) = $\{b\}$,Select($B'{\to}\varepsilon$) = Follow(B') = $\{l\}$。

可以看出 Select($T{\to}AB$) $\cap$ Select($T{\to}\varepsilon$) = $\varnothing$;

Select($B'{\to}bB'$) $\cap$ Select($B'{\to}\varepsilon$) = $\varnothing$

所以是 LL(1)文法,可以开始构造 LL(1)分析表了,见表 5 - 18。

表 5 - 18　LL(1)分析表

	a	b	1	d	#
A	A→aT				
T	T→AB1			T→ε	T→ε
B				B→dB′	
B′		B′→bB′	B′→ε		

Aadl#的分析过程,见表 5 - 19。

表 5 - 19　分析过程表

步骤	符号栈	输入串	规则
1	#A	aadl#	A→aT
2	#Ta	aadl#	移进
3	#T	adl#	T→ABl
4	#lBA	adl#	A→aT
5	#lBTa	adl#	移进
6	#lBT	dl#	T→ε
7	#lB	dl#	B→dB′
8	#lB′d	dl#	移进
9	#lB′	l#	B′→ε
10	#l	l#	移进
11	#	#	成功,停止

5.3.3　自底向上分析法

自底向上分析方法可分为算符优先分析法和 LR 分析方法。两者分析的侧重不同,算符优先分析仅适用于语法成分中的表达式部分,但分析速度快。而 LR 分析适用于所有的语法成分。

1.算符优先分析法

算符优先分析法是自下而上语法分析的一种,它的算法简单、直观、易于理解,所以通常作为学习其他自下而上语法分析的基础。算符优先分析是以句型的最左素短语为可归约串。因此,算符优先分析法比 LR 分析(规范归约)法的归约速度快。算符优先分析的缺点是对文法有一定的限制,在实际应用中往往只用于表达式的归约。而设计一个算符优先分析器首先要有一个算符优先文法,然后根据文法设计算符优先分析表(矩阵),最后才能构造语法分析器。

（1）基本概念。

①句柄。文法 $G[S]$，如果 $S \Rightarrow \alpha A \delta$ 且 $A \Rightarrow \beta$，则称 β 是句型 $\alpha A \delta$ 相对于非终结符 A 的短语。特别是，如果有 $A \rightarrow \beta$，则称 β 是句型 $\alpha A \delta$ 相对规则 $A \rightarrow \beta$ 的直接短语。一个句型的最左直接短语称为该句型的句柄。规范规约是关于 α 的一个最右推导的逆过程。因此规范规约也称为最左规约。

②素短语。定义 CFG（上下文无关文法）G 的句型的素短语是一个短语，它至少包含一个终结符，且除自身外不再包含其他素短语。处于句型最左边的素短语为最左素短语。

【例 5】　（1992 年考研真题）已知文法

$G[E]$:

$E \rightarrow ET + | T$

$T \rightarrow TF * | F$

$F \rightarrow F \uparrow | a$

证明 $FF \uparrow \uparrow *$ 是文法的句型。指出该句型的短语、直接短语、素短语和句柄。

【分析】　要证明是文法的句型，只要给出一个正确的推导即可，然后画出语法树，就可以判断句型的短语、素短语和句柄了。

要画出语法树首先要给出推导过程，一般有两种常用方法：一种是从左到右，最左推导；另一种是从右到左，即规范规约。

【答案】　现给出推导过程为：

$E \Rightarrow T \Rightarrow TF * \Rightarrow FF * \Rightarrow FF \uparrow * \Rightarrow FF \uparrow \uparrow *$

所以 $FF \uparrow \uparrow *$ 是文法的句型。语法树如图 5 – 34 所示。

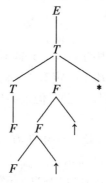

图 5 – 34　语法树

可知该句型短语有 F、$F \uparrow$、$F \uparrow \uparrow$、$FF \uparrow \uparrow *$。直接短语有 F、$F \uparrow$，句柄为 F，素短语为 $F \uparrow$。

【例 6】　（1998 年考研真题）已知文法

$G[S]$:

$S \rightarrow ST | T$

$T \rightarrow (S) | ()$

求串 ()(()) 的派生过程及派生树。该串的派生过程是唯一的吗？

【答案】　串 ()(()) 的派生过程为：

$$S \Rightarrow ST \Rightarrow S(S) \Rightarrow S(T) \Rightarrow S(\ (\ )\ ) \Rightarrow T(\ (\ )\ ) \Rightarrow (\ )(\ (\ )\ )$$

其派生树如图 5 – 35 所示。该串的过程是唯一的。

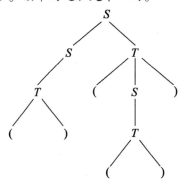

图 5 – 35　语法树

（2）算符优先分析表的构造基础。

能够进行算符优先分析的文法是算符优先文法，下面给出算符优先文法的定义以及 SIMPLE – C 语言的算符优先文法。

算符优先文法的定义：算符优先文法首先必须是不包含空产生式的算符文法，即文法中每一个产生式的右部都不包含相继的两个非终结符。在算符文法中的任何一对终结符 a 和 b 之间，仅满足以下 4 种关系中的一种关系时，那么该文法就是一个算符优先文法（OPG）。

算符间的 4 种优先关系表示规定如下：

①$a < \cdot b$ 表示 a 的优先性低于 b。

②$a \doteq b$ 表示 a 的优先性等于 b，即与 b 相同。

③$a \cdot > b$ 表示 a 的优先性高于 b。

④a 与 b 无关系。

但必须注意，这 3 个关系和数学中的 $<$、$=$、$>$ 是不同的。当有关系 $a < \cdot b$ 时，却不一定有关系 $b < \cdot a$，当有关系 $a \doteq b$ 时，却不一定有 $b \doteq a$。例如：通常表达式中运算符的优先关系有 $+ \cdot > -$，但没有 $- < \cdot +$，有$'(' \doteq ')'$，但没有$')' \doteq '('$。但为方便编程，我们用 $<$、$=$、$>$ 代替 $< \cdot$、$\doteq$、$\cdot >$。

为构造算符优先分析表，首先要计算文法中所有排终结符的 FIRSTOP 集合和 LASTOP 集合。算法框图如图 5 – 36 和图 5 – 37 所示。

其中 INSTALLLAST( ) 函数与 INSTALLFIRST( ) 函数的算法框图如图 5 – 38 和图 5 – 39 所示。

（3）构造算符优先分析表的算法。

构造算符优先分析表的算法框图如图 5 – 40 所示。

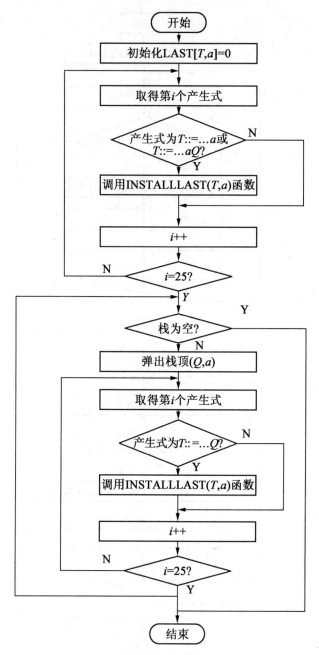

图 5 – 36 LASTOP( )函数算法框图

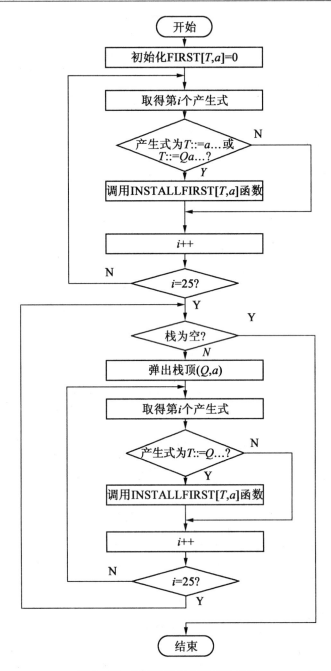

图 5-37　FIRSTOP( )函数算法框图

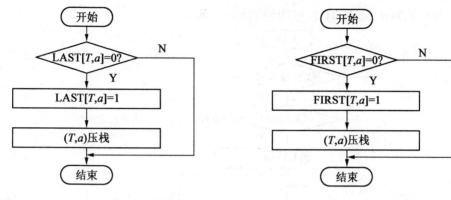

图 5–38　INSTALLLAST( ) 函数算法框图　　　　　图 5–39　INSTALLFIRST( ) 函数算法框图

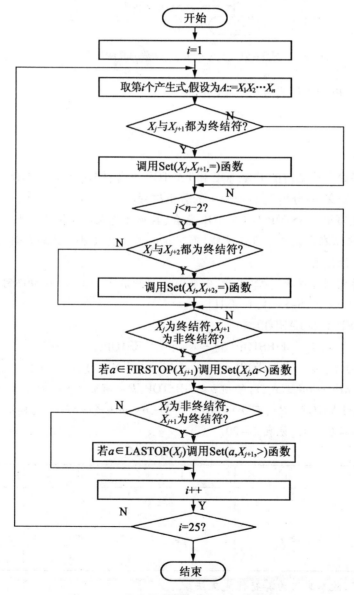

图 5–40　构造算符优先分析表的算法框图

其中 $Set(X, Y, R)$ 函数的算法框图如图 5 - 41 所示。

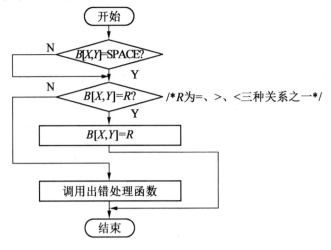

图 5 - 41　 $Set(X, Y, R)$ 函数的算法框图

【例7】　（1999 年考研真题）已知文法

$G[S]$：

$S \rightarrow * A$

$A \rightarrow 0A1 \mid *$

求文法 G 各个非终结符的 FIRSTOP 和 LASTOP 集合；构造文法 G 的优先关系表；判断其是否为算符优先文法；分析句子 $*0*1$ 的分析过程。

【分析】　先写出 FIRSTOP 和 LASTOP 集合，再画优先表。根据优先表即可写出分析过程了。注意，若文法在优先表中存在冲突，则不是算符优先文法。为解决冲突，可加入一些优先关系和结合性信息。

【答案】　注意对于结束符#的处理，只需在文法中加上一条 $S' \rightarrow \#S\#$ 即可。

新文法为 $S' \rightarrow \#S\#$ ，$S \rightarrow * A, A \rightarrow 0A1 \mid *$ 。

先构造 FIRSTOP 和 LASTOP 集合，

$\text{FIRSTOP}(S') = \{\#\}$　　$\text{FIRSTOP}(S) = \{*\}$　　$\text{FIRSTOP}(A) = \{0, *\}$

$\text{LASTOP}(S') = \{\#\}$　　$\text{LASTOP}(S) = \{*, 1\}$　$\text{LASTOP}(A) = \{1, *\}$

对于形如 $\cdots aP \cdots$ 的候选式，对任何 $b \in \text{FIRSTOP}(P)$，有 $a < \cdot b$；对于形如 $\cdots P, b \cdots$ 的候选式，对任何 $a \in \text{LASTOP}(P)$，有 $a \cdot > b$；对于形如 $\cdots ab \cdots$ 或 $\cdots aPb \cdots$ 的候选式，有 $a \doteq b$。

故可构造算符优先表，见表 5 - 20。

表 5 - 20　算符优先表

	0	1	*	#
0	$< \cdot$	$\doteq$	$< \cdot$	
1		$\cdot >$		$\cdot >$
*	$< \cdot$	$\cdot >$	$< \cdot$	$\cdot >$
#			$< \cdot$	$\doteq$

表中无冲突，故本文法为算符优先文法。

根据算符优先表，得句子 $*0*1$ 的分析过程见表 5 - 21。

表 5－21　句子 ∗0∗1 的分析过程表

栈	待处理串	动作
#	∗0∗1#	移入
# ∗	0∗1#	移入
# ∗0	∗1#	移入
# ∗0 ∗	1#	A→ ∗
# ∗0A	1#	移入
# ∗0A1	#	A→0A1
# ∗ A	#	S→ ∗ A
#S	#	移入
acc		

【例 8】　(1994 年考研真题)已知文法

$G[E]$:

$E{\to}E+T\,|\,T$

$T{\to}T∗F\,|\,F$

$F{\to}(E)\,|\,i$

写出文法的算符优先矩阵。

【分析】　处理这类问题,应该先由文法构造 FIRSTOP 和 LASTOP 集合,再将算符优先表造好。

【答案】　注意对于结束符#的处理,只须在文法中加上一条 $E'{\to}#E#$ 即可。

先构造 FIRSTOP 和 LASTOP 集合。

$E'{\to}#E#$

$E{\to}E+T\,|\,T$

$T{\to}T∗F\,|\,F$

$F{\to}(E)\,|\,i$

FIRSTOP$(E')=\{#\}$　FIRSTOP$(E)=\{+,∗,(,i\}$　FIRSTOP$(T)=\{∗,(,i\}$　FIRSTOP$(F)=\{(,i\}$

LASTOP$(E')=\{#\}$　LASTOP$(E)=\{+,∗,),i\}$　LASTOP$(T)=\{∗,),i\}$　LASTOP$(F)=\{),i\}$。

对于形如…aP…的候选式,对任何 $b\in$FIRSTOP(P),有 $a<\cdot b$;对于形如…P,b…的候选式,对任何 $a\in$LASTOP (P),有 $a\cdot>b$;对于形如…ab…或…aPb…的候选式,有 $a\doteq b$。

故可构造算符优先表,见表 5－22。

表 5 – 22　算符优先表

	+	*	(	)	i	#
+	$\cdot >$	$< \cdot$	$< \cdot$	$\cdot >$	$< \cdot$	$\cdot >$
*	$\cdot >$	$\cdot >$	$< \cdot$	$\cdot >$	$< \cdot$	$\cdot >$
(	$< \cdot$	$< \cdot$	$< \cdot$	$\doteq$	$< \cdot$	
)	$\cdot >$	$\cdot >$		$\cdot >$		$\cdot >$
i	$\cdot >$	$\cdot >$		$\cdot >$		$\cdot >$
#	$< \cdot$	$< \cdot$	$< \cdot$		$< \cdot$	$\doteq$

2. LR 分析法

（1）活前缀 与 LR（0）项目集规范族。

①$G = (V_n, V_t, P, S)$，若有 $S' \Rightarrow \alpha A \omega \Rightarrow \alpha \beta \omega$，$\gamma$ 是 $\alpha \beta$ 的前缀，则称 γ 是文法 G 的活前缀。其中 S' 是对原文法扩充（$S' \to S$）增加的非终结符。活前缀已含有句柄的全部符号，表明产生式 $A \to \beta$ 的右部 β 已出现在栈顶。活前缀只含句柄的一部分符号表明 $A \to \beta_1 \beta_2$ 的右部子串 β_1 已出现在栈顶，期待从输入串中看到 β_2 推出的符号。活前缀不含有句柄的任何符号，此时期望 $A \to \beta$ 的右部所推出的符号串。

为实现这种分析过程中的文法 G 的每一个产生式的右部符号已有哪些部分被识别（出现在栈顶）的情况，分别用标有圆点的产生式来指示位置。

②LR（0）项目集规范族（构成识别一个文法的活前缀的 DFA 的状态的全体）。

LR（0）项目或配置（Item or Configuration）在右端某一位置有圆点的 G 的产生式。如产生式为 $A \to xyz$，则其对应 4 个 LR（0）项目：

$A \to \cdot xyz$

$A \to x \cdot yz$

$A \to xy \cdot z$

$A \to xyz \cdot$

$A \to \beta \cdot$ 代表产生式 $A \to \beta$ 的右部 β 已出现在栈顶。$A \to \beta_1 \cdot \beta_2$ 代表 $A \to \beta_1 \beta_2$ 的右部子串 β_1 已出现在栈顶，期待从输入串中看到 β_2 推出的符号。$A \to \cdot \beta$ 刻画没有句柄的任何符号在栈顶，此时期望 $A \to \beta$ 的右部所推出的符号串。对于 $A \to \varepsilon$ 的 LR（0）项目只有 $A \to \varepsilon \cdot$。

③LR（0）项目集的闭包 CLOSURE，GO 函数。

function　CLOSURE (I)；/＊ I 是项目集 ＊/

　｜$J: = I$；

repeat　for　J 中的每个项目 $A \to \alpha \cdot B\beta$　和产生式

　　　　　　$B \to \gamma$，若 $B \to \cdot \gamma$　不在 J 中

　　　　　　do　将 $B \to \cdot \gamma$　加到 J 中

until　　再没有项目加到 J 中

return　J

｜；

　GO (I, x) = CLOSURE(J)；

其中，I 为项目集；x 为文法符号；$J = \{$任何形如 $A \to \alpha x \cdot \beta$ 的项目 $| A \to \alpha \cdot x\beta \in I\}$

④计算 LR（0）项目集规范族。

$C = \{I_0, I_1, \cdots, I_n\}$

Procedure itemsets(G');

    Begin $C := \{$ CLOSURE $(\{S'(? \ S\})\}$

                  Repeat

                  For C 中每一项目集 I 和每一文法符号 x

                  Do if GO(I,x) 非空且不属于 C

                        Then 把 GO(I,x) 放入 C 中

                    Until C 不再增大

End;

（2）LR(0)分析表的构造。

假定 $C = \{I_0, I_1, \cdots, I_n\}$，令每个项目集 I_k 的下标 k 为分析器的一个状态，因此，G' 的 LR(0)分析表含有状态 $0,1,\cdots,n$。令含有项目 $S' \to \cdot S$ 的 I_k 的下标 k 为初态。ACTION 和 GOTO 可按如下方法构造：

①若项目 $A \to \alpha \cdot a\beta$ 属于 I_k 且 GO(I_k, a) = I_j，a 为终结符，则置 ACTION[k, a]为"把状态 j 和符号 a 移进栈"，简记为"S_j"；

②若项目 $A \to \alpha \cdot$ 属于 I_k，那么，对任何终结符 a，置 ACTION[k, a]为"用产生式 $A \to \alpha$ 进行规约"，简记为"r_j"；其中，假定 $A \to \alpha$ 为文法 G' 的第 j 个产生式；

③若项目 $S' \to S \cdot$ 属于 I_k，则置 ACTION[$k, \#$]为"接受"，简记为"acc"；

④若 GO(I_k, A) = I_j，A 为非终结符，则置 GOTO(k, A) = j；

⑤分析表中凡不能用规则 1 至 4 填入信息的空白格均置上"出错标志"。

按上述算法构造的含有 ACTION 和 GOTO 两部分的分析表，如果每个入口不含多重定义，则称它为文法 G 的一张 LR(0)表。具有 LR(0)表的文法 G 称为一个 LR(0)文法。LR(0)文法是无二义的。

（3）如果 LR(0) 项目集规范族中某个项目集 I_K 含移进/归约或归约/归约冲突：

$I_K : \{\cdots A \to \alpha \cdot b\beta , P (\omega \cdot , Q \to \gamma \cdot , \cdots\}$

    若 FOLLOW(Q) $\cap$ FOLLOW(P) $= \varnothing$

          FOLLOW(P) $\cap \{ b \} = \varnothing$

         FOLLOW(Q) $\cap \{ b \} = \varnothing$

则是解决冲突的 SLR(1)技术：

    ACTION $[k,b] = $ 移进

对 $a \in$ FOLLOW(P)，则 action $[k,a] = $ 用 $P \to \omega$ 归约；

对 $a \in$ FOLLOW(Q)，则 action $[k,a] = $ 用 $Q \to \gamma$ 归约。

能用 SLR(1)技术解决冲突的文法称为 SLR(1)文法。SLR(1)文法是无二义的。

假定 $C = \{I_0, I_1, \cdots, I_n\}$，令每个项目集 I_k 的下标 k 为分析器的一个状态，因此，G' 的 SLR 分析表含有状态 $0,1,\cdots,n$。令那个含有项目 $S' \to \cdot S$ 的 I_k 的下标 k 为初态。ACTION 表和 GOTO 表可按如下方法构造：

①若项目 $A \to \alpha \cdot a\beta$ 属于 I_k 且 GO(I_k, a) = I_j，a 为终结符，则置 ACTION[k, a]为"把状态 j 和符号 a 移进栈"，简记为"S_j"；

②若项目 $A \to \alpha \cdot$ 属于 I_k，那么，对任何输入符号 a，$a \in$ FOLLOW(A)，置 ACTION[k, a]为"用产生式 $A \to \alpha$ 进行规约"，简记为"r_j"；其中，假定 $A \to \alpha$ 为文法 G' 的第 j 个产生式；

③若项目 $S' \to S \cdot$ 属于 I_k，则置 ACTION[$k, \#$]为"接受"，简记为"acc"；

④若 GO(I_k, A) = I_j，A 为非终结符，则置 GOTO(k, A) = j；

⑤分析表中凡不能用规则 1 至 4 填入信息的空白格均置上"出错标志"。

按上述算法构造的含有 ACTION 和 GOTO 两部分的分析表,如果每个入口不含多重定义,则称它为文法 G 的一张 SLR 表。具有 SLR 表的文法 G 称为一个 SLR(1) 文法。

【例 9】 (1994 年考研真题)已知文法 $G[S]$:

$S \rightarrow aS | bS | a$

①构造该文法的 LR(0) 项目集族。

②构造其 SLR 分析表,并判断该文法是否是 SLR(1) 文法。

【答案】

①文法扩展为:

$0 S' \rightarrow S$

$1 S \rightarrow aS$

$2 S \rightarrow bS$

$3 S \rightarrow a$

文法的项目集为:

$I_0 : S' \rightarrow \cdot S \quad S \rightarrow \cdot aS \quad S \rightarrow \cdot bS \quad S \rightarrow \cdot a$

$I_1 : S' \rightarrow S \cdot$

$I_2 : S \rightarrow a \cdot S \quad S \rightarrow a \cdot \quad S \rightarrow \cdot aS \quad S \rightarrow \cdot bS \quad S \rightarrow \cdot a$

$I_3 : S \rightarrow b \cdot S \quad S \rightarrow \cdot aS \quad S \rightarrow \cdot bS \quad S \rightarrow \cdot a$

$I_4 : S \rightarrow aS \cdot$

$I_5 : S \rightarrow bS \cdot$

②First$(S) = \{a, b\}$ Follow$(S) = \{\#\}$

SLR 分析表见表 5 - 23。

表 5 - 23   SLR 分析表

状态	ACTION			GOTO
	a	b	#	S
0	S_2	S_3		1
1			acc	
2	S_2	S_3	R_3	4
3	S_2	S_3		5
4			R_2	
5			R_1	

由于上述分析表中不存在多重入口,说明文法 G 为 SLR(1) 的。

(4) LR(1) 分析。

① LR(1) 项目(配置)的一般形式。

$[A \rightarrow \alpha \cdot \beta, a]$,意味着处在栈顶是(的相应状态,期望相应(在栈顶的状态,然后只有当跟在(后的 TOKEN 是终结符 a 时进行归约。a 称为该项目(配置)的向前搜索符(lookahead)。向前搜索符只对圆点在最后的项目起作用。$A - > \alpha\beta \cdot$,a 意味着处在栈中是((的相应状态,但只有当下一个输入符是 a 时才能进行归约。a 要么是一个终结符,要么是输入结束标记#有多个向前搜索符,比如 a、b、c 时,可写作 $A - > u \cdot$、$a/b/c$。

②构造 LR(1)项目集规范族和 GO 函数。

closure(I)按如下方式构造：

a. I 的任何项目属 closure(I)；

b. 若 $[A \to \beta_1 \cdot B\beta_2, a] \in$ closure(I)，$B \to \delta$ 是一产生式，那么对于 FIRST($\beta_2 a$)中的每个终结符 b，如果 $[B \to \cdot \delta, b]$ 不在 closure(I)中，则把它加进去；

c. 重复 a、b，直至 closure(I)不再增大。

GO 函数：

若 I 是一个项目集，X 是一个文法符号 GO(I, X) = closure(J)，其中 $J = \{$ 任何形如 $[A \to \alpha X \cdot \beta, a]$ 的项目 $\mid [A \to \alpha \cdot X\beta, a] \in I\}$。

LR(I)项目规范族 C 的构造算法类同 LR(0)的，只是初始时：$C = \{$ closure($\{[S' \to \cdot S, \#]\}$)$\}$。

③规范的 LR(1)分析表的构造。

假定 LR(1)项目集规范族 $C = \{I_0, I_1, \cdots, I_n\}$，令每个项目集 I_k 的下标 k 为分析器的一个状态，G' 的 LR(1)分析表含有状态 $0, 1, \cdots, n$。

a. 令那个含有项目 $[S' \to \cdot S, \#]$ 的 I_k 的下标 k 为状态 0（初态）。ACTION 表和 GOTO 表可按如下方法构造。

b. 若项目 $[A \to \alpha \cdot, b]$ 属于 I_k，那么置 ACTION$[k, b]$ 为"用产生式 $A \to \alpha$ 进行规约"，简记为"r_j"；其中，假定 $A \to \alpha$ 为文法 G' 的第 j 个产生式。

c. 若项目 $[A \to \alpha \cdot A\beta, b]$ 属于 I_k 且 GO (I_k, b) = I_j，则置 ACTION$[k, b]$ 为"把状态 j 和符号 b 移进栈"，简记为"S_j"；

d. 若项目 $[S' \to S \cdot, \#]$ 属于 I_k，则置 ACTION$[k, \#]$ 为"接受"，简记为"acc"；

e. 若 GO (I_k, A) = I_j，A 为非终结符，则置 GOTO(k, A) = j；

f. 分析表分析中凡不能用规则 a 至 e 填入信息的空白格均置上"出错标志"。

按上述算法构造的含有 ACTION 和 GOTO 两部分的分析表，如果每个入口不含多重定义，则称它为文法 G 的一张规范的 LR(1)分析表。具有规范的 LR(1)表的文法 G 称为一个 LR(1)文法。

【例 10】 （1994 年考研真题）已知文法 $G[S]$：

$S \to BB$　$B \to aB \mid a$

①构造该文法的 LR(1)项目集族。

②构造其 LR(1)分析表，并判断该文法是否是 LR(1)文法。

【答案】

①文法扩展为：

0 $S' \to S$

1 $S \to BB$

2 $B \to aB$

3 $B \to a$

文法的项目集为：

$I_0: S' \to \cdot S, \#$　$S \to \cdot BB, \#$　$B \to \cdot aB, a$　$B \to \cdot a$　,a

$I_1: S' \to S \cdot, \#$

$I_2: S \to B \cdot B, \#$　$B \to \cdot aB, \#$　$B \to \cdot a, \#$

$I_3: B \rightarrow a \cdot B, a \quad B \rightarrow a \cdot, a \quad B \rightarrow \cdot aB, a \quad B \rightarrow \cdot a \quad, a$

$I_4: S \rightarrow BB \cdot, \#$

$I_5: B \rightarrow a \cdot B, \# \quad B \rightarrow a \cdot, \# \quad B \rightarrow \cdot aB, \# \quad B \rightarrow \cdot a \quad, \#$

$I_6: B \rightarrow aB \cdot, a$

$I_7: B \rightarrow aB \cdot, \#$

LR(1)分析表见表 5 – 24。

表 5 – 24　LR(1)分析表

状态	ACTION		GOTO	
	a	$\#$	S	B
0	S_3		1	2
1		acc		
2	S_3			4
3	R_3 / R_3			6
4		R_1		
5	S_5	R_3		7
6	R_2			
7		R_2		

由于上述分析表中存在多重入口,说明文法 G 不是 LR(1)文法。

(5)构造 LALR(1)分析表。

①构造文法 G 的规范 LR(1) 状态。

②合并同心集(除搜索符外两个集合是相同的)的状态。

③新 LALR(1) 状态的 GO 函数是合并的同心集状态的 GO 函数的并。

④LALR(1)分析表的 ACTION 和 GOTO 登录方法与 LR(1)分析表一样。

经上述步骤构造的表若不存在冲突,则称它为 G 的 LALR(1)分析表。存在这种分析表的文法称为 LALR(1)文法。

【例 11】　(1997 年考研真题)已知文法 $G[S]$:

$S \rightarrow aAd \mid ;Bd \mid aB \uparrow \mid ;A \uparrow$

$A \rightarrow a$

$B \rightarrow a$

试判断 $G[S]$ 是否为 LALR(1)文法。

【答案】

①文法扩展为:

0 $S' \rightarrow S$　1 $S \rightarrow aAd$　2 $S \rightarrow ;Bd$　3 $S \rightarrow aB \uparrow$　4 $S \rightarrow ;A \uparrow$

5 $A \rightarrow a$

6 $B \rightarrow a$

文法的项目集为:

$I_0: S' \rightarrow \cdot S, \# \quad S \rightarrow \cdot aAd, \# \quad S \rightarrow \cdot ;Bd, \# \quad S \rightarrow \cdot aB \uparrow, \# \quad S \rightarrow \cdot ;A \uparrow, \#$

$I_1: S' \rightarrow S \cdot, \#$

$I_2: S \rightarrow a \cdot Ad, \# \quad S \rightarrow a \cdot B \uparrow, \# \quad A \rightarrow \cdot a, d \quad B \rightarrow \cdot a, \uparrow$

$I_3 : S \to ; \cdot Bd, \#$　　$S \to ; \cdot A \uparrow, \#$　$A \to \cdot a, \uparrow$　　$B \to \cdot a, d$

$I_4 : S \to aA \cdot d, \#$

$I_5 : S \to aB \cdot \uparrow, \#$

$I_6 : A \to a \cdot , d$　　$B \to a \to , \uparrow$

$I_7 : S \to ; B \cdot d, \#$

$I_8 : S \to ; A \cdot \uparrow, \#$

$I_9 : A \to a \cdot , \uparrow$　　$B \to a \cdot , d$

$I_{10} : S \to aAd \cdot , \#$

$I_{11} : S \to aB \uparrow \cdot , \#$

$I_{12} : S \to ; Bd \cdot , \#$

$I_{13} : S \to ; A \uparrow \cdot , \#$

将同心的项目合并,只有 I_6 和 I_9 同心,故将其合并,即将 I_6 和 I_9 均改为

$$I_k : A \to a \cdot , d | \uparrow \qquad B \to a \cdot , \uparrow | d$$

此时出现了规约与规约矛盾,即对 $\uparrow$ 与 d 不知是用 $A \to a \cdot$ 规约还是用 $B \to a \cdot$ 规约。故其不是 LALR(1) 文法。

【课后习题】

1.(2000 年考研真题):设有文法

$G[S] : S \to aA | b | bC$

　　　$A \to aS | bB$

　　　$B \to aC | bA | b$

　　　$C \to aB | Bs$

　　　则_____为 $L(G)$ 中的句子。

　　　A. $a^{100} b^{50} ab^{100}$　　　B. $a^{1\,000} b^{500} aba$　　　C. $a^{500} b^{60} aab^2 a$　　　D. $a^{100} b^{40} ab^{10} aa$

2.(1998 年考研真题)回答下列问题:

①什么叫作素短语?

②试叙述当且仅当文法 G 的每一个非终结符 A 的任何两个不同的产生式 $A(\alpha$ 和 B、A $(\beta$ 满足什么条件时,该文法 G 是 LL(1) 文法。

3.(1998 年考研真题)写出下列文法中各个产生式的可选集,并构造该文法的 LL(1) 分析表。

$S \to eT | RT$

$T \to DR | \varepsilon$

$R \to dR | \varepsilon$

$D \to a | bd$

4.(2000 年考研真题)已知文法 $G[S]$:

$S \to aSPQ | abQ$

$QP \to PQ$

$bP \to bb$

$bQ \to bc$

$bQ \to cc$

①它是 Chomsky 哪一型文法？

②它生成的语言是什么？

5.（1999 年考研真题）写一个上下文无关文法 G，使得 $L(G) = \{a^n b^m c^m d^n \mid n \geqslant 0, m \geqslant 1\}$。

6.（北京大学 1999 年考研真题）给定文法 $G[S]$：

$S \rightarrow 0Z \mid 0 \mid 1A$

$B \rightarrow 0D \mid 1Z \mid 1$

$D \rightarrow 0C \mid 1D$

$A \rightarrow 1B \mid 1C$

$C \rightarrow 1B \mid 0A$

$Z \rightarrow 0Z \mid 0 \mid 1A$

试问下列哪些符号串属于 L(G)？

A. 001000000000100

B. 10000111000000

C. 0111000000000000

D. 000100100100100

7.（1998 年考研真题）已知文法 $G = (\{S\}, \{a\}, \{S(SaS, S(\varepsilon\}, S)$，该文法是否是二义性文法？为什么？

8.（2000 年考研真题）文法 G 的产生式集为 $\{S(S+S \mid S*S \mid i \mid (S)\}$，对于输入串 $i+i+i$，给出一个推导；画出一颗语法树；文法 G 是否是二义性的，证明你的结论。

9.（1999 年考研真题）有文法 $G[A]$：

$A \rightarrow aABe \mid Ba$

$B \rightarrow dB \mid \varepsilon$

该文法是否是 LL(1) 文法，并证明之。

10.（1998 年考研真题）写一个上下文无关文法 G，使得 $L(G) = \{a^n c^i b^n \mid n >= 1, i >= 1\} \cup \{b^n c^i a^n \mid n >= 1, i >= 1\}$。

11.（1998 年考研真题）给出句柄的严格定义，说明句柄在移进 – 规约分析中的作用，然后给出识别下述文法的句柄的状态自动机：

$S \rightarrow ab$

$B \rightarrow x \mid \varepsilon$

此文法是 LR(0) 的吗？为什么？

12.（1999 年考研真题）给定文法 $G[S]$：

$S \rightarrow aAd \mid HE$

$M \rightarrow bMc \mid bc$

$E \rightarrow cEd \mid cd$

$A \rightarrow aAd \mid M$

$H \rightarrow aHd \mid ab$

文法 G 是 SLR(1) 文法吗？为什么？

13.（1997 年考研真题）给定文法 $G[S]$：

$S \rightarrow aAD \mid aBe \mid bBS \mid bAe$

$A \rightarrow g$

$B \rightarrow g$

$D \rightarrow d | \varepsilon$

判别此文法是下列文法中的哪一种,并说明理由。

(1) LR(0)　(2) SLR(1)　(3) LALR(1)　(4) LR(1)

14. (1997 年考研真题) 给定文法 $G[S]$:

$S \rightarrow Pa | Pb | c$

$P \rightarrow Pd | Se | f$

是不是 SLR(1) 文法? 请予以证实。

15. (1997 年考研真题) 给定文法 $G[S]$:

$S \rightarrow LaR | R$

$L \rightarrow Br | c$

$R \rightarrow L$

是 (1) LR(0)　(2) SLR(1)　(3) LR(1)　(4) LALR(1)

16. (1997 年考研真题) 给定文法 G :

$S' \rightarrow \#S\#$

$S \rightarrow D(R)$

$R \rightarrow R ; P | P$

$P \rightarrow S | i$

$D \rightarrow i$

① 计算文法 G 中每个非终结符的 FIRSTOP 和 LASTOP 集。

② 构造文法 G 的算符优先矩阵。

【课后习题答案】

1. C，D

2. 提示:见书中定义。

3. 提示:按照书中求解方法求解。

4.【答案】 1 型文法,语言为 $a^n b^n c^n (n \geqslant 1)$

5.【答案】 $S \rightarrow aSd | A$

$A \rightarrow bAc | bc$

6.【答案】 A，B，D

7. 提示:二义性的文法,因为可以构造出两颗完全不同的语法树。

8. 提示:二义性的文法,因为可以构造出两颗完全不同的语法树。

9. 提示:LL(1) 文法,按照判别准则判别即可。

10.【答案】 $S \rightarrow aSb | bBc$

$A \rightarrow aAb | C$

$B \rightarrow bBa | C$

$D \rightarrow cC | c$

11.【答案】 对于有同一非终结符,如果有空产生式和终结符产生式并存,则必然不是 LR(0) 文法,因为空产生式要求规约,而终结符要求移进,必然产生移进-规约冲突。

12. 提示:不是 SLR(1)文法。

13. 提示:正确的为(4)

14. 提示:用 SLR(1)方法可以解决冲突,是 SLR(1)文法。

15.【答案】 正确的为(3),(4)。

16. 提示:按照书中求解方法求解。

5.4 语义分析与中间代码生成

程序设计语言的语义分为静态语义和动态语义。进行语义分析的最终目的是要生成中间代码,实现的手段是为文法中的产生式编写相应的语义子程序,往往和语法分析同时进行。

5.4.1 语义分类

1. 静态语义

静态语义是对程序约束的描述,这些约束无法通过抽象语法规则来妥善地描述,实质上就是语法规则的良形式条件,它可以分为类型规则和作用域规则两大类。

(1)类型检查。根据类型相容性要求,验证程序中执行的每个操作是否遵守语言的类型系统的过程,编译程序必须报告不符合类型系统的信息。

(2)控制流检查。控制流语句必须使控制转移到合法的地方。例如,在 C 语言中BREAK 语句使控制跳离,包括该语句的最小 WHILE、FOR 或 SWITCH 语句。如果不存在包括它的这样的语句,则报错。

(3)一致性检查。在很多场合要求对象只能被定义一次。例如,Pascal 语言规定同一标识符在一个分程序中只能被说明一次,同一 case 语句的标号不能相同,枚举类型的元素不能重复出现。

(4)上下文相关性检查。比如,变量名字必须先声明后引用;而有时,同一名字必须出现两次或多次,例如,在 Ada 语言程序中,循环或程序块可以有一个名字,出现在这些结构的开头和结尾,编译程序必须检查这两个地方用的名字是相同的。

(5)名字的作用域分析。

2. 动态语

动态语是程序单位描述的计算,进行程序单元执行的操作以生成中间(目标)代码。从被翻译的对象来看,要了解算术表达式、逻辑表达式和控制语句这 3 种情况的翻译。

5.4.2 中间代码

中间代码(Intermediate Code)是源程序的一种内部表示,复杂性介于源语言和目标机语言之间。

中间代码的作用:使编译程序的逻辑结构更加简单明确,利于进行与目标机无关的优化,并且利于在不同目标机上实现同一种语言。

中间代码的形式:逆波兰式、四元式、三元式、间接三元式及树。

中间代码按照其与高级语言和机器语言的接近程度,可以分成以下 3 个层次:

(1)高级:最接近高级语言,保留了大部分源语言的结构。

(2)中级:介于二者之间,与源语言和机器语言都有一定差异。

(3)低级:最接近机器语言,能够反映目标机的系统结构,因而经常依赖于目标机。

【例 1】　(1996 年考研真题)

①给出下列表达式的逆波兰表示(后缀式):

a + b + c

a≤ + c^a > dˇa + b≠e

②写出下列语句的逆波兰表示(后缀式):

〈变量〉: : =〈表达式〉

IF〈表达式〉THEN〈语句 1〉ELSE〈语句 2〉

③写出算数表达式:

A + B ＊ (C － D) ＋ E/(C － D) ＊ ＊ N 的四元式、三元式和间接三元式序列。

【分析】　这类问题,都有标准解法,掌握熟练即可。

【答案】

①

表达式	后缀式
a + b + c	abc ＊ +
a≤ + c^a > dˇa + b≠e	abc + ≤ad >^ab + e≠ˇ

②赋值语句〈变量〉: : =〈表达式〉的逆波兰表示为:〈变量〉〈表达式〉: : =

条件语句 IF〈表达式〉THEN〈语句 1〉ELSE〈语句 2〉的逆波兰表示为:

〈表达式〉P1　jez　P2　Jump　P1:〈语句 2〉P2:

其中 jez 是〈表达式〉和 P1 这两个运算对象的二元运〈语句 1〉算符,表示当〈表达式〉等于 0 即取假值时转去执行 P1 开始的〈语句 2〉,否则,执行〈语句 1〉,然后转至 P2 所指的地方;Jump 是无条件转移的一元运算符。

③四元式序列:

(1)(－ C D T1)

(2)(＊ B T1 T2)

(3)(＋ A T2 T3)

(4)(－ C D T4)

(5)(＊ ＊ T4 N T5)

(6)(／ E T5 T6)

(7)(＋ T3 T6 T7)

三元式序列:

(1)(－ C D)

(2)(＊ B (1))

(3)(＋ A (2))

(4)(－ C D)

(5)(＊ ＊ (4) N)

(6)(／ E (5))

(7)(+ (3) (6))

间接三元式序列：

(1)(- C D)

(2)(* B (1))

(3)(+ A (2))

(4)(* *(4) N)

(5)(／ E (5))

(6)(+ (3) (5))

【例2】 (1995 年考研真题)有中缀式逻辑表达式 $-a*(b+c)<d+e$ AND t

①写出等价的逆波兰表示(后缀式)；

②写出四元式表示。

【分析】 要正确地解出此题,必须对各种运算符号的优先级有一个很好的了解。一般来说,对于含有括号和一元运算符的简单算术运算式而言,运算的优先次序为:先括号运算,然后是一元运算,接下来是乘除、加减,再下来就是关系运算符($<$ 、$<=$ 、$>$ 、$>=$)最后是逻辑运算符(与、或)。

【答案】

①逆波兰后缀式为：$a@bc + * de + < t$ AND,其中@表示取负。

②四元式表见表5–25。

表 5–25 四元式表

	OP	ARG1	ARG2	RESULT
(1)	+	b	c	T1
(2)	@	a	–	T2
(3)	*	T1	T2	T3
(4)	+	d	e	T4
(5)	<	T3	T4	T5
(6)	AND	T5	t	T6

【例3】 (1997 年考研真题)

写出语句 WHILE(A < B) DO

　　IF(C < D) THEN X : = Y + Z;

的四元式表示。

【分析】 要想顺利解出此题,则必须对 WHILE 语句、IF 语句的语义子程序有详细的了解。具体的语义子程序参见《编译原理》(陈火旺等编著)的第 151、152 页的 WHILE 语句的语义子程序和 IF 语句的语义子程序。当然,其他的编译原理书籍中均有此内容。

【答案】

四元式序列的中间代码;

100　(j<,A,B,102)

101　(j,_,_,107)

102 (j < ,C,D,104)

103 (j, _,_,100)

104 (+ ,Y,Z,T)

105 (: = ,T,_,X)

106 (j,_,_,100)

107 …

【例 4】 (1996 年考研真题)有一程序片段：

FOR k: = 1TO 10 DO

　　BEGIN

　　　　A: = I + 10 * K;

　　　　B: = J + 10 * K;

END

给出该程序片段四元式形式的中间代码,以及优化后的中间代码。

【分析】 要想顺利解出此题,则必须对 FOR 语句的语义子程序有详细的了解。具体的语义子程序参见《编译原理》(陈火旺等编著)的第 153 页 FOR 语句的语义子程序和 IF 语句的语义子程序。当然,其他的编译原理书籍中均有此内容。

【答案】

四元式序列的中间代码：

100 (: = ,"1",_,k)

101 (j,_,_,103)

102 (+ ,k,"1",k)

103 (j < = , k, "1",105)

104 (j,_,_,112)

105 (* ,"10",k,T1)

106 (+ ,I,T1,T2)

107 (: = ,T2,_,A)

108 (* ,"10",k,T3)

109 (+ ,J,T3,T4)

110 (: = ,T4,_,B)

111 (j,_,_,102)

112 …

优化后等价地四元式代码：

100 (* ,"10",k,T1)

101 (: = ,"1",_,k)

102 (j,_,_,103)

103 (+ ,k, "1",k)

104 (j < = , k, "1",106)

105 (j,_,_,111)

106 (+ ,I,T1,T2)

107 (: = ,T2,_,A)

108 (+ ,J,T3,T4)

109 (: = ,T4,_,B)

110 (j,_,_,103)

111 …

5.4.3　属性文法

属性文法是允许为每个终结符和非终结符配备一些属性的文法。它既能描述程序设计语言的语法,又为其语义描述提供了手段。属性文法由 D. E. Knuth 于 1968 年引进,后来才被用于编译程序的设计。

(1)属性有不同的类型。

属性可以像变量一样地被赋值,赋值规则附加于语法规则之上。赋值与语法同时进行,赋值过程就是语义处理过程. 在推导语法树的时候,诸属性的值被计算并通过赋值规则层层传递。有的从语法规则左边向右边传,有的从语法规则从右边向左边传。语法推导树最后完成时,就得到开始符号的属性值,也就是整个程序的语义。

(2)属性分为两种:继承属性和综合属性。

继承属性的计算规则由顶向下,综合属性的计算规则由底向上。

【课后习题】

1. (1999 年考研真题)写出算术表达式 $A + B * (C - D) + E/(C - D) * * N$ 的四元式序列和间接三元式序列。

2. (2000 年考研真题)写出下列表达式 $a \leqslant b + c$? $a > d \check{\ } a + b \neq e$ 的逆波兰表示(后缀式)。

3. (2000 年考研真题)请详细说明 GOTO 语句的翻译过程。

4. (1999 年考研真题)试简要阐述语法制导翻译的概念。

5. (2000 年考研真题)给出文法 G:

$S \rightarrow SaA \mid A$

$A \rightarrow AbB \mid B$

$B \rightarrow cSd \mid e$

为每个产生式写出相应的翻译子程序,使句型 $AacaAbcBaAdbed$ 经该方案翻译后,输出 131042521430。

【部分习题参考答案与提示】

1.【答案】　三元式序列:

(1)(- , C , D)

(2)(* , B, (1))

(3)(+ , A, (2))

(4)(- , C , D)

(5)(* * ,(4), N)

(6)(/ , E, (5))

(7)(+ ,(3) ,(6))

四元式序列:

(1)(- , C, D , T1)

(2)(＊ ,B, T1, T2)

(3)(+ , A, T2, T3)

(4)(－ ,C ,D ,T4)

(5)(＊ ＊, T4, N ,T5)

(6)(／, E ,T5, T6)

(7)(+ ,T3, T6, T7)

间接三元式序列：

(1)(－ ,C, D)

(2)(＊ , B ,(1))

(3)(+ , A ,(2))

(4)(＊ ＊ ,(4) ,N)

(5)(／ ,E ,(5))

(6)(+ ,(3) ,(5))

2.【答案】　后缀式为 abc + ≤ad >ˆab + e≠ˇ。

3. 提示:见编译原理书中翻译。

4. 提示:见书中定义。

5.【答案】　对应每个产生式的翻译子程序为:

$S{\rightarrow}SaA$	{printf"0"}
$S{\rightarrow}A$	{printf"1"}
$A{\rightarrow}AbB$	{printf"2"}
$A{\rightarrow}B$	{printf"3"}
$B{\rightarrow}cSd$	{printf"4"}
$B{\rightarrow}e$	{printf"5"}

5.5　运行时的存储分配管理

当源程序变换成中间代码后,可能有的人会认为只要把中间代码变换成目标代码,编译的任务就完成了。其实不然,除了生成目标代码以外,编译程序还需要考虑目标程序运行时所使用的数据区的管理问题,这就是所谓的运行时的存储分配问题。

5.5.1　运行时的存储组织与分配

在程序的执行过程中,程序中数据的存取是通过对应的存储单元进行的。在早期的计算机上,这个存储管理工作是由程序员自己来完成的。在程序执行以前,首先要将用机器语言或汇编语言编写的程序输送到内存的某个指定区域中,并预先给变量和数据分配相应的内存地址。而有了高级语言之后,程序员不必直接和内存地址打交道,程序中使用的存储单元都由逻辑变量(标识符)来表示,它们对应的内存地址都是由编译程序在编译时分配或由其生成的目标程序运行时进行分配。所以,对编译程序来说,存储的组织及管理是一个复杂而又十分重要的问题。另外,有些程序设计语言允许有递归过程,有的允许有可变长度的串,有的允许有动态数组,而有些语言则不允许有这些,为什么呢? 这都是因为采用了不同的存储分配方式。程序运行时，系统将为程序分配一块存储空间。这块空间用来存储程序的目标代码以及目标代码运行时需要或产生的各种数据：①目标程序区：用来存放目标代码；②静态数据区：用来存放编译时就能确定存储空间的数据；③运行栈区：用来存放运行时才能确定存储空间的数据；④运行堆区：用来存放运行时用户动态申请存储空间的数据。

5.5.2　运行时存储空间的划分以及存储分配策略的分类

1. 静态存储分配

在运行前就能确定数据空间的大小，因而在编译时就能分配各种数据项的空间，如FORTRAN 语言。

2. 动态存储分配

不能在编译时完全确定所有数据项的存储空间，只能在编译时产生各种必要的信息，而在运行时，再动态地分配数据项的存储空间。动态存储分配包括栈式动态存储分配和堆式动态存储分配。

(1)栈式动态存储分配。运行时，每当进入一个分程序或过程，其中各项数据项所需的存储空间就动态地分配于栈顶，退出时，则释放所占用的空间。其特点：效率很高，但是分配的内存容量有限。

(2)堆式动态存储分配。允许用户动态申请存储空间，每当需要时可从堆中分得一块，用完之后再退还给堆。

5.5.3　栈式存储分配的实现

动态内存的生存期由我们决定，使用非常灵活，但问题也最多。栈式动态存储分配在允许递归调用的语言中，每次递归调用都要重新分配局部变量。对于这种语言应该采用"栈式动态存储分配"，其分配策略是将整个程序的数据空间设计为一个栈，每当调用一个过程时就将其活动记录压入栈，在栈顶形成该过程工作时的数据区，而当过程结束时再将其活动记录弹出栈。在这种分配方式下，过程的调用关系是先进后出的栈模型，每个过程都可能有若干个不同的活动记录，每个活动记录代表了一次不同的调用。当前的 AR 首地址由栈指针 SP 指出。AR 中通常应包含如下内容：被调用过程非局部变量存储区的首地址（静态链、DISPLAY 表）、调用过程的 AR 首址（动态链，oldSP）、调用点的机器状态、形实参数通信区、返回值、被调用过程的局部量和临时变量存储区。如 main p Q call Q call Q call p。

1. 简单语言的栈式存储分配

简单语言：无分程序结构，过程定义不嵌套，但允许过程的递归调用。例如，C 语言不允许过程嵌套定义，即不允许在一个过程内定义另一个过程。C 语言的全局变量只能出现在源程序的开头，可采用静态存储分配，编译时就确定它们的地址。计算局部变量或形参绝对地址的公式为：绝对地址 = SP + 相对地址。

2. 嵌套过程语言的栈式存储分配

嵌套过程语言：允许过程嵌套，如 Pascal，PL/0。AR 中必须有一些内容，用于解决对非局部变量的引用问题"嵌套层次"，或称层数。主程序为 0，过程 S 在层数为 i 的过程 R 定义，则 S 层数为 $i+1$ 一个过程可以引用包围它的任一外层过程所定义的变量，解决方法很多，常见的方法有双指针方法和 DISPLAY 表方法。双指针方法简单直接，但当嵌套层次较多时,对非局部量的访问效率较低。DISPLAY 表方法效率较高,实现略复杂。对于 PL/0 的编译程序,采用的是双指针方法 PL/0 数据动态存储采用的技术措施。编译时为每一变量名、过程名和程序段确定一个反映静态嵌套深度的级别 level 调用一个过程时,把它的活动记录压入运行时的栈顶,返回时弹出相应的活动记录。活动记录包括:①静态链接 SL,指向定义该过程的直接外层过程的活动记录的基地址,以确保变量的正确存取;②动态链接 DL,指向调用该过程前正在运行的那个过程的活动记录的基地址,以确保能返回到调用过程段;③返回地址 RA,保存该被调用过程返回后的地址,也就是调用过程指令的下一条指令的地址。为过程局部变量预留的存储单元 ,所有运算操作都从栈顶找到它的操作数,并以计算结果代之。

3. 处理分程序结构存储分配方案

处理分程序结构存储分配方案的一种简单办法是,把分程序看成"无名无参过程",它在哪里定义就在哪里被调用。因此,可以把处理过程的存储办法应用到处理分程序中。但这种做法是极为低效的。

①每逢进入一个分程序,就照样建立连接数据和 DISPLAY 表,这是不必要的;②当从内层分程序向外层转移时,可能同时要结束若干个分程序。

每个过程被当作是 0 层分程序。而过程体分程序(假定是一个分程序)当作是它所管辖的第 1 层分程序。这样,每个过程的活动记录所含的内容有:

①过程的 TOP 值,它指向过程活动记录的栈顶位置。

②连接数据,共 4 项:老 SP 值;返回地址;全局 DISPAY 地址;调用时的栈顶单元地址,老 TOP。

③参数个数和形式单元。

④DISPAY 表。

⑤过程所辖的各分程序的局部数据单元。

活动记录见表 5 - 26。

表 5 - 26　活动记录

	临时变量 数据内情向量 简单变量
d	DISPLAY
4	形式单元
3	参数个数
2	全局 DISPLAY 地址
1	返回地址
0	老 SP

对于每个分程序来说,它们包括:

(1)分程序的 TOP 值。当进入分程序时它含现行栈顶地址,以后,用来定义栈的新高度(分程序的 TOP 值)。

（2）分程序的局部变量，数组内情向量和临时工作单元。

【例1】 （1997年考研真题）某语言允许过程嵌套定义和递归调用（如Pascal语言），若在栈式动态存储分配中采用嵌套层次显示表DISPLAY解决对非局部变量的引用问题。试给出下列程序执行到语句"b：=10"时运行栈及DISPLAY表的示意图。

```
VAR x,y;
PROCEDURE p;
VAR a;
PROCEDURE q;
    VAR b;
        BEGIN (q)
            b = 10;
        END (q);
PROCEDURE s;
VAR c,d;
PROCEDURE r;
VAR e,f;
BEGIN (r)
            call q;
END (r);
BEGIN (s)
        call r;
END (s);
BEGIN (p)
call s;
END (p);
BEGIN (main)
        call p;
    END (main).
```

【分析】 主程序开始运行时，主程序在数据区栈顶占据一块空间作为其数据区（从地址0开始）。

当主程序中开始调用p时，在数据区的栈顶分配一块空间作为p的数据区（从地址1开始）。

在过程p调用了过程s，所以在数据区的栈顶接着为s分配了一块空间作为其的数据区；在过程s又调用了过程r，过程r从栈顶分配了一块空间作为其数据区；在过程r中调用了过程q，接着从栈顶分配空间给q。

具体的分配示意图如图5-42所示。

【答案】 如图5-42所示。

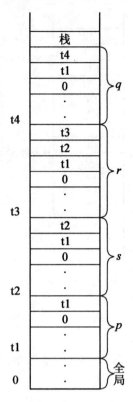

图 5 - 42　运行栈及 DISPLAY 表的示意图

【例 2】　（1996 年考研真题）Pascal 程序：已经第一次（递归地）进入了 f，请给出 f 第二次进入后的运行栈及 DISPLAY 的示意图。

```
PROGRAM test(i,o);
  VAR k:integer;
      FUNCTION f(n:integer);
        BEGIN
          IF n < =0
          THEN f: =1
ELSE f: = n * f( n - 1)
END;
BEGIN
  k: =f(10);
END.
Write(k).
```

【答案】　如图 5 - 43 所示。

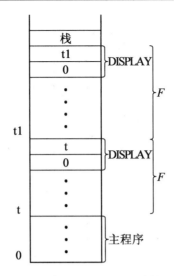

图 5 – 43　运行栈及 DISPLAY 表的示意图

【例3】　(2000 年考研真题)一个 Pascal 语言程序在执行到某一时刻时,其活动记录和DISPLAY 表如图 5 – 44 所示。

①试问此时正在执行的调用有哪些(用"("表示调用);

②指出 P、Q、R、S 之间的嵌套关系。

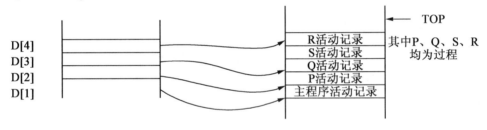

图 5 – 44　DISPLAY 表

【分析】　由 DISPLAY 表的构造可知程序共有 4 层:第一层为 MAIN,第二层为 P,第三层为 Q,第四层为 R。现在判断 S 是第几层,如果 S 和 P 或者 Q 一层,则执行到 S 是 d[3]或者 d[2]中的活动记录必然已经被 S 的活动记录取代而指向 S 的活动记录。所以 S 必然是同 R 一层,执行到 R 时 d[4]由 S 变为指向 R。调用关系为 S→R。

【答案】

①根据图中的 DISPLAY 表,正在执行的调用有 S→R;

整个过程程序的调用过程为:主程序→P→Q→S→R。

②嵌套关系应为

MAIN

　　P

　　　Q

　　　　S

　　　　R

5.5.4　堆式动态储分配的实现

1. 定长块管理

堆式动态储分配最简单的实现是按定长块进行。初始化时,将堆存储空间分成长度相等的若干块,每块中指定一个链域,按照邻块的顺序把所有块链成一个链表,用指针 available 指向链表中的第一块。

分配时每次都分配指针 available 所指的块,然后 available 指向相邻的下一块。归还时,把所归还的块插入链表。考虑插入方便,可以把所归还的块插在 available 所指的块之前,然后 available 指向新归还的块。

2. 变长块管理

除了按定长块进行分配之外,还可以根据需要分配长度不同的存储块,可以随要求而变。按这种方法,初始化时存储空间是一个整块。按照用户的需要,分配时先是从一个整块里分割出满足需要的一小块,以后归还时,如果新归还的块和现有的空间能合并,则合并成一块;如果不能和任何空闲块合并,则可以把空闲块链成一个链表。再进行分配时,从空闲块链表中找出满足需要的一块,或者整块分配出去,或者从该块上分割一小块分配出去。若空闲块表中有若干个满足需要的空闲块,该分配哪一块呢? 通常有以下 3 种不同的分配策略:

(1)首次满足法。只要在空闲块链表中找到满足需要的一块,就进行分配。

(2)最优满足法。将空闲块链表中一个不小于申请块且最接近于申请块的空闲块分配给用户,则系统在分配前首先要对空闲块链表从头至尾描一遍,然后从中找出一块,为避免每次分配都要扫描整个链表,通常将空闲块链表空间的大小从小到大排序。

(3)最差满足法。将空闲块表中不小于申请块且是最大的空闲的一部全分配给用户。此时的空闲块链表按空闲块的大小从大到小排序。只需从链表中删除第一个结点,并将其中一部分分配给用户,而其他部分作为一个新的结点插入到空闲块表的适当位置上去。

不同的情况应采用不同的方法。通常在选择时须考虑下列因素:用户的要求;请求分配量的大小分布;分配和释放的频率以及效率对系统的重要性;等等。

【课后习题】

1. (1999 年考研真题)

(1)什么是静态存储分配和动态存储分配?

(2)试述活动记录的组成内容及各组成部分的作用?

2. (2000 年考研真题)试说明 ALGOL 在存储分配中为什么要引进 DISPLAY 表。

3. (1997 年考研真题)在活动记录中,访问链(Access Link)有什么作用?

4. (1999 年考研真题)试以 Pascal 语言为例,简要说明运行时刻动态存储管理的必要性与策略。

5. (1993 年考研真题)一个 Pascal 语言程序的主程序为 M,M 包含 3 个并列的过程 P、Q、R,当该程序执行到某一时刻时,正在执行的调用(即尚未从被调用过程返回的调用)序列(用"→"表示调用)为:M→P→R→R→Q,若采用栈式存储分配,试指出该程序执行到此刻栈中有哪些活动记录,以及这些活动记录的相对位置。

【课后习题答案】

1.**【答案】**　(1)如果一个程序语言不允许递归过程,不允许含可变体积的数据项目或待定性质的名字,那么就能在编译时完全确定其程序的每个数据项目存储空间的位置,这种策略称为静态分配策略。

允许递归过程和可变(体积的)数组,这种程序数据空间的分配采用的就是动态分配策略(在程序运行时动态的进行分配)。

(2)活动记录一般包括下列项目:

①连接数据包括指向调用段的活动记录的指示器和返回地址等;

②形式单元存放相应的实参的地址或值;

③过程的局部变量和数组(或其他数据结构)的内情向量,临时工作单元。

2.提示:ALGOL 是分程序结构语言,允许可变数组和嵌套。

3.提示:起到存取非局部变量的作用。

4.提示:根据本书的叙述解答。

5.提示:根据书中例题方法解答。

5.6　代　码　优　化

代码优化的目的是提高程序效率,在保持外部功能不变的条件下,对用户的源程序进行等价变换。优化有两种目的,一是节省时间,二是节省空间。

5.6.1　优化分类

1.按阶段分类

(1)与机器无关的优化:对中间代码进行。

(2)依赖于机器的优化:对目标代码进行。

2.根据优化所涉及的程序范围分类

(1)局部优化(基本块)。

(2)循环优化:对循环中的代码进行优化。

(3)全局优化:大范围的优化。

3.根据优化技术分类。

(1)删除多余运算。

(2)循环不变代码外提。

(3)强度削弱。

(4)变换循环控制条件。

(5)合并已知量与复写传播。

(6)删除无用赋值。

5.6.2　局部优化:基本块内的优化

1.基本块

基本块是指程序中一顺序执行的语句序列,其中只有一个入口语句和一个出口语句。

入口语句:

(1)程序的第一个语句;

(2)条件转移语句或无条件转移语句的转移目标语句;

(3)紧跟在条件转移语句后面的语句。

2.划分基本块的算法

(1)求出四元式程序之中各个基本块的入口语句。

(2)对每一入口语句构造其所属的基本块。它是由该语句到下一入口语句(不包括下一入口语句),或到一转移语句(包括该转移语句),或到一停语句(包括该停语句)之间的语句序列组成的。

(3)凡未被纳入某一基本块的语句,都是程序中控制流程无法到达的语句,因而也是不会被执行到的语句,可以把它们删除。

在基本块内实行的优化:合并已知量、删除多余运算和删除无用赋值。

3.基本块的无环路有向图(Directed Acyclic Graph,DAG)表示及其应用。

基本块的 DAG 是在结点上带有标记的 DAG,包括有叶结点;独特的标识符(名字、常数)标记、内部结点:运算符号标记和各个结点:附加标识符标记

4.仅含 0、1、2 型四元式的基本块的 DAG 构造算法

首先,DAG 为空。对基本块的每一四元式,依次执行:

(1)如果 NODE(B)无定义,则构造一标记为 B 的叶结点并定义 NODE(B)为这个结点;

如果当前四元式是 0 型,则记 NODE(B)的值为 n,转 d。

如果当前四元式是 1 型,则转 b①。

如果当前四元式是 2 型,则:

如果 NODE(1)无定义,则构造一标记为 C 的叶结点并定义 NODE(1) 为这个结点;

转 b ②。

(2)①如果 NODE(B)是标记为常数的叶结点 ,则转 b③,否则转 c①。

②如果 NODE(B)和 NODE(C)都是标记为常数的叶结点,则转 b④,否则转 c②。

③执行 op B(即合并已知量),令得到的新常数为 P。如果 NODE(B)是处理当前四元式时新构造出来的结点,则删除它。如果 NODE(P)无定义,则构造一用 P 做标记的叶结点 n。置 NODE(P) = n,转 d。

④执行 B op C(即合并已知量),令得到的新常数为 P。如果 NODE(B)或 NODE(C)是处理当前四元式时新构造出来的结点,则删除它。如果 NODE(P)无定义,则构造一用 P 做标记的叶结点 n。置 NODE(P) = n,转 d。

(3)①检查 DAG 中是否已有一结点,其唯一后继为 NODE(B),且标记为 op(即找公共子表达式)。如果没有,则构造该结点 n,否则就把已有的结点作为它的结点并设该结点为 n,转 d。

②检查中 DAG 中是否已有一结点,其左后继为 NODE(B),其右后继为 NODE(C),且标记为 op(即找公共子表达式)。如果没有,则构造该结点 n,否则就把已有的结点作为它的结点并设该结点为 n,转 d。

(4)如果 NODE(A)无定义,则把 A 附加在结点 n 上并令 NODE(A) = n;否则先把 A 从

NODE(A)结点上附加标识符集中删除(注意,如果 NODE(A)是叶结点,则其标记 A 不删除),把 A 附加到新结点 n 上并令 NODE(A) = n。转处理下一四元式。

而后可由 DAG 重新生成原基本块的一个优化的代码序列。

【例1】 (1996 年考研真题)画出下面基本块的无环有向图:

①d : = b * c

②e : = a - b

③b : = b * c

④a : = e - d

【分析】 构造 DAG 时应该遵照 DAG 的以下特征。

(1)叶结点用标识符(变量名)或常数作为其唯一标记,当叶结点是标识符时,代表名字的初值,给它下标0。

(2)内部结点用运算符标记,它表示计算的值。

(3)各结点可能附加有一个或若干个标识符,附加于同一个结点上的若干标识符有相同的值。

【答案】 DAG 图如图5-45所示。

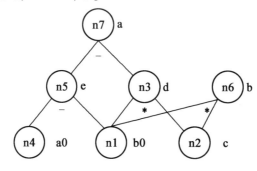

图5-45　DAG 图

5.6.3　循环

1. 循环的定义

在程序流图中,我们称具有下列性质的结点序列为一个循环:

(1)它们是强连通的。即其中任意两个结点之间必有一条通路,而且该通路上各结点都属于该结点序列。如果结点只包含一个结点,则必有一有向边从该结点引到自身。

(2)它们中间有一个而且只有一个是入口结点。所谓入口结点,是指序列中具有下述性质的结点:从序列外某结点,有一有向边引到它,或者它就是程序流图的首结点。

2. 必经结点集和回边

为了找到程序流图中的循环,就需要分析流图中结点之间的控制关系。为此,我们引入必经结点和必经结点集的定义。在程序流图中,对任意两个结点 m 和 n,如果从流图的首结点出发,到达 n 的任意通路都要经过 m,则称 m 是 n 的必经结点,记为 m DOM n。结点 n 的所有必经结点的集合,称为结点 n 的必经结点集,记为 D(n)。

由必经结点可给出回边的概念。假设 $a \to b$ 是流图中一条有向边,如果 b DOM a,则称 $a \to b$ 是流图中的一条回边。对于一已知流图 G,只要求出各结点 n 的必经结点集,就立即可以求出流图中所有的回边。

3. 求回边对应的循环

如果已知有向边 $n \to d$ 是一回边,那么可以求出由它组成的循环。该循环就是由结点 d、结点 n 以及有通路到达 n 而该通路不经过 d 的所有结点组成,并且 d 是该循环的唯一入口结点。

【例 2】 (1994 年考研真题)给出如下四元式序列:

①J:=0

②L1:I:=0

③IF I<8,GOTO L3;

④L2:A:=B+C

⑤B:=D*C

⑥L3:IF B=0,GOTO L4;

⑦WRITE B;

⑧GOTO L5;

⑨L4:I:=I+1;

⑩IF I<8,GOTO L2;

⑪L5:J=J+1;

⑫IF J≤3,GOTO L1;

⑬STOP

(1)画出上述四元式序列的程序流程图 G。

(2)求出 G 中各结点 n 的必经结点集 $D(n)$。

(3)求出 G 中的回边与循环。

【分析】 本题需要明了基本块、入口语句、入口结点、循环、必经结点集的基本概念,这些都属于代码优化的范围。本题思路为先判断出入口语句,然后写出基本块,在画出程序流程图,然后就可求 $D(n)$ 回边及循环了。

【答案】

(1)四元式程序基本块入口语句的条件是:

①程序的第一个语句;

②条件转移语句或无条件转移语句的转移目标语句;

③紧跟在条件转移语句后面的语句。

根据这 3 个条件,可以判断 1、2、4、6、7、9、11、13 为入口语句,故基本块为 1、2/3、4/5、6、7/8、9/10、11/12、13。

故可画出程序流图,如图 5-46 所示。

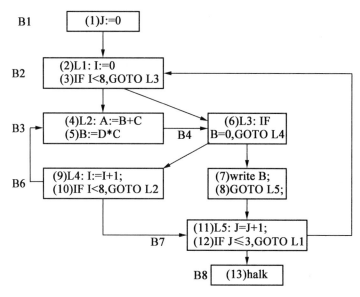

图 5－46　程序流图

（2）$D1 = \{1\}$，$D2 = \{1,2\}$，$D3 = \{1,2,3\}$，$D4 = \{1,2,4\}$，$D5 = \{1,2,4,5\}$，$D6 = \{1,2,4,6\}$，$D7 = \{1,2,4,7\}$，$D8 = \{1,2,4,7,8\}$ 即为所求必经结点集。

（3）回边的定义为：假设 $a→b$ 是流图中一条有向边，如果 b DOM a，则称 $a→b$ 是流图中的一条回边。

故当已知必经结点集时，可立即求出所有回边。

易知本题回边只有 $7→2$。（按递增顺序考查所有回边）

我们称满足如下两个条件的结点序列为一个循环。

①它们是强连通的。即其中任意两个结点之间必有一条通路，而且该通路上各结点都属于该结点序列。如果结点只包含一个结点，则必有一有向边从该结点引到自身。

②它们中间有一个而且只有一个是入口结点。所谓入口结点，是指序列中具有下述性质的结点：从序列外某结点，有一有向边引到它，或者它就是程序流图的首结点。

由回边 $7→2$，可知循环为 234567，即为所求。

【例 3】　（1999 年考研真题）给出图中各结点的必经结点集，流图中的所有回边及回边组成的循环，如图 5－47 所示。

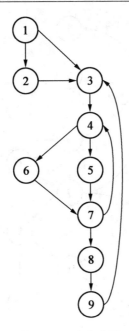

图 5 - 47　程序流图

【分析】　按照前面介绍的方法求必经结点集。需要注意的是,一定要多次重复迭代直到各个结点的集合都不变化为止。

【答案】　按照必经结点集的定义,有:D1 = {1},D2 = {1,2},D3 = {1,3},D4 = {1,3,4},D5 = {1,3,4,5},D6 = {1,3,4,6},D7 = {1,3,4,7},D8 = {1,3,4,7,8},D9 = {1,3,4,7,8,9},因此有回边 7→4,9→3。

所有回边以及回边组成的循环为 4567 和 3456789。

【课后习题】

1.(1998 年考研真题)指出常用的循环优化方法有哪几种。

2.(1999 年考研真题)叙述局部优化、循环优化和全局优化的概念。

3.(2000 年考研真题)如图 5 - 48 所示的流图。

(1)求各结点必经结点集;

(2)求回边;

(3)求回边构成的循环。

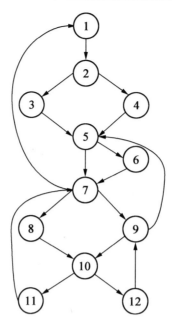

图 5 - 48　　程序流图

【课后习题答案】

1. 提示：参见本书中的定义。

2. 提示：参见本书中的定义。

3.【答案】

(1)必经结点集如下：

$D1 = \{1\}$, $D2 = \{1,2\}$, $D3 = \{1,2,3\}$, $D4 = \{1,2,4\}$, $D5 = \{1,2,5\}$, $D6 = \{1,2,5,6\}$, $D7 = \{1,2,5,7\}$, $D8 = \{1,2,5,7,8\}$, $D9 = \{1,2,5,7,9\}$, $D10 = \{1,2,5,7,10\}$, $D11 = \{1,2,5,7,10,11\}$, $D12 = \{1,2,5,7,10,12\}$

(2)回边有 7→1, 9→5, 11→7。

(3)7→1 的循环：1,2,3,4,5,6,8,9,10,11,12,7。

9→5 的循环：5,6,7,8,10,11,12,9。

11→7 的循环：7,8,9,10,12,11。